国际信息工程先进技术译丛

LTE 小基站优化：3GPP 演进到 R13

［芬］哈里·霍尔马（Harri Holma）
［芬］安蒂·托斯卡拉（Antti Toskala）　主编
［泰］尤西·雷乌纳宁（Jussi Reunanen）
堵久辉　洪　伟　译

机械工业出版社

LTE 网络能力随着小基站（简称小站）部署、优化以及 3GPP 的新功能得到增强。LTE 商用网络正在承担更高的业务负荷，这需要更为先进的优化手段。尽管小站已经在通信产业内部讨论多年，但其实际部署才刚刚发生。3GPP 第 12 版和第 13 版中的新功能进一步提升了 LTE 网络性能。

本书及时地讨论了 LTE 小站和网络优化的相关研发和标准化工作，关注 3GPP 到第 13 版的演进内容。它涵盖了小站从规范到产品及外场测试结果、3GPP 到第 13 版的演进技术、LTE 优化以及从商用网络中获得的经验总结。

Copyright © 2016 John Wiley & Sons，Ltd.

All Right Reserved. This translation published under license. Authorized translation from English language edtion，entitled < LTE Small Cell Optimization：3GPP Evolution to Release 13 >，ISBN：978 - 1 - 118 - 91257 - 7，by Harri Holma，Antti Toskala，Jussi Reunanen，Published by John Wiley & Sons. No part of this book may be reproduced in any form without the written permission of the original copyrights holder.

本书中文简体字版由机械工业出版社出版，未经出版者书面允许，本书的任何部分不得以任何方式复制或抄袭。版权所有，翻印必究。

北京市版权局著作权合同登记　图字：01 - 2016 - 4314 号。

图书在版编目（CIP）数据

LTE 小基站优化：3GPP 演进到 R13 /（芬）哈里·霍尔马（Harri Holma）等主编；堵久辉，洪伟译. —北京：机械工业出版社，2016.6
（国际信息工程先进技术译丛）
书名原文：LTE small cell optimization-3GPP evolution to release 13
ISBN 978-7-111-54122-6

Ⅰ. ① L…　Ⅱ. ①哈… ②堵… ③洪…　Ⅲ. ①移动通信-移动设备—研究
Ⅳ. ①TN929.5

中国版本图书馆 CIP 数据核字（2016）第 140305 号

机械工业出版社（北京市百万庄大街 22 号　邮政编码 100037）
策划编辑：林　桢　责任编辑：林　桢
责任校对：张晓蓉　封面设计：马精明
责任印制：李　洋
北京振兴源印务有限公司印刷
2016 年 7 月第 1 版 · 第 1 次印刷
169mm×239mm · 25.75 印张 · 530 千字
0001—3500 册
标准书号：ISBN 978-7-111-54122-6
定价：119.00 元

凡购本书，如有缺页、倒页、脱页，由本社发行部调换

电话服务	网络服务
服务咨询热线：010-88361066	机 工 官 网：www.cmpbook.com
读者购书热线：010-68326294	机 工 官 博：weibo.com/cmp1952
010-88379203	金 书 网：www.golden-book.com
封面无防伪标均为盗版	教育服务网：www.cmpedu.com

推　荐　序

——小站是 LTE 向 5G 演进的重要阶梯

根据 GSA 统计，截至 2016 年 5 月全球 LTE 商用网络数量达到 500 张的里程碑，距离在北欧的首次商用只过去了 77 个月，从而成为商用速度最快的移动通信技术。同时，移动通信技术发展趋势也正在发生质变，由一直以来的“以网络为中心”（即用户围着基站转、找信号），变为“以用户为中心”（即周边多个基站及多种无线接入制式通过动态多连接的方式来获得核心应用的最优终端用户体验）。

为满足繁杂而多变的前瞻需求，电信设备制造商需要研究和开发创新的技术、产品及解决方案。其中最朴素的想法是，尽可能让网络信号发射点靠近终端用户，这对大型集会和大都市地区等高容量“热点”地区尤为重要，可以很好地提高运营商的投资回报率。这是传统宏站无法有效解决的，也是未来异构网络架构中对小站部署需求的初衷。

美国运营商正关注小站建设，这一过程中小站技术的先行者将取得先发优势，通过更为准确的基站选址及布放以节省投资并提高回报。小站使运营商不必再花大价钱购买额外频谱来扩大网络容量，而是通过灵活的定制化部署来提升网络性能。2014 年，AT&T 宣布将每年新建近两千个小站，成为大举进入该市场的首家主流运营商。2015 年，其他美国主流运营商也开始关注这一技术，某个运营商认为部署小站来取代新增频谱可以使成本降低 60%，决定退出频谱竞拍并在部分市场投资了 15 亿美元进行小站建设。

中国的三大运营商经过近三年的努力已经基本上完成了 LTE 广域覆盖的建设，近期很可能启动有史以来规模最大的小站部署，实现精细化的网络覆盖与容量优化，解决城市内大型楼宇的深度覆盖以保障这些地区的 VoLTE 和 GBR 业务。本书从技术演进的角度分析和展望了 3GPP 第 8 版到第 13 版及之后的关键技术及背后驱动力，提供了一张完整的 LTE 发展历程图。

5G 即将来临，为获得百倍以上的可用系统带宽必然考虑使用更高频谱，如厘米波/毫米波频带，这将导致小区覆盖半径缩小到几十米的量级，从应用场景及产品实现上更适合与当前 LTE 小站进行集成。这意味着小站将成为 5G 技术引入并与 LTE 共存的主要产品形态，由网络容量及终端用户体验的需求所驱动。本书深入探讨了小站部署为实际网络带来的诸多挑战，并从干扰管理、物美价廉的产品实现、站址选择以及性能优化等方面提供了全面阐述。

未来已来，你准备好了吗？如果还不确定，可以先从阅读这本书开始。

张萍　博士

诺基亚通信大中国区首席技术官

译 者 序

Harri Holma 先生为中国电信业者所熟知应始于《WCDMA for UMTS》中文版的发行。作为3G时代的重要参考资料，该书曾伴我度过了3年北邮博士学习生涯，时光荏苒，已是十几年前的旧事了。

过去的这十几年间，中国电信业发生了翻天覆地的变化。从漫长等待的3G牌照，到历时两年的TD-LTE规模试验，再到近期人人都在谈论的5G，科技进步从未停歇。伴随着中国电信业改革，铁塔公司成立以及广电公司新获得基础电信运营牌照都在迫使电信运营企业加快转型，中国联通与中国电信的竞争性合作更像为未来更深层次的电信改革试水。以华为、中兴为代表的国内基础设备制造企业也在过去的十年间于海内外市场书写着华彩乐章，同时带动了芯片、器件、仪器仪表、网络服务等全产业链的快速发展。所有这些成就都离不开国内数百万从业者的艰辛努力，理论与实际结合培养了大批专业人才，并渗透到产业互联网等新兴行业发挥着重要作用。中国在全球通信技术研究、标准化、产业合作等方面的话语权正逐步提升。

科学技术日新月异，但其改善人类社会生产生活的初衷一直未变。爱立信讲“通信是人类的基本需求”，诺基亚倡导“科技以人为本”，都是这个道理。2015年年初，当我刚刚开启在诺基亚的职业生涯时有幸接触了Harri在公司内部编著的小基站读物。2015年年底，3GPP正式命名LTE-Advanced Pro后，Harri又在第一时间发行了相关内刊。本书正是在这两套资料的基础上增加了网络及终端用户体验优化的相关内容编著而成。尽管表面上看本书内容构成略显凌乱，实则涵盖了从LTE向5G演进过程中标准、产品及网络方面的具体问题及解决方案，理论性与实用性兼备。

为尽快将本书中文版呈现给国内读者，本书翻译过程仅用了三个多月时间，这要感谢另一译者洪伟所付出的精力、时间和智慧。洪伟是我读书时同实验室的师弟，2016年年初一个偶然机会与他在中国电信创新中心相遇，聊起本书作者及本书发行，当即谈定了合作，也算机缘巧合使然。我们致力于在翻译过程中尽可能保持原作者的原始思路和语义，只在几处原著笔误并征得原作者同意后进行了修正。由于译者的语言和技术能力有限，译文肯定存在不当之处，希望能够得到读者的批评指正，在此表示诚挚感谢。反馈可发送至jiuhui. du@ nokia. com。

最后，感谢我们的家人在本书翻译过程中给予的理解和支持！

堵久辉
2016年5月于望京科技园

原书前言

就数据速率、服务可用性、用户数以及数据量而言，我们已经目睹了过去十年中移动宽带的快速增长。2009 年 12 月第一个 LTE 网络的发布进一步促进了数据速率和移动宽带能力的增长。LTE 是成功的，得益于它的高效性能和全球规模经济。第一个 LTE-A 网络始于 2013 年，到 2014 年数据速率增长至 300Mbit/s，2015 年为 450Mbit/s，并将很快升至 1Gbit/s。截至 2015 年年底，LTE 网络数量在全球范围已经增长到 460 张以上。

本书关注那些改善 LTE 实际性能的解决方案：小基站（简称小站）和网络优化。小站是由提升网络容量和实际用户数据速率的需求所驱动的。小站部署为实际网络部署带来了诸多新挑战，从干扰管理到低价产品、站址选择以及优化。就覆盖、容量和终端用户性能而言，网络优化旨在从 LTE 无线获取一切效益。

当前，智能手机、平板电脑和便携式电脑是 LTE 网络的主要用例，但 LTE 无线将是未来更多新应用的基础。物联网、公共安全、设备间通信、广播业务和车辆通信，这些只是受益于未来 LTE 无线的少数案例。

本书内容总结如图 0.1 所示。第 1 ~ 3 章提供了 3GPP 第 8 版到第 13 版中 LTE 的介绍。小站专题将在第 4 ~ 10 章中讨论，具体包括 3GPP 功能、网络架构、产品、干扰管理、优化、实际检验以及非授权频谱。LTE 优化内容将在第 11 ~ 16 章内呈现，具体包括 3GPP 演进、性能优化、语音优化、层间优化和智能手机优化。第 17 章展现了对 LTE 进一步演进的展望。

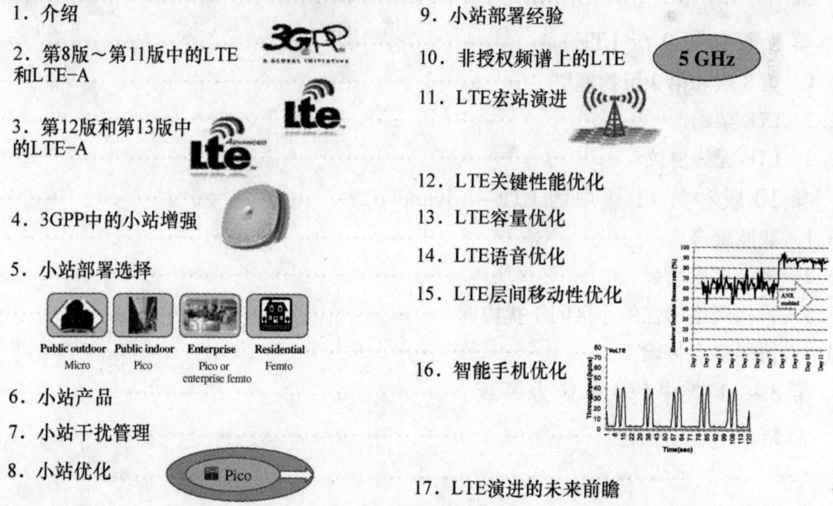

1. 介绍
2. 第8版～第11版中的LTE和LTE-A
3. 第12版和第13版中的LTE-A
4. 3GPP中的小站增强
5. 小站部署选择
6. 小站产品
7. 小站干扰管理
8. 小站优化
9. 小站部署经验
10. 非授权频谱上的LTE
11. LTE宏站演进
12. LTE关键性能优化
13. LTE容量优化
14. LTE语音优化
15. LTE层间移动性优化
16. 智能手机优化
17. LTE演进的未来前瞻

图 0.1　本书内容

目 录

缩　略　语

3D（Three Dimensional）	三维
3GPP（Third Generation Partnership Project）	第三代合作伙伴项目
AAS（Adaptive Antenna System）	自适应天线系统
ABS（Almost Blank Subframe）	几乎空白子帧
AC（Alternating Current）	交流电流
ACK [Acknowledgement（in ARQ protocol）]	确认（ARQ 协议）
AIR（Antenna Integrated Radio）	集成射频单元的天线
AM [Acknowledge Mode（RLC configuration）]	确认模式（RLC 配置）
AMR（Adaptive Multirate）	自适应多速率
ANDSF（Access Network Discovery and Selection Function）	接入网络发现及选择功能
ANR（Automatic Neighbour Relations）	自动邻区关系
APP（Application）	应用程序
APT（Average Power Tracking）	平均功率跟踪
ARFCN（Absolute Radio Frequency Channel Number）	自动化射频信道号码
ARQ（Automatic Repeat reQuest）	自动重传请求
AS（Application Server）	应用服务器
ASA（Authorized Shared Access）	授权共享接入
AWS（Advanced Wireless Spectrum）	（美国）先进无线频谱
BBU（Baseband Unit）	基带单元
BCCH（Broadcast Control Channel）	广播控制信道
BLER（Block - Error Rate）	误块率
BSIC（Base Station Identify Code）	基站识别码
BSR（Buffer Status Report）	缓存状态报告
BTS（Base Transceiver Station）	基站收发信机
C - RNTI（Cell Radio Network Temporary Identifier）	小区的无线网络临时指示
CA（Carrier Aggregation）	载波聚合
CAPEX（Capital Expenditure）	资本支出
CAT（Category）	等级
CC（Component Carrier）	组分载波
CCA（Clear Channel Assessment）	空闲信道评估
CCE（Control Channel Element）	控制信道单元
CDF（Cumulative Density Function）	累积密度函数
CDMA（Code - Division Multiple Access）	码分多址
cDRX（Connected Discontinuous Reception）	连接的非连续接收
CoMP（Coordinated Multipoint）	协同多点
CPRI（Common Public Radio Interface）	通用公共无线接口

（续）

CN（Core Network）	核心网
CPICH（Common Pilot Channel）	公共导频信道
CPU（Central Processing Unit）	中心处理单元
CQI（Channel Quality Indicator）	信道质量指示
CRC（Cyclic Redundancy Check）	循环冗余校验
CRAN（Centralized Radio Access Network）	集中化的无线接入网络
CRS（Common Reference Signals）	公共参考信号
CRS – IC（Common Reference Signal interference cancellation）	公共参考信号干扰消除
CS（Circuit Switched）	电路交换
CS（Cell Selection）	小区选择
CSCF（Call Session Control Function）	呼叫会话控制功能
CSFB（Circuit Switched Fallback）	电路交换回落
CSG（Closed Subscriber Group）	封闭用户群
CSI（Channel Status Information）	信道状态信息
CSI – RS（Channel Status Information Reference Signals）	信道状态信息参考信号
CSMO（Circuit Switched Mobile Originated）	电路交换手机始发
CSMT（Circuit Switched Mobile Terminated）	电路交换手机终止
CSSR（Call Setup Success Rate）	呼叫建立成功率
CWIC（Code Word Interference Cancellation）	码字干扰消除
CWDM（Coarse Wavelength Division Multiplexing）	粗波分复用
D2D（Device – to – Device）	设备对设备（通信）
DAS（Distributed Antenna System）	分布式天线系统
DC（Direct Current）	直流电流
DC（Dual Connectivity）	双连接
DCCH（Dedicated Control Channel）	专用控制信道
DCH（Dedicated Channel）	专用信道
DCI（Downlink Control Information）	下行控制信息
DCR（Drop Call Rate）	掉话率
DFS（Dynamic Frequency Selection）	动态频率选择
DMCR（Deferred Measurement Control Reading）	延迟测量控制读取
DMRS（Demodulation Reference Signals）	解调参考信号
DMTC（Discovery Measurement Timing Configuration）	发现测量定时配置
DPS（Dynamic Point Selection）	动态点选择
DRB（Data Radio Bearer）	数据无线承载
DRS（Demodulation Reference Signal）	解调参考信号
DRX（Discontinuous Reception）	非连续接收
DSL（Digital Subscriber Line）	数字用户环路
DTX（Discontinuous Transmission）	非连续传输
DU（Digital Unit）	数字单元
ECGI（E – UTRAN Cell Global Identifier）	E – UTRAN 小区全球标识

（续）

eCoMP（Enhanced Coordinated Multipoint）	增强的协同多点
EDPCCH（Enhanced Downlink Physical Control Channel）	增强的下行物理控制信道
EFR（Enhanced Full Rate）	增强全速率
eICIC（Enhanced Inter - Cell Interference Coordination）	增强的小区间干扰协调
eMBMS（Enhanced Multimedia Broadcast Multicast Solution）	增强的多媒体广播组播方案
EPA（Enhanced Pedestrian A）	增强的步行 A（信道模型）
EPC（Evolved Packet Core）	演进的分组核心网
EPRE（Energy Per Resource Element）	单元资源要素的能量
eRAB（Enhanced Radio Access Bearer）	增强的无线接入承载
ESR（Extended Service Request）	扩展的业务申请
ET（Envelope Tracking）	包络跟踪
EVM（Error Vector Magnitude）	矢量误差幅度
EVS（Enhanced Voice Services）	增强的语音服务
FACH（Forward Access Channel）	前向接入信道
FD - LTE（Frequency Division Long Term Evolution）	频分 LTE
FDD（Frequency Division Duplex）	频分双工
FeICIC（Further Enhanced Inter - Cell Interference Coordination）	进一步增强的小区间干扰协调
FFT（Fast Fourier Transform）	快速傅里叶变换
FSS（Frequency Selective Scheduling）	频域选择性调度
FTP（File Transfer Protocol）	文件传输协议
GBR（Guaranteed Bit Rate）	保障比特速率
GCID（Global Cell Identity）	全球小区标识
GERAN（GSM/EDGE Radio Access Network）	GSM/EDGE 无线接入网络
GPON（Gigabit Passive Optical Network）	千兆无源光网络
GPS（Global Positioning System）	全球定位系统
GS（Gain Switching）	增益开关
GSM（Global System for Mobile communication）	全球移动通信系统
HARQ（Hybrid ARQ）	混合自动重传请求
HD（High Definition）	高清晰度
HetNet（Heterogeneous Network）	异构网络
HFC（Hybrid Fibre Coaxial）	混合光纤同轴
HO（Handover）	切换
HOF（Handover Failure）	切换失败
HPM（High - Performance Mobile）	高性能终端
HSPA（High - Speed Packet Access）	高速分组接入
HSDPA（High - Speed Downlink Packet Access）	高速下行分组接入
HSUPA（High - Speed Uplink Packet Access）	高速上行分组接入
HTTP（Hypertext Transfer Protocol）	超文本传输协议
IAS（Integrated Antenna System）	集成天线系统
IC（Interference Cancellation）	干扰消除

（续）

ICIC（Inter – Cell Interference Coordination）	小区间干扰协调
IEEE（Institute of Electrical and Electronics Engineers）	电气电子工程师学会
IM（Instant Messaging）	即时通讯
IMEI（International Mobile Station Equipment Identity）	国际手机设备标识
IMPEX（Implementation Expenditure）	执行支出
IMS（IP Multimedia Subsystem）	IP 多媒体子系统
IMT（International Mobile Telecommunication）	国际移动电信
IoT（Internet of Things）	物联网
IQ（In – phase and Quadrature）	同相和正交
IR（Incremental Redundancy）	增量冗余
IRC（Interference Rejection Combining）	干扰抑制合并
IRU（Indoor Radio Unit）	室内射频单元
ISD（Inter Site Distance）	站间距离
IT（Information Technology）	信息技术
ITU – R（International Telecommunications Union – Radio communications sector）	国际电信联盟 –无线通信部
JP（Joint Processing）	联合处理
JT（Joint Transmission）	联合传输
KPI（Key Performance Indicator）	关键性能指标
LAA（Licensed Assisted Access）	授权辅助接入
LAN（Local Area Network）	本地区域网
LAU（Location Area Update）	位置区域更新
LBT（Listen Before Talk）	对话前监听
LMMSE – IRC（Linear Minimum Mean Square Error Interference Rejection Combining）	线形最小方均误差 – 干扰抑制合并
LOS（Line of Sight）	视距
LP（Low Power）	低功率
LTE（Long – Term Evolution）	长期演进
LTE – A（LTE – Advanced）	LTE 增强
LU（Location Update）	位置更新
MAC（Medium Access Control）	媒体接入控制
MBSFN（Multicast – Broadcast Single Frequency Network）	组播广播单频网
MDT（Minimization of Driving Test）	路测最小化
MeNB（Macro eNodeB）	宏基站
MeNodeB（Master eNodeB）	主基站
M2M（Machine – to – Machine）	机器对机器（通信）
MCL（Minimum Coupling Loss）	最小耦合损耗
MCS（Modulation and Coding Scheme）	调制编码方式
ML（Maximum Likelihood）	最大似然
MLB（Mobility Load Balancing）	移动性负载均衡
MIMO（Multiple Input Multiple Output）	多入多出

（续）

MME（Mobility Management Entity）	移动管理实体
MMSE（Minimum Mean Square Error）	最小方均误差
MOS（Mean Opinion Score）	平均意见得分
MRC（Maximum Ratio Combining）	最大比合并
MRO（Mobility Robustness Optimization）	移动鲁棒性优化
MSS（Mobile Switching centre Server）	移动交换中心服务器
MTC（Machine Type Communication）	机器类通信
MTC（Mobile Terminating Call）	手机终止呼叫
MTRF（Mobile Terminating Roaming Forwarding）	手机终止漫游转发
MTRR（Mobile Terminating Roaming Retry）	手机终止漫游重试
M2M（Machine – to – Machine）	机器对机器（通信）
NAICS（Network Assisted Interference Cancellation and Suppression）	网络辅助的干扰消除和抑制
NAS（Non – Access Stratum）	非接入层
NB（Narrowband）	窄带
NLOS（Non – Line of Sight）	非视距
NOMA（Non – orthogonal Multiple Access）	非正交多址接入
OBSAI（Open Base Station Architecture Initiative）	开放基站架构倡议
O&M（Operation and Maintenance）	操作维护
OFDM（Orthogonal Frequency – Division Multiplexing）	正交频分复用
OFDMA（Orthogonal Frequency – Division Multiple Access）	正交频分多址接入
OPEX（Operating Expenditure）	运营支出
OS（Operating System）	操作系统
OSG（Open Subscriber Group）	开放用户群
OTT（Over the Top）	（网络）顶上（应用和开发商）
OVSF（Orthogonal Variable Spreading Factor）	正交可变扩频因子
PA（Power Amplifer）	功率放大器
PBCH（Physical Broadcast Channel）	物理广播信道
PCell（Primary Cell）	主小区
PCFICH（Physical Control Format Indicator Channel）	物理控制格式指示信道
PCH（Paging Channel）	寻呼信道
PCI（Pre – coding Control Indication）	预编码控制指示
PDCCH（Physical Downlink Control Channel）	物理下行控制信道
PDCP（Packet Data Convergence Protocol）	分组数据汇聚协议
PDF（Power Density Function）	功率密度函数
PDSCH（Physical Downlink Shared Channel）	物理下行共享信道
PDU（Protocol Data Unit）	协议数据单元
PESQ（Perceptual Evaluation of Speech）	语音感知评价
PHR（Power Headroom Repeat）	功率余量报告
PGW（Packet Data Network Gateway）	分数数据网关
PLMN（Public Land Mobile Network）	公共陆地移动网络

（续）

PMI（Precoding - Matrix Indicator）	预编码矩阵指示
PoE（Power over Ethernet）	以太网供电
POLQA（Perceptual Objective Listening Quality）	感知客观听力
PON（Passive Optical Network）	无源光网络
PRB（Physical Resource Block）	物理资源块
PSBCH（Physical Sidelink Broadcast Channel）	物理侧链广播信道
PSCCH（Physical Sidelink Control Channel）	物理侧链控制信道
PSD（Power Spectral Density）	功率谱密度
PSDCH（Physical Sidelink Discovery Channel）	物理侧链探索信道
PSM（Power Saving Mode）	节电模式
PSSCH（Physical Sidelink Shared Channel）	物理侧链共享信道
PUCCH（Physical Uplink Control Channel）	物理上行控制信道
PUSCH（Physical Uplink Shared Channel）	物理上行共享信道
pRRU（Pico Remote Radio Unit）	皮远程射频单元
QAM（Quadrature Amplitude Modulation）	正交幅度调制
QCI（Quality of Service Class Identifier）	业务质量等级标识
QoS（Quality of Service）	业务质量
RA - RNTI（Random Access - RNTI）	随机接入无线网络临时标识
RACH（Random Access Channel）	随机接入信道
RAN（Radio Access Network）	无线接入网络
RAO（Random Access Opportunity）	随机接入概率
RAT（Radio Access Technology）	无线接入技术
RB（Radio Block）	无线块
RCS（Rich Cell Services）	丰富的小区服务
RE（Range Extension）	范围扩展
RET（Remote Electrical Tilting）	远程电调倾角
RF（Radio Frequency）	射频
RHUB（Remote Radio Unit Hub）	远程射频单元集线器
RI（Rank Indicator）	秩指示
RIM（Radio Information Management）	无线接口信息管理
RLC（Radio Link Protocol）	无线链路协议
RNC（Radio Network Controller）	无线网络控制器
RRH（Remote Radio Head）	远程射频头
RAT（Radio Access Technology）	无线接入技术
RLF（Radio Link Failure）	无线链路失败
RLM（Radio Link Monitoring）	无线链路监测
RNC（Radio Network Controller）	无线网络控制器
RNTP（Relative Narrow - Band Transmit Power）	相对窄带发射功率
ROHC（Robust Header Compression）	稳健头标压缩
RoT（Rise over Thernal）	热噪声增量

（续）

RRC（Radio Resource Control）	无线资源控制
RRM（Radio Resource Management）	无线资源管理
RS（Reference Signal）	参考信号
RSCP（Received Signal Code Power）	接收信号码功率
RSRP（Reference Signal Received Power）	参考信号接收功率
RSRQ（Reference Signal Received Quality）	参考信号接收质量
RSSI（Received Signal Strength Indication）	接收信号强度指示
RX（Reception）	接收
SC – FDMA（Single – Carrier FDMA）	单载波频分多址
SDU（Service Data Unit）	业务数据单元
S – GW（Serving Gateway）	服务网关
S – TMSI（SAE Temporary Mobile Subscriber Identity）	SAE 临时移动用户身份
S1AP（S1 Application Protocol）	S1 应用协议
SeNB（Small eNodeB）	小基站
SeNodeB（Secondary eNodeB）	辅助基站
SCell（Secondary Cell）	辅助小区
SCS（Short Control Signaling）	短控制信令
SFN（Single Frequency Network）	单频网络
SGW（Serving Gateway）	服务网关
SI – RNTI（System Information Radio Network Temporary Identifier）	系统信息无线网络临时标识
SIB（System Information Block）	系统信息块
SINR（Signal – to – Interference – and – Noise Ratio）	信号与干扰噪声比
SIP（Session Initiation Protocol）	会话发起协议
SISO（Single Input Single Output）	单入单出
SLIC（Symbol Level Interference Cancellation）	符号级干扰消除
SMS（Short Message Service）	短消息
SNR（Signal – to – Noise Ratio）	信噪比
SON（Self – Organizing Network）	自组织网络
SPS（Semi Persistent Scheduling）	半持续调度
SR（Scheduling Request）	调度请求
SRB（Signaling Radio Bearer）	信令无线承载
SRS（Sounding Reference Signal）	探测参考信道
SRVCC（Single Radio Voice Call Continuity）	单一无线语音呼叫连续性
SU（Single User）	单用户
SWB（Super Wideband）	超宽带
TA（Timing Advance）	定时提前
TAU（Tracking Area Update）	跟踪区更新
TBS（Transport Block Size）	传输块大小
TC（Test Case）	测试用例
TCO（Total Cost of Ownership）	总持有成本

（续）

TCP（Transmission Control Protocol）	传输控制协议
TDD（Time Division Duplex）	时分双工
TD - LTE（Time Division Long Term Evolution）	时分 LTE
TETRA（Terrestrial Trunked Radio）	陆地集群无线电
TM（Transmission Mode）	传输模式
TPC（Transmission Power Control）	传输功率控制
TTI（Transmission Time Interval）	传输时间间隔
TTT（Time to Trigger）	触发时间
TX（Transmission）	传输
UCI（Uplink Control Information）	上行控制信息
UDN（Ultra Dense Network）	超密集网络
UDP（User Datagram Protocol）	用户数据报协议
UE（User Equipment）	用户设备
UPS（Uninterruptable Power Supply）	不间断供电
USB（Universal Serial Bus）	通用串行总线
USIM（Universal Subscriber Identity Module）	全球用户身份模块
UTRA（Universal Terrestrial Radio Access）	通用陆地无线接入
UTRAN（Universal Terrestrial Radio Access Network）	通用陆地无线接入网
VAD（Voice Activity Detection）	语音激活检测
VDSL（Very high bit rate Digital Subscriber Line）	甚高速数字用户环路
VoLTE（Voice over LTE）	LTE 承载的语音
V2X（Vehicle to Infrastructure）	车对基础设施（通信）
V2V（Vehicle to Vehicle）	车对车（通信）
WB（Wide Band）	超宽带
WCDMA（Wideband Code Division Multiple Access）	宽带码分多址
WDM（Wavelength Division Multiplexing）	波分复用
Wi - Fi（Wireless Fidelity）	无线保真度（WLAN 接入技术）
WLAN（Wireless Local Area Network）	无线局域网
X2AP（X2 Application Protocol）	X2 应用协议

第1章 概 述

Harri Holma

1.1 导言

在刚刚过去的十年里，移动宽带技术经历了令人难以置信的快速演进。2005年发布的第一个高速下行分组接入（HSDPA）网络使高速移动宽带业务成为可能，2007年发布的第一款iPhone为移动宽带创造了巨大需求。在过去的十年中，数据速率提高了百倍以上，而数据流量则呈现了超千倍的增长。HSDPA最开始的数据速率为3.6Mbit/s，而最新的LTE-A网络已经在2014年和2015年分别实现了300Mbit/s和450Mbit/s的数据传输速率。然而，我们仍然只是看到了移动宽带时代的前期部分——将持续向前快速演进。同时，移动宽带用户数正快速增长，而物美价廉的新型智能手机将为下一波数十亿用户提供移动互联网接入。

本章简要介绍全球LTE网络现状、业务量增长、第三代合作伙伴项目（3GPP）中的LTE技术以及频谱方面等内容。本章还将讨论小基站（简称为小站）部署、网络优化及LTE的重要性。

1.2 LTE全球部署与终端现状

第一个LTE商用网络由运营商Teliasonera于2009年12月在瑞典开始商用，这标志着高速移动通信的一个新纪元的开始。截至2015年年底，全球LTE商用网络数已增长到超过140个国家的460张。部署的快速增长发生在2012~2015年间。可预计，商用LTE网络数将很快超过150个国家和500张。发布网络数如图1.1所示。

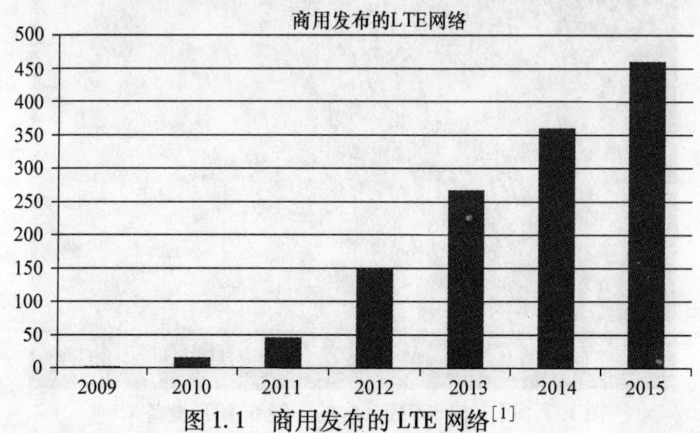

图1.1 商用发布的LTE网络[1]

最初的 LTE 终端通过通用串行总线（USB）调制解调器的形式支持 100Mbit/s 速率。很快 LTE 能力被引入到高端中等价位的智能手机中，数据速率高达 150Mbit/s。到 2015 年，LTE 能力已经存在于除了约 50 美元的非常低端细分市场之外的大多数智能手机之中。数据速率能力增长到 300Mbit/s，最新的设备可以支持 450Mbit/s。图 1.2 所示的路测吞吐量案例显示：等级 6 终端在外场良好信号条件下可以获得非常接近 300Mbit/s 的速率，图 1.3 展示了一个此类设备的例子。同时，该终端还支持 LTE 语音（VoLTE），使 LTE 网络不仅用于数据连接，还可用于语音通信。

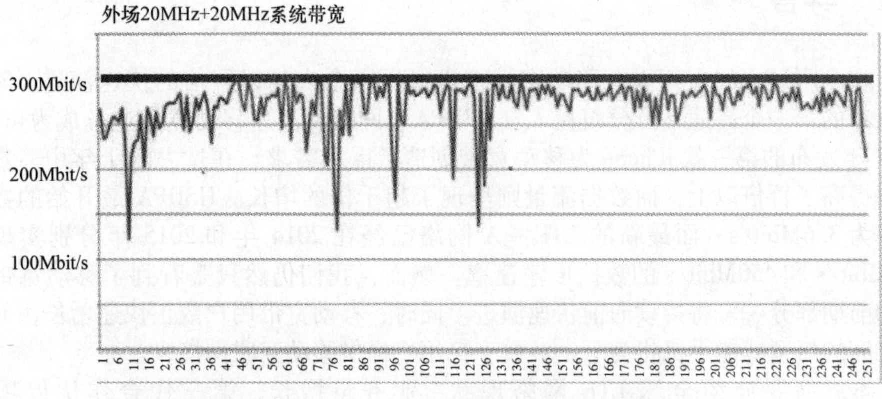

图 1.2　采用等级 6 LTE 设备获得的路测数据速率

图 1.3　可支持 300Mbit/s 的等级 6 LTE 设备举例

1.3 移动数据业务量增长

移动数据业务量在过去几年得到了快速增长，这是由新型智能手机、大显示屏、更高数据速率和更多移动宽带用户数所驱动的。图1.4显示了2年间的移动数据增长，这些数据收集自全球超过100个主要运营商的网络。该图中的绝对数据量超过了百万倍百万兆字节，即艾字节每年。数据量增长呈现了2年间3.6倍，对应年增长90%。可以期待，移动数据的快速增长将持续。数据增长正是为什么需要更多LTE网络、需要更多频谱、需要无线优化、需要部署小站的原因之一。这些数据增长必然发生，但并不会为运营商收入带来增长。因此，必须降低每比特成本，网络效率必须得到相应提高。

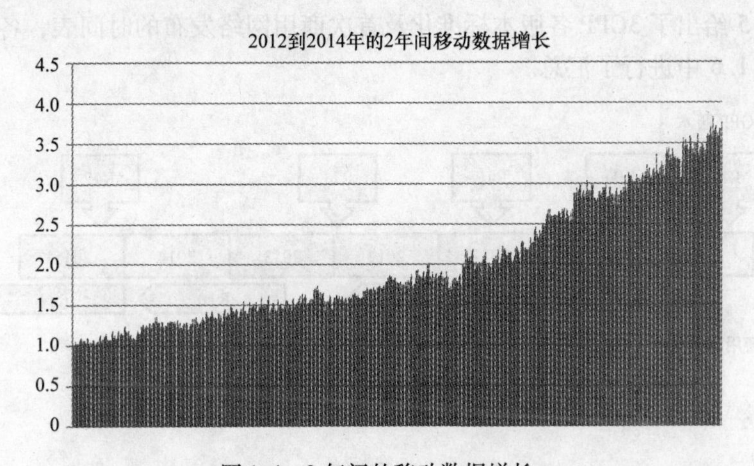

图1.4 2年间的移动数据增长

1.4 LTE技术演进

LTE技术在第三代合作伙伴项目（3GPP）中进行标准化工作。LTE引入3GPP第8版中，其规范于2009年3月完成并实现后向兼容。第8版使得2×2 MIMO下的150Mbit/s、低时延、扁平网络架构以及支持四天线基站收发成为可能。理论上，第8版也可在4×4 MIMO下获得300Mbit/s，但截至目前，实际终端均只带有两天线从而限制速率到150Mbit/s。第9版在第8版基础上做了少量更新，标准完成的时间比第8版晚一年并于2011年开始商用。第9版引入增强的多媒体广播组播方案（eMBMS）也被称为LTE广播、针对VoLTE的紧急呼叫、Femto基站切换以及第一组自组织（SON）功能。第10版在数据速率和容量方面获得了巨大进步，包括载波聚合（CA）和下行高达八天线、上行高达四天线的高阶MIMO。对异构网络（HetNet）的支持也被包含在第 10 版中，包括增强的小区间干扰协调（eICIC）功能。第 10 版标准完成于 2011 年 6 月，并最早于 2013 年 6 月发布了第一个载波聚合网络，第 10 版也被称为 LTE-Advanced。第 11 版通过协同多点（CoMP）收发、进一步增强的小区间干扰协调（feICIC）、先进的 UE 干扰消除和载波聚合增强对LTE-Advanced 进行了功能提升。第 11 版已经在 2015 年实现首次商用。3GPP 中的第 12 版标准化工作在 2015 年 3 月完成，预期在 2017 年实现商用部署。第 12 版包括了宏站与小站间的双连接、增强的协同多点（eCoMP）、机器对机器（M2M）通信的优化以及设备对设备（D2D）通信。第 13 版标准化工作始于 2014 年下半年，计划将于 2016 年完成。第 13 版引入了授权辅助接入（LAA），其也被称为非授权频谱 LTE（LTE-U）以及授权共享接入（ASA）、三维（3D）波束赋形、D2D 增强。

图 1.5 给出了 3GPP 各版本标准化及首次商用网络发布的时间表，各版本主要内容在图 1.6 中进行了汇总。

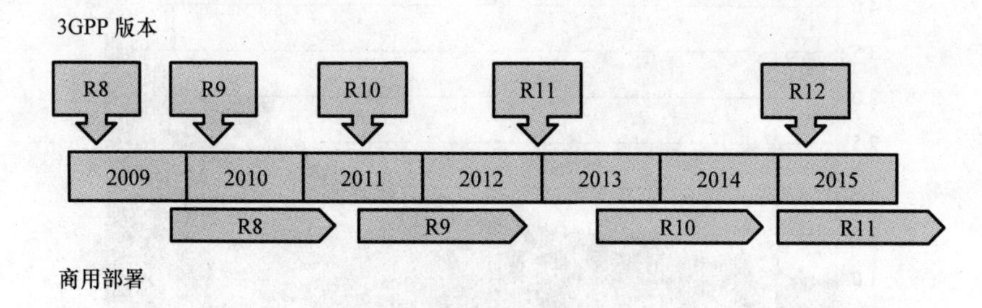

图 1.5 3GPP 版本可用时间

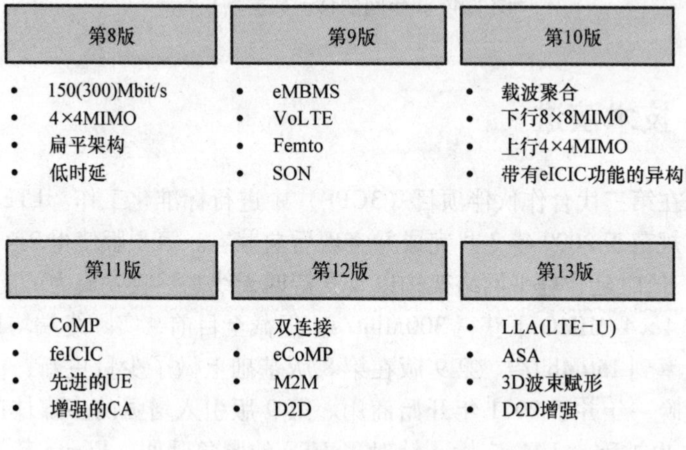

第8版
- 150(300)Mbit/s
- 4×4MIMO
- 扁平架构
- 低时延

第9版
- eMBMS
- VoLTE
- Femto
- SON

第10版
- 载波聚合
- 下行8×8MIMO
- 上行4×4MIMO
- 带有eICIC功能的异构网络

第11版
- CoMP
- feICIC
- 先进的UE
- 增强的CA

第12版
- 双连接
- eCoMP
- M2M
- D2D

第13版
- LLA(LTE-U)
- ASA
- 3D波束赋形
- D2D增强

图 1.6 各版本主要内容

无线数据速率随着 LTE 和 LTE-Advanced 实现了非常快速的增长，2010 年间通过采用连续20MHz频谱分配及2×2 MIMO的商用第8版已经可实现150Mbit/s，2013年10+10MHz载波聚合使得那些只拥有10MHz连续频谱的运营商也可以实现150Mbit/s。2014年20+20MHz载波聚合推动峰值速率达到300Mbit/s，而2015年的三载波聚合（3CA）进一步将数据速率提升到450Mbit/s。可以预期，这种演进将在不久的将来得到持续快速发展，并随着商用设备的成熟将在100MHz总系统带宽下可支持1Gbit/s。图1.7展示了设备数据速率能力的演进，过去终端通常是数据速率的限制因素，而现在限制因素变成了可分配给连接的最大频谱数量。那些拥有更多可用频谱的运营商将具备数据速率能力方面的优势，参考文献［2］提供了载波聚合方面的内容。

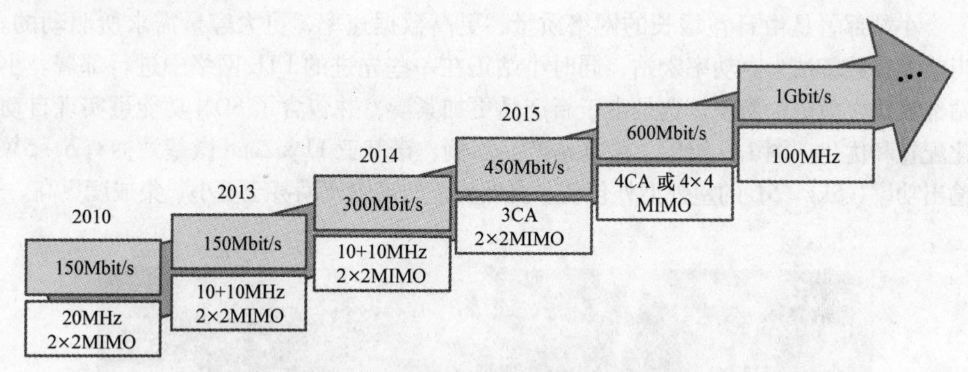

图1.7 商用设备的峰值数据速率演进

1.5 LTE频谱

LTE-Advanced需要大量频谱来提供高容量和高数据速率。图1.8给出了欧洲

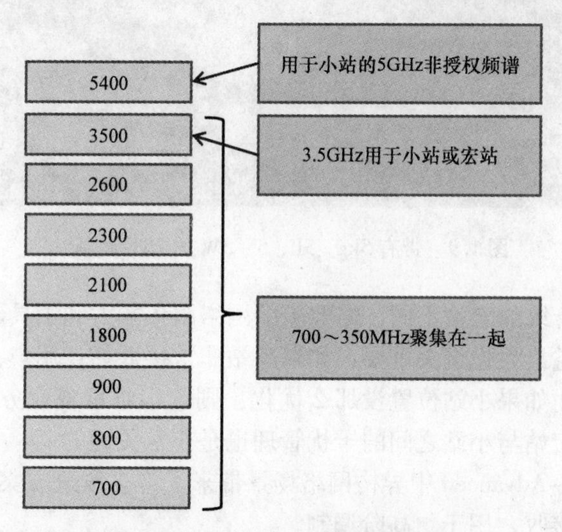

图1.8 用于LTE的频谱资源示例

或者一些亚洲市场的典型频谱资源，所有频谱都聚集在 700～2600MHz 之间。多个频谱资源块的载波聚合在提供更大容量和更高数据速率之外还有助于网络业务量管理和负载均衡。位于 3.5GHz 的更高频谱也可用于宏基站（简称宏站）载波聚合，特别是对于站址密度非常高的城市区域，而另一选择是在小站层使用 3.5GHz。位于 5GHz 的非授权频谱可用于小站，以获得更多频谱[3]。最理想情况下，移动运营商可获得超过 1GHz 的授权频谱，考虑非授权频谱的话则更多。

1.6 小站部署

小站部署是由日益增长的网络质量、更高数据速率、更大容量需求所驱动的。当前大多数基站为高功率宏站，同时小站正在一些先进的 LTE 网络中进行部署。小站部署比之前更为简便，这是由于新产品更加紧凑，并包含了 SON 功能可实现自动化配置和优化。图 1.9 给出了微基站产品示例，诺基亚 FlexiZone 微基站拥有 5＋5W 输出功率、5kg、5L 的室外型外包装。更低功率的室内产品甚至更小、集成度更高。

图 1.9　带有 5kg、5L、5＋5W 的 LTE 微基站

小站部署与传统的宏站不同，需要新的网络服务能力和工具。例如，小站的部署位置对小站效益最大化至关重要：如果小站非常接近热点用户，则可以分担大量宏站业务负荷；而如果小站位置没那么优化，则它很难承载业务并且会增加干扰。在同频部署下，宏站与小站之间的干扰管理也是非常关键的。

3GPP 为 LTE-Advanced 中异构网络场景带来了许多改进方案，用于干扰管理、用于多小区联合接收、用于更高阶调制。

1.7　网络优化

LTE 网络需要进行优化以提供 LTE 技术的全部潜能。关键性能指标（KPI），如接入成功率和掉话率必须达到足够好的程度，数据速率也需要匹配人们对 4G 技术的期望，网络覆盖必须满足运营商对客户的承诺。这些基本优化不仅包括传统的射频和天线优化，还包括 LTE 特定的参数及规划方案，如小区标识规划、链路自适应和功率控制参数化和调度器优化。热点区域以及特别是大事件需要更为先进的优化策略，以便在数万客户同时聚集在同一地点如体育馆时所产生极大负荷的情况下还能提供稳定优质的网络性能。在这些会场里，干扰管理和控制信道非常重要。

最初的 LTE 网络不支持语音业务，而是通过遗留的 2G 和 3G 网络提供电路交换语音业务。电路交换语音回落需要一些优化工作，同时 VoLTE 需要进一步优化，以提供与电路交换语音相同或更高质量的语音服务。

通常，2G 和 3G 网络对于每个运营商只有两个频带在用，而 LTE 网络可能具有超过 6 个 LTE 频带。如此复杂的频谱分配需要仔细地规划如何使得多个频带可以一起使用。LTE 实现全覆盖且 VoLTE 为所有用户可用之前，还需要考虑 LTE 与基础 3G 网络在语音和数据业务上的交互。

终端用户体验还将受到终端耗电、应用程序性能以及终端操作系统的影响。需要在这些方面考虑端到端应用优化，从而可以在用户的智能手机或其他设备上提供吸引人的用户体验。

图 1.10 汇总了 LTE 网络优化的关键领域，并将在本书中进行详述。

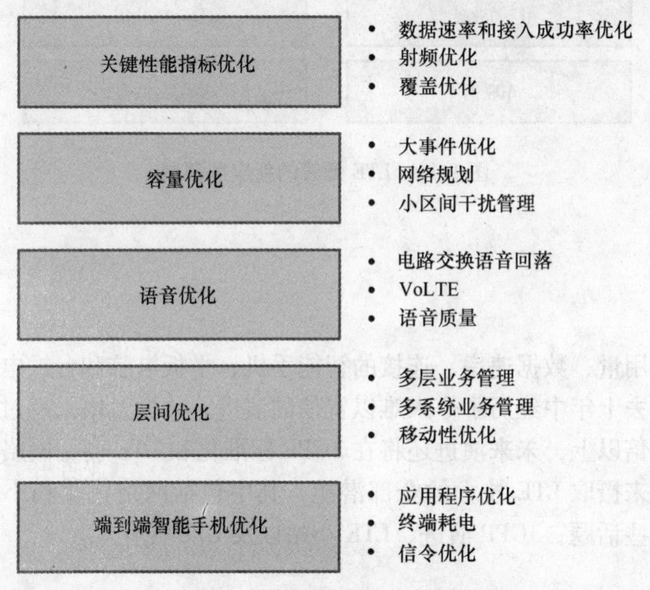

图 1.10　LTE 网络优化的关键领域

1.8 第 13 版之后的 LTE 演进

2015～2016 年间，3GPP 正忙于第 13 版的标准化工作，但这并不意味着 LTE 技术的终结。其旨在将 LTE 无线的巨大产业链扩展到其他案例和应用。图 1.11 显示了可由 LTE 无线支持的新业务及相关技术方案。到 2016 年，全球存在超过 70 亿移动连接，但预期未来会有更多的连接设备，并且许多物体将带有互联网连接，即所谓的物联网（IoT）。LTE M2M 优化正是旨在此应用领域。LTE 还可以被用于公共安全网络，如警察和消防员。当公共安全应用采用 LTE 技术时，其性能将远远优于传统的公共安全无线电，此类通信甚至可以在商用网络之上运营，从而提高解决方案的性价比。公共安全应用需要直接 D2D 通信，相同的 D2D 功能还可以用于设备之间许多新的近距业务。LTE 广播可能最终通过 eMBMS 取代陆地电视。其他新的应用领域可能有用于交通安全和娱乐的车联网或者为飞机上 Wi-Fi 接入点提供回传。参考文献［4］列举了一些新业务能力。

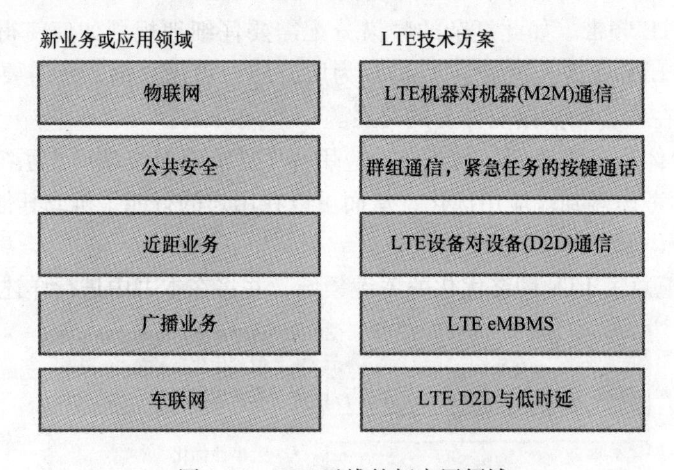

图 1.11 LTE 无线的新应用领域

1.9 总结

在数据使用量、数据速率、连接的智能手机、平板电脑和台式电脑方面，移动宽带技术在过去十年中经历了令人难以置信的演进。数据量增长超过千倍，数据速率增长也在百倍以上，未来演进还将在 3GPP 标准化和 LTE 商用网络中继续。需要大量优化手段来摄取 LTE 技术的全部潜能，其中包括网络优化和小站部署。本书将重点关注这些话题：3GPP 演进、LTE 小站以及 LTE 优化。

参考文献

[1] GSA – The Global Mobile Suppliers Association, July 2015.
[2] 'LTE-Advanced Carrier Aggregation Optimization', Nokia white paper, 2014.
[3] 'LTE for Unlicensed Spectrum', Nokia white paper, 2014.
[4] 'LTE-Advanced Evolution in Releases 12 – 14', Nokia white paper, 2015.

第2章　第8版到第11版中的LTE及LTE-Advanced

Antti Toskala

2.1　导言

本章将呈现首个LTE版本即第8版的原理以及首个LTE-Advanced版本即第10版和第11版的开发步伐。首先，涵盖了第8版中LTE的基本原理，涉及关键信道结构和关键物理层流程方面的内容；之后，介绍第10版和第11版中的增强功能，包括载波聚合的设计原则、增强多天线操作方案如协同多点（CoMP）传输原理。本章以截至第11版的所有UE能力等级作为总结。

2.2　第8版和第9版LTE

第8版标准化工作始于2004年年底并完成于2008年年底，包含了第一个LTE规范的完整集合。第一个LTE版本第8版已经是一个高性能的无线系统，可传输高容量、超过100Mbit/s的数据速率，这些性能指标在外场环境中得到了验证。其多址接入原理相对于3GPP之前系统是全新的，然而也使用了一些过去十年中已开发完成并用于高速分组接入（HSPA）[1]的先进技术，如基于基站的调度、链路自适应、物理层重传及其他移动通信领域的最新技术。通过LTE，这些先进技术被整合成一套先进的多址接入技术设计方案，上行链路采用单载波FDMA（SC-FDMA）实现高效的终端耗电，下行链路采用正交频分多址接入（OFDMA）实现低复杂度的终端接收机。第9版的改进并不改变峰值数据速率或关键的物理层设计原理或可获得数据速率。第9版的改进主要关注在语音业务使能，包括用于紧急呼叫的必须要素，如优先服务和定位功能。

2.2.1　第8版和第9版物理层

LTE第8版和第9版支持6种不同的系统带宽，从1.4~20MHz，见表2.1。设计定时对于所有系统带宽均固定不变，而UE接收的子载波数量是随系统带宽变化的函数。同步信道及物理广播信道（PBCH）被设计为包含在6个中心位置的180kHz物理资源块中，与实际系统带宽无关。

表 2.1　LTE 第 8 版和第 9 版中对于不同系统带宽的物理层参数

带宽	1.4MHz	3.0MHz	5MHz	10MHz	15MHz	20MHz
子帧时长	1ms					
子载波间隔	15kHz					
FFT 长度	128	256	512	1024	1526	2048
子载波数	72	180	300	600	900	1200
每时隙符号数	短 CP 带有 7 个符号，而长 CP 带有 6 个符号					
循环前缀	短 CP 为 5.21μs 或 4.69μs，而长 CP 为 16.67μs					

下行链路资源分配是通过物理资源块（PRB）来实现的，最小资源分配单元为一个资源块。一个资源块在时域为 1ms，在频域包含了 12 个、每个 15kHz 的子载波，因此总共 180kHz。与一个子帧匹配的 OFDMA 符号数取决于所选择的循环前缀长度。短循环前缀情况下每个子帧可包含 14 个符号，而更长（扩展的）循环前缀降低符号数到 12 个。图 2.1 展示了下行链路 PRB 结构。eNodeB 调度器将在每个 1ms 中针对所有需要被调度 UE 设备进行资源分配。

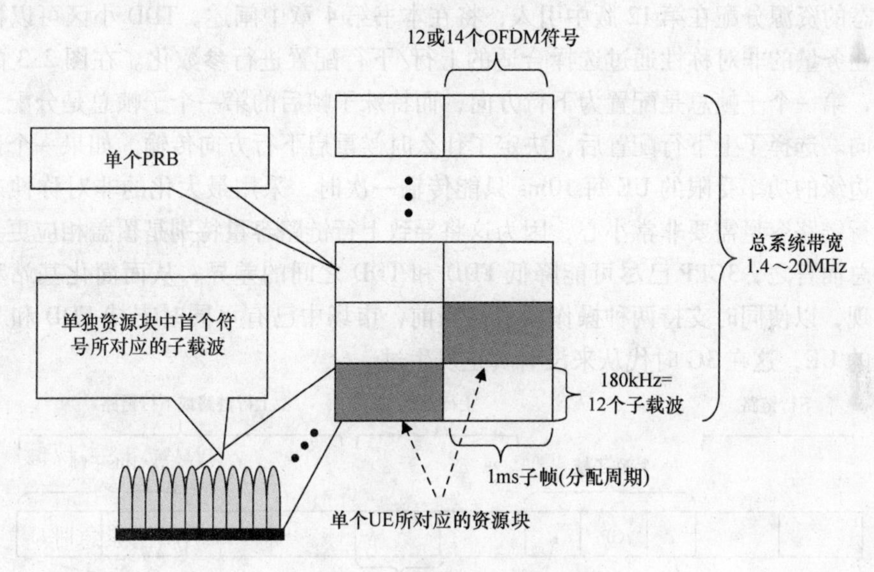

图 2.1　下行链路 1ms 分配结构

下行链路帧结构采用 1ms 子帧，物理下行控制信道（PDCCH）上的下行控制信令采用 1 个、2 个或 3 个符号进行传输，子帧中剩余部分留给物理下行共享信道（PDSCH）上承载的用户数据，如图 2.2 所示。

采用时分双工（TDD）操作时，帧结构与图 2.2 所示存在一些差异。在上行链路和下行链路间进行传输方向变化时，存在特殊子帧。TDD（TD-LTE）的初期版本中上行/下行配置采用固定参数，提供了不同小区间对上行/下行干扰的保护。更

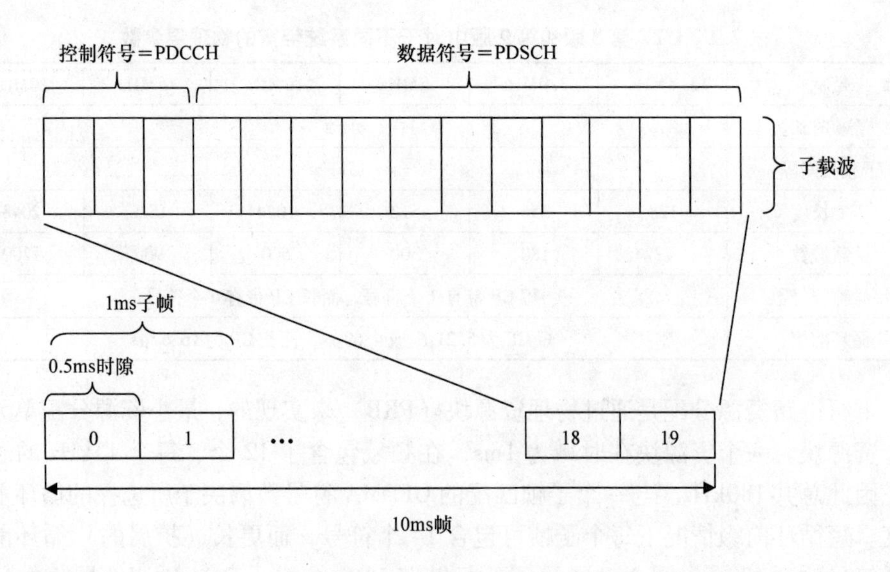

图 2.2　下行链路帧结构

为动态的资源分配在第 12 版中引入，将在本书第 4 章中阐述。TDD 小区可以根据平均业务量的非对称性通过选择合适的上行/下行配置进行参数化。在图 2.3 的结构中，第一个子帧总是配置为下行方向，而特殊子帧后的第一个子帧总是分配为上行方向。选择了上下行配置后，决定了什么时候重启下行方向传输。如果一个位于小区边缘的功率受限的 UE 每 10ms 只能传输一次时，采用最大化的非对称性来提升下行链路容量需要非常小心，因为这将导致上行链路容量特别是覆盖相应更为受限。总而言之，3GPP 已尽可能降低 FDD 和 TDD 之间的差异，从而简化基站和终端实现，以便同时支持两种操作模式。当前，市场中已有可同时支持 FDD 和 TDD 模式的 UE，这在 3G 时代从来没有真正发生过。

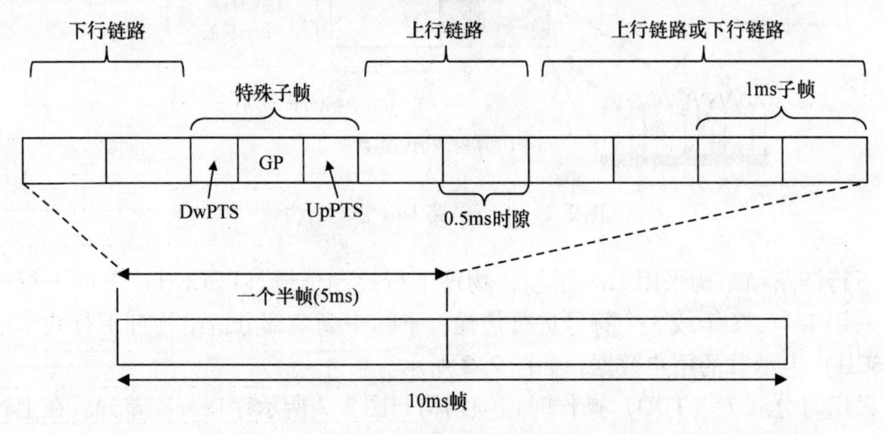

图 2.3　LTE TDD 帧结构

上行链路的资源分配也由 eNodeB 控制，通过物理层信令来指示每毫秒内哪些设备被允许在上行链路以及在上行频谱的哪个部分进行数据发送。SC-FDMA 多址接入技术基于如图 2.4 所示的发射机原理，采用 QAM 调制器同一时间只能发送一个符号，不能像采用 OFDMA 的下行链路那样在时域进行并发。这导致符号时长要比下行链路更短，因此不需要在每个符号之后而是在一组符号块之后加入循环前缀。由于上行链路的符号块与下行链路单个 OFDMA 符号具有相同的时长，所以在上行链路上循环前缀所带来的相对负荷开销是相同的。导致对 eNodeB 接收机的影响是，在传输符号块内的符号之间存在符号间干扰，因此 eNodeB 侧需要更先进的接收机。图 2.4 显示的最小方均误差（MMSE）接收机只是一个举例，实际接收机解决方案留给 eNodeB 厂商决定，类似于 eNodeB 中许多其他算法，如上下行调度算法。图 2.4 中的子载波映射可用于决定传输信号在上行频谱中的哪个部分进行发送，基于来自 eNodeB 的指示（上行资源许可）。

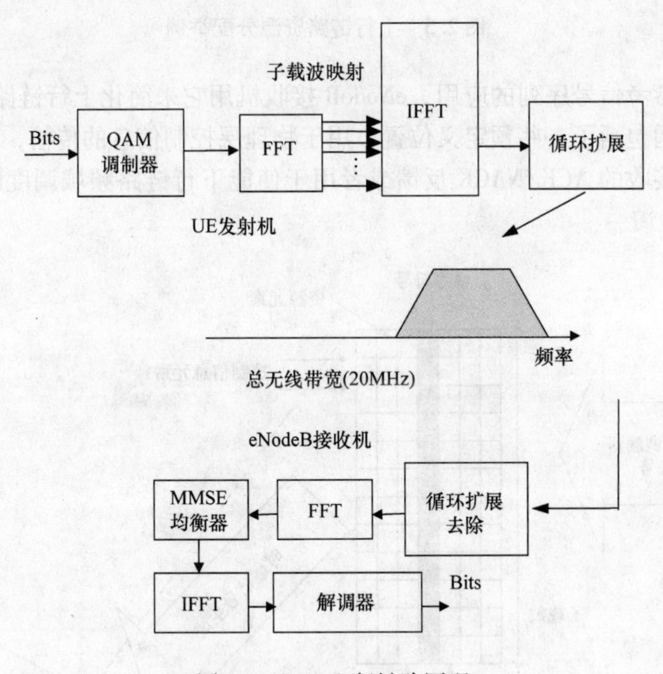

图 2.4　LTE 上行链路原理

图 2.5 给出了一个上行链路资源分配实例，上行频率为两个设备所共享。对于单个 UE 的上行链路分配总是为连续 n 倍 180kHz 的上行频谱，从而保证形成低峰均比的上行波形。

根据 eNodeB 分配的频率资源，UE 总是以最小 180kHz 进行发送，如图 2.5 所示的最小分配案例。当分配更多带宽时，上行方向上每个符号的时长变短，因为符号传输速率增加了。上行链路时隙内容的生成如图 2.6 所示，包括了为 eNodeB 接

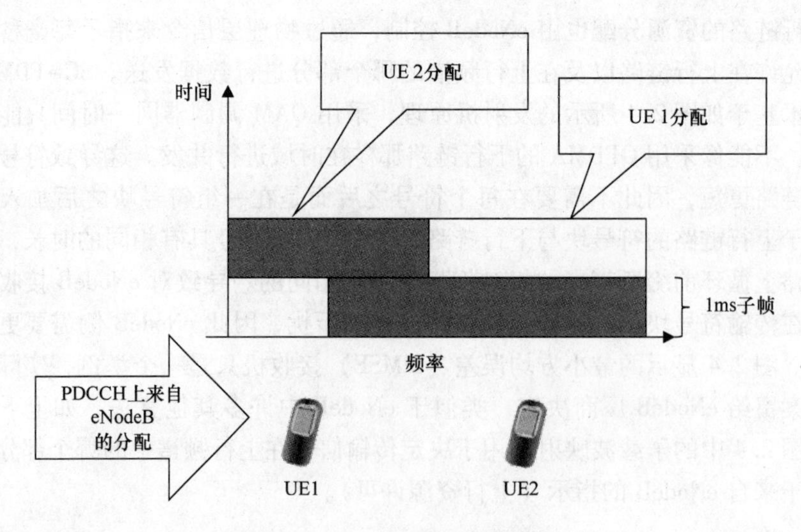

图 2.5 上行链路资源分配举例

收机所知的参考信号序列的应用，eNodeB 接收机用它来简化上行链路的信道估计。上行链路结构包括了一些预定义位置，用于物理层控制信息的传输，例如用于下行链路数据包接收的 ACK/NACK 反馈或者用于使能下行链路频域调度的信道质量信息（CQI）反馈。

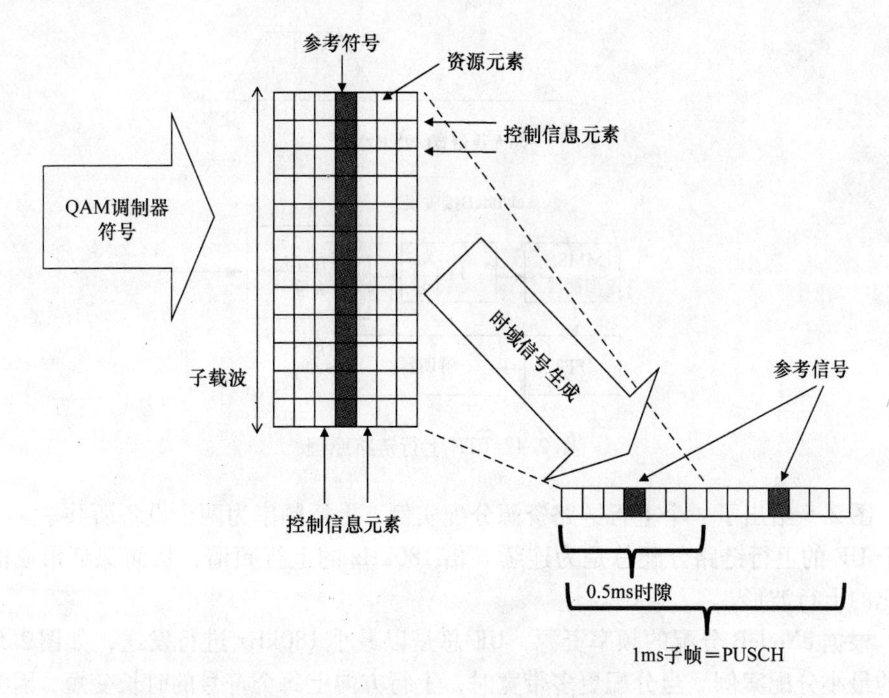

图 2.6 用于传输的上行时隙内容的生成

当没有上行链路分配可用于物理上行共享信道（PUSCH）时，可采用物理上行控制信道（PUCCH）。UE之前有数据传输的情况下，如果没有资源分配可用，当更多数据抵达缓存时可用PUCCH发送调度申请。PUCCH上发送的其他信息包括用于下行方向分组数据接收的CQI反馈和ACK/NACK反馈。用于PUCCH的频率资源位于频带边界，如图2.7所示。一个UE将在一个频带边界的前0.5ms时隙及其他频带边界的其他时隙发送PUCCH。同一PUCCH资源可以用于多个设备，因为UE带有各自的码序列，因此可以允许多个并发的PUCCH传输使用相同资源。

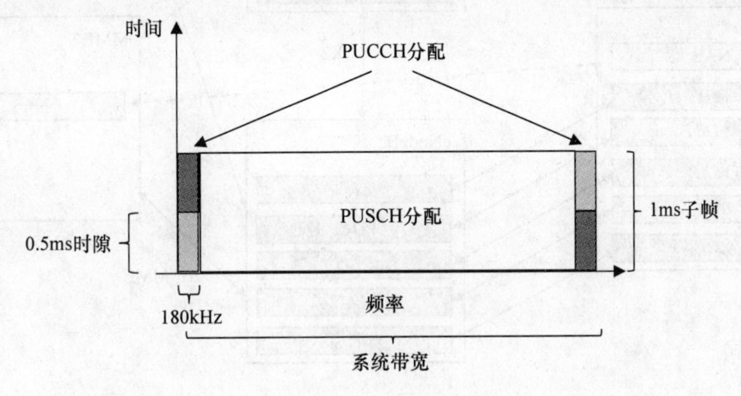

图2.7　上行PUCCH分配

从第8版开始，LTE物理层已经包含了对多入多出（MIMO）传输操作的充分利用，典型的UE能力等级必须具备对两天线接收的支持。类似地，从LTE部署开始，第一个LTE网络就已支持了双流传输。第8版包含了高达四天线MIMO操作的支持，但是可预见超过两天线的部署将基于第10版实现，正如本章后续讨论。

2.2.2　LTE架构

LTE架构的设计原理是保障良好可扩展性的解决方案，不带有很多层。从无线角度来看，该架构总结为eNodeB中的所有无线协议，从而得到单网元无线接入网。通往核心网的S1接口被分为两个部分：S1-U用于用户平面数据，S1-MME用于移动管理实体（MME）和eNodeB间的控制平面信息。没有用户数据通过MME，因此MME的处理负荷只取决于用户数以及他们的信令事件频率，例如连接建立（附着）、寻呼或者移动性事件（如切换）。MME不对切换做任何决策，而由eNodeB决定，但MME会跟踪UE在网络中的位置，并指导演进的分组核心网（EPC）网关与正确的eNodeB建立数据连接。空闲模式下，MME将跟踪UE位置，并获知如果需要对其进行寻呼时采用哪个跟踪区（TA）。无线相关架构如图2.8所示，X2接口在eNodeB之间也是可见的。X2接口主要用于无线资源管理，如在eNodeB间发送切换命令，但在核心网隧道尚未更新到新eNodeB的数据路由之前，也可以临时用于数据转发。

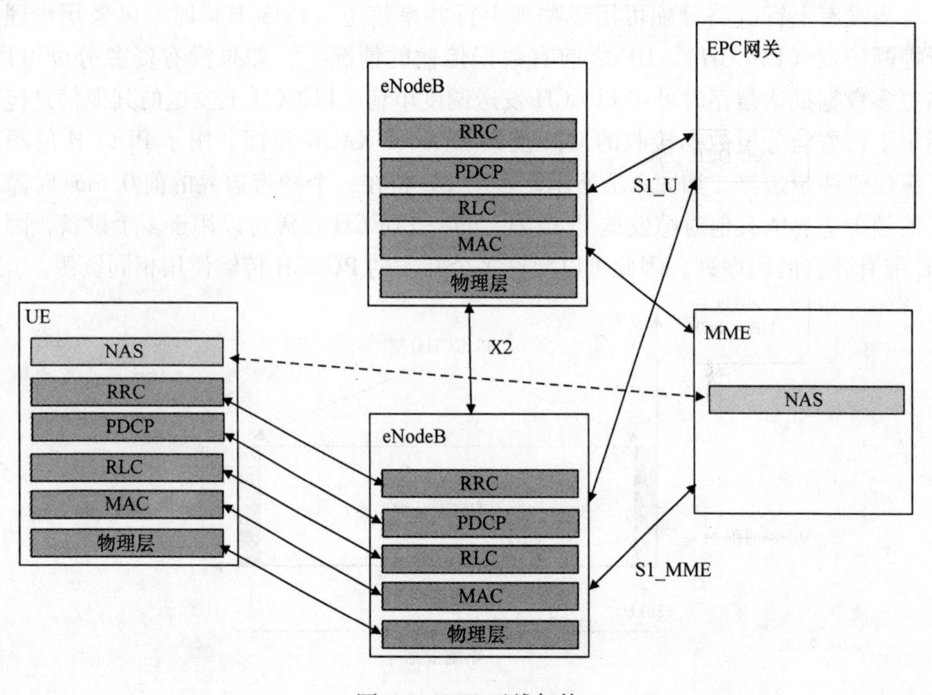

图 2.8　LTE 无线架构

2.2.3　LTE 无线协议

非接入层（NAS）信令通过 eNodeB 由 UE 发送到 MME，包含了 UE 连接网络时的鉴权。位于 eNodeB 的所有无线协议层带有下列关键功能：

- 无线资源控制（RRC）层负责 UE 和 eNodeB 之间的相关信令，所有消息如配置连接、测量报告和 RRC 重配（切换命令）都包含在 RRC 层中。相比 HSPA，LTE 带有更少的 RRC 状态，只定义了 RRC 空闲和 RRC 连接状态，如图 2.9 所示。
- 分组数据汇聚协议（PDCP）控制安全（加密和一致性检测）以及 IP 头压缩操作。与 HSPA（WCDMA）相比，现在包含了安全功能，因此也可用于控制平面信令（除广播的控制信息之外）。
- 无线链路控制（RLC）层包含了物理层重传操作失败时的重传控制。对于某些业务如 LTE 语音（VoLTE），由于更紧的时延预算而不能采用 RLC 重传。在此情况下，RLC 以非重传方式运行，依然控制着分组包的重排序功能。这也是需要的，因为物理层重传结束可能改变了由物理层和 MAC 层提供给 RLC 层的分组包顺序。
- 媒体接入控制（MAC）涵盖了包括诸如非连续收发、定时提前信令、调度和重传控制以及 UE 缓存和发射功率余量汇报等功能。

对于 LTE 无线能力而言，第 9 版只是一个相对较小的演进步骤，因为并没有

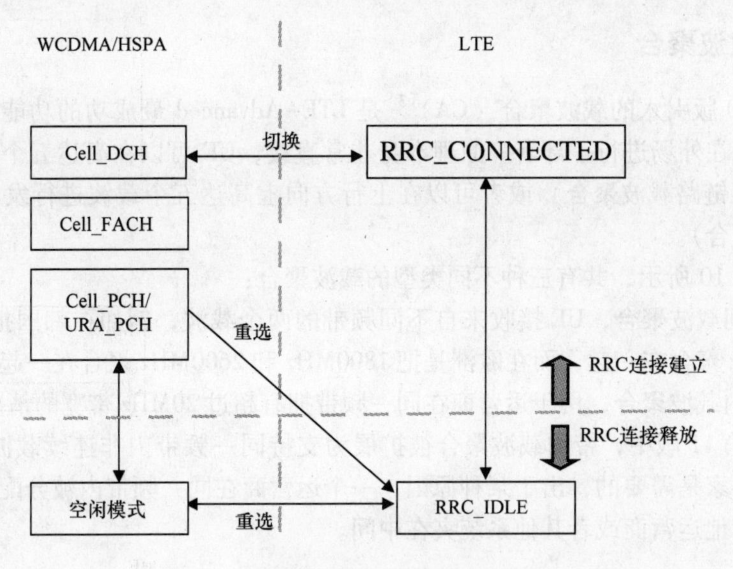

图 2.9　LTE RRC 状态

带来峰值数据速率的提升，而只引入了紧急呼叫优先或位置相关的测量，这对于在 LTE 中引入 VoLTE 功能是非常重要的，更多细节可参见参考文献［2］。从物理层角度来看，增加了一个新的传输模式 8（TM8）在波束赋形情况下使能多流 MIMO 操作，特别适用于那些采用八端口波束赋形天线的 LTE TDD 部署。

2.3　第 10 版和第 11 版中的 LTE-Advanced

第 10 版引入了首个 LTE-Advanced 版本，对 LTE 网络数据能力带来了显著增长，平均可获得数据速率和峰值数据速率都得到了提升。第 10 版和第 11 版 LTE-Advanced 引入的关键功能如下：

• 载波聚合，使得 UE 能够在下行和上行链路上采用多于一个载波进行信号接收和发送。

• 演进的 MIMO 操作，采用更有效的参考信号结构并支持在下行方向上采用高达八发八收天线。

• 改进的异构网络操作，特别是多个发射机或多个接收机通过 CoMP 进行联合操作，这在第 11 版中引入。

第 10 版和第 11 版中还有一些相对 LTE-Advanced 的进一步增强。第 13 版中的低成本 MTC 正是利用了第 11 版中的增强 PDCCH，它也允许下行信令只在下行频谱的一部分而非第 8 版的全系统带宽进行传输。与 LTE-M 引入相关的增强PDCCH（EPDCCH）将在第 3 章中进行详述。

2.3.1　载波聚合

在第 10 版引入的载波聚合（CA）[3] 是 LTE-Advanced 最成功的功能，已经为许多运营商在外场进行了部署。原理本身非常直接，UE 可以在高达五个载波进行接收（下行链路载波聚合）或者可以在上行方向上高达五个载波进行发送（上行链路载波聚合）。

如图 2.10 所示，共有三种不同类型的载波聚合：

• 带间载波聚合，UE 接收来自不同频带的两个载波，例如在韩国把 850MHz 与 1800MHz 聚合在一起，而在欧洲是把 1800MHz 和 2600MHz 聚合在一起。

• 带内载波聚合，用于运营商在同一频带拥有超过 20MHz 带宽的情况。

• 在第 11 版中，带内载波聚合被扩展为支持同一频带内非连续载波的情况。这在某些国家是需要的，出于某种原因，一个运营商在同一频带内被分配不连续的频谱而将其他运营商或者其他系统夹在中间。

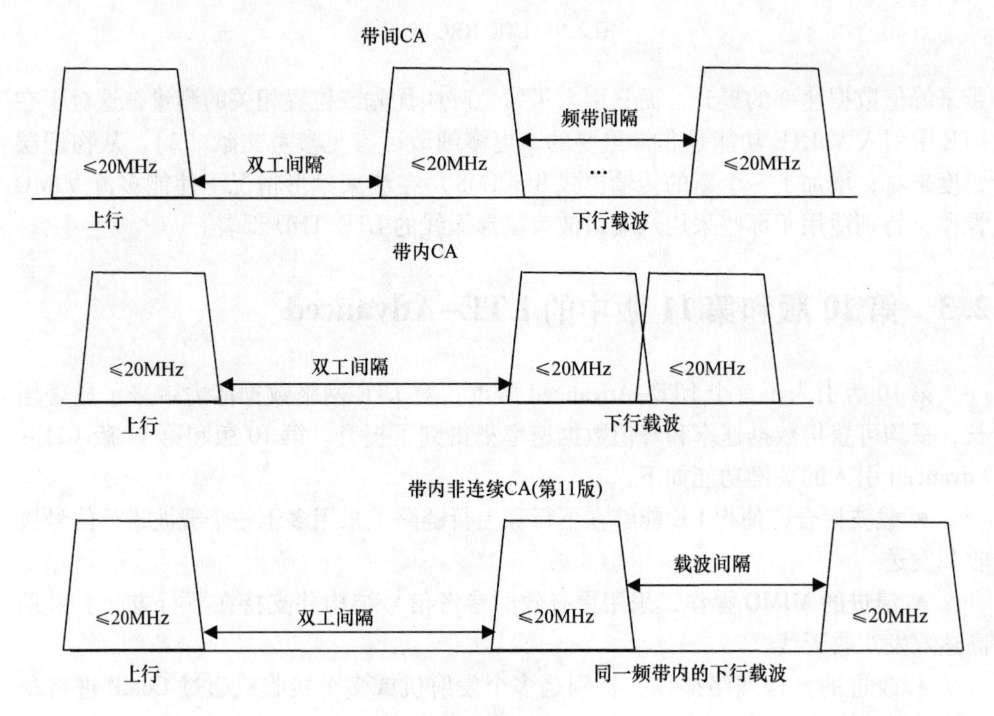

图 2.10　不同载波聚合类型

从无线协议的角度来看载波聚合更多地影响 MAC 层，因为从 MAC 层以上看不到与第 8 版操作的差别，使能更高峰值速率的情况除外。eNodeB 中 MAC 层调度器需要考虑来自 UE 的 CQI 反馈来决定哪个载波更适合用于传输，此外 eNodeB 调度器还将考虑网络负荷情况以及其他影响因素。之后，数据倾向于被调度在两个或多个载波上最适合的物理资源块上进行传输。这提供了额外的频率分集，并且能够在数据速率之外提升系统容量。一旦一个分组数据包被置于特定载波，那么之后该特定载波就需要负责物理层重传，图 2.11 所示为通过下行链路载波聚合实现频域调度。

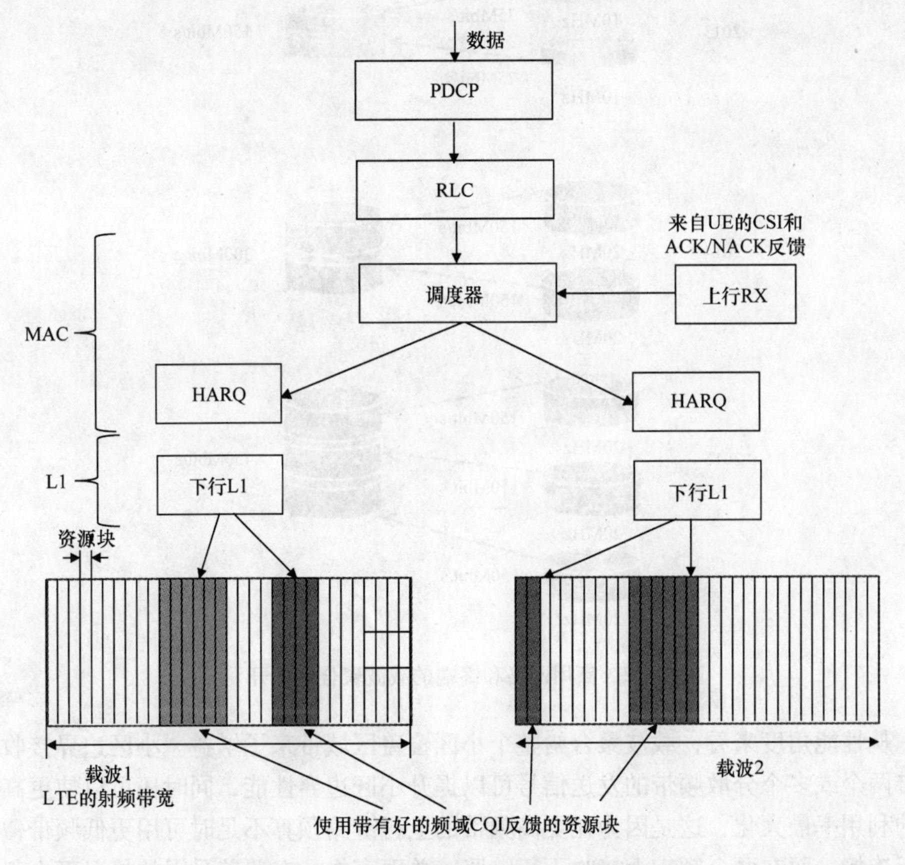

图 2.11　通过下行链路载波聚合实现频域调度

第 10 版中的载波聚合直接影响峰值数据速率。在载波聚合第一阶段，2013 年的方法达到了与第 8 版相同的 150Mbit/s 的峰值速率，使得同一频带不能给一个运营商在单一接入技术提供 20MHz 带宽时能利用更多分散的频谱。随后实现了数据速率的超越，如图 2.12 所示，2014 年首次获得高达 300Mbit/s，而 2015 年实现高达 450Mbit/s。依据于网络负荷，终端用户将从提升的峰值数据速率和平均速率增长中受益。网络中存在少量用户时的影响大于存在非常大量用户时，因为后者情况下 eNodeB 调度器无论如何总能从大量待调度用户中做出选择，从而来自额外频域分集的容量增长变得更小。数据速率演进还可能出现中间步骤。通常，在 1800MHz 和 2600MHz 上拥有频谱的欧洲运营商通常在 800MHz 频带不会有超过 10MHz 的频谱，因此这类运营商可能有 50MHz 总带宽，当 UE 在下行方向上具备三载波聚合能力时可获得375Mbit/s的峰值数据速率。在那些拥有60MHz总带宽做三载波聚合的市场，在2015年已经通过具备相应能力的UE实现了高达450Mbit/s的峰值数据速率。

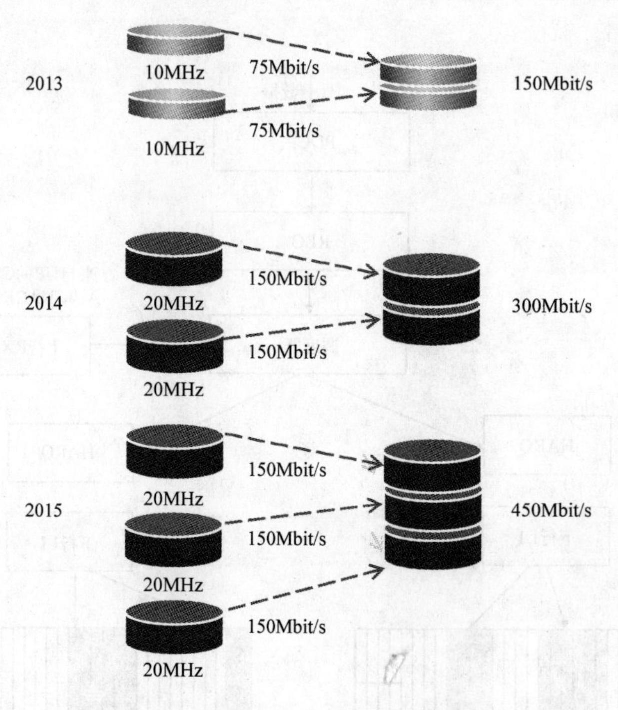

图2.12　商用网络和终端的载波聚合能力开发

从性能角度来看，载波聚合给整个小区覆盖区域带来了增益。小区边界接收到来自两个或多个分散频带的发送信号可以提升小区边界性能，同时还可以使更高频带的利用率最大化，这是因为在更高频带的上行链路预算不足时可用更低频带覆盖上行连接，而在两个频带上接收下行链路。总而言之，在覆盖受限的情况下由于发射功率可以只集中到单一频点，从而更倾向于单频上行链路。图2.13给出了两载波聚合性能的例子。

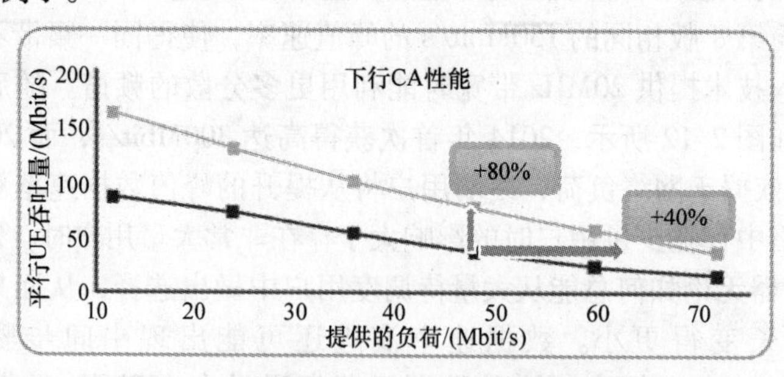

图2.13　载波聚合与没有聚合的第8版对比

3GPP 中定义的 CA 频带组合数持续增加，UE 射频需求的工作最开始限定在下行只有两个载波。取决于被聚合在一起的频带，接收机灵敏度会有一些损失，这是由于接收机链上额外增加开关来连接其他频带的不同接收机链所引起的。正如参考文献［4］所指出，截至 2014 年年底，3GPP 第 12 版定义了两载波聚合的 80 种频带组合。已经有一些三载波组合，到 2015 年（第 13 版）增加了更多案例，包括下行链路上最多四个不同频带的组合。参考文献［4］中给出的频带组合为每个频带组合定义了参考灵敏度可行的放宽量以及 UE 实现所允许的发射功率。参考文献［4］还规范了特定频带组合相对应的载波聚合所使用的支持带宽。

2.3.2　多入多出增强

增加天线数量还可以增强 MIMO 操作，使之更高效。可实现下列增强：

• 引入信道状态信息参考信号（CSI-RS），UE 将从在用（被配置）的带有 CSI-RS 的多个天线进行测量，如果当前信道条件不够好或者没有给具备多于两个 MIMO 流传输能力的 UE 调度数据时，则不需要在太多天线上进行连续发送。CSI-RS 不会在每个子帧出现，由于其速率被参数化为最大 80ms，因此对之前 UE 影响最小。

• 解调参考信号（DM-RS）也被称作用户特定参考信号（URS），与实际数据一起传输，当预编码应用于实际数据之外的 DM-RS 时实现 UE 特定的发射机操作。通过 DM-RS/URS，还可以实现波束赋形操作。

• 使能下行方向上最多八流 MIMO 操作，相应地在上行方向上最多四天线 MIMO 传输。

这些改进使得比当今商用 UE 所支持的两发射天线更为有效的应用成为可能。通过 CSI-RS，支持四流 MIMO 的 LTE-Advanced UE 可以测量，并为 eNodeB 提供用于秩选择和待用预编码的反馈。只有对具备四流能力的 UE 进行传输时，网络才会将 DM-RS 和来自四发射天线的实际数据一起传输，如图 2.14 所示。

2.3.3　异构网络增强的小区间干扰协调

第 10 版和第 11 版 LTE-Advanced 的部分工作是采用增强的小区间干扰协调（eICIC）来提升异构网络的性能。该工作关注同频情况，此时宏站和小站工作在相同频率上。专用频率的情况则在第 12 版中与双连接一起引入，如本书第 4 章所述。在宏站相同频率上安装许多小站的关键在于，通过小站尽可能多地捕捉业务量。这可以通过良好的小区规划来实现，但准确预测热点在哪里总是很难实现。LTE-Advanced 增强了小区范围扩展功能，即使来自宏站的信号更强，也可以允许 UE 连接到小站上。该方案引入了以下三种实现方式并可以为小站捕获更多业务量：

• 引入几乎空白子帧（ABS），目的在于允许小站在那些实际上宏站信号更强于小站信号的帧内进行通信。当多个小站可以使用相同的 ABS 资源时，即使宏站

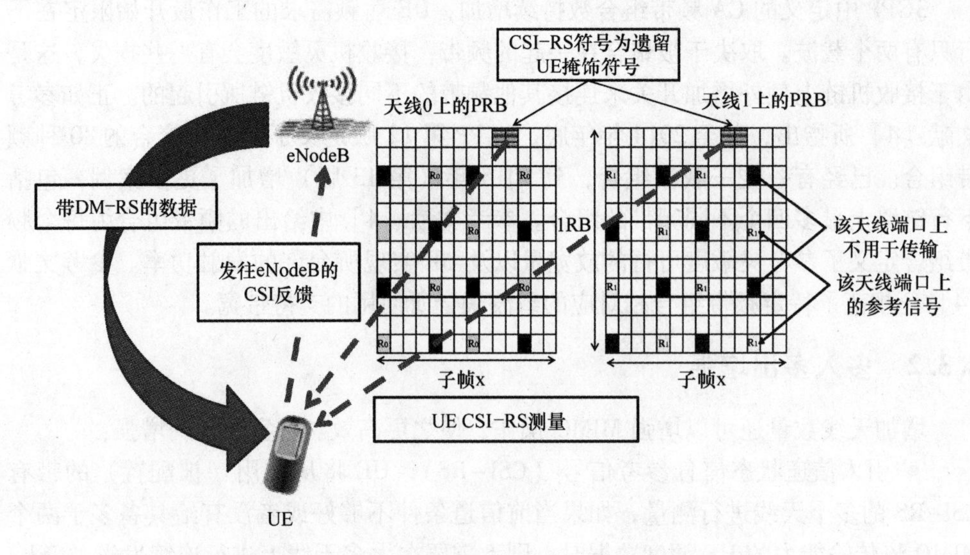

图 2.14　第 10 版带有 CSI-RS 的 MIMO 操作

的总容量下降，但整个网络的容量将得 到提升。ABS 应用如图 2.15 所示。

- 采用偏置值用于宏站和小站之间的选择。
- 先进的接收机用来消除来自宏站 CRS 的干扰。

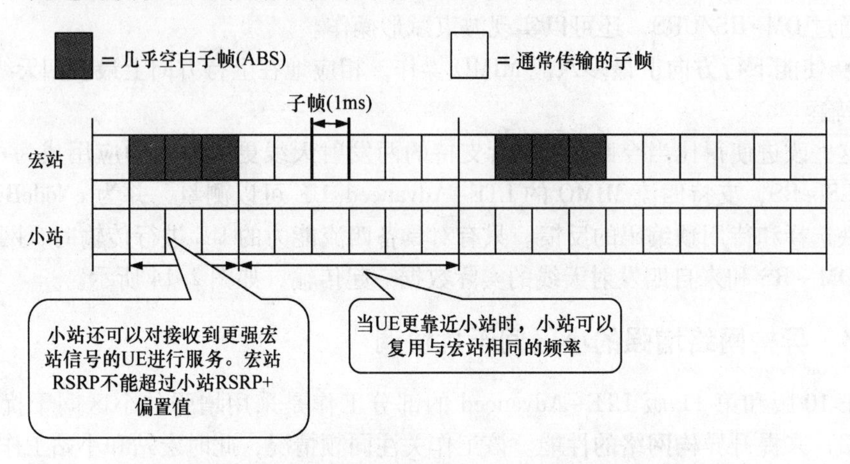

图 2.15　用于范围扩展的几乎空白子帧和偏置参数

ABS 子帧并非全空，因为还需要保留最小的参考信号配置以支持遗留 UE 的测量。如果所有信号都被移除掉，如果一些子帧全空，则 UE 进行切换测量时可能突然提供错误的结果。

当 UE 连接到小站而宏站信号更强时，如果 UE 可以消除掉 ABS 期间来自宏站传输的干扰将非常有益。因为干扰源已知，并且可以识别传输的是哪些干扰（通过解码 PCI)，UE 不仅不需要对干扰符号进行盲检，还可以从这些先验知识中受益。消除来自随机小区的干扰就显得更为需要了。

可以采用的偏置值也有一些限制，这是因为来自宏站的干扰水平在一些时间点后开始限制 UE 接收机性能，因此 UE 不能在有数十分贝更强宏站信号时仍然可以在相同频率保持很好的小站接收。偏置值越高，小站替代宏站服务的用户数则越多。参考文献［5］中研究认为，超过 14dB 已经开始出现系统性能下降，同时人们还必须考虑多少宏站子帧要被设计为 ABS？因为这也将导致那些不能连接到小站的用户数据速率降低，更多性能分析将在第 7 章呈现。采用如第 4 章所述的第 12 版中的双连接，宏站和小站在不同频率上操作，当然就不存在这些限制了。

2.3.4　协同多点传输

作为第 11 版工作的一部分，引入了对协同多点（CoMP）传输操作的支持，使得 eNodeB 之间更为联合地操作。在第 8 ~ 10 版中，UE 同时只能与一个 eNodeB 进行通信，而通过第 11 版的 CoMP，UE 可以为多于一个 eNodeB 提供反馈，类似地，也可以从多个 eNodeB 接收数据。上行方向上类似，CoMP 可以通过 eNodeB 实现获得，此时不同小区/扇区的多个接收机可同时接收来自同一 UE 的传输。

在第 11 版中存在多种不同的 CoMP 操作类型，所有都依赖于 eNodeB 间的快速连接。这将会带来一些时延（正如在第 12 版中的研究），也容易引起一些性能损失，与 eNodeB 调度器协调的情况类似。下列 CoMP 模式可以得到认可：

- 协同调度/协同波束赋形（CS/CB）需要最少量的 eNodeB 间信息交互，因为 UE 只从它们各自的服务小区中接收数据，但相邻小区执行协同调度和/或发射机预编码以避免或消除小区间干扰。

- 联合处理（CP）CoMP 旨在为 UE 提供多个传输点（eNodeB）的数据，因此比服务小区更多的小区可以参与到对一个 UE 的传输。这需要大带宽非常低时延的回传网络，实际上 eNodeB 站址之间采用光纤连接。可行的模式有动态小区选择（DCS）其中数据总是只来自于一个 eNodeB（基于 UE 反馈），或联合传输（JT）其中 CoMP 多小区在同一时间相同频率联合并相干地对一个或多个 UE 进行传输。采用相同时间和频率资源是 CoMP 的重要因素，这是因为相邻小区的传输不再是干扰，而是成为自身信号传输的一部分。

上行方向上，CoMP 甚至可以应用在第 8 版 UE 上，因为通过上行 CoMP，eNodeB 还可以简单地接收其他 UE，而非只是将自己作为服务小区的 UE。由于上行方向上不需要额外的传输来实现该功能，因此上行方向上具有巨大增益潜力。下行方向上额外的传输还产生更多干扰，因此增益没那么显著。图 2.16 显示了不同 CoMP 方法，更多有关 CoMP 性能增益方面的细节将在第 7 章中详述。

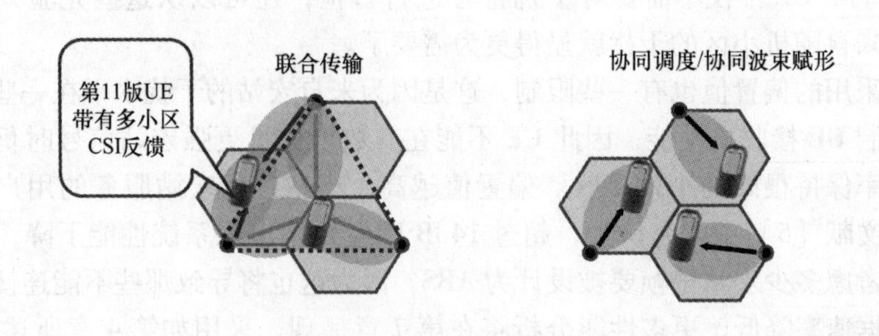

图 2.16　第 11 版中不同下行 CoMP 机制

2.4　第 8～11 版中的 UE 能力等级

在第 8 版和第 9 版中，所定义的 UE 能力可通过对四流 MIMO 操作的支持达到最高 300Mbit/s 的理论速率。当前，商用网络中基于第 8 版和第 9 版的设备大多为等级 3 或等级 4 终端（见表 2.2）。市场中的第一阶段 UE 通常具备等级 3 的能力，网络在上下行载波拥有 20MHz 带宽时，下行峰值数据速率为 100Mbit/s（FDD 模式下）和上行峰值数据速率为 50Mbit/s。通过等级 4 终端，下行峰值数据速率可提升为 150Mbit/s。如之前讨论，所有 UE 都必须支持两天线/两流下行 MIMO 的能力，等级 1 终端除外。通过在第 10 版引入 LTE-Advanced，增加了 UE 等级 6、等级 7 和 8（见表 2.3）。当前，市场上的高级终端为第 11 版的等级 9 终端，它可以在网络拥有三个 20MHz 带宽时通过第 10 版的载波聚合技术提供高达 450Mbit/s 的峰值数据速率，等级 8 的终端理论上也可以实现所有这些功能。第 11 版中最新的 UE 能力等级，等级 9 和等级 10 已经增加到 2014 年 6 月的规范里（见表 2.4）。其在采用三个 20MHz 载波以及两流 MIMO 时可通过下行方向三载波聚合达到450Mbit/s，其他情况则遵从第 10 版的原理。2015 年等级 9 的终端已经应用在商用网络中，达到 450Mbit/s 的峰值数据速率。

市场上载波聚合的应用最早通过等级 4 终端实现，聚合下行链路的 10 + 10MHz 频谱。这发生在 2014 年等级 6 终端出现在市场之前，等级 6 终端可通过基于第 8 版的基带能力实现超过 150Mbit/s。

第 12 版中新的 UE 能力等级容纳了更高数据速率及新功能，如 256QAM 下行调制，第 12 版的 UE 能力等级将在第 3 章中介绍。

表 2.2　第 8 版和第 9 版中引入的 UE 等级

UE 等级	等级 1	等级 2	等级 3	等级 4	等级 5
峰值速率 DL/UL/（Mbit/s）	10/5	50/25	100/50	150/50	300/75
射频带宽 /MHz	20	20	20	20	20
下行调制	64QAM	64QAM	64QAM	64QAM	64QAM
上行调制	16QAM	16QAM	16QAM	16QAM	64QAM
接收分集	是	是	是	是	是
基站发射分集	1-4tx	1-4tx	1-4tx	1-4tx	1-4tx
下行 MIMO	可选	2×2	2×2	2×2	4×4

表 2.3　第 10 版中为实现第一阶段载波聚合而引入的 UE 等级

UE 等级	等级 6	等级 7	等级 8
峰值速率 DL/UL/（Mbit/s）	300/50	300/100	3000/1500
射频带宽/MHz	40	40	100
下行调制	64QAM	64QAM	64QAM
上行调制	16QAM	16QAM	64QAM
接收分集	是	是	是
下行 MIMO	2×2（CA）或 4×4	2×2（CA）或 4×4	8×8
上行 MIMO	否	2×2	4×4

表 2.4　第 11 版中为进一步增强载波聚合能力而引入的 UE 等级

UE 等级	等级 9	等级 10	等级 11	等级 12
峰值速率 DL/UL/（Mbit/s）	450/50	450/100	600/50	600/100
射频带宽/MHz	60	60	80	80
下行调制	64QAM	64QAM	64QAM	64QAM
上行调制	16QAM	64QAM	16QAM	64QAM
接收分集	是	是	是	是
下行 MIMO	2×2 或 4×4	2×2 或 4×4	2×2 或 4×4	2×2 或 4×4
上行 MIMO	否	2×2	否	2×2

2.5　总结

在之前各节中，我们涵盖了从第一个 LTE 版本——第 8 版到 LTE-Advanced 第

10 版和第 11 版的诸多 LTE 标准版本。这些规范形成了 2015 年中本书撰写时商用部署网络的基础，第 3、4 章中涵盖的第 12 版和第 13 版将在下一阶段进入市场。当前，已经在市场中部署了超过 300 张 LTE 第 8 版网络，同时已经部署超过 50 张基于第 10 版载波聚合的 LTE-Advanced 网络。

参 考 文 献

[1] Holma, H. and Toskala, A., *HSPA*, John Wiley & Sons, Ltd (2014).
[2] Poikselkä, M., Holma, H., Hongisto, J., Kallio, J., and Toskala, A., *Voice Over LTE (VoLTE)*, John Wiley & Sons (2012).
[3] 3GPP Tdoc RP-RP-091440, 'Work Item Description: Carrier Aggregation for LTE', December 2009.
[4] 3GPP Technical Specification, TS 36.101, 'Evolved Universal Terrestrial Radio Access (E-UTRA); User Equipment (UE) Radio Transmission and Reception', Release 12, Version 12.6.0, December 2014.
[5] Holma, H. and Toskala, A., *LTE Advanced: 3GPP Solution for IMT-Advanced*, John Wiley & Sons (2012).
[6] www.gsa.com (accessed March 2015).

第3章　第12版和第13版中的LTE-Advanced演进

Antti Toskala

3.1　导言

本章涵盖了除小站、宏站演进或非授权频谱LTE等大主题之外的第12版和第13版规范汇总。本章内容包括机器类通信、带有非理想回传的增强CoMP、FDD-TDD载波聚合，WLAN交互以及用于公共安全和其他商用案例的设备对设备（D2D）操作。

3.2　机器类通信

移动通信用例之一为机器类通信（MTC），也被称为机器对机器通信（M2M）或物联网（IoT）。3GPP考虑的典型用例是计量应用，此时所需数据速率相对较低。此类应用中，似乎并不需要LTE的先进能力，甚至基于GSM/GPRS的模块也可以实现此类工作。由于GSM/GPRS模块在5美元或更低价格区间，从而提供了非常诱人的方案。基于HSDPA的3G模块也可通过稍高价格实现。LTE模块更高的复杂度使其价格比2G或3G模块更高。如果价格差异太大，则安装大量设备的公用事业公司不会仅仅为了LTE连接而投资太高的单设备额外成本。当实际设备自身并不能从100Mbit/s或更高LTE数据速率中收益时，尽管单设备5美元或更高的额外成本（假定LTE模块价格为10美元）听上去并非大量投资，但当安装数百万设备时即使如此相对较低的价格差异也会变得非常重要。

从运营商角度来看，服务MTC类型设备是相对高价值业务，因为通常单个签约用户的传输比特数很低并且签长期合同。然而，如果应用计量业务的公用事业公司只安装带有2G或3G技术的模块，人们不再被迫承诺在未来10~15年为此类设备维护2G或3G网络。如果未来5年后网络中只剩MTC设备，到那时2G或3G网络的其他业务都已转移到4G（或者甚至到第17章所述的刚刚开始的5G），则收入可能不再足以支撑2G或3G网络的维护成本。

3GPP在第12版中做了一项研究，结果如参考文献［1］所述，认为一些功能简化，如更低峰值数据速率和单接收链路，可以降低UE成本。第12版引入了一种新的UE能力等级，支持单天线接收和最高1Mbit/s的峰值数据速率。如表3.1所示，新UE等级与等级1和等级4终端进行了对比。等级3和等级4是当前广泛应用的UE等级，本书第2章提供了更宽泛的第8版UE等级范围。

表 3.1 第 12 版中增加的等级 0

	第 8 版的等级 4	第 8 版的等级 1	第 12 版的等级 0
下行峰值速率/（Mbit/s）	150	10	1
上行峰值速率/（Mbit/s）	50	5	1
接收机天线最大数量	2	1	1
双工方式	全双工	全双工	半双工（可选）
UE 接收带宽/MHz	20	20	20
UE 最大发射功率/dBm	23	23	23

如表 3.1 所示，等级 0 UE 的数据速率能力非常有限，在上行和下行方向只提供 1Mbit/s 的峰值数据速率。该限制旨在确保该等级不会被用作常规的低端设备，例如用于制造廉价 4G 平板电脑，这是由于其最大数据速率只有 1Mbit/s，明显低于廉价 3G 芯片。这是非常重要的，特别是那些运营商不能控制（至少不能完全控制）哪类设备接入其网络的市场。例如，如果通过此实现还可获得更高 LTE 数据速率的话，则廉价 4G 平板电脑可能试图运行在单接收天线下。

3GPP 预计不同部分所带来的价格下降见表 3.2，更多细节可在参考文献［1］中找到。

表 3.2 相对第 8 版 LTE 不同复杂度降低方案的节省成本潜力

技术	大约节约（%）
单接收机天线	14 ~ 18
降低 UE 最大功率	1 ~ 3
半双工 FDD	9 ~ 12
降低 UE 最大带宽	6 ~ 10
峰值速率下降	5 ~ 7

作为第 12 版的一部分，3GPP 还定义了节电模式（PSM）功能。PSM 模式允许 UE 在更长网络休眠时间保持注册。这降低了 UE 唤醒时的信令，由此降低了所需的在线时长，从而降低电池耗电，如图 3.1 所示。如果 UE 移动，一旦重新连接网络可能还需要跟踪区更新（TAU），但与全注册流程相比还是显著减少了信令数量。该方法降低了所用无线技术对于设备电池寿命的影响，特别是适用于那些对网络有固定传输需求或者不总是需要对来自网络侧或 M2M 控制服务器的寻呼做出反馈的应用。由此计量设备可以限制所需建立时间，只在最新计量读数时发送，一旦网络确认信息接收则快速关闭射频。覆盖受限情况下，所有信令都需要以最大发射功率或非常接近最大发射功率进行发射，这对电池寿命的改善将非常显著。

3GPP 中第 13 版的进一步工作[2] 正在进行，定义了进一步降低的和成本优化的 UE 能力等级，以获得 LTE M2M 模块实现的更低成本。新等级保持了 1Mbit/s

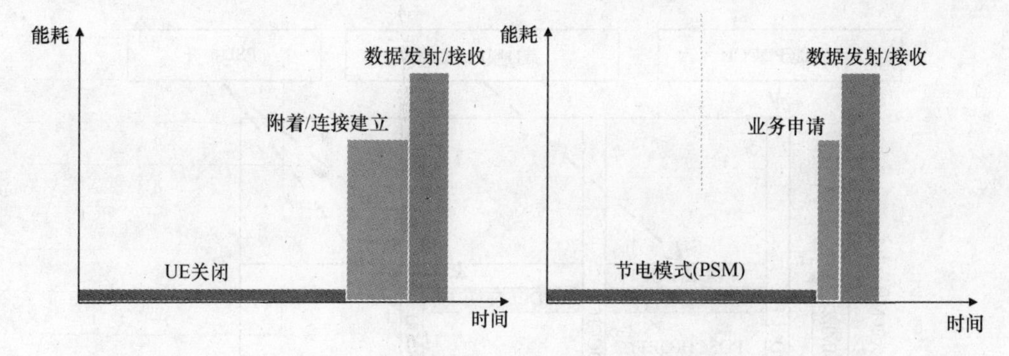

图3.1　第12版中的节电模式（PSM）操作

峰值数据速率（因此高于采用GSM的2G实现），但与第12版等级0 UE相比具备其他简化功能，如更小的最大支持射频带宽，降到1.4MHz甚至200kHz而非20MHz。包括第12版的所有上述设备都支持最大20MHz带宽，只要20MHz是3GPP规范针对所用指定频带所支持的带宽之一。这些简化旨在与基于GSM/GPRS技术的2G实现或者更高能力的HSPA+模块（也包括GSM能力）对比时进一步缩小价格差距，例如图3.2所示的80引脚连接器。

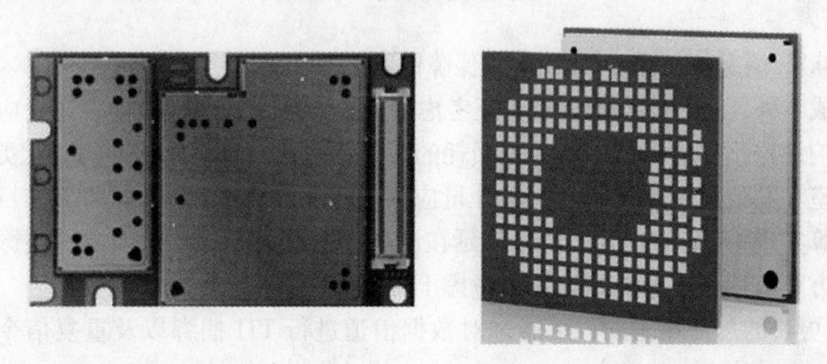

图3.2　M2M模块示例：HSPA（左）；LTE（右）（图片由Gemalto提供）

图3.3给出了一个窄带操作案例，MTC LTE UE只支持1.4MHz作为更大带宽的一部分进行操作。此案例下，通常的UE等级可以在20MHz载波的任何部分进行调度，而MTC UE限制射频带宽只能在载波中被分配的部分进行侦听。3GPP还需要解决如何控制信令接收的问题，包括采用一种现存设备不受任何显著性能影响的方式实现针对所有UE的公共控制信令（系统信息块（SIB））的接收。

采用LTE-M窄带射频带宽的UE特定物理层控制信令基于第11版增强的DPCCH（EDPCCH），使得物理层下行控制信令的传输不必像第2章所述的基于第8版DPCCH那样在全系统带宽进行。

另一简化方向还定义了更小的UE发射功率水平，例如与23dBm功率水平相比20dBm可实现更高的集成度。这是由于更小的功率放大器更容易与芯片集成在一

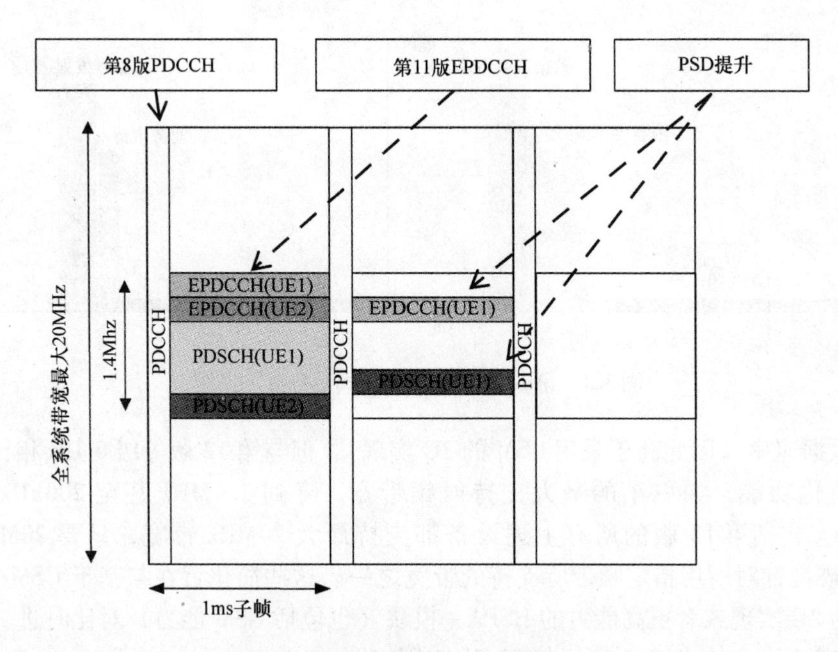

图 3.3 20MHz 系统带宽下采用 1.4MHz 的 LTE-M 操作

起。200kHz 情况下，需要 23dBm 来保障链路预算。

除成本外，3GPP 中 MTC 工作还考虑了覆盖方面，这是由于许多计量应用位于带有影响链路预算的巨大室内穿透损耗的困难环境这一事实所驱动的。此类位置包括地下室和其他用于煤气、水、电计量应用的地下设施。第 13 版的工作目标是对链路预算实现 15dB 的提升。由于时延在计量应用中并不重要，因此一些影响时延的解决方案可用于提升链路预算，考虑下列方法：

- 更长的总传输时间，可通过对数据信道进行 TTI 捆绑以及重复信令信道来实现。
- 混合自动重传请求（HARQ）通过对数据信道进行可合并的多次传输实现。
- 通过功率谱密度（PSD）提升，可以对 MTC UE 的关键传输在频谱中分配更高功率。

假定可以对 UE 或 eNodeB 接收的部分性能需求有所降低，一些信道甚至可以在比当前更弱的信道条件下进行解码。

表 3.3 预测了第 13 版所期望的 UE 能力等级，如参考文献［3］所述。

表 3.3 第 13 版期望的 MTC UE 能力等级

	第 8 版等级 4	第 13 版（1.4MHz LTE-M）	第 13 版（200kHz NB-LTE）
下行峰值速率	150Mbit/s	1Mbit/s	128Mbit/s
上行峰值速率	50Mbit/s	1Mbit/s	128Mbit/s

（续）

	第 8 版等级 4	第 13 版（1.4MHz LTE-M）	第 13 版（200kHz NB-LTE）
下行最大空间分层数	2	1	1
UE 射频接收机链数	2	1	1
双工方式	全双工	半双工（可选）	半双工（可选）
UE 接收/发射带宽	20MHz	1.4MHz	200kHz
UE 最大发射功率	23dBm	~20dBm	23dBm
模块复杂度	100%	20%	<20%

3GPP 对于第 13 版 LTE MTC（通常 1.4MHz 情况被称为 LTE-M，200kHz 情况被称为 NB-LTE 或 NB-IoT）的标准化工作计划于 2015 年底完成，如参考文献［4］中所述，而 NB-LTE 标准可能在 2016 上半年完成。

3.3　增强的 CoMP

第 11 版定义了协同多点（CoMP）传输的应用，如本书第 2 章中所述。第 11 版主要关注理想回传的情况，这是由于非理想回传很大程度上限制了 CoMP 可获得的增益，使方案依赖于相当不切实际的联合传输。

第 12 版中增强的 CoMP 工作关注非理想回传情况下对调度器协调的支持，对 UE 侧完全没有影响。3GPP 的研究表明，此类操作很难获得显著增益，如参考文献［5］所述并如图 3.4 所示，来自不同公司的仿真结果中只有一个显示了一些总小区容量提升，而其余均为相当程度地下降。因此，考虑增加新网元是不合理的，而是通过 3GPP 同意对 X2 接口应用协议（X2 AP）引入下列增强，来进一步简化调度器协调。

研究结果还如期发现，回传时延会对潜在增益带来巨大影响。回传时延为 5ms 时，如参考文献［5］所示，来自不同公司的均值结果有一些增益，而当回传时延为 50ms 时，来自调度器协调的性能增益会有相当大的损失（见图 3.5）。

由于第 12 版标准完成的时间限制，实际的标准化工作被分到两个版本中。最终第 12 版增强的 CoMP 涵盖了以下增强功能：

- CoMP 假设，涉及假定的资源分配，包括用来反映 eNodeB 遵从由假设提供的分配建议后可获得效益的效益指标。eNodeB 并不强制遵从这些建议（并且可以接收来自多个建议冲突资源的 eNodeB 的信令），但如何在 eNodeB 调度及其他资源管理功能中予以反映，则留给 eNodeB 调度器实现来决定。
- 参考信号接收功率（RSRP）测量，由 UE 汇报。从 UE 获得的 RSRP 测量

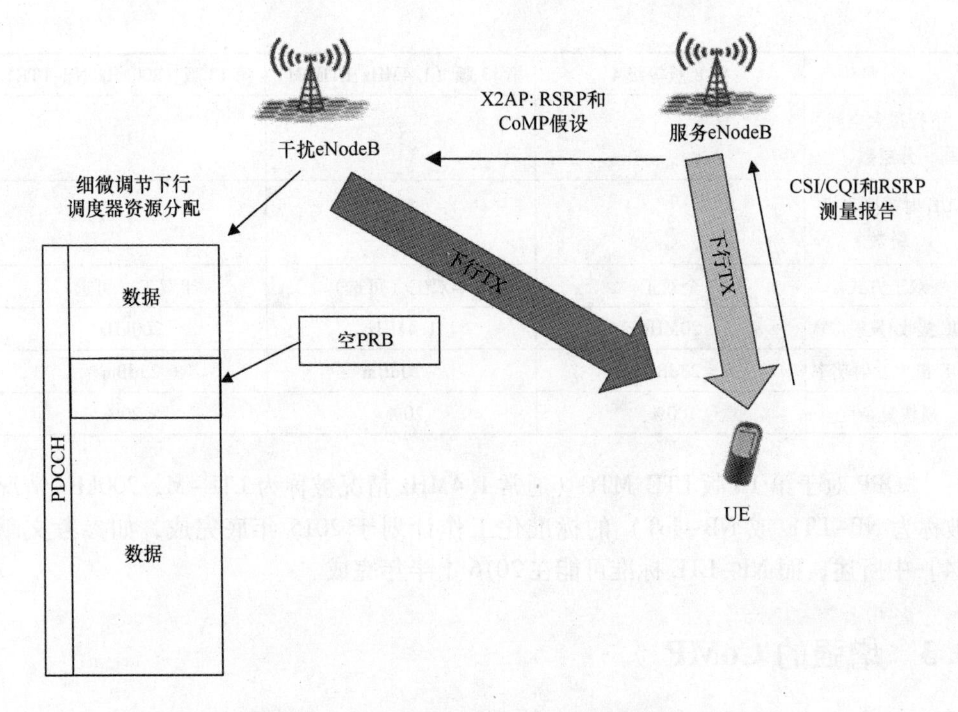

图 3.4　第 12 版中增强的 CoMP 的调度器协调

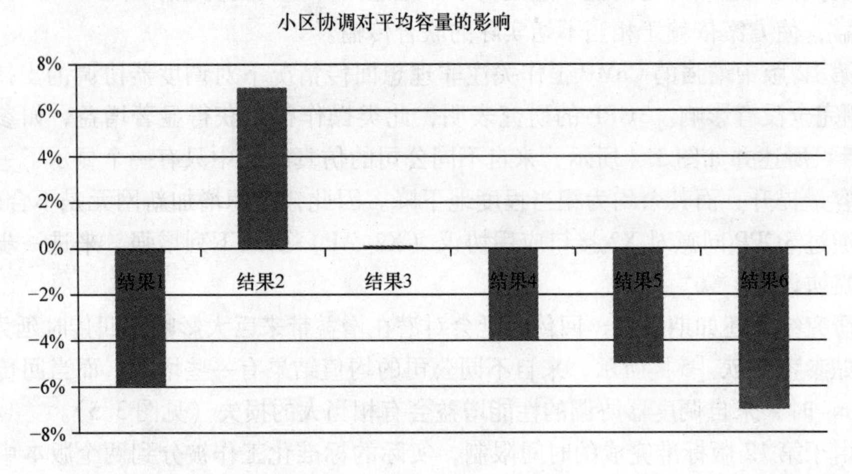

图 3.5　参考文献［5］提供的带有高资源利用及 9 个协调小区下来自不同公司调度器协调的小区平均容量性能

结果可以被类似地用于辅助调度器和 RRM 操作，并且也可以用于验证部分假设信息。

希望在第 13 版中的进一步增强功能中包括：如参考文献［6］中所描述，

3GPP工作将在2015年底完成：

• eNodeB之间通过X2接口发送UE CSI/CQI反馈，这允许调度器协调操作，也可以看到相邻小区内UE所提供的频域反馈。当然，第12版中的CoMP假设可以如期反映这些信息，被实际服务的eNodeB予以考虑。如果X2接口上对大量UE以频繁间隔提供UE CSI/CQI信息，则必须优先考虑不要使X2接口过载。

• 增强的相对窄带发射功率（RNTP），在第8版中为每个180kHz宽物理资源块提供更为有限的发射机功率信息。

3.4 FDD-TDD载波聚合

第12版包含了一个重要构件可以把FDD和TDD操作模式联合，即FDD-TDD载波聚合。这允许通过FDD频带作为PCell和TDD频带作为SCell的方式或者其他方式，如图3.6所示，扩展载波聚合架构。基于第10版的载波聚合中两个频带必须均为FDD频带或TDD频带。大多数情况下，FDD频带是频谱中更低频带，更倾向被用作PCell，因此初期的实际组合，如800MHz FDD和2.6GHz TDD，自然形成了FDD PCell和TDD SCell。

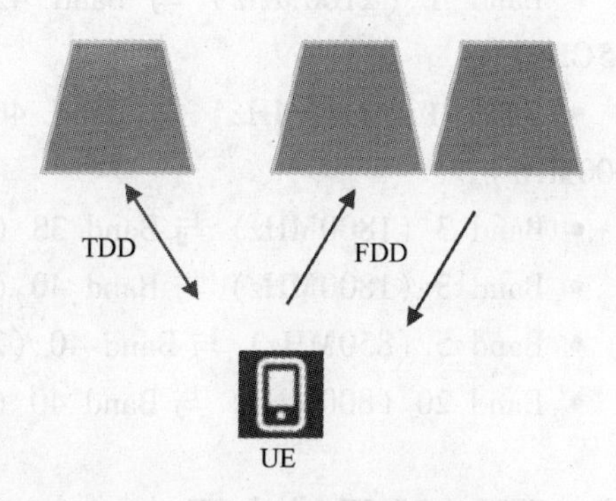

图3.6 FDD-TDD载波聚合

从运营商角度来看，FDD-TDD载波聚合的应用使得成对频谱和非成对频谱的使用变得更为容易。如果一个运营商已经聚合了例如两个20MHz的FDD频带，采用载波聚合UE可获得300Mbit/s下行峰值数据速率。如果只有一个TDD频带可用(20MHz)，那么即使实际网络容量增加对于仅应用TDD的连接将意味着更小的可获得峰值数据速率。这种情况更容易在小站环境下发生（假定TDD被用作没有载波聚合的更高频点小站）：至少在低负荷情况下，运营商在小站下提供比宏站更差的用户体验。

大部分载波聚合原理都适用于FDD-TDD聚合，所需的主要改变在于ACK/NACK信令控制，特别是如果TDD频带作为PCell而上行资源并非总是可用的情况。从实际部署角度来看，当前大部分情况都是，TDD频带在明显更高频谱上，从而自然成为容量扩展频带，而FDD频带用于保障覆盖，如图3.7所示。

第12版之后3GPP正忙于FDD-TDD频带组合的进一步工作，2015年的工作项目中增加了更多组合。即使新的频带组合被添加到第13版或之后的版本中，也会作为版本无关频带组合的方式增加，可以在第12版上实现而无须等待第13版的其他功能。

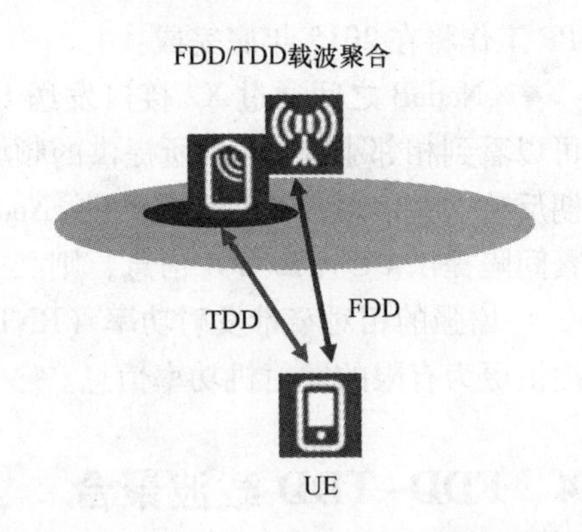

图 3.7 FDD-TDD CA 中用 FDD 频带作覆盖频带

- Band 8（900MHz）与 Band 40（2300MHz），以 TDD-FDD 最初载波聚合工作项目[7] 的部分内容作为频带组合示例于 2014 年 6 月完成。在此情况下，仅支持一个上行链路和两个下行链路（对于 FDD-TDD 载波聚合第 12 版时间点内所涵盖的所有情况均一样）。
- Band 1（2100MHz）与 Band 41（2600MHz）。
- Band 1（2100MHz）与 Band 42（3.5GHz）。
- Band 1（2100MHz）与 Band 40（2300MHz）。
- Band 3（1800MHz）与 Band 38（2600MHz 欧洲）。
- Band 3（1800MHz）与 Band 40（2300MHz）。
- Band 5（850MHz）与 Band 40（2300MHz）。
- Band 20（800MHz）与 Band 40（2300MHz）。

3.5 WLAN 无线交互

作为3GPP 第 12 版完成工作的一部分，讨论了带有良好 LTE 连接的 UE 却选择表现不佳的 WLAN 网络的问题。解决方案被设计为，与核心网侧规范的接入网络发现及选择功能（ANDSF）进行联合操作（无须申请）。3GPP 首先做了一项研究[8] 表明，可以考虑以下三种可选方案：

- 方案 1 对 WLAN 负荷分担控制采用 ANDSF 和 RAN 指导策略。在此方案中，eNodeB 为 UE 提供 RAN 辅助信息（广播或专有信令），UE 采用 RAN 辅助信息、UE 测量、WLAN 提供的信息及通过 ANDSF 获得的策略来指导 WLAN 选择。
- 方案 2 基于 eNodeB 通过无线资源控制（RRC）信令（专有或广播）所提供的负荷分担规则，采用所提供的阈值来指导 WLAN 选择。
- 方案 3 基于针对 RRC 连接状态下 UE 的业务指向。UE 由网络通过专用业务指向指令予以控制，非常类似于切换操作（并不移动实际连接而只是移动部分业务）。此方案将会基于来自 UE 的 WLAN 测量，测量是由 eNodeB 定义的，并由 UE 对 WLAN 网络实施的。

3GPP 得出的结论是对方案 1 与方案 2 的组合进行实际的标准化工作，对于该工作项目[9] 所启动的第 12 版工作基本上于 2014 年 9 月完成。

第 12 版中无线层功能为控制 WLAN 的选择定义了不同参数（因此可以指导何

时返回 LTE)，如图 3.8 所示。

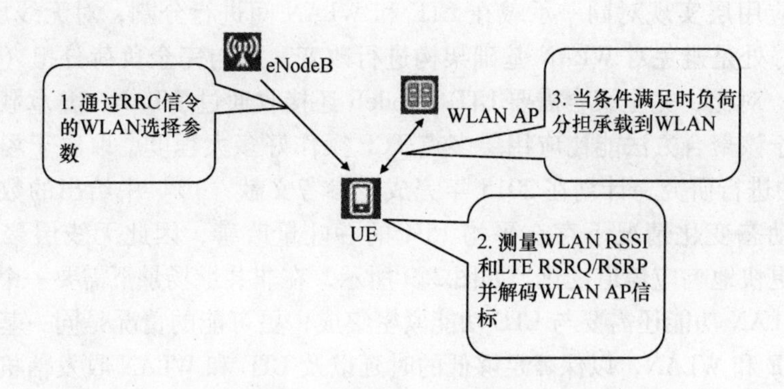

图 3.8　来自 LTE eNodeB 的 WLAN 负载分担控制

第 12 版 3GPP 规范中定义了下列参数，实际上其中的一部分从 WLAN AP 信令或者 UE 的 WLAN 测量中获得：

• 负荷分担优先指示可用于配置 UE 是否倾向于利用 WLAN 来分担数据负荷。

• 存在一些有关 WLAN AP 中可用回传容量的参数（假定 kbit/s）。为下行链路回传定义了两个不同阈值：基于更高值应该用 WLAN，而基于更低值应该用 LTE。该值由 WLAN AP 提供。相应地，也可为上行链路回传带宽设置这些参数。

• 参数“thresholdBeaconRSSI”提供了两个不同值，以避免选择带有太低信号强度的 WLAN AP（或者说此时应该返回 LTE)，相反当 WLAN AP RSSI 足够强时应该从 LTE 移动到 WLAN AP。

• LTE RSRP 和 RSRQ 参数，避免对带有良好 LTE 信号质量的 UE（靠近 LTE eNodeB）进行负荷分担，而是鼓励负荷分担那些位于小区边界区域的用户。

• “t-SteeringWLAN” 参数定义了需要在其间满足相应规则的定时器的值，这避免了例如在 WLAN AP 负荷变化时出现在 LTE 和 WLAN 之间的快速来回移动。

• 如果需要对特定设备处理特殊情况时，LTE eNodeB 可以对每个用户进行单独地参数发送。这就可以对一些 UE 设置更长的定时器值或者甚至对于一些频繁改变承载的 UE 限制其负荷分担。

第 12 版的解决方案存在一些已知缺陷，人们希望在第 13 版实现进一步改进，例如与 LTE eNodeB 共址 WLAN AP 的情况。提交讨论的方案包括扩展第 12 版方案定义之前被否决的方案 3（切换类型操作）或其他可行方法，还包括无线层聚合将数据在 LTE 和 WLAN 之间 PDCP 层基于 LTE 和 WLAN 侧的无线信道条件及负载条件进行分割。图 3.8 给出了可行的聚合架构的示例，该聚合更接近无线层。当前已经可以在应用层实现对同一承载在 LTE 和 WLAN 间进行分割，对无线层不可见。该方法的好处是避免对 WLAN 基础架构进行改变，而与完全负荷分担（只适用于共址场景）对比，完全聚合需要 LTE eNodeB 还接收通过 WLAN AP 承载的所有业务量。至于该聚合方法能比应用层多点 TCP 操作好多大程度，取决于场景并提议在 3GPP 中进行研究，计划在 2015 年完成。参考文献［10］中给出的数字建议在无线条件动态变化情况下存在平均 15% 的吞吐量改善，因此无线层聚合比多点 TCP 方法更快地响应信道变化。如图 3.9 所示，在非共址场景下需要一个接口。在 UE 侧，WLAN 功能还需要与 LTE 功能紧密集成，更可能的情况是同一基带芯片同时支持 LTE 和 WLAN，以保障足够低的时延以及 LTE 和 WLAN 收发信机之间的充分通信。

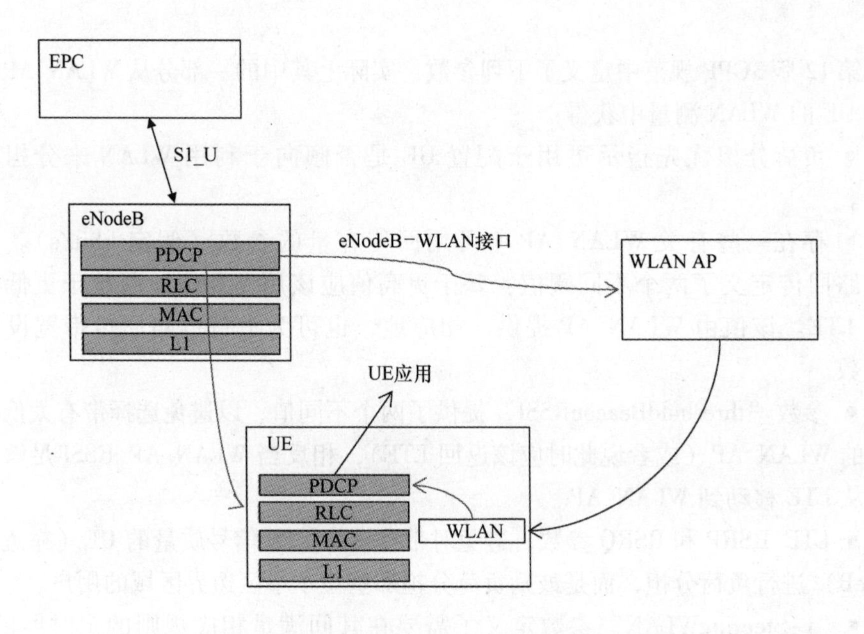

图 3.9　针对 WLAN/LTE 无线层聚合所提议的第 13 版方法

LTE 无线层聚合对环境的响应更为动态，因此期望可以获得更好性能。HTTP 层或多点层聚合决策位于网络更高的位置，如图 3.10 所示。通过无线层聚合，LTE 需要从 Wi-Fi 环境中获得更多动态信息，否则其性能不会比多点 TCP 更好。所有可选方案实现相同的峰值数据速率。

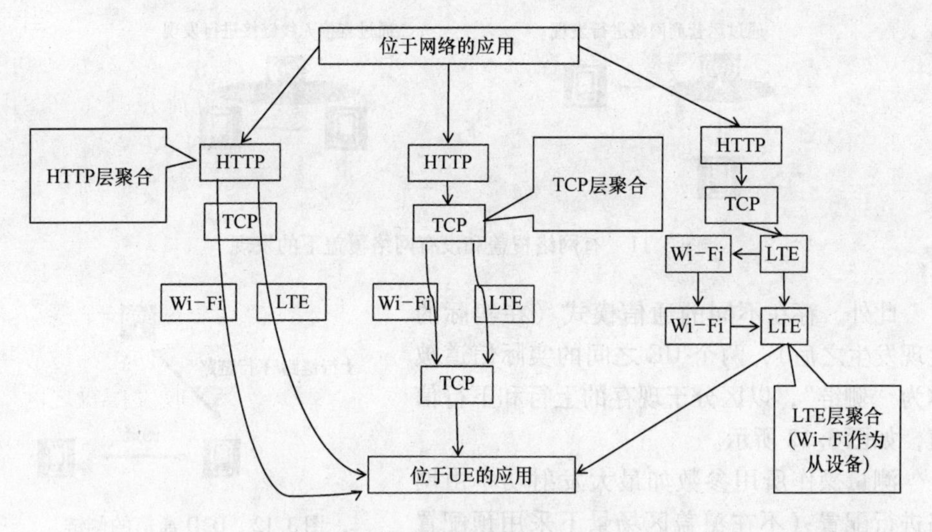

图 3.10　不同层面的 Wi-Fi 聚合

3.6　采用 LTE 的设备对设备通信

在第 12 版中，第一波设备对设备（D2D）通信标准化工作已经完成。第 12 版的主要用例为公共安全。当前存在的窄带公共安全方案，如 TETRA 对于公共安全语音通信非常适合，但由于窄带系统的有限数据速率能力而存在明显的缺陷。此外，某些情况下不同厂商间的互操作也相当有限，例如美国市场上的不同系统(或厂商特定设备)。采用 LTE 的第一波公共安全解决方案设计为一个分层 LTE 网络，其中语音由之前的公共安全无线网承载而数据业务由 LTE 网络提供。然而，后续演进使采用群呼规范的紧急 LTE 语音及 D2D 操作成为可能，后者也称为 TETRA 侧的直接模式。这样 LTE 就可以很好地支持语音通信，但需要一些协议增强来使能群呼（通过 eMBMS 实现）并使能 D2D 操作，还需要新的物理信道用于 UE 间的侧链连接。

D2D 操作可能发生在两种主要场景，如图 3.11 所示。

• 覆盖区场景，此时存在 eNodeB 覆盖（特殊情况下只有一个设备在覆盖区）。此场景下，当具备 D2D 能力的 UE 可以寻呼/搜索到其他 D2D UE 时，也称为 D2D 发现，网络可以为其提供指导。这样对来自其他 D2D UE 信令的搜索过程可以消耗更少的网络资源。这对于允许常规通信和 D2D 通信之间进行物理资源共享也是非常重要的。

• 可以作为 SIB 广播或者专用 RRC 信令的一部分来实现。

• 不在覆盖区场景，此时无常规覆盖可用，因此设备无须定时参考而进行自行管理。这是公共安全的重要需求。

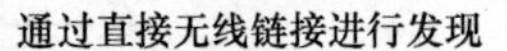

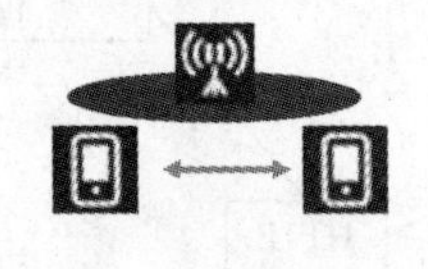

图 3.11　有网络覆盖和没有网络覆盖下的发现

此外，存在不同的通信模式（在实际的发现发生之后），两个 UE 之间的实际信道被称为“侧链”，以区分于现存的上行和下行信道，如图 3.12 所示。

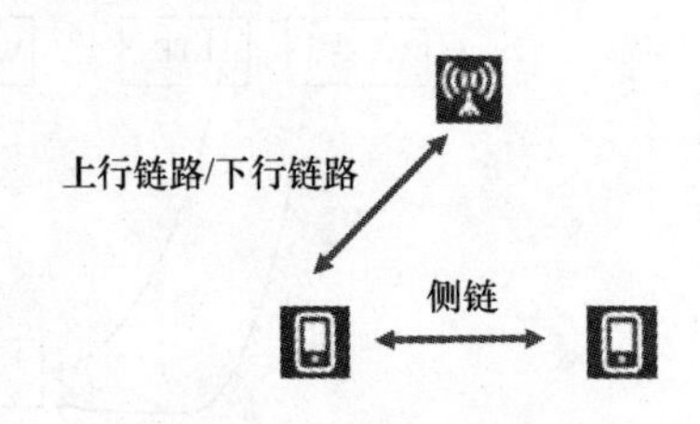

图 3.12　D2D 通信的侧链

测量操作所用参数如最大发射功率由网络进行配置（不在覆盖区场景下采用预配置值）。现在 UE 需要应用第 8 版 LTE 上行链路由于高峰均比（PAR）需求而没采用的 OFDMA 方式进行传输。UE 发射机中 OFDMA 的应用相应地建议对侧链比常规上行操作使用更小的传输。D2D 第 12 版工作细节将于 2015 年 3 月完成，而第 13 版中的进一步增强工作即将开展，参见参考文献［11］。

3.7　单小区点对多点传输

第 13 版已经开始了单小区点对多点操作的标准化工作。这类操作如图 3.13 所示，可设想用于一些应用案例，如公共安全（对于群呼）以及在给定区域内为车辆提供交通信息的方案。

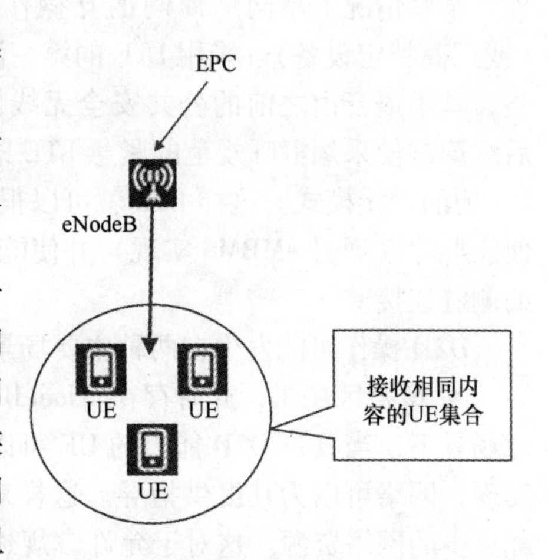

图 3.13　单小区点对多点传输原理

第 12 版中所描述的研究工作计划于 2015 年底完成。某些情况下，在覆盖区广阔并且可以通过单频网络（SFN）实现小区间同步时，可用 eMBMS 达到相同目标。该类操作也被用于车辆与路旁基础设施之间（V2X）或者不同车辆之间（V2V），但 3GPP 还没有得出结论，是否在第 13 版 LTE 中为此制定任何工作。

3.8 第 12 版 UE 能力等级

在第 12 版最终版中，除了带有 1Mbit/s 峰值数据速率的新的 MTC 等级 0 之外，还引入了几个额外的 UE 能力等级，见表 3.4。期望在 UE 能力等级的进一步工作中在 2015 年第 12 版引入高达 800Mbit/s 和 1Gbit/s 的等级。例如，在下行链路方向上应用 256QAM，对应单个 20MHz 载波的峰值数据速率为 200Mbit/s，因此支持五个聚合的 20MHz 的 UE 就可以达到 1Gbit/s 的下行峰值数据速率。3GPP 甚至可以在第 12 版基础上引入更强能力，因为通过多于 2 个 MIMO 数据流可获得每载波大于 200Mbit/s 的数据速率。在上行链路方向上，上行 64QAM 的应用带来了与特定 UE 等级无关的额外能力，相关 UE 射频需求在第 13 版中开发（由于当时对上行 64QAM 缺乏商业兴趣，因此 64QAM 错过了第 8 版）。

表 3.4　第 12 版中的新 UE 等级

UE 等级	等级 11	等级 12	等级 13	等级 14	等级 15
峰值速率 DL/UL/(Mbit/s)	600/50	600/100	390/50	390/100	3900/150
射频带宽/MHz	80	80	40	40	100
下行调制	64QAM	64QAM	256QAM	256QAM	256QAM
上行调制	16QAM	16QAM	16QAM	16QAM	64QAM
接收分集	是	是	是	是	是
下行 MIMO	2×2(CA)或 4×4	2×2(CA)或 4×4	2×2(CA)或 4×4	2×2(CA)或 4×4	8×8
上行 MIMO	否	2×2	否	2×2	4×4

第 13 版中的工作继续扩展最大可聚合载波数到最多 32 个，假定两天线操作时理论下行峰值数据速率达到最大 32×200Mbit/s = 6.4Gbit/s，八天线操作甚至可以达到 19.2Gbit/s。第 13 版中，希望在规范中增加新的 UE 能力等级，特别是 2016 年即将到来的第 13 版。

3.9 总结

之前的各节讨论了 LTE 第 12 版的增强以及对第 13 版的展望，但不包括本书第 4 章所讨论的小站和第 10 章所阐述的非授权频谱 LTE-U（3GPP 用语为用于 LTE 的授权辅助接入（LAA））方面的内容。正在进行中的第 13 版反映了一些被认可的演进需求，包括了 WLAN 互操作的进一步工作以及 D2D 的进一步工作，以更好地简化非公共安全应用案例。一些第 13 版的项目相对更加清晰和短小，如为增强的 CoMP 而额外增加的 X2 接口参数、3GPP 还在探索在哪个层面上进行 WLAN 聚合：从对 WLAN 选择参数的适度增强到与 WLAN 的无线层聚合。继续开展新 UE 能力等级的工作，第 13 版超过 1Gbit/s 的 UE 等级将在 2016 年参考文献［13］的后期版本中定义。

参考文献

[1] 3GPP Technical Report, TR 36.888, 'Study on Provision of Low-Cost Machine-Type Communications (MTC) User Equipments (UEs) Based on LTE', v.12.0.0, June 2013.
[2] 3GPP Tdoc RP-141645, 'Further LTE Physical Layer Enhancements for MTC', September 2014.
[3] 3GPP Tdoc RP-141180, 'Motivation for New WI: Further LTE Physical Layer Enhancements for MTC', September 2014.
[4] 3GPP Tdoc RP-141660, 'New WI Proposal: Further LTE Physical Layer Enhancements for MTC', September 2014.
[5] 3GPP Technical Report, TR 36.874, 'Study on CoMP for LTE with Non-Ideal Backhaul', v.12.0.0, December 2013.
[6] 3GPP Tdoc RP-141032, 'New Work Item on Enhanced Signalling for Inter-eNB CoMP', June 2014.
[7] 3GPP Tdoc RP-131399, 'Updated WID: LTE TDD-FDD Joint Operation Including Carrier Aggregation', September 2013.
[8] 3GPP TR 37.834, 'Study on WLAN/3GPP Radio Interworking', v.12.0.0, December 2013
[9] 3GPP Tdoc RP-122101, 'LTE/WLAN Interworking', RP-132101, 2013.
[10] 3GPP Tdoc RP-141401, 'Motivation for E-UTRAN and WLAN Aggregation', September 2014.
[11] 3GPP Tdoc RP-142311, 'Enhanced LTE D2D', December 2014.
[12] 3GPP Tdoc RP-142205, 'Study on Support of Single-Cell Point-to-Multipoint Transmission in LTE', December 2014.
[13] 3GPP Technical Specification, TS 36.306, 'User Equipment (UE) Radio Access Capabilities', v.12.3.0, December 2014.

第4章　第12版和第13版中的小站增强

Antti Toskala、Timo Lunttila、Tero Henttonen 和 Jari Lindholm

4.1　导言

本章涵盖了3GPP 第12 版中引入的小站增强以及第13 版中正在进行的研究项目。首先，介绍了第12 版中定义的双连接架构方案对网络架构的影响，在双连接原理后紧跟着分析了其对无线协议栈更详细的影响，以及物理层演进，包括256QAM 和小站开关流程。对相关性能进行了介绍。最后，本章总结了第13 版增强，包括了上行链路承载分离。

4.2　小站及双连接原理

3GPP 启动小站相关增强的标准化工作是在2012 年6 月 LTE-Advanced 演进研讨会之后，结论为需要对小站操作进行改进。重要场景特别是那些采用专用小站频点的小站应用，如图4.1 所示，早期版本已经包含的方案如 CoMP 或 ICIC 可用于同频场景。

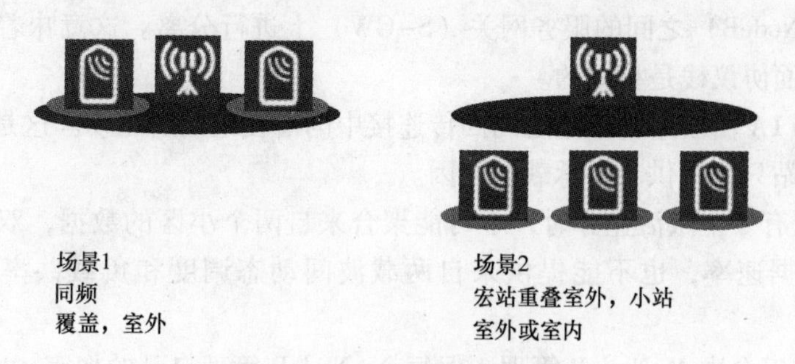

图4.1　小站同频和重叠场景

在基于第10 版的站内载波聚合中，如第2 章所解释的，所有载波均来自同一共址 eNodeB。载波聚合还可通过仅位于相同位置的、控制聚合小区的基带单元/处理器通过黑光纤连接射频头来实现。

第12 版采纳了对载波聚合原理的重要扩展：双连接（也称为站间载波聚合），旨在用于宏站和小站之间。现在该连接位于两个不共址的 eNodeB（主基站和辅助基站）之间。此时，UE 需要能够分别为两个宏站提供物理层反馈信号（假设为非理想回传)，因此 UE 总是带有到宏 eNodeB 和小站 eNodeB 的连接。这就可以实现聚合来自宏站和小站的最大数据速率，并使得小站的应用更为有效，因为即使小站层不能提供需要的连续覆盖时宏站可用于维持连接。由于更高频点的应用小站可能潜在地带有明显更小的覆盖区域，可能不需要总是可用而作为主小区。

4.3 双连接架构原理

在 3GPP 对小站增强的研究阶段之后，考虑几种不同的架构方案，如 3GPP TR 36.842 [1] 中所汇报，同意对其中两个在第 12 版进行标准化工作，如图 4.2 所示。

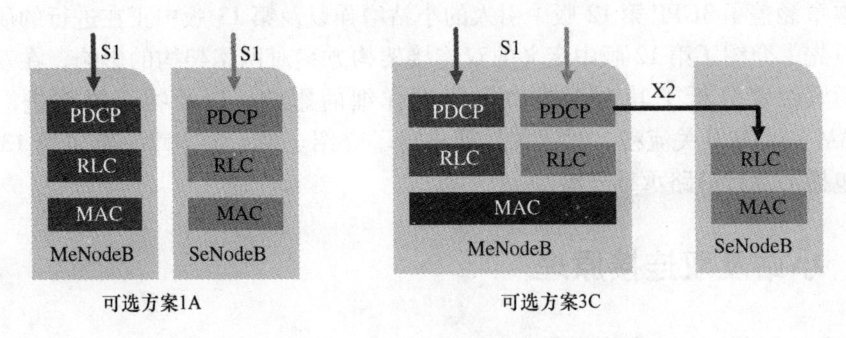

图 4.2 双连接下行链路用户平面架构

被选择的双连接架构方案具有以下主要特征：

• 在架构 1A 中，用户平面数据（即 S1-U）在位于主基站（MeNodeB）和辅助基站（SeNodeB）之间的服务网关（S-GW）上进行分离。这意味着在两个基站中的用户平面协议栈是相同的。

• 架构 1A 由宏站与小站之间回传连接中的潜在限制所驱动。这是为什么通过小站或者宏站只能提供一个承载的原因。

• 在只有一个激活业务时，不可能聚合来自两个小区的数据，双连接既不能提升峰值数据速率，也不能提供来自两载波间动态调度和负载共享的载波聚合增益。

• 总体安全由 MeNodeB 管理，但每个 eNodeB 管理自己的加密，所以 UE 需要两个不同的密钥。

• 架构 3C 中，所有用户平面数据（即 S1-U）均通过主 eNodeB 进行路由。PDCP 协议只位于 MeNodeB，只有更低层协议（即 RLC 和 MAC）存在于两个 eNodeB 之中。

• 架构 3C 提供所有吞吐量增长的载波聚合增益，并且可用于 eNodeB 之间回传非常好的场景。

• 安全方案不变，由于 PDCP 只位于 MeNodeB，该方案的部署不需要对核心网做任何改动。

• 由于所有承载的用户平面数据首先到达宏站，并可以在小站和宏站之间动态地选择。当架构1A中小站连接丢失时，与之对比，采用该方案的服务中断时间更小。

• 即使只有一个激活业务时，UE还可以获得峰值速率的增长。参考文献［1］中报道的增益在更低负荷水平时达到90%的用户吞吐量增长。

• 3GPP第12版只允许下行方向上的承载分离，而每个承载的上行用户平面数据只能通过一个小区提供并转发给宏站。可以预见，第12版后的版本扩展到也可以获得上行链路方向的聚合增益，正如后续章节所讨论的那样。

4.4 双连接的协议影响

对于控制平面侧，根本差异在于作为主eNodeB服务的小区（通常为宏站）依然是连接的主体发送RRC信令给UE并且作为来自UE的RRC信令的接收主体。宏站和小站eNodeB将增强X2接口上的控制信息。为宏eNodeB提供所有的RRC测量报告，用于处理和判决RRM行动，包括可能的切换。当申请添加SCell时，测量报告也可提供给SeNodeB，以辅助SeNodeB是否接受MeNodeB申请的判决流程。

为了理解双连接功能，人们必须了解MeNodeB和SeNodeB如何分割责任，因为双连接的控制部分分配在MeNodeB和SeNodeB之间。

• MeNodeB保留了对双连接的所有控制权，总是可以决定释放来自SeNodeB的任何配置的SCell或者甚至SeNodeB本身，SeNodeB将服从。MeNodeB还控制整个承载结构、RRC连接和位于UE侧的测量。只有MeNodeB可以选择申请添加SCell到SeNodeB中。

• SeNodeB保留对自己资源的控制权并决定自己的无线配置。当MeNodeB申请双连接时，SeNodeB控制其自己的无线配置，MeNodeB不能对其进行修改。SeNodeB既不可以申请启动双连接也不可以添加SCell，但它可以选择拒绝这类来自MeNodeB的申请。但如MeNodeB一样，SeNodeB在任何时候申请释放一个SCell或者双连接本身，MeNodeB都将服从。

责任分割如图4.3所示。

第12版承载分离定义了如何在下行链路上对于支持双连接的UE进行承载分离，并且需要所需信令准备就绪以支持此类情况。

图4.4和图4.5给出了带有双连接的层2结构以及在用的承载分离。当宏站和小站的聚合可用时，PDCP层实现分离。

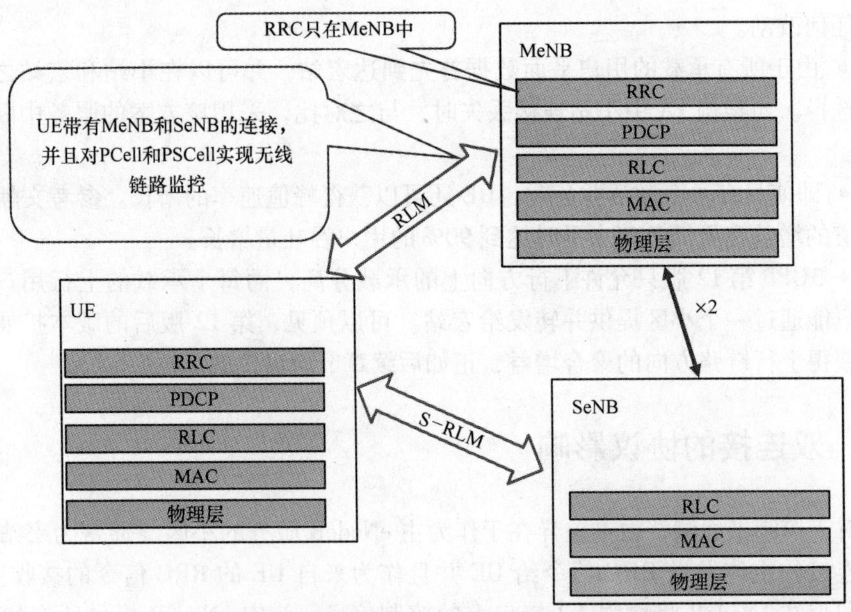

图 4.3　MeNodeB 与 SeNodeB 之间的控制分离

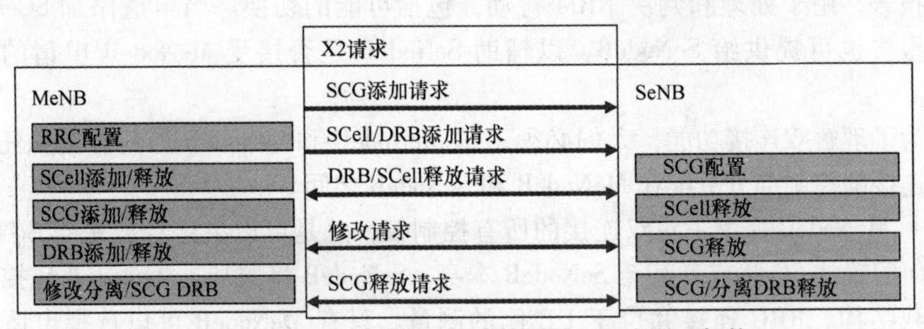

图 4.4　用于承载分离的双连接控制和用户平面架构

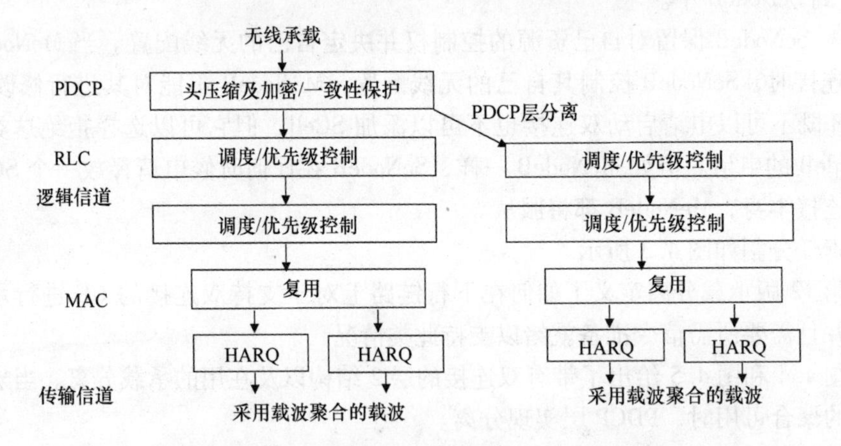

图 4.5　下行链路方向上带有承载分离的层 2 架构

4.5 双连接的物理层影响和无线链路监测

在第8~11版中PUCCH总是在PCell上发送，但是在双连接情况下这不再可行。由于回传时延，不可能将来自SeNodeB的SCell的下行传输相关的HARQ－ACK反馈发送到PCell后再通过回传路由到SeNodeB，因为反馈到达SeNodeB的时间太晚了。

如图4.6所示，双连接小区被分为两个组。由MeNodeB控制的小区称为主小区群（MCG），小区群中传输相关的上行控制信息（UCI）通过PCell上的PUCCH或者通过MCG中一个小区上的PUSCH发送。由SeNodeB控制的小区称为辅助小区群（SCG），SCG传输相关的PUCCH在主SCell（PSCell）上发送，因为不需要在回传上传输UCI。

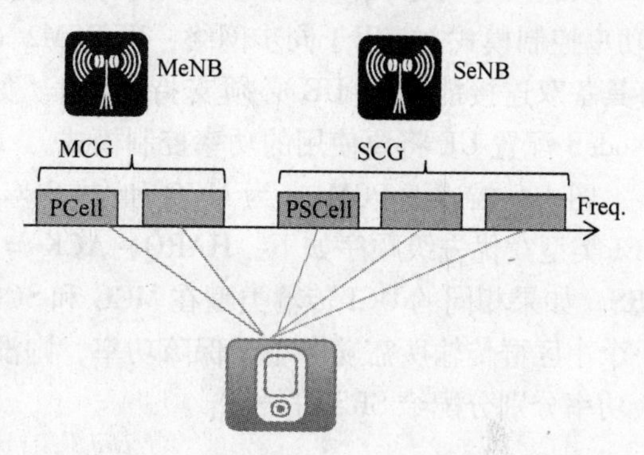

图4.6　PCell和PSCell上的PUCCH

由于PSCell的角色与PCell类似，UE也会如PCell一样对PSCell进行无线链路监测（RLM），以避免可能引起的上行干扰或者不能被SeNodeB服务的情况。PSCell上的无线链路失败（RLF）称为辅助无线链路失败（S-RLF）。当S-RLF发生时，UE停止在SeNodeB上进行发送和接收，并在MeNodeB上执行SeNodeB所失败的RRC信令。UE根据其配置继续对SeNodeB进行测量，但MeNodeB必须重启双连接才可以恢复SeNodeB的应用。

小区群中使用的早期版本定义了UCI传输规则，来决定用哪个信道（PUCCH或PUSCH）进行UCI传输，并采用哪些PUCCH资源或哪些PUSCH小区。通过小区群中使用的早期版本规则，还可以实现周期性CSI丢弃规则、UCI合并的控制以及HARQ－ACK定时和复用。

在双连接中UE传输的调度比载波聚合更具挑战性，因为SeNodeB和MeNodeB中的调度决策不能得到及时协调。由此，可能很容易出现发自MeNodeB和SeNodeB的上行许可导致超过UE功率资源的情况。为了避免此情况的发生，可以对MCG和SCG中的传输配置保障功率等级，如图4.7所示。

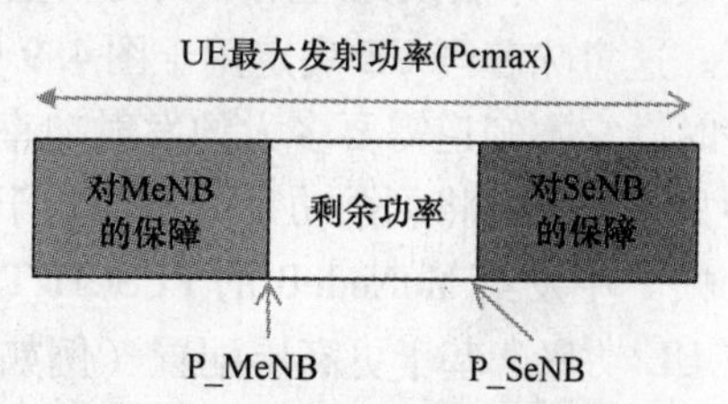

图4.7　保障功率和剩余功率

小区群的保障功率等级被配置为最大UE传输功率的百分比。对于MCG和SCG的保障功率等级可以从下列值中选择：0%、5%、10%、15%、20%、30%、

37%、44%、50%、56%、63%、70%、80%、90%、95%和100%。可以很容易实现 MCG 和 SCG 之间简单地分配 UE 功率资源（即 P_MeNB + P_SeNB = 100%）。此时，存在非特定小区群专用的剩余功率，这些剩余功率可以根据调度动态地分配给 MCG 或 SCG。第11版功率缩放和信道掉话规则应用到小区群内。需要注意的是，保障功率和剩余功率分配适用于 PUCCH、PUSCH 和 SRS 传输，但如需要 PRACH 可使用全部 UE 功率。

双连接可用于同步和异步网络。为双连接定义了两种功率控制模式。PCM1（功率控制模式1）用于同步网络，而 PCM2（功率控制模式2）用于异步网络，所有具备双连接能力的 UE 必须支持 PCM1。如果 UE 支持两种功率控制模式，则 eNodeB 配置 UE 将要使用的功率控制模式。

图4.8 描述了 PCM1，为 MCG 和/或 SCG 传输分配剩余功率的优先级顺序基于 UCI 类型。优先级顺序如下：HARQ - ACK = SR > CSI > 不带 UCI 的 PUSCH > SRS。如果相同的 UCI 传输类型在 MCG 和 SCG 同时发生，则 MCG 传输优先。如果一个小区群传输所需功率小于保障功率，则没有使用的功率可用于其他小区群。剩余功率分别分配给 SRS 符号。

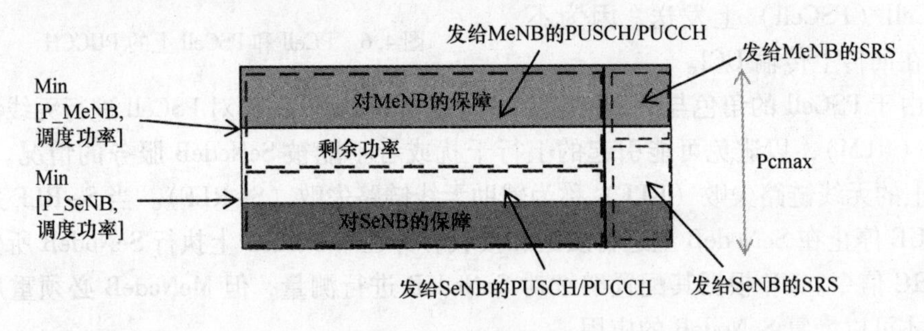

图4.8　PCM 1

如果网络没有实现同步，则 eNodeB 为 UE 配置 PCM2。在异步情况下，发往 MeNodeB 和 SeNodeB 的传输之间子帧边界是不对齐的，如图4.9所示。标准中已经假设 UE 来不及处理用于调度重叠传输给其他小区群当前子帧后半部分的上行许可。这意味着当 UE 决定用于图4.9中子帧 P 中 MeNodeB PUSCH/PUCCH 的发射功率时，它不知道需要多大的发射功率用于子帧 Q 中 SeNodeB 传输。因此，在 PCM2 中只是简单地将剩余功率分配给始于之前子帧的传输。所以在图4.9所示的场景下子帧 P 中发给 MeNodeB 的 PUSCH/PUCCH 可以使用除为 SeNodeB 传输保障外的所有 UE 功率。基于更高层配置（例如 TDD UL/DL 配置），如果 UE 知道在其他小区群中不存在重叠传输，UE 可以为一个小区群使用所有功率。之前子帧可用剩余功率的规则也可以用于之前子帧只传输 SRS，且其他小区群中的实际传输均先于该 SRS 传输之前发生的情况。

双连接情况下，SCG 支持基于竞争和基于非竞争的随机接入过程。因为很难

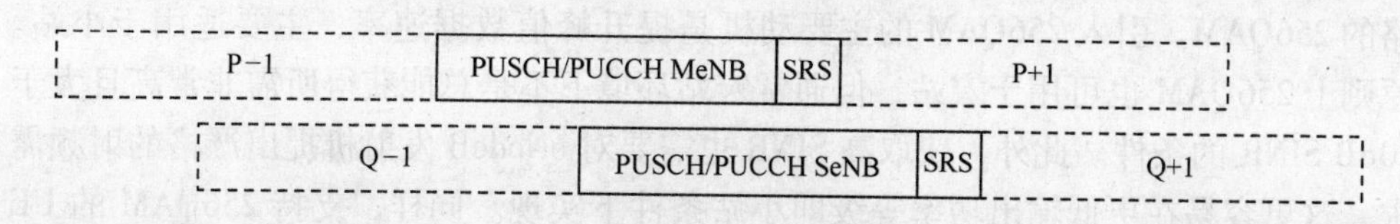

图 4.9　异步操作

协调发给 MeNodeB 和 SeNodeB 的 PRACH 传输，在 PRACH 功率级的控制中必须考虑两个原则：第一是 PCell 的 PRACH 传输是所有 UE 传输中最高优先信道；第二是如果 UE 的 PRACH 传输跨越多个子帧时，则传输过程中 PRACH 发射功率将保持不变。如果 PRACH 发送时 UE 功率受限，并且两个 PRACH 想在同一子帧开始传输时，上行功率分配的优先顺序为 PCell PRACH 带有最高优先级、其他 PRACH 带有次高优先级、其他信道的优先级低于 PRACH。如果 PRACH 已经始于之前子帧，则其他传输可以在不改变发射功率的情况下继续进行。PCM2 中使用与 PCM1 相同的优先级顺序分配上行功率。通常，PRACH 传输只发生在所有上行子帧的子集中，并且 UE 可以在实际传输发生前很好地决定 PRACH 传输所需要的功率。所以在 PCM2 的某些情况下，PCell PRACH 与其他小区群中一些传输的后半部分重叠时，UE 应该还可以使 PCell PRACH 优先于一些更低优先级进行传输。如果 PRACH 传输重叠且超过最大发射功率时，取决于 UE 实现来决定是否降低低优先级 PRACH 功率或者丢弃 PRACH。此时，基于物理层对 MAC 层的指示，功率爬升可能不会应用于前导重传。

当 UE 发送功率余量报告给 eNodeB，其中包括所有小区的功率余量信息，即当 UE 给 MeNodeB 汇报 MCG 的功率余量（PH）或者给 SeNodeB 汇报 SCG 的 PH 时，采用第 11 版定义的汇报机制。当 UE 给 MeNodeB 汇报 SCG 的 PH 或者给 SeNodeB 汇报 MCG 的 PH 时，报告中总是包含了 PUCCH 小区的类型 2 功率余量。此外，基于配置其他小区群中所有小区的功率余量取决于参考格式计算（虚拟功率余量），或者基于发生 PUSCH/PUCCH 传输小区中的实际传输进行计算。在异步双连接场景下，取决于 UE 实现来决定非调度 eNodeB 中小区的 PHR 是基于重叠子帧的前半部分或是后半部分进行计算的。

双连接的性能将在第 8 章进行讨论。

4.6　其他的小站物理层增强

除双连接之外，物理层的主要影响是 256 正交幅度调制（256QAM）的使用、小站开关流程以及 eNodeB 间空中接口同步，将在后续各节进一步描述。

4.6.1　用于 LTE 下行的 256QAM

- 第 12 版中引入的新 LTE 功能之一是对于更高阶调制的支持，即用于下行链路的256QAM。引入256QAM 的主要动机是提升峰值数据速率，主要适用于小站。原则上256QAM 也可用于宏站，但通常宏站环境下不是总能获得所需非常高且大于20dB SINR 的条件。此外，获取高 SINR 也需要对 eNodeB 发射机提出严格的射频需求，这更容易在更低输出功率等级即小站条件下实现。同样，支持256QAM 的 UE 也需要从射频需求角度来选择更好的接收机。

- 从物理层角度来看，256QAM 是一个相对简单的功能。规范相关的改变只是对调制编码机制信令、传输块以及信道质量指示的定义进行扩展。在峰值数据速率上，256QAM 的最大传输块尺寸比64QAM 大30%左右。相应地，引入了 UE 能力等级 CAT-11 ~ CAT-15 来支持256QAM 以获得第3章所呈现的提升的峰值数据速率。支持256QAM 的 UE 大概可以获得每20MHz 200Mbit/s 的下行载波峰值速率。

4.6.2 小站开关切换和增强的小区发现

切换小区开关已经可以在 LTE 早期版本中实现，第9版中规范的基于 SON 的机制已经成功应用，特别是在网络负荷非常低时。采用这些机制，关闭（即休眠）状态下的小区不发送任何信号，因此 UE 不能检测这些小区。为了将关闭小区返回到服务状态，对 X2 信令进行标准化，从而允许一个 eNodeB 申请一个相邻 eNodeB 开启处于关闭状态的小区。这限制可实现开/关转换时间为数百毫秒的时间尺度，限制这些方案的应用在非常低的网络负荷时，如深夜的场景。

一些在第12版标准中激烈讨论的方案之一被最终采纳：小站开关操作及辅助小区发现。该功能被用于例如网络负荷很低时通过允许快速切换小区开关来降低网络能耗及干扰，更为详细的节能潜力分析在下一节中讨论。

1. 第12版开关机制

第12版完成的工作通过促使进出 eNodeB 休眠（即关闭）状态的转换时间更短来提升开关机制的效率。存在两种实现机制：

- 下行发现参考信号的传输，来促使更快地发现休眠小区。UE RRM 还引入了对 DRS 的测量。
- 配置关闭小区为去激活 SCell，通过用于开关切换的 SCell 激活/去激活功能降低了开启和休眠状态之间的转换时间。

图4.10 展现了用于小区开关的发现信号的传输。首先（例如网络负荷较低时），网络决定关闭小区，决定后紧跟开关转换阶段，在该阶段内网络将采用诸如切换、连接释放、将 RRC _ IDLE 模式下的 UE 重定向到不同频率层等方式释放即将被关闭小区中的 UE。一旦网络确认不再有 UE 驻留在该小区，它将做出最终决定来关闭该小区并开启休眠阶段。休眠阶段中，eNodeB 可以发送（如周期性）DRS 以允许 UE 支持发现和测量休眠小区的功能。最终，在某个时间点，网络可以基于例如测量来决定让小区恢复。

在 UE 侧，配置关闭小区为去激活 SCell 的功能，允许小区开关切换功能获得

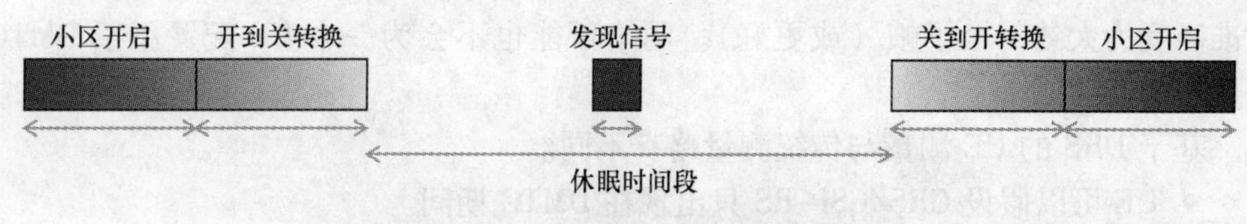

图 4.10　eNodeB 开关操作示例

更高效的利用。当为去激活 SCell 的载波配置了基于发现信号的测量时，UE 假定 SCell 不能传输发现信号之外的任何信号。这使得网络可通过 SCell 激活/去激活来实现开关转换，降低开关时间到几十毫秒的时间尺度。

2. 发现信号发送和测量的流程

发现参考信号（DRS）架构如前面图 4.2 所示，包含了已引入 LTE 第 8 版的同步和参考信号：主同步信号（PSS）、辅助同步信号（SSS）、小区特定参考信号（CRS）。此外，第 10 版的信道状态信息参考信号（CSI-RS）还可被配置为 DRS 的一部分。类似常规 LTE 操作，PSS/SSS/CRS 可方便小区发现和 RRM 测量，而 CSI-RS 允许通过 RSRP 测量使能例如所谓单小区 CoMP 操作，来实现小区内传输点的发现。

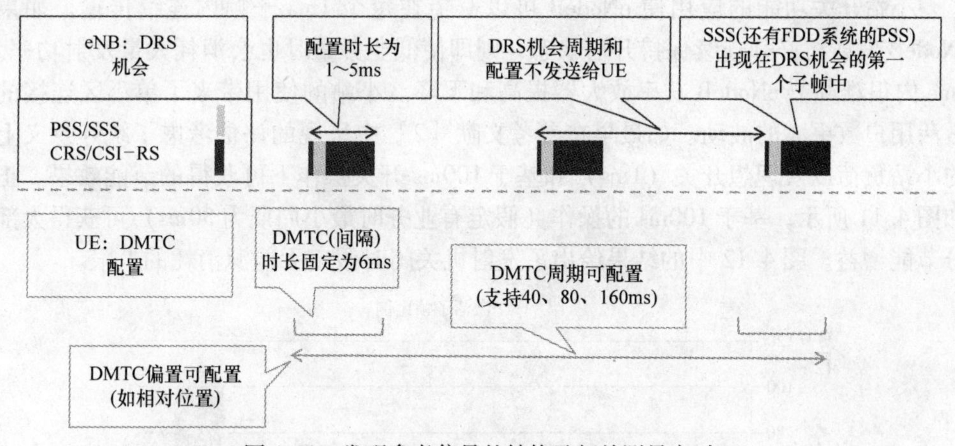

图 4.11　发现参考信号的结构及相关测量定时

与之前 LTE 系统中 PSS/SSS/CRS 连续传输不同，发现参考信号传输带有更稀疏的周期来进行小区检测和 RRM 测量。图 4.11 中用一个 DRS 传输实例来表示一次 DRS 机会。DRS 机会的时长为 1 ~5 个子帧，包含对应天线端口 0 的 PSS/SSS 和 CRS，位于与常规 LTE 操作相同的时频位置。

UE 根据 eNodeB 给定的每载波发现测量定时配置（DMTC）来执行发现测量。DMTC 指示 UE 可能会假设 DRS 出现在一个载波的时间，有点像用于异频 RRM 测量的测量间隔配置。DMTC 机会带有固定 6ms 时长以及 40ms、80ms、120ms 的可配置周期。网络需要保障一个给定载频上所有小区的 DRS 机会与 DMTC 配置一致，从而确保这些小区可以被发现。因此网络需要同步，为使发现流程能够正常工作，其准确度为大约一个子帧（或更好）。网络可能也不会为一个 UE 配置用于 DMTC 的所有 DRS 机会。

基于 DRS 的 UE 测量与传统测量略有不同。

- UE 可以假设 CRS/CSI-RS 只出现在 DMTC 期间。
- 基于 DRS 的 CRS（RSRP/RSRQ）测量与之前 LTE 系统相同。这意味着相同的测量事件（如事件 A1～A6）也是适用的，并且所有传统方案（如小区特定偏置）也是可用的。
- 对于基于 DRS 的 CSI-RS 测量，只支持基于 CSI-RS 的 RSRP。网络还明确配置了 UE 测量的 CSI-RS 资源，并且 UE 只对这些 CSI-RS 资源触发测量报告。
- 为基于 DRS 的 CSI-RS 测量定义了两个新的测量事件：C1 事件将 CSI-RS 资源的测量结果与一个绝对阈值进行对比（类似于现有的 A4 事件）。C2 事件将 CSI-RS 资源的测量结果与一个预定义的参考 CSI-RS 资源的测量结果进行对比（类似于现有的 A3 事件）。

4.6.3 带有小站开关的节能功能

小站开关功能的应用使 eNodeB 可以避免在每个 1ms 子帧内连续传输。如果 eNodeB 发射机必须连续保持开启状态，则即使低业务量时也会消耗大量发射功率。1ms 内很难调节 eNodeB 功率放大器提高和下降。小站的使用带来了单小区连接的激活用户数更大的波动。如最早在参考文献［2］中呈现的评估考虑了统计意义上的小站负荷以及理想开关（1ms）和基于 100ms 开关操作下可获得的节能效果。正如图 4.11 所示，基于 100ms 的操作（假定有业务时最小周期为 50ms）可获得大部分节能增益。图 4.12 中的结果给出了发射机关闭时假定无能源消耗的上限。

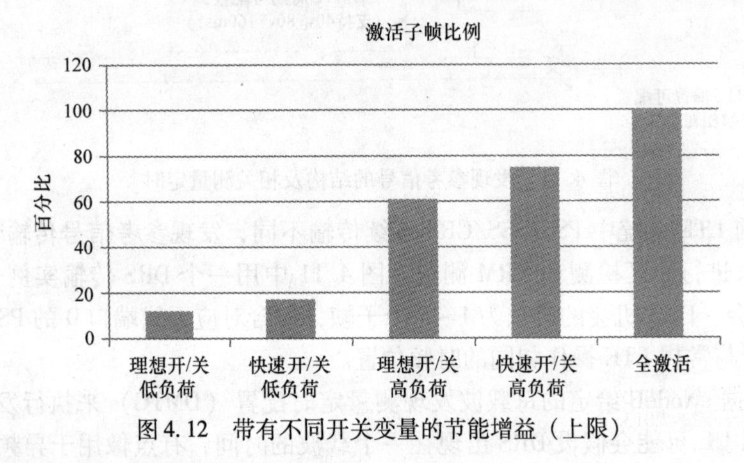

图 4.12 带有不同开关变量的节能增益（上限）

4.6.4 eNodeB 之间的空口同步

在希望获得网络同步时，通常会使用外部定时参考，如 GPS。小站部署可以采用空口定时测量的替代方案，一个 eNodeB 考虑将另一 eNodeB 作为定时主站（选为同步的定时源），并从源 eNodeB 的传输中获取定时信息。第 12 版规范包含了使能 SON 功能的信令（S1 接口上），从而通过提供该 eNodeB 的静音模板信息来帮助空口同步流程。通过对定时检测进行静音可以获得更为可靠的信息，这是因为通常网络规划并不试图让 eNodeB 相互监听。

4.7　第 13 版的增强

在 2014 年底完成的第 12 版解决方案基础上，3GPP 定义了如何对第 13 版中的小站和其他方案进一步增强，包括载波聚合。讨论涵盖了一些方法，如上行链路承载分离[3]，因为第 12 版中只考虑下行链路承载分离，而上行链路也可以从该方案中受益。

载波聚合方面，3GPP 通过定义在信令角度上可以支持最多 32 个聚合载波并为此正在准备更多可用频谱[4]。这并不是真的想使用 32 个不同频带，但是通过如第 10 章所描述 LTE 授权辅助接入（LAA）的类似方案可以使用非授权频带上多于 4 个载波。大多数情况下所考虑的 5GHz 频带拥有数百兆赫兹可用频谱。期望采用如 3. 5GHz 的新频谱或者来自 WRC-15 的新频谱能够为运营商带来在单一频带超过 20MHz 的可能性。标准化工作还涉及在载波聚合的 SCell 内引入 PUCCH，因为第 12 版只能为带有双连接的 SCell 发送相同（或类似的）层 1 控制信息，而没有结合第 10 版载波聚合的情况。

4.8　总结

在之前各节中，小站相关增强已包含在第 12 版中，而第 13 版所启动相关项目的第一个集合则涉及 LTE-Advanced 的进一步增强。一些市场对小站部署非常感兴趣，而在许多市场由于 LTE 业务量低而尚未变得非常重要。第 12 版的方案为小站部署提供了非常好的基础，特别是当下行链路如预期地主导了数据量承载的场景。第 13 版方案将建立在这些原则的基础之上，并提供了显著的额外增强。

参考文献

[1] 3GPP TR 36.842, ‘Study on Small Cell Enhancements for E-UTRA and E-UTRAN; Higher Layer Aspects’, v.12.0.0, December 2013.
[2] 3GPP Tdoc R1-133485, ‘On Small Cell On/Off Switching’, August 2013.
[3] 3GPP Tdoc RP-150156, ‘New WI Proposal: Dual Connectivity Enhancements for LTE’, March 2015.
[4] 3GPP Tdoc RP-142286, ‘New WI Proposal: LTE Carrier Aggregation Enhancement Beyond 5 Carriers’, December 2014.

第5章　小站部署方案

Harri Holma 和 Benny Vejlgaard

5.1　导言

小站数量将在未来几年内得到增长，这是由更大容量和更好覆盖的需求所驱动的。小站概念上涵盖了许多不同方案，从相对高功率的室外微站（micro cell）到室内皮站（pico cell）以及非常低功率的飞站（femto cell）。基于不同的应用场景和可用传输基础设施，小站的网络架构有许多可选方案。小站部署还需考虑宏站和小站之间的频率应用。本章将讨论许多小站部署方案。5.2 节介绍了小站部署的主要驱动力，5.3 节展示了网络架构方案，宏站和小站间的频率使用将在5.4 节讨论，5.5 节考虑了如何为小站找到最优部署位置，5.6 节讨论了室内小站，5.7 节介绍了成本方面的考虑，5.8 节为最后总结。

5.2　小站驱动力

无线网络容量可以通过更多频谱、更高频谱效率以及更多小区来提升。700～2700MHz 之间的新频带可用于宏站容量提升。增加更多频谱是相对简单地获得更大容量的方法。LTE-Advanced 功能提高了频谱效率，在相同频谱获得更多容量。这两种方法都用于从宏站中挤出更多容量。当这些方法都失效时，就需要小站来提高容量。图5.1 显示了这三种增加容量的方法。

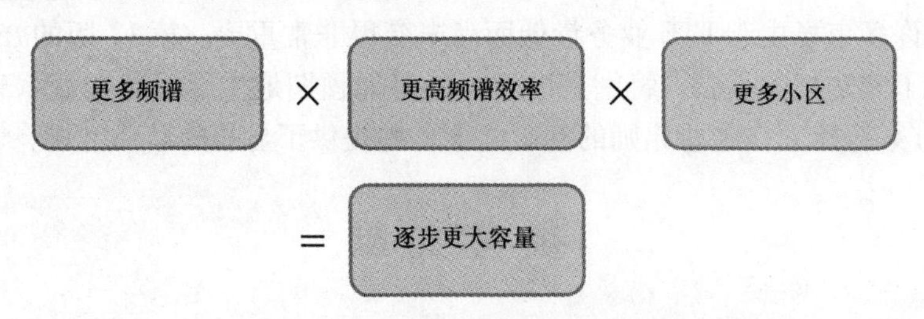

图5.1　增加网络容量的三种主要方法

随着数据业务量的快速增长，对小站的需求将日益明显。额外的频谱和提升的频率效率都不能解决数据业务量长期快速增长的问题。小站还有一个驱动力是为获得更高覆盖以提供更高用户数据速率。同时，小站部署也随着小型化且紧凑的产品而变得更为简易。3GPP 也开发了一些功能来简化小站部署。新型无线回传解决方案的可用性也使小站部署更快。这些小站的驱动力和助推力如图 5.2 所示。

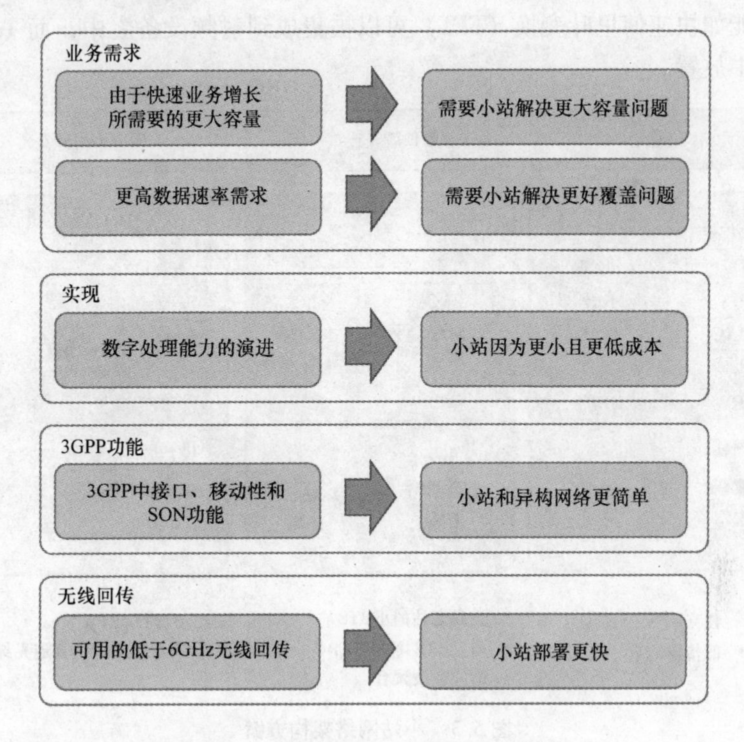

图 5.2　小站部署的驱动力和助推力

5.3 网络架构方案

在深入小站产品细节之前，需要考虑影响小站产品选择的网络架构可选方案。图 5.3 展示了三种主要架构方案。最左边的方案带有完整的一体化小基站，包含所有协议层 1 ~ 层 3。小站直接通过 S1 接口连接到分组核心网。与宏站层的交互通过 X2 接口。最右边的方案为连接宏站基带的低功率射频（RF）头。小站只是射频而不包含任何层 1 ~ 层 3 的功能。射频头与宏站之间的接口为通用公共无线接口（CPRI）或开放基站架构倡议（OBSAI），该接口需要高带宽和低时延。核心网只与宏站相连。从核心网角度来看，低功率射频头被视为宏站的一个新扇区。该方案被称为集中化无线接入网（CRAN）或云接入网，因为基带处理可以被集中放置。词汇“云”正在产生误导，因为这里的时延需求非常严格，并且基带处理必须被放置在相对靠近射频头而距离云端非常远的地方。中间的方案是第 12 版 3GPP 规范最新增加的，以支持 UE 同时连接宏站和小站的双连接场景。包含层 1、媒体接入控制（MAC）、无线链路控制（RLC）的低时延功能被置于小站，而分组数据汇聚协议（PDCP）被置于宏站。宏站与小站之间的 X2 接口显然比 CPRI/OBSAI 接口具有更为宽松的需求。还存在一些介于这些方案之间的功能分割可选方案，例如部分层 1 功能如快速傅里叶变换（FFT）可以被集成到射频设备之中，而 Turbo 编码可以被集中放置。

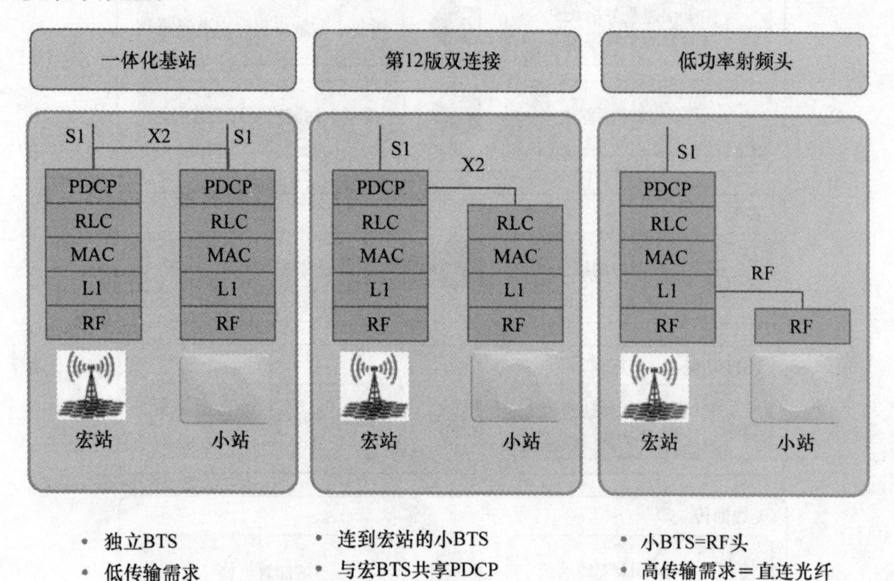

图 5.3　小站网络架构方案

射频头解决方案具有很多好处，因为它是宏站的直接前向延展。另一方面，宏站与射频头之间的接口需要非常高的容量。表 5.1 给出了这两个方案的对比。通常，射频头方案需要为 CPRI/OBSAI 接口提供超过 1Gbit/s 的高容量和非常低的时延。一体化方案具有更为宽松的传输需求，使得实际部署更为简便。

表 5.1　一体化小站与射频头方案的对比

	一体化小站	射频头（RF 头）
传输需求	低需求，传输可用无线、铜线、光纤	严格要求，实际中需要用直连光纤
宏站和小站间功能一致性	是可能的，但需要在产品中额外规划	是的，共基带自然带来的能力
宏站与小站间移动性	站间切换对核心网也是可见的	站内切换对核心网不可见
协同多点（CoMP）	不可能做联合处理，但可以实现动态点选择	是的，宏站与小站间的所有 CoMP 方案均可行

在宏站和小站中支持相同的功能也是非常有益的，这被称为功能一致性。如果宏站和小站中的功能、软件版本、路线图能够协调一致，就会简化网络管理和优

化。在射频头的方案中，由于射频头连接到宏站基带而自然获得相同的软件功能。在一体化方案中，功能一致性可以通过在宏站和小站中使用相同的硬件构件来实现。如果小站使用与宏站不同的硬件和软件，则通常会导致功能差异。

一体化基站情况下，宏站与小站之间的移动性就是常规的站间切换，从而对于核心网是可见的。当射频头连接到宏站基带时该移动性为站内切换，对连接核心网的 S1 接口不存在影响。

向 LTE-Advanced 的演进倾向于更为简单的带有共享基带的射频头方案。通过射频头方案，可以支持宏站和小站之间的协同多点（CoMP）发送和接收。

基站和射频头之间的传输需求存在巨大差异。传输位于基带后方，由此基站所带的传输也被称为回传。射频头所带传输位于基带前方，因此也被称为前传。图 5.4 给出了带有 2 × 2 MIMO 的 20 + 20MHz 案例。20 + 20MHz 载波聚合的峰值数据速率为 300Mbit/s，即为回传需求。如果小站主要被用于提供更好覆盖而非更高容量和更高数据速率，还可以采用更低回传。如果多个小站共享同一传输，则总传输速率可小于各小站的峰值速率之和，因为通常不同小区不会同时满载，该好处被称为集群增益。

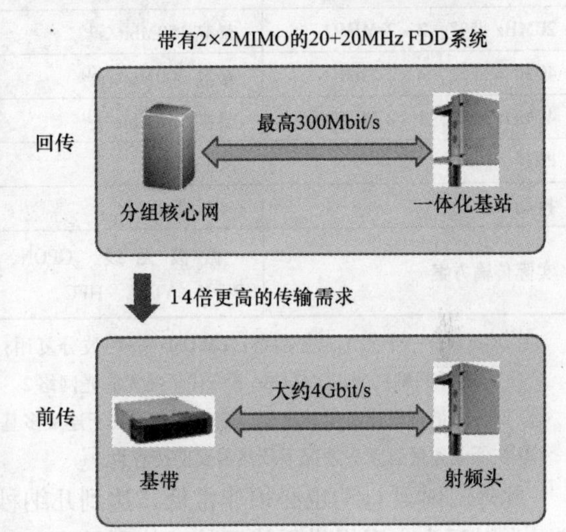

图 5.4　小站和射频头的传输需求

采用 2 × 2 MIMO 和 20 + 20MHz 的 CPRI 前传要求超过 4Gbit/s，并且随系统带宽和天线的增加而增长。该数据速率与小区负荷或吞吐量需求无关。吞吐量需求可以通过 CPRI 压缩来予以降低，但需要付出信号射频质量作为代价，从而导致矢量误差幅度（EVM）的一些降低。

下面我们来看看采用 OBSAI 接口的前传如何随系统带宽和天线阵列增加而增长。OBSAI 线速需要是 768Mbit/s 的倍数，即 768Mbit/s、1536Mbit/s、3072Mbit/s 和 6144Mbit/s。以字节计的主帧大小为 $i \times N\_MG \times (M\_MG \times 19 + K\_MG)$，其中 i = 1、2、4、8 表示 768 线速的倍数。主帧表明了哪个 LTE 消息被插入总线的顺序（参数集为 M_MG = 21，N_MG = 1920，K_MG = 1，$i = 1$）。考虑 20MHz LTE 的采样速率为 30.72MHz，并且 OBSAI 的 I 和 Q 采样分别被映射到 16bit，单个天线 20MHz 流需要 0.98304Gbit/s。对应 OBSAI 采用 $i \times N\_MG \times (M\_MG \times 19 + K\_MG)$，则上述参数给出了 1.032192Gbit/s。由于 OBSAI 线速为 768Mbit/s，这需要 1.536Gbit/s 的 OBSAI 接口。对于 2 × 2 MIMO 和 20 + 20MHz 所需数据速率为 1.96608Gbit/s，

OBSAI 帧速率为 2.064383Gbit/s，并且需要 3.072Gbit/s 的 OBSAI 接口。所需的前传数据速率会随载波聚合的更大带宽以及更多天线而增长。如果我们有带有四天线基站的 20 + 20MHz 载波聚合，则所需帧速率大约为 8Gbit/s。

表 5.2 呈现了回传和前传需求的对比。射频头除了高数据速率外还要求低时延。单向时延必须明显小于 0.5ms 来运行包括来自基带重传的低时延功能。因此，基带处理不能被置于遥远的云端，而需要位于相对靠近射频的物理位置。

表 5.2 回传和前传需求的对比

	回传	前传
20MHz 带宽，2×2 MIMO	最高 150Mbit/s①	2Gbit/s②
40MHz 带宽，2×2 MIMO	最高 300Mbit/s①	4Gbit/s②
40MHz 带宽，4×2 MIMO	最高 300Mbit/s①	8Gbit/s②
时延	<5 ~10ms	<0.5Gbit/s
抖动	<1 ~5ms	<8ns
实际传输方案	微波无线、GPON、GPON、CWDM、VDSL、HFC	CWDM、NGPON2

注：GPON——千兆无源光网络；CWDM——粗波分复用；VDSL——甚高速数字用户环路；HFC——混合光纤同轴；NGPON2——下一代千兆无源光网络 2。

① 回传容量可以比峰值速率低。集群增益可用于连接多基站场景。

② 在低业务量射频头情况下依然需要前传容量。

此外，时延抖动也必须非常低，达到几纳秒的量级。非常高的数据速率意味着难以为射频头方案提供无线回传，特别是当 LTE-Advanced 增加了系统带宽和天线数量导致更高的回传数据需求。非常低的时延和抖动意味着不能在回传应用 IP 路由。

我们现在了解到射频头方案比一体化方案具有很多优势，但射频头方案还需要非常快和低时延的传输网络。因此带有射频头的小站方案实际部署在光纤基础设备非常丰富的网络，如韩国。射频头方案还需要无线小组和传输小组的紧密沟通来解决可能存在的技术问题。

5.4 频率使用

运营商将聚合他们手中 700 ~2600MHz 之间的所有频谱到载波聚合池。该方案可使宏站数据速率和容量最大化，并由未来终端载波聚合能力所支持。3.5GHz 频带可以被用于宏站特别是那些宏站密度非常高的地区。如果宏站网格很稀疏，则 3.5GHz 很可能被用作专用小站频率。如 5GHz 非授权频带的高频点将被用于小站。小站可以与宏站共享同一频率或使用专用频点。表 5.3 考虑了频谱使用方面的问题。同频部署可以最大化频谱效率，但需要更为仔细的小区间干扰管理。从干扰管理的角度来看，专用频点的方案更为简单。更详细的干扰管理方案将在第7章中讨论。

表5.3 小站频谱使用

	与宏站同频（带内）	专用小站频率（带外）
宏站与小站间的干扰管理	显然优选需要小站的主导地区，可以使用增强ICIC（eICIC）	简单的干扰管理
宏站与小站间的移动性管理	带内切换	需要异频切换，需要正确的测量触发
容量	最大化总频谱效率	从大量小站中受益

图5.5展示了采用两种不同频谱方案（共享带内频谱和专用带外频谱）的皮站密集城区部署案例。为获得5%的掉话率，与带内小站相比，带外小站只需要约1/3的小站数量就可获得相同容量。依据业务负荷，我们可以看到一个带内对带外部署的盈亏平衡点为每个宏站大约两个小站。在带有少量微站的场景下，带内方案更具吸引力，而高微站密度情况下，带外方案效果更好。如果频谱有限且宏站网络完全开发的情况下，推荐使用带内方案来提升网络容量和覆盖，其成本效益低于带外微站。频谱使用可参见参考文献［1］。

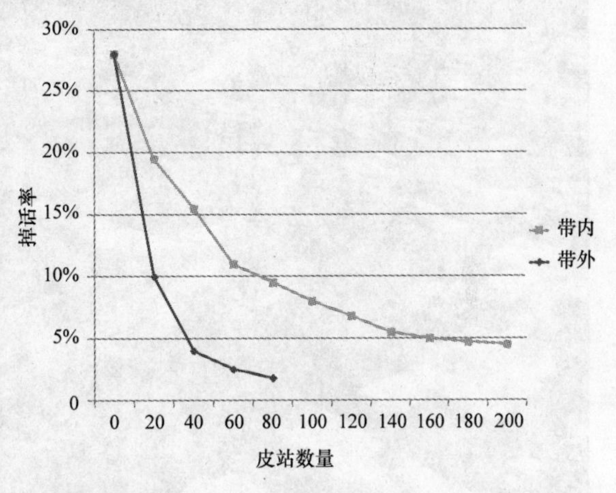

图5.5 同频（带内）对比专用频点（带外）小站

5.5 小站位置的选择

将小站置于网络中最优位置是非常重要的。小站的选址需考虑射频传播和用户位置。小站将被置于主导区域以最小化小站与宏站之间干扰。小站还应该被置于靠近用户的位置。可以采用地理位置的概念来找到用户位置，并标示出宏站网络中的业务热点。地理位置可用于网络故障的排除、优化以及新小站位置的选择。地理位置的评估基于从网络中收集的大量信息：

- 小区标识。
- 从巡回时间信息中获得的距离信息。
- 从信号强度测量中获得的路径损耗。
- 观察到的到达时差。

• 来自 UE 的 GPS 信息。

从巡回时间信息中获得距离信息的准确度受到非视距传播的影响，导致测量的距离大于 UE 和宏站之间的真实距离。地理信息服务可以提供有关覆盖空洞、呼叫掉话位置、小区主导区域、干扰水平以及语音和数据业务位置的信息。可以对这些区域进行分析用于网络优化。该方案可实现包括参数调整、天线优化或增加新的小站等手段来提供更好的热点覆盖以及更大容量。图 5.6 显示了地理位置计算的输出结果。更为先进的地理位置工具可提供三维的业务量位置信息，包括图 5.7 所示的楼层。

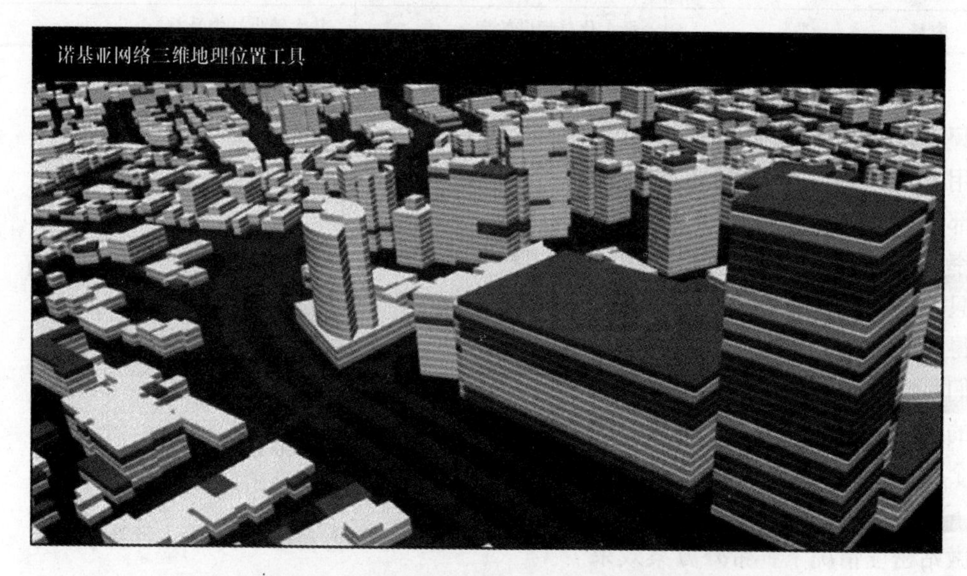

图 5.6　标示业务量位置的地理位置解决方案

图 5.7　三维地理位置解决方案

也可以从其他位置信息源获得，例如从社交媒体。当人们都上传图片到社交媒体时，图片可能还包含了位置信息。通过合并不同媒体的大量上传内容中所包含的信息，就可以给出有关业务位置的进一步信息用于未来小站的选址。同时，3GPP路测最小化（MDT）功能可以为网络升级提供有用信息。

5.6 室内小站

室内小站为密集室内业务热点区域如车站、机场、购物中心或企业建筑提供了一套可行的覆盖和容量解决方案。本节介绍不同的室内解决方案。室内解决方案可参见参考文献［2］，业务指向在参考文献［3］中有所讨论。

5.6.1 分布式天线系统

分布式天线系统（DAS）是高层建筑和大型公共楼宇中室内覆盖的传统解决方案。DAS采用无源分布式天线系统和高功率基站。图5.8展示了DAS概念，DAS引入了大量小的室内天线、同轴线缆和功分器。高功率基站连接到DAS。由于线缆安装需要许多工作量，因此DAS安装需要繁重劳动。DAS更倾向于在建筑物施工阶段进行建设。一旦建成，DAS带来巨大效益。DAS可提供一致性的覆盖，这是由于它采用了多个室内天线，有助于保持室内用户连接到室内小区，而非在室内外小区间频繁地乒乓切换。DAS的主要好处在于，为多个频点、多种技术、甚至多个运营商共享相同的天线网络。如果DAS已经设计用于GSM和HSPA系统，只要天线和功分器支持新的LTE频带，通常简单地插入LTE基站即可增加对LTE的支持。还可以为多个运营商共享DAS，这在地下系统、购物中心和其他公共楼宇等场景是非常吸引人的解决方案。

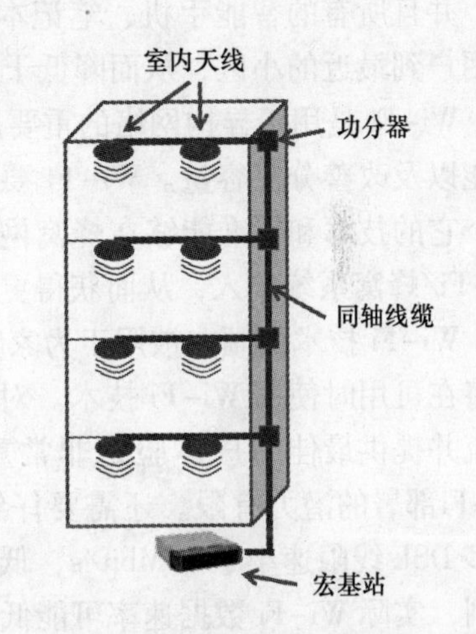

图5.8　分布式天线系统（DAS）示意图

典型DAS安装只带有一根同轴线缆，使得多入多出（MIMO）的应用非常困难。如果需要MIMO则需要在建设阶段部署两根平行线缆。由于DAS安装可提供良好的信号水平使其即使在单流传输下也可合理地获得高数据速率，因此MIMO的缺失并不会被视为重要问题。

DAS的容量升级可能充满挑战。DAS的扇区数在建设阶段就已定义。通常在DAS中添加新频点比较容易，而增加扇区数会比较困难。扇区分割可能会导致线缆安装中进行重新设计的主要需求。

DAS解决方案可以被分为三类：无源、有源或混合系统。

• 无源 DAS：无源系统中，来自射频源的无线信号通过一系列无源构件被分布到天线点，用于不带任何放大的传输。

• 有源 DAS：有源 DAS 中，来自射频源的射频信号被转换为数字信号，用于光纤或线缆之上的传输。然后被馈入到多个远端单元并将其转换回射频信号用于单天线传输。

• 混合 DAS：混合 DAS 是无源和有源系统的组合。混合系统中，依然需要光纤或 CAT5 线缆来连接头端（主单元）到远端单元。然而，采用无源 DAS 来将射频信号分布到远端单元的天线。

5.6.2　Wi-Fi 和飞站

Wi-Fi 可分流大部分室内业务，因为全球无线数据业务量的大部分都产生在室内，并且所有的智能手机、笔记本电脑都装配了 Wi-Fi 连接能力。室内分流将连接用户到最近的小区，从而降低干扰和发射功率并降低电池消耗。

Wi-Fi 是用于异构网络的重要局域网技术，用来补充移动通信技术来提升用户性能以及改善分流容量。Wi-Fi 要想成为移动通信网络成功组成部分的前提之一是，它的技术和标准能够在蜂窝网络和 Wi-Fi 之间提供高效的业务指向、无缝的 Wi-Fi/蜂窝系统接入，从而获得更好的用户体验。

Wi-Fi 技术更倾向被用于为家庭或办公室用户提供对宏站数据的分流。智能手机将在可用时使用 Wi-Fi 技术。对于公共 Wi-Fi 的部署，仔细选址对于能够有效分流并提供最佳用户体验是非常重要的。在已安装成熟的宏站网络区域，室外 Wi-Fi部署的潜力有限。还需要仔细规划以限制来自非授权频谱的干扰源。进而，许多 DSL 线限速小于 10Mbit/s，低于典型 LTE 宏站速率。因此，由于 Wi-Fi 回传限制，实际 Wi-Fi 数据速率可能低于来自宏站的 LTE 数据速率。

需要基于网络负荷在宏、微、皮簇和 Wi-Fi/皮层之间的业务指向，来实现可用频谱的高效利用。进而，需要对 Wi-Fi 分流实现自动鉴权来发挥其最大潜力，这是因为手工鉴权可能会阻止一些用户进入注册过程。

图 5.9 给出了一个宏站和小站重叠覆盖网络中室内数据分流到 Wi-Fi 小区的案例。该图显示了数据速率低于 10Mbit/s 的用户百分比。这些用户被视为掉话。采用每平方公里 200 个 Wi-Fi 的方案，数据速率小于 10Mbit/s 的用户百分比从 12% 显著下降到 5%。另一可选的方案是部署更多室内 Wi-Fi 及更少室外小区，如图所示 1700 个 Wi-Fi 和 100 个微站的例子。室外和室内小区分割取决于哪个方案更具成本效益。结果显示可以通过部署室内飞站来获得类似的性能。

与室外小站相比，从干扰角度来看室内飞站更为简便。由于运营商频谱资源有限，因此室内部署是默认方案。通常，飞站并不带有如微站和皮站那样的先进调度器以及为降低干扰而与宏站进行协调所需的接口。这使得飞站更适用于室内覆盖。飞站没能力管理干扰意味着它不适用于需要非常密集部署或者需要大量小区的高密

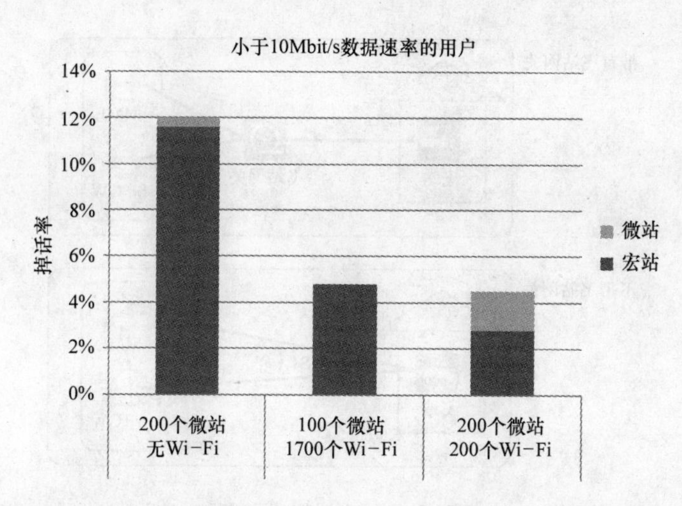

图 5.9　通过 Wi-Fi 小区在密集城区的室内分流案例，20 个宏站、200 个微站

度地区或大型场景。

当一个飞站被配置带有一个封闭用户群（CSG）标识时，飞站部署的挑战变得更为显著。一个不属于 CSG 的用户连接到宏网络将经历或引起显著的干扰问题，这是由于正常的移动性会被用户群接纳控制所拒绝。最佳性能是通过配置所有飞站为开放用户群（OSG）所获得的。然而，飞站可以提供优异的语音覆盖扩展，低发射功率和建筑物的衰减很好地将飞站与宏站隔离开。

5.6.3　飞站的架构

飞站在家庭或在办公室通过宽带线连接到运营商网络。飞站数量可以非常大，有些运营商的 3G 飞站数是其宏站数量的 10～20 倍。带有如此巨大数量的飞站就需要考虑其网络架构和可扩展性。图 5.10 展示了两种架构方案。一种方案在飞站和分组核心网节点移动性管理实体（MME）及服务网关（S-GW）之间使用了飞站网关，飞站网关旨在为核心网屏蔽大量飞站。飞站网关一直用于 3G 飞站，也可用于 LTE 飞站。另一种方案是将飞站像宏站一样直接连到核心网。还可以只对通往 MME 的控制平面应用飞站网关。我们考虑下面不同架构方案的优缺点。

带有飞站网关的飞站网络架构：

- 对于 MME 和 S-GW 的低扩展性需求。分组核心网没有直接连接到单个独立飞站而只是连到飞站网关。
- 切换飞站开与关不会影响对 MME 的信令负荷。如果在居民区出现大范围的停电和来电，则大量飞站将同时注册到网络。
- 更少的移动性信令发往 EPC。如果企业楼宇中存在多个飞站并且 UE 在这些小区之间移动，该移动性由飞站网关来管理而不影响分组核心网。

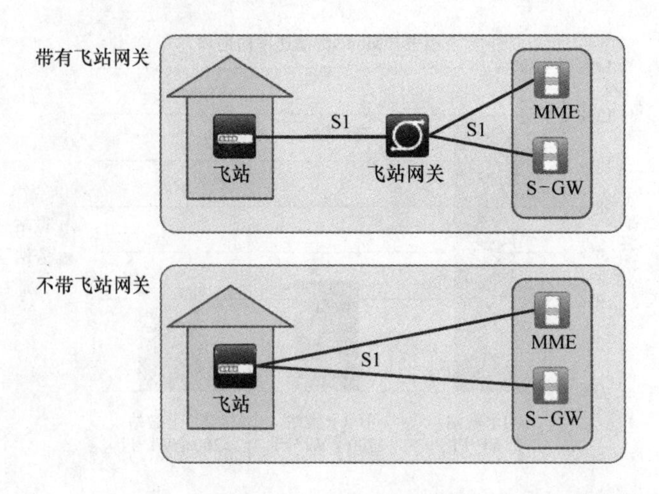

图 5.10　飞站架构方案

• 飞站无须支持 S1-Flex，而由网关来支持。S1-Flex 用于支持多个核心网。

• 可以在飞站网关中实现寻呼优化。

• 飞站网关可以保护核心网不受飞站恶意攻击。

• 与 3G 类似的架构。所有 3G 飞站部署均有飞站网关。相同的网络元素也可以用于 LTE 网络。

不带飞站网关的飞站网络架构：

• 没有单一故障点。如果飞站网关故障，大量飞站将停止工作。因此，飞站网关需要具备很高的可靠性。

• 不带飞站网关从而减少网络元素。当不再需要飞站网关的支持时，更容易实现飞站的新功能升级。

• 低时延。飞站网关增加了一些时延。额外的时延可能非常低，1~2ms，从而只对端到端时延存在轻度影响。

飞站可以使用一个被称为本地爆发的概念，其中数据被直接从飞站路由到本地网。图 5.11 显示了这一概念。本地爆发具备一些好处，用户可以接入本地的内容和设备，如家里的多媒体、数据备份或企业互联网。因此，飞站还可以在 LTE 无线网上创建传统网络架构不能支持的新业务。还可以将时延最小化，以改善互联网接入本地内容的性能。对运营商的好处在于，本地业务可以从运营商核心网络分流。

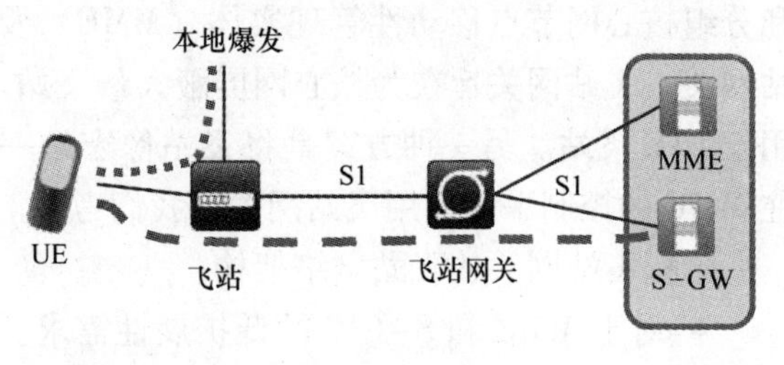

图 5.11　采用飞站的本地爆发的概念

飞站设计是为了低成本实现，是为了简单安装使任何用户可通过飞站接入其宽带连接。简单的安装需要飞站具备大量的自动化配置和优化功能，以便即插即用。

5.6.4　推荐

室内 Wi-Fi 部署在高业务量城市环境中可获得最低成本、最低能耗以及最佳网络性能。室内皮站部署需要类似数量的接入点来提供相同的性能，然而它与微站层共享频谱并可能引起干扰，因此不适合在非常密集的地区大规模部署。

Wi-Fi 是对已安装 DAS 的很好补充，有助于为需要运营商中立部署的大型室内会场提供容量。LTE 皮站或皮站簇类型的解决方案可能是对现存 DAS 的很好补充，并显著增加系统容量或提升用户感知。最终，室内皮站部署可以降低部署规模，从而提供一个成本优化的解决方案。表 5.4 为室内分流推荐的汇总。

表 5.4　在业务量热点地区有成本效益的室内分流方案推荐

分流技术	推荐
Wi-Fi	部署为了容量增强，特别是公共室内高业务量区域
飞站	飞站的居民区部署可以为语音和数据提供卓越的覆盖和容量
室内皮站	部署提供覆盖但关注室内公共和私有热区的容量。大数量的小区部署，具有简易、低影响和快速扩展性
DAS	适合为大型建筑提供具有成本效益的覆盖，运营商中立。覆盖驱动场景和小型建筑下没有 Wi-Fi 方案具有成本效益

5.7　成本方面

当选择一个网络部署路径时，总持有成本（TCO）是一个非常重要的决定因素。然而，每个案例的 TCO 取决于运营商当前的安装基础、其频谱状况和用户设备渗透率。从 TCO 角度对不同部署路径进行了分析，从而勾勒出主要的 TCO 趋势。TCO 计算的目标是为了将一个技术方案在其生命周期内的所有成本汇总在一起，在此案例中完成网络演进方案需跨越 5 ~ 10 年。这些 TCO 值进行对比以发现最佳部署方案。为了公平比较，不同网络演进路径方案按相同方式执行，并满足相同的业务量需求。考虑了大量用于网络演进的不同部署方案。

5.7.1　宏网络的扩展

下倾角优化对于信干噪比（SINR）优化以及由此带来的网络容量增长是一个非常具有成本效益的方案。任何进一步优化之前总是应该先进行下倾角优化。如果有可用频谱，在现存宏站上添加更多载波可以提供简单和低成本的容量增强。主要成本是资本支出（CAPEX）和执行支出（IMPEX）——对于基站的运营支出

（OPEX）只有轻微增长。OPEX 主要来自于电力、运维（O&M）、回传及软件费用。然而，给微站提供专用载频可提供甚至更大的容量增长。因此，业务量增长和业务量热点在任何站址演进决策中都扮演了重要角色。进而，频谱重新规划也以一种具有成本效益的方式来提升覆盖和容量。最具有成本效益的方式是根据业务密度和频谱的可用性，一开始部署更低频率作覆盖，并且之后用更高频率部署宏站或微站。

在垂直或水平平面进行扇区化可提供简单并且以具有成本效益的方法来增加宏站网络容量。成本的主要部分是 CAPEX 和 IMPEX（设备、天线和部署），但 OPEX 还会由于更高电力成本、回传和为新天线额外租用的站址而增加。六扇区化对于均匀业务分布是最高效的，但在高业务呈局限区域分布或者非常密集的城区部署可能并不是最佳方案，此时自适应波束赋形可能是最具吸引力的。

5.7.2　室外型小站

微站和皮站部署是增加网络容量和覆盖的具有成本效益的方法。室外小站通过微基站的实现中，CAPEX 为紧凑的微站设备，但 OPEX 对于回传和站址租用的节省是显著的。为站址获取和部署的 IMPEX 也是相关成本因素。如果可能，微站将部署在专用载频。然而，对于低到中度业务密集区域或者已经部署了宏站频谱的情况，更倾向使用带内部署方案。或者，小站还可以通过共享（或池组化）宏站基带功能，并采用基于专用光纤前传的低功率无线远端头（RRH）部署室外型小站射频来实现。低功率 RRH 不包含任何专用基带，可节省 CAPEX 并易于运维。然而，这被 RRH 与宏站基带模块之间的黑光纤需求所抵消。

5.7.3　室外皮站簇

对于室外热区，基于皮站簇的解决方案与其他传统方案和小区站址分裂相比可以提供一种更为经济的方法。皮站簇方案有助于降低 TCO 通过简化回传、管理层间和层内干扰以提供更高性能和限制频谱规划来实现。皮站簇虚拟地提供了无限扩展性，通过本地爆发降低对核心网影响并简化了操作管理和安装。

5.7.4　室内负荷分担

由于频谱免费使用，Wi-Fi 总可以被视为宏站和微站部署的低成本补充方案。然而，Wi-Fi 的成本取决于特定回传、站址获取。Wi-Fi 和小站有着非常类似的 TCO 性能，带有类似的 CAPEX、几乎相同的安装和运营成本。室内小站为居民区和办公室安装提供了很大好处，而公共区域安装的收益则依据业务量密度和可用频谱。居民区和办公室环境的基本假设是，部署位置的回传可以重用且不涉及站址成本。假定办公室成本比居民家里成本高 4～5 倍。未来多系统皮站解决方案对于室内覆盖和容量部署将具备 Wi-Fi 和蜂窝系统的支持能力、非常具有成本效益的、可扩展的最佳方案。

图 5.12 展示了有关不同网络演进路径 TCO 的案例研究结果，研究针对城市和郊区场景。结果显示：热点区域的最低成本由宏站、室外皮站和室内解决方案的组合所提供；郊区的最低成本可通过绝大多数的宏站加一些室外皮站获得。

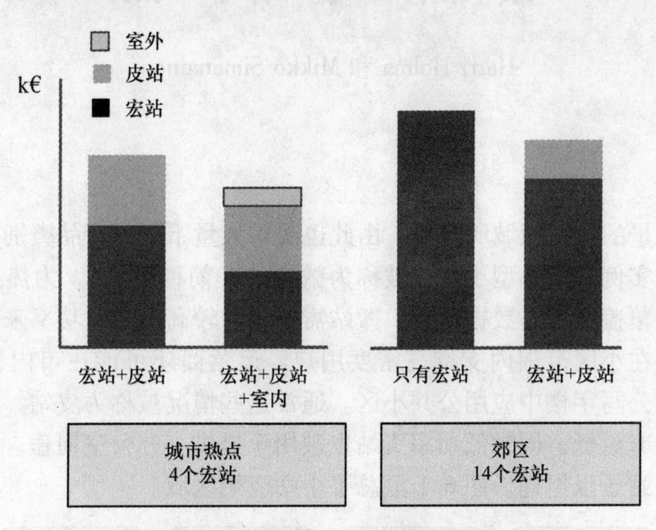

图 5.12　不同异构环境下总持有成本

5.8　总结

小站部署是由更大容量和更好覆盖的需求驱动的。由于大量 3GPP 新功能和更为紧凑的实际产品实现，小站部署也变得更为简便。对网络架构、频率使用和发现最优位置而言，实际的小站部署需要考虑多种方案。网络架构选择依据可用传输网络以及无线功能需求。3GPP 规范使小站部署更为灵活。最具有成本效益的方案通常是宏站和包括 Wi-Fi 能力的小站的结合。

参考文献

[1] ‘Deployment Strategies for Heterogeneous Networks’, Nokia white paper, 2014.
[2] ‘Indoor Deployment Strategies’, Nokia white paper, 2014.
[3] ‘Business Aware Traffic Steering’, Nokia white paper, 2014.

第6章 小站产品

Harri Holma 和 Mikko Simanainen

6.1 导言

小站为大量的应用区域所需要，由此也要求大量不同的产品类别。本章将呈现一些小站产品实例。室外型小站也被称为微基站（简称微站），为热点区域提供更高容量、更好覆盖和更高数据速率。微站需要相对较高的发射功率来提供室外到室内的穿透，并在小区范围内支持高密度用户。运营商还可能在市内楼宇如购物中心、车站或办公写字楼中应用公共小区。通常这些情况被称为皮站，在室内安装所需要的输出功率更低。同时低功率飞站也被用于提供小办公室覆盖。居民区覆盖可以通过家庭飞站予以组建。图6.1 汇总了小站应用区域。

公共室外	公共室内	企业	居民区
微站	皮站	企业飞站	飞站

图6.1 小站应用区域

本章结构如下：6.2 节给出了3GPP 的基站类别，6.3 节、6.4 节和6.5 节介绍了微站、皮站和飞站产品，6.6 节介绍了远端射频头方案。分布式天线系统（DAS）在6.7 节中阐述，Wi-Fi 集成将在6.8 节中有所讨论，6.9 节介绍的是回传产品，本章汇总见6.10 节。

6.2 3GPP 的基站类别

3GPP 定义了带有不同射频需求的四种基站类别。这些类别定义了最大输出功率和最小耦合损耗（MCL）。MCL 是指基站天线和用户设备（UE）天线之间的最小路径损耗。MCL 标示了基站安装的类型。高 MCL 需要 UE 不能离基站天线太近，通常是高处放置的宏站天线。低 MCL 则意味着 UE 可以非常靠近基站天线。基站类别的定义使得可以放松低功率基站的一些射频规范，从而获得更低成本的实现。由于链路预算不再受限于下行链路的低功率，因此可放松对接收机灵敏度的要求。

由于共址宏站不再带有很高的灵敏度要求，可以允许低功率产品带有更高的杂散发射。由于干扰 UE 能够更靠近基站，低功率基站的一些阻塞要求变得更高。由于低功率基站不再被应用于高速车辆，因此频率稳定性需求也有所降低。

图 6.2 给出了四种基站类别。广域类应用在所有超过 6W 输出功率的高功率基站。广域类也可以被称为宏基站，所需的 MCL 为 70dB。中度范围基站或微基站可以带有最高 6W 的输出功率。局域类基站被限制在 0.25W，家庭基站为 0.1W。

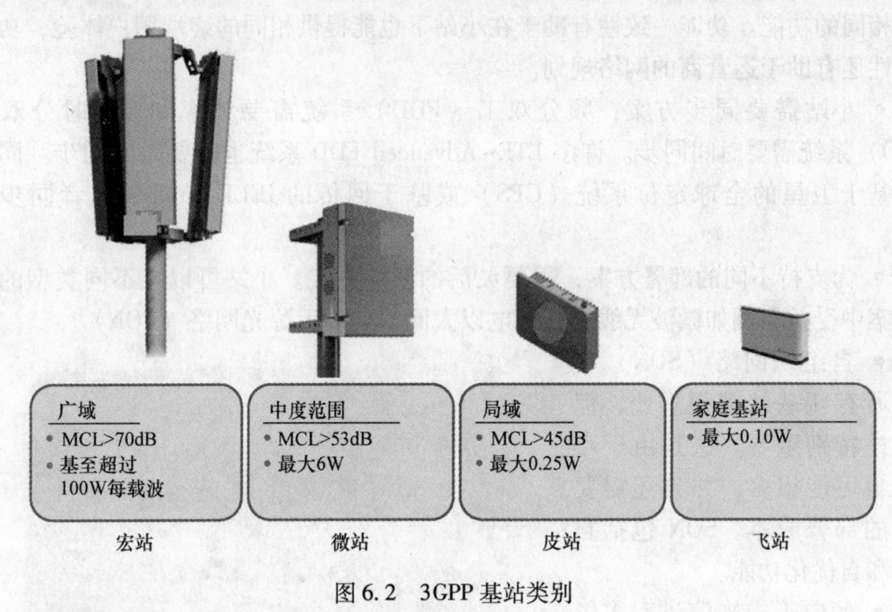

图 6.2 3GPP 基站类别

6.3 微站

微站和皮站产品被设计为安装在公共区域，需要由运营商进行安装，并且小站需要和宏站一起流畅地工作。我们需要考虑小站产品的下列重要特征：

• 基站的尺寸和重量都最好小一些，使得实际安装比较简便。完整宏站的重量和尺寸通常超过 50kg 和 50L，而微站的重量和尺寸小于 5kg 和 5L。如果产品物理尺寸和形状非常小，则更容易为小站找到好的安装位置。

• 基站产品应该是不受天气影响的，以便在室外安装，无须额外外罩。

• 集成天线可使部署简单。另外，允许使用外接天线的天线接头可带来更多便利性，特别是对于室外安装的场景。

• 输出功率需要足够高，特别是在室外安装用来在有同频宏站信号的情况下提供室内覆盖和主导区域的场景。对于室外安装情况，可能需要几瓦甚至 10W 的功率。功率等级还需要是可调节的，以便使用低功率来限制干扰和覆盖区域。基站最好可以对其不能超过的发射功率进行配置，以便在用户接近基站的地方消除由射频辐射引起的健康风险。

• 需要支持 2×2 MIMO，这是由于长期演进（LTE）设备也支持 2×2 MIMO。

• 功率消耗最好较低，以维持基站尺寸、电力账单和运营成本在低水平。

• 小站需要支持大量的同时连接用户，使小站支持高容量热点如体育馆或其他大事件成为可能。

• 倾向于保持小站和宏站之间的功能一致性。功能一致性意味着小站支持与宏站相同的功能。功能一致性有助于在小站下也能提供相同的终端用户体验，功能一致性还有助于运营商的网络规划。

• 小站需要同步方案：频分双工（FDD）系统需要频率同步，时分双工（TDD）系统需要时间同步。许多 LTE-Advanced FDD 系统也需要时间同步。同步可以基于卫星的全球定位系统（GPS）或基于回传的 IEEE 1588v2 或者同步以太网。

• 为支持不同的部署方案，需要灵活的回传方式。小站可以从不同类型的回传方案中受益，例如微波无线、光或电以太网，或者无源光网络（PON）。

• 自组织网络（SON）功能对所有新基站都很重要，但对小站特别重要。这是由于小站数量可能很多，并且还需要很低的部署成本。SON 包括自配置和自优化功能。

• 倾向于未来演进对多频带能力、载波聚合以及 LTE-Advanced 功能的支持。

图 6.3 展示了一个微站产品实例，该产品旨在用于室外和室内安装。表 6.1 给出了详细的功能列表。

图 6.3　诺基亚 Flexi Zone 室外型微站/皮站的小站

表 6.1　诺基亚 Flexi Zone 室外型微站/皮站功能

重量	5kg
体积	5L
天线	集成的全向和定向天线，可支持外接天线的接口
温度范围	-40～55℃
输出功率	最大 2×5W，最小 2×0.25W
MIMO 支持	2×2 MIMO
功率消耗	通常 <100W

（续）

最大容量	840个连接用户
与宏站的功能一致性	是
同步	GPS、IEEE 1588v2或同步以太网
回传	微波无线、光纤或铜缆以太网、GPON
SON	是

6.4 皮站

由于显著衰减来自室外小区无线信号的现代建筑材料的应用，当前室内楼宇的覆盖挑战日益恶化。

在恶劣的室内环境如火车站和汽车站中可使用可能需要把功率降低的微站，而对于企业和办公室环境则需要更为成本优化的小站方案：皮站。局域基站射频发射水平为25mW或更低，避免了由射频发射带来的健康忧虑。

室内皮站通常采用办公室现有的或者为此安装的LAN线缆作为回传。LAN线缆应为CAT5e或者更好的线缆等级以支持高LTE数据速率传输。还可以通过公司的LAN交换机或路由器来路由基站业务。然而需要仔细测试，这是因为老的LAN设备会影响信号质量，例如对同步数据包引起过多的时延变化。

如果现存的LAN基础设备被重用，与DAS相比采用皮站来建设一套室内系统可能更划算。此外还可以提供更高容量。可以通过运营商之间的网络共享机制来服务多个运营商的用户。

以太网供电（PoE）是一种经济且实用的皮站供电方式，因为可以避免在基站位置提供专用供电。由于办公室信息技术（IT）基础设施的供电通常采用不间断电源（UPS），因此采用PoE供电也可以保护办公室皮站不受干线供电间断的影响。

依据需要为供电设备提供功率的大小，存在不同级别的PoE：PoE、PoE+、PoE++。前两类在IEEE中进行标准化，而PoE++标准在本书撰写时尚未发布。不同PoE版本的特性参见表6.2。

表6.2 以太网供电版本的特性

IEEE标准	对供电设备的最大可用功率/W	LAN线缆级别	LAN线缆的最大长度/m
802.3af（PoE）	12.95	CAT3或更高	100
802.3at（PoE+）	25.5	CAT5或更高	100
PoE++①	70	CAT5或更高	100

① 尚未标准化，商用产品的示例值。

高等级LAN线缆比低等级线缆带有更低的导线电阻，因此更适用于PoE。

图6.4给出了一个皮站产品实例，其主要产品指标参见表6.3。

图 6.4 诺基亚 Flexi Zone 室内型 LTE 皮站

表 6.3 诺基亚 Flexi Zone 室内型 LTE 皮站功能

重量	1.9kg
体积	2.8L
温度范围	0～40℃
输出功率	最大 2×50mW，最小 2×250mW
MIMO 支持	2×2 MIMO
功率消耗	<50W
最大容量	最多 400 个连接用户
与宏站的功能一致性	是
集成 Wi-Fi 的方案	是
同步	GPS、IEEE 1588v2 或同步以太网
回传	铜缆以太网
功率馈入	PoE＋＋或交直流适配器
SON	是

2014 年发布了第一个双模皮站，可同时运行在 WCDMA/HSPA 和 LTE 模式下。来自多个厂商的产品已经在 2015 年得到了全面商用。

6.5 飞站

飞站被用于提供居民区或企业室内覆盖。由于飞站通常由毫无电信或无线技能的终端用户进行安装，因此小的尺寸和简单的安装操作就变得非常重要。当前，数百万的WCDMA和CDMA飞站被安装在家庭场景，并且随着具有Wi-Fi能力的智能手机的快速增长，3G飞站现在主要用于解决语音覆盖问题。

飞站还被部署在需要一个或几个接入点的小型办公楼宇。对于更大型的室内建筑通常选择其他解决方案。飞站带有低输出功率和连接用户方面的有限容量，使其不太适合室外安装。

飞站特别是用于居民区的飞站，由于成本原因通常其部署是不受控制的。不受控制的部署意味着，例如由于接入点由客户安装，因此飞站在建筑物中的准确位置或者其相对于相邻宏站或小站的覆盖区域都是不受移动运营商控制的。这也意味着只能应用一些基本的网络规划测量。因此，飞站也称为飞接入点，通常采用一些先进的SON功能。一些重要的飞站SON功能有：

- 自动化安装。
- 下行链路监听模式，以识别该区域的带内信号和宏站。
- 基于来自带内宏站和小站的接收信号水平并依据终端报告的下行功率水平进行设置。
- 操作过程中对周边环境进行周期性监听，以监测可能发生的变化。

由于居民区飞站被设计为一旦插入公共互联网就自动连接到运营商网络，因此需要确保飞接入点的地理位置不会从运营商和用户最初达成一致的地方发生改变。这被称为位置锁定。设计了不同的位置锁定方式，如GPS协调、周边射频地图、国家特定IP寻址范围、DSL线标示以及最初为飞接入点设计的ADSL路由器的MAC地址。

飞站的另一特征是可以限制移动网络服务接入到一个封闭用户群（CSG）。

3G飞接入点通过位于移动运营商楼宇的飞站网关连接到核心网。飞站网关通常可以控制数千个接入点。用于连接3G飞接入点和网关的电信协议是3GPP标准的Iub协议。对于LTE飞接入点，其网关是可选的，它可以通过标准S1接口直接连到演进核心网（EPC）。图6.5给出了一个用于办公室的3G飞接入点实例，其规范指标见表6.4。图6.6给出了一个飞站网关实例。有关飞站更为广泛的讨论可参见参考文献［1］。

在用于办公室和企业的情况下，飞站和皮站的差异可能是很模糊的。例如，一个飞接入点产品也可以带有超过3GPP为飞站类型预留值的发射功率。

图 6.5　3G 飞接入点

表 6.4　3G 飞接入点规范

重量	505g
体积	1.38L
温度范围	0~40℃
输出功率	最大 100mW 或 250mW
峰值数据速率	HSDPA 21Mbit/s 和 HSUPA 5.76Mbit/s
功率消耗	<13.5W
最大容量	最多 16 个连接用户
与宏站的功能一致性	否
集成 Wi-Fi 的方案	否
同步	网络时间协议或者来自宏站空中接口
回传	铜缆以太网
功率馈入	PoE++或交直流适配器
SON	是

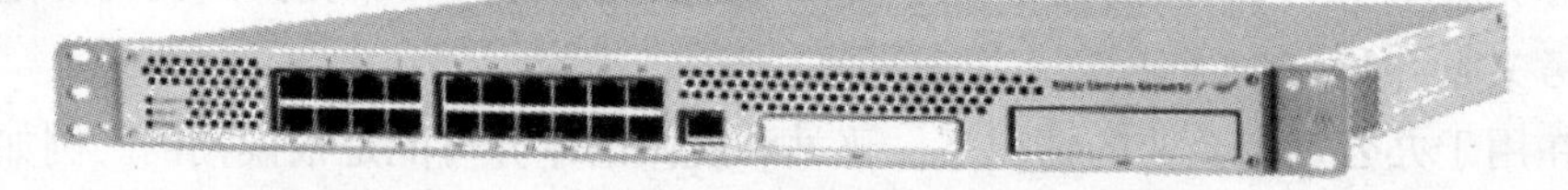

图 6.6　飞站网关

6.6　低功率远端射频头

低功率远端射频头（RRH）是一款有别于微站或者皮站的产品，其数字基带部分和射频部分是分离的。通常基带部分是普通宏站的一部分。两者之间的连接被称为前传，由于基带信号的高带宽和低时延限制而通常需要采用光纤来实现。

图6.7展示了一个低功率RRH实例，表6.5给出了更为详细的功能列表。

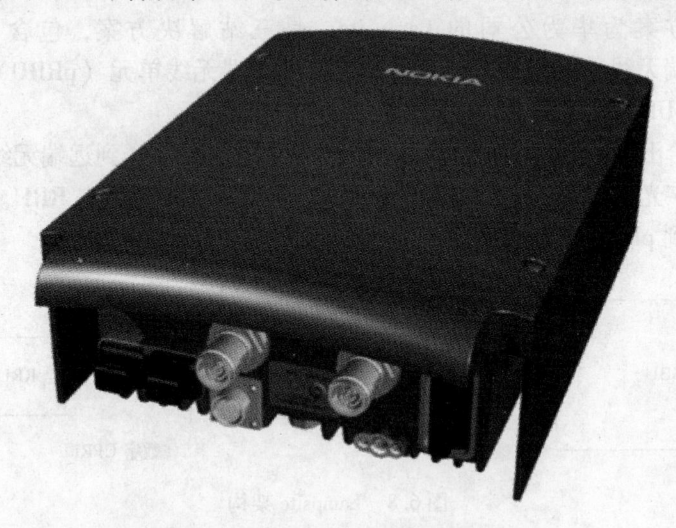

图6.7　诺基亚 Flexi Metro 远端射频头（RRH）

表6.5　诺基亚 Flexi Metro RRH 规范

重量	5kg
体积	5L
温度范围	-40～55℃
输出功率	最小2×50mW，最大2×5W
天线	集成和外接
MIMO支持	2×2 MIMO
功率消耗	<100W
最大容量	840个连接用户
与宏站的功能一致性	是
同步	GPS、IEEE 1588v2或同步以太网
前传	光纤上的OBSAI
SON	是

6.6.1 为室内应用设计的远端射频头可选方案

为了室内应用，以下将讨论两种可选的 RRH 设计，两种方案都采用了光纤和 LAN 线缆的组合方案。光纤便于广域接入大型建筑或楼宇，而将 LAN 线缆用于最后一段的传输和 PoE 供电则比较简单且具有成本效益。两种方案都将自己定位在中大型建筑的室内部署，但其在较小室内环境的部署成本可能与例如皮 BTS 相比太高。

第一种方案为华为公司的 Lampsite，是三站解决方案，包含了基带单元（BBU）、远端无线单元集线器（RHUB）和皮远端无线单元（pRRU）。BBU 可以接连几个 RHUB，而每个 RHUB 可以连接多个 pRRU。

图 6.8 给出了 Lampsite 架构，基带信号通过光纤被传送到远端无线集线器，该节点转换数字光信号为数字电信号，并通过 LAN 线缆传输给皮 RRH。RHUB 也提供 PoE 反馈到 pRRU。

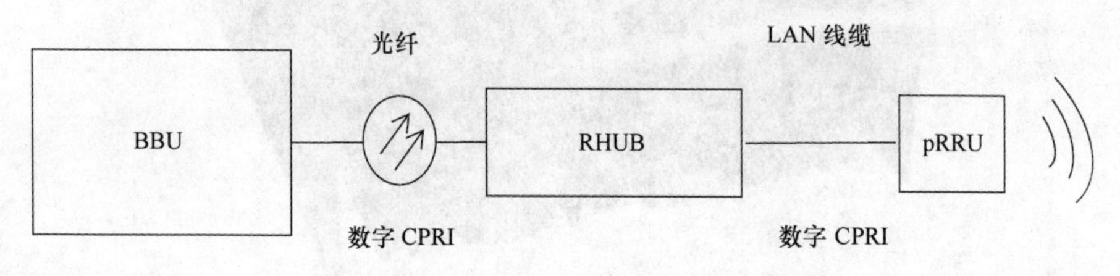

图 6.8 Lampsite 架构

pRRU 可装配不同无线接入技术（RAT）的专用模块来同时支持多种无线接入技术：WCDMA、LTE 和 Wi-Fi。

第二种可选方案为图 6.9 所示的爱立信公司的无线点系统。这也是三站解决方案，由数字单元（DU）、室内无线单元（IRU）和被称为点的 RRH 构成。

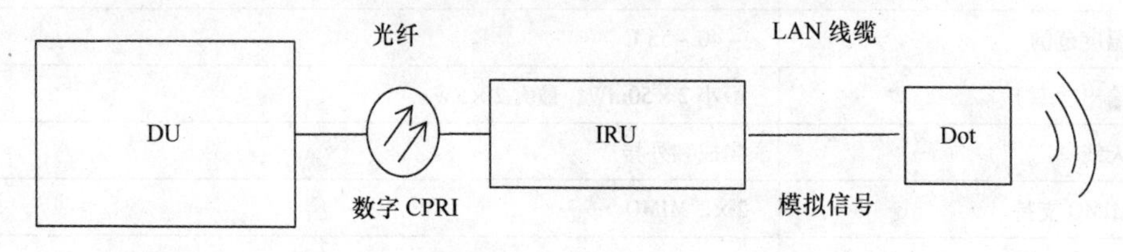

图 6.9 无线点架构

DU 是宏站的基带部分，数字基带信号（CPRI）通过光纤馈入 IRU，IRU 转换数字光信号为电模拟信号，之后通过 LAN 线馈入 RRH。IRU 也支持 PoE 功能为 RRH 供电。

这种设计的好处在于，RRH 可以做到很小、很轻。

6.7 分布式天线系统

分布式天线系统（DAS）中，来自一个或多个基站的射频信号被分布到大量远端天线，以覆盖预定义的室内或（较少）室外区域。存在两类DAS：无源DAS和有源DAS。

无源DAS中同轴线缆被用于沿着无源射频器件如功分器和合路器进行信号分发。由于完全无源，因此该系统非常可靠且带有中等程度的材料成本。另一方面，同轴线缆的应用也带来两个潜在缺陷：首先，系统大小受限于馈线本身和功分器件的双重衰减；其次，厚重馈线的安装需要密集和昂贵的劳动力。

有源DAS集成了光纤和同轴传输来降低馈线成本并扩展系统覆盖。图6.10展示了有源DAS架构示意图。来自一个或多个基站（或其他信源，如直放站）的射频信号被馈入头端单元，其限制射频信号到一个合适的功率水平，并对其进行合并后通过光纤传输。之后，信号被直接调制成模拟光信号，或者也可能被转换为电光转换之前的数字信号。上行和下行信号可以通过采用波分复用（WDM）方式在一根光纤上进行传输。远端单元执行光电转换和可选的数-模转换。在典型办公室建筑安装中，光的部分被置于竖井中，而纤薄的同轴线被用于连接天线的水平部署。

有源DAS可以在同一系统中包含多个运营商、多种RAT、多个频带。通常被用于在办公室楼宇或公共会场建设公共宿主的大型系统。

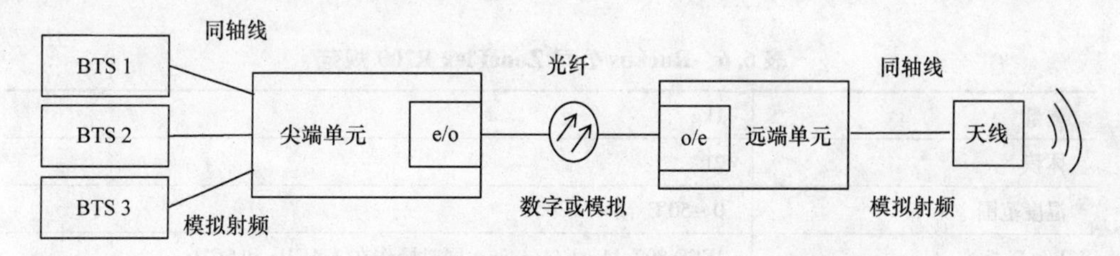

图6.10 有源DAS架构（e/o = 电光，o/e = 光电）

6.8 Wi-Fi集成

在移动宽带系统超负荷的区域，WLAN或Wi-Fi可以提供缓解拥塞的可行性。蜂窝网络与Wi-Fi网络之间的业务指向可通过接入网发现与选择功能（ANDSF）来实现。这是核心网中3GPP定义的实体来辅助终端发现Wi-Fi网络、定义何时何地连接到Wi-Fi以及在Wi-Fi网络和蜂窝网络之间设置参数。ANDSF设置通过空中接口发送给终端中的ANDSF客户端。

热点2.0（Hotspot 2.0）是Wi-Fi联盟定义的一种用于（具备Hotspot 2.0能力的）终端基于附着之前从接入点导出的信息，从几个备选中选择出最合适Wi-Fi

接入点的方法。与 ANDSF 不同，热点 2.0 可以提供 Wi-Fi 网络质量的信息。

802.11ac 是 802.11 系列标准的最新演进版本，由于采用了如更宽射频带宽（最高 160MHz）、更多空域流（最多 8 个）以及更高阶调制（最高 256QAM），提升了 5GHz 频带的比特速率。

图 6.11 展示了带有 802.11ac 能力的 Wi-Fi 接入点实例，其主要指标汇总在表 6.6。

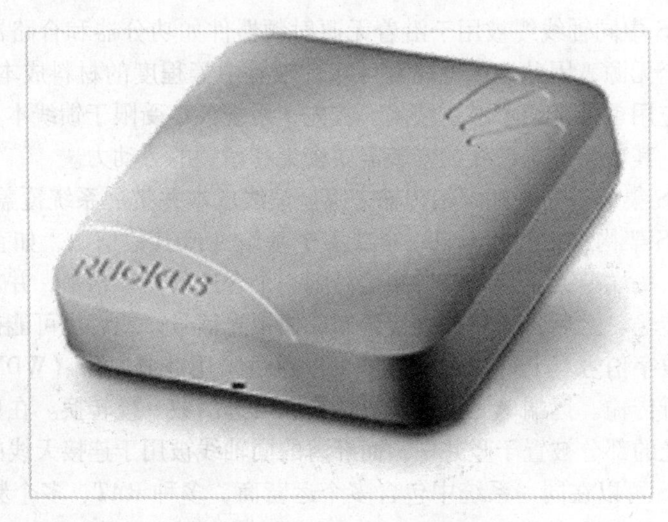

图 6.11 Ruckus 公司 ZoneFlex R700 Wi-Fi 接入点

表 6.6 Ruckus 公司 ZoneFlex R700 规范

重量	1kg
体积	2L
温度范围	0~50℃
Wi-Fi 标准	IEEE 802.11a/b/g/n/ac；同时操作在 2.4GHz 和 5GHz
物理层数据速率	最高 450Mbit/s（2.4GHz） 最高 1300Mbit/s（5GHz）
输出功率（国家特定规则应用）	2.4GHz 上为 29dBm 5GHz 上为 27dBm
天线	带有超过 3000 个独特天线模板的自适应天线阵列，物理增益 3dB
支持客户端数量	500
基本业务集标识	最多 32 个（2.4GHz） 最多 8 个（5GHz）
功率消耗	通常 7W
功率输入	PoE 802.3af 或者交直流适配器

如之前所示，一些新的 3GPP 小站产品具备集成 Wi-Fi 802.11ac 的能力。

6.9 无线回传设备

无线解决方案是小站回传的快速方法。通常宏站回传采用微波无线电，这些点到点微波链路采用6~38GHz的频谱，如此高的频谱常采用视距（LOS）连接。小站更倾向于应用接近或非LOS回传的解决方案，这是因为很难在街道级小站与最近聚合点之间安排LOS连接。图6.12展示了DragonWave公司Harmony Radio Lite，更多细节在表6.7中描述。该产品是一款运行在6GHz以下的、并针对微站进行了优化的点到点微波方案。该产品以TDD模式运行在5GHz、3.5GHz以及2.3~2.7GHz，低频带使得非LOS操作成为可能。该产品可以使用授权和非授权频谱，非授权频谱可使快速简易安装变得更为容易，并且可以节省频谱授权费用。DragonWave公司Harmony Radio Lite具备室外安装能力，带有集成的天线并带有一个标准的以太网接口。它提供对同步以太网和IEEE 1588v2的支持，用于基站频率和时间同步。

图6.12 DragonWave公司用于无线回传的Harmony Radio Lite微波无线电

表6.7 DragonWave公司Harmony Radio Lite微波无线电功能

射频频带	2.3~2.7GHz，3.5GHz，5GHz
双工方式	TDD
接口	2×快速以太网/千兆以太网
天线	2×2 MIMO
信道隔离	5/10/20/40MHz
吞吐量	最高230Mbit/s

（续）

供电	通过以太网或通过交直流电
功率消耗	<15W
尺寸	19cm×19cm×5cm
天线	集成
天气保护	具备室外能力
同步支持	同步以太网和 IEEE 1588v2

6.10 总结

本章介绍了小站的产品类别，包括用于室外和市内公共楼宇及办公室的一体化微站和皮站；用于室外和室内场景并且带有高容量前传的低功率射频头方案；用于家庭和小办公楼宇的飞站。新的小站解决方案将从传统无源和有源 DAS 中抢占部分市场份额。Wi-Fi 小站提供了一种在家庭、办公室和公共楼宇从移动网络进行业务负荷分担的方法。

小站产品提供高容量、带有从几十毫瓦到几瓦的输出功率、具有非常紧凑的封装（体积为几升、重量为几千克）。本章还呈现了带有近视距和非视距能力的无线回传产品，在 6GHz 以下频带提供超过 200Mbit/s 的容量。3GPP 规范中通过为低功率小站提供各自的射频需求来支持不同基站等级。

参考文献

[1] H. Holma and A. Toskala, *WCDMA for UMTS*, 5th ed., Chapter 19, John Wiley & Sons (2011).

第7章 小站干扰管理

Rajeev Agrawal、Anand Bedekar、Harri Holma、Suresh Kalyanasundaram、Klaus Pedersen 和 Beatriz Soret

7.1 导言

当从仔细规划的只有宏站的部署向带有越来越多小站安装的异构网络部署迁移时，干扰成了一个带有新含义的老熟人。小站部署如皮站和微站将带来一些挑战。因此干扰缓解技术在部署小站来充分最大化投资效益时扮演了重要的角色。如表7.1所示，干扰缓解技术可具有多种形式，这里列出了为LTE所提供的主要解决方案。网络侧相邻干扰小区可采用不同形式的资源分割技术来缓解同频干扰。这些方案中更高阶扇区化和协同波束赋形实现了在空域的资源分割，通常对于宏基站来讲更可行的方案是通过装配所需的天线数量来实现。时域和/或频域的资源分割方案是另一种选择，特别是在宏站和/或小站之间协调时域静音可获得显著的收益，本章详细解释了增强的小区间干扰协调（eICIC）、协同多点（CoMP）或增强的CoMP（eCoMP）。进而更值得注意的是，以物理资源块（PRB）为分辨率精度的频域小区间干扰管理可以通过无须eNodeB间直接协调而是基于信道状态频域选择性调度（FSS）来实现。下行基站发射功率控制是另一种用于封闭用户群（CSG）飞站的方法，来降低这些小区对周边不允许接入用户，即不匹配CSG小区标识的用户，所产生的干扰。正如后续章节更详细的讨论，基于网络干扰协调的所有潜力都可以通过执行与网络中时变业务波动相一致的快速小区间协调功能而释放出来。

表7.1 3GPP的下行干扰缓解方案

基于网络的资源分割	空域资源分割	空域滤波技术，如更高阶扇区化和协同波束赋形
	时域资源分割	也称为协同静音，例如3GPP定义的eICIC和eCoMP技术
	频域资源分割	频域小区间干扰管理实现可以基于PRB分辨率精度或者如果网络有多个载波也可基于载波分辨率精度，包含如相邻小区间硬或软频率复用

（续）

基于网络的发射功率控制	单小区发射功率控制	单小区发射功率调整以改善干扰状况，包含3GPP 定义的飞站发射功率校准以降低对同频宏站用户的干扰
基于 UE 的干扰缓解	线性干扰抑制	通过对 UE 天线接收信号线性合并来实现干扰抑制，例如干扰抑制合并（IRC）
	非线性干扰抑制	UE 预测和重建干扰信号后在对期望信号解码前将其减去，以及一些情况下网络辅助方案

进而，UE 也提供了强大的干扰控制机制。带有多于 1 根天线（$M>1$）的 UE 可以利用线性干扰抑制技术，例如第 11 版中定义以 $M=2$ 作为 UE 性能需求的最小方均误差干扰抑制合并（MMSE - IRC）。理论上带有 M 根天线的 UE 具有 $N=M-1$ 的自由度，可用于对 N 个干扰流进行抑制或分集。基于 UE 干扰缓解的另一可选方案是应用非线性干扰消除算法，其中 UE 预测和重建干扰信号后在对期望信号解码前将其减去。该技术对半静态信号如公共参考信号（CRS）、广播信道和同步信道的干扰消除更具吸引力，正如很大程度上对第 11 版中进一步增强的 ICIC（feICIC）的支持。由于调度和链路自适应更为动态的变化，并单小区独立执行，所以对数据信道传输应用非线性干扰消除更具挑战性。因此，大多数非线性干扰消除方案通常包括额外网络辅助。一个此类案例是包含在第 12 版的网络辅助干扰消除和抑制（NAICS），以符号级干扰消除（SLIC）的方式实现。简单来说，SLIC 意味着 UE 对每个符号预测主要干扰小区并重构干扰信号后在期望信号解码前将其减去。网络提供辅助信息（如天线端口数和其他干扰小区）的特征，因此 UE 可以避免对此类指标进行盲估计。

基于网络的干扰协调方案和基于 UE 的干扰缓解技术本质上并非是互斥的，而是可以进行联合利用。一个基于网络和基于 UE 的联合干扰缓解技术案例是 eICIC，正如在 7.3 节中更为详细的解释。更多信息还可参见本章参考文献［1］。

尽管表 7.1 中的干扰缓解方案是针对下行链路的概述，类似的技术很大程度上也可以应用到上行链路。然而，对于上行链路，用户特定发射功率控制机制是更为主要的用于同频小区间干扰管理的工具。

本章的剩余部分内容组织如下：用于干扰缓解的分组调度方案示于第 7.2 节、eICIC 的介绍在第 7.3 节，eCoMP 的介绍在第 7.4 节，CoMP 的介绍在第 7.5 节，第 7.6 节为总结。

7.2　分组调度方案

3GPP 非常认真地标准化了接口而非网络侧算法。eNodeB 中无线资源管理

(RRM) 算法可由网络设备厂商与终端厂商一起开发和优化。因此，在全球不同 LTE 网络之间在算法上可能存在差异。分组调度器是 LTE RRM 算法中的关键部分。LTE 分组调度器比 2G 或 3G 网络更为灵活，这是由于可以在多个区域进行调度优化，如频域、时域、功率域和空间天线域。频域算法是避免干扰的 PRB 和衰落的 PRB 有力的解决方案。频域调度在 CDMA 系统不可用，因为信号总是在整个传输带宽内进行扩频。LTE 技术在下行链路和上行链路采用可应用频域调度的频域传输方式。时域调度用于 eICIC，也可通过高优先级分组包先于低优先级分组包传输提供业务质量（QoS）差异化。功率域可采用功率控制，还可改变相邻小区的相对功率水平用于频内负载均衡。调度还可以通过带有 CoMP 或波束赋形能力的天线在空域实现。不同调度域示如图 7.1 所示。

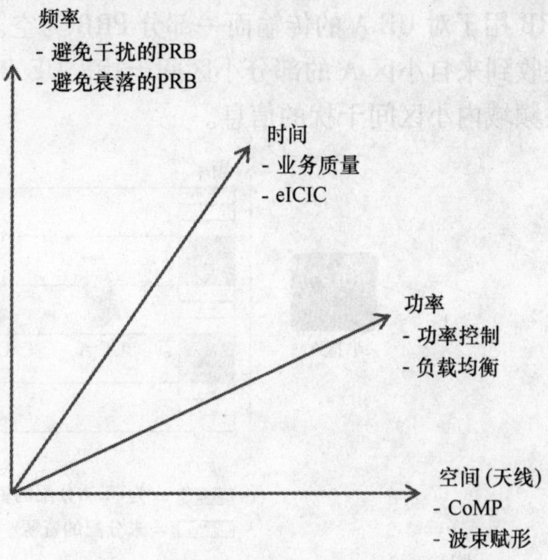

图 7.1　LTE 分组调度可操作在多个领域

LTE 调度器的主要目的之一是避免位于小区边界的小区间干扰。由于采用了频率复用，小区边界的数据速率受到来自相邻小区干扰的严重影响。如果调度器可以避免小区间干扰，小区边界的数据速率是可以改善的（见图 7.2）。这是开发先进的分组调度解决方案的主要动机之一。

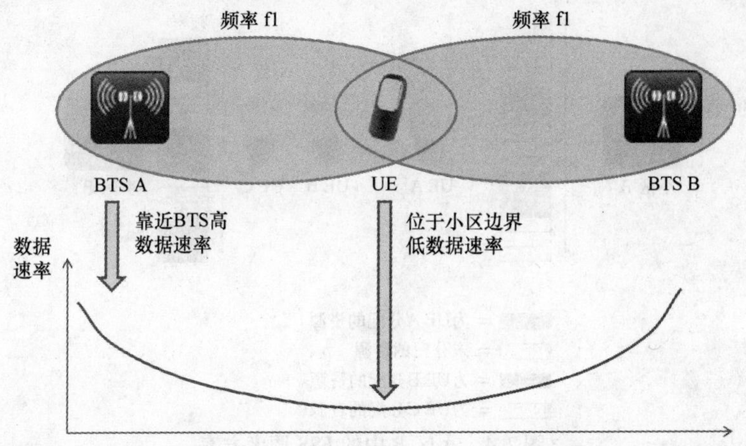

图 7.2　小区间干扰影响小区边界吞吐量

FSS 是频域调度器的主要构件，我们将更为详细地分析 FSS 解决方案。首先，调度器需要观察有关频域内小区间干扰量的信息。可以将信道质量指示（CQI）报告配置在频域内，从而 UE 对例如每 6 个 PRB 的 CQI 值进行汇报。低 CQI 值意味着 UE 接收到高小区间干扰，而高 CQI 值意味着 UE 只接收到低小区间干扰。CQI 报告还提供了有关信号衰落的信息。图 7.3 所示为 CQI 报告。小区 A 采用一部分 PRB 用于对 UE A 的传输而一部分 PRB 为空。相邻小区 B 为 UE B 调度数据，UE B 接收到来自小区 A 的部分小区间干扰。UE B 为小区 B 提供的 CQI 报告，来提供有关频域内小区间干扰的信息。

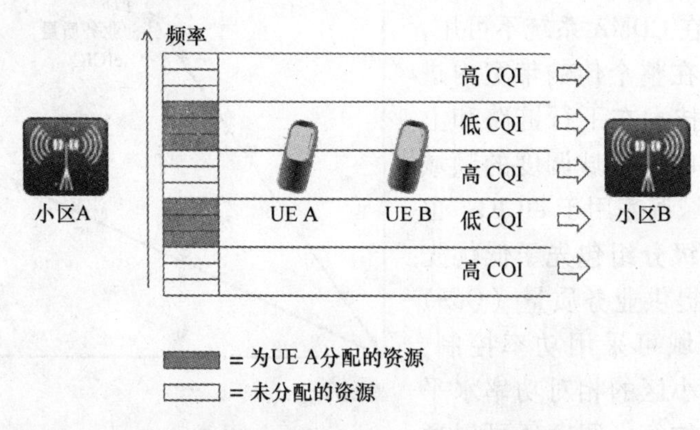

图 7.3　通过 CQI 反馈获得小区间干扰信息

CQI 报告可以被图 7.4 所示 FSS 方案中的小区 B 所使用。假定小区 B 中有两个 UE，位于小区边界的 UE B 经历来自小区 A 的小区间干扰，而位于靠近小区 B 位置的 UE C 不经历小区间干扰。小区 B 可以在那些带有低小区间干扰的 PRB 上为 UE B 调度数据。其他 PRB 则可用于 UE C，因为其无须忍受来自任何小区间干扰。FSS 方案提升了 UE B 的小区边界数据速率以及小区 B 的总小区容量。

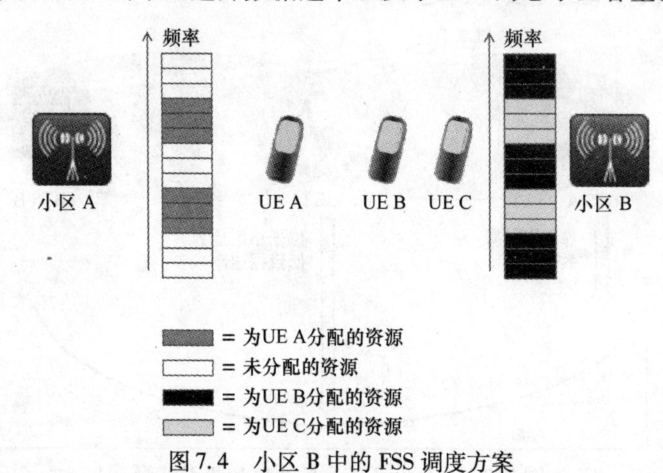

图 7.4　小区 B 中的 FSS 调度方案

CQI 报告的质量对于 FSS 性能至关重要。如果可以提升 CQI 报告质量，FSS 的收益将更高。如果图 7.4 中的小区 A 快速改变频域分配，则小区 B 收到 CQI 报告将带有一定的延迟，在小区B有时间避免来自小区A的小区间干扰之前小区A已经改变了资源的分配。通常CQI汇报与分组调度时延加起来约为10ms。一种改善CQI性能的解决方案称为干扰整形（见图7.5）。其思路是低负荷小区不需要FSS增益，因此可以让低负荷小区在数十毫秒内保持频域分配不变从而避免过于快速的变化。该方法改善了邻近高负荷小区的CQI汇报质量，其原则如图7.5所示。

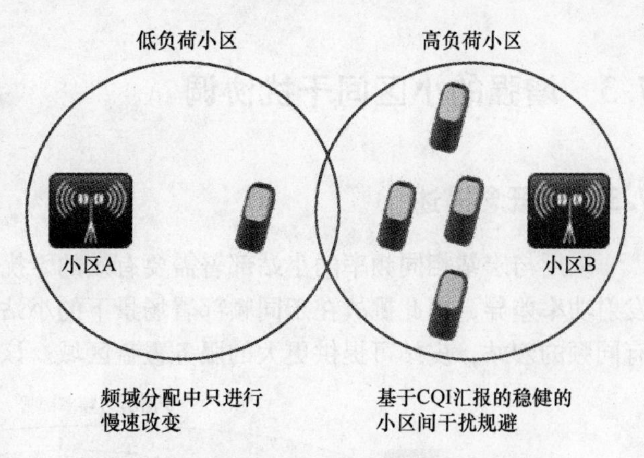

图7.5 干扰整形可以改善CQI汇报质量

FSS增益可以通过仿真器和外场测试进行评估。图7.6展现了在小区边界不同位置固定UE的外场测试结果。在10MHz带宽和比例公平调度算法的多小区环境下，对每小区总共4个UE进行了测量。共研究了3种不同相邻小区负荷的案例，即邻小区满负荷、邻小区随机分配部分负荷及邻小区固定分配部分负荷。FSS关闭时采用宽带CQI汇报，不提供频域干扰或衰落的信息；FSS开启时采用频率选择的CQI汇报。在此案例中FSS展现了小区边界吞吐量有40%～65%的提升。由于CQI报告可以准确反映小区间干扰，因此在邻小区固定分配部分负荷案例下FSS可以获得最高增益。由于基于频率快速衰落的存在，即使邻小区均满负荷时FSS依然可以提供一些增益。由于CQI报告不足以达到跟踪快衰落的速度，因此在UE移动的情况下FSS增益将更小。

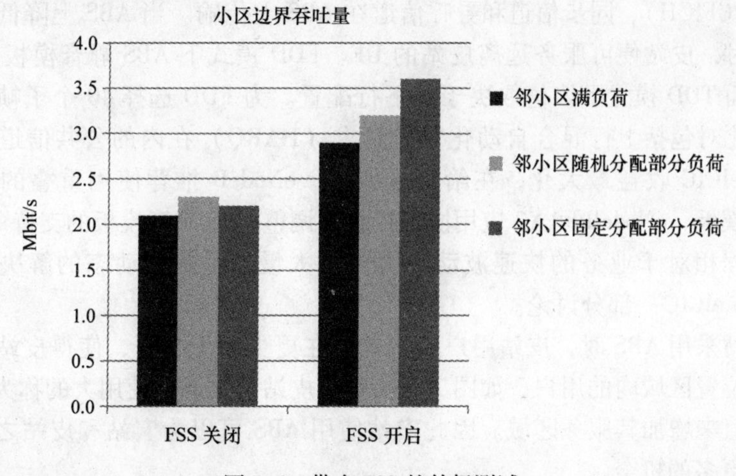

图7.6 带有FSS的外场测试

7.3　增强的小区间干扰协调

7.3.1　概念描述

采用与宏站相同频率的小站部署需要有效的干扰管理。由于宏站和皮站之间的发射功率差异，因此挑战在于同频部署场景下的小站覆盖区域可能非常小。如果没有同频的宏站，皮站可提供更大的服务覆盖区域。该挑战如图 7.7 所示。

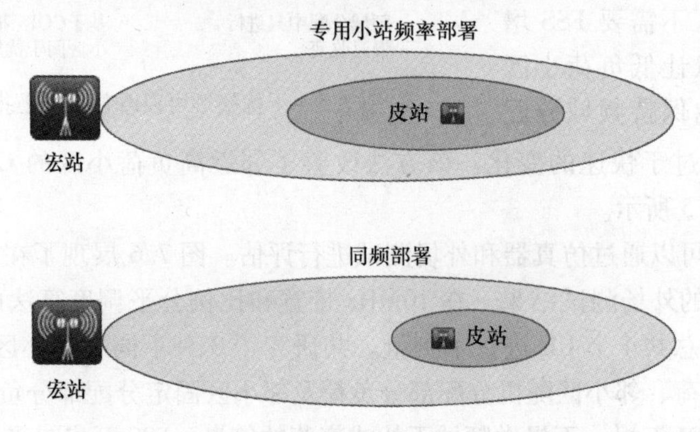

图 7.7　采用专用频点和通信部署的小站覆盖区域

目标是提升同频部署情况下皮站的覆盖区域。其中一个方案是在时域内协调干扰，3GPP 第 10 版增强的小区间干扰协调（eICIC），该方案如图 7.8 所示。宏站停止在一些子帧上进行传输以最小化对皮站的干扰。这些被静音的子帧被称为几乎空白子帧（ABS）。只有小区特定干扰信号和其他主要信令信道包括物理控制格式指示信道（PCFICH）、同步信道和寻呼信道在 ABS 上传输。当 ABS 上降低了来自宏站的干扰时，皮站便可服务远离皮站的 UE。FDD 模式下 ABS 静音模板周期为 40 个子帧，而 TDD 模式下该值取决于上下行配置。为 FDD 选择 40 个子帧的周期是为了最大化对包括上行混合自动化重传请求（HARQ）在内的公共信道性能的保护。为使 eICIC 收益最大化，在给定区域内，eNodeB 推荐使用重叠的和协调的 ABS 静音模板。eNodeB 间 X2 应用协议提供了调整 ABS 静音模板的支持[2]。然而，调整的过程相对于业务的快速波动而言可能太慢了。更为动态的解决方案将在“快速动态 eICIC”部分讨论。

当宏站采用 ABS 时，皮站用户显然暴露在更少的干扰下，使得皮站可以服务更大地理位置区域内的用户，如图 7.9 所示，皮站可以通过使用大的称为范围扩展（RE）的值来增加其服务区域。因此宏站使用 ABS 可以为宏站和皮站之间的负载均衡提供更多的机会。

为了 eNodeB 获得更为准确的干扰测量，通过 eICIC 对 UE 反馈报告进行了修

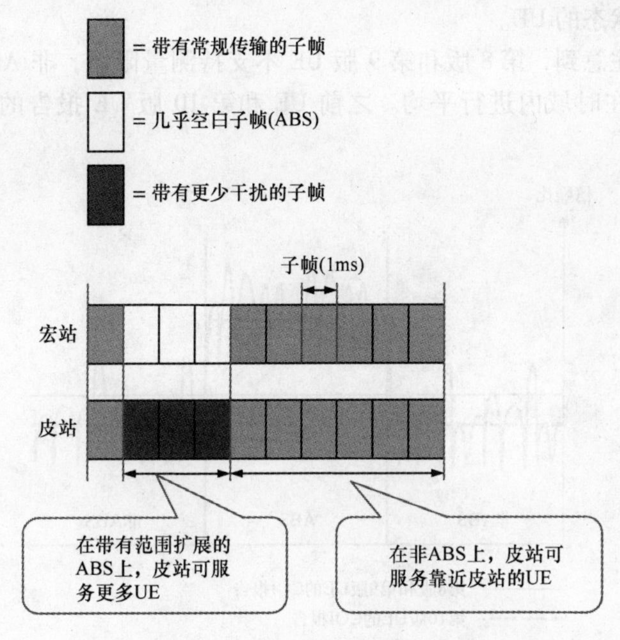

图 7.8　时域内的 eICIC 干扰协调

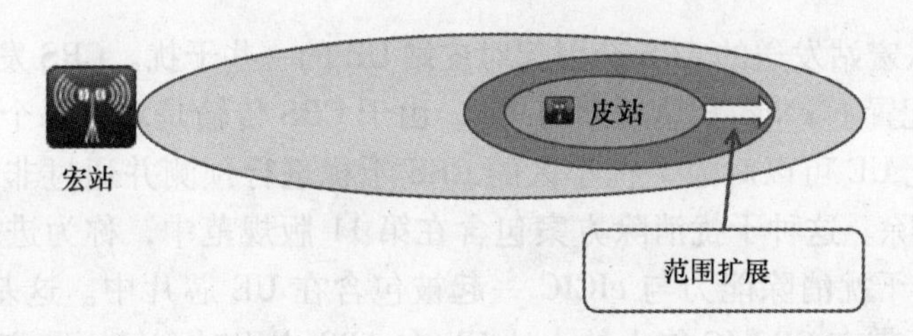

图 7.9　采用 ABS 的范围扩展

改。信道状态信息（CSI）反馈包含 CQI、秩指示（RI）及预编码矩阵指示（PMI）。CQI 用于链路自适应和分组调度，eICIC 通过开关切换宏站传输来产生干扰水平的快速变化。可配置第 10 版 UE 来执行时域限制测量，其原理是申请小站 UE 提供两种独立 CQI 报告：一种对应普通子帧，另一种对应 ABS。类似地，网络还可以配置时域限制用于 RRM 测量如参考信号接收质量（RSRQ）。举例来说，后者可以为宏站 UE 提供更准确地切换到皮站，从而只在宏站应用 ABS 的子帧内测量皮站的 RSRQ。后者提供了一种在宏站和皮站间简单而有效的基于干扰的负载均衡方法，也如本章参考文献［3］中所述。最后还可以通过配置时域测量限制来实现无线链路监测（RLM）。举例来说，RLM 测量限制配置对于那些通常能够在宏站 ABS 子帧内接收服务的皮站用户是非常有用的。如果没有 RLM 测量限制配置，这些皮站用户可能存在触发不期望的无线链路失败的风险。所有上述针对第 10 版 UE 的测量限制可通过如规范定义的无线资源控制（RRC）消息进行配置，因此只适用于处于连接状态的 UE。

我们可能注意到，第 8 版和第 9 版 UE 不支持测量限制，非 ABS 和 ABS 子帧中估计的干扰在时域内进行平均。之前 UE 和第 10 版 UE 报告的 CQI 如图 7.10 所示。

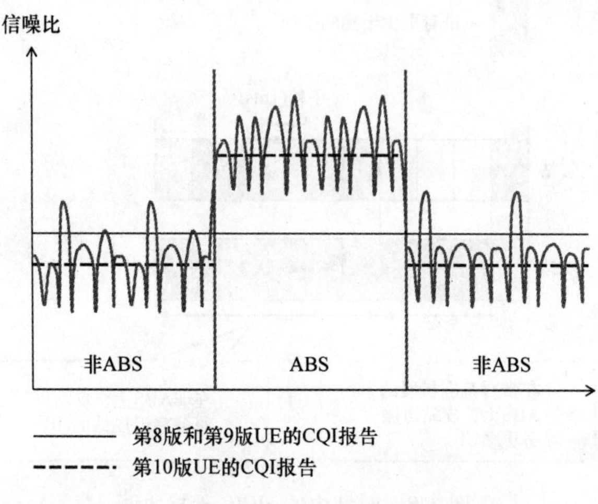

图 7.10 采用 eICIC 的时间限制的 UE 测量

ABS 内从宏站发送的 CRS 会引起对皮站 UE 的一些干扰。CRS 发射功率大约为 2×2 MIMO 配置下 eNodeB 总功率的 9%。由于 CRS 传输是对于每个小区固定的确定序列，因此 UE 可以对强干扰小区的 CRS 干扰进行预测并通过非线性干扰消除（IC）将其去除。这种干扰消除方案包含在第 11 版规范中，称为进一步增强 ICIC（feICIC）。其干扰消除能力与 eICIC 一起被包含在 UE 芯片中。这基本上意味着，最理想情况下带有 CRS IC 能力的小站 UE 在 ABS 应用时会经历零宏站干扰。为了降低 UE 实现复杂度，网络可以为 UE 提供一份 UE 可能针对其执行 CRS IC 的小区的 CRS IC 辅助信息列表。CRS IC 辅助信息列表包含数据如天线端口数、物理小区标识以及不同小区的组播广播单频网（MBSFN）子帧配置，因此 UE 可避免对这些参数进行盲估计。feICIC CRS IC 对于 FDD 和 TDD 第 11 版 UE 是必选能力。此外，UE 还可能带有物理广播信道（PBCH）干扰消除（IC）的能力或者与 PBCH IC 相等或更好的解调性能。

由于假定小区之间已实现时间同步来支持 eICIC，因此系统消息块 1（SIB1）的冲突将可能对扩展的小区范围内的皮站用户正确接收 SIB1 带来问题。为了解决此问题，网络可以通过专用信令为皮站用户发送 SIB1，并允许在宏站使用 ABS 时发送正常的 SIB1。表 7.2 汇总了第 10 版 eICIC 和第 11 版 feICIC 的收益、需求和特性。尽管这里没有讨论，表 7.2 中值得注意的是 eICIC/feICIC 还可以在宏站与 CSG 家庭基站（HeNodeB）同频部署的场景下带来收益，更详细的解释可以参见本章的参考文献［2］。

表 7.2　eICIC/feICIC 收益、需求和特性的汇总

第 10 版 eICIC	eICIC 收益	通过降低同频宏站干扰来增加对 eNodeB 的负荷分担
	ABS 特征	ABS 是一些物理信道上带有降低发射功率（包括不传输）和/或降低激活度的子帧，通过发送所需的控制信道、物理信号以及系统信息 eNodeB 确保对 UE 的后向兼容
	时间同步	需要基站之间的时间同步，几个可选的实现方案：GPS 和基于回传方案（如 IEEE 1588v2）
	ABS 静音模板配置	通过标准 X2 信令在宏站和皮站之间的 ABS 静音模板分布式动态协调
	网络 RRM	eNodeB RRM 功能如分组调度器将确保受到侵略节点影响的 UE 只在 ABS 时被调度
	第 10 版 UE 需求	时域限制 RLM、RRM 和 CSI 测量的配置
第 11 版 feICIC	第 11 版 UE 需求	皮站 UE 干扰消除（IC）来控制来自宏 ABS 传输的残留干扰，eNodeB 到 UE 的 IC 辅助信息的信令
	SIB1 配置	通过专用信令为小区边界扩展区内连接模式皮 UE 发送 SIB1

7.3.2　性能和算法

1. 基本 eICIC 性能的考虑

(f) eICIC 提供的性能增益依赖于多种因素，图 7.11 汇总了主要的性能影响因素。首先高效的 eICIC 操作需要宏站 ABS 静音模板和负载均衡的准确配置。其次，eICIC 增益自然取决于皮站的密度和位置，更多细节可参见本章参考文献 [4] 和 [5]。总之，越多皮站从应用 ABS 的宏站中受益，则 eICIC 增益越高。进而，eICIC 增益通常在宏站和皮站均部署在室外的场景下最高，皮站位于室内时增益下降。原因是室内用户更倾向于被室内皮站所服务而来自宏层的干扰被室内穿透损耗所抑制。第三个影响 eICIC 性能的因素是 UE 能力：第 11 版 UE 可获得最高增益，早期版本 UE 也可获得很合算的增益[6]。最后，当提供的业务负荷增长到宏站与皮站的小区间干扰变成性能影响因素时，eICIC 很自然地开始提供其增益。

图 7.12 进一步展示了 eICIC 机制的增益，图示多个皮站小区如何从宏站采用 ABS 的每个子帧中受益。这是吸引人的净收益，因为所有皮站的总性能增益超过宏站静音所造成的损失。因此可以期望当皮站小区数量增加时 eICIC 可以提供更高

ABS自适应及负载均衡

快速且准确的ABS静音模板调整和动态负载均衡以最大化eICIC增益

小站放置与密度

室内小区密度部署情况下可获得最高的eICIC增益。室内小区情况下获得中等增益

终端支持

第10版之前UE可获得中等增益，第10版UE获得明显增益，第11版更高增益

提供的业务负荷

低负荷下很难获得eICIC增益，eICIC增益随着负荷增加而增长，满负荷(干扰受限)条件下获得最高增益

图 7.11 eICIC 性能的决定因素的汇总

的增益。进而，由于宏站静音将分流更多用户到皮站，从而 eICIC 还可以为剩余宏站用户带来净增益，这里假定由于使用 ABS 所导致的分流用户比例超过了 ABS 子帧配置比例。前者展现了在宏站进行相干负载均衡（例如通过皮站 RE 设置）和 ABS 配置对于最大化 eICIC 应用收益的重要性。

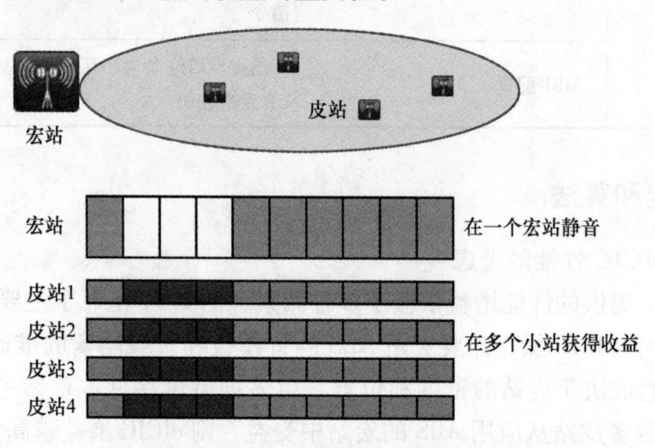

图 7.12 多个小站场景下的 eICIC 增益

图 7.13 和图 7.14 展示了带有/不带有 eICIC 功能的性能，以终端用户经历的吞吐量 5% 点和 50% 点对单宏站区域内所提供负荷进行表征。这些性能结果是针对本章参考文献［7］中所定义的 3GPP 第 12 版小站场景 1 得到的。该场景包含了一个三扇区宏站的常规网格、500m 站间距、小站簇随机置于每个宏站区域内、每个宏站区域内一个簇带有 4 个皮站、无线传播遵从包含视距（LOS）和非视距（NLOS）不同特征的 ITU 城市宏站模型（UMa）和城市微站模型（UMi）、宏站发射功率为 46dBm、微站发射功率为 30dBm、采用了一个动态生死业务模型（其中

新呼叫产生遵从泊松到达过程，每用户有效负荷 4Mbit，一旦成功发送给 UE 则呼叫终止）、UE 满足第 11 版规范：支持 CRS CI 以及 RRM 和 CSI 测量限制的配置、采用包含动态链路自适应能力和 2×2 SU MIMO 的传输模式 4（TM4）。

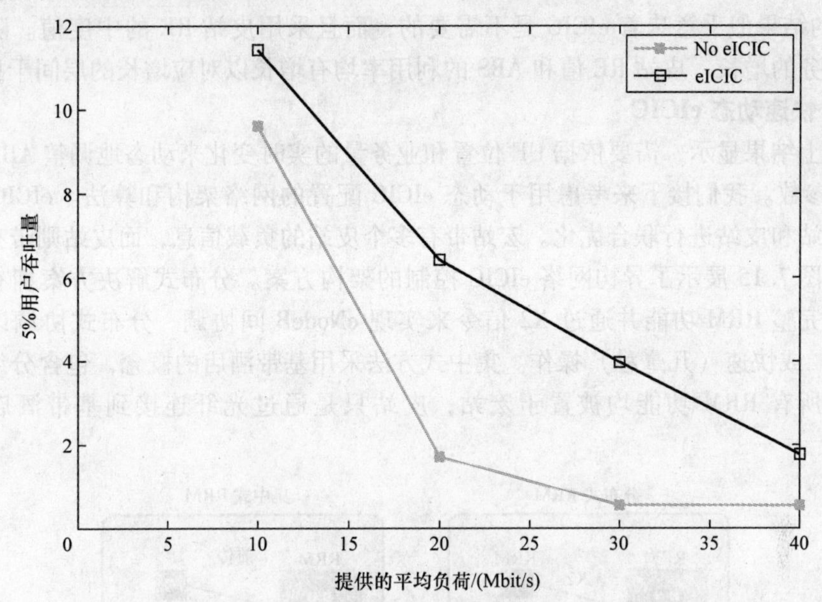

图 7.13　带有及不带有 eICIC 算法的终端用户吞吐量 5% 点

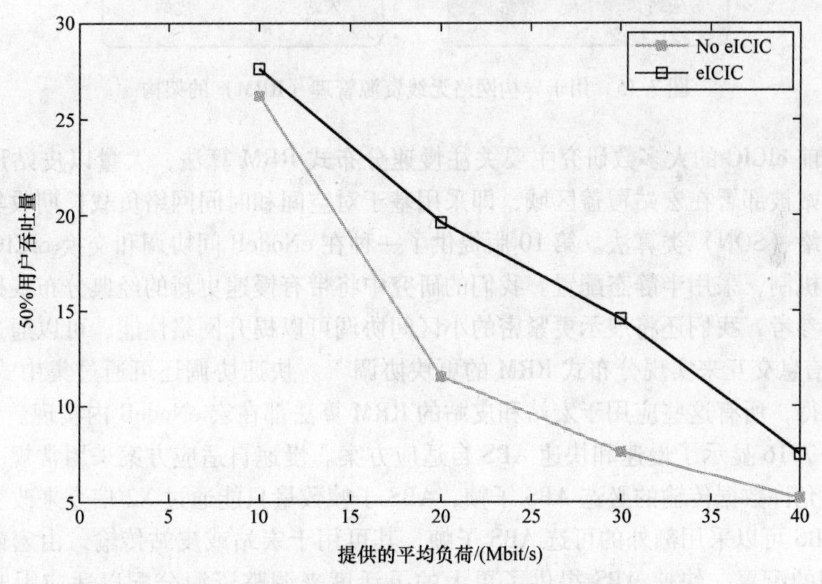

图 7.14　带有及不带有 eICIC 算法的终端用户吞吐量 50% 点（均值）

从图 7.13 和图 7.14 结果可明显观察到，通过 eICIC 的应用在相同或更好终端用户体验的条件下可容纳的更高业务量。从图 7.13 可见，在 5% 掉话率保持为

2Mbit/s 条件下网络业务量可以从 20Mbit/s 提升到 40Mbit/s，对应 100% 的 eICIC 容量增益。需要注意的是，这些结果中皮站 RE 和宏站 ABS 静音的设置是半静态的，意味着只能作为提供平均业务量的函数进行调整而且每层均相同。低负载时带不带 eICIC 的结果似乎意味着 eICIC 是不需要的，而且采用皮站 RE 的中度值。随着所提供业务的增长，皮站 RE 值和 ABS 的利用率均有增长以对应增长的层间干扰。

2. 快速动态 eICIC

以上结果显示，需要依据 UE 位置和业务量的实时变化来动态地调整 ABS 数量及 RE 参数。我们接下来考虑用于动态 eICIC 配置的网络架构和算法。eICIC 配置需要宏站和皮站进行联合优化。宏站带有多个皮站的负载信息，而皮站则带有本地信息。图 7.15 展示了异构网络 eICIC 控制的架构方案。分布式解决方案拥有每个皮站的完整 RRM 功能并通过 X2 信令来实现 eNodeB 间协调。分布式协调以慢速（几秒）或快速（几毫秒）操作。集中式方法采用基带酒店的概念，包含分组调度在内的所有 RRM 功能均被置于宏站，皮站只是通过光纤连接到基带酒店的射频头。

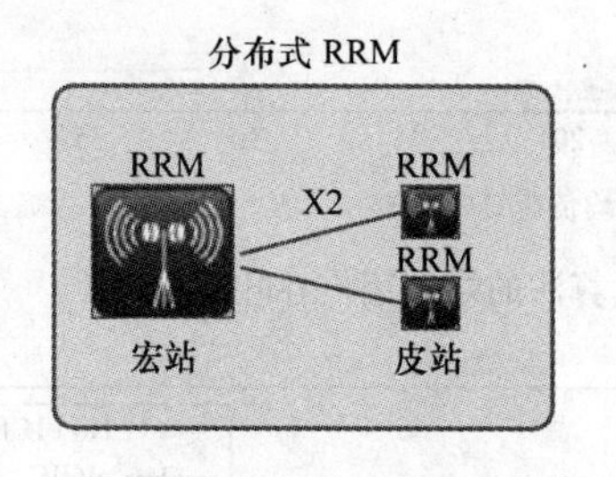

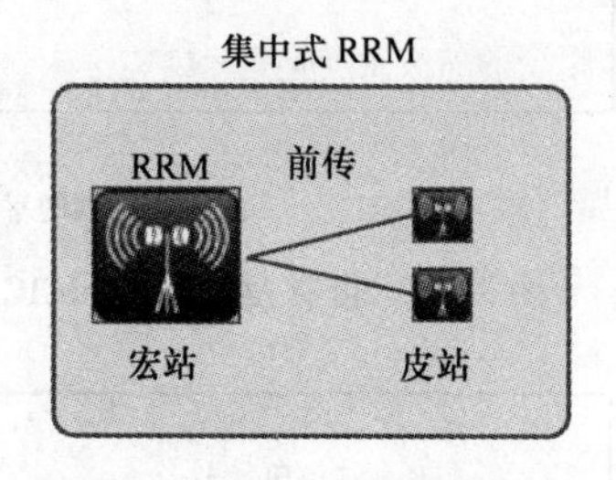

图 7.15 用于异构网络无线资源管理（RRM）的架构

当前 eICIC 的大多数研究主要关注慢速分布式 RRM 算法，大量以皮站形式出现的小站被部署在宏站覆盖区域，即采用基于对空间和时间网络负载长期收集的自组织网络（SON）类算法。第 10 版提供了一种在 eNodeB 间协调和交换 eICIC 配置信息的机制，采用半静态配置。我们的研究中将带有慢速更新的经典分布式架构作为基准参考，我们还将展示更紧密的小区间协调可以提升网络性能，可以通过增强的 X2 信息交互来实现分布式 RRM 的更快协调[8]。快速协调还可通过集中式 RRM 方案获得，所有这些应用于宏站和皮站的 RRM 算法都在宏 eNodeB 内实现。

图 7.16 显示了慢速和快速 ABS 自适应方案。慢速自适应方案采用常规子帧和宏站不允许数据传输的必选 ABS 子帧，ABS 子帧数量只能通过 X2 信令来改变。而快速 ABS 可以采用额外的可选 ABS 子帧，其可用于宏站或皮站传输，由宏站决定帧级别的配置。快速 ABS 提供了更大的灵活度来调整资源分配以适应瞬时容量需求。

UE 可以只在常规子帧和必选 ABS 子帧期间上报 CQI，而不在可选 ABS 子帧内上报。由于需要使用一些常规子帧和必选 ABS 子帧做 UE 的 CQI 报告，因此不能将

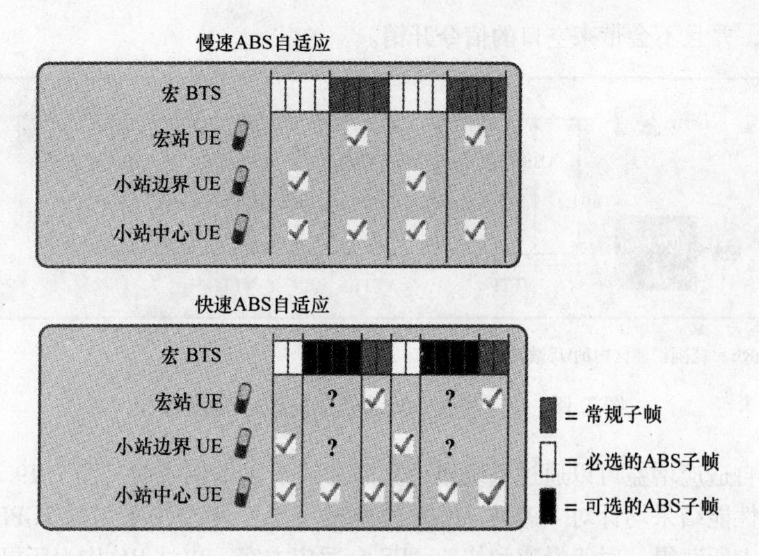

图 7.16　慢速和快速 ABS 自适应

所有子帧均配置为可选 ABS 子帧。图 7.17 显示了采用快速 ABS 自适应的 UE CQI 测量配置方案。这意味着小站采用哪个子帧（ABS 或常规）进行用于链路自适应和分组调度的 CQI 汇报取决于宏站是否采用 ABS 或常规传输。

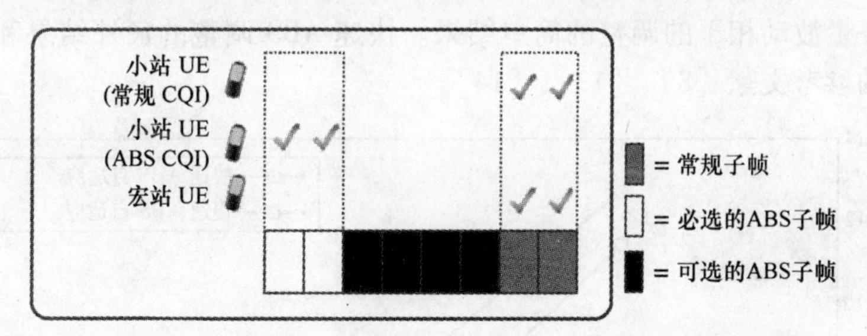

图 7.17　采用 ABS 自适应的 UE 测量

集中式架构下所有的必须信息都在宏站可用，包含簇中所有 UE 的 CQI 信息、簇中所有的瞬时负载信息、调度决策及相关测量标准。集中式架构中对于被配置为 ABS 或者常规子帧的快速决策在各可选 ABS 前很短时间决定。我们将展示这些算法还可以被分解应用于分布式架构。宏站作为主站，采用基于 X2 接口与皮站进行信息交互的快速 ABS 决策。宏站需要皮站负载的相关信息，因此分布式架构的快速 ABS 自适应速度取决于上述小区间信息交互有多快以及 X2 信令的时延。其中一个方案是皮站每 N 个传输时间间隔（TTI）周期性给宏站上报所需信息。另一方案是事件触发上报，皮站通知宏站是否存在网络负载或比例公平调度指标的显著变化。图 7.18 展示了周期性汇报，皮站每 N 个 TTI 通知宏站其 RE 用户数，之后宏站决定 ABS 配置并将相关信息提供给该皮站。注意，X2 上报与各阶段的可选 ABS

数量无关，并且不会带来空口的信令开销。

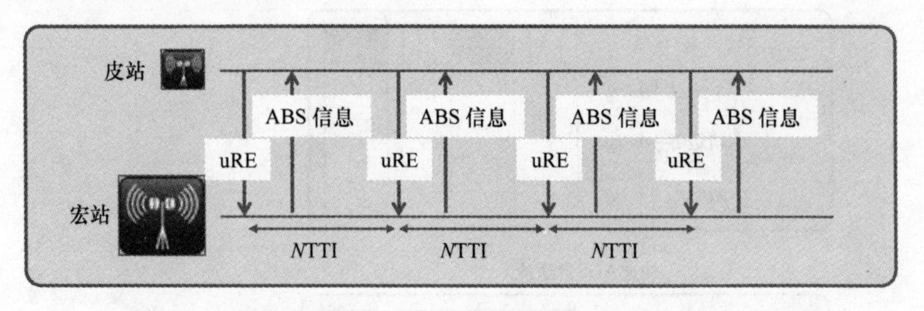

图 7.18　用于快速 ABS 自适应的 X2 周期性上报

ABS 自适应增益可以通过系统级仿真的方式予以举例说明。图 7.19 和图 7.20 所呈现的性能结果均针对“基本 eICIC 性能的考虑”小节中采用的 3GPP 第 12 版小站场景 1 所获得。对于慢速和快速 ABS 自适应方案，皮站 RE 作为所提供的平均业务量的函数进行半静态地调节。显然可见，快速 ABS 的应用对于终端用户吞吐量在 5% 点及 50% 点性能带来额外收益。因此，采用快速 ABS 算法可进一步提升 eICIC 性能。与 ABS 静音模板的慢速半静态算法相比，来自快速 ABS 调整算法的新增益在 30% ~50% 的量级。快速 ABS 调整增益是对宏站静音模板更准确的、与本地经历业务量波动相干的调整的简单结果。快速 ABS 调整的额外结果和观点可以参见本章的参考文献［8］、［13］、［14］。

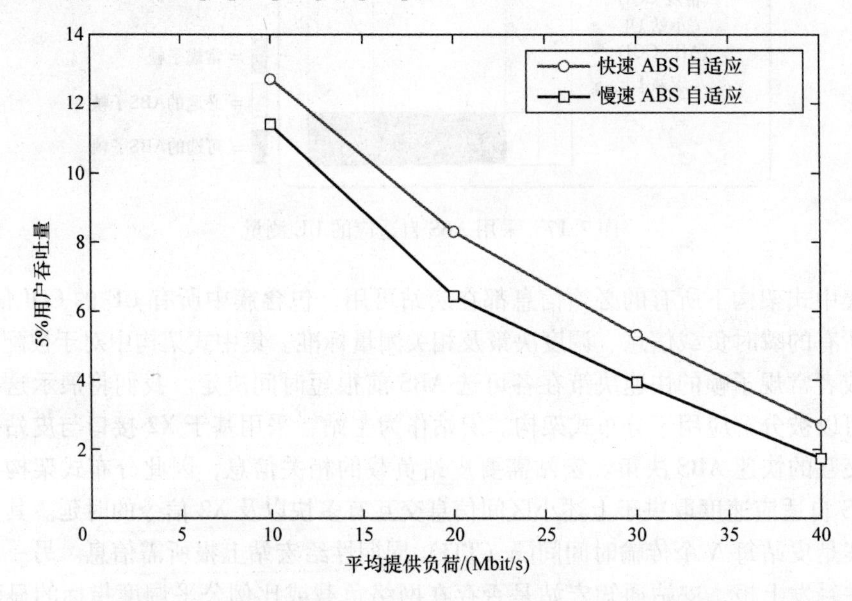

图 7.19　采用慢速和快速 ABS 自适应的终端用户吞吐量 5% 点

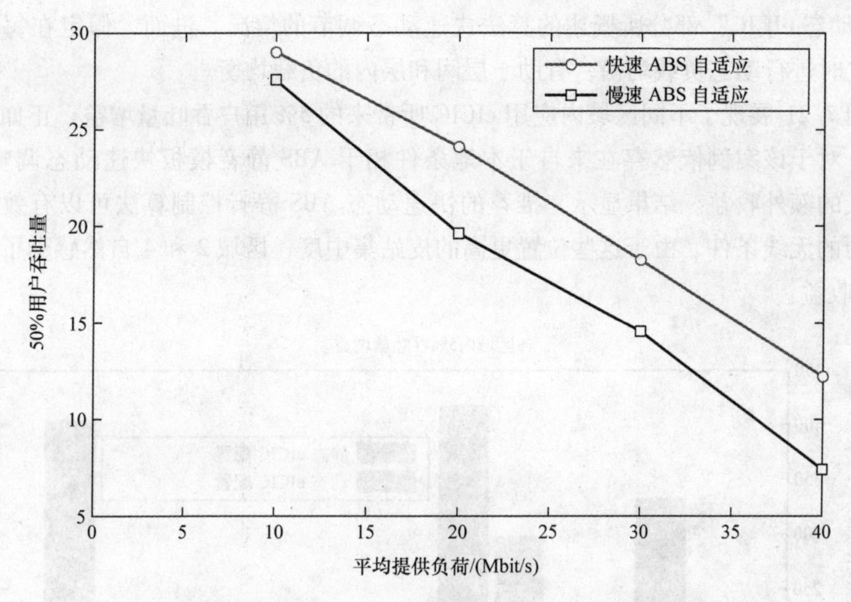

图 7.20　采用慢速和快速 ABS 自适应的终端用户吞吐量 50% 点（均值）

3. 特定站址环境下的 eICIC 性能

为进一步散播 eICIC 性能的光芒，接下来将呈现一些特定站址的用例。这些特定站址用例基于来自密集都市区采用宏站和皮站 eNodeB 真实部署的数据。采用该地区的三维数字地图，其中包含了建筑物的位置信息（及其大小）、街道、公园、开放区域、广场等。宏站部署用于广域总体覆盖，而在带有高业务密度的局部区域安装皮站，宏站很难承载这些区域中忙时的所有业务量。采用了一种先进的射线跟踪工具来计算每个发射机和接收机之间的无线传播特性，考虑了来自都市城区三维地图的环境特性。与 3GPP 定义的场景类似，采用突发业务模型，其中新呼叫到达遵从泊松过程并假定单用户带有有限的有效载荷。然而，空间业务分布采用高度非均匀分布，与所考虑区域的实际观测结果一致。实际上，这个被研究的密集城市都会区域对于日常运营商安装场景而言是相当不规则的，意味着传播特性非常明显地依赖于本地环境，宏站之间的站间距在 100m 到最高几百米之间变化。类似地，皮站安装也是不规则的，该研究用例中每个宏站区域内等效皮站数量在0～7 变化。因此 eICIC 性能增益从局部区域到都市区存在显著变化。为了对前者进行说明，我们研究了 4 个不同局部区域（命名为区域 1～4）中的 eICIC。区域 1 对应一个宏站带有 4 个遥远放置皮站的覆盖场景；区域 2 为 4 个宏站包含 11 个皮站的场景；区域 3 带有类似区域 1 的特性；而区域 4 中 6 个皮站部署在单个宏站覆盖区。研究场景带有的高度不规则特性要求各区域内不同的 eICIC 参数设置来释放全部的性能潜力。因此，我们关注那些 ABS 静音模板在各局部区域内半静态配置或者根据如

“快速动态 eICIC”部分所概述的算法快速动态调节的情况。进而，假定在每个连接建立时进行动态负载均衡，有助于层间和层内的负载均衡。

图 7.21 展现了不同区域内应用 eICIC 所带来的 5% 用户吞吐量增益。正如所预期的，对于该案例依然存在来自于本地条件相干 ABS 静音模板快速动态调整的、吸引人的额外收益。结果显示，推荐的快速动态 ABS 静音控制算法可以有效适应所经历的无线条件。由于这些位置更高的皮站集中度，区域 2 和 4 自然感受了最高 eICIC 收益。

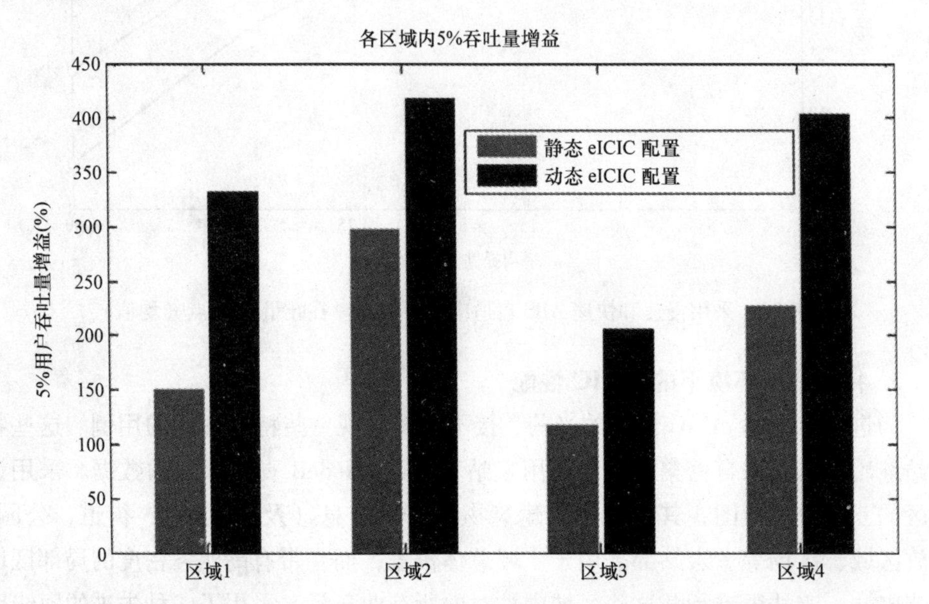

图 7.21　4 个局部区域内应用 eICIC 所带来的 5%（小区边界）用户吞吐量增益

图 7.22 显示的是在 4 个不同区域中采用 eICIC 后的容量增益。这里上下文中的容量被定义成为 95% 用户提供最低 2Mbit/s 服务时所能容忍的最大提供容量。因此，容量增益结果表现为采用具备快速 ABS 自适应能力的动态 eICIC 后各区域可容纳的额外业务增长量。从这些结果还可看出，eICIC 收益从一个区域到另一区域的变化。最为突出的是，对于区域 4 的 eICIC 容量超过 100%，即通过应用 eICIC 该区域所能容忍的业务增长翻了一倍。

4. eICIC 性能测量

下列案例展现了基于简单测量的 eICIC 实际收益。该测量设置如图 7.23 所示，相关结果如图 7.24 所示。该测量带有 1 个宏站、2 个皮站和 3 个 UE。UE C 总是连接到宏站，UE A 和 UE B 也通过无 RE 的方式连接到宏站。eICIC 和 RE 激活时，UE A 连接到皮站 A 且 UE B 连接到皮站 B。对 4 种不同情况进行了举例说明：一种情况无 eICIC，三种情况带有不同量级的 ABS 25%、50%、75%。无 eICIC 情况下

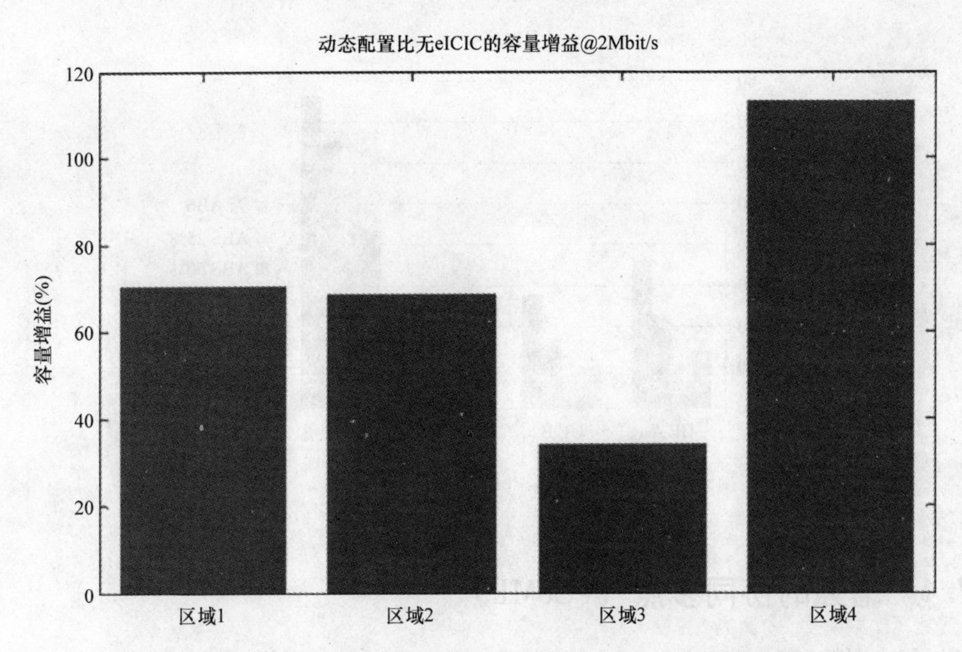

图 7.22　4 个局部区域内通过快速动态 eICIC 所提供的容量增益

3 个 UE 共享宏站容量，UE C 最靠近宏站因此可获得最高的数据速率。当 eICIC 以 25% ABS 的形式激活时，UE A 和 UE B 连接到皮站但只能用 25% 的 TTI 进行数据接收。因此 UE A 和 UE B 吞吐量下降。另一方面，UE C 在宏站获得更多资源从而使其吞吐量有所上升。当 ABS 份额增长到 50% 和 75% 时皮站可以使用更多的资源用于 UE A 和 UE B 的数据传输而宏站为 UE C 提供的资源则减少。总系统吞吐量随着更高的 ABS 份额增长，因为 2 个 UE 可以通过连接到皮站而获得 ABS 收益。

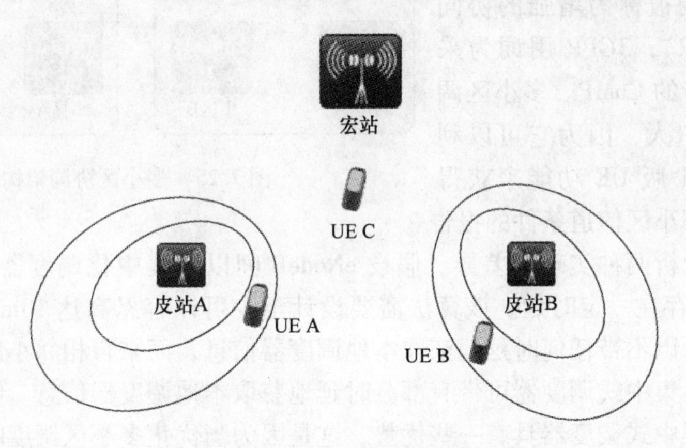

图 7.23　eICIC 测量配置

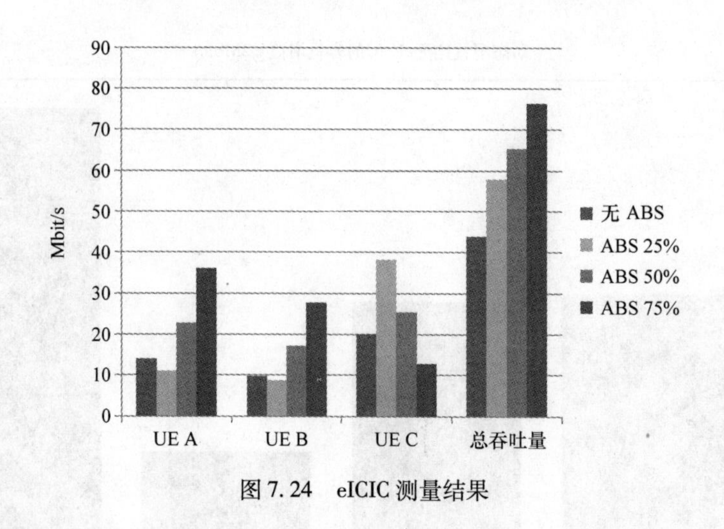

图 7.24　eICIC 测量结果

7.4　增强的协同多点（eCoMP）

FSS 可以通过 UE CQI 报告的方式来规避小区间干扰。另一方法可以不依赖 UE 反馈进行基站间多小区传输的协调。这种协调可采用分布式架构，其中 eNodeB 制定决策且通过 X2 接口进行信息交互。另一架构方案可以采用新的网络元素来集中化调度。eNodeB 提供负载和干扰信息给集中化调度器，随后集中化调度器协调各独立 eNodeB 的调度。两种架构方案如图 7.25 所示，这种协调被称为增强的协同多点（eCoMP），3GPP 用词为采用非理想回传的 CoMP。多小区调度器更为吸引人，因为它可以利用 3GPP 第 11 版 UE 功能来获得更准确的相邻小区信道条件的报告。

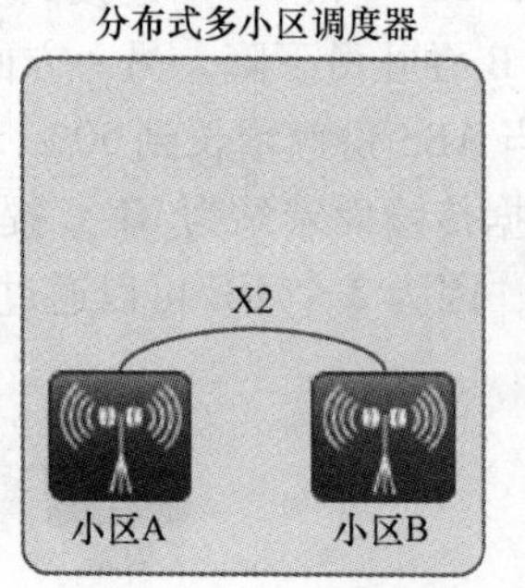

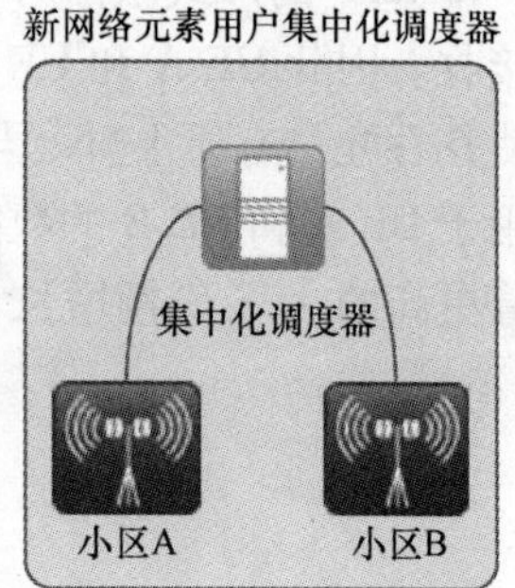

图 7.25　多小区协调架构

下面将分析两种实现的差异。假设 eNodeB 间以及集中化调度器与 eNodeB 之间的 X2 接口存在一定时延。该算法需要设计至少可以容忍高达 10ms 的时延。分布式调度器可以不带任何时延地获取本地调度器信息，而来自相邻小区的信息包含了一些时延。集中式调度器可带有部分时延地获取本地调度器信息。因此，分布式调度器相比集中式调度器具有一些优势，这是因为当优化多小区调度时分布式方案可以考虑本地瞬时调度器信息。分布式方案还兼容之前的 3GPP 功能，如同频负载均衡也称为移动性负载均衡（MLB），它可以用分布式方案来平衡两个相邻小区之间的负荷。

我们还需要考虑信息交互所需的信令数量。分布式方案可以被设计为无须交换少量的信息（如所有用户的CSI）。每个eNodeB可接入自己拥有UE的CSI并且只交换相邻eNodeB间小区级度量。每个eNodeB都基于其拥有UE的CSI、其拥有调度器的测量以及接收来自相邻eNodeB的测量来制定本地决策。如图7.26所示，通过只交换小区级指标而非UE特定信息以最小化X2信令需求。由于集中式调度器不直接接入任何本地调度器信息，因此如果它能获得UE特定的CSI信息则将从中受益。UE特定信息的交互将带来大量的信令需求。

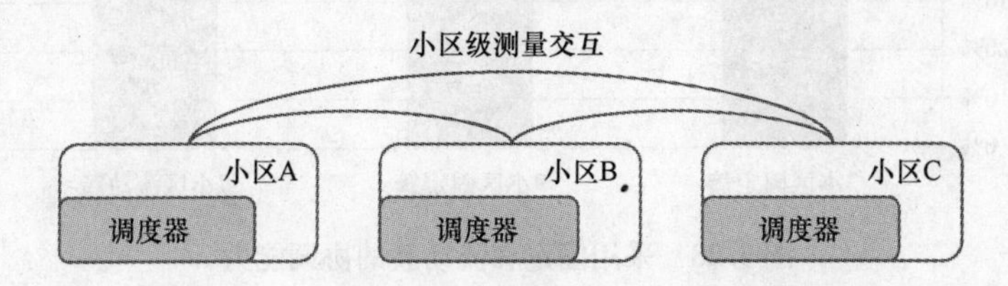

图7.26 分布式多小区调度中的调度测量交互

需要考虑大型网络中多小区协调的可扩展性。由于一个小区所引起的干扰通常只影响最靠近的相邻小区，因此克服干扰的协调机制通常只需要做到本地协调而非大区域内的协调。最相关相邻干扰小区可能随UE位置、天线下倾角和网络扩展而改变。优选方案是灵活的簇配置而非预定义的协调簇。灵活的簇意味着每个小区都可以在多小区协调中动态地定义相邻小区，被称为流动小区的概念如图7.27所示。图7.28通过系统级仿真给出了固定和流动簇的协调能力。如果我们有3个小区的固定簇，则只有60%的UE最强干扰位于协调簇中。如果固定协调簇的尺寸增加到9个小区，则概率提升到72%。如果采用7个小区流动簇选择的方法，概率甚至增加到超过99%，从而所有最强干扰均位于协调簇中。这就提供了一个考虑多小区协调算法和性能的很好起点。

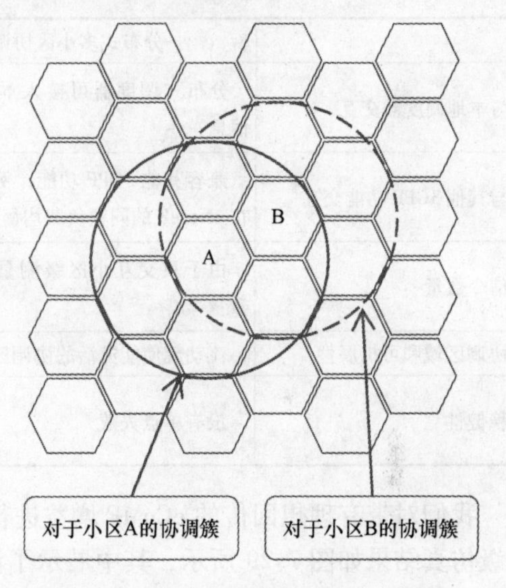

图7.27 多小区调度中流动簇的概念

表7.3汇总了分布式和集中式多小区协调方案的差异。这两种方案均用于提供多小区协调，但不会有在网络架构中引入新网络元素的动机，因为分布式方案可以提供相同的功能，甚至可以比集中式方案获得更好的能力。

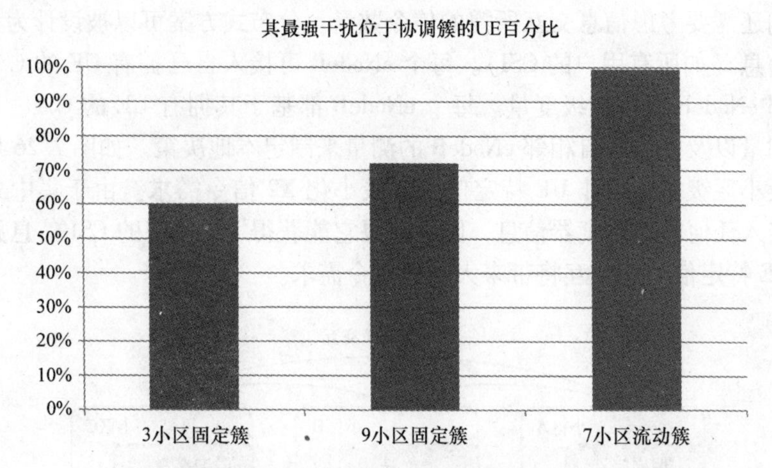

图 7.28　采用固定和流动簇的协调能力

表 7.3　分布式和集中式多小区协调对比

	分布式多小区协调	集中式多小区协调
与本地调度器交互	分布式调度器可接入本地调度器信息	集中式调度器不能快速接入本地调度器
与其他 3GPP 功能交互	兼容其他 3GPP 功能，例如也集成在 eNodeB 的同频负载均衡	通过 X2 信令消息实现与本地调度器的交互
信令数量	由于只交互小区级测量，低信令数量	由于承载 UE 特定信息，可能更高的信令数量
协调区域和可扩展性	流动簇使能灵活的协调区域	通常假设固定的簇大小
稳健性	没有单点失败	为集中化网元实现，需要更高的可靠性

我们对带有理想回传的 eCoMP 增益进行了研究，2×2 单用户 MIMO 系统的系统级仿真结果如图 7.29 所示，其中展示了满缓冲和突发业务两种业务模型。研究中假定三扇区站址配置。采用第 11 版 UE 来提供多个 CSI 反馈，在仿真中被假定为理想情况，对应 CoMP 设定小区为静音还是进行传输的不同假设，并且假定 UE 采用了 MMSE－最大比合并（MRC）接收机。参考案例为不带任何多小区协调的单小区调度，TM10 不带额外开销。第一步考虑各 eNodeB 站内多小区调度。满缓冲业务下站内协调给出了 7% 的小区边界增益，突发业务下为 21%。突发业务比满缓冲业务增益更高的原因是，通常突发业务情况下相邻小区内存在没有被使用的资源。如果我们还考虑 9 小区固定簇的 eNodeB 间协调，满缓冲和突发业务下增益提升为 10% 和 23%。7 小区流动簇方案给出 18% 和 39% 的增益。eCoMP 对于平均数据速率的增益非常低。

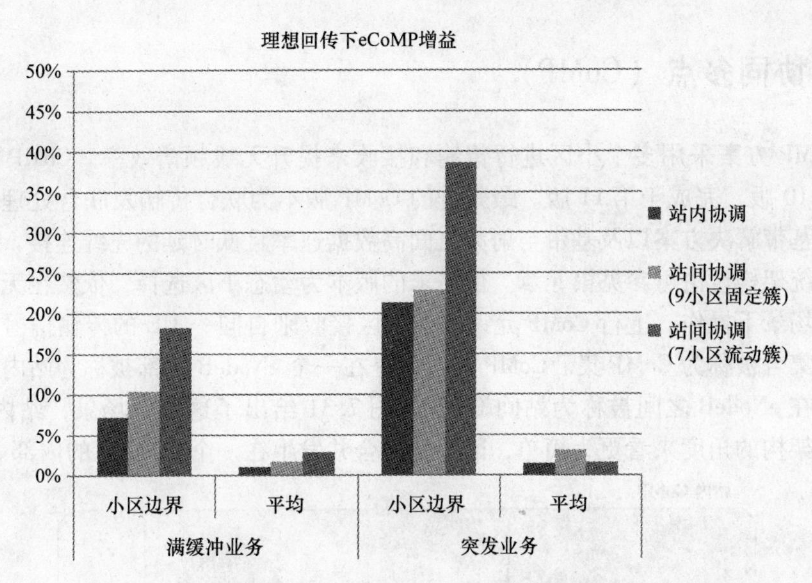

图7.29　采用理想回传的eCoMP增益

采用非理想回传的eCoMP增益如图7.30所示。如果回传时延为5ms，还会有明显的来自eCoMP的增益可见。但如果回传时延提高到10ms，来自站间协调的增益就消失了，其性能与站内协调情况类似。这些仿真结果对于以时延要求表征的传输网络设计给出了指导性的建议。

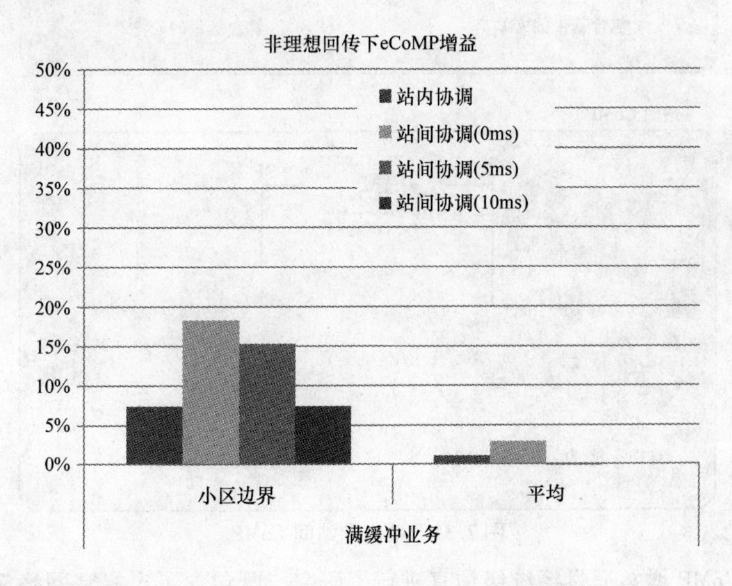

图7.30　采用非理想回传的eCoMP增益

7.5 协同多点（CoMP）

CoMP 方案采用多个小区进行传输和接收来提升无线频谱效率。CoMP 的研究始于第 10 版，完成于第 11 版。最先进的 CoMP 版本为联合传输及联合处理，需要集中化基带解决方案以及基带与射频之间高数据速率且低时延的光纤连接。更为详细的系统架构讨论可参见第 5 章。低需求的版本为动态小区选择，依然在无集中化基带的场景下操作。上行 CoMP 允许多个小区接收来自同一 UE 的传输信号，这些小区的集合被称为 CoMP 集。CoMP 集可以是在一个 eNodeB 内部被称为站内 CoMP，也可以在 eNodeB 之间被称为站间 CoMP。图 7.31 给出了这两种场景，站内 CoMP 从网络架构的角度来看更为简单，因为信号合并发生在一个 eNodeB 的内部。

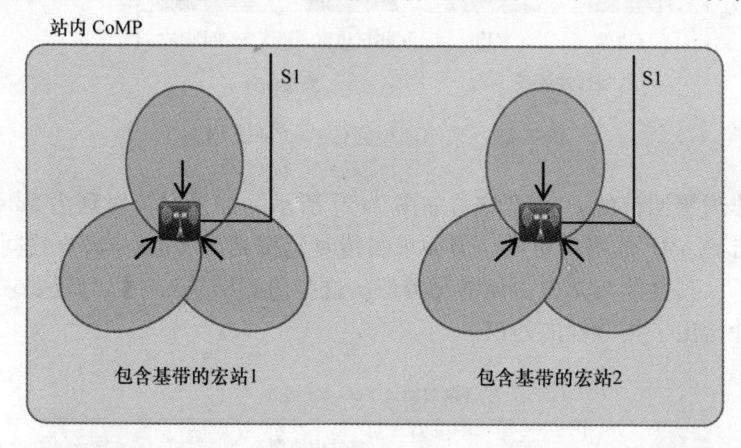

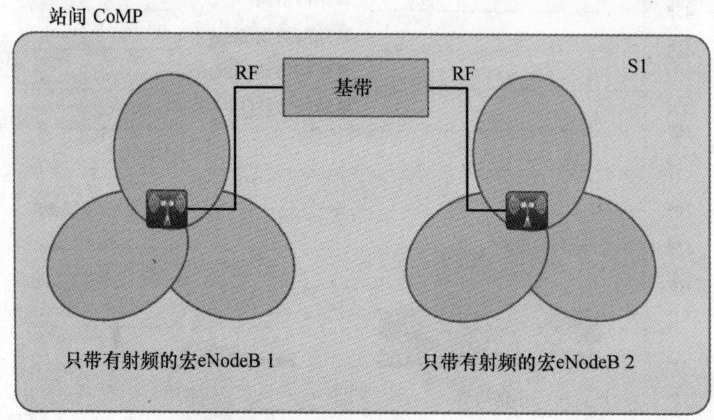

图 7.31　站内和站间 CoMP

上行 CoMP 增益通过系统级仿真进行了研究，既包含了宏蜂窝网络又包含了带有同频宏站和皮站的异构网络的情况。期望异构网络中的 CoMP 增益比宏站网络更高。宏站的发射功率高于皮站的发射功率。UE 基于下行链路功率进行小区选择，这就意味着 UE 需要非常靠近皮站才会触发小区重选。因此，通过皮站的上行链路接收性能可能会更好，而接收来自宏站下行链路的工作效果更优。图 7.32 展示了在研的异构网络场景，每个宏站下有 4 个皮站。

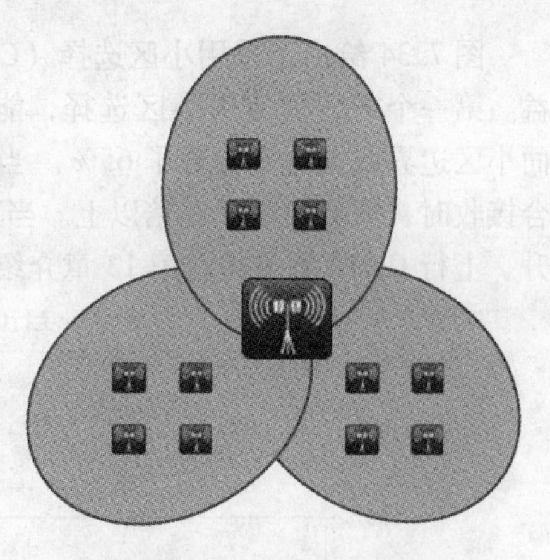

图 7.32　异构网络场景

CoMP 性能取决于信道估计的准确性，解调参考信号用于信道估计。相同 CoMP 集中的 eNodeB 需要评估相同子带上发送的多于一个 UE 的信道。为了能够区分来自不同 UE 的信道，提供参考信号的正交性是至关重要的。第 10 版通过提供小区间参考信号的正交性提升了信道估计性能，但之前第 8 版和第 9 版的 UE 也可获得上行 CoMP 增益。

图 7.33 显示了采用联合处理的上行链路 CoMP 增益。该增益对于小区边界用户比平均用户更高，这很容易理解，因为位于小区边界的 UE 传输更容易为多个小区所接收。小区边界获得高增益是非常有益的，因为小区边界用户是那些忍受着最低数据速率的用户。小区边界增益比平均增益高平均两倍。宏 eNodeB 扇区之间的站内 CoMP 可提供很好增益：平均数据速率提升 19%，而小区边界数据速率提升 36%。站内 CoMP 并不需要对网络架构进行任何改变，因为它只在单 eNodeB 内部实现。当来自不同 eNodeB 的 9 个小区包含在 CoMP 集时，CoMP 增益平均提升到 32%，而在小区边界提升到 54%。我们可能注意到，站内 CoMP 为站间 CoMP 的收益提供了 60% 的贡献。最高增益在异构场景下获得，其中 CoMP 集扩展到多个宏站和皮站小区。平均和小区边界增益分别达到了 89% 和 208%[9]。

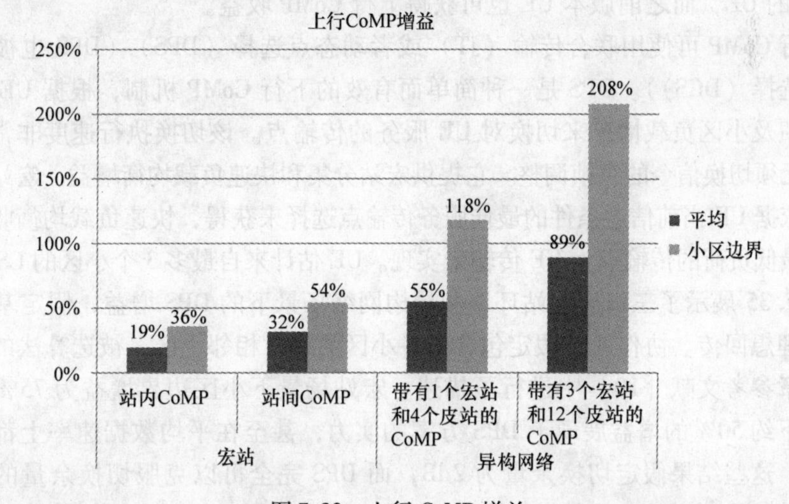

图 7.33　上行 CoMP 增益

图 7.34 给出了采用小区选择（CS）和联合处理（JP）的异构场景的 CoMP 增益。第一个方案只使用小区选择，能提供一些增益：平均数据速率提升了 31%，而小区边界数据速率提升了 65%。当宏站与其覆盖区域内的 4 个皮站之间应用联合接收时，增益提高了一倍以上。当 CoMP 集扩展到更多宏站时，该增益进一步提升。上行 CoMP 测量将在第 13 章介绍。

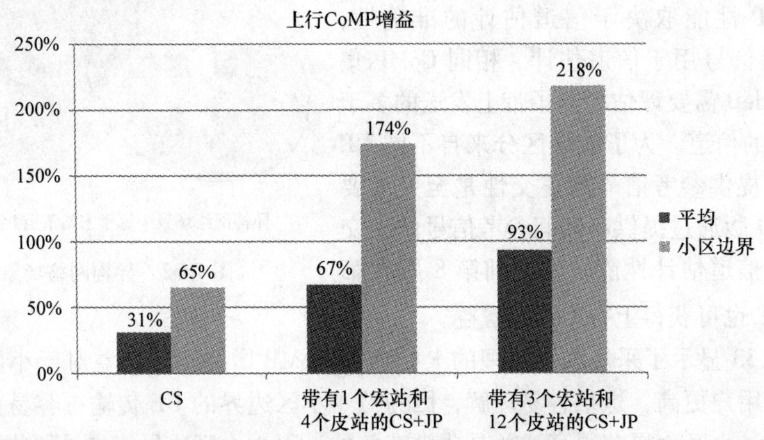

图 7.34 采用小区选择（CS）和联合处理（JP）异构场景的上行 CoMP 增益

期望下行 CoMP 增益比上行增益要低，因为上行 CoMP 采用多小区接收可以获得明显增益，而下行 CoMP 依赖于选择性分集或者是增加干扰的联合传输。下行的挑战之一是如何在 eNodeB 发射机获得信道估计。UE 首先需要对来自 CoMP 集内所有小区的多径信道进行估计，之后 UE 通过上行反馈信道为网络提供 CSI，该反馈中引入了时延和量化误差。UE 特定测量集被定义为给定 UE 执行决定 CSI 反馈测量的小区集合。多小区 CSI 测量需求被定义在第 11 版，因此下行 CoMP 需要使用第 11 版的 UE，而之前版本 UE 也可获得上行 CoMP 收益。

下行 CoMP 可使用联合传输（JT）或者动态点选择（DPS）（DPS 也被称为动态小区选择（DCS））。DPS 是一种简单而有效的下行 CoMP 机制，根据 UE 的信道估计反馈及小区负载情况来切换对 UE 服务的传输点。该切换执行速度非常快，甚至达到无须切换信令的每帧调整。它提供宏站分集和快速负载均衡增益。宏站分集收益通过依据 UE 当前信道条件的最佳服务传输点选择来获得，快速负载均衡收益则通过采用最低负荷的传输点为 UE 传输来实现。UE 估计来自最多 3 个小区的 CSI。

图 7.35 展示了三扇区宏站环境和异构网络场景下的 DPS 增益，假定基带单元之间为理想回传。协作簇被假定包含了各小区的瞬时相邻小区，被选算法的更多细节在本章参考文献［10］中进行了描述。宏站场景下小区边界增益为 75% 以及异构场景下约 50% 的增益展现了 DPS 方案的实力，甚至在平均数据速率上都有小幅度增益。这些结果假定切换余量为 2dB，而 DPS 完全可以克服切换余量的负面影响。异构场景下增益稍小是因为采用 RE 和 eICIC 机制的基准方案提供了大部分负

载均衡增益。本章参考文献［11］中讨论了 CoMP 性能因子。3GPP 仿真结果可以参见本章参考文献［12］。

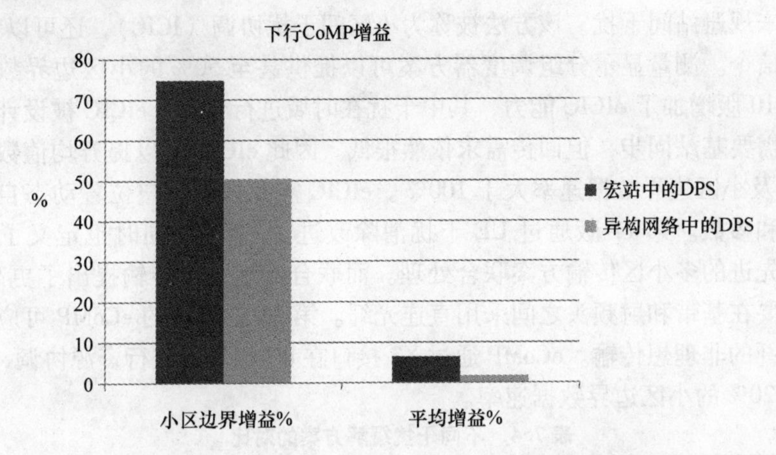

图 7.35　采用动态点选择（DPS）的下行 CoMP 增益

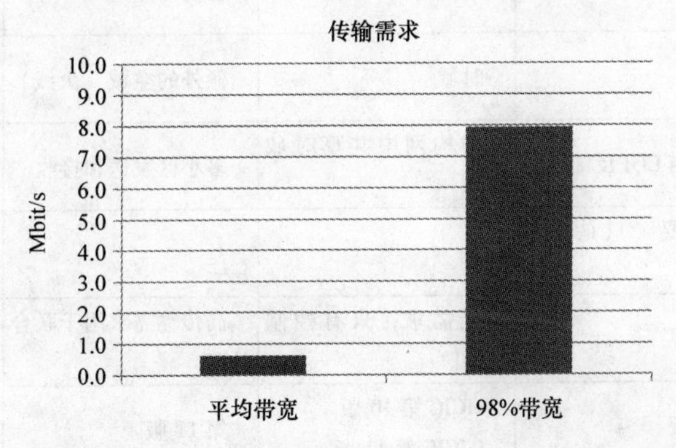

图 7.36　在 3GPP 宏站用例 1 部署为提供小区 10Mbit/s 业务情况下 DPS 传输需求

DPS 方案可以实现合理的低回传要求，无须集中化的基带。UE 的 RRC 连接和 S1 连接保留在其锚定的 eNodeB，而服务传输点可以在其 CoMP 集中快速切换。如果当前的服务传输点与其锚定传输点不同，则数据需要从锚定传输点转发到服务传输点。图 7.36 给出了所提供 10Mbit/s 突发业务的传输需求，采用了六角形扇区 3GPP 宏站用例 1 部署、500m 站间距。平均需求低于 1Mbit/s，但更重要的是看到了最坏情况下的需求。98% 的需求为 7.9Mbit/s，与其峰值数据速率相比依然非常低。满缓冲业务下的传输需求倾向于更低，因为其负载比突发业务更为平衡。

7.6　总结

由于小站是在欠规划和欠优化的条件下部署，因此异构部署明显需要有效的干扰管理。本章描述了主要功能及其益处。3GPP在最新版本中新增了大量功能来更有效地管理站间干扰。这些功能汇总在表7.4中，第8版允许通过频域CQI汇报及分组调度来规避站间干扰。该方法被称为小区间干扰协调（ICIC），还可以利用X2接口上的信令。测量显示分组调度器方案可以提供甚至50%的小区边界数据速率改善。第10版增加了eICIC能力，其中干扰在时域进行管理。eICIC被设计用于异构部署且需要基站同步，但回传需求依然很低。因此eICIC可以提升均值数据速率超过50%及小区边界数据速率大于100%。eICIC需要依据用户位置动态自适应地调节子帧和参数。第11版通过UE干扰消除改进了eICIC，同时也定义了CoMP，采用了更先进的多小区传输方案联合处理。而联合处理对于传输提出了更高要求，实际上需要在基带和射频头之间采用直连光纤。第12版增加的eCoMP可应用于无须直连光纤的非理想传输。eCoMP通过X2接口在eNodeB间进行资源协调，eCoMP可以提升20%的小区边界数据速率。

表7.4　不同干扰缓解方案的对比

	小区间干扰协调（ICIC）	增强的ICIC（eICIC）	协同多点（CoMP）	增强的CoMP（eCoMP）
操作领域	频域	时域	额外的空域（天线）	额外的空域（天线）
操作原则	频域内CQI反馈	异构网中共享时域资源	多小区发送和接收	非理想传输上的快速多小区协调
基站时间同步	不需要（只是频率同步）	是	是	是
传输需求	不需要	低需求，只有控制平面	高传输需求用于联合处理	低需求
3GPP版本	第8版	eICIC第10版 feICIC第11版	第11版	第12版

参考文献

[1] B. Soret, K. I. Pedersen, N. Jørgen, and V. Fernandez-Lopez, 'Interference Coordination for Dense Wireless Networks', *IEEE Communications Magazine*, 53, 102–109 (2015).

[2] K. I. Pedersen, Y. Wang, S. Strzyz, and F. Frederiksen, 'Enhanced Inter-cell Interference Coordination in Co-channel Multi-layer LTE-Advanced Networks', *IEEE Wireless Communications Magazine*, 20, 120–127 (2013).

[3] B. Soret, H. Wang, K. I. Pedersen, and C. Rosa, 'Multicell Cooperation for LTE-Advanced Heterogeneous Network Scenarios', *IEEE Wireless Communications Magazine*, 20(1), 27–34, (2013).

[4] Y. Wang, B. Soret, and K. I. Pedersen, 'Sensitivity Study of Optimal eICIC Configurations in Different Heterogeneous Network Scenarios', IEEE Vehicular Technology Conference (VTC), September 2012.

[5] B. Soret and K. I. Pedersen, 'Macro Cell Muting Coordination for Non-uniform Topologies in LTE-A HetNets', IEEE Vehicular Technology Conference (VTC) Fall 2013, September 2013.

[6] B. Soret, Y. Wang, and K. I. Pedersen, 'CRS Interference Cancellation in Heterogeneous Networks for LTE-Advanced Downlink', IEEE International Conference on Communications ICC 2012 (International Workshop on Small Cell Wireless Networks), pp. 6797–6801, June 2012.

[7] 3GPP 36.872. Technical Report 'Small Cell Enhancements for E-UTRA and E-UTRAN – Physical Layer Aspects', v. 12.1, 2013.
[8] B. Soret and K. I. Pedersen, 'Centralized and Distributed Solutions for Fast Muting Adaptation in LTE-Advanced HetNets', *IEEE Transactions on Vehicular Technology*, 64, 147–158 (2014).
[9] Y. Huiyu, Z. Naizheng, Y. Yuyu, and P. Skov, 'Performance Evaluation of Coordinated Multipoint Reception in CRAN Under LTE-Advanced Uplink', 7th International ICST Conference on Communications and Networking in China (CHINACOM), 2012.
[10] R. Agrawal, A. Bedekar, R. Gupta, S. Kalyanasundaram, H. Kroener, and B. Natarajan, 'Dynamic Point Selection for LTE-Advanced: Algorithms and Performance', IEEE Wireless Communications and Networking Conference (WCNC), 2014.
[11] B. Mondal, E. Visotsky, T. A. Thomas, X. Wang, and A. Ghosh, 'Performance of Downlink CoMP in LTE under Practical Constraints', PIMRC, 2012.
[12] 3GPP 36.819. Technical Report 'Coordinated Multi-point Operation for LTE Physical Layer Aspects', v. 11.2, 2013.
[13] A. Bedekar and R. Agrawal, 'Optimal Muting and Load Balancing for eICIC', International Symposium and Workshops on Modeling and Optimization in Mobile, Ad Hoc and Wireless Networks (WiOpt), pp. 280–287, May 2013.
[14] B. Soret, K. I. Pedersen, T. E. Kolding, H. Kroener, and I. Maniatis, 'Fast Muting Resource Allocation for LTE-A HetNets with Remote Radio Heads', Proceedings IEEE Global Communications Conference (GLOBECOM), December 2013.

第8章 小站优化

Harri Holma、Klaus Pedersen、Claudio Rosa、Anand Bedekar 和 Hua Wang

8.1 导言

本章为小站的优化，特别关注无线资源管理。优化主要考虑以下几个方面：

- 移动性：改善密集小站环境中高速移动性的可靠性。
- 数据速率：同时利用宏站和小站资源，以获得用户数据速率的最大化。
- 干扰管理和容量：最小化小站层间干扰以实现网络容量的最大化。
- 节能：总网络功率消耗最小化。
- 多厂商场景：运营和优化来自不同厂家的宏站和小站层。

第8.2节为移动性优化。第8.3节讲述了站间载波聚合的性能，其中用户设备（UE）同时连接到宏站和小站，并且可以从两层同时接收数据。第8.4节描述了非常密集的小站网络也称为超密集网络（UDN）的优化。节能在第8.5节进行讨论，多厂商场景为第8.6节内容。本章总结在第8.7节呈现。

8.2 异构网络移动性管理

对于无线资源管理（RRC）连接模式的UE，长期演进（LTE）系统的移动性由网络控制、UE辅助实现，而对于RRC空闲模式状态下的行为则依靠基于UE测量的UE自动化小区选择。这意味着RRC连接模式的所有切换决策均由网络制定，通常由来自UE的无线资源管理（RRM）报告事件所触发。最常见的用于触发切换的UE RRM报告是A3事件，定义为目标小区信号比服务源小区强过偏置分贝的量级。对RRC空闲模式而言，网络可以通过广播小区重定向参数和设置各频率层的不同优先级来提供额外的指导（又称为空闲模式业务指向）。

图8.1给出了典型的HetNet场景，带有不同小区类型以及半静态或者以不同速度沿特定运动轨迹移动的终端的混合。通常，宏站与小站对于UE的路径损耗斜率和阴影衰落的空间相干距离是不同的，导致小站接收信号强度的梯度比宏站更为陡峭。因此，同频部署的宏站和小站之间及时而准确的切换对于保障可接受的移动性能是非常关键的。特别是小站出境切换对于高速用户具有挑战性，而低速用户的优异移动性能可通过基本的LTE切换方法来获得[1]。本章中，下列优化同频异构网络移动性的方案汇总是值得关注的：

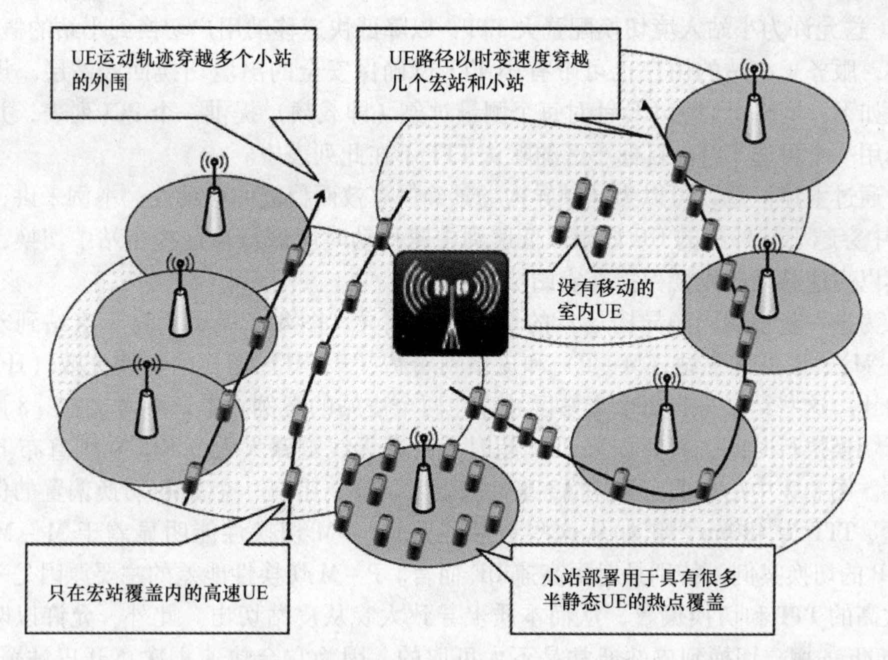

图 8.1 LTE HetNet 场景的高层示意图，带有一个三扇区宏站、几个小站和几个 UE

- 移动状态估计和触发时间（TTT）缩放［第 8 版］：基于过去经历的切换次数，RRC 连接模式 UE 估计它们的移动性状态，枚举为正常、中度或高度。高度移动性状态的 UE 是那些正经历最高切换等级的。切换参数（如 TTT）可依据 UE 移动性状态进行缩放，使 UE 在可能的速度范围内保持更稳健的 RRC 连接模式移动性能。TTT 参数影响 UE 测量上报过程，并且影响总切换时间。更低的 TTT 值用于高移动性状态的 UE，因此本质上辅助高速用户的更快切换。
- eNodeB 之间的移动性历史信令［第 8 版］：网络中，UE 移动性历史信息在 eNodeB 之间通过 X2 接口进行传输。UE 移动性历史信息包括 RRC 连接模式终端之前的服务小区信息。前者还包含各小区驻留时间及小区类型，枚举为非常小、小、中度、大等。网络可以利用 UE 移动性历史信息来估计终端的切换频率，并基于此调整移动性参数以及决定是否应该允许该用户切换到小站还是保留在宏站层。
- UE 移动性信息的信令［第 12 版］：处于 RRC 空闲模式向 RRC 连接模式转换的 UE 上报移动性历史信息以便网络可以利用这些 UE 储存和上报的信息来准确地估计 UE 的移动性。UE 对网络指示此类储存信息的可用性。UE 储存其移动状态及全球小区标识（GCID）、GCID 不可用时的物理小区标识（PCI），以及 16 个最新访问的 LTE 小区的停留时间，与 UE 的 RRC 状态或 PLMN 无关（即还可以包含紧急呼叫）。脱离 LTE［驻留在其他无线接入技术（RAT）或者是无服务状态］的次数以及此类“驻留”的时长也会被记录。
- 目的小区相关的 TTT［第 12 版］：网络可根据目标小区为 UE 配置不同的

TTT。这允许为小站入境切换配置大 TTT，以降低快速移动用户切换到小站的概率。同样，服务于小站的用户也可带有小 TTT 以确保安全的出境切换回宏站层。规范支持如下：网络可以为 UE 针对每个测量对象（即载频）提供一个 PCI 列表，并为其选用一个可选 TTT。目标小区的默认 TTT 不在此列表中。

通过上述汇总，可以为同频异构场景确保有效而稳健的移动性。举例来讲，图 8.1 中穿越小站外围的 UE 如果以低速到中速移动时应该只在这些小站中切换，而当其以高速移动时则要保持在宏站层。

为进一步说明同频异构场景的切换性能差异，图 8.2 展示了对于宏站到宏站（M－M）、宏站到皮站（M－P）和皮站到宏站（P－M）切换的切换失败（HOF）百分比。这些结果来自每个宏站区域存在两个皮站的案例。本章参考文献［8］定义了切换执行时间，其间如果 TTT 超时后出现无线链路失败（RLF）则宣布 HOF 事件。图 8.2 中结果假定采用 A3 事件来触发切换、带有一个 3dB 切换偏置的保守设置、TTT 为 480ms。正如从这些结果可见，P－M 切换性能明显差于 M－M 和 M－P 的切换案例，特别是对更高速 UE 而言。P－M 切换性能差的主要原因是采用了太高的 TTT 和切换偏置，从而本质上导致太晚从皮站切出。此外，允许以时速 60km/h 的用户切换到皮站通常是不太可取的，因为它会快速再次离开皮站覆盖，从而导致不必要的高切换频率，带有不期望的太短皮站驻留时间。更多额外结果可以参见本章参考文献［2］和［6］。

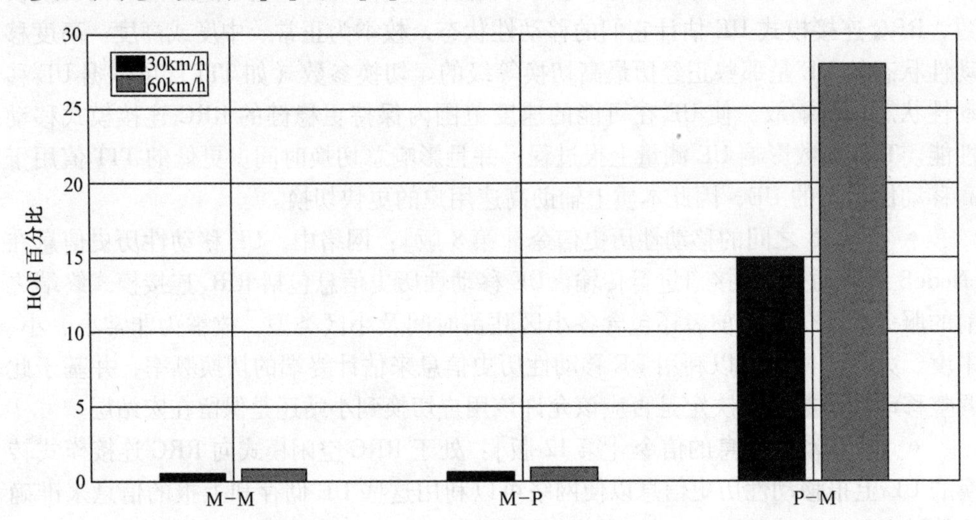

图 8.2　对于宏站到宏站（M－M）、宏站到皮站（M－P）和皮站到宏站（P－M）同频切换的切换失败（HOF）的百分比

然而，采用第 12 版支持的不同切换配置不同 TTT 设置的方式，也可以维持同频异构案例中所期望的移动稳健性。图 8.3 报告了不同 TTT 设置下平均所经历的 HOF 百分比，假定 A3 事件的切换偏置为 2dB。这些结果中，P－M 的 TTT 设置为

160ms，而 M – M 的 TTT 设置为 256ms。正如所见，皮站入境切换（M – P）可通过设置相对长的 TTT 来获得好的性能，因为这显著降低了高速用户切换到皮站的概率（即不经历 P – M 切换）。对于那些经历 P – M 切换的用户，TTT 应取值较低以保障快速出境切换，而对 M – M 取中度值以获得低 HOF 及乒乓切换概率。最后，可通过基于自组织网络（SON）的技术，如移动鲁棒性优化（MRO）来进一步降低 HOF，用于在小区边界进一步调整小区个性偏置值来避免太晚或太早切换，更多细节可参见本章参考文献［3］。

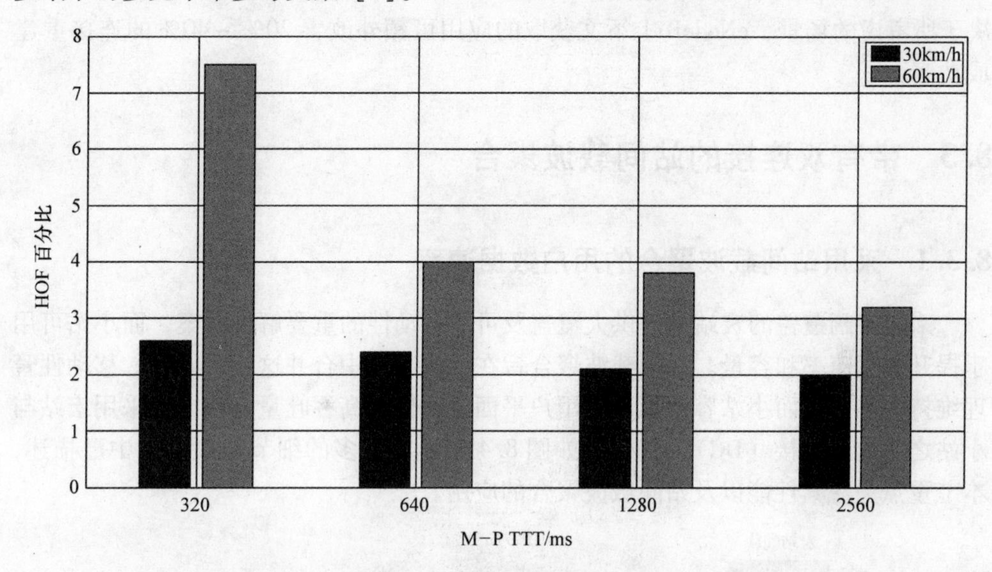

图 8.3　不同 TTT 设置的切换失败（HOF）百分比

对于宏站和皮站采用不同载波的异构部署，其移动性能自然不再受宏站和皮站之间干扰的影响。然而，对于此类案例，主要挑战在于宏站 UE 如何能够不执行可选异频测量而在截止时间内发现其他频点上的小站。这里的困境在于，宏站 UE 频繁的异频测量可以在相邻载频及时发现小站，但是需要以 UE 功率消耗和测量间隔作为代价。当前 LTE 规范包含每 40ms 或 80ms 的周期性异频测量方案，采用 6ms 的测量间隔。通常，网络在服务小区的信号强度（或质量）掉到特定门限之下（即对应 A2 事件）时才会开始触发异频测量，因为此条件下异频切换更能获取增益。另外，可采用基于位置感知的方法自动暂停和恢复宏站 UE 用于小站检测的异频 RRM 测量，可依据 UE 是否可能靠近已部署小站来进行控制[4]。前者的案例中包括采用射频指纹识别技术（即基于连接的 UE RRM 测量）。异频小区发现对于支持载波聚合能力的 UE 挑战性更小，因为这些 UE 能够在载波 A 接收的同时进行载波 B 的异频测量（取决于 UE 能力等级和实现）。

例如，在那些由于太早或者太晚切换引起的稀有 RLF 事件中，可应用高效的发现机制，其中包括由 UE 触发的连接重建立尝试的方法。如果 eNodeB 接收到尚未为该 UE 准备好的重建立尝试时，该 eNodeB 可能从该 UE 之前的服务 eNodeB 那里获取背景信息。该上下文获取功能被标准化为第 12 版的部分内容。第 12 版还为网络提供了配置新的 UE 定时器额外降低 UE 推服时间以加速 RLF 恢复的可能性。该目标可通过及早终止 T310 来实现。引入的新定时器被称为 T312。简单来说，如果 T310 已运行而 T312 尚未运行，则 T312 在 TTT 到期时启动。当 T312 到期时宣布 RLF 并且 T312 可用于任何测量事件。广泛的系统级仿真结果显示，通过新的 T312 对于同频异构场景中高速用户而言其平均中断时间被下降约 30%。此外，取决于所考虑的场景，eNodeB 上下文获取的应用可额外改善 20% ~40% 的连接重建成功率。

8.3 带有双连接的站间载波聚合

8.3.1 采用站间载波聚合的用户数据速率

采用广阔覆盖的宏站是提供大覆盖及可靠移动性的重要解决方案，而小站可用于提升数据速率和容量。站间载波聚合旨在异构部署中合并这两个好处。移动性管理维持在宏层，而小站容量集成到用户平面以提供更高吞吐量。该方案采用宏站与小站之间的双连接（DC），其概念如图 8.4 所示。更多的细节在第 4 章中已描述，本节重点关注其性能以及站间载波聚合的应用。

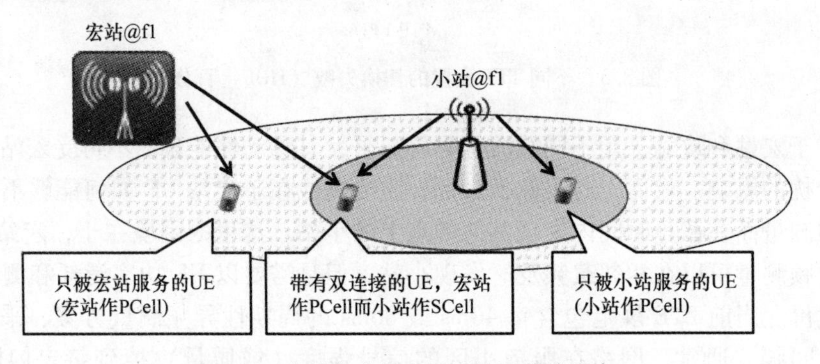

图 8.4 宏站与小站之间的站间载波聚合

首先研究站间载波聚合的用户吞吐量性能，假定通过远端射频头（RRH）连接到位于宏站的集中化基带处理的小站实现方式。宏站与 RRH 间通过几乎零时延基于光纤的回传连接。这种架构方案在第 10 版载波聚合就已可行。最佳异构网络性能可以通过连接小站的直连光纤方式获得，但实际上许多小站采用非理想传输，从而增加了对宏站和小站的非无线接入技术需求。第 12 版站间载波聚合设计为可以工作在无须直连光纤连接小站的非理想传输场景下，其网络架构如图 8.5 所示。第 12 版解决方案基于双连接功能和承载分离，UE 同时连接宏站和小站，并且可以从两小区之一接收相同承载的数据。

图 8.6 展示了宏站和小站之间采用双连接和承载分离后网络和 UE 的正常工作。来自核心网的数据首先被发送到宏站，其作为主站（MeNB）操作。宏站中的数据流被分离，部分数据通过宏站传输给 UE，而另一部分数据通过 X2 接口发送给小站，其作为辅站（SeNB）操作。MeNB 和 SeNB 带有独立媒体接入控制（MAC）实体，并包含独立混合自动重传申请（HARQ）和链路自适应在内的物理层处理。为了支持第 12 版站间载波聚合，UE 在上行链路具备多载波传输能力以独立反馈信道状态信息（CSI）和 HARQ 确认（ACK）给宏站和小站。

第8版不带有任何聚合的小站

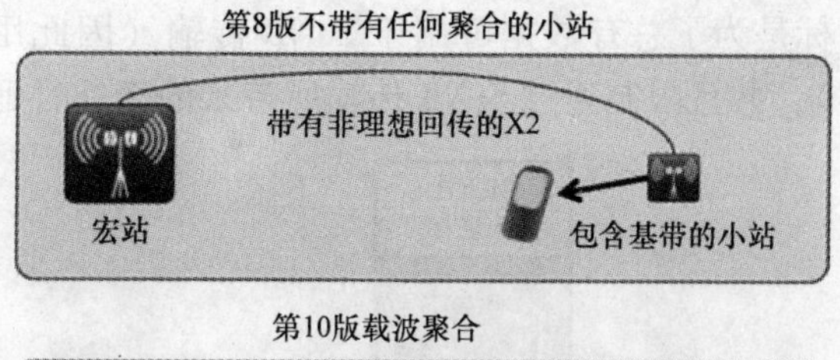

第10版载波聚合

理想回传
宏站
射频头

第12版站间载波聚合

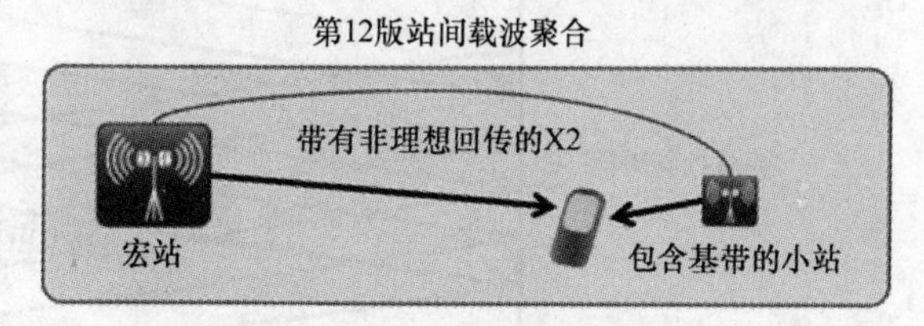

图 8.5　异构网络架构方案

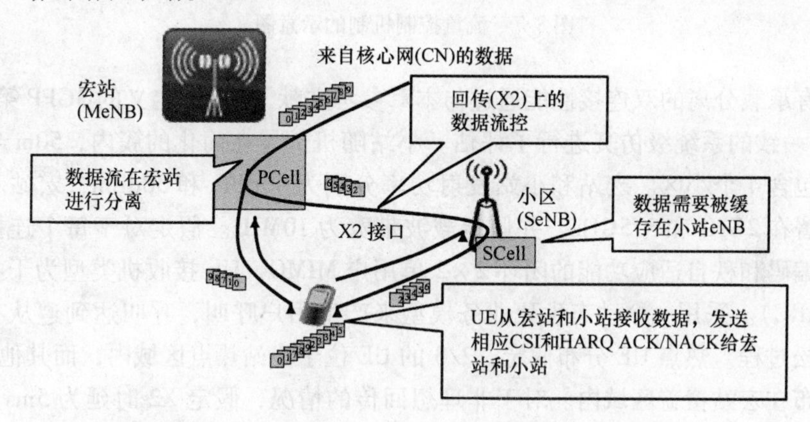

图 8.6　带有宏站和小站间双连接用户的基本假设的高层示意图

带有承载分离功能的双连接性能取决于多种因素，其中 X2 接口上 MeNB 和 SeNB 之间的流量控制最为重要。图 8.7 呈现了流量控制机制的示意图，它是一种简单的基于申请 - 转发的机制。其中 SeNB（依据 3GPP 规范）负责申请来自 MeNB 的数据，从 MeNB 接收来的数据被缓存在 SeNB 直到它们被成功地通过 SCell 在空口上传输给 UE。数据申请以单用户为基础从 SeNB 到 MeNB 周期性地发送。正如定义，流量控制算法的目标是为了避免在 SeNB 的数据溢出和下溢。更准确地说，目标是为了总有数据可用于 SeNB 传输（因此用户可以从小站层的额外资源中受益），并且限制通过 SeNB 传输所带来的额外时延。

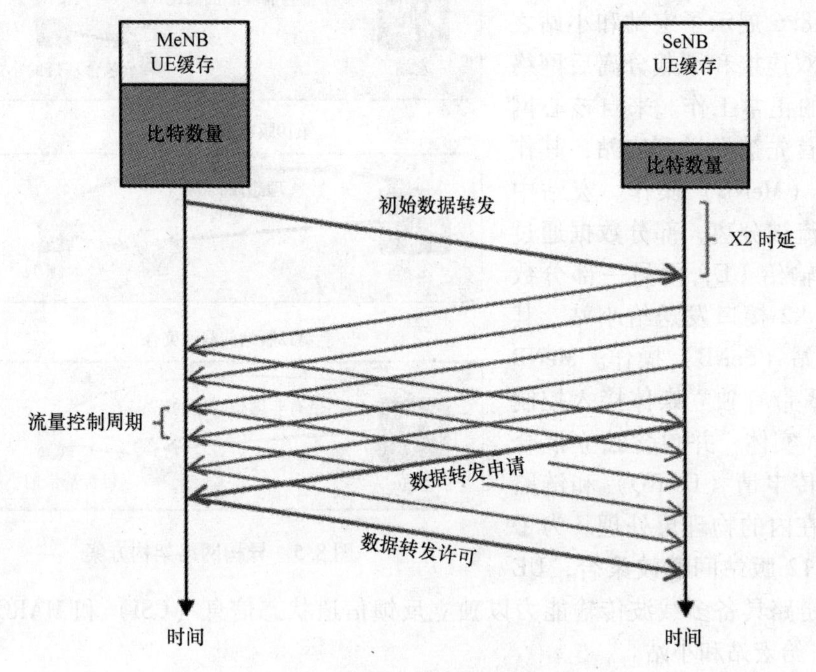

图 8.7　流量控制机制的示意图

带有承载分离的双连接性能通过与本章参考文献［5］中定义的 3GPP 第 12 版场景 2a 一致的系统级仿真进行了评估。小站随机部署在简化的簇内，50m 半径的圆区中包含 4 个小区。宏站和小站发射功率分别为 46dBm 和 30dBm，宏站和小站分别部署在 2GHz 和 3.5GHz，并假定载波带宽为 10MHz。假定对于每个连接采用带有预编码和秩自适应功能的闭环 2×2 单用户 MIMO，UE 接收机类型为干扰抑制合并（IRC）。采用一个动态生死业务模型来产生用户呼叫，呼叫达到遵从有限载荷的泊松过程。热点 UE 分布假定，2/3 的 UE 位于小站热点区域内，而其他 UE 则均匀分布在宏站覆盖区域内。对于非理想回传的情况，假定 X2 时延为 5ms。宏站与小站之间的流量控制每 5ms 周期地执行。宏站和小站中的调度器对配置了双连接能力的 UE 每 50ms 周期性交换之前平均被调度吞吐量的信息。

如图 8.8 和图 8.9 所示，带有双连接的 5% 和均值用户吞吐量性能明显高于不带载波聚合或双连接的情况。同时，带有 5ms 非理想回传场景下 5% 和均值用户吞吐量相对接近于假定理想的基于光纤回传连接的性能。为了更好地量化站间载波聚合增益，针对目标用户吞吐量 5% 点性能为 4Mbit/s 的条件进行了系统性能对比。此需求下，最大可容忍的系统负荷从 30Mbit/s（不带载波聚合/双连接）提升到了带有双连接或载波聚合的 45Mbit/s，对应的容量增益约为 50%。采用流量控制，

X2 类非理想回传下，带有承载分离功能的双连接可比理想基于光纤回传连接高大约80%的增益。

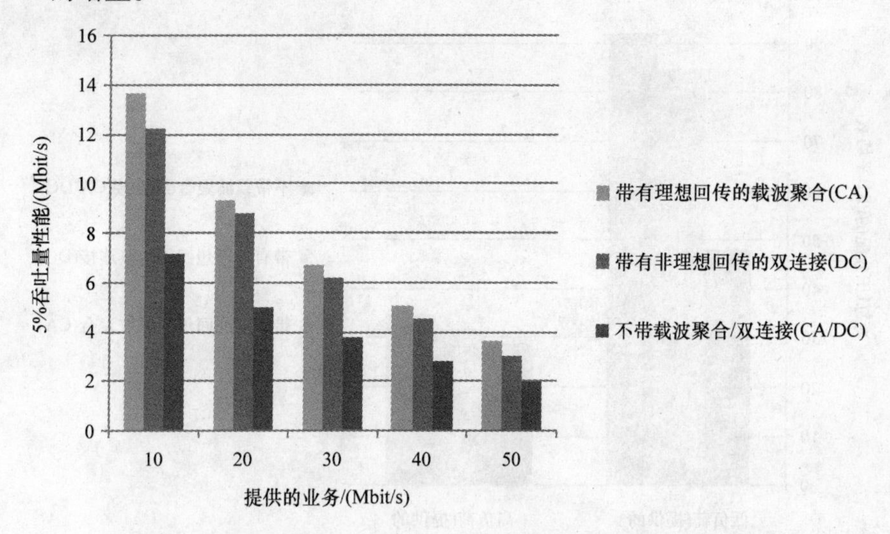

图8.8　不同回传配置下带与不带双连接的用户吞吐量5%点性能

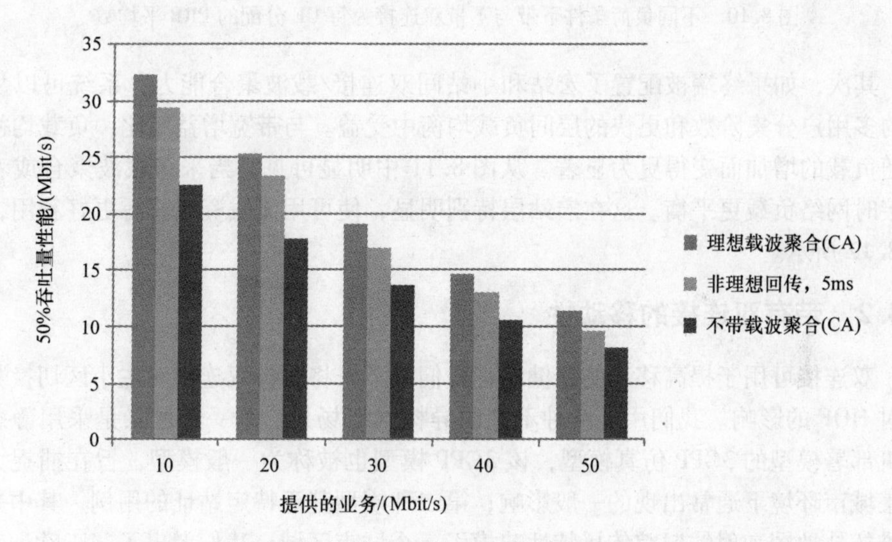

图8.9　不同回传配置下带与不带双连接的用户吞吐量50%点性能

采用站间载波聚合与双连接的增益机制是来自于多个方面的。首先，配置了载波聚合/双连接的终端可以从利用宏站和小站资源得到的更高传输带宽中受益。这在图8.10所示的低负荷条件下更为明显。在此案例中，为每个采用站间载波聚合的UE所分配的物理资源块（PRB）数量比既不采用载波聚合也不采用双连接的情况几乎多了一倍。这是由于在低负荷条件下单用户接入宏站和小站所有资源的概率更高。由于系统内平均用户数开始增加，因此更高负载时来自更大分配带宽的增益变得微乎其微。

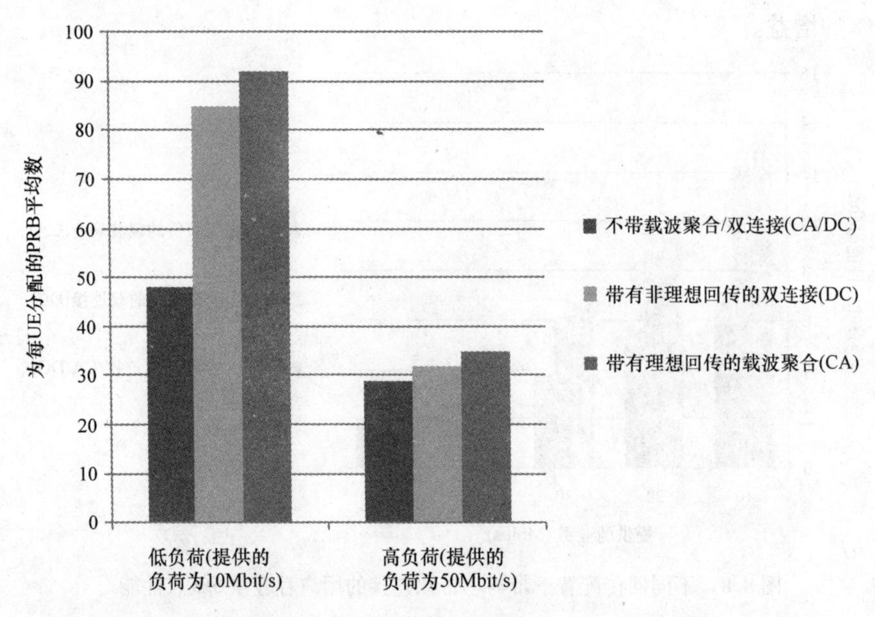

图 8.10　不同负荷条件下带与不带双连接为每 UE 分配的 PRB 平均数

其次，如果终端被配置了宏站和小站间双连接/载波聚合能力，系统可以从增加的多用户分集阶数和更快的层间负载均衡中受益。与带宽增益相比，负载均衡增益随负载的增加而变得更为显著。从图 8.11 中明显可见，当采用载波聚合或者双连接时网络负载更平衡。这在宏站层特别明显，使可用无线资源获得更好利用，如图 8.12 所示。

8.3.2　带有双连接的移动性

双连接可用于提高移动的稳健性，我们接下来将分析双连接对主小区切换数以及对 HOF 的影响。我们用了两种不同的异构网络场景：第一种场景是采用静态且随机部署模型的 3GPP 仿真模型，该 3GPP 模型也被称为一般模型，旨在捕捉大量密集城市环境下通常出现的一般影响；第二种模型基于特定站址的用例，其中采用三维拓扑地图和射线跟踪传播特性建模了一个城市区域。我们考虑了基于欧洲和东京的两个密集都市城区的案例。

对于所考虑的欧洲城市区域模型，宏站采用了不同的部署高度，考虑了局部环境以获得良好的广域覆盖。在街道峡谷和开放广场总共部署了 48 个 5m 高的小站。部署的小站进一步提高了 5% 的网络退服吞吐量[6]。前者带来了一种部署：小站在特定区域成簇，而其他区域没有或只有非常少的小站。对于带有小站的区域，每个同等宏站覆盖区部署平均两个安装全向天线的小站。东京区域带有更为规则的街道和建筑物规划。建筑物平均高度为 24m、最高为 150m，街道更宽。每平方千米部

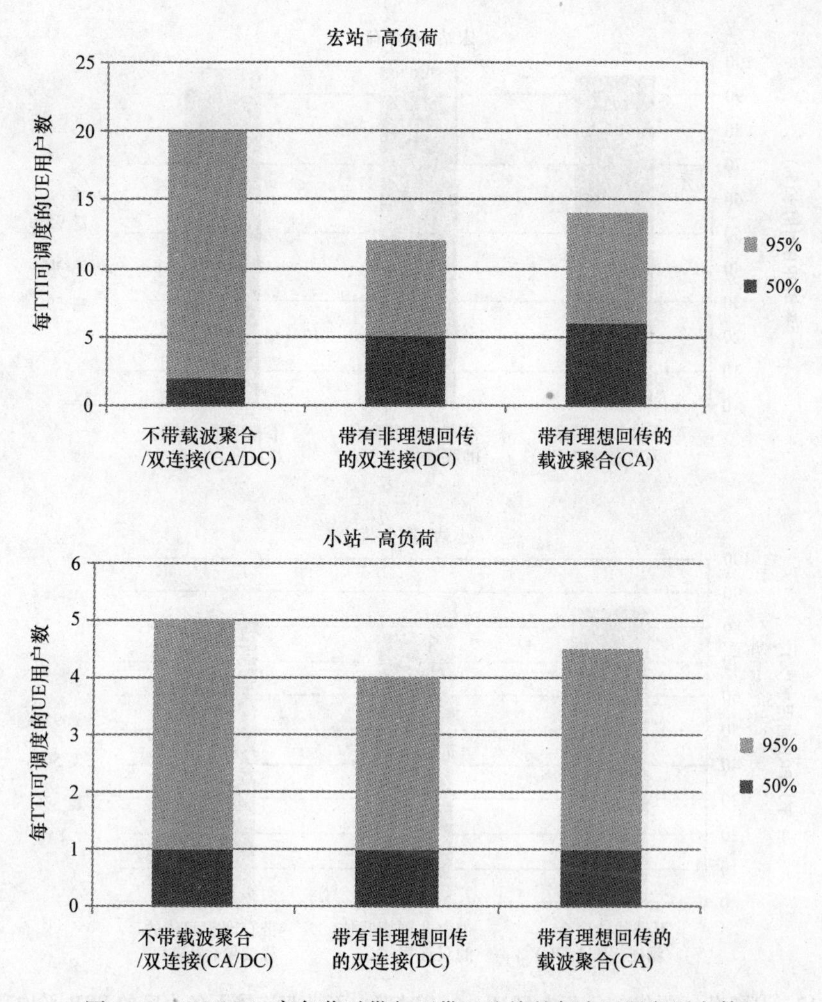

图 8.11　50Mbit/s 高负荷时带与不带双连接的每小区服务用户数

署了 20 个宏站（全部带有三扇区）。宏站天线被置于局部区域内建筑物之上 5m 高度。总共有 70 个小站被置于 5m 高度。小站被主要部署在靠近最高建筑物的地方以分担和承载更多业务，这里来自宏站的无线信号强度通常更弱且有更高业务量。特定站址场景的用户延街道移动，而在本章参考文献［7］中定义的 3GPP 模型中的 UE 自由移动。

我们关注 RRC 连接模式下的下行链路性能。移动性的管理基于 UE 测量并由 eNodeB 控制。UE 测量量为参考信号接收功率（RSRP）和参考信号接收质量（RSRQ）。本质上，RSRP 为来自一个小区的发射参考信号接收功率的测量，而 RSRQ 则等于 RSRP/RSSI 的比例，这里 RSSI 为接收到的信号强度指示，或等同于总的宽带接收功率。可配置 UE 对其服务小区和周围小区的 RSRP 及 RSRQ 执行测量。RSRP 和 RSRQ 在物理层进行测量，之后通过一阶自回归滤波器进行层 3 的额

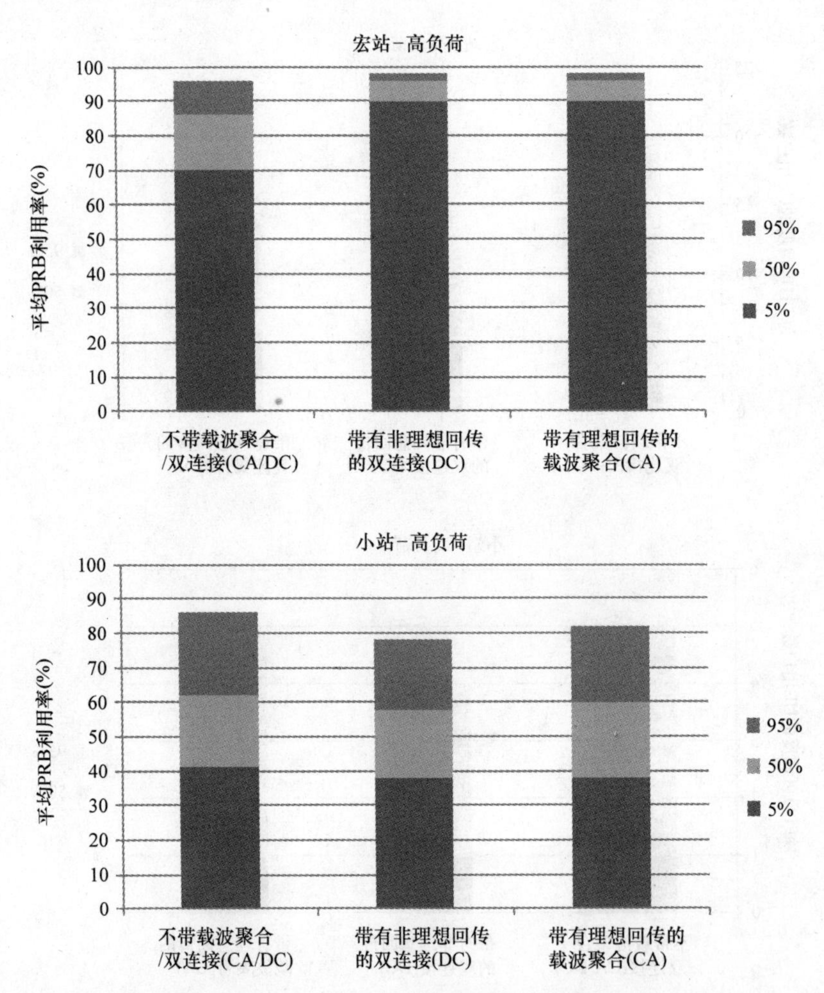

图 8.12　高负荷（提供的负荷为 50Mbit/s）时带与不带双连接下各小区的 PRB 平均利用率

外时域滤波。有关用于 PCell 和 SCell 移动性/小区管理事件假定的 RRM 测量事件的更多细节和背景知识，可参见本章参考文献［8］和［9］。

图 8.13 显示了不带双连接情况下的 HOF 比率，而图 8.14 显示了激活双连接功能后对应的性能结果。上下文中，在本章参考文献［8］中定义的切换执行时间段内 TTT 到期后如果出现 RLF 则宣布 HOF 事件。注意，UE 宣布的 RLF 只基于 PCell 连接质量的无线链路监控。正如图 8.13（不带双连接的结果）中所见，在不同速度下经历的 HOF 概率相对较低。最低的 HOF 概率是在一般性 3GPP 仿真场景下获得的，而特定站址情况的 HOF 更高。仔细检查特定站址场景的 HOF 统计结果发现，这些错误主要出现在街道交叉口，特别当 UE 转过拐角时。前者是对特定站址场景通过建筑物的显式表现以及街道峡谷中相关无线传播特性进行了更详细建模的结果，其中当一个用户穿过街道交叉口时更容易经历期望信号强度和干扰信号强

度的快速变化。此外，HOF事件被观测到主要发生在两小站间尝试同频切换或执行两层间异频切换时。基于SON的技术，例如MRO能够帮忙进一步降低HOF概率作为调节切换相关参数的结果[3]。

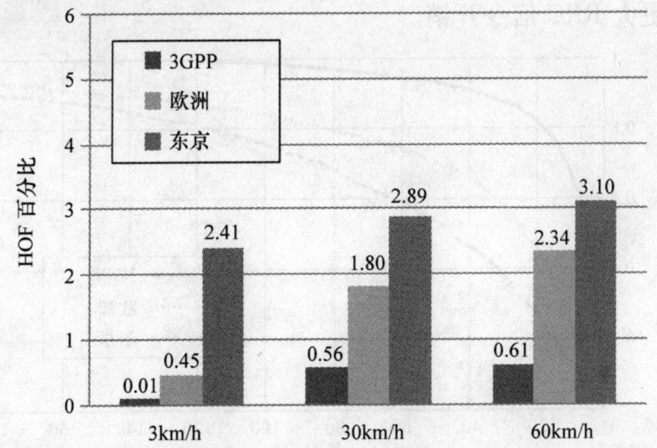

图8.13 不带双连接时不同场景下切换失败（HOF）百分比

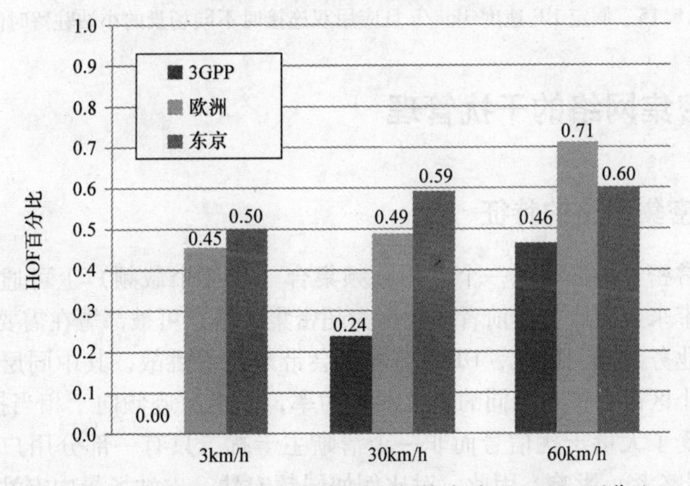

图8.14 带有双连接时不同场景下切换失败（HOF）百分比

对比图8.13和图8.14的仿真结果可以发现，双连接激活时HOF百分比明显更低，因此说明了双连接还可以提供移动稳健性方面的收益。通过双连接带来的HOF性能改善来自于总有位于宏站层的PCell，同时无论何时当小区为用户可用时还可通过配置SCell对其加以利用。保持PCell在宏站层本质上意味着HOF概率对应于只有宏站的场景，因此不受小站影响。

图8.15展示了假定应用双连接时小站驻留时间的实证累积分布函数（CDF）。这里值得注意的是，特定站址场景的小站驻留时间比一般3GPP仿真案例高几个数量级。这个结果本质上显示，在特定站址情况下小站得到更好利用。前者再一次成为特定站址场景更准确的环境及传播特性建模的结果，特别是小站信号覆盖在显式

表现的街道峡谷中分布更广。此外，本章参考文献［9］和［10］所报道，与不带双连接时相比双连接提高了宏站和小站的驻留时间，此时 UE 遭受更频繁的 PCell 切换（同频和异频）。然而，双连接操作的代价之一是必须为用户管理 PCell 和 SCell 所带来的更大 RRC 信令开销。

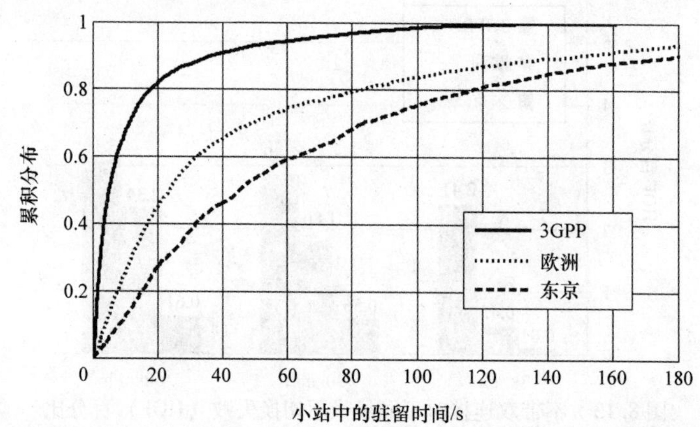

图 8.15　假定 UE 速度 3km/h 且应用双连接时不同场景的小站驻留时间

8.4　超密集网络的干扰管理

8.4.1　超密集网络的特征

小站非常密集地部署在一个专用载频集合（或一个载频）上可通过提供更多传输资源而带来显著收益。前者还被称为超密集网络，可被部署在需要额外容量的室外或室内业务热点。因此，UDN 部署也会带来许多挑战，其中同层干扰高居榜首。假定各小区部署带有相同的最大发射功率，干扰足迹倾向于相当扩散的分布，许多用户遭受了大量干扰信号而非一个清晰主干扰，只有一部分用户受主干扰源（也被称为侵略者）影响。因此，对比例如同频宏站 - 皮站场景中宏站对于皮站受害者是定义明确的侵略者（详见第 7 章），UDN 的侵略者 - 受害者关系太过于分散，从而需要不同的小区间干扰消除（ICIC）解决方案。

此外，UDN 被表征为：通常每个小区只带有一个或几个用户而特定时间可能几个小区都无服务用户。举例来讲[10]，3GPP 第 12 版对 50m 半径的局部圆形区域内带有 10 个小站的密集室外小站场景进行了研究，结果显示即使在高业务负荷情况下，每个传输时间间隔内只有大约一半的小区在调度用户。这些发现是在针对业务到达遵从均匀泊松过程且假定每用户带有限载荷的情况下得到的。进一步发现，只有大约 30% 的用户具有超过 3dB 的主干扰比（DIR），这通常是缓解主要干扰源而获得有价值增益所需的条件。此外发现，一个用户的主干扰源随时间变化，因为小站的下行发射功率会根据其是否调度用户而改变。因此，本章参考文献［11］

中的发现告诉我们，UDN中只有一部分用户可以受益于ICIC，而对于那些带有高DIR的明显为受害者角色的用户，ICIC机制需要相当的动态化。这是因为扮演侵略者角色的小区在用户呼叫过程中很可能发生变化。这些特征与通常在其他网络部署，例如只有宏站载波或者同频宏站-皮站场景所观察到的结果完全不同。

接下来，将呈现两个针对UDN案例高效的基于网络的ICIC机制。首先呈现的是主动ICIC方案，依靠小站间时域协同静音。该主动ICIC方案的基本原理是不断地优化系统性能。第二个呈现方案为应激的基于载波的ICIC机制，当检测到干扰问题时激活该功能，以确保满足用户的最小数据速率需求。这两个可选方案的性能结果分别通过密集室外和室内小站的部署场景来呈现。

8.4.2　主动时域小区间干扰协调

通过几乎空白子帧（ABS）的协同静音原理，正如用于第7章中解释的eICIC概念，原则上还可用于UDN部署。然而，只有当小站作为受害用户的主干扰源时才启动ABS。此外，那些还有可能成为侵略节点的周边小站理想化地协调对哪些子帧进行静音（即配置为ABS）。当一个小站被标识为侵略者，并作为正经历其他小站为其主干扰源的受害用户的服务小区时，多小站间协同静音的联合问题特别具有挑战性。这类协调可通过对不同小站预先定义一些“好”子帧和“坏”子帧来实现，其中坏子帧是那些可能被静音的子帧。这类预分配子帧的模板可以通过优先级设定来完成或者通过采用慢速适应的SON协调算法。此外，如eICIC的概念定义，遭受显著时变干扰波动的用户将被配置与其主干扰源ABS和常规传输配置一致的时域测量限制，以确保基于可信赖CSI反馈的良好链路自适应和调度性能。

依据本章参考文献［10］所最初呈现的定义，主动时域ICIC方案按以下描述实现。只有当一个小站被标识为一个受害用户的侵略者时才会启动静音操作，否则在所有子帧进行常规传输。如果一个用户服务小区与其主要干扰小区的接收信号差低于一定的门限（设为10dB）且DIR超过3dB，则该用户被标识为受害用户。作为受害用户主要干扰源的小区被称为侵略者小区并申请被静音。触发静音的受害用户离开系统时静音操作被恢复原状。网络可以通过上报的RRM测量（如RSRP）来标识潜在的受害用户。注意，给定区分用户为受害者的标准，其信干噪比（SINR）将可以通过对其侵略者静音而提升至少3dB。该算法的基本原则图示如图8.16所示。图中1号小站检测到1号UE满足受害用户的标准，因此1号小站可采取申请受害用户的主干扰源（此例中为3号小站）增加其静音，之后3号小站对其绝大部分预配置“坏”子帧进行静音。此外，1号UE被配置为与3号小站“坏”和“好”的预配置子帧相一致的时域限制CSI测量。类似地，当1号UE结束会话时1号小站通过回传通知3号小站可以改变之前的静音子帧以确保1号UE能够恢复成常规的传输。假定图8.16中的3号和4号UE没有被检测为受害用户，在它们的相邻小区不会触发静音。

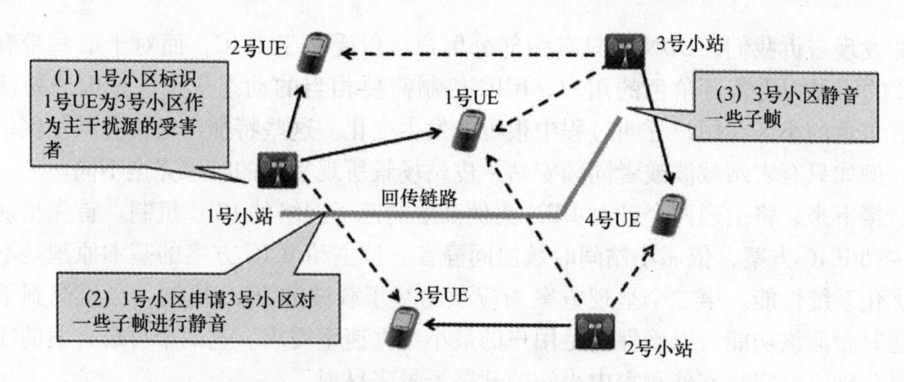

图 8.16　主动时域 ICIC 机制的基本原理示意图

图 8.17 显示了采用所建议的主动时域 ICIC 机制所获得的性能增益，报道了每 12 个小站构成的密集簇内所提供平均负载下 5% 点和 50% 点的增益，这些结果是针对第 12 版用于 3.5GHz 密集室外小站簇的小站仿真假设所获得的，采用 10MHz 的带宽、没有宏站干扰（即假定宏站操作在其他频点）。业务模型是根据均匀泊松过程的动态到达且每个呼叫带有有限载荷。与期望一致，所提供的负荷较低时来自所考虑 ICIC 机制的收益是适中的，因为小区间干扰不显著。这也使得对于所提供负荷为 50Mbit/s 时 ICIC 机制的静音（ABS 使用）概率低于 5%。当所提供负荷增长到 100Mbit/s 时（即接近该簇的容量极限），来自 ICIC 机制的增益变得更吸引人，因为此时有更多的小区间干扰需要克服。所提供负荷为 100Mbit/s 时平均静音概率提高到 7%，有些小区对其最高 45% 的子帧进行静音。静音最多的小区是那些被多个受害用户标识为侵略者的小区，因此也倾向于位于小区簇中心的小区。

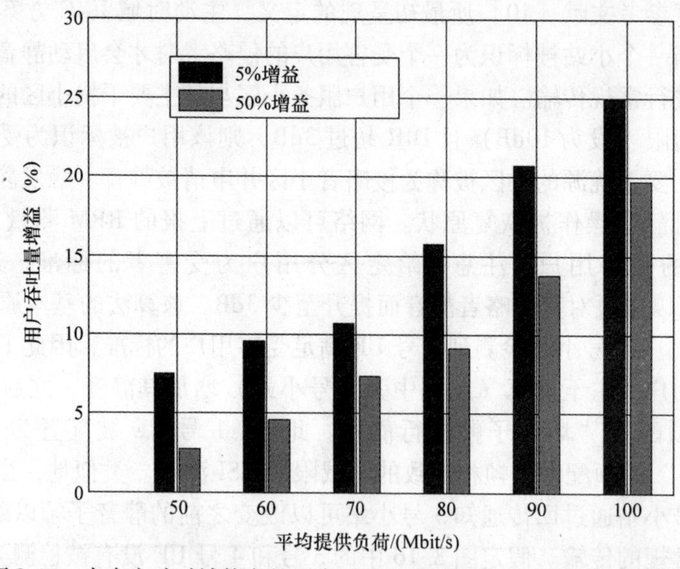

图 8.17　来自主动时域静音的用户吞吐量增益对每小区簇所提供的负荷

8.4.3　应激的基于载波的小区间干扰协调

任何应激 ICIC 机制的基本原理是如果检测到问题才会采取干扰协调行动，否则使系统操作在其当前配置下。为了对该原理进行说明，让我们考虑一个系统设计目标为用户被服务在至少某一特定数据速率之上，表示为保障数据速率（GBR）。上下文中，无论何时发现用户数据速率降到其最小目标值以下，便触发干扰协调操作。假定每个小站都可以在多个组分载波（CC）上进行传输，ICIC 可通过以协调的方式切换小站 CC 的开/关来实现在频域上的控制——也称为基于载波的 ICIC。基于载波的 ICIC 特别适用于 3.5GHz 的小站，因为这里有更多频谱可用。这里默认所有小站利用所有可用 CC（即复用因子为 1 的策略）。小站监测为每个用户所提供的吞吐量，只有当发现吞吐量掉到承诺的 GBR 以下时才触发 ICIC 算法。图 8.18 的示例表现了 1 号小站服务的 1 号 UE 被侦查为受害者的情况，此时网络不能为其提供所承诺的 GBR。此案例中，每个小站可以用最多 4 个 CC，所用 CC 通过灰色背景色进行标示。

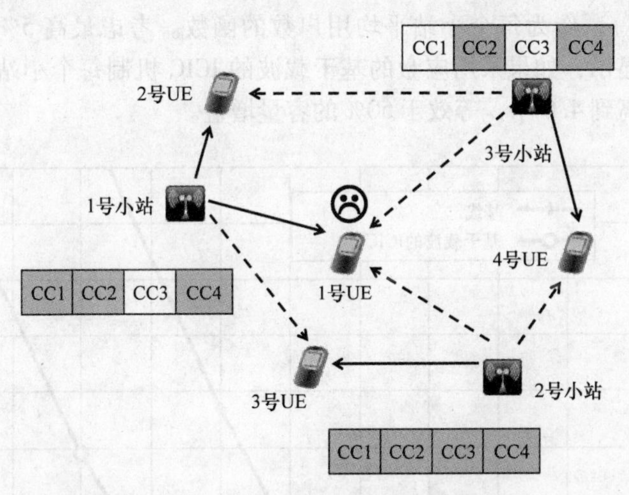

图 8.18　基于载波的 ICIC 基本原理，实线为服务小区链路，虚线为干扰链路

由于只有 1 号小站正采用三个可用载波，它可以选择激活 CC3 来增加可用带宽。它还可以决定申请部分干扰小站对特定 CC 进行静音以降低所产生的干扰。对于每个可以将受害用户（1 号 UE）的性能提升到 GBR 之上的假设，评估其对应的价值（收益减去成本），之后执行能带来最高价值的操作。对应于为 1 号小站提供更多可用 CC 的假设将为该小区提供收益，但同时经历该激活 CC 干扰的周边小区也将付出潜在的代价。类似地，如果 2 号小站中一个 CC 被切换关闭，将导致 3 号 UE 的性能下降（代价），而 1 号 UE 和 4 号 UE 经历更低干扰（收益）。结合复杂度方面的考虑，并非所有可行方案都会被评估，而只是那些对作为标识受害用户主要干扰源的邻小区起作用的方案。只有那些将带来正面影响并且不会引起其他用户

掉到其 GBR 以下的假设才会被考虑为有效方案，更多细节可参见本章参考文献［11］。

当之前触发主动 ICIC 算法的 UE 离开系统时，首先采取的行动是提高被恢复用户的性能，当且仅当这一改变带来正面价值才会触发。收益和成本的计算需要在小站之间通过回传共享一些信息。然而，成本 - 收益的信息交互只发生在检测到受害用户且并不认为几十毫秒的信令时延太过严重时，因为该机制的目的并不在于快速切换 CC 的开与关。

应激的基于载波的小区间干扰协调性能通过密集小站室内环境进行了评估。所考虑场景为本章参考文献［12］中定义的第 12 版小站场景 3，其中小站部署在所谓的双条架构建筑内、单元大小为 10m × 10m、两平行建筑体中各包含每层 2 × 5 = 10 个单元、一个小站被随机部署在各单元内。假定小站运行在 3.5GHz、各带有 4 个 CC 形成 20MHz 总带宽。UE 支持载波聚合，因此单 UE 可同时调度在同一小站的多个 CC 上。假定每个用户带有有限载荷的动态业务模型，其中最小数据速率的目标值为 3Mbit/s（GBR）。图 8.19 显示了服务比特速率低于 GBR 的用户百分比（代表退服概率），作为每个小站平均用户数的函数。考虑最高 5% 的退服概率，所呈现的结果显示：如果采用应激的基于载波的 ICIC 机制每个小站的平均用户数可以从 2.7 提高到 4.0 个，等效于 50% 的容量增益。

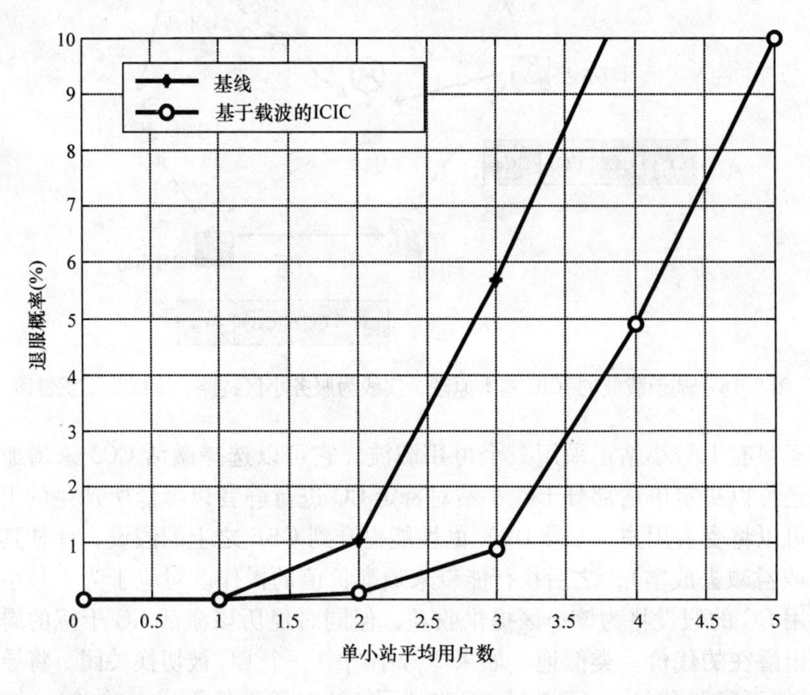

图 8.19　退服概率为单小站平均用户数的函数，退服事件定义为用户服务速率低于 3Mbit/s GBR

8.5　采用小站开关的节能

当大量小站增加到现存宏站层时，网络功率消耗就变成了需要考虑的问题。即使单个小站的功率效率有所提高，也无法弥补小站的高密度。因此，显然需要系统级解决方案来实现功率消耗最小化。由于小站只覆盖有限区域，忙时之外的特定时间确实可能存在一些小站内没有用户的现象。甚至在没有用户时，仍然需要传输参考信号和其他公共信道。一个解决方案是在这些小区不需要的时候将其关闭。维持网络覆盖区域并且在需要时能够切换为开启状态也是非常重要的。图 8.20 给出了一个实例，其中宏站提供全覆盖，并且小站可以在没有用户或者少量连接用户时切换到关闭状态。关闭小站可以带来小区间干扰最小化方面的额外收益。

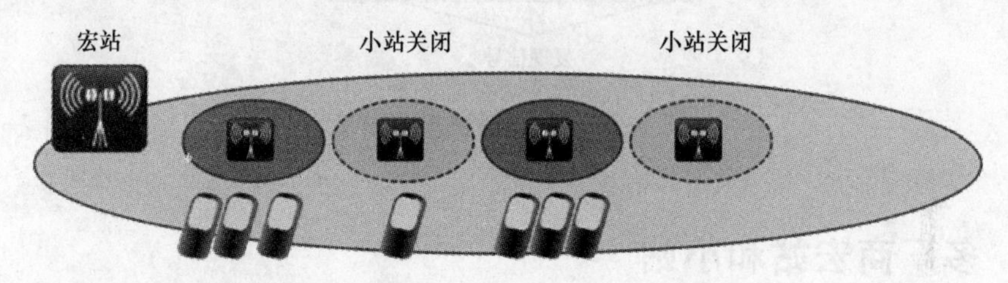

图 8.20　当负载低时切换关闭小站

当低负荷时将小站关闭是非常简单的，需要更多智慧的是确定何时再将小站开启。当宏站负荷增加时将需要再次开启部分小站。可以考虑大量不同的方案。

- 3GPP 第 12 版中的发现信号：休眠状态的小站可以采用时域和频域上非常低密度的资源分配来发送新的发现信号。网络通知 UE 有关发现信号和定时方面的信息，使得 UE 可以同时检测到多个小站的发现信号。
- 预配置：宏站包含一个哪些小站将优先开启的预定义列表，该信息基于之前的统计知识。
- 小站上行链路测量：即使小站不发送任何数据它也可以测量上行链路的干扰等级。如果存在高的上行干扰，则意味着有些 UE 非常靠近这些小站。
- UE 测量：激活小站的参考信号传输，并申请 UE 测量以发现哪些能够接收到小站信号的 UE。
- 位置测量：相对于小站位置的 UE 定位信息可用于哪些小站将为 UE 提供最佳服务。

发现信号的解决方案能够使 UE 发现那些处于休眠状态的小站，其概念在图 8.21 中进行了说明。宏站能够为小站提供辅助信息来指示 UE 可能获得小站发现信息的测量时间窗口。该方案的好处在于，UE 不需要在所有时间都搜索小站而只在那些预定义的时间窗口进行。小站测量活跃度可以保持在较低状态从而使得功率消耗最小化。发现信号的传输活跃度可以非常低，例如 100ms 或者更长周期。

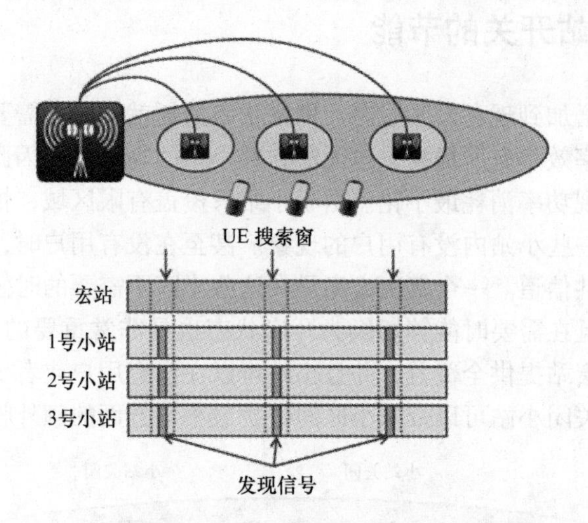

图 8.21　第 12 版的发现信号

8.6　多厂商宏站和小站

十年前，移动网络通常在其 2G 和 3G 网络中包含不同的无线设备厂商。另一个典型多厂商案例为家庭飞站，可能采用与宏站网络不同的设备厂商。但是，情况正在发生变化，多种原因导致未来多厂家网络将变得越来越困难，如图 8.22 所示。

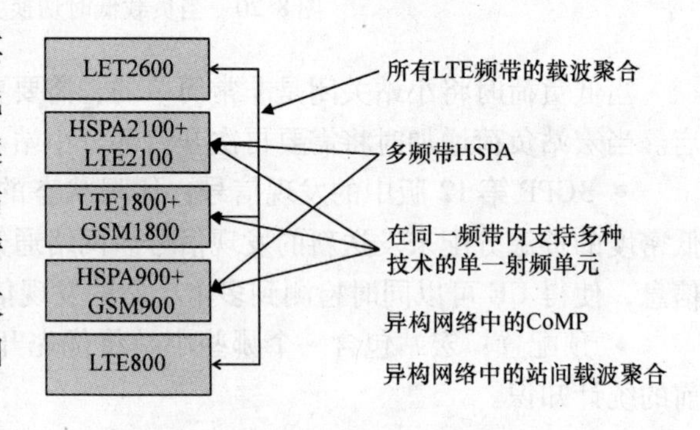

图 8.22　无线接入技术和小区层之间的互联

- LTE 载波聚合将所有 LTE 频带整合在一起，第 10 版的载波聚合实际上只工作在单一厂商情况下。
- 多接入技术的射频实现允许单一射频单元支持同一频带内的多种无线接入技术如 HSPA900 和 GSM900 可共享射频单元、LTE1800 和 GSM1800 可共享射频单元、LTE2100 和 HSPA2100 可共享射频单元。
- 双频带射频单元还可整合如 800MHz 和 900MHz 的频带。
- 通过 CoMP 和站间载波聚合实现宏站与小站间更为紧密的互操作。CoMP 只工作在同一设备厂商的情况下而站间载波聚合可通过开放 X2 接口在系统厂商之间实现。

优化复杂实现和改善系统性能的目标导致频率、技术和小区层之间更为紧密的互操作。此类更为紧密的互操作使得多厂商情况变得更具挑战性，即使标准化的开放接口理论上使多厂商实现成为可能也无济于事。无线接入网与核心网之间的 S1 接口是开放的，通常可以采用不同的无线和核心网厂商的产品。宏站之间的 X2 接口也是开放的，允许在不同地理区域使用不同的系统设备厂商的产品。宏站与小站层间的 X2 接口也被标准化，使得来自不同厂家的不同层间操作成为可能。挑战依然存在，eNodeB 算法没有标准化，并且可能需要在不同层间进行协调。图 8.23 展示了主要接口。

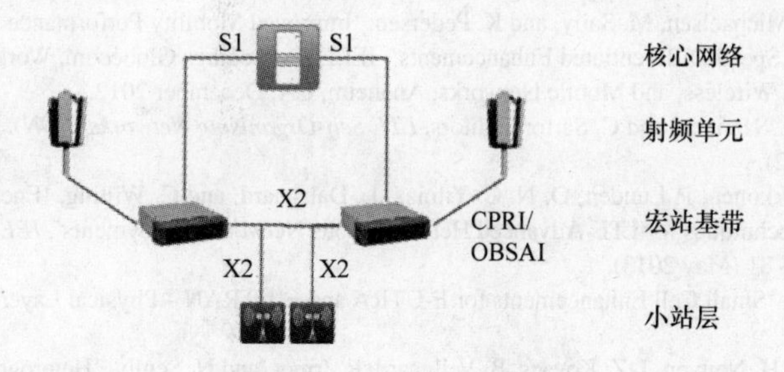

图 8.23　异构部署中的接口

基带和射频之间的接口可以是开放基站架构倡议（OBSAI）或者是通用公共无线接口（CPRI），但这些接口通常是不开放的，只工作在同一厂商的产品内部。

飞站通常采用与宏站不同的厂商的产品。飞站的多厂商情况相对简单，这是因为室内部署下更易于控制干扰，飞站发射功率较低，并且飞站网关可以将大量的小站隐藏于宏站层。

异构网络的有效操作需要自动化控制 OPEX 并获得优化的网络性能，自动化通过基于 SON 的机制实现。尽管 SON 针对 LTE 进行了广泛标准化，但 SON 逻辑（算法）通常为厂商特定的实现。SON 并非单一功能而是几个用例的组合。对于那些逻辑完全位于 eNodeB 的用例，需要开放 X2 接口以确保多厂商组网能力。对于那些逻辑被集中化的用例，位于网络管理层的多厂商工具通过 SON 来管理其他厂商的系统。网管接口并没有被标准化，还需要一些集成和适配的工作。

8.7　总结

本章说明了站间载波聚合和双连接都有益于提升异构网络中的用户数据速率以及改善移动可靠性。结果显示在中低负载情况下站间载波聚合可以提供超过 50% 的小区边界性能以及 30% 的均值吞吐量。观测到，双连接可显著降低切换失败率，移动性改善来自于总是带有位于宏站层的主小区，同时还可通过将小站配置为辅小区对其加以利用。

本章还显示了先进的小区间干扰消除方案可以提升超密小站网的吞吐量。主动时域方案提供最高 20% ~ 25% 的增益，应激基于载波的方案甚至可提供更高的增益。

本章最后讨论了异构场景下的基站节能方案以及多厂商部署方面的内容。

参考文献

[1] S. Barbera, P. H. Michaelsen, M. Saily, and K. Pedersen, 'Mobility Performance of LTE Co-channel Deployment of Macro and Pico Cells', IEEE Proceedings WCNC, Paris, France, 1–4 April 2012, pp. 2890–2895.

[2] S. Barbera, P. H. Michaelsen, M. Saily, and K. Pedersen, 'Improved Mobility Performance in LTE Co-channel HetNets Through Speed Differentiated Enhancements', IEEE Proceedings Globecom, Workshop on Heterogeneous, Multi-hop, Wireless, and Mobile Networks, Anaheim, CA, December 2012.

[3] S. Hämäläinen, H. Sanneck, and C. Sartori, editors. *LTE Self-Organising Networks (SON)*, 1st ed., John Wiley & Sons, Ltd (2012).

[4] A. Prasad, O. Tirkkonen, P. Lunden, O. N. C. Yilmaz, L. Dalsgaard, and C. Wijting, 'Energy Efficient Small Cell Discovery Techniques for LTE-Advanced Heterogeneous Network Deployments', *IEEE Communications Magazine*, 51, 72–81 (May 2013).

[5] 3GPP TR 36.872, 'Small Cell Enhancements for E-UTRA and E-UTRAN – Physical Layer Aspects', v.12.1.0, 2013.

[6] C. Coletti, L. Hu, H. Nguyen, I. Z. Kovacs, B. Vejlgaard, R. Irmer, and N. Scully, 'Heterogeneous Deployment to Meet Traffic Demand in a Realistic LTE Urban Scenario', IEEE Proceedings on Vehicular Technology Conference (VTC Fall), September 2012.

[7] 3GPP TR 36.839, 'Evolved Universal Terrestrial Radio Access (E-UTRA); Mobility Enhancements in Heterogeneous Networks', v.11.1, 2013.

[8] K. I. Pedersen, S. Barbera, P.-H. Michaelsen, and C. Rosa, 'Mobility Enhancements for LTE-Advanced Multilayer Networks with Inter-site Carrier Aggregation', *IEEE Communications Magazine*, 51, 64–71 (May 2013).

[9] S. Barbera, K. I. Pedersen, P.-H. Michaelsen, and C. Rosa, 'Mobility Analysis for Inter-site Carrier Aggregation in LTE Heterogeneous Networks', IEEE Proceedings on VTC, September 2013.

[10] V. Fernandez-Lopez, B. Soret, and K. I. Pedersen, 'Effects of Interference Mitigation and Scheduling on Dense Small Cell Networks', IEEE Proceedings on Vehicular Technology Conference (VTC-2014 Fall), September 2014.

[11] B. Soret, K. I. Pedersen, N. Jørgensen, and V. Fernandez-Lopez, 'Interference Coordination for Dense Wireless Networks', *IEEE Communications Magazine*, 53, 102–109 (January 2015).

[12] 3GPP TR 36.872, 'Evolved Universal Terrestrial Radio Access (E-UTRA); Mobility Enhancements in Heterogeneous Networks', v.12.1, 2013.

第9章　小站部署经验

Brian Olsen 和 Harri Holma

9.1　导言

本章提供了实际网络中小区部署主要经验的综述，收集的结果来自于亚太地区、美国和欧洲多个网络的大量应用案例。第9.2节讨论了从运营商角度看到的小区部署动机，第9.3节分析了挑战，第9.4节汇总了一些主要经验，第9.5节呈现了安装方面的考虑，一个来自美国的小站应用案例包含在第9.6节中，最后第9.7节进行了总结。

9.2　运营商的小站部署动机

移动网络的业务量发展飞快——每年超过100%的增长速度推动着宏站网络的容量极限。由于所有频谱都已得到利用，因此不大可能简单地通过在忙区宏站中叠加更多频谱来实现。通过拍卖的形式获取频谱资源不仅耗时而且非常昂贵，并且还可能需要新的频率设备从而导致提供容量分流的额外时延。随着移动网络容量需求增加，有时需要额外的容量站来提升容量并调整覆盖网络，从而获得高业务区域内宏站的更高密度。该概念的下一步演进是在热点业务区内部署小站，并以现存的宏站网络作为基底。小站应用背后的主要动力是用非均匀的网络拓扑更接近地映射非均匀业务分布，通过将网络部署到更接近终端用户的位置来提升整体性能和无线容量。大量原因可以解释为什么运营商对采用这种方案具有浓厚的兴趣：

- 客户高业务量区域是非均匀分布的，因此通常小站是更实际且有效的解决方案，可解决特定热点拥塞区域。
- 小站的更小尺寸将有助于缓解常常阻碍快速部署的区域划分和安装的顾虑。
- 当前和期望的无线数据应用增长正超越可期望用于热点业务部署的可用无线频谱资产的管道能力。
- 提高信号强度和信号质量对于确保室内位置的可靠数据连接是特别重要的。
- 现在的无线接入技术（如LTE）已经具有非常高的频谱效率，因此需要进一步增加网络的站址密度。

为宏站选址可能非常困难、费用高，并且需要很长时间才能得到站址许可。用于完整宏站的站址租赁费用非常昂贵，推高了重建无线网络的运营成本（OPEX）。

紧凑的小站产品可以被放置在接近需要更高信号强度和更多容量的地方。小站实现成本及重建成本均可远低于宏站。简单来讲，小站动机可归纳为

- 更高容量，特别是在网络的热点区域。
- 更好的信号强度及信号质量。
- 站址成本方面更低的 OPEX。
- 新站更快速的部署。

图 9.1 展示了网络拓扑的演进步骤。起点为带有几个业务热点及室内覆盖挑战的只有宏站的网络。增加的小站提供了热点区域的更大容量以及更好的室内覆盖。

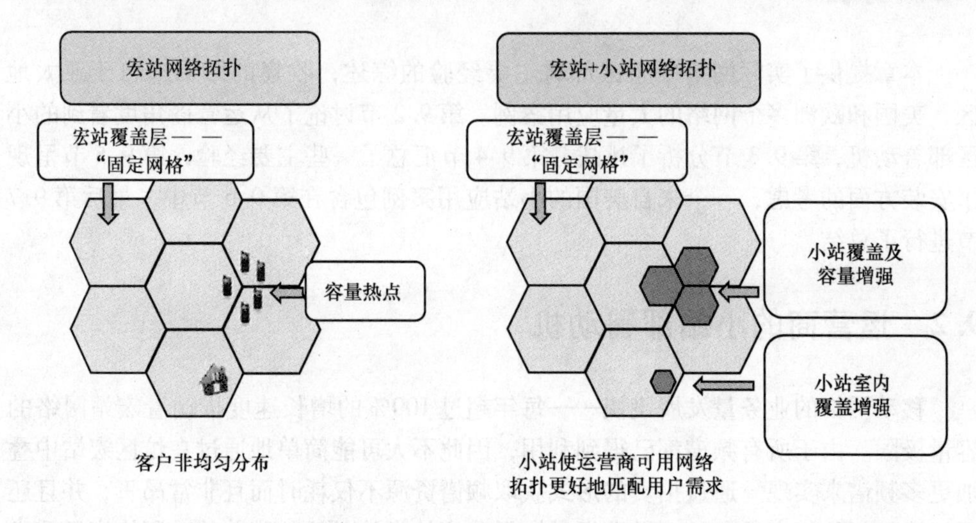

图 9.1　包含小站的网络拓扑演进

9.3　小站挑战及解决方案

从运营商的角度看，建设、优化和运维小站存在几个挑战因素。由于发射功率低，小站将带有更小的覆盖领地，因此必须准备标识出业务热点位置以便小站容量解决方案将能够达到预期的容量缓解效果。有关客户地址位置准确度的进一步开发，将需要如外科手术般地将小站精准地放于正确的位置。如果小站只覆盖 100m 的领地，则用于估计用户业务量的地理定位技术必须在此标准范围内；否则就会出现小站被置于太远离业务热点的位置，对宏站网络引起不期望的干扰从而降低系统容量。小站的位置非常重要，因此在分区规划以及适合的可选站址获取时将可能存在一些额外的挑战。

另一挑战是为小站提供适合的且性价比高的回传解决方案，可以随着无线接入网络（RAN）设备及租用费用的下降而等比例地缩小规模。

随着小站数量和密度随着时间的增长，接下来的挑战将是如何优化与现存宏站

层的协调来进一步提高系统容量。如第 7 章中所讨论，标准化中的大量功能将辅助创建无缝体验、最大化向小站网络分流并缓解系统干扰问题。第 7 章和第 8 章中所介绍的优化功能还将扮演一个重要角色，运营商能够管理可能需要的潜在数万量级的小站的集成和优化。

图 9.2 展示了小站部署的挑战及推动因素。

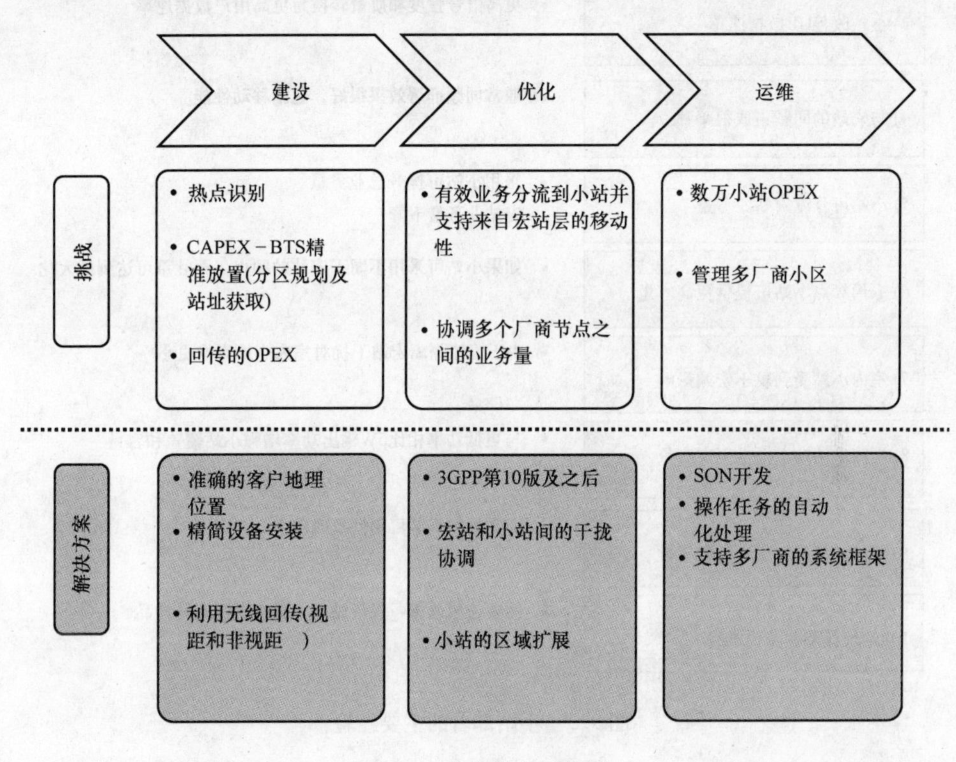

图 9.2　大规模小站部署

9.4　小站部署的经验总结

小站产品已经部署在了大量商用网络之中，使得工程师可以获得来自外场亲手实践的经验。图 9.3 汇总了来自小站测量结果的十条主要经验。

1）站址位置对于最大化小站增益至关重要。相对于用户和宏站信号强度的位置信息是非常重要的。如果小站位于非常靠近用户的位置，它可以吸收大量业务并分流到小站。如果小站位于宏站信号微弱的位置，相比将小站放置在较强宏站信号区域的情况其覆盖范围要更大。覆盖驱动的小站比容量驱动的小站倾向于带有更大的覆盖区域。小站安装要避免与宏站形成直视距，因为该情况下的小站主导区将非常小。另一解决方案是在小站侧采用更高增益天线以提高主导区域的范围。

图 9.3 小站部署的主要经验

2）测量结果显示，通常小站信号质量很好。改善小站信号强度和信噪比（SNR）会使整个网络质量和应用性能更好。

3）小站可以通过更高的信号质量以及更少的同时服务用户数来改善用户的数据速率。

4）实际上宏站和小站的同频部署可以很好地工作。即使多厂商同频部署的情况经过测试也可获得良好性能，在这些测试中 UE 并不支持增强的小区间干扰消除（eICIC）。

5）小站可以分流宏站的业务量。通常，小站和宏站共同承载的总数据量相比只有宏站的情况有所增加，同时宏站中的数据量和连接用户数下降。

6）如果运营商能够为小站采用专用频点部署则可以提供更高吞吐量，因为不存在来自宏站的同频干扰。

7）在室内小站场景下同频干扰相对更容易控制，因为墙体隔离使得来自室外宏站到达室内小站的干扰最小。

8）小站可以受益于高发射功率：更高功率导致更大覆盖区域，提供更多容量以及从宏站分流更多。

9）就小区可用性和关键性能指标（KPI）而言，产品性能非常稳健。其中一个原因是大部分软硬件组件都与宏站共享。

10）小站应用的主要挑战是站址获取、回传和功率。如果站址和回传成本超过1万欧元则无助于采用低成本小站产品的初衷。

下列图表展现了来自小站测量结果的部分案例。图9.4显示了位于2.6GHz的同频小站部署的路测结果。小站提供了可观的信号强度及SNR的提升。此案例中，中值信号强度提升为7dB、SNR提升为3dB，表明通常小站部署提升无线网络质量并转换为更高的用户数据速率。

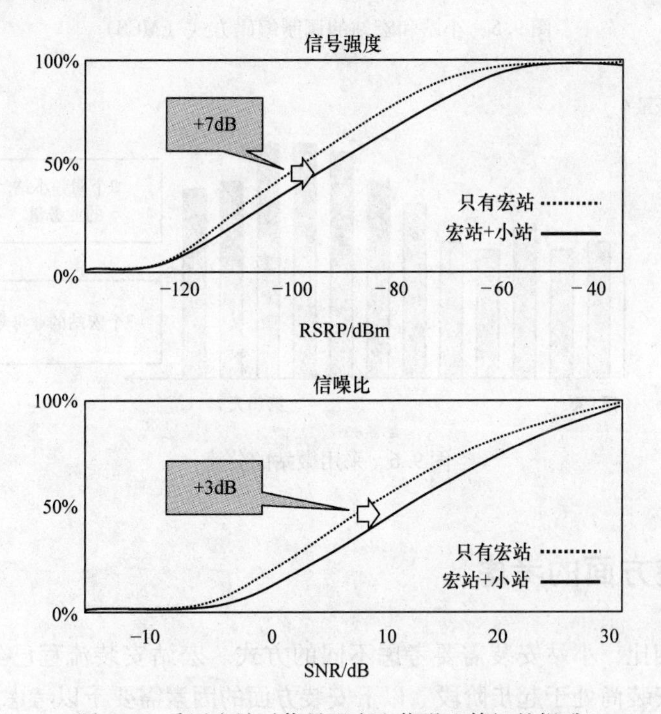

图9.4　采用小站对信号强度和信噪比等级的提升

更高的信号强度和质量导致更高的用户数据速率，数据速率可以表示为所用的调制编码方式（MCS）。图9.5给出了5个不同小站的MCS以及宏站的平均值。我们可以观察到，小站可提供非常高的MCS以及各自的高数据速率。还可以观测到小站MCS值得巨大波动取决于小站位置，表明了小站天线位置的重要性。

图9.6表示由宏站和由小站承载的数据量。总数据量增加而宏站的数据量下降，这表明有效地实现了业务分流给小站。

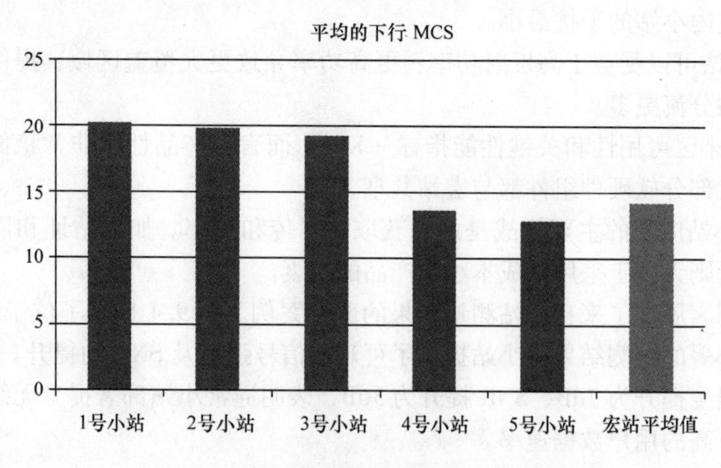

图 9.5　小站和宏站的调制编码方式（MCS）

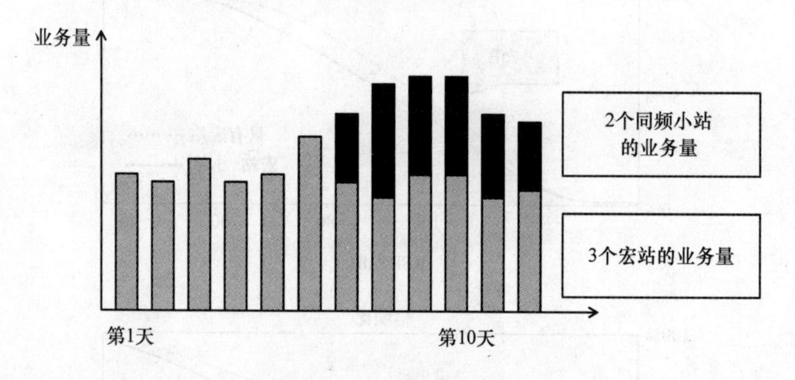

图 9.6　采用微站的分流

9.5　安装方面的考虑

与宏站相比，小站安装需要考虑不同的方式。宏站安装流程已经优化了许多年，而小站安装尚处于起步阶段。以下安装方面的因素需要予以考虑：

- 站址美学非常重要。与宏站相比，小站通常安装在更低高度和更靠近用户的位置。因此，包括分离箱数量和布线的站址外观需要予以考虑。小站物理尺寸和形状非常重要，包括街道装饰伪装（如小站颜色）等。
- 应该降低小站安装成本，需要使昂贵的土建工作最小化。简单安装和简单配置非常重要。安装所需的起重机和封路都将抬高成本。
- 需要不间断供电。如果街灯只在夜间得到供电，那么它对小站是无用的。
- 需要考虑远程接入小站单元，可能通过蓝牙技术。
- 回传设计需要考虑包括用于无线回传的额外箱体和射频需求。

- 需要与房主或者市政服务机构进行协商。
- 一般来说，墙体打洞安装比屋顶安装具有更大的频率效率，因为干扰更小。

小站安装还需要考虑安全方面的问题：

- 用户与小站的安全距离取决于发射功率及天线增益。
- 安装杆的结构稳定性。
- 抗破坏及攻击的保护。
- 需要员工培训方可在灯杆和无线设备上开展工作。

9.6　小站案例研究举例

本节展示了美国大城市现网中的小站案例研究举例。小站产品为诺基亚 Flexi Zone 微站，参见第 6 章中有关该产品的更多细节。小站采用先进无线业务（AWS）1.7/2.1GHz 频点，频谱与宏站共享，系统带宽为 10MHz，基于 GPS 同步。

9.6.1　站址解决方案和回传

小站站址解决方案如图 9.7 所示，小站被安装在 10m 高的灯杆上，小站天线被置于灯杆的顶部，天线为带有 5dB 增益的全向天线。回传连接采用位于 58GHz 的微波无线电，小站产品本身被置于微波无线电之下。该微站提供 5 + 5W 的输出功率且重 5kg。GPS 天线被集成到微站内，电源板也被置于杆上。安装总重约为 23kg。

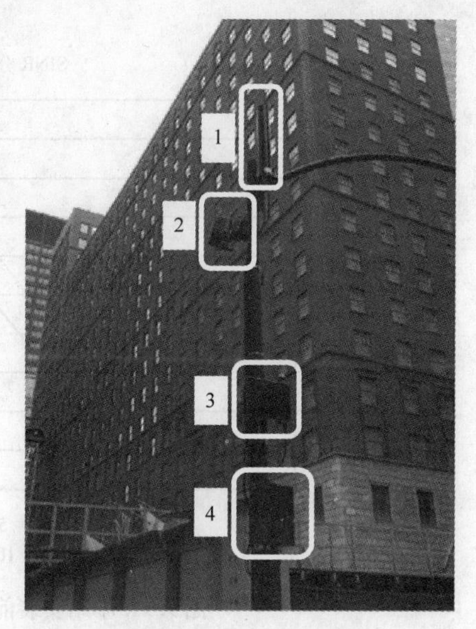

图 9.7　站址解决方案

1—微站天线　2—微波传输　3—微站　4—电源板

9.6.2　覆盖及用户数据速率

小站安装的主要目的是在很难安装新宏站的城市繁忙区域提高覆盖和质量。在市中心区域安装小站可受益于延人行道和车道提升覆盖，这些区域形成了高耸摩天大楼之间的城市峡谷很难通过宏站提供覆盖。图 9.8 和图 9.9 分别展示了在小站覆盖区域内小站安装前后通过路测获得的 RSRP 等级和 SINR。RSRP 和 SINR 中值提升了 2dB。然而，路测结果并没有显示小站覆盖惠及室内位置。另外一种表达覆盖收益的方式是研究 UE 的功率余量。UE 上报可用的发射功率只是上行链路传输的可用功率资源。功率余量报告的分布如图 9.10 所示，采用小站部署所获得的 UE 功率余量的显著提升清晰地表明了该区域获得了更好的覆盖效果。

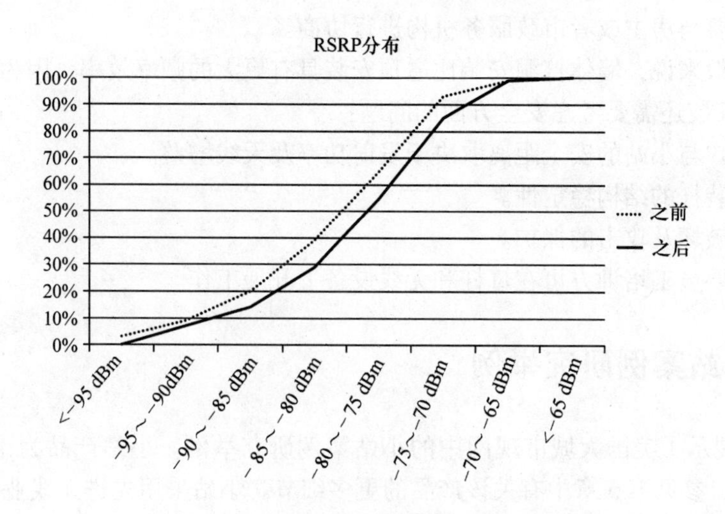

图 9.8　小站安装前后路测获得的 RSRP 等级

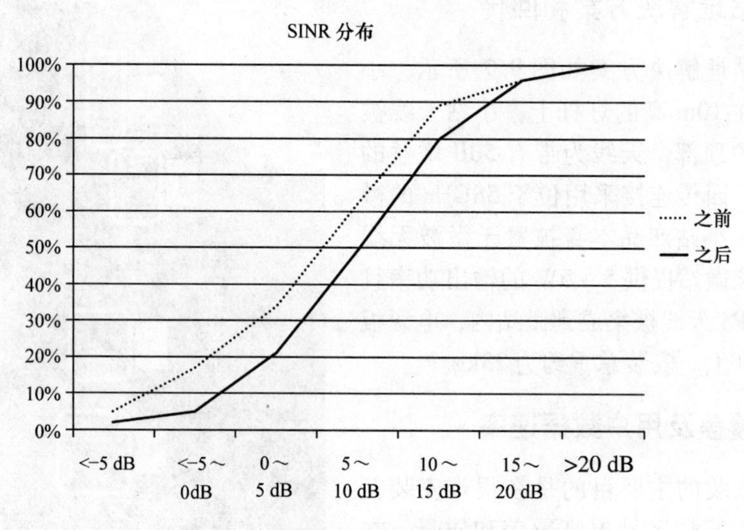

图 9.9　小站安装前后路测获得的 SINR 等级

图 9.11 显示了所选择室内位置的用户数据速率测量结果。小站安装前这些点的覆盖很弱，并且数据速率也只是几 Mbit/s 的样子。小站安装明显提升了数据速率，上行链路数据速率超过 6Mbit/s、下行链路达到更高。令人难以置信的是，通过室外小站改善了室内数据速率。研究显示，接近 80% 的移动数据应用发生在室内。小站被设计为更好地应对现代的移动数据业务，与以语音为中心的移动网络相比该业务自然更具有游牧特性。室内测量位置是那些你最期望看到移动数据应用的地方，如包含消耗大量移动数据的大厅的公众咖啡店。提升这些区域的覆盖和用户数据速率可以改善用户对于其无线连接质量与可靠性的体验。

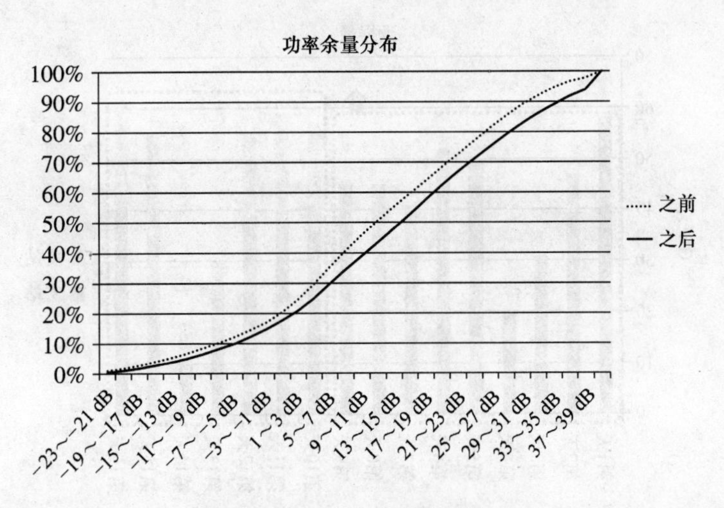

图 9.10　UE 功率余量报告的分布

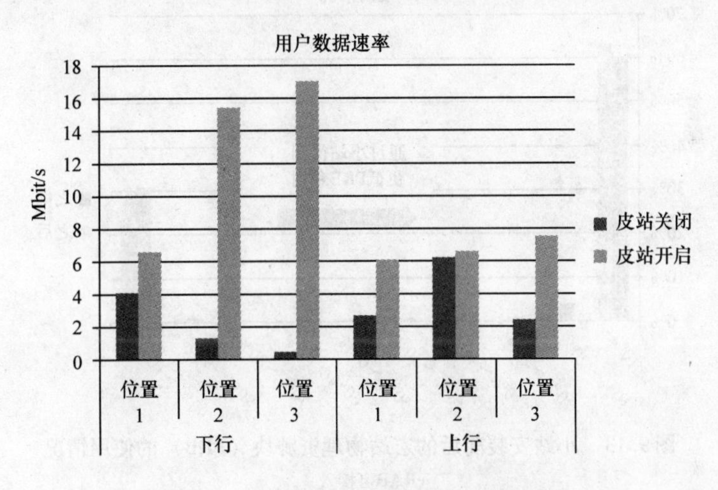

图 9.11　所选择室内位置的用户数据速率

9.6.3　宏站分流及容量

由宏站和由小站承载的总数据量如图 9.12 所示。统计结果显示，由宏站和小站一起承载的总数据量增长而仅由宏站承载的数据量下降。结果表明，小站能够改进网络质量并获得更高的数据量。结果还表明，小站可以从宏站分流业务。图 9.13 显示了小站安装前后宏站的物理资源块（PRB）的使用情况。结果显示，宏站 PRB 利用率下降而小站为宏站中的其他用户留下了更大的空间。

9.6.4　网络统计中的 KPI

以建立成功率和掉话率表征的网络质量必须在小站安装后予以维护。图 9.14

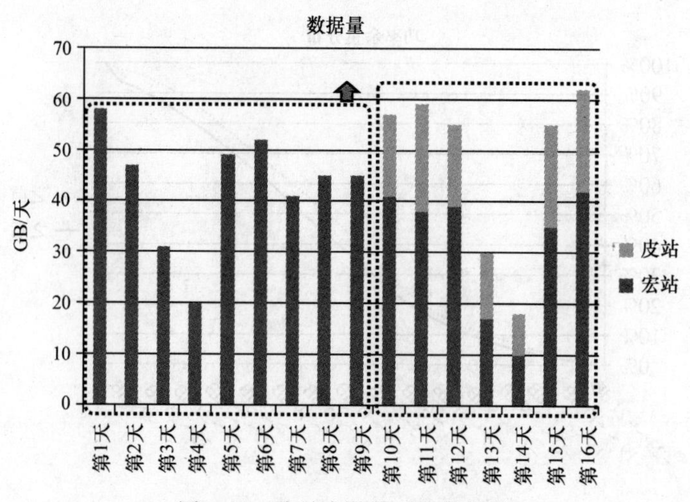

图 9.12　小站安装前后的数据量

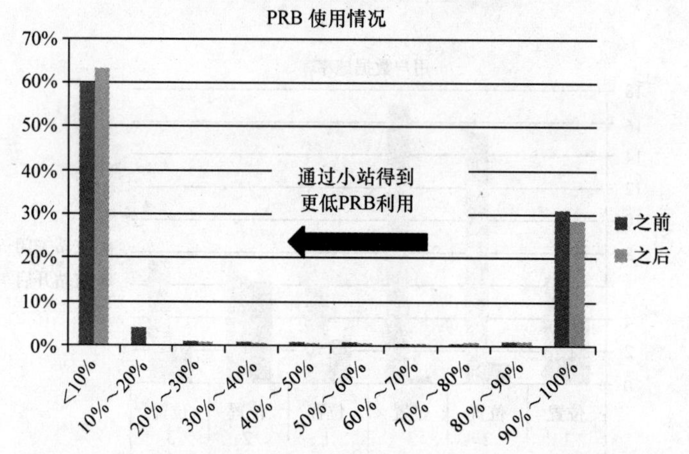

图 9.13　小站安装前后的宏站物理资源块（PRB）的使用情况

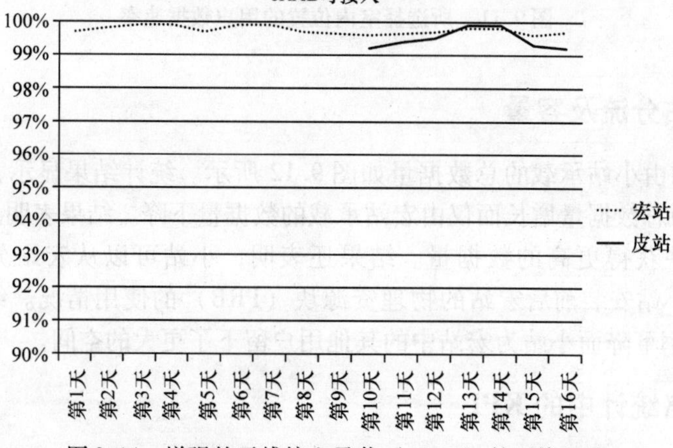

图 9.14　增强的无线接入承载（eRAB）的可接入性

显示了可接入性，图 9. 15 显示了掉话率。两个性能指标在宏站和小站覆盖下均达到了非常好的水平。可接入性明显超过 99%，而掉话率低于 0. 1%，宏站和小站达到类似的值。

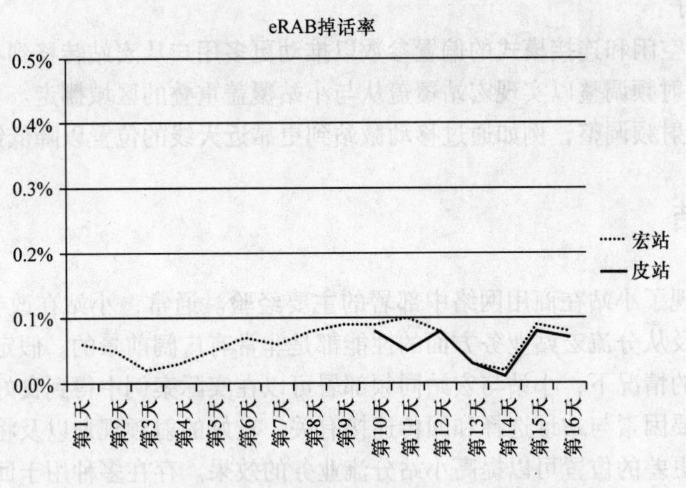

图 9. 15　增强的无线接入承载（eRAB）的掉话率

9. 6. 5　移动性能

小站只能覆盖有效的地理区域，这可能会引起高速移动性能的潜在问题。如果小站信号衰落太快，可能会导致在完成到小站的切换之前就出现无线链路失败。图 9. 16 展示了小站 eNodeB 之间的切换成功率，超过了 98%。此案例中小站提供了比宏站更高的成功率。50% 以上的小站出境切换都直接切换到同一个宏站，通常小站只带有非常少的几个宏站邻区。

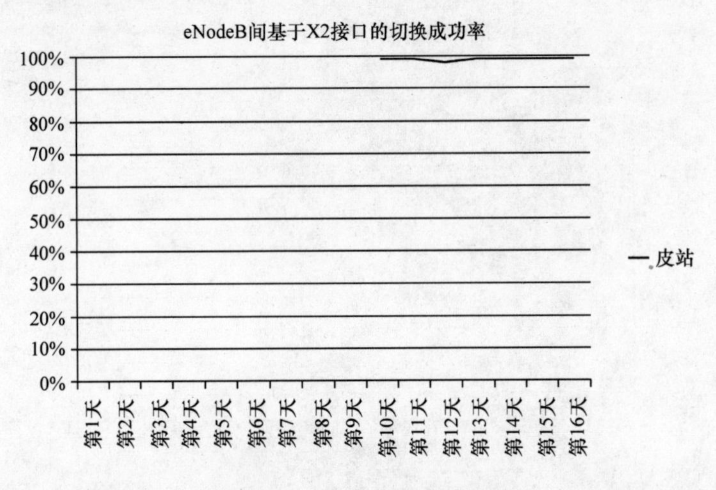

图 9. 16　eNodeB 间切换成功率

9.6.6 参数与射频优化

在此小站案例中没有考虑具体的参数和射频优化。对于此案例可以考虑几个优化想法的例子：

- 对于空闲和连接模式的偏置参数以推动更多用户从宏站转移到小站。
- 宏站射频调整以实现宏站覆盖从与小站覆盖重叠的区域挪走。
- 小站射频调整，例如通过移动微站到更靠近天线的位置以降低馈线损耗。

9.7 总结

本章呈现了小站在商用网络中部署的主要经验。通常，小站在改善网络质量、数据速率以及从分流宏站业务方面的性能都是非常有广阔前景的。假定小站天线位置选择正确的情况下，小站与宏站同频部署可以在实际案例中得到良好运行。小站安装中的重要因素与站址选择和回传连接有关。良好的射频规划以及将小站放在宏站信号覆盖更差的位置可以提高小站分流业务的效果。存在多种用于回传连接的方案，包括无线视距和非视距无线电。

第10章　LTE 非授权频谱

Antti Toskala 和 Harri Holma

10.1　导言

本章将呈现 LTE 非授权频谱操作的基本原理，正以 3GPP 第 13 版中授权辅助接入（LAA）的名义开展工作。研究阶段完成于 2015 年 6 月，实际工作项目计划于 2015 年年底完成。LAA 受益于来自非授权频谱的额外可用容量。特别是公共热点和企业类型的环境可以为授权频带操作提供额外的容量。本章首先介绍 5GHz 频带将予以考虑的关键监管需求，之后涵盖了在非授权频谱使用 LTE 的动机以及 LTE 非授权频谱的操作原则。讨论了特定非授权频带的共存问题、可实现容量的相关性能以及 5GHz 频带用于 LTE 对比用于 Wi-Fi 的 LAA 覆盖，包括同频带与 Wi-Fi 共存时的性能。在本章总结前还讨论了 3GPP 标准化计划及期望的时间表。

10.2　非授权频谱

3GPP 中主要对 5GHz 频带感兴趣，在全球都拥有大量的非授权频谱可用，远多于 2.4GHz 频带。大多数市场能够在 5GHz 频带提供大量频谱，例如在欧洲此频带有 455MHz 频谱可用，如图 10.1 所示。该分配在如日本和韩国的 5GHz 频带也是可用的。在美国此频带存在超过 600MHz 的可用频谱，5GHz 上面部分（US 5.725 ~ 5.850GHz）与其他地区存在差异，因为监管机构在那里主要只对如最大传输功率

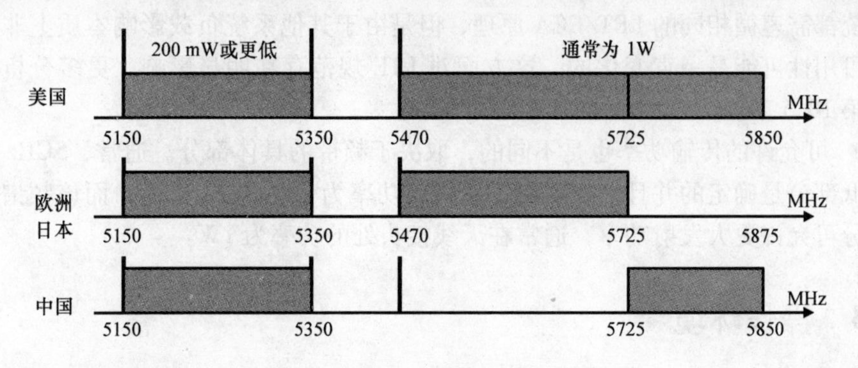

图 10.1　不同地区的非授权频率可用性

的指标做出限制。然而，就全球市场而言希望能够获得一个全球适用的非授权频带标准，这也是 3GPP 开发一套可用于诸多地域解决方案的初衷。可能存在一些并非总适用于所有地区的参数化解决方案，但希望其基本功能是相同的。

非授权频谱的应用通常带有几个监管需求，以促进该频带与其他技术共享并确保频谱使用效率。欧洲的主要监管要求可以从本章参考文献［1］中获得。下列要求在 3GPP 中被标示为必选要求以涵盖在设计之中：

• 动态频率选择（DFS）的需求以避免在 5GHz 频带的雷达操作。通常 5GHz 频带上面部分操作的系统（已知的例外是美国 5GHz 频带上面部分）需要具备检测雷达系统是否正使用该频带（或其中一部分）的能力。如果检测到雷达信号，则该频带（或其中一部分）需要在给定的限制时间内被腾空。LTE 只需应对检测需求（及现存的技术无关测试用例）并能够在检测条件满足时停止 LTE 操作，但这一原则对 LTE 规范侧的影响相当小。

• 对频带的有效利用，频带占用率最小化的要求。这是为了防止 LTE 只为非常低数据速率传输分配 180kHz 的操作。此类操作可能导致不必要地阻止其他用户使用 20MHz 信道，因为他们将检测到来自并没使用全频带的窄带传输的能量水平。欧洲的监管机构要求使用至少 80% 的标称带宽，但也允许临时使用如 4MHz 的低带宽。由于 IEEE 802.11.ac 的需要，已经有许多讨论如何在欧洲对此进行调整，因此这里可能会提供更多的灵活性。LTE 下行链路非常适合此类通信，而上行链路结构很可能需要进行一些改变来满足最小带宽占用要求。

• 自适应信道接入也成为对话前监听（LBT）或空闲信道评估（CCA）。主要原理是在信道上传输之前先判定是否有该频带的其他用户使用该信道。欧洲监管部门还定义了基于发射功率的能量门限，需满足此条件才认为该信道是“空闲的”。对于该操作，需要在超过最大信道占用时间之后停止传输并检测信道状态。这允许其他系统与其他用户（雷达除外）在该频带共存。这可能会导致一种情况发生，即之前所使用的特定信道可能由于该频带其他活跃度的增加而不再可用。当然，所有系统都需遵循相同的 LBT/CCA 原理，但是由于其他系统负载影响本质上非授权频谱可用性可能是一直变化的。这方面对 LTE 规范存在明显影响，更多分析可以参见第 10.5 节。

• 可允许的传输功率也是不同的，取决于频带的具体部分。通常，5GHz 频带的更低部分是确定的并且只允许用于室内，功率为 200mW 或更低，而该频谱的上半部分可允许更大发射功率，通常在天线接头处的功率为 1W。

10.3 操作环境

LTE 非授权频谱通常被考虑用于公共室内小区或室外热点，以及那些有授权 LTE 覆盖但可受益于额外容量的地方，如图 10.2 所示。3GPP 正在进行标准化工作的目标并非定义一套可用于例如居民区/家庭环境的孤立系统，因为这些环境已有一些现存解决方案（如飞站或 Wi-Fi）。另外一个典型应用案例是可以受益于高容量 LTE 无线接入技术应用的企业环境。可预见，Wi-Fi 的使用可在家庭环境中提供足够容量，因此此环境并非运营商应用非授权频带 LTE 的目标所在。

图 10.2　LTE 非授权频谱环境

10.4　采用 LTE 非授权频谱的动机

采用 LTE 非授权频谱的主要驱动力是全球业务量及移动宽带用户数的增长。如前所述，5GHz 频带可提供大量可用信道/带宽。采用 LTE 技术可达成以下目标：

• 比 5GHz 当前使用的技术具有更好的频谱效率。由于 LTE 接入技术基于最先进的技术，当操作在非授权频带时可同时获得高数据速率和高频谱效率。除容量外 LTE 技术的覆盖也是非常优异的，特别是结合授权频谱操作进行使用时。

• 从网络管理的角度来看，使用 LTE 非授权频谱而非其他可选无线技术，可提供与现有运营商无线网络部署一体化的解决方案，避免多套解决方案用于网管、安全或者鉴权。只采用单一技术可简化总体网络维护工作。最终，使用 LAA 对 LTE 核心网而言是完全透明的，规避了对演进的分组核心（EPC）网元进行任何升级的需求。

• 授权与非授权频谱联合操作可以在非授权频谱操作可用时为终端用户提供享受更高数据速率和更好整体性能的可能。另一方面，动态操作可通过非授权频谱不可用时以 1ms 分辨率启用授权频谱来保障业务质量，非授权频谱不可用的原因可能由于更小覆盖、来自其他系统的干扰或者避免该频带内的雷达操作。载波聚合允许在授权和非授权频谱之间进行自动化且极端动态的选择用于数据传输，因此网络总是可以为终端用户提供足够好的服务质量。

基于已完成的研究工作，LTE 技术可以满足用于非授权频带、与其他 LTE 系统及其他技术如 Wi-Fi 操作在相同频带共存方面的监管要求。

10.5　5GHz 频带共存的关键需求

为使 LTE 用于非授权频带需要一些必要改变，LBT 需求对其影响显著。这些改变不仅可简化与 Wi-Fi 的共存并且还可与相同频带上的其他 LTE 系统共存。

LBT 需求意味着当前用于授权频带操作（来自 eNodeB 的）每 1ms 连续发送的原则将不再适用。与监管要求保持一致，需要对信道进行监听。如果检测为忙则不再进行传输；如果信道被判定为空闲（被检测能量等级低于门限值）也不能一直进行连续传输而需要在最大信道占用时间之后继续监听。具体执行既可基于帧操作（检测信道是否可用的时刻是固定的），也可基于负荷操作（如果检测开始时信道非空闲）该信道可能被监控更长时间。图 10.3 中案例假设任何情况下基于负荷操作的一些元素在时域是固定的，尽管 3GPP 尚未确定这些细节设计。

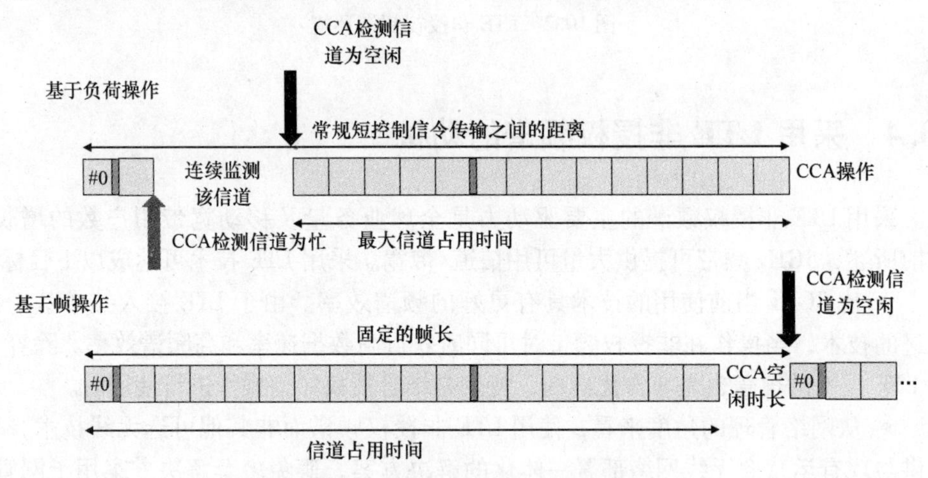

图 10.3　基于负荷和基于帧操作原理

为了简化小区搜索（或发现），监管机构允许使用所谓的“短控制信令”（SCS）。在 ETSI 规范[1]中，限制为 50ms 测量间隔内 5% 的信道占用。这允许周期性发送一些周期信号，如当前的主同步信号（PSS）和辅同步信号（SSS）。应用 5GHz 频带上的操作可以首先通过授权频带载波与网络进行同步，可以预见 5GHz 频带上所期望的移动性小于 350km/h，该需求并没有像对授权频带 LTE 同步/发现信号结构的要求那么严格。因此可能并不需要以当前 LTE 系统帧结构（正如在第 2 章和本章参考文献［2］中描述）一样的时间间隔（每 5ms）进行发送，而是采用每 10ms 或 20ms 甚至更低频率发送就已经足够。SCS 发送可以不考虑 LBT，如图 10.4 所示。注意，图 10.4 中定时只是示意，假设采用与当前基于第 8 版帧结构相同的周期。希望修改第 8 版基于 TDD 的帧结构以适应 5GHz 频带的操作。

监管机构并没规定 SCS 操作的详细使用方式，但允许考虑采用不同方法（如

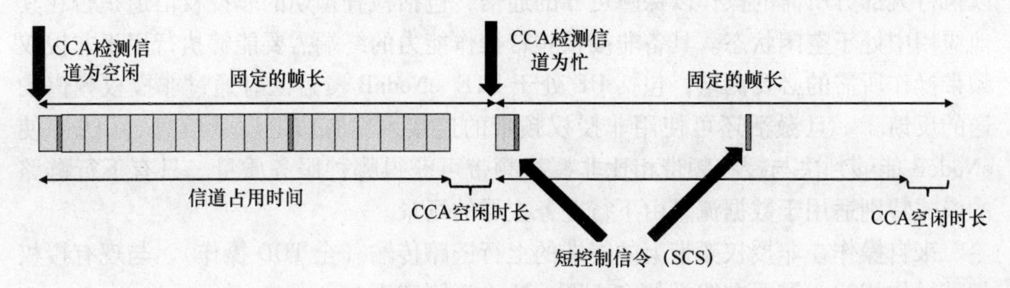

图 10.4 短控制信令原理

发现和 HARQ 反馈的方式）。LTE 设计中人们可能总指望与授权频带载波共存，因此必须预见只有此类特定用于非授权频谱操作的控制信令会使用 5GHz 频带传输。例如，5GHz 上不需要支持基于第 8 版的广播信道，因为它总是可通过授权频带上的主小区获得。公共参考信号（CRS）不能像基于第 8 版 LTE 操作那样进行连续传输，但是该操作在这方面需要更为动态。类似地，上行链路的探测参考信号（SRS）也不大可能采用当前的形式。

10.6 LTE 非授权频谱原理

非授权频带上的 LTE 操作建立在自 2013 年就已商用部署的 LTE-Advanced 载波聚合之上。LTE 非授权频谱最简单的形式是，使用非授权频带来实现只有下行链路的载波聚合，而上行链路与 3GPP 载波聚合原理保持一致，如图 10.5 所示。这与商用网络中第一阶段 LTE-Advanced 载波聚合类似，从只有下行链路的聚合开始。用于保障连接维护的主小区总是位于授权频带载波。

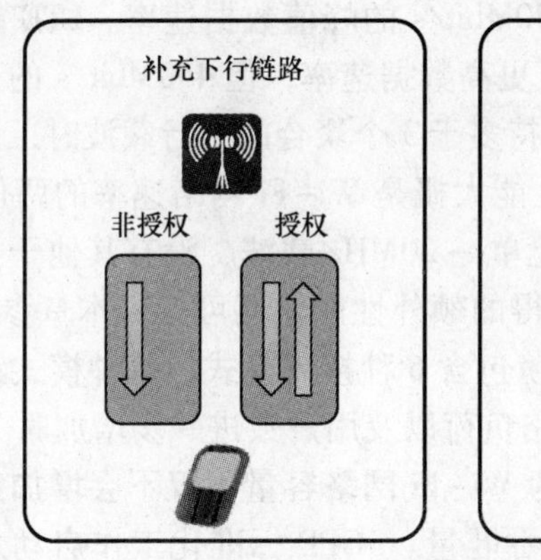

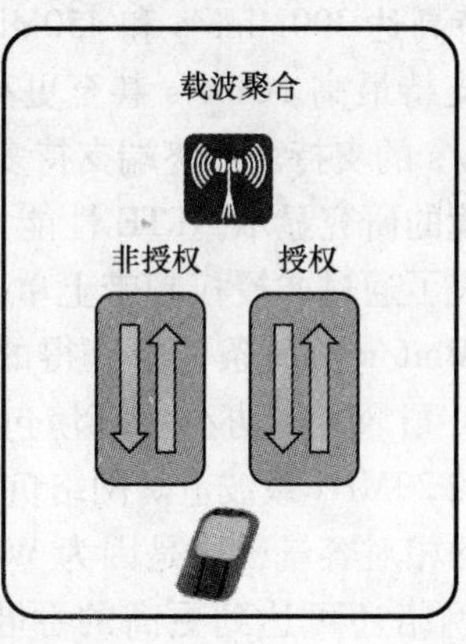

图 10.5 LTE 非授权频谱模式

当非授权频谱只有下行链路操作（也称为补充下行链路）时，LTE eNodeB 可以执行大部分所需的操作以保障可靠的通信，包括检查预期的非授权信道是否在其他应用中处于空闲状态。具备非授权频带操作能力的终端需要能够执行用于非授权频带操作所需的必要测量，包括 UE 处于 LTE eNodeB 覆盖区时通过非授权频谱发送的反馈。一旦激活还可使用非授权频带的连接，现有信道质量信息（CQI）使 eNodeB 能够判决与授权频带相比非授权频带可获得哪种服务质量。只有下行链路的模式特别适用于数据流量由下行业务主导的场景。

来自操作在非授权频带上的终端的上行链路传输（全 TDD 操作），与现有授权频带操作相比，需要在终端侧和 LTE eNodeB 侧实现更多的功能。需要一些额外功能，特别是用来满足那些非授权频带上传输类型所需的特定要求，包括在终端侧使能 LBT 功能以及雷达检测功能。在实际标准化工作中，LAA 支持分阶段实现：第 13 版首先支持只有下行链路聚合（补充下行链路），第 14 版使能包括上行链路功能在内的全 TDD 操作。

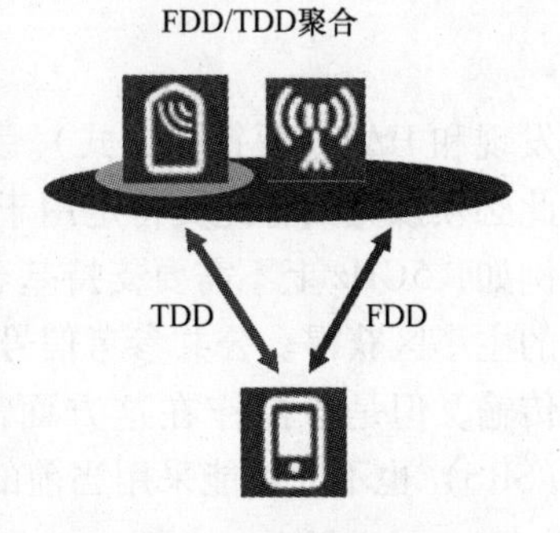

图 10.6 FDD 和 TDD 频带间的 LTE-Advanced 聚合

自第 10 版起，LTE-Advanced 载波聚合允许 FDD 频带间以及 TDD 频带间的聚合。通过第 12 版的 LTE-Advanced 规范，还可支持如图 10.6 所示的 FDD 与 TDD 频带之间的聚合，从而进一步提高频带选择的灵活性，可通过 LAA 操作与非授权频带一起使用。

10.7 非授权频带上的 LTE 性能

第一阶段 LTE 网络提供最高 150Mbit/s 的数据速率，最新芯片通过 LTE-Advanced可支持高达 300Mbit/s 和 450Mbit/s 的峰值数据速率。LTE 能力正在持续演进，后续将支持最高 1Gbit/s 甚至更高数据速率，但 450Mbit/s 的下一步是对下行链路 600Mbit/s 的支持。当终端支持多于 3 个聚合的下行载波时，该速率即可实现。办公室环境的研究显示，LTE 性能大概是 Wi-Fi 网络速率的两倍。如图 10.7 所示，只是代表了通过非授权频带上单一 20MHz 载波、没有其他干扰网络、每接入节点带有 30Mbit/s 负荷条件下获得的额外性能，还可参见本章参考文献［2］。对于 LTE 和 Wi-Fi 网络，办公室环境包含 6 种接入模式，每种模式都操作在没有其他网络干扰的 20MHz 载波上。网络负荷以及用户数进一步增加时 LTE 网络甚至可以获得更高的相对容量，这是因为 Wi-Fi 网络容量不仅不会增加甚至可能出现下降，而 LTE 网络还可达到更高的吞吐量。3GPP 标准化工作启动之前，如何将 LTE 技术应用于非授权频谱的问题还在几次相关国际会议中有所讨论，例如，本章参考文献［3］所呈现的，为实现共存提出了不同的可能性。特别是在那些监管机构没有定义特定解决方案的市场，人们自然可能考虑在更先进解决方案基础上额外采用如固定量 DTX 的方案。

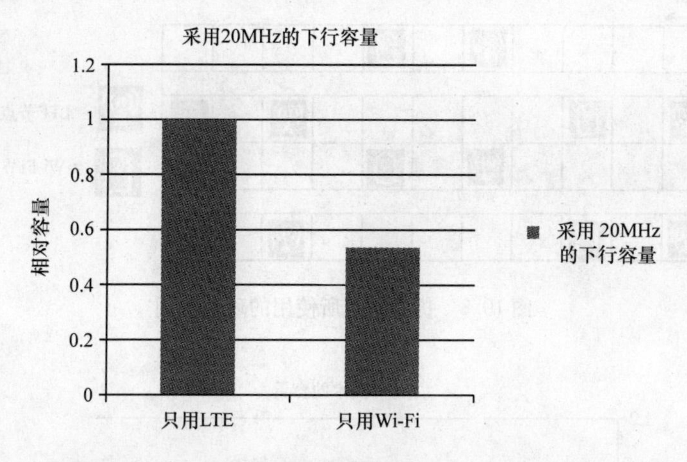

图 10.7　办公室环境下 LTE 容量与 Wi-Fi 容量的对比

如果人们考虑采用单一接入节点承载大量业务（热点），LTE 设计使系统可以在用户量非常大时仍保持稳定，而 Wi-Fi 容量则将随业务量增长开始快速下降。LTE 中用于控制负载的先进功能也可用于非授权频带，因此可在出现大量用户时还能获得高容量。

从覆盖角度看 LTE 的链路预算明显更好，在给定区域实现与 Wi-Fi 网络相同容量的条件下可比 Wi-Fi 部署更少的节点。这允许部署过程中考虑在总网络容量与用于非授权频带的 LTE 节点数量之间找到一个折中点。

10.8　共存性能

部署中需要考虑的一个重要内容是，如何与非授权频带上 Wi-Fi 及其他 LTE 系统之间实现共存。当在相同 20MHz 载波上运行 LTE 和 Wi-Fi 时，两个网络都需要使用 LBT 来确保系统可顺利共存。当额外的发射机产生额外的干扰时总会存在影响，无论那些发射机是否采用 LTE 或 Wi-Fi 或其他技术。由于采用先进的无线功能，LTE 与另一 LTE 系统采用同频部署时可获得比两个 Wi-Fi 网络情况更小的总容量损失。该性能研究考虑是只带有一层楼及两个走廊的办公室环境。在图 10.8 所提供的环境中，没有考虑来自授权频带 LTE 网络的影响及额外容量。

图 10.9 所呈现的性能为操作在 20MHz 信道上的两个不同网络。第一个案例中两个不同网络采用 LTE 技术，而第二个案例中两个不同网络采用 Wi-Fi 技术。对于更高负载的情况，LTE 的相对性能更好。

特别是对于 LTE 在非授权频带第一阶段的部署，当同频带上存在 Wi-Fi 网络时，获得良好性能也是非常重要的。图 10.10 中展示的下行链路性能是两个不相关

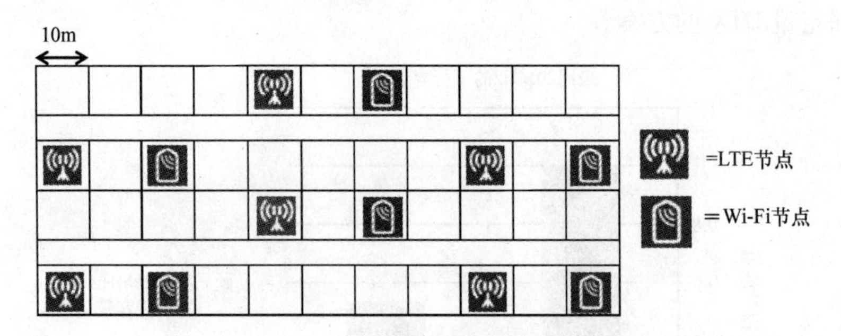

图 10.8　仿真研究所使用的环境实例

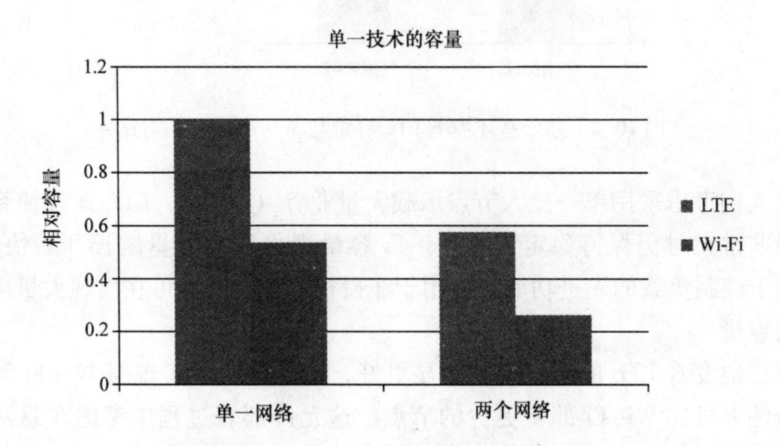

图 10.9　相同信道上采用两个 LTE 或两个 Wi-Fi 网络的单接入节点性能

网络采用不同接入技术共享相同 20MHz 信道的情况。如图 10.10 所示，当置于相同 20MHz 信道并且没有监管机构需求之外的任何特定考虑时，Wi-Fi 受到的损害更大，因为 LTE 对于同频干扰更为稳健。两个网络都经历了由干扰增长而带来的性能下降，但 LTE 网络还可以维持较好性能。当 LTE 侧添加了额外的公平算法时，可以降低对 Wi-Fi 网络的影响，从而 Wi-Fi 网络性能下降可以达到与另一 Wi-Fi 网络干扰所引起的性能下降相同的量级，因此在 LTE 侧实现合适的公平性解决方案可以控制对现存 Wi-Fi 网络性能的影响。如果引起干扰的是另一 Wi-Fi 网络或另一 LTE 网络，则该机制无效。可见，LTE 技术还可以通过这种方式实现：不仅满足非授权频带操作的要求，而且还可以提供额外的公平性以补偿 Wi-Fi 网络更低的干扰容忍能力。

图 10.10 呈现了共存性能最差场景。当考虑将 LAA 传输置于哪个信道时，人们首先对频率选择设置一个优先级，优先考虑那些没有被高功率和高活跃度的 Wi-Fi 网络或其他 LAA 网络占用的信道：选择低活跃度或来自其他用户低干扰水平的信道可以达到与单一 LTE 网络同等水平的性能，同时还使其对 5GHz 频带上其

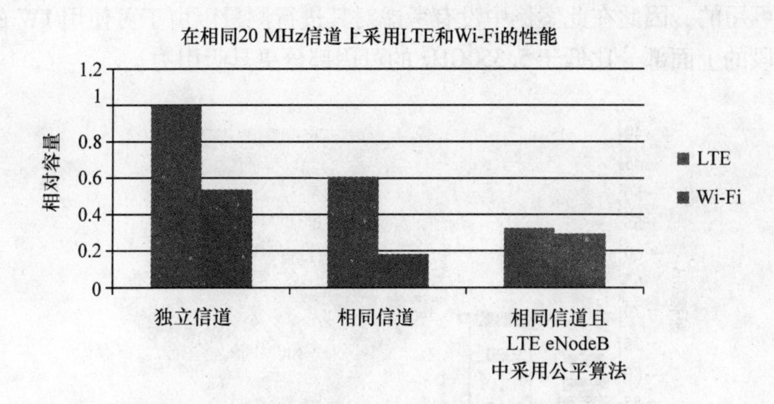

图 10.10　LTE 与 Wi-Fi 间的共存性能

他系统的干扰达到最小化。由于 LTE 无线资源管理是一个动态过程，可通过连续环境监测来避免处于固定的最差干扰情况。LTE 无线资源管理算法应避免使用非授权频带上 Wi-Fi 或将其他系统重叠的信道设为第一优先级。

LTE 自身可容忍同频部署下的更多干扰，如图 10.9 所示。同信道上来自不同运营商的两个 LTE 网络明显引起比另一网络为 Wi-Fi 网络情况更小的容量损失，因为两个 LTE 网络均带有控制同频干扰的先进功能。在研究案例中，两个 LTE 网络甚至可以获得比单一 Wi-Fi 网络更高的系统容量。LTE 技术采用了先进的功能（如物理层重传和链路自适应）可使其对不同干扰条件具备更大的容忍能力。

图 10.11 给出了一个 5GHz 频带的测量实例。图中清晰显示了欧洲购物广场实例中几个地方可操作 LAA 传输，甚至可以通过多个载波获得最大容量。

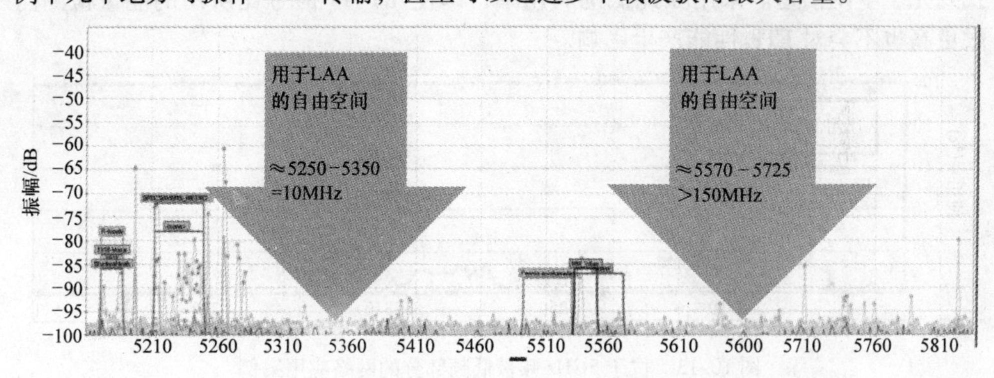

图 10.11　应用 5GHz 频带低部分的测量实例

选择使用没检测到 Wi-Fi 或其他 LAA 网络激活性的载波，可以实现性能最大化。eNodeB（或 UE）侧只需要带有如监管机构所要求的必选空闲段，但是在其他方面该信道有可能由于其他业务的缺乏而被一直占用。类似地，当观察如图 10.12 所示的 5GHz 全频带时，有几个信道处于空闲状态。请注意，高于 5.725GHz 的部分在当今欧洲是不可用的，因此在此案例中没有考虑对其进行测量。由于可使用 1W 的发射功率，该频段的上面部分比低于 5.350GHz 的可用部分更具吸引力。

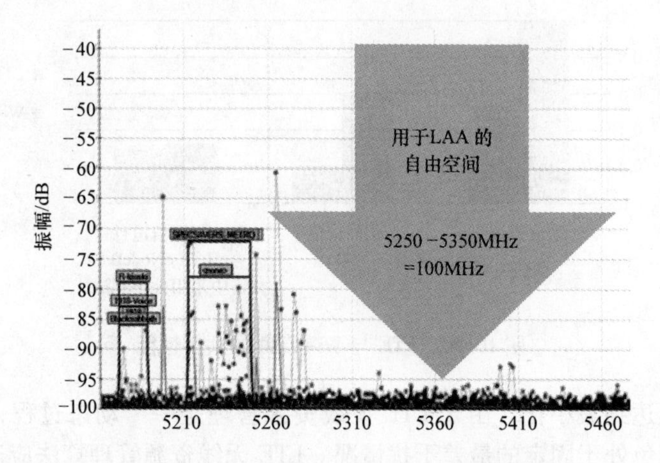

图 10.12　欧洲 5GHz 全频带上的测量实例

所呈现的仿真结果中假设为满载 Wi-Fi 网络，因此对应为最差的结果。如果 Wi-Fi 网络只带轻度负载，或者在极端情况下只发送一些周期的信标信令，使用相同的 20MHz 很难使 LTE 容量出现任何下降。即使 Wi-Fi 信号很强，在 Wi-Fi 不是非常频繁发送数据时 LTE 或多或少还是可以实现最大容量。图 10.13 提供了一个应用的测量案例，其中可以观测到 5GHz 频带低频部分在时域的网络利用情况。当利用率低于 20% 时，显然可以为其他网络共享相同信道提供空间，但前提是不能找到完全空闲信道。采用如此低的利用率，即使 Wi-Fi 信号比所用的能量检测门限更高也不会对 LTE 性能产生影响。

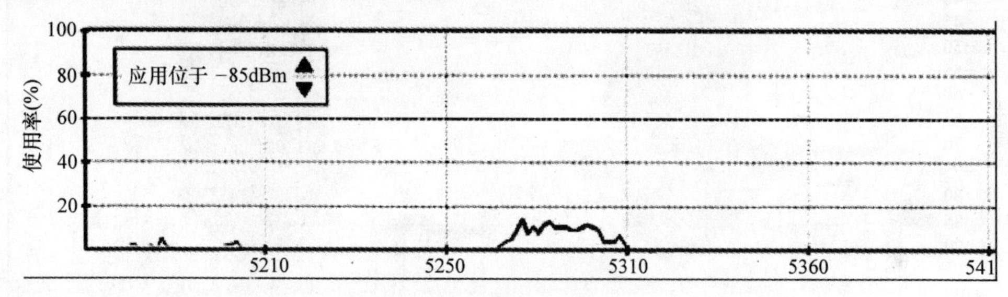

图 10.13　位于 5GHz 频带低频部分的网络应用案例

10.9　5GHz 频带的 LTE 覆盖

5GHz 频带应用的一个特征是对最大发射功率的限制。这对于 LTE 并不新鲜，因为之前已做了大量优化工作使小站可以操作在定义的不同 eNodeB 发射功率等级。5GHz 频带本身与更低频带相比，自然也会带来由墙体和窗户造成的更高穿透损耗，但并不存在与 3.5GHz 的显著差异，特别是对于视距场景。

链路预算给出了终端天线与基站天线之间的最大路径损耗。链路预算可通过适合的传播模型来估计小区最大的范围。链路预算还可用来估计 LAA 和 Wi-Fi 的相对覆盖。本节将呈现 LAA 和 Wi-Fi 技术之间的覆盖对标。上行链路预算见表 10.1，而下行链路预算见表 10.2。LTE UE 的最大发射功率为 23dBm 而 Wi-Fi 终端输出功率为 15～20dBm。在参考信道 A1-3 提供大约 2Mbit/s 条件下，对于中等范围基站的灵敏度要求为 -96.5dBm，典型值要更好一些，（甚至比现有宏站灵敏度好 10dB）。对于最低的调制编码机制 MCS0，Wi-Fi 灵敏度假设为 -93dBm。由此，LTE 上行最大路径损耗为 119.5～129.5dB 而 Wi-Fi 为 108～113dB。采用 30dBm 的基站发射功率（对 Wi-Fi 采用相同假设）和 -94dBm 的 UE 灵敏度时 LAA 下行链路路径损耗为 129dB。灵敏度要求采用了 3GPP 对于频带 1 中 20MHz 带宽的最低要求。进一步假设 UE 灵敏度的典型值比 3GPP 要求高 5dB，估计出的 Wi-Fi 路径损耗为 123dB。LAA 和 Wi-Fi 之间存在路径损耗差异的原因来自于无线层优化，包括信道编码（Turbo 编码）、快速重传和软合并、快速链路自适应、对于射频功率放大器（SC-FDMA）的优化建模以及 3GPP 中定义的射频需求。

表 10.1　上行链路预算对比

	LAA	Wi-Fi
UE 发送功率/dBm	23	15～20
BTS 灵敏度/dBm	-96.5（3GPP①）到 106.5（典型值②）	-93（典型值③）
最大路径损耗/dB	119.5～129.5	108～113

① 参考信道 A1-3 提供 2Mbit/s，3GPP 对中等范围基站的要求。
② 典型值为当前宏站和微站的灵敏度。
③ 采用 20MHz，MCS0 提供 6Mbit/s。

表 10.2　下行链路预算对比

	LAA	Wi-Fi
BTS 发送功率/dBm	30	30
UE 灵敏度/dBm	-94（3GPP①）到 99（典型值②）	-93（典型值③）
最大路径损耗/dB	129	123

① 采用频带 1 中 20MHz 带宽的灵敏度要求。
② 典型 UE 灵敏度的值假定比 3GPP 要求高 5dB。
③ 采用 20MHz，MCS0 提供 6Mbit/s。

图 10.14 展示了用于室外小站的 Wi-Fi 和 LAA 的相对小区范围。我们假定带有 108dB 路径损耗的 Wi-Fi 可以在 5GHz 提供 50m 的小区半径。其他值均基于指数为 4.0 的路径损耗假设进行估计。LAA 的小区半径至少比 Wi-Fi 大一倍，小区面积大 4 倍。更大的小区半径使其可以从更大区域内吸收业务。

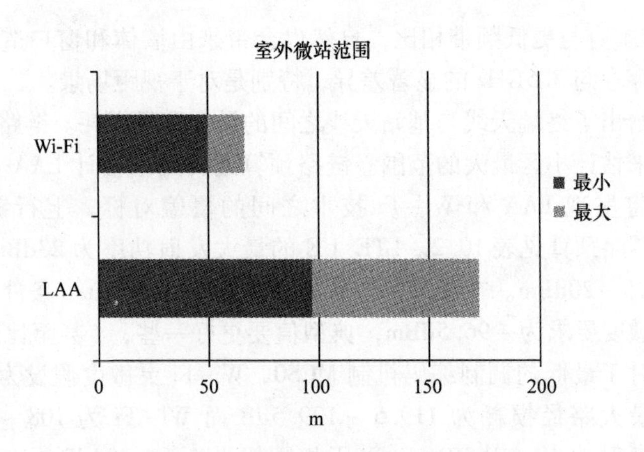

图 10.14 位于 5GHz 频带的室外小站范围

LAA 的一个重要因素是采用了授权频带与非授权频带聚合的操作。这使得 5% 点的小区边界吞吐量不再那么重要，因为人们总是可以通过来自另一频带的授权频带操作对其 QoS 进行补偿。这使得即使在小区边界条件下也可以保障足够的数据速率，并且可以获得 5GHz 频带 LTE 的大部分容量。这是因为网络并不是必须只服务那些处于 5GHz 频带上非常差信道条件的用户，还可以关注那些拥有良好链路预算的用户，从而在更低信道编码开销的情况下获得更高的吞吐量。这种用户选择并没在之前章节的仿真中体现。

10.10 标准化

3GPP 第 13 版包含了对 LTE 在非授权频带操作的支持，之后研究用于 LTE 的 LAA 及相关工作项目的实现。3GPP 于 2014 年 6 月在一次有关 LTE 非授权频带的专题研讨会上启动了相关工作，正式的研究工作开始于 2014 年 9 月[4]。3GPP 研究完成于 2015 年 6 月，如图 10.15 所示。研究涵盖了用于共存的所需机制以及 5GHz 频带操作的性能评估。研究结束后，继续在工作项目中完成详细的规范化工作，包括所需的频带组合以确保操作在 5GHz 的 LTE 可以与其他授权频带进行聚合。3GPP 最新的研究状态可参见本章的参考文献［5］。3GPP 工作的假设是，LTE 没有作为一个孤立系统在非授权频谱上进行操作，而是与永远操作在授权频谱上的 PCell 联合工作。一旦第 13 版工作项目的基本规范完成[6]，则 3GPP 可以定义所需频带以及与 5GHz 联合使用的频带组合，这将建立在第 13 版之上且与具体版本无关。之后，第 14 版还将完成对上行链路的支持以使能 5GHz 频带的全 TDD 操作。双连接也是第 13 版之后有待讨论的内容。

还有一些正在进行的相关工作，涵盖了总共超过 5 个载波的 LTE 载波聚合。之后，将使能最多 10 个或更多载波实现类似 Wi-Fi 聚合最多 8 个载波的能力，即

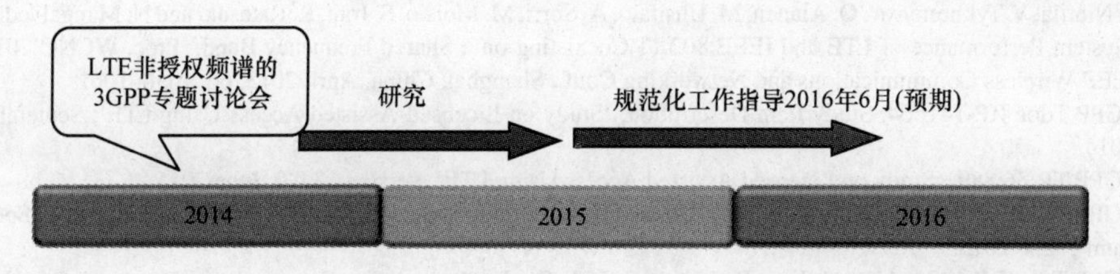

图 10.15 3GPP 对于 LTE 非授权频谱标准化工作的期望时间表

5GHz 频带上的 160MHz 与授权频带上的一个或两个载波一起使用。3GPP 正在进行的工作项目定义了对最多 32 个聚合载波的支持，也计划在第 13 版完成[7]。进一步可能是在非授权频谱上孤立的 LTE 操作而无须任何锚定在授权频谱的载波，这目前没有在 3GPP 进行讨论。

10.11 总结

LTE 演进的强烈势头在第 13 版得以延续。第 13 版中一个重要新技术构件是 LTE 在 5GHz 非授权频带的部署。采用 LTE 技术的 LAA 可实现与 Wi-Fi 在无任何特定协调下的共存并且可以满足所有 5GHz 非授权频带操作的监管要求。这是 LAA 的一个重要功能，使其可以与 Wi-Fi 网络部署在相同地点（如购物中心或企业环境下）。来自 LTE 网络对 Wi-Fi 网络的干扰影响类似于来自另一 Wi-Fi 网络的干扰影响。此类 LTE 网络还可以获得比 Wi-Fi 网络更高的容量。因此，安装与现存授权频带 LTE eNodeB 聚合操作的具备非授权频谱能力的 LTE eNodeB，从安装角度来看，并不会比 Wi-Fi 接入点或当前操作在 5GHz 频带的其他系统需要更多的站址许可。特别是在业务密度比较高的环境，LAA 是一个非常具有吸引力的用于开发 5GHz 应用潜能的解决方案。特别是在可以控制安装哪种系统时，如企业环境中发现一个全空的 5GHz 信道是相对容易的，可使 LTE 实现性能的全部潜能。

用于非授权频谱的 LTE 将依靠现有的 LTE 核心网，并采用现有的 LTE 安全和鉴权流程，因此不需要对核心网做任何改变。LTE 非授权频谱与授权频谱的联合操作（采用 LTE 的 LAA）可以实现来自非授权频谱的显著容量提升，同时还可确保在非授权频谱下与干扰情况无关的终端用户业务质量。

参 考 文 献

[1] ETSI EN 301 893 V1.7.1 (2012–06), ‘Broadband Radio Access Networks (BRAN); 5 GHz High Performance RLAN; Harmonized EN Covering the Essential Requirements of Article 3.2 of the R&TTE Directive’, European Telecommunications Standards Institute (ETSI).

[2] 3GPP Tdoc RWS-140002, ‘LTE in Unlicensed Spectrum: European Regulation and Co-existence Considerations’, Nokia 3GPP RAN Workshop Presentation, June 2014.

[3] T. Nihtilä, V. Tykhomyrov, O. Alanen, M. Uusitalo, A. Sorri, M. Moisio, S. Iraji, R. Ratasuk, and N. Mangalvedhe, 'System Performance of LTE and IEEE 802.11 Coexisting on a Shared Frequency Band,' Proc. WCNC'2013, IEEE Wireless Communications and Networking Conf., Shanghai, China, April 2013, pp. 1056–1061.
[4] 3GPP Tdoc RP-141664, Study Item Description, 'Study on Licensed-Assisted Access Using LTE', September 2014.
[5] 3GPP TR 36.889, 'Study on Licensed Assisted Access Using LTE', version 13.0.0, June 2015.
[6] 3GPP Tdoc RP-151045, Work Item Description, 'Work Item on Licensed-Assisted Access to Unlicensed Spectrum', June 2015.
[7] 3GPP Tdoc RP-142286, Work Item Description, 'LTE Carrier Aggregation Enhancements Beyond 5 Carriers', December 2014.

第11章　LTE宏站演进

Mihai Enescu、Amitava Ghosh、Bishwarup Mondal 和 Antti Toskala

11.1　导言

本章涵盖了第12版和第13版中关于宏站层演进的相关内容，这对于运营商而言是非常重要的，因为基本讨论了如何从现有站中获取绝大部分增益。现有网络拓扑中好的一面是，在大多数情况下站址安装源于3G、2G甚至模拟系统，并且可能部分频谱已经被重耕为更新的技术一次以上。取决于站址资源拥有者的条款和条件，现有站址可以提供一种作为基础设施的高性价比方法，因为之前系统的供电和传输连接都已存在。本章将探寻eNodeB和UE侧的系统演进方案，例如3GPP规范定义的异构网络中网络辅助干扰消除与抑制（NAICS）以及公共参考信号干扰消除（CRS-IC）。在下列章节中，我们将讨论eNodeB解决方案如3D波束赋形，也包括了垂直极化、UE特定的波束赋形和下行MIMO增强。最后，我们还阐述了第13版中有关LTE的非正交多址接入（NOMA）应用的研究。第3章中所讨论的一些技术也适用于宏站层，例如M2M连接的改善以及相关覆盖的增强。

11.2　网络辅助干扰消除

第12版在UE侧引入了更强大的LTE接收机，依靠非线性处理并执行干扰消除。LTE系统中存在几种形式的干扰：由于专用于相同UE的多个空间MIMO流之间非正交性所引起的流间干扰（所谓的SU-MIMO干扰）；可能出现在同一小区内空分复用的多个用户之间的用户间干扰，例如共享相同的时域和频域资源（即所谓的MU-MIMO干扰）。位于不同小区的UE之间所产生的干扰被称为小区间干扰，特别是位于小区边界的UE常常忍受着小区间干扰。

NAICS是一项第12版的下行链路技术，用于提高UE的PDSCH干扰消除（IC）/干扰抑制（IS）能力，通过来自网络侧支持的相关信令，如图11.1所示，采用网络指示干扰基站所用传输参数来实现。因此，NAICS旨在消除来自前文所提及干扰场景的小区间干扰。NAICS应用于整个系统，与不同的网络配置和技术进行联合使用。第一眼看上去，NAICS与FeICIC和CoMP在讨论相同的干扰缓解问题，然而其主要目标是利用NAICS的多用途应用来作为FeICIC和CoMP操作的补充，如果这些技术都已部署。

该技术主要目的之一是 NAICS UE 可以消除小区间的 PDSCH 干扰。为执行 PDSCH 消除，NAICS UE 需要从相邻小区中识别和估计出主要干扰 PDSCH 的 PDSCH 特征。由于系统的动态特性以及设计的灵活性，这并非一项简单任务。由于 UE 在设计复杂度方面的限制，NAICS 技术只能控制最主要干扰源的消除，并且可能最多只能处理三层。这意味着 NAICS 处理可能发生在期望流和干扰流的几种组合之中，更准确地说，期望 NAICS 处理发生在下列配置中：一个期望层和一个主要的干扰层；一个期望流和源自同一干扰 UE 的两个主要干扰流；两个期望层和一个主要干扰层。

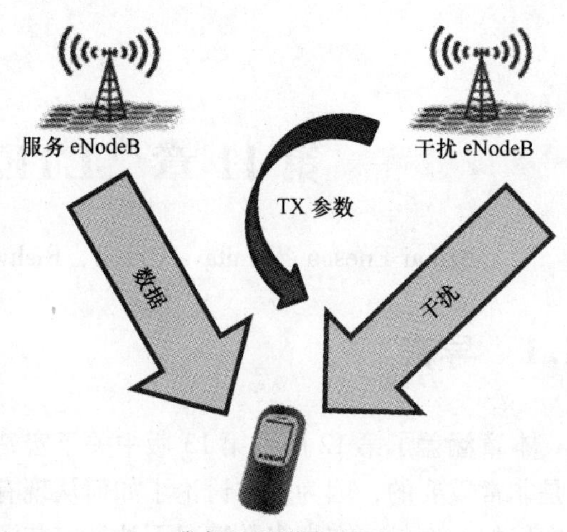

图 11.1 NAICS 原理

在我们进入 NAICS 特定操作的讨论之前，有必要先给出已被证实可用于干扰消除和抑制作用的可选接收机结构的简单介绍。这些接收机结构之间的主要差异在于，接收机所需要掌握有关将要被抑制和消除信号的知识的程度。我们需要据此在接收机结构之间予以区分，终端所用机制需要能够盲估计干扰信号的参数。在下文中，我们将介绍接收机结构，之后讨论有关干扰特征方面的内容。

UE 接收机结构可以被分为线性干扰抑制接收机和非线性干扰消除接收机。为实现先进的干扰抑制/消除效果，任何此类接收机结构都需要在一定程度上标识出主要干扰源。因此，我们可以在这里将接收机视为干扰感知接收机。线性接收机基于改进的线性最小方均误差干扰抑制合并（LMMSE-IRC）原理。此类接收机在干扰抑制过程中直接应用干扰源的信道估计。如果干扰源使用了预编码，则需要利用实际使用的信道信息，即预编码/实际使用的信道。此类接收机机构将重构干扰源实际使用的信道并对此干扰进行抑制。

更为强大的接收机等级是基于干扰消除的，此类接收机自然是非线性的。这些处理基于最大似然（ML）原理或迭代/连续的消除。ML 接收机包含了期望层和干扰层的联合检测并作为一个综合体，特别是当联合检测操作应用到大量层数时。因此降低复杂度的 ML（RML）接收机更易实现，它们可能采用球译码、QR-MLD（一种 ML 检测和 QR 分解的结合）或者其他复杂度降低的原理。对于干扰结构知识而言，除了主要干扰源的有效信道（上述 LMMSE-IRC 也需要）之外，RML 还需要干扰源所用调制方式的信息。RML 接收机操作在符号层面，不需要对干扰源进行解码。

非线性接收机的另一类型是基于连续干扰消除，由于它们操作在符号层面，因此也被缩写为 SLIC（符号级 IC）。连续消除接收机采用连续的线性检测、干扰信号的重构及消除。从干扰知识而言它们的操作与 RML 类似，然而它们在不完美干扰重构面前更为稳健。一个更为先进而复杂的符号级 IC 版本是码字 SIC（CWIC）。这种接收机架构除了可以检测干扰信号外还可以对其进行解码。换句话说，SLIC 和 CWIC 之间的主要差异在于，被减信号的重构分别是基于 LMMSE 滤波器输出即基于调制符号，还是基于 Turbo 编码器的输出即基于码字。

当前内容已经涵盖了一些先进接收机架构的基本原理，下文中我们将关注干扰的结构，这是接收机在 IC 阶段之前对其进行重构处理中所需要的。注意，尤其 CWIC 的高度杂度以及此类接收机所考虑更为详细的干扰信息，因此 CWIC 不包含在此处讨论之中。这是因为解码干扰源不仅需要调制类型，还需要调制编码机制信息，与符号级接收机需求一致。PDSCH 被特征化为更静态面向网络拓扑的参数（如系统带宽、小区 ID、CRS 天线端口数、MBSFN 配置）以及与干扰空间结构和链路自适应相关的动态参数［如传输模式（包括秩和 PMI）、PDCCH 长度、资源分配类型、调制等级以及 EPRE（每资源块的能量）］。NAICS UE 不能盲估计所有上述干扰PDSCH的特征，因为 UE 在实现上存在一些限制（如 UE 复杂度和功耗）。另一方面，网络也不能将所有干扰特征都发送给 UE，因为这会产生很高的信令负荷，并且网络操作也需要保存一定的灵活度。

所采取的折中方案为 NAICS UE 只盲检那些更动态的参数。最新的 NAICS 接收机可以盲检干扰的存在、传输模式、调制、PMI、秩和 PA 偏置。网络以半静态的形式提供对那些更静态参数获取的辅助，如小区 ID、CRS 天线端口数、MBSFN 模板、PB 和一个最大到 PA 值的子集（来定义 EPRE）、实现的传输模式（从 TM1、TM2、TM3、TM4、TM6、TM8、TM9、TM10 的集合中选择）、资源分配和预编码颗粒度。即使发送 TM10 给 UE 希望对 TM10 UE 做 PDSCH 消除，虽然理论上可行，但是发现 TM10 消除对第 12 版而言是相当复杂的操作，因为事实上就复杂度和网络灵活性而言，很难发现网络辅助比 UE 盲检有更大优势。值得提及的是，消除 TM10 PDSCH 意味着需要知道虚拟小区 ID 以及表征干扰源 DMRS 的扰码信息，此外还需要准配置信息。服务小区和干扰小区的 CP、时隙、SFN、子帧同步以及公共系统带宽方面的信息不会发送给 UE，但是当配置了 NAICS 信令时（由此实现了同步操作、CP 对齐并采用相同的系统带宽）可以被 UE 相当间接地猜出来。

干扰 PDSCH 的盲检肯定是一个敏感的过程，因为任何的参数误检都可能导致干扰 PDSCH 的错误标识，甚至可能为此付出实际的性能代价，这是由于消除错误的信息可能会带来噪声放大的效果。因此，主要干扰源的功率在其（盲）估计过程中扮演着重要角色，带来一个有趣的范例：干扰源越强，NAICS UE 检测 PDSCH 特征越可靠。

在突发 FTP 业务中，干扰结构随着时间和频率发生变化。主要干扰源的空间特性将受到 NAICS UE 的影响（并可用于消除），具体取决于干扰源的分组时长。然而，从 NAICS UE 的角度来看，主要干扰源还可能在频域发生改变。一方面，我们考虑比较简单的情况，此时单一主干扰源的分配大于、相等或者小于 NAICS UE 的分配，如图 11.2a 所示。更为复杂的情况是多个干扰源与一个 NAICS UE 的分配相重叠，如果 NAICS UE 被分配到宽带而干扰源被频率选择性分配（见图 11.2b）。干扰源可能带有相同或不同的起点。然而，如果假设 eNodeB 间信令同时为服务 eNodeB 可用时，从 eNodeB 到 UE 的信令角度来看这不是个问题。

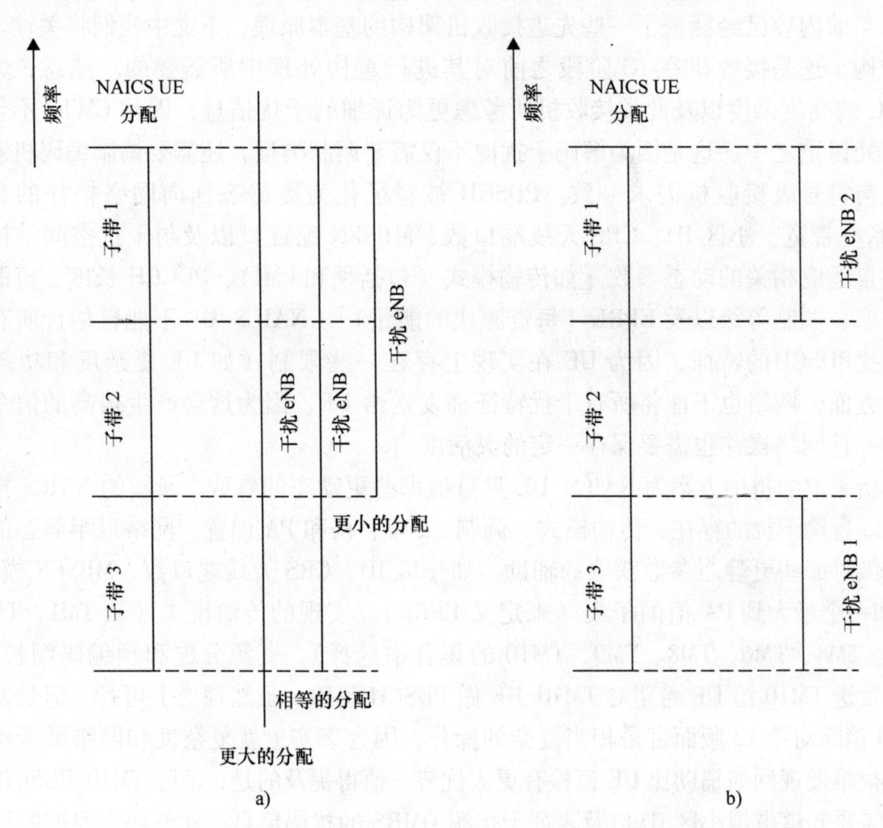

图 11.2 NAICS UE 和主干扰的频域分配

a）干扰源小于或等于 NAICS UE 频域分配 b）多个干扰源在频域上与 NAICS UE 重叠

NAICS 操作模式的基础如图 11.3 所解释。基于来自 NAICS UE 所指示的 RSRP，服务 eNodeB 对最多 8 个干扰小区提供网络辅助。NAICS 的半静态信令由两部分构成：eNodeB 之间的信令和 eNodeB 到 UE 的信令。有关小区 ID、CRS 天线端口数、MBSFN 配置、PA 偏置、PB 以及所实现的传输模式等 NAICS 信息都可以通过 eNodeB 之间的 X2 接口传输，并通过 RRC 进一步发送给 UE。除这些信息外，RRC 消息可能还包含主要干扰源所用的资源分配和预编码颗粒度的相关信息。NAICS UE 进一步以动态的方式使用所指示的网络辅助信息，从而可以消除它所标识的干扰源。

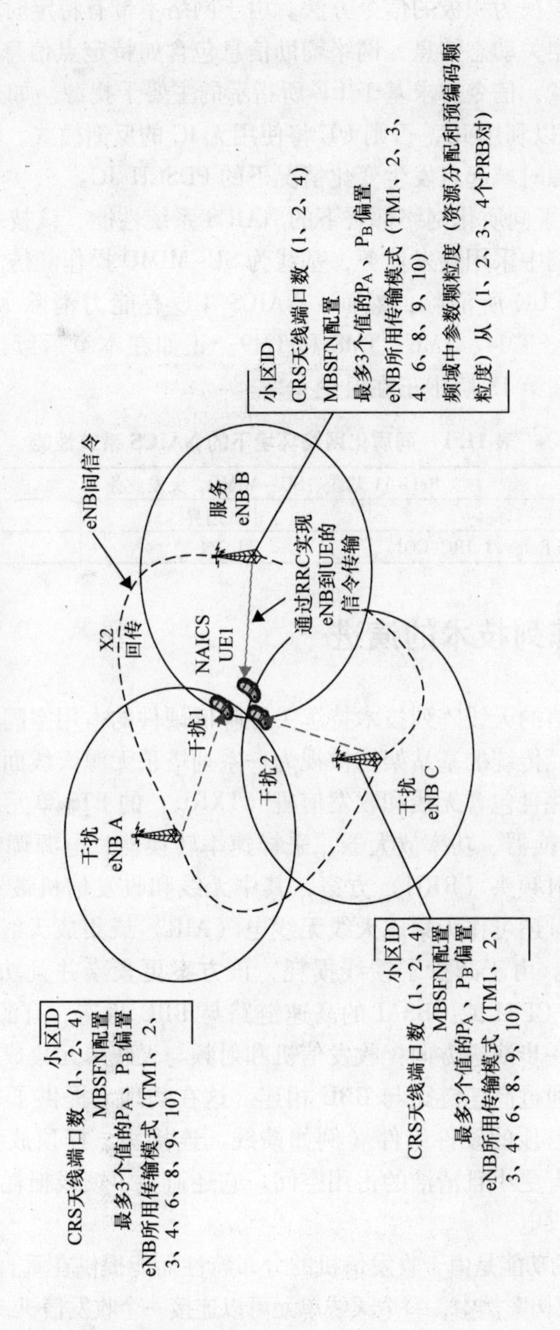

图 11.3 NAICS 小区间信令操作

如之前所述，网络可以指示最多 8 个主干扰源的 PDSCH 特征。这是特别重要的，因为主干扰发生的变化可能比 RRC 信令速度更快。为多个潜在的主干扰源提供网络辅助可以被视为积极的信令方法。由于网络不带有特定时刻被 NAICS UE 视为主要干扰源的相关动态信息，网络辅助信息包含如特定点信息而非特定 UE 的干扰特征信息。注意，信令需求基于 UE 所指示的主要干扰源。如果网络辅助在此时间点可用，UE 可以利用 IC，否则 UE 将使用无 IC 的反馈模式。积极的网络辅助也将简化在主干扰源时域起点发生变化情况下的 PDSCH IC。

表 11.1 展示了同质化网络部署下的 NAICS 系统性能，该技术也适用于异构网络。在此特殊案例中采用突发业务，基线为 SU-MIMO 操作。仿真中，TM9 干扰被也配置为 TM9 的 UE 所消除；然而，NAICS UE 有能力消除大量的传输模式如 TM1、TM2、TM3、TM4、TM6、TM8 和 TM9。正如在本章后续内容，LTE 干扰消除的进一步增强在第 13 版中正在讨论[1,2]。

表 11.1 同质化网络环境下的 NAICS 系统性能

Rel－11 基线、SU－MIMO、突发业务		
	小区边界	平均值
NAICS SLIC 接收机（Rel－11 IRC CQI）	11.7%	7.4%

11.3 天线阵列技术的演进

用于蜂窝通信的天线阵列技术持续关注降低硬件的占用空间以及改进基站安装的能效和性价比。传统的基站架构被视为一系列塔顶无源天线面板通过同轴线缆连接来自位于地面并且包含无线和收发信机（TXRU）的 BTS 单元。无线和收发信机单元包括上/下转换器、功率放大器、采样速率转换器、电源调整电路等。该模型逐步演进为远程射频头（RRH）方案，其中无线和收发信机被置于更靠近无源天线面板的地方并且还可作为集成天线无线电（AIR）或集成天线系统（IAS）产品的一部分存在[3]。由于减少了馈线损耗，该方案更紧凑并且功率转换效率更高。RRH 安装通过如 CPRI 或 OBSAI 的高速链路与 BBU 相连。有源天线系统（AAS）定义该技术的下一步演进方向：收发信机和射频与天线单元集成在一起并分布式部署，并且该系统通过高速链路与 BBU 相连。这在物理上提供了一种具有吸引力的解决方案，由于塔顶的硬件组件（例如馈线、连接头、杆顶放大器及 RET 网络）都去掉了因此带有更小且清洁的占用空间。它还避免了馈线损耗从而可以为天线单元提供更高效的供电。

AAS 最显著的功能是由于收发信机的分布特性而能提供在垂直维度上的电子波束控制。其中一个架构案例中，每个天线单元可以连接一个收发信机，其为每个天线单元提供位于基带的振幅和相位控制。另外，收发信机数量小于每个驱动天线单元子集收发信机所带天线单元数量[4]。图 11.4 和图 11.5 显示两个典型 AAS 架构，其中左侧倾斜条

相对天线单元带有 -45°极化且右侧倾斜条相对天线单元带有 +45°极化。

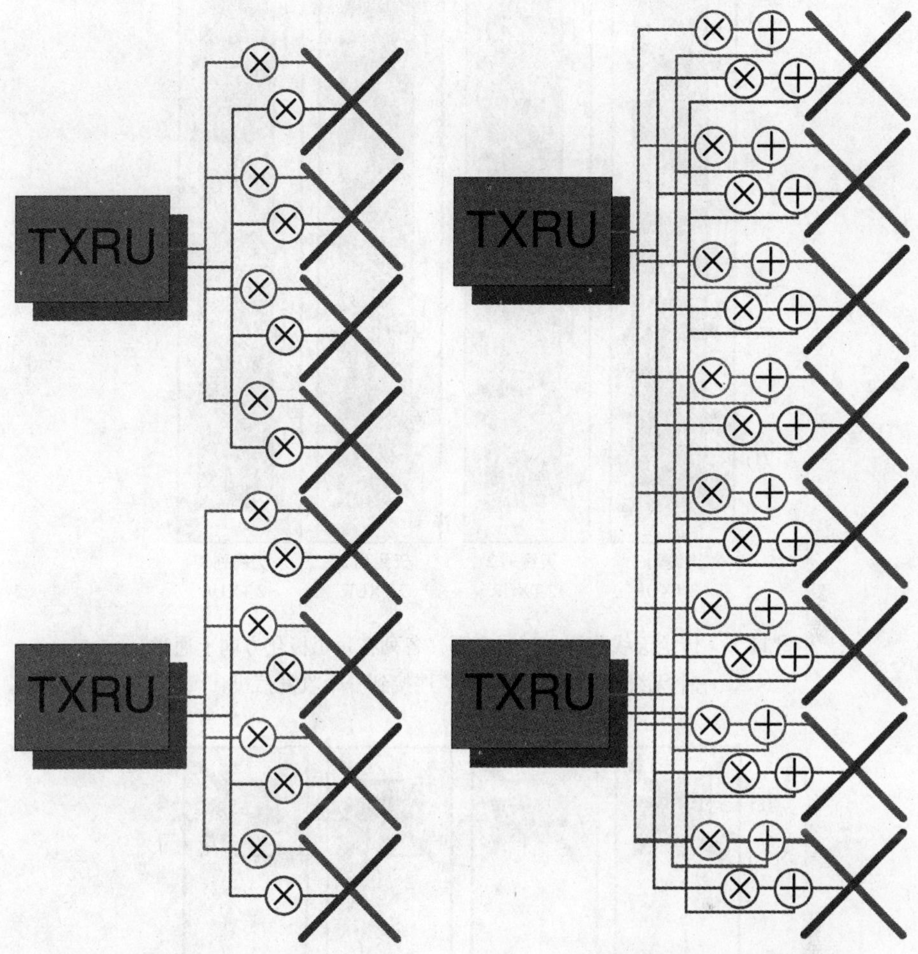

图 11.4　AAS 架构案例，其中 TXRU 连接到包含在单一天线列中共极化天线单元的一个子列[4]

图 11.5　AAS 架构案例，其中 TXRU 连接到包含在单一天线列中共极化天线单元的所有子列[4]

用于宏站的传统无源天线系统通常带有单一收发信机，在每个极化方向上馈入交叉极化天线一个阵列中垂直排列的 8 个天线单元（见图 11.6）。如图 11.7 所示，每个极化方向上 AAS 潜在地可允许 2、4、8 个分布式收发信机馈入 8 个垂直的天线单元。收发信机的意义在于，它可以对馈入天线单元的信号幅度和相位进行精确的基带控制。无须深入研究 AAS 架构的细节，我们可以简单地让收发信机数量等于 LTE 技术的天线端口数。由此，一个 4 列共 8 个收发信机每个驱动 8 个共极化天线单元（垂直排列）的 64 单元无源天线阵列，可表示典型的 8 发宏站配置（见图 11.6）。与之对比，一个相同结构的 AAS 提供 64 个收发信机，由此可将传统 8 发基站转换为 64 发 Massive-MIMO 基站（见图 11.7）。因此，Massive-MIMO 中的

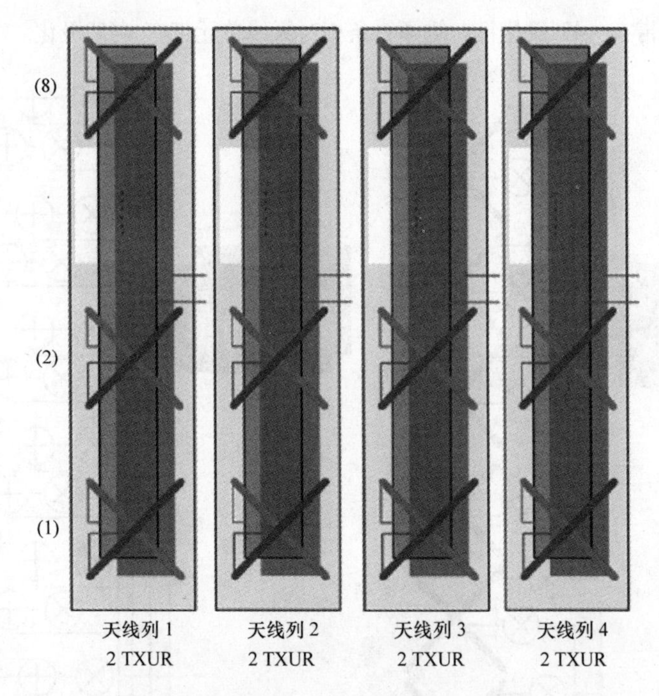

图 11.6　传统天线阵列 4 列示意图，各列在每个极化方向上通过一个无线分布网络（RDN）连接到一个收发信机

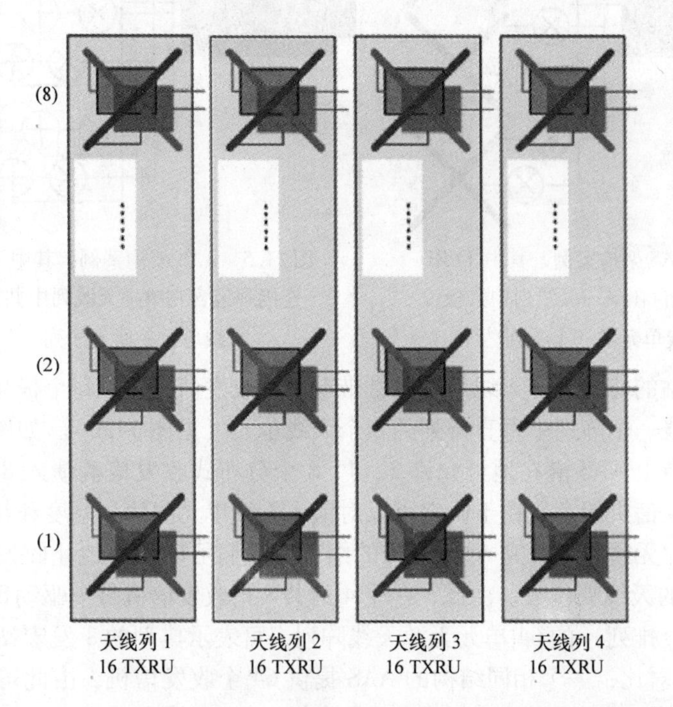

图 11.7　AAS 4 列示意图，各天线单元集成了一个射频和一个收发信机

"Massive"并不对应于物理尺寸，而是指带有基带控制能力的收发信机数量的增长。

值得注意的是，传统塔顶无源天线系统及 RRH 可以通过远程电调倾角（RET）跳线网络提供在垂直维度上操控波束的有限能力。无须单独的 RET 网络，AAS 可以在垂直方向和水平方向上实现动态且更为灵活的波束赋形（三维波束赋形）。此外，还可以证实，AAS 架构对于决定天线口数量以及控制天线阵列的灵活性至关重要——因此这直接影响系统性能，将在后续章节展示。

11.4　天线阵列的部署场景

当天线阵列能够聚焦波束到系统中的一个特定用户来实现用户特定波束赋形增益，并且能够通过波束赋形在空间上隔离多个用户来实现多用户传输增益时，系统频谱效率可以达到最大化。包含 RRH 安装的传统无源天线系统能够在水平维度（二维水平面）获得用户特定波束赋形和多用户传输增益优势。这种能力已经在文献中进行了很好的研究，可以理解用户特定波束赋形机会并不在（每个扇区面板内）任何方向上存在偏见，而是在二维平面扇区内用户均匀分布的结果。这在垂直维度不再成立，图 11.8 展示了 NLOS 条件下（被建筑物阻挡）水平平面的 4 个用户以及他们的假设平均偏离角。简单地从几何角度来看清晰可见，靠近基站的用户比远离用户在垂直维度上更为分离。因此，自然期望垂直维度上用户特定波束赋形的机会更偏向于靠近基站的用户。这显示特定部署场景的垂直维度下用户角度分布提供了通过三维波束赋形（相对于二维波束赋形）获得增益的良好指示。

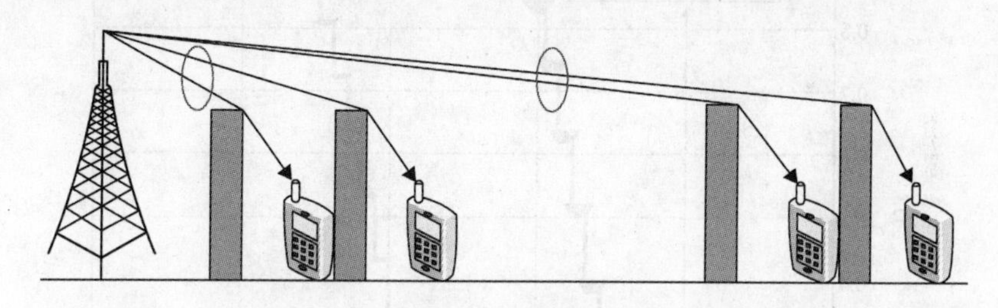

图 11.8　更靠近基站的用户可实现垂直维度上更好的角度隔离

图 11.8 所示的几何环境出现在密集城区的宏站部署中。通常基站安装在屋顶之上，用户大多处于 NLOS 条件并一定程度上分布在街边或几层建筑物之内。小区大小从平均站间距（ISD）大约 150 ~ 500m 以上变化。图 11.9 中的仿真系统性能显示与二维波束赋形相比，三维波束赋形增益在此环境下小区半径内越小增益越高，可从前面的几何分析中自然地找到原因。图 11.10 显示由于在更密集部署中的用户在垂直方向上具有更好的分离特性，多用户传输更普遍——直接提升了由三维波束赋形带来的增益。

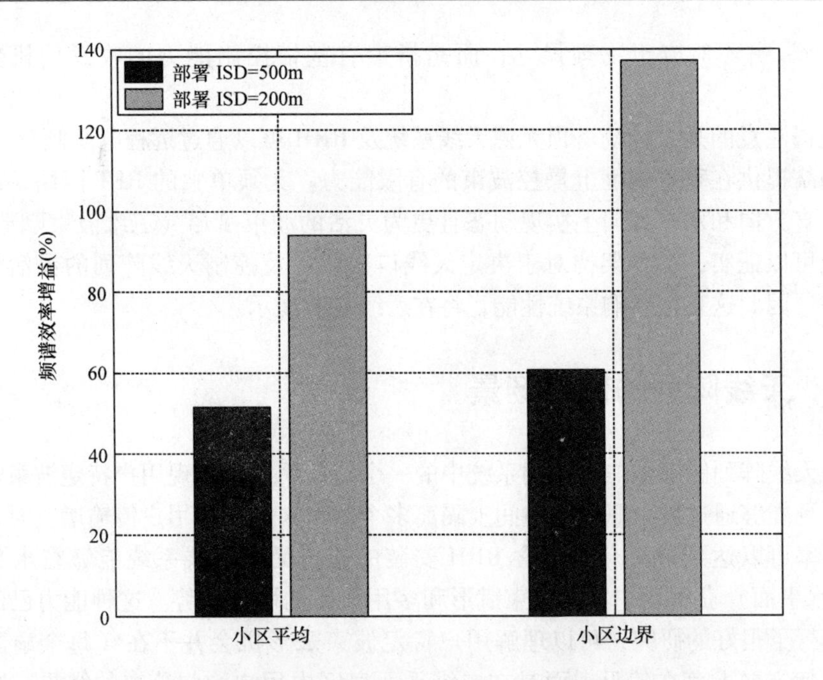

图 11.9　与 2 TXRU（见图 11.6）阵列相比 16 TXRU（见图 11.7）的系统性能——均采用 16 个天线单元，显示与二维波束赋形相比三维波束赋形增益在更密集的部署中更大

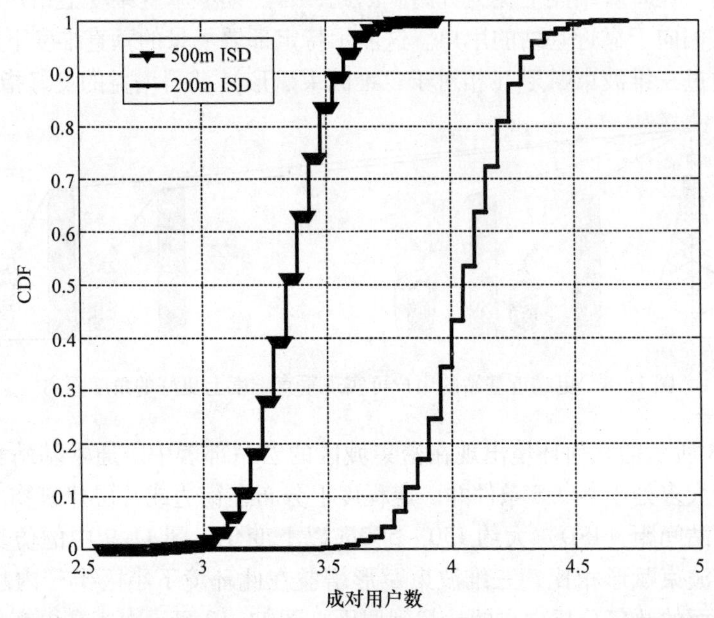

图 11.10　在图 11.9 中显示的增益部分是由于 AAS 基站在更密集场景更容易实现多用户传输（MU-MIMO）的能力所导致的，该图显示也期望从图 11.8 所示的更密集场景中获得更多用于 MU-MIMO 传输的成对用户

因此，可在屋顶上部署并且小到中度小区半径的超密集宏站场景对 Massive-MIMO 最有吸引力。另一个自然地适合 Massive-MIMO 天线阵列的部署场景是带有高耸建筑物的城区宏站部署——此案例中安装在室外的天线阵列可以利用上仰和下倾来服务位于高耸建筑物内的用户[5]，这特别适合用于其他室内解决方案，如小站或分布式天线系统部署昂贵的情况。在天线阵列安装尺寸受限制以及替换现有天线系统费用昂贵的特定情况下，Massive-MIMO 在宏站的部署机会可能受限。然而，此类案例中部署在屋檐下或者墙装用于容量热点，如车站的 Massive-MIMO 阵列可作为优选方案[11]。可能会有一些用于容量的小区，此时紧凑且省电的 AAS 安装会满足要求。在此类案例中，带有操作在更高频率（如 3.5GHz）带有定向贴片天线的 Massive-MIMO 系统可能会具有吸引力。

上述讨论考虑了由于 AAS 天线三维波束赋形能力所获得的性能增益，通过在基带准确而动态地控制天线单元的增益和相位来实现。此外，在垂直维度上控制波束的能力以相对较慢的方式进行，在垂直维度上形成多个波束的能力也可用于不同部署需求。此类功能并不需要基带控制，可以通过调节 AAS 的射频配置来实现。一个此类应用案例如图 11.11 所示，包含了小区分裂（垂直）、独立的发射/接收倾角、载波特定倾角、运营商特定倾角和技术特定倾角[3]。小区分裂（垂直）通过复用系统资源来获得频谱效率增益，载波特定倾角可使运营商管理各载波的负载，技术特定倾角可依据不同技术来控制链路预算、负载等。

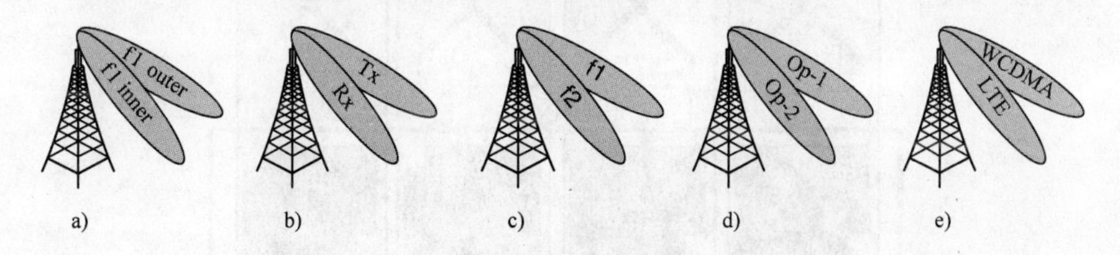

图 11.11　AAS 系统应用能够形成多个垂直波束

a）小区分裂（垂直）　b）发射/接收倾角　c）载波特定倾角　d）运营商特定倾角　e）技术特定倾角

11.5　LTE 支持的 Massive-MIMO

自第一个版本（Rel-8）开始，多入多出（MIMO）天线技术的支持就已成为 LTE 物理层规范的基石。LTE 第 8 版被设计为可提供最多 4 个天线端口的 MIMO 支持用于下行链路传输。而在第 10 版被扩展到 8 个天线端口，同时这也是第 12 版所支持的最大端口数。上文描述的 Massive-MIMO 阵列可为基站提供超过 16～64 天线端口的基带控制灵活性。本节中我们将描述能够通过现有第 8 版到第 12 版规范来使能 Massive-MIMO 部署的机会。这对于及早部署并支持网络中遗留终端都是非常重要的。

第 8 版到第 12 版 LTE 规范可支持带有任意天线端口数的 Massive - MIMO 基站，即使它并没有针对此类操作进行设计和优化。下文中我们将关注下行共享数据信道的容量性能，这是前面描述的部署场景中的主要兴趣点。规范中对 4 或 8 个天线端口的限制制约了手机对应 4 或 8 个发射天线端口的信道状态信息（CSI）测量及反馈。基站将 CSI 反馈用于在收发信机准确控制到达天线阵列的幅度和相位，从而可以针对特定用户调整数据传输。为了绕开天线端口的限制，有两个主要方法可以支持第 8 版到第 12 版规范的 Massive-MIMO 基站——基于扇区化的方法和基于互易性的方法。

11.5.1 基于扇区化（垂直）的方法

基于扇区化方法中移动设备被分配了四或八端口的一个子集，是从 Massive-MIMO 基站可用天线端口集合中选择出来的。举个例子，可配置 16 端口 Massive-MIMO 阵列来创建两个垂直扇区，每扇区 8 个水平方向的天线端口（参见图 11.12）。可以部署两个垂直扇区作为两个虚拟小区，可以在无须费力切换流程的情况下实现移动设备从一个垂直扇区切换到另一个。第 11 版还可以实现垂直扇区之间的动态调度协调。

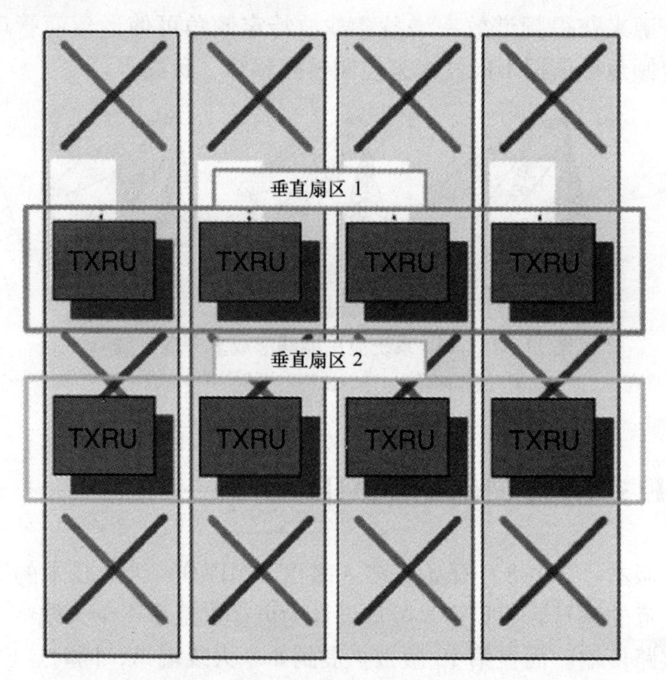

图 11.12 带有 16 个被配置为垂直极化收发信机的 AAS，每个垂直扇区由八个水平方向的交叉极化端口组成

图 11.13 展示了通过 AAS 实现垂直极化的共享数据信道可实现的仿真性能与

传统基站八发性能的对比。这些结果并没考虑垂直扇区之间的动态协调。需要注意的是，AAS 和传统基站都采用了 64 天线单元的交叉极化阵列，以 8 行 4 列同间隔分布。AAS 装配 16 个收发信机（8 个水平 ×2 个垂直）来驱动阵列，而传统基站只配置水平方向上的 8 个收发信机。结果显示，在更小尺寸内增多一倍收发信机可在特定环境下显著改善性能。该性能通过现有 LTE-A 规范来实现。如图 11.13 所示，AAS 架构对系统性能存在一些影响，但这不能被解释为对架构方案的全面评价。

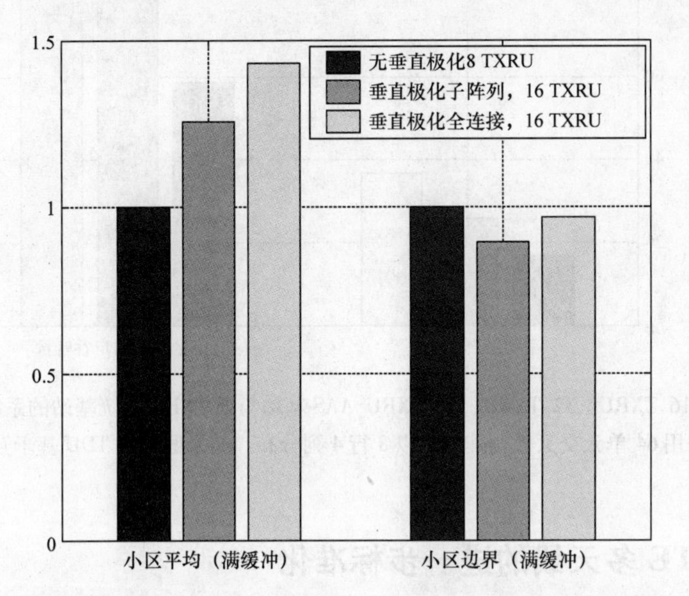

图 11.13　用于子阵列和全连接架构的垂直极化系统性能增益（16 TXRU_AAS）对比 8 TXRU 无源天线阵列

11.5.2　基于互易性的方法

基于互易性的方法不依赖于 CSI 反馈在收发信机控制到达天线阵列的幅度和相位，而是依靠来自移动设备的上行链路传输来决定收发信机用于指向移动设备下行链路传输所需的幅度和相位。因此，采用此方法可支持任意的发射天线端口数。基站天线阵列与移动设备之间的瞬时信道总是互易的，但也存在一些挑战——例如，移动设备带有一个发射天线，但多个接收天线、基站处发射和接收射频链路响应可能并非完美对等，并且很难预测其他传输参数（秩、MCS）。尽管如此，互易性是一种实际且灵活的部署方案，特别是对于 TDD 系统而言。图 11.14 显示收发信机数量从 8 增加到 64 所获得的数据信道性能增益。在所有案例中，假设采用 8 行 4 列的二维矩阵交叉极化阵列。

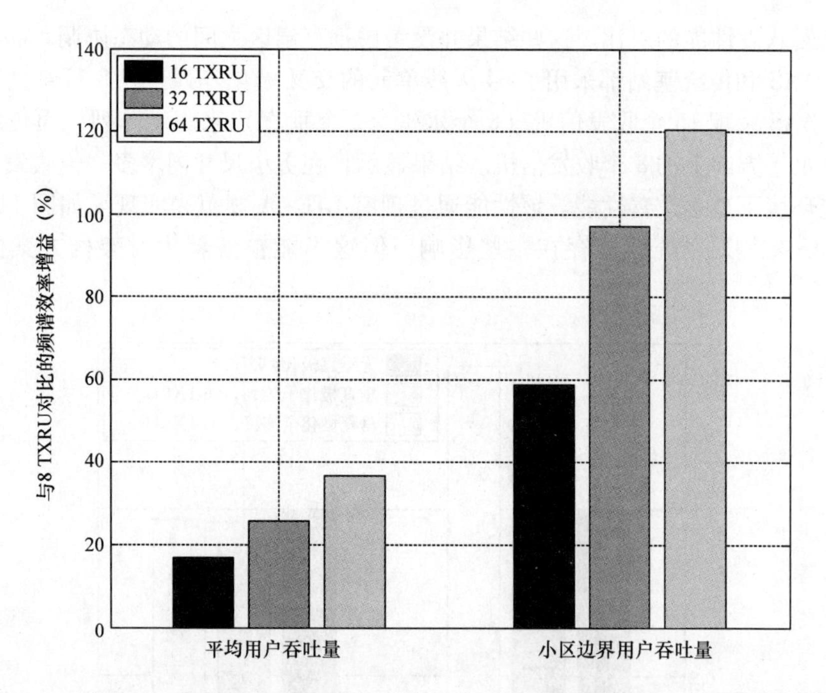

图 11.14 16 TXRU、32 TXRU、64 TXRU AAS 基站与 8 TXRU 传统基站的系统性能对比。所有案例采用 64 单元交叉极化阵列，以 8 行 4 列分布。结果假设以 TDD 基于互异性的操作

11.6 LTE 多天线的进一步标准化

3GPP RAN WG1 正考虑在第 13 版中将 MIMO 支持从 8 天线端口扩展到 16、32 或 64 天线端口的潜在好处。其中包含对第 13 版移动设备能力研究以支持对应 16、32 或 64 发射天线端口的 CSI 测量和反馈。从 8 到 64 天线端口的潜在利益来自于提升的波束赋形增益和复用增益。波束赋形增益是由于采用大量天线端口向一个用户发射的能量（在三个维度上）更为集中。复用增益来自于在三维空间内（通过大量天线端口）形成多个相互不干扰的波束指向多个用户的能力，可实现更为高效的多用户传输（MU-MIMO）。特别是极化方向有助于实现单用户复用多个数据流（SU-MIMO）。实现这些增益的关键因素是 CSI 反馈的准确性，该影响如图 11.15 所示，具备 8 端口 CSI 反馈能力的 Rel-12 移动设备所实现的系统性能与具备 16 端口 CSI 反馈能力的 Rel-13 移动设备所得到的性能进行了对比。在两个案例中均考虑采用 16 TXRU 驱动 64 个交叉极化天线单元（以 8 行 4 列分布）的 Massive-MIMO 基站。可实现的性能与 CSI 反馈准确度是强相关的，如果 CSI 反馈是受限的，系统性能的提升可能没有那么显著。

由于绝大部分移动设备只支持两个接收通道，因此对于大部分实际应用 SU-

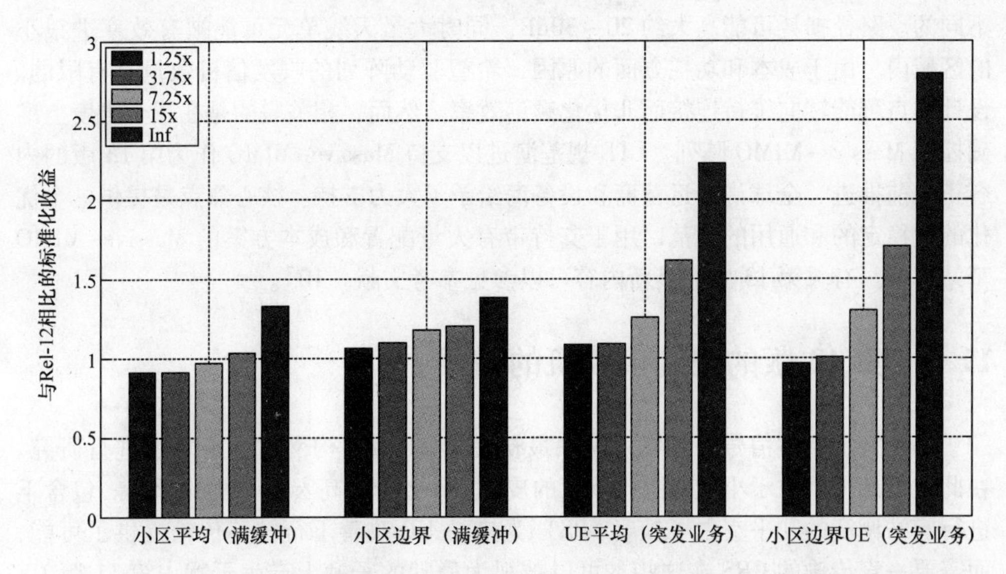

图 11.15　所展示的为标准化增强以支持 16 端口 Massive-MIMO 所能带来的潜在好处，改善与 CSI 反馈准确度是强相关的，假设 16 端口传输所需每个移动设备 CSI 反馈开销为 Rel-12 8 端口传输所需开销的 1.25、3.75、7.25、15 倍。“无限”案例对应基站的理想 CSI 假设

MIMO 传输仅限于两个数据流。UE 端可实现的 SINR 受限于接收损伤，传输 MCS 限于最高 64QAM。所有这些都意味着 Massive-MIMO 部署可以相对 SU-MIMO传输提供有限的改善。因此，除了提升 CSI 之外还可以考虑的改进是对 MU-MIMO 的支持。

关于我们所考虑的标准化方面内容[7-9]，上述物理层规范均属于 3GPP RAN WG1 的工作范畴。自 Rel-11 开始，具备 AAS 能力基站方面的特定内容也在 3GPP RAN WG4 的考虑范围之内。在传统基站情况下，收发信机和天线阵列都是物理隔离的，WG4 规范设置了此类基站的标准。AAS 系统中的射频与带有天线单元收发信机集成在一起，一定程度上影响了这些发射信号在非期望信道上的特征。类似地，它可能还影响在非期望信道出现干扰时接收期望信号的能力。3GPP WG4 正在积极研究考虑 AAS 基站与非 AAS 基站混合部署的情况，可能会导致对 AAS 核心需求的规范修改。

上述讨论说明 Massive-MIMO 基站适合部署在严重干扰受限的场景，此类场景下应用 Massive-MIMO 基站的动机是通过改进频谱效率来提升系统容量。尽管我们只关注下行链路，在各个部署场景中上行链路的容量改善也期望与下行链路一样显著。当前 LTE 部署最流行的频段为 700MHz～3.5GHz，未来 AAS 和 Massive-MIMO 基站将扮演主导地位的角色。然而，值得一提的是，5G 讨论中更早可用的频谱位于更高频点，但高频所带有不适宜的传播特性也驱动使用 Massive-MIMO 天线阵列，这将在第 17 章中讨论。然而，这些考虑在如 30～100GHz 的更高频带是完全不同的。路径损耗可能高大约 20 ~ 30dB，同时大量天线单元可能被有效塞进很小的区域内。由于成本和功耗方面的原因，希望驱动阵列的收发信机数量是有限的。设计焦点可能转向维持连接而非优化频谱效率。然而，相关联的是在三个维度上准确控制 Massive-MIMO 阵列。LTE 规范演进以支持 Massive-MIMO 作为第 13 版的内容正向前推进，全球许多运营商和设备商给予了大力支持。核心焦点是提供一个优化的、稳定的和通用的规范，用于支持带有大量配置和成本方案的 Massive-MIMO 基站部署。有关第 13 版的最新内容可以参见参考文献［10］。

11.7 第 13 版的先进接收机的增强

小区特定参考信号（CRS）消除最初在第 11 版异构网络的范畴中进行研究。在此类场景下，位于小区范围扩展区的皮站 UE 会受到高宏站干扰的影响。包含不进行宏站调度的几乎空白子帧（ABS）为皮站 UE 改善下行链路传输提供了可能，而需要一直传输的 CRS 在这些本可以被视为静默的子帧上产生干扰。第 11 版 UE 可以在异构网络情况下消除此类 CRS 干扰。第 13 版中通过对 UE 所用先进接收机性能需求的定义［1］扩展了此类 CRS IC 操作，以消除带有多个干扰源同构网络情况下的 CRS 干扰。事实上，在低负荷网络中 CRS 传输成了不可协商的干扰源。我们需要强调的是 CRS IC 只限于最多两个天线端口，因此四个天线端口 CRS IC 的问题需要通过更为先进的 UE 来进一步处理。

另一个始于第 13 版的新型接收机研究是 NOMA[6]，关注如何对使用相同下行链路时频资源的距离 eNodeB 远和近的用户实现资源复用，距离远的用户使用更高功率水平，而距离近的用户使用更低功率。接收到更低功率水平信号的 UE 在检测其自身传输之前要先将高功率信号减掉。该操作原则如图 11.16 所示，带有在频域（和空域）重叠的两个用户的子载波，相信用户 2 的先进接收机能力可以消除掉高功率用户 1。

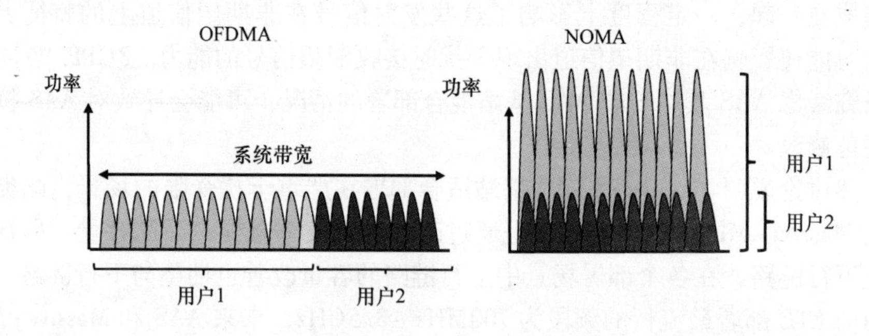

图 11.16　NOMA 原理

3GPP 已经启动了第 13 版工作来包含控制信道干扰消除相关的进一步性能需

求，如参考文献［2］中所涉及。建议的方案意在通过 UE 接收机来消除下行链路控制信道所经历的干扰，因此能够在不同干扰条件下提升下行链路物理层信令性能。

11.8 总结

在之前章节中我们介绍了第 12 版的 NAICS 以及为实现 3GPP 先进天线技术演进工作的三维信道模型、第 13 版中正在进行超过 8 天线端口的实现、UE 反馈所需的增强以及超过 8 天线端口应用相关的其他细节。希望能够在 LTE - Advanced 演进的第 13 和第 14 版工作中增加三维波束赋形/全维度 MIMO 相关的内容。另一方面，有关接收机的进一步工作扩展了同构网络中 CRS 干扰消除能力，并展望了带有两个采用功率差共享相同资源的 NOMA 类传输/接收应用。

参考文献

[1] 3GPP Tdoc RP-142263, 'New Work Item Proposal: Perf. Part: CRS Interference Mitigation for LTE Homogenous Deployments', December 2014.

[2] 3GPP Tdoc RP-151107, 'Interference Mitigation for Downlink Control Channels of LTE', June 2015.

[3] 3GPP Tdoc R1–133528, 'On Optional High-Rise Scenario', CMCC, RAN1 no. 74, Spain, August 2013.

[4] 3GPP TR 36.897, 'Study on Elevation Beamforming/Full-Dimension (FD) MIMO for LTE', v.13.0.0, June 2015.

[5] 3GPP Tdoc R1–144153, 'Scenarios for Elevation Beamforming and FD-MIMO', NTT DOCOMO, RAN1 no.78bis, Slovenia, October 2014.

[6] Y. Saito, Y. Kishiyama, A. Anass Benjebbour, T. Nakamura, A. Li, and K. Higuchi, 'Non-orthogonal Multiple Access (NOMA) for Cellular Future Radio Access', Proceedings of IEEE Vehicular Technology Conference, 2013.

[7] 3GPP Technical Specification, TS 36.211, 'Evolved Universal Terrestrial Radio Access (E-UTRA); Physical Channels and Modulation', 2015.

[8] 3GPP Technical Specification, TS 36.212, 'Evolved Universal Terrestrial Radio Access (E-UTRA); Multiplexing and Channel Coding', 2015.

[9] 3GPP Technical Specification, TS 36.213, 'Evolved Universal Terrestrial Radio Access (E-UTRA); Physical Layer Procedures', 2015.

[10] 3GPP Tdoc RP-151085 Elevation Beamforming/Full-Dimension (FD) MIMO for LTE, June 2015.

[11] White Paper Nokia Networks, 'Nokia Active Antenna Systems: A step-change in base station site performance', Retrieved from http://networks.nokia.com/sites/default/files/document/nokia_active_antenna_systems_white_paper.pdf (last accessed August 2015).

第12章　LTE关键性能指标优化

Jussi Reunanen、Jari Salo 和 Riku Luostavi

12.1　导言

网络性能由一系列的关键性能指标（KPI）来表征的。在选择关键性能指标时应遵循以下原则：所选的关键性能指标既能表征终端用户的性能，又能表征资源利用的情况。一味地牺牲资源，来换取类似于呼叫建立成功率（CSSR）的最大化的性能，从长期来看是不可取的；而用最小化的资源利用来换取最大化的 KPI 性能，才应该是优化的目标。本章主要讨论通用的 LTE KPI 以及提高这些 KPI 的方法。第13章将进一步讨论 KPI 性能，并分析高业务量事件对不同 KPI 的影响。

本章介绍了基于网络统计指标和路测的最常见的呼叫性能 KPI。基于路测的 KPI 用于预部署的网络，但是，由于网络部署后网络负荷会逐渐增加，这时可以使用网络统计指标来提升网络性能。为进行覆盖和性能方面的验证，可以先进行路测，随后进行一些物理层优化和参数调整。与确认需进行物理层修正（如调整天线下倾角、天线方向校准以及天线位置变换）小区的方法一起，我们给出了一些物理层优化的例子。我们细致地分析了通过网络数据获得的 KPI，通过相应的不同 KPI 的预期结果来论证得到一些典型的网络优化措施。本章还讨论了高阶多输入多输出（MIMO）技术的性能以及提高双流模式使用率的方法，并展示了通过使用高阶 MIMO 技术获得的性能增益。同时，本章还详细地讨论了高铁场景下的性能提升方法。

本章中所有的例子都是在频分（FD）LTE 系统中给出的，但此类优化措施同样适用于时分（TD）LTE 系统。除此之外，如无特殊说明，本章中所有示例均基于 10MHz 和 20MHz 频分 LTE 场景（实际的载波频率分布于 700MHz、800MHz、900MHz、1800MHz、2100MHz 和 2600MHz），下行使用 2×2 MIMO 技术，上行使用两天线技术。

12.2　关键性能指标

下面列出了最常见的基于网络统计指标或路测的 KPI，且举例给出了计算公式：

- 随机接入建立成功率：接收到的终端发送的（成功被基站侧确认）无线资源控制（RRC）连接请求消息数（消息3）除以基站侧接收到的终端发送的前导码数量。
- 呼叫建立成功率（CSSR），该指标可以进行如下分解（参见图12.8）：

◦ RRC 连接建立成功率：终端发送且被基站侧成功接收的 RRC 连接建立完成

消息数（消息5）除以终端侧发送的 RRC 连接请求消息数。

◦ 从终端角度来看的演进的无线接入承载（E-RAB）建立成功率：发送的 RRC 连接重配完成消息数除以发送的服务请求数量。

◦ 从基站角度来看的演进的无线接入承载建立成功率：基站侧向移动管理实体（MME）发出的初始上下文建立请求消息数（S1 应用协议）除以 MME 向基站侧发出的初始上下文建立请求消息数（S1 应用协议）。

• E-RAB 掉话率：由异常无线承载释放导致的 E-RAB 释放数除以成功建立的 E-RAB 数量。

• LTE 系统内切换成功率可以进行如下分解：

◦ 频率内切换准备成功率；从终端角度来看的 eNodeB 内/eNodeB 间切换：终端接收到的带有（新小区）移动信息的 RRC 连接重配消息数除以终端为相应事件发送的测量报告数量。

◦ 频率内切换准备成功率；从基站角度来看的 eNodeB 内/eNodeB 间切换：接收到的切换请求确认消息数除以发送的切换请求数（针对 eNodeB 间切换，为通过 X2 或 S1 口；针对 eNodeB 内切换，为在 eNodeB 内部）。

◦ 频率内切换执行成功率；从终端角度来看的 eNodeB 内/eNodeB 间切换：发送的 RRC 连接重配完成消息除以接收到的 RRC 连接重配消息。

◦ 频率内切换执行成功率；从基站角度来看的 eNodeB 内/eNodeB 间切换：如果是 eNodeB 间切换，目标小区接收到的导致源小区通过 X2 接口接收释放请求信令的 RRC 连接重配信令数或者通过 S1 接口接收到的 UE 上下文释放命令信令数，如果是 eNodeB 内切换，eNodeB 内部传输给源小区的成功切换指示数，除以发送的 RRC 连接重配完成消息（由通过 X2 接口接收到的切换请求确认或通过 S1 接口接收到的切换命令所导致）。

12.3　物理层优化

受限于小区间干扰的 LTE 频谱效率可以通过参考文献［1］中定义的信道质量指示（CQI）进行估计。通过对小区主导地区的优化可以降低小区间干扰并提升 CQI，从而提升 LTE 网络容量和系统性能。典型的主导地区优化手段有调整天线的下倾角、方向和高度，这些方法通常被称作物理层或层 1 优化。例如，我们可以通过由于每小区下行数据量的增加而导致的平均上报 CQI 降低的斜率来评估物理层的性能。该斜率的负值越大，网络受到的小区间干扰越强烈。图 12.1 给出了一个簇级物理层优化结果的示例。斜率（CQI 由于每小区下行数据量的增加而降低）明显地由 -0.009 改善至 -0.0035，这表示在同样的 CQI 数值下，小区第二年相比于第一年可多承载 50% 的业务量，这意味着更好的终端用户体验和更高的网络容量。

可通过评估小区 X 的平均 CQI 降低值相对于小区 X 的邻小区的业务量增加值

的斜率来将簇级的分析扩展到小区级（为寻找出最大的干扰源）。图12.2给出了基于簇分析的示例，在图中对小区1带来最大干扰的小区使用斜体字标出。

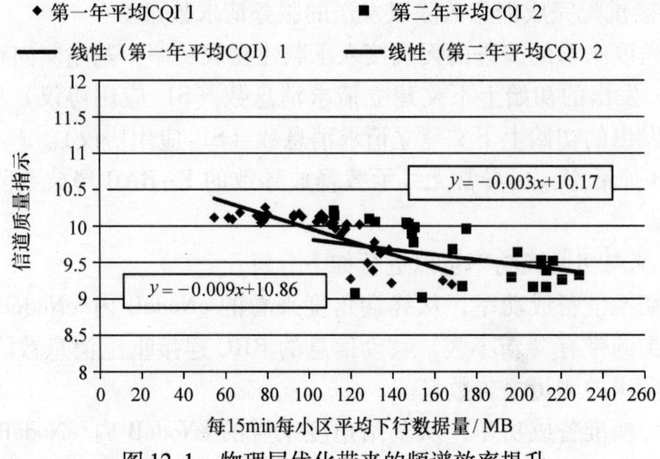

图12.1　物理层优化带来的频谱效率提升

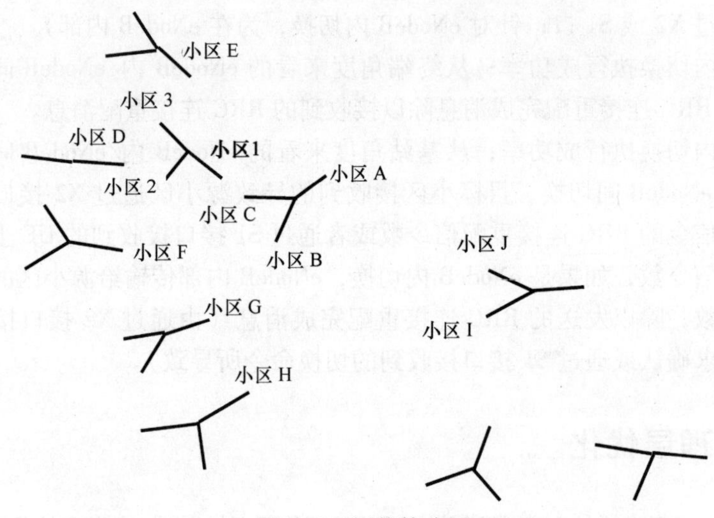

图12.2　网络簇分析

小区1是被分析的小区，小区A－I是距离该小区最近的邻小区。我们基于小区1的平均上报CQI相对于它的每个邻区平均下行数据量的斜率来分析最强的干扰源。图12.3、图12.4、图12.5和图12.6给出了具体示例。

基于邻小区对于小区1 CQI的影响，我们可将物理层优化手段在小区3、小区B和小区C中实施，这三个小区的斜率在－0.53～－0.95之间，而其他小区的斜率在－0.45～－0.02之间。我们可通过路测进行覆盖范围的验证。在典型的簇优化案例中，仅需进行下倾角的优化。图12.7展示了通过路测获得的物理层性能优化结果（在10MHz带宽的频分LTE场景下）。

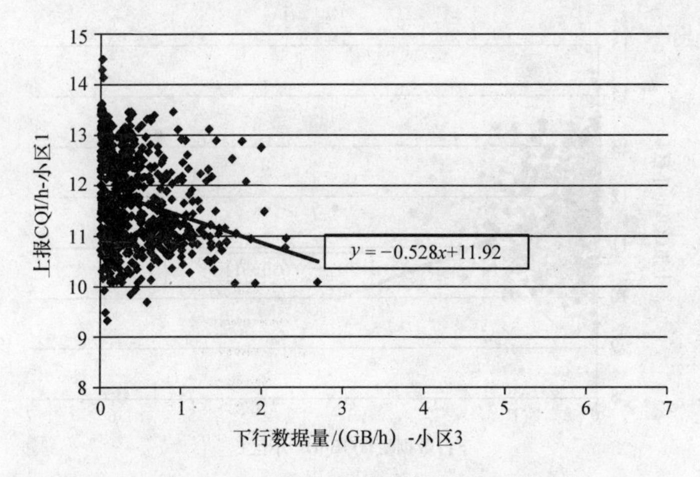

图 12.3　小区 3 对小区 1 带来的干扰

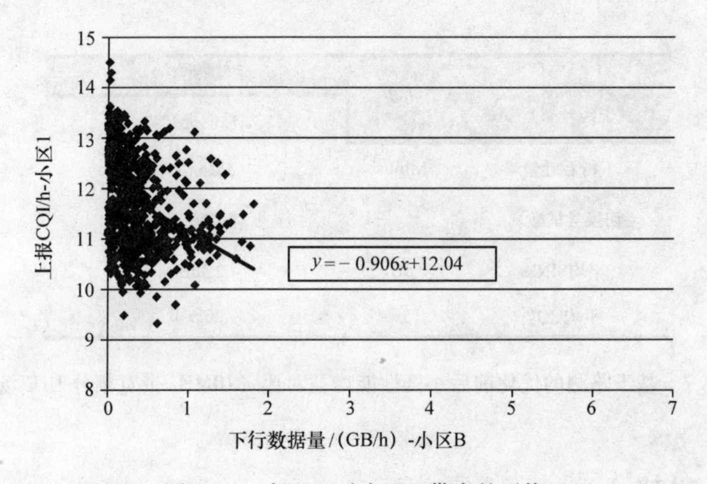

图 12.4　小区 B 对小区 1 带来的干扰

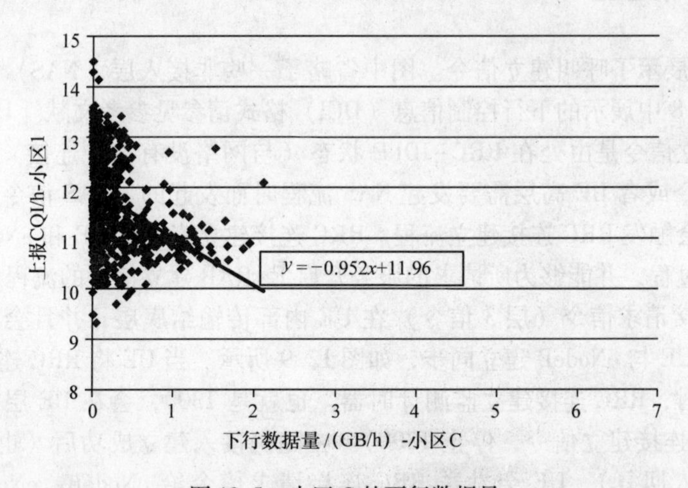

图 12.5　小区 C 的下行数据量

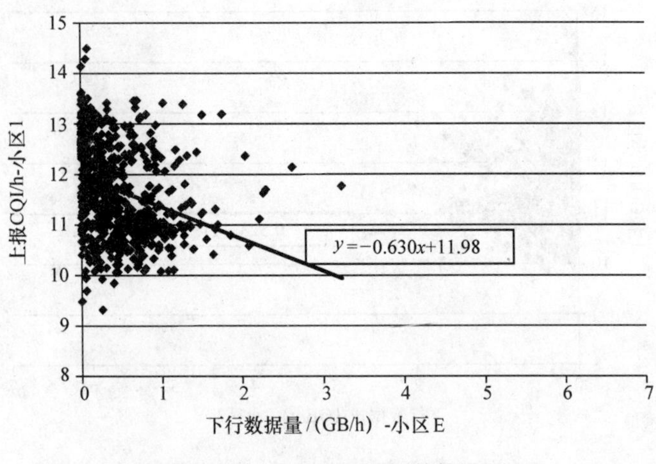

图 12.6 小区 E 的下行数据量

路测结果（天线倾斜）	单位	差距 性能提升
下行吞吐量	Mbit/s	5Mbit/s ↑
切换尝试数		33% ↓
平均SINR	dB	2.3dB ↑
平均CQI		0.5 ↓

图 12.7 基于路测的优化前后小区性能增益对比（10MHz 带宽频分 LTE 场景）

12.4 呼叫建立

图 12.8 展示了呼叫建立信令。图中省略了一些非接入层（NAS）信令和安全信令。图 12.8 中展示的下行控制信息（DCI）格式请参见参考文献［1］。

呼叫建立信令是由处在 RRC-IDLE 状态（与网络没有信令连接）的 UE 在接收到寻呼信令或者 UE 高层需要发起 NAS 流程时而发起的。NAS 信令传输或者寻呼相应传输会触发 RRC 连接建立流程。RRC 连接建立流程是 UE 和 eNodeB 间建立信令连接的过程，并能够为所请求的服务开启 E-RAB 建立信令的流程。

RRC 连接请求信令（层 3 信令）在 UE 内部传输给底层，并且会触发随机接入流程来为 UE 与 eNodeB 建立同步，如图 12.9 所示。当 UE 将 RRC 连接请求信令传输给底层时，RRC 连接建立监测计时器，也就是 T300，会在 UE 层 3 启动（如果收到 RRC 连接建立信令，停止 T300）。在随机接入建立成功后（也就是 UE 接收到随机接入回复），UE 会发送 RRC 连接请求信令给 eNodeB。eNodeB 会发送

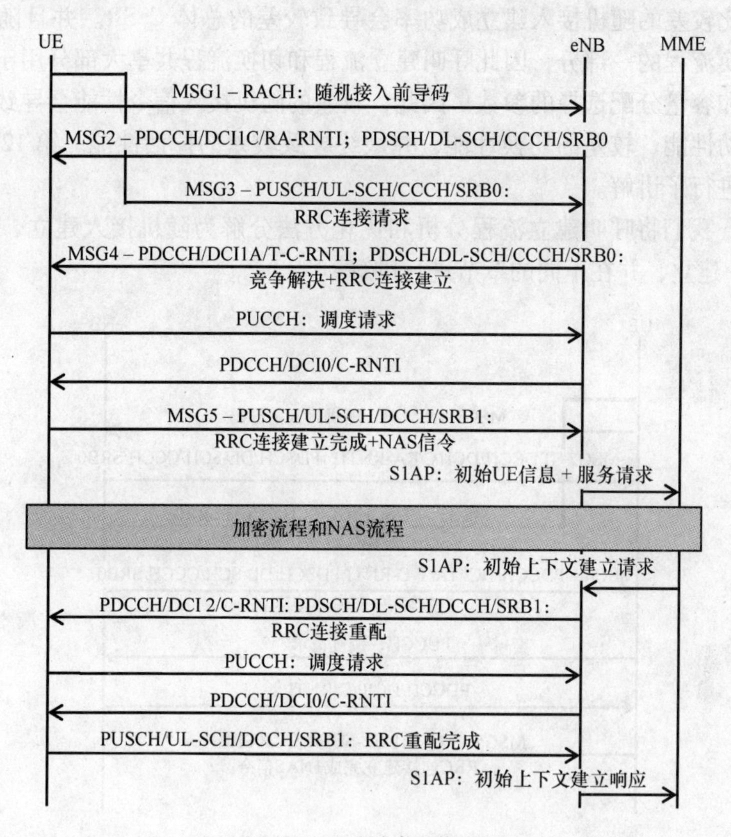

图12.8 呼叫建立信令

RRC连接建立信令作为回应。当eNodeB接收到UE发送的RRC连接建立完成信令后，RRC连接建立成功。在RRC连接建立过程中，功率控制和链路自适应机制只掌握了很有限的UE无线侧的状况信息。这就意味着发送功率等级和编码率需要由网络设定的固定的参数值（后面章节会做详细解释）并结合能够动态修改这些参数的重试算法来决定。

较差的接收RRC连接建立流程信令的成功率会导致额外的呼叫建立时延以及由于重传带来的干扰增加。额外的重传会增加物理随机接入信道（PRACH），物理下行控制信道（PDCCH），物理上行共享信道（PUSCH）和物理下行共享信道（PDSCH）的负担，并进一步增加干扰水平。干扰的增加就意味着上行和下行效率的降低，因此在呼叫建立过程中针对上行和下行初始传输功率等级、重传次数、计时器取值、初始PDCCH控制信道单元（CCE）聚合等级、PDSCH编码率和初始的调制编码方式（MCS）的选择就显得非常重要。所有的这些方面都会在后续的章节中进行讨论。

由于随机接入信令是RRC连接建立信令的一部分，也就是呼叫建立信令的一部分，因此较差的随机接入建立成功率会导致较差的总体 CSSR。并且随机接入信令也是切换流程的一部分，因此呼叫建立流程和切换流程共享大部分用于进行传输功率等级和容量分配选择的参数。因此，较差的随机接入信令性能会导致较差的呼叫建立成功性能、较差的切换性能，并最终导致较差的掉话性能。第 12.5.1 节对切换流程进行了讲解。

下面，我们将呼叫建立流程分析和优化方法分解为随机接入建立、RRC 建立和 E-RAB 建立，并在不同的章节进行讲解。

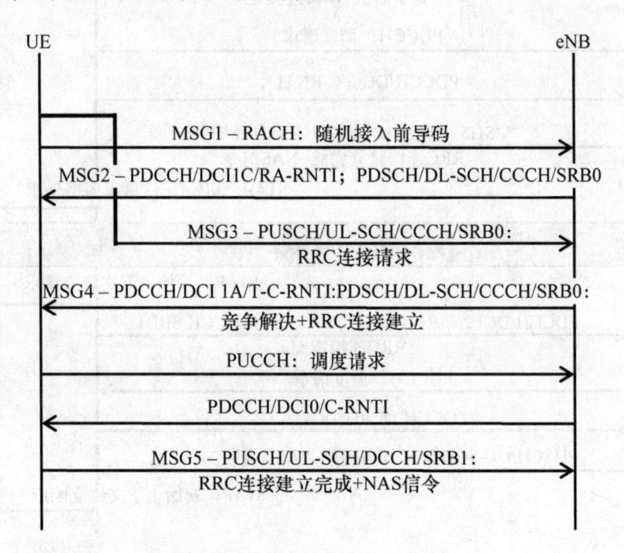

图 12.9　无线资源控制连接建立

12.4.1　随机接入建立

随机接入建立成功率是从 eNodeB 的角度来定义的，为基站接收到的 RRC 连接请求信令数量除以接收到的随机接入前导码数量（参见图 12.10）。随机接入建立成功率一般会随着业务和小区间干扰的增加而下降（参见图 12.10），但是它也会由于较差的随机接入前导码根序列规划，以及/或者较差的物理层设计，以及/或者较差的参数规划、以及/或者任意的外部干扰而变差。这些最常见的导致随机接入建立成功率下降的问题会在后续的章节继续讨论。

- eNodeB 接收到了太多的为其他小区规划的前导码（严重超调的小区由于根序列重用没有足够大而接收到相同的根序列前导码）。

- eNodeB 接收机算法不支持高速移动的 UE，也就是说，缺少较大的多普勒偏移补偿，因此 PRACH、PUCCH 和 PUSCH 的性能不够好。

- UE 由于覆盖或者干扰情况导致的 PDCCH 或者 PDSCH 信令问题而不能接收到随机接入信息，因此随机接入流程需要重复很多次。

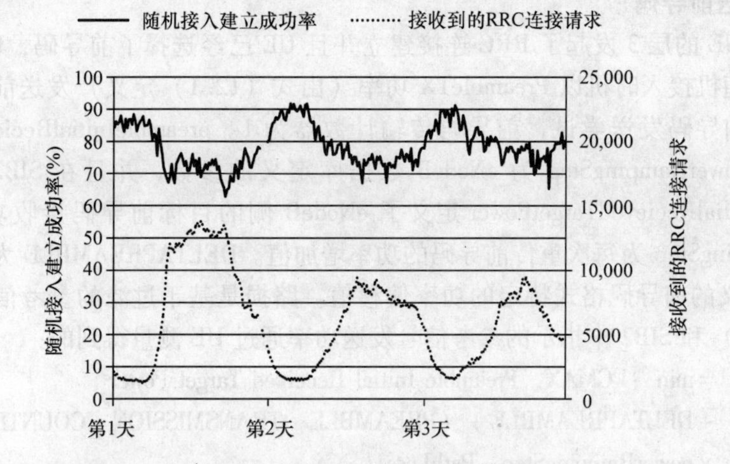

图 12.10　一小簇小区的平均随机接入建立成功率和 3 天内每小区每小时 eNodeB 接收到的平均无线资源连接建立请求数

- eNodeB 由于太大的干扰（由 LTE 内部或者 LTE 外部干扰导致），或者由于对接收到的前导码进行了错误的时间检测（由于随机接入前导码太小的循环偏移长度），或者由于接收到的前导码和 RRC 连接请求信令之间太低的功率偏移，而不能接收到 RRC 连接请求信息。

1. 选择前导码

随机接入流程开始于 UE 从所有可用的前导码中选择一个前导码。每个小区固定分配 64 个前导码。为了产生所有 64 个前导码，根据循环偏移长度 NCS，每个小区都需要一个或多个随机接入根序列。注意，循环偏移长度决定了 eNodeB 能够正确估计时间提前量的小区范围。如果 eNodeB 在超出定义的小区范围外接收到了前导码，那么时间提前量估计就会出错，并且随机接入流程会失败，并且会导致 UE 进行额外的重试。每个小区的前导码分为两个子集：

- 用于非竞争随机接入流程的前导码，用来进行切换流程和获得上行同步。
- 用于基于竞争随机接入流程的前导码，用在需要获得初始的同步估计或者没有非竞争接入前导码的场景下。

对于基于竞争的随机接入流程，64 - N_{cf} 个可用的前导码又根据需要传输的消息 3 的比特大小而进一步分为两个子集，其中 N_{cf} 是 eNodeB 预留的用作非竞争随机接入流程的前导码的数量。也就是说，用作短型消息 3 的前导码被称作分组 A 前导码，用作长型消息 3 的前导码被称作分组 B 前导码。同时 UE 也会考虑路损因素以避免在 UE 传输功率限制了覆盖范围的情况下分配长型消息 3。系统信息块 2（SIB2）包含了所有用于 PRACH 资源选择的参数。UE 在分组 A 或者分组 B 中随机选择一个可用的前导码。

2. 发送前导码

一旦 UE 的层 3 发起了 RRC 连接建立并且 UE 已经选择了前导码，UE 在第一个可用的随机接入时机以 PreambleTX 功率（由式（12.1）定义）发送前导码。对于第一次前导码发送尝试，前导码传输计数器为 1。preambleInitialRecievedTargetPower 和 powerRampingStep 为 eNodeB 数据库定义的参数，并且在 SIB2 中发送。preambleInitialRecievedTargetPower 定义了 eNodeB 侧的目标前导码接收功率等级，powerRampingStep 为每次重传前导码的功率增加值。DELTAPREAMBLE 为参考文献［1］中定义的前导码格式特定的功率偏移值。路损是基于过滤的参考信号接收功率（RSRP）和 SIB2 中指示的参考信号发送功率通过 UE 测量得到的：

$$\text{Preamble Tx} = \min\{\text{PCMAX},\ \text{Preamble Initial Received Target Power} + \text{DELTAPREAMBLE} + (\text{PREAMBLE\_TRANSMISSION} - \text{COUNTER} - 1) \times \text{powerRampingStep} + \text{PathLoss}\} \quad (12.1)$$

随机接入前导码发送后，UE 监听 PDCCH 来获得由随机接入无线网络暂时标识（RA-RNTI）标识的随机接入响应授权。RA-RNTI 是由所选 PRACH 资源所在的子帧（无线帧内）和所选 PRACH 频率资源来决定的。对于 FD LTE 网络只有时域资源，因此 PRACH 所在的子帧直接定义了 RA-RNTI[1]。

如果 UE 在一个特定的时间窗内没有接收到随机接入响应，该时间窗开启于发送前导码后的 3 个 TTI，结束于随机接入响应窗 +4 个 TTI，UE 将会重新发起 RACH 流程（在可用的前导码分组中随机选择前导码），并且每发送一次前导码就将前导码发送计数器增加一次。因此，随机接入流程每重复一次，前导码的发射功率就会随之增加，增加值由式（12.1）决定。随机接入响应窗大小是由 eNodeB 参数数据库定义，并通过 SIB2 发送给 UE 的。UE 会重复进行随机接入流程直到 T300 失效。

计时器 T300 会监测 RRC 连接建立流程，并在收到 RRC 连接建立或者 RRC 连接拒绝信令后停止。并且小区重选或者来自高层的 RRC 连接建立终止指示同样会导致 T300 的停止。如果 T300 正在运行，UE 可以继续发送随机接入前导码，并且 PREAMBLE_ TRANSMISSION COUNTER = preambleTransMax + 1 不一定会停止前导码的传输。如果 T300 设置的太短，会导致随机接入建立成功率的统计结果较好，但是同样会导致终端用户的接入性能较差。这是因为在较差无线环境下的用户可能没有足够的功率提升来弥补支撑较大的覆盖区域（尤其在多变的干扰情况下）。因此，RACH 流程参数调整结果需要一直通过路测来进行确认，去看是否存在潜在的问题导致 UE 发送功率不能达到最大值，并且导致前导码不能被 eNodeB 检测到。

3. 消息 2，随机接入响应信令

eNodeB 收到前导码后，会在前面章节定义的时间窗内准备发送随机接入响应。eNodeB 在 PDSCH 上发送随机接入响应，并在 PDCCH 上发送相应的容量授权，也就是 DCI。UE 在 PDCCH 上监听 RA-RNTI，如果检测到了正确的 RA-RNTI，UE

会根据 DCI 提供的信息在 PDSCH 上解码真正的随机接入信令。随机接入响应信令包含所接收的前导码标识信息。UE 需要检测随机接入响应中的前导码标识信息是否与 UE 之前选择的前导码标识一致。如果一致，UE 会进一步解码其余的随机接入响应，否则 UE 会认为随机接入流程失败，并以更大的发射功率（提高 PREAMBLE_ TRANSMISSION_ COUNTER）重新发起随机接入流程。随机接入响应还包含初始时间提前值，该值由 eNodeB 基于接收到的前导码计算得到。eNodeB 还会在随机接入响应信令中分配临时小区无线网络临时识别码（C-RNTI），以及针对消息 3 的上行授权（以及可能的重传）。并且，UE 传输消息 3 所需要的发射功率等级也会在随机接入响应信令中给出，该值表示为基于上一次 UE 发送前导码的发射功率的增量。

如果 UE 没有接收到任何针对其所发送前导码的响应（也就是随机接入响应），或者从随机接入响应里解码得到的前导码标识与 UE 选择的前导码不匹配，UE 会认为 eNodeB 没有接收到前导码，并且增加前导码的发送功率（增加 PREAMBLE_ TRANSMISSION_ COUNTER）。这种情况同样会发生在下行链路出问题的情况下（UE 没有接收到随机接入响应信令或者相应的 DCI），因此必须合理配置针对 PDCCH 和 PDSCH 的随机接入响应传输参数。对于 PDCCH，这意味着对所用 DCI 的编码率（也就是 CCE 聚合等级）必须要根据小区覆盖情况来进行选择。随机接入响应的 DCI 是在公共搜索空间中传输的，也就是说只能使用聚合等级 4 或者 8。聚合等级可以设定为固定值也可以由 eNodeB 算法根据覆盖情况动态设定。对于 PDSCH，针对实际的随机接入信令传输的编码率必须要根据所选的 DCI PDCCH 聚合等级来设定。否则，UE 可能能够接收到 PDCCH 传输的 DCI，但是不能接收到 PDSCH 传输的实际的随机接入响应信令，这就会导致不必要的重复的随机接入流程。

4. 消息 3，RRC 连接请求信令传输

一旦 UE 成功地接收到了随机接入响应，它就会在 PUSCH 上通过式(12.2)[1]定义的功率值（假设 PUSCH 传输，并且没有同时的 PUSCH 和 PUCCH 传输）并根据随机接入响应信令指示的资源向 eNodeB 发送 RRC 连接请求信令（消息 3）：

$$P_{\mathrm{PUSCH}}\mathrm{Msg3}=\min\begin{Bmatrix}P_{\mathrm{CMAX}},\\ 10\log(M_{\mathrm{PUSCH}}(i))+\mathrm{PreambleInitialReceivedTargetPower}+\\ \Delta_{\mathrm{PREAMBLE\_Msg3}}+\alpha(j)\cdot\mathrm{PL}+\Delta_{\mathrm{TF}}(i)+\Delta P_{\mathrm{rampup}}+\Delta_{\mathrm{Msg2}}\end{Bmatrix} \tag{12.2}$$

式中，P_{CMAX}为参考文献［2］中定义的 UE 在服务小区 c 中子帧 i 上的发送功率；i 是子帧号；M_{PUSCH}（i）为用作 PUSCH 传输的物理资源块（PRB）数量；PreambleInitialReceivedTargetPower 为式（12.1）中 eNodeB 侧前导码接收的目标功率；$\Delta_{\mathrm{PREAMBLE_Msg3}}$为 SIB2 中给出的 DeltaPreambleMsg3；$\Delta_{\mathrm{TF}}(i)$为参考文献［1］定义

的与 MCS 相关的参数；PL 为 UE 计算的在服务小区 c 中的下行路损估计值，该值以 dB 为单位，计算方法为 eNodeB 发送的参考信号发送功率（通过 SIB2 发送给 UE）-RSRP（UE 测量并过滤）；$\alpha(j)$为路损补偿，并且针对消息 3 传输设为 1，也就是说全路损补偿；ΔP_{rampup} = 从第一次到最后一次前导码发送的总功率提升值，也就是说，直到前导码被 RA 响应确认时的功率提升值；Δ_{Msg2}由 eNodeB 在随机接入响应信令中提供；$\Delta P_{\text{rampup}}+\Delta_{\text{Msg2}}$形成了功率控制闭环部分。值得注意的是，$f(0)$，也就是闭环部分的初始值，定义为$\Delta P_{\text{rampup}}+\Delta_{\text{Msg2}}$。

因此，消息 3 的功率等级取决于前导码的传输（ΔP_{rampup}）以及 eNodeB 给出的功率偏移值（$\Delta_{\text{PREAMBLE_Msg3}}$和$\Delta_{\text{Msg2}}$）。如果 eNodeB 由于所选的 MCS 和 PRB 的数量相比于分配的 UE 发送功率太高而不能正确解码消息 3（并且发送 NACK），UE 会重新发送消息 3（混合自动重传请求，HARQ 重传）。而重传使用随机接入响应中上行授权指示的 MCS 和 PRB 的数量。消息 3 的 HARQ 重传可以一直持续到达到最大允许重传次数（SIB2 中给出），之后 UE 会重选一个新的前导码并提高功率等级来重新发起随机接入流程。如果 eNodeB 没有收到消息 3，并且 UE 直到竞争解决计时器失效后也没有收到消息 4，则 UE 也会重选一个新的前导码并提高功率等级来重新发起随机接入流程。这些前导码重传会进一步提高针对消息 3 的 UE PUSCH 发送功率，如果为累积闭环功控，会提高所有后续 PUSCH 的发送功率。同时，消息 2 的传输还需要额外的 PDCCH 和 PDSCH 资源。因此，如何使尽可能多的前导码传输转化成消息 3 的成功解码非常重要。值得注意的是，消息 3 HARQ 重传一般是非自适应 HARQ 重传（为了节省 PDCCH 资源），这就意味着所有的消息 3 重传都使用与第一次传输相同的资源（PRB 的数量、PRB 位置、MCS 和传输块大小），因此在第一次传输与 HARQ 重传之间没有频率选择性调度增益。图 12.11 展示了一个受到较高上行干扰影响的小区，其 RACH 成功率如何被高上行干扰影响的例子。如前所述，eNodeB 通过参数 DeltaPreambleMsg3 和Δ_{Msg2}来影响消息 3 的发送功率，但是不推荐通过最大化 UE 消息 3 发送功率的方法来最大化 RACH 的成功率，这是因为增加的小区间干扰会降低高业务负载下的系统性能（见图 12.11）。最好能够将优化消息 3 大小授权参数，比如使用的 PRB 数（该数基于消息 3 的大小，因此也取决于终端所选的前导码分组）和 MCS，与发送功率的参数同时考虑。值得注意的是，最小的消息 3 的比特数大小为 56，该值的大小足够 RRC 连接请求信令使用。图 12.12 展示了如何通过优化消息 3 的上行授权参数与传输功率参数来提高 RACH 成功率。值得注意的是，针对上行授权的优化开始于第 16 天，结束于第 45 天。第 45 天后的优化结果在后续的第 12.4.2 节进行讨论。

通过物理层优化有可能减少 eNodeB 接收到的前导码总数。随机接入建立成功率的提升表现为从相同随机接入前导码根序列索引分配前导码的小区重叠区域的减少，因此邻小区测量到的错误时间提前量（TA）估计的前导码总数也会减少。错误估计的 TA 会导致消息 3 的接收错误，因此造成随机接入建立成功率的降低和小

图12.11　随机接入建立成功率和PUSCH信号与干扰噪声比

图12.12　小区簇随机接入建立成功率提升

区间干扰的增加。图12.13展示了物理层优化对随机接入建立成功率和接收到的前导码数量的影响。图12.13中的例子表明，经过对一些小区中一些天线的重定位以及天线下倾角的调整，小区簇中的其中一个小区接收到的前导码比以前少了3倍，随机接入建立成功率也在高峰时期从约60%提高到了约80%。

随机接入流程信令，也就是UE发送前导码、eNodeB发送随机接入响应，不包括任何这些信令的重传，而是总会触发一次新的前导码的传输。因此，随机接入建立成功率（网络侧统计结果）一般不会超过90%，而且由于针对资源利用和干扰增加的优化，随机接入建立成功率的性能目标应设为80%~90%。

一旦UE发送了RRC连接请求，就会开启竞争解决计时器（由SIB2发送给UE）来监听作为消息3传输响应的消息4。每次消息3 HARQ重传后都会重新开始竞争解决计时器。UE使用临时C-RNTI来监听针对消息4大小授权的PDCCH。

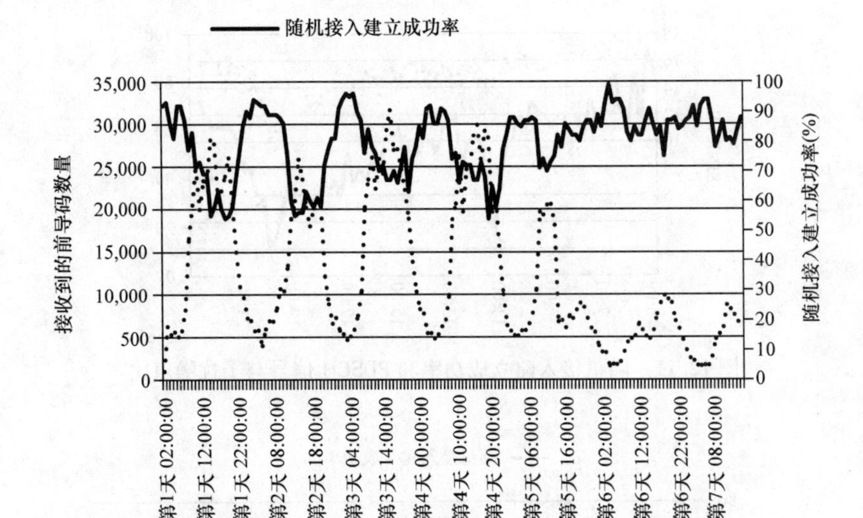

图 12.13　物理层优化对小区随机接入建立成功率的影响

12.4.2　RRC 连接建立

RRC 连接建立成功率可以表示为 eNodeB 接收到的 RRC 连接建立完成（消息 5）信令数除以 eNodeB 接收到的 RRC 连接建立请求（消息 3）信令数。eNodeB 侧针对消息 5 的接收问题或者 UE 侧针对消息 4（RRC 连接建立信令）的接收问题也会造成较差的 RRC 连接建立成功率 。如果 UE 侧接收相应的信令大小授权存在问题或者 eNodeB 侧接收调度请求（SR）（针对消息 5）存在问题，都会影响 RRC 连接建立成功率。由于 RRC 连接用户数容量受限导致的 RRC 连接建立成功率下降的问题将在第 13 章进行讨论。图 12.14 展示了一个业务增长影响随机接入建立成功率和 RRC 连接建立成功率的例子。一般情况下，当业务增长时，小区间干扰同样增加（由于增加了更多的用户，并且更多的用户会处于较差的无线环境下），因此会导致更多的 eNodeB 侧和 UE 侧信令接收的失败，并造成性能的下降。

1. 消息 4，竞争解决和 RRC 连接建立信令接收

一旦 eNodeB 接收到了消息 3，它会准备发送消息 4。消息 4 包含了竞争解决和 RRC 连接建立信令。针对包含竞争解决信令的消息 4，下行授权由临时 C-RNTI 标识，并通过 PDCCH 在随机接入响应信令中分配给 UE。竞争解决信令简单的复制了消息 3 中 40bit 的 UE 标识（基于 SAE 临时移动台标识[4]或者在 UE 从来没有连接到网络的情况下产生一个随机值）。基于该标识，UE 可以辨别正确的消息 4。几个 UE 可以选择相同的随机接入前导码，因此几个 UE 都能够收到不是针对它们的随机接入响应，并且发送消息 3。因此，只有消息 4 的接收（竞争解决部分）能够

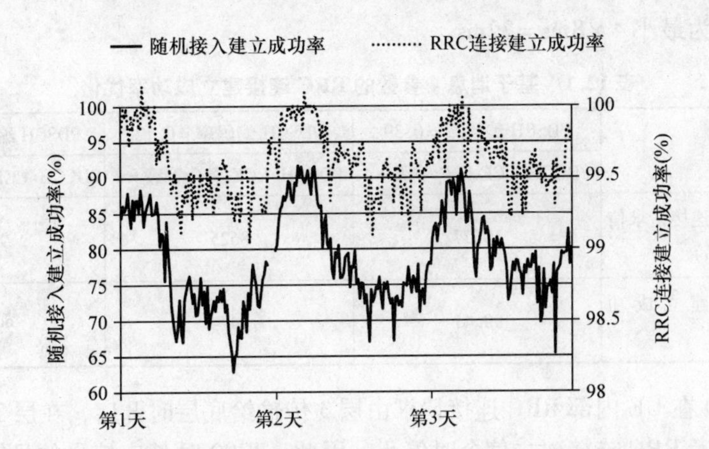

图 12.14　3 天内一个小区簇中的平均随机接入建立成功率和平均 RRC 连接建立成功率

辨识为其发送随机接入响应的正确 UE，并且为其建立 RRC 连接。消息 4 使用自适应 HARQ，并且只有与消息 3 中传输的 UE 标识一致的 UE 才会发送 HARQ 反馈。如果凑巧有其他的 UE 选择了相同的 RA-RNTI 和相同的前导码，那么它会理解为有碰撞发生，并且会通过提升发送功率发送新的前导码开始新的随机接入流程（也就是 PREAMBLE_TRANSMISSION_COUNTER 增加 1）。消息 4 目标接收 UE 会发送 HARQ 确认进行响应（如果 UE 成功解码了整个消息 4）、停止竞争解决计时器、并且准备发送消息 5。当竞争解决计时器仍在运行（在发送消息 3 后开启），并且 UE 接收到针对消息 3 的 NACK，UE 会重新发送消息 3，并且在每次重新发送消息 3 时重起竞争解决计时器。发送（或重传）消息 3 后，UE 监听由临时 C-RNTI 标识的指示消息 4 大小授权的 PDCCH，直到竞争解决计时器失效。如果竞争解决计时器失效，竞争解决失败，UE 会从头开始随机接入流程，也就是从前导码分组中选择前导码，提高发送所选前导码的功率，并将 PREAMBLE_TRANSMISSION_COUNTER 增加 1。

PDSCH 上传输消息 4 的编码率和 PDCCH 上传输的 DCI 的聚合等级可以设定为固定值，也可以由 eNodeB 算法动态调整。与随机接入响应类似，这些参数同样需要仔细设定，以便能够达到足够好的 RRC 连接建立成功率。值得注意的是，如果 UE 不能接收到消息 4，那么它就不会发送消息 5，那么从统计学的角度来看就会产生消息 5 的接收问题。表 12.1 展示了一个测试小区簇在忙时随着 PDSCH 上消息 4 编码率的降低以及 PDCCH 上 DCI CCE 等级的提升，RRC 连接建立成功率提升的例子。

值得注意的是，其他影响消息 4 接收成功率的参数为

- 消息 4 的 HARQ 重传次数。
- 考虑到前面的提到的因素，竞争解决计时器应该足够长以便终端能够接收到所有的消息 4 的传输。例如，如果消息 4 允许 4 次 HARQ 重传，那么竞争解决计

时器市场应为最小 $4\times8\text{ms}=32\text{ms}$。

表 12.1 基于消息 4 参数的 RRC 连接建立成功率优化

	PDSCH 编码率 = 0.39	PDSCH 编码率 = 0.12	PDSCH 编码率 = 0.05
	PDCCH CCE 聚合等级 = 4	PDCCH CCE 聚合等级 = 4	PDCCH CCE 聚合等级 = 8
收到的 RRC 连接请求信令总数（消息 3）	10577	8625	9488
RRC 连接建立成功率（%）	99.41	99.9	99.96

- T300 在 UE 内部 RRC 连接请求由层 3 传输给底层时开启，在层 3 收到 RRC 连接拒绝或者 RRC 连接建立信令时停止。因此，T300 时长应该设的足够长，以便能够包含所有消息 3 和消息 4 的传输。但是值得注意的是，一旦增加了 T300，终端就可以发送更多的前导码（不会受之前描述的 PREAMBLE_TRANSMISSION_COUNTER = preambleTransMax + 1 的限制），这会导致随机接入建立成功率的下降。图 12.15 展示了调整 T300 以及其对 RRC 连接建立成功率和随机接入建立成功率的影响的例子。

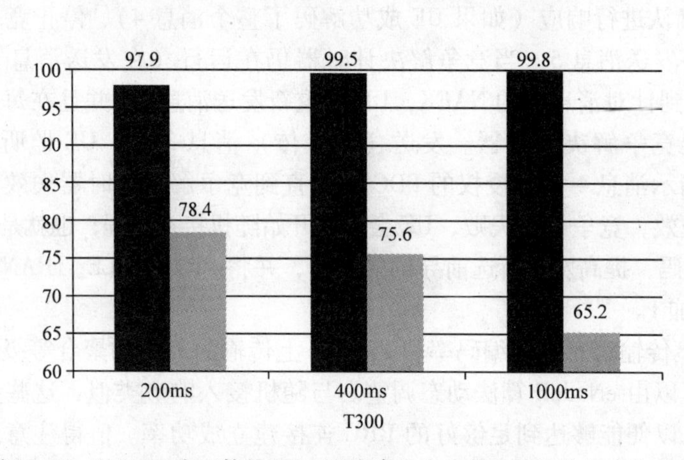

图 12.15 以 T300 为函数的 RRC 连接建立成功率和随机计入建立成功率

2. 消息 5，RRC 连接建立完成信令传输

UE 没有任何的上行授权来发送 RRC 连接建立完成（消息 5）信令，因此在消息 5 能够发送之前，UE 需要在物理上行控制信道（PUCCH）上发送调度请求（SR），并等待 PDCCH 发送的上行容量授权。消息 5 的成功发送（以及 eNodeB 侧的成功接收）会受到 PUCCH 功率控制、PUSCH 功率控制、PDCCH DCI 解码（用足够高的 CCE 聚合等级来发送上行容量授权）和针对实际的消息 5 传输在 PUSCH

上的资源分配（所选的MCS和PRB数量）的影响。针对PUCCH和PUSCH必须要进行功率控制，以便UE能够有足够高的发送功率来传输消息5和调度请求。

消息5是UE发送的第一个遵循给定的功率控制策略并使用动态PUSCH调度的信令。PUSCH的发送功率由式（12.3）[1]（假设没有同时的PUSCH和PUCCH传输）给出：

$$P_{\mathrm{PUSCH}}(i)=\min\begin{Bmatrix}P_{\mathrm{CMAX}}(i),\\ 10\log_{10}(M_{\mathrm{PUSCH}}(i))+P_{\mathrm{0\_PUSCH}}(j)+\alpha(j)\cdot \mathrm{PL}+\Delta_{\mathrm{TF}}(i)+f(i)\end{Bmatrix} \tag{12.3}$$

式中，P_{CMAX}为参考文献［2］中定义的UE在服务小区c中子帧i上的发送功率；i是子帧号；针对相当于动态调度的PUSCH（重）传输j等于1；M_{PUSCH}（i）为PUSCH资源分配的带宽，其表示为服务小区c中子帧i上可用的资源块数量；$P_{\mathrm{0\_PUSCH}}$（j）由以下部分组成：①$P_{\mathrm{0_NOMINAL_PUSCH}}$（$j$）取值范围为-126（满路损补偿）~+24dBm（无路损补偿）；②$P_{\mathrm{0_UE_PUSCH}}$（j）取值范围为-8~+7dB，为eNodeB用来补偿在错误的路损估计情况下产生的针对UE发送功率的系统性偏移；

PL为UE计算的在服务小区c中的下行路损估计值，该值以dB为单位，计算方法为eNodeB发送的参考信号发送功率（通过SIB2发送给UE）-RSRP（UE测量并过滤）；α（j）为路损补偿因子，以达到总体上行容量和小区边缘数据速率的折中：全路损补偿最大化了小区边缘用户的公平性；

部分路损补偿可能增加整体的系统容量，因为可以使用更少的资源来保证小区边缘用户传输的成功和对邻小区造成更少的小区间干扰；

对于$j=1$，α可以为0、0.4、0.5、0.6、0.7、0.8、0.9和1，其中0.7或0.8通过提供可以接受的小区边缘性能来达到接近最大的系统容量；

$\Delta_{\mathrm{TF}}(i)$为参考文献［1］定义的与MCS相关的参数；

闭环部分$f(i)$由eNodeB根据功率控制策略进行调整。如果是累积类型功率控制，$f(i)$的前值，也就是$f(i-1)$，需要和eNodeB发送的新发送功率控制命令进行累加；如果是绝对类型功率控制，只有eNodeB发送的新发送功率控制命令用来更新$f(i)$。累积类型的发送功率控制命令从｛-1，0，1，3｝dB中选择，绝对类型的发送功率控制命令从｛-4，1，1，4｝dB中选择。累积类型闭环功率控制从初始值$f(0)$开始，并根据eNodeB发送功率控制命令调整初始值。$f(0)$的值为式（12.2）中提供的消息3发送功率。绝对类型闭环功率控制只使用eNodeB当前的发送功率控制命令作为新的闭环功率控制$f(i)$值。

UE针对PUCCH的发送功率由式（12.4）[1]（假设PUCCH传输）给出，需要遵循与PUSCH发送功率一样的原则：

$$P_{\text{PUCCH}}(i)=\min\left\{\begin{array}{l}P_{\text{CMAX}}(i),\\P_{0\_\text{PUCCH}}+\text{PL}_c+h(n_{\text{CQI}},n_{\text{HARQ}},n_{\text{SR}})+\Delta_{\text{F\_PUCCH}}(F)+\\\Delta_{\text{TxD}}(F')+g(i)\end{array}\right\}\tag{12.4}$$

式中，P_{CMAX}为参考文献［2］中定义的 UE 在服务小区 c 中子帧 i 上的发送功率；P_{0_PUCCH}由以下部分组成；①$P_{0_\text{NOMINAL_PUCCH}}$为 $P_{0_\text{NOMINAL_PUSCH}}$相对于 PUCCH 的值，一般的取值范围为 -127 ~ -96dBm；②$P_{0_\text{UE_PUCCH}}$为 $P_{0_\text{UE_PUSCH}}$相对于 PUCCH 的值，一般的取值范围为 -8 ~ 7dB；

PL 为 UE 计算的在服务小区 c 中的下行路损估计值，该值以 dB 为单位，计算方法为 eNodeB 发送的参考信号发送功率（通过 SIB2 发送给 UE）-RSRP（UE 测量并过滤）。

$\Delta_{\text{F_PUCCH}}(F)$对应于相对 PUCCH 格式 1a 的 PUCCH 格式（F）功率，其中各个 PUCCH 格式（F）是指所有的其他 PUCCH 格式：1、1b、2、2a、2b 和 3 由 eNodeB 在 SIB2 中提供；$\Delta_{\text{TxD}}(F')$假设为 0，指示 UE 没有按参考文献［1］定义的从两个天线端口发送 PUCCH；$h(n_{\text{CQI}},n_{\text{HARQ}},n_{\text{SR}})$为参考文献［1］中解释的与 PUCCH 格式相关的值；注意，对于 PUCCH 没有分段功率控制，也就是说 α 等于 1；

闭合部分 $g(i)$由 eNodeB 根据功率控制策略进行调整。包含在 PDCCH 格式 1、1A、1B、1D、2、2A、2B 或 2C 中的发送功率控制命令 δ_{PUCCH} 可以取值为｛-1，0,1，3｝。包含在 PDCCH 格式 3 或 3A 中的发送功率控制命令 δ_{PUCCH}可以取值为｛-1，1｝。发送功率控制命令通过 $g(i)=g(i-1)+\sum_{m=0}^{M-1}\delta(i-k_{\text{m}})$ 被包含到 $g(i)$的前值中，其中对于 FD 模式，$M=1$，$k_0=4$，对于 TD 模式，可参考文献［1］中的定义。

对于 PUSCH 和 PUCCH 的功率控制设置必须要遵循相同的策略，也就是说，如果 PUSCH 的功率控制比较激进，那么 PUCCH 的功率控制同样应该激进。同样，如果 PUSCH 的功率控制比较保守，那么 PUCCH 的功率控制同样应该保守。这样 UE 的发送功率在 PUSCH 和 PUCCH 间才会有较小的波动，因此每次分配的物理资源块间的功率差异会比较小，并且在 PUCCH 上的信令会得到提升（CQI 和 ACK/NACK）。第 12.5 节对 UE 的 PUCCH 发送功率控制做了进一步的分析。

在发送消息 5 时，闭环功率控制不会导致 UE 发射功率发生任何的提高或者下降，因为没有接收到信号强度指示，也没有之前 PUSCH 动态调度分配的信号与干扰噪声比测量结果。因此，消息 5 功率由开环功率控制部分设定（α，$P_{0\_\text{NOMINAL\_PUSCH}}(j)+P_{0\_\text{UE\_PUSCH}}(j)$，UE 测量的路损以及如果有累积闭环功率控制，第 12.4.1 节解释的消息 3 闭环部分）。类似于调度请求传输，由于没有足够多的供闭环部分调节使用的 PUCCH 传输，UE 的发送功率由开环功率控制部分来决定（$P_{0\_NOMINAL\_PUCCH}+P_{0\_UE\_PUCCH}$）。由于不同的覆盖和干扰情况（小区间和基于负载），PUSCH 和 PUCCH 的开环参数值为网络特定的，并且应该和资源分配优化一起调整。对于 DCI 的 PDCCH CCE 聚合等级（也就是编码率）是根据接收到的 CQI 报告（RRC 连接建立信令给出的参数）来决定的，因此是基于链路自适应。或者如果没有接收到 CQI 报告，聚合等级是根据固定的参数值来决定。对于消息 5 的实际资源分配，也就是 MCS 和 PRB 数，应该与发送功率控制一起优化，以便在最小化 UE 发送功率的同时最大化 RRC 连接建立成功率。

由于消息 5 是在专用控制信道（DCCH）上传输的第一个消息，并对信令无线承载 1（SRB1）使用确认模式（AM）无线链路控制（RLC）协议，链路自适应可以在重传期间调整 MCS（和 PRB 数）。除了 HARQ 重传，还有 RLC 重传。在 RLC 传输之间，链路自适应可以改变 MCS 和 PRB 数（如果 HARQ 传输、MCS 和 PRB 数不能在第一次传输时进行改变）。因此，在优化消息 5 解码性能时，同时需要考虑链路自适应操作。消息 5 一般会包含搭载的 NAS 消息；例如，针对附着请求发起了 RRC 连接建立，附着请求信令是和 RRC 连接建立完成信令捆绑在一起的，因此针对消息 5 的资源分配应该足够大，以便同时传输 RRC 连接建立完成和可能的 NAS 信令。图 12.16 展示了一个在覆盖受限的小区簇中通过参数优化来提升消息 4 在 UE 侧的解码性能和消息 5 在 eNodeB 侧的解码性能，进而达到 RRC 连接建立成功率改进的例子。

图 12.17 表明随机接入建立成功率和 RRC 连接建立成功率是高度相关的。在高负载小区（PRB 利用率 >50%），当随机接入建立成功率下降到 80% 以下时，RRC 连接建立成功率也会快速下降。因此，为了在高负载情况下保持较高的 RRC 连接建立成功率，随机接入建立成功率应该保持在 80% 以上。随机接入建立成功率和 RRC 连接建立成功率都会受到增加的小区间干扰的影响。因此，当业务增长并且小区间干扰增长时，参数优化变得十分重要。优化 RRC 连接建立成功率同样可以提升随机接入成功率，也就是说在图 12.16 中第 5 天之后的性能改进同样能够体现在图 12.12 中第 45 天后的性能改进。这是由于消息 4 的问题会导致较少的前导码的重复传输，并且由于 RRC 连接建立成功检测的性能提升会导致较少的 RRC 连接建立尝试。

12.4.3　E-RAB 建立

在成功的 RRC 连接建立流程之后，呼叫建立会继续进行 E-RAB 建立流程，如图 12.8 所示。E-RAB 建立成功率本身可以基于网络侧的统计来定义：

- eNodeB 发送给移动管理实体（MME）的初始上下文建立响应信令（S1 应用层）数除以 MME 发送给 eNodeB 的初始上下文建立请求信令（S1 应用层）数，或者 eNodeB 发送给移动管理实体（MME）的 E-RAB 建立响应信令（S1 应用层）

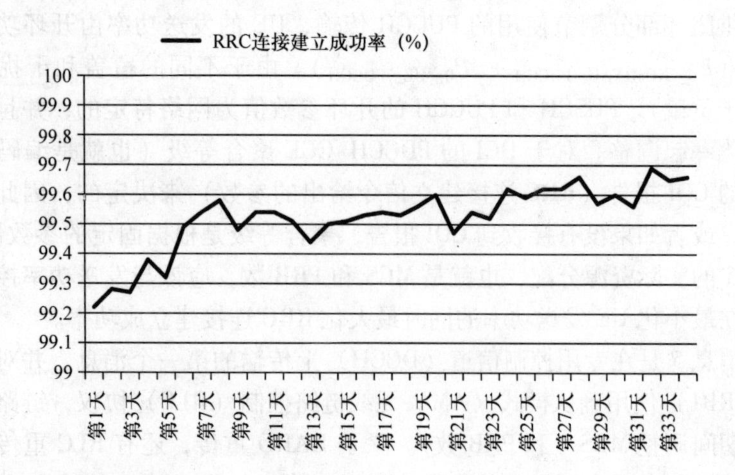

图 12.16　覆盖受限的小区簇中参数优化后 RRC 连接建立成功率提升，以天为统计周期

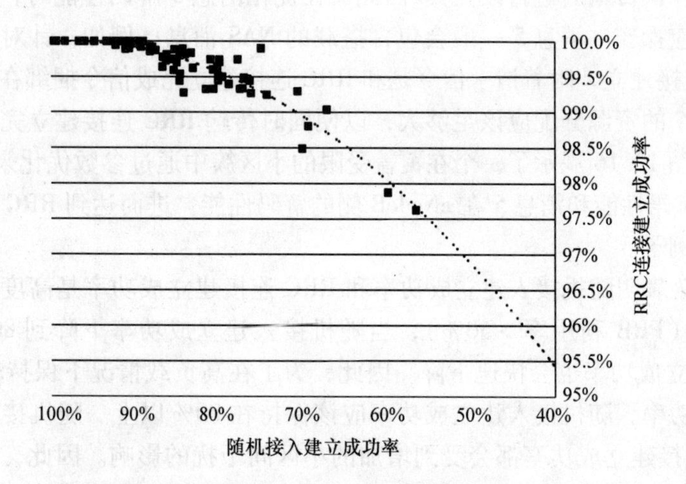

图 12.17　中等业务，15min 统计周期的条件下，小区簇中随机接入建立成功率 vs RRC 连接建立成功率

数除以 MME 发送给 eNodeB 的 E-RAB 建立请求信令（S1 应用层）数。

如图 12.8 和图 12.18 所示，E-RAB 建立包括了 UE 和 eNodeB 间的无线承载（RB）建立以及 eNodeB 和演进核心网（EPC）服务网关（S-GW）间的 S1 承载建立。值得注意的是，这里的 E-RAB 建立成功率分析只包含了 RB 建立部分，也就是说没有考虑 S1 承载建立问题。与随机接入建立成功率和 RRC 连接建立成功率相比，E-RAB 建立成功率受业务（和小区间干扰）增加的影响比较有限，如图 12.19 所示。图 12.19 中的 RB 建立成功率也包含即将进行的切换（HO），RB 在目标小区进行建立；而 E-RAB 建立成功率不包含任何 HO 场景。增加的小区间干扰会造成 UE 侧 RRC 连接重配信令解码的挑战和 eNodeB 侧 RRC 连接重配完成信令解

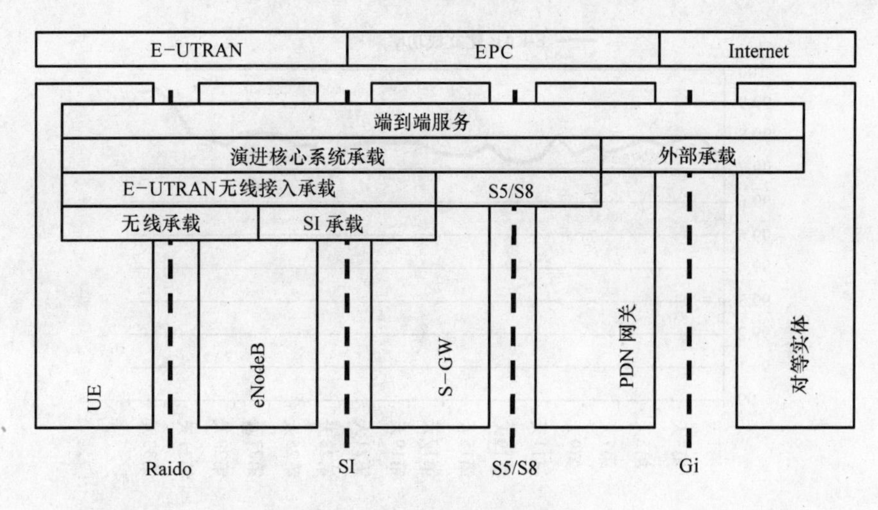

图 12.18　LTE 承载架构[3]

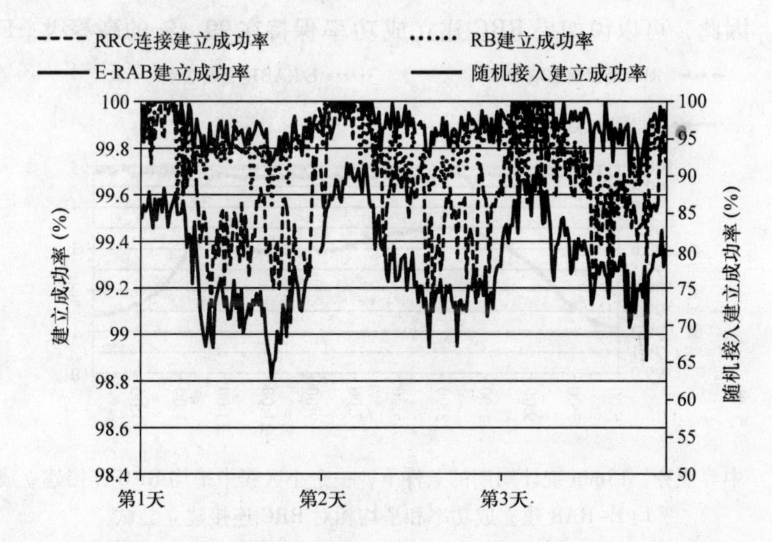

图 12.19　中等业务，15min 统计周期的条件下，一个小区簇中每个小区平均 E-RAB 建立成功率，无线承载（RB）建立成功率，RRC 连接建立成功率和随机接入建立成功率

码的挑战。图 12.20 展示了参数优化后 E-RAB 建立成功率的改善。

第 31 天后的 E-RAB 建立成功率提升来自于参数优化，包括最小资源分配大小优化以及覆盖受限场景下的 UE 发送功率控制，也就是通过最小化 PRB 数和 MCS 来最小化 UE 发送功率，同时最大化 E-RAB 建立成功率。

图 12.21 展示了中等业务对 E-RAB 建立成功率和 RRC 连接建立成功率的影响。在信令业务到达最高峰时（与最低时相比，RRC 连接建立尝试增加了接近 4 倍），RRC 连接建立成功率急剧降低到 99.6%，但是 E-RAB 建立成功率只稍微降

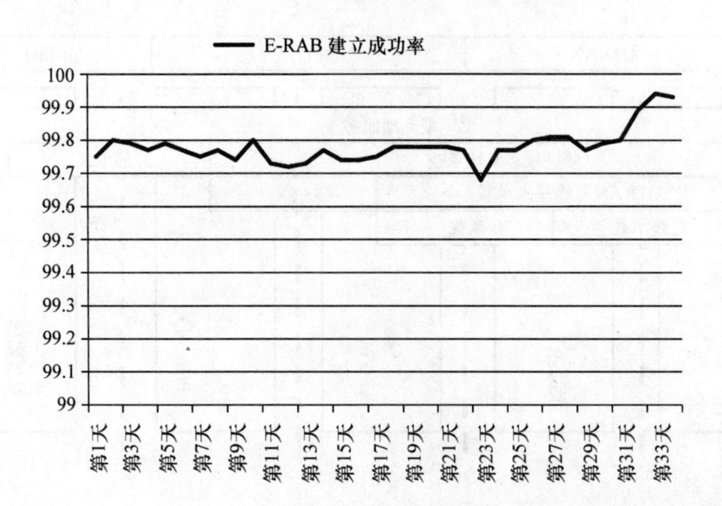

图 12.20　覆盖受限的小区簇中参数优化后平均 E-RAB 建立成功率提升，以天为统计周期

低了一些。因此，可以说如果 RRC 建立成功率保持在 99. *x*% 的高等级，E-RAB

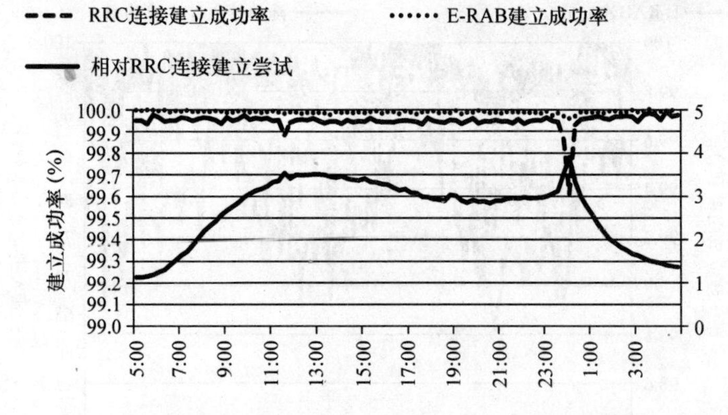

图 12.21　中等业务，15min 统计周期的条件下，一个小区簇中平均 RRC 连接建立成功率，平均 E-RAB 建立成功率和平均相对 RRC 连接建立尝试

建立成功率不会受到增加的小区间干扰的影响。并且如果存在任意的接纳控制限制（比如由于达到了能容纳的 RRC 连接态 UE 的容量上限），在 RRC 连接建立期间就会发生拒绝，对 E-RAB 建立成功率不会产生影响。

12.5　E-RAB 掉话

E-RAB 掉话率定义为非正常释放的导致 E-RAB 释放的 RB 数除以成功建立的 RB 数，图 12.22 展示了它与业务和 E-RAB 建立尝试之间的关系。建立成功率（随机接入、RRC 连接和 E-RAB）和 E-RAB 掉话率在业务（小区间干扰）增加时有着同样的趋势，这是由于建立和切换有着十分类似的信令流程，也由于 E-RAB 掉话率与切换成功率（频率内切换成功率）有着高相关性，如图 12.23 和图 12.24 所示。

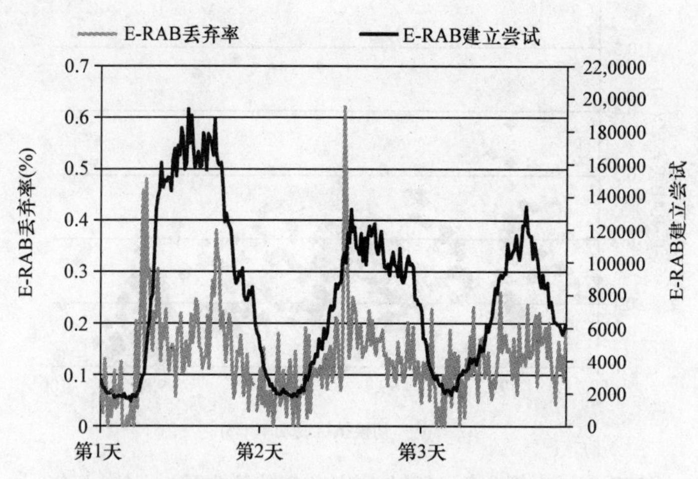

图 12.22　中等业务，15min 统计周期的条件下，
一个小区簇中平均 E-RAB 丢弃率和 E-RAB 建立尝试总数

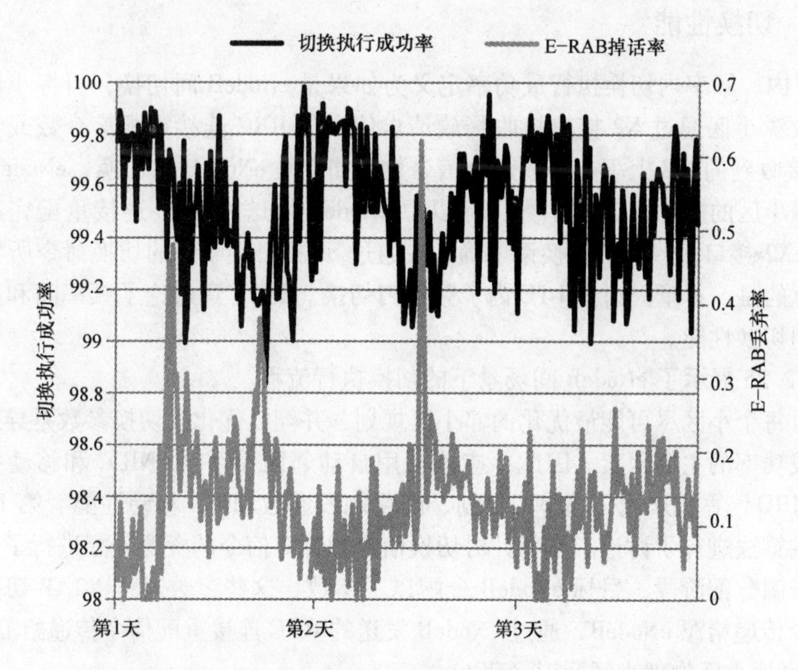

图 12.23　中等业务，15min 统计周期的条件下，一个小区簇中平均
频率内切换执行成功率和平均 E-RAB 掉话率

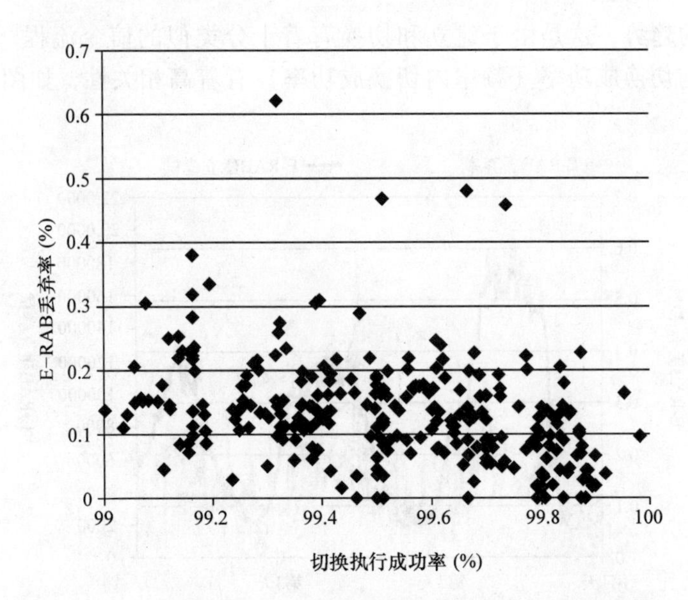

图 12.24　中等业务，15min 统计周期的条件下，一个小区簇中以频率内切换成功率为函数的 E-RAB 掉话率

12.5.1　切换性能

LTE 内，频率内切换执行成功率定义为如果是 eNodeB 间切换，目标小区接收到的导致源小区通过 X2 接口接收释放请求信令的 RRC 连接重配信令数或者通过 S1 接口接收到的 UE 上下文释放命令信令数，如果是 eNodeB 内切换，eNodeB 内部传输给源小区的成功切换指示数，除以源 eNodeB 发送的 RRC 连接重配完成消息（由通过 X2 接口接收到的切换请求确认或通过 S1 接口接收到的切换命令所导致）。值得注意的是，本章只讨论 LTE 内、频率内切换。第 15 章讨论了频率间和无线接入技术间切换性能。

图 12.25 展示了 eNodeB 间场景下的切换执行流程。

针对每个小区尽可能最优化的邻小区规划，并配以优化的切换参数是导致高切换执行成功率的主要因素。因此，应该利用自动邻区关系（ANR）和移动鲁棒性优化（MRO）算法来优化邻小区规划、切换触发参数和 UE 移动性能。第 12.6 节针对这些算法进行了讨论。本节针对切换信令和针对信令的资源分配进行了讨论。

在资源分配阶段，目标 eNodeB 分配以下参数，这些参数通过 X2AP 切换请求确认信令传递给源 eNodeB，通过 eNodeB 发送的 RRC 连接重配信令传递给 UE：

- 目标小区物理小区标识（PCI）。
- T304 从 UE 的角度来监测切换流程：在 UE 接收到包含移动控制信息的 RRC 连接重配信令时开启，在 UE 成功完成随机接入流程并向目标小区发送 RRC

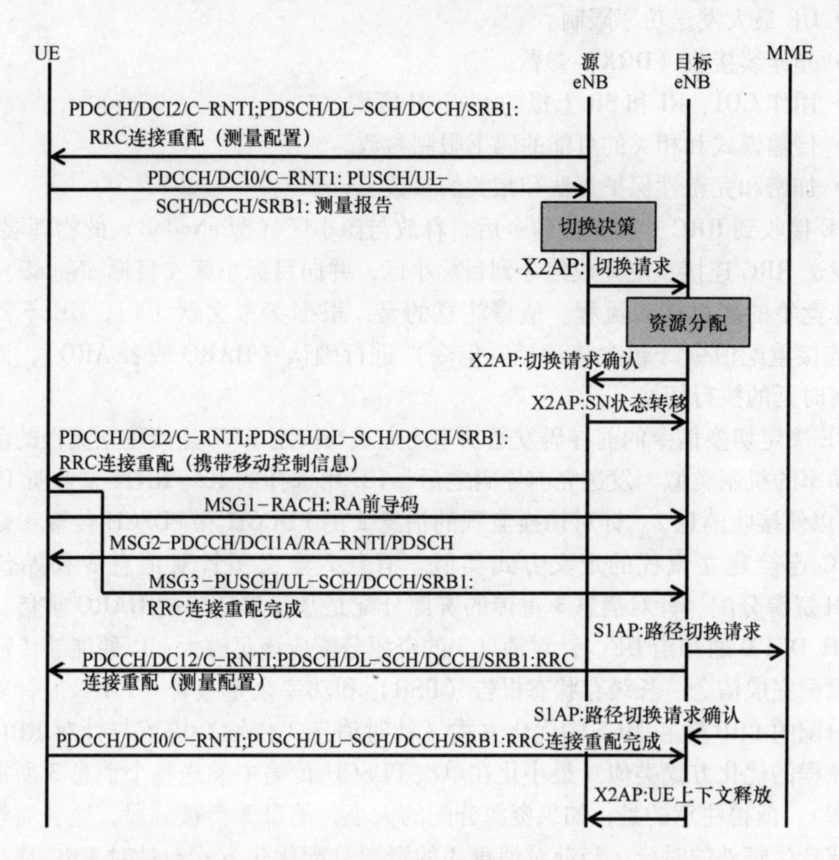

图 12.25 采用非竞争随机接入流程的 eNodeB 间切换信令

连接重配完成信令时停止。

- 新 C-RNTI，由 UE 在完成随机接入流程后，用来在目标小区监听 PDCCH DCI。
- 如果是基于非竞争随机接入流程，目标 eNodeB 分配非竞争前导码和全部的前导码传输参数。一旦 UE 没有接收到任何前导码标识，UE 会知道它应该针对切换流程使用基于竞争的随机接入。并且，基于竞争的前导码参数也提供给 UE，以便进行基于竞争的随机接入流程。针对切换流程使用基于竞争的随机接入流程而不使用基于非竞争的随机接入流程会增加切换执行时延（UE 从源 eNodeB/小区接收到 RRC 连接重配信令到目标 eNodeB/小区接收到 RRC 连接重配完成信令之间的时间）。
- 消息 3 HARQ 传输次数。
- 参考信号（RS）发送功率参数。
- 支持跳频模式的 PUSCH 参数和上行 RS 配置。
- 目标小区天线配置。

- UE 最大发送功率限制。
- 非连续接收（DRX）参数。
- 用作 CQI、RI 和 SR 上报的 PUCCH 资源。
- 传输模式和相关的可能的码书限制参数。
- 加密和完整性保护算法和相关的参数。

UE 接收到 RRC 连接重配信令后，释放与源小区（源 eNodeB）的物理层连接，并且发送 RRC 连接重配完成信令到目标小区，并向目标小区（目标 eNodeB）发起基于非竞争的随机接入流程。值得注意的是，根据参考文献［4］，UE 不需要对 RRC 连接重配信令（包含移动控制信令）进行确认（HARQ 或者 ARQ），而是没有任何时延的执行切换。

UE 决定切换信令的前导码发送功率的方式与决定 RRC 连接建立流程的前导码发送功率的机制类似。发送完前导码之后，UE 用选择的 RA-RNTI 来监听 PDCCH DCI，以便接收消息 2。针对切换流程的消息 2 的 PDCCH 和 PDSCH 传输参数与针对 RRC 连接建立流程的定义方式类似。消息 2 定义了针对消息 3 初始传输的 PUSCH 资源分配。针对消息 3 重传的资源分配是基于自适应的 HARQ 重传，通过 PDCCH DCI 0 通知给 UE。针对消息 3 的资源分配应该足够大，以便能够传输 RRC 连接重配完成信令、长缓存状态报告（BSR）和功率余量报告（PHR）。针对切换流程分配的 PRB 数和 MCS 的优化方式（针对消息 3 传输）应该与针对 RRC 连接建立流程的优化方式类似（最小化在单次 PUSCH 传输中发送整个消息 3 所需的发送功率）。值得注意的是，如果资源分配的太小，消息 3 会被分段，这会对切换流程完成产生额外的时延。当针对消息 3 的资源分配优化方式与针对 RRC 连接建立流程的优化方式类似时，在较差覆盖情况下以 eNodeB 接收消息 3 失败数量为考量的切换流程失败率能够大大地降低（一个小区簇中最高可以达到 20%）。如果在比较有挑战性的无线环境当中，切换流程失败同样可以由源小区的问题而导致，也就是说，UE 可能接收不到 RRC 连接重配信令。如果 MRO 算法（过早或过晚切换）不能解决这个问题，那么以向 UE 发送 RRC 连接重配信令（PDCCH 和 PDSCH）为考量的源小区链路自适应需要做得更加鲁棒。

12.5.2　UE 触发的 RRC 连接重建

UE 会监测无线链路的性能，如果无线链路有问题的话，RRC 连接重建就会被触发，除非该问题能够被解决。成功的 RRC 连接重建需要目标 eNodeB 拥有将要连接 UE 的上下文信息（基本上包括 UE 当前呼叫参数的所有信息）。因此，LTE 网络需要特殊的安排使得 UE 上下文从源 eNodeB 传输到目标 eNodeB，以便能够达到像 WCDMA 网络中一样高的 RRC 连接重建成功率。在 WCDMA 网络中，无线网络控制器（RNC）掌握着 UE 上下文。因此，只有在 RNC 间 RRC 连接重建的场景下，目标 RNC 才需要从源 RNC 获取 UE 上下文。在 LTE 网络中，UE 上下文获取可以通过 MRO 算法获得，如第 14 章所述。因此，为了最小化 LTE 网络中的掉话率，应该最小化重建的触发次数。从另一个角度来说，应该最大化 RRC 连接重建成功率。UE 处理无线链路问题的方式基于参考文献［4］、［5］、［6］，如下所示（值得注意的是除了 3GPP 定义的触发条件之外，UE 也可以有其他触发 RRC 连接重建的条件）：

- 计时器 T310 失效。
- 达到最大上行 RLC 重传次数。
- 切换失败，并且 T304 失效。
- 非切换相关的随机接入问题。

1. 计时器 T310 失效

在 RRC 连接状态下，UE 的物理层会如参考文献［6］中所定义的那样去监测基于主小区（PCell）的小区特定参考信号的无线链路质量。UE 会将下行无线链路质量估计值与失步和同步阈值（在参考文献［6］中定义）进行对比。失步阈值——Q_{out}，定义为一个链路质量等级值，在此等级值下，下行无线链路不能被可靠地接收，相当于一个考虑到 PCFICH 错误的假设的 PDCCH 传输的 10% 误块率（BLER）。同步阈值——Q_{in}，定义为一个链路质量等级值，在此等级值下，下行无线链路可以被可靠地接收，相当于一个考虑到 PCFICH 错误的假设的 PDCCH 传输的 2% 误块率（BLER）。失步和同步是在一个时间窗内进行评估的，该时间窗的大小取决于参考文献［6］中所示的 DRX 配置。没有 DRX 时，如果在刚过去的 200ms 时间内评估的 PCell 下行无线链路质量比 Q_{out} 差，那么物理层发送失步指示给层 3。如果检测到了失步，UE 会发起同步评估。UE 层 3 基于经过层 3 过滤（层 3 过滤在参考文献［4］中定义）的失步和同步指示来评估无线链路失败。如果图 12.26 所示，在物理层收到连续 N310 个 PCell 失步指示、并且 T300、T301、T304 和 T311 都没有在运行时，UE 开启计时器 T310。如果 T310 正在运行时从物理层收到了 N311 个同步指示，那么无线链路被视为已经恢复，并且继续正常地运行。参考文献［6］中定义了来自物理层的两个连续的无线链路状态指示之间的时间间隔，最小值为 10ms。

如果在 T310 运行时，UE 层 3 没有收到 N311 个连续的同步指示，并且 T310 失效了，UE 会发起重建流程，如图 12.27 所示。如果在 T311 运行时 UE 能够找到一个合适的小区，并且成功发送了携带“其他失败”原因值的 RRC 连接重建请求信令（消息 3），T311 会停止，T301 会开启来监听 eNodeB 发送的 RRC 连接重建信令。假设 RRC 连接重建在 T301 时间内完成，RRC 连接可以认为被成功重建了，并且 E-RAB 没有掉话。值得注意的是，RRC 连接重建只有在 UE 处于 RRC 连接状态（活跃的 RRC 连接存在）时才会被触发，并且安全已经被激活。RRC 连接重建只有在目标小区准备好的情况下才会成功，也就是说，目标小区拥有有效的 UE 上下文信息，并且当目标 eNodeB 接受了 RRC 连接重建时，SRB1 操作重启，同时其他 RB 保持挂起状态直到 RRC 连接重建成功完成。如果目标 eNodeB 没有 UE 上下文信息，那么 RRC 连接重建被拒绝（发送 RRC 连接重建拒绝信令给 UE），UE 转换到 RRC 空闲状态，并且 RRC 连接被释放。对于非 GBR（非实时）呼叫，这些丢弃的呼叫不会对终端用户的体验造成太大的影响。但是对于 VoLTE 呼叫，丢弃的呼叫会使终端用户会感受到静默。值得注意的是，GBR 或者非 GBR 呼叫能够通过目标小区中新 RRC 和 UE 上下文建立来重建。如果建立成功，那么终端用户会感受到声音静默或者没有吞吐量，但是不会有掉话的呼叫。当 T311 在运行时，UE 会尝试根据参考文献［7］中定义的正常空闲模式小区选择流程找到一个合适的小区。如果找到了合适的小区，UE 会去获得系统信息信令并且发送 RRC 连接重建信令。如果 T311 失效后 UE 没有找到合适的小区，那么 UE 进入 RRC 空闲状态，并且 RRC 连接被释放。如果计时器 T301 失效或者所选小区不再被认为是合适的小区，那么 RRC 连接重建流程失败，UE 进入 RRC 空闲状态，并且释放 RRC 连接。

E-RAB 掉话率可以简单地通过调整计时器 T310 和 T311 以及失步指示 N310 和同步指示 N311 来得到优化。然而值得注意的是，任何针对所述计时器和指示数量的调整都会导致静默周期的增加，或者针对 VoLTE 呼叫来说的静默时间，在这段时间内没有数据可以发送给 UE 或者从 UE 处接收到。因此，当优化计时器和指示数量时一定要考虑静默周期的时长。一般来说，优化可以这样做，在 T310 计时器开始前需要获得大量的失步指示（大 N310 数值），并且检测无线链路失败会非常快，也就是说，需要短 T310 和非常小的 N311 数值来停止计时器 T310。如果配置了长 T311 值（比 T310 长），UE 允许尝试去找到合适的小区，并且发送 RRC 连接重建信令并增加 RRC 连接重建流程的成功率。值得注意的是，监视 RRC 连接重建流程的计时器 T301 开启和停止的方式与 T300 针对 RRC 连接重建流程的工作方式完全一样，因此 T301 应该比 T300 设置的一样或者更长。

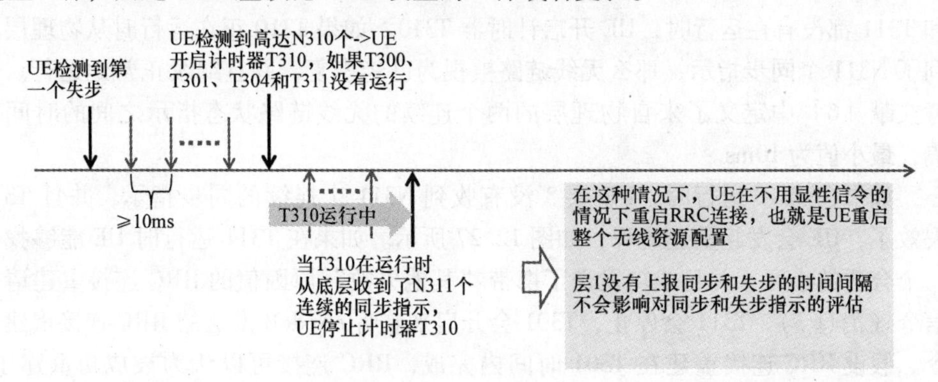

图 12.26 失步和同步评估

2. 达到最大上行 RLC 重传次数

如果上行 RLC 重传达到了最大次数，UE 可以触发无线链路失败。检测到无线

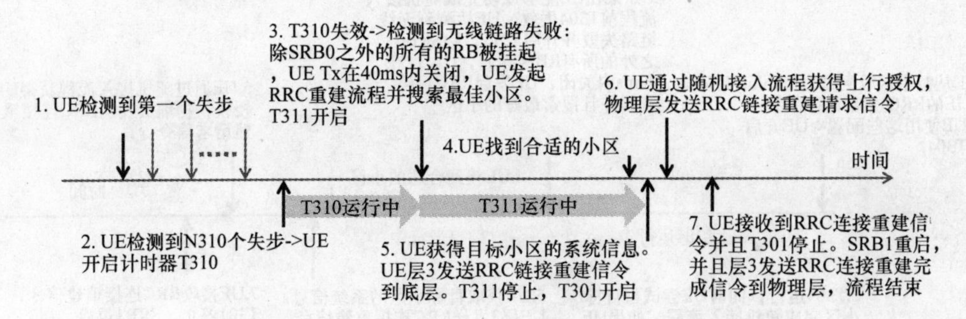

图 12.27　T310 计时器失效引起的 RRC 连接重建

链路失败后的行为与 T310 失效场景的行为是一样的，如图 12.28 所示。最大重传次数在 RRC 连接重配信令中针对所有的 AM RLC DRB 给出，并在 RRC 连接建立信令中针对 SRB1 给出。针对 AM RLC 重传次数的典型值是：DRB 为 16，SRB1 为 2。将重传次数增加到 16 次以上一般不会进一步改善掉话率（由于已经有 17 × 7 = 119 次考虑到 RLC 和 HARQ 传输的传输）。UE 在 RRC 连接重建信令中使用的原因值与在 T310 失效的情况下是一样的。

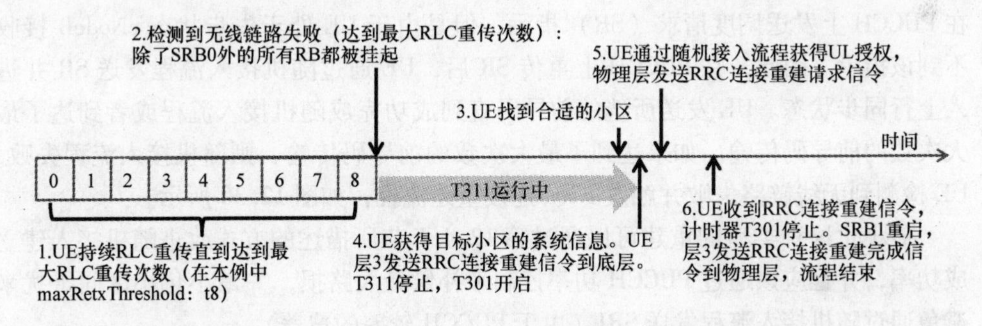

图 12.28　RRC 由于 UE 达到最大 RLC 重传次数导致的 RRC 连接重建

3. 切换失败并且 T304 失效

如果 UE 从源小区接收到含有移动控制信息的 RRC 连接重配信令，并且 UE 使用这些给定的配置，UE 将会开启计时器 T304 去监视切换流程结束。值得注意的是，计时器 T304[4] 的时长配置需要包含随机接入流程以及所有相关的重试次数，如图 12.29 所示。

T304 失效后，UE 会检测无线链路失败并且像 T310 失效时一样发起 RRC 连接重建流程。如果 T304 失效，RRC 连接重建原因值设为切换失败。如前所述，T304 的配置值需要包含随机接入流程以及所有相关的重试次数，但是从另一个角度来讲，T304 的配置值不能太长，因为那样重建流程不会被及早地触发，并且从切换失败中恢复需要很长的时间。典型的 LTE 内 T304 值为 1000ms。

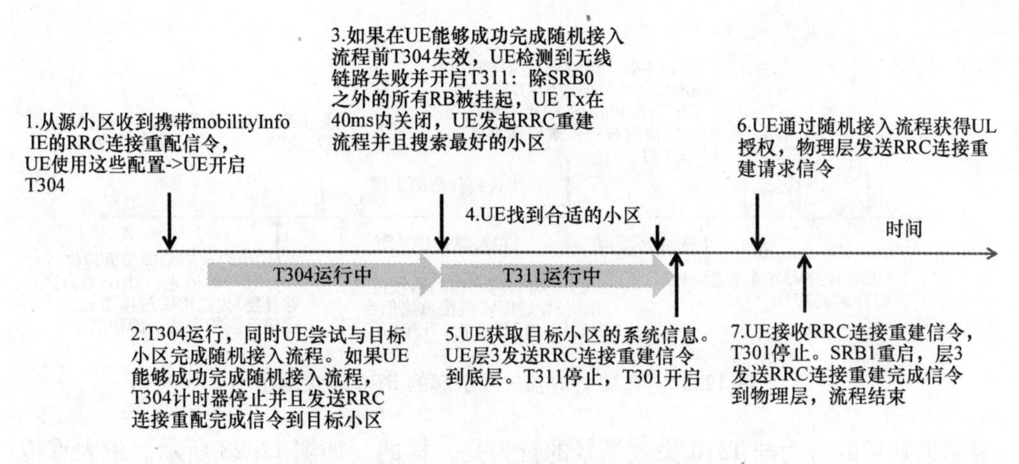

图 12.29　T304 失效导致的 RRC 连接重建

4. 非切换相关的随机接入问题

UE 由于收到 PDCCH 命令（包含非竞争前导码标识）发起非切换相关的随机接入流程，例如，为了重新获得上行同步（由于长 DRX 周期而丢失）以便接收来自 eNodeB 的下行数据。如果 UE 处于上行失步状态并且 UE 有数据要发送，则 UE 在 PUCCH 上发送调度请求（SR）指示，但是由于 UE 处于失步状态 eNodeB 接收不到该指示。因此，在 PUCCH 上重传 SR 后，UE 通过随机接入流程发送 SR 并进入上行同步状态。UE 发送所选的前导码直到成功完成随机接入流程或者到达了最大次数的前导码传输。如果达到了最大次数的前导码传输，则随机接入流程失败，UE 检测到无线链路失败并触发 RRC 连接重建流程，如图 12.30 所示。

最小化这种类型的重建可以通过第 12.4.1 节所描述的方式改进随机接入建立成功率，并且应该通过 PUCCH 功率控制来补偿最大路损，并最小化小区间干扰来避免通过随机接入流程发送 SRI（由于 PUCCH 较差的覆盖）。

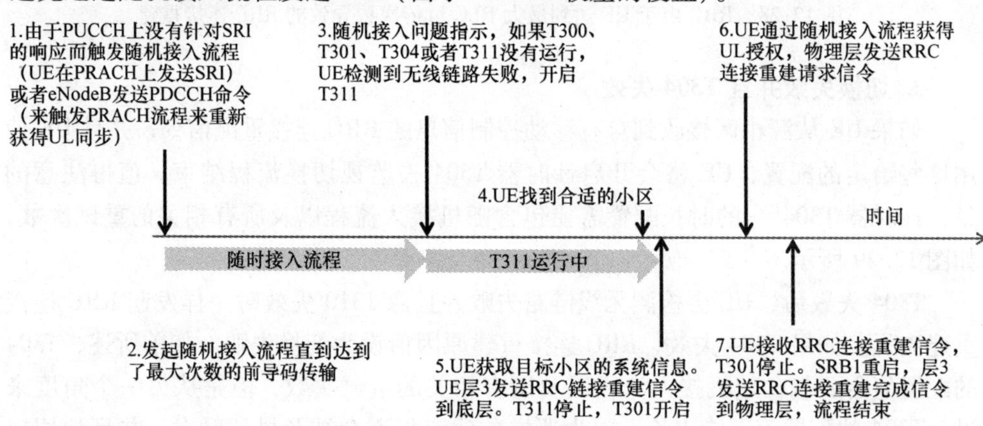

图 12.30　非切换触发的随机接入流程失败导致的 RRC 连接重建

12. 5. 3　eNodeB 触发的 RRC 连接重建

eNodeB 具有一系列进行无线链路问题检测的触发事件，如果任一链路检测器检测到了问题，则 eNodeB 会等待无线链路恢复，直到定义的计时器失效，并且没有收到 UE 发送的任何 RRC 连接重建请求。无线链路问题检测一般为以下几种：

• UL PUSCH DTX 检测：在给出上行容量授权后，没有在分配的 PUSCH 资源上受到任何数据。

• 在 PUCCH 或者 PUSCH 上没有收到一定数量的连续周期性 CQI 上报。

• 没有收到上行 ACK/NACK，但是对下行数据传输只采用 DTX。

• 没有收到作为 PDCCH 命令响应的分配的前导码。

• 没有收到分配的探测参考信号（SRS），但是在分配的资源上检测到了 DTX。

以上所述的每个无线链路触发事件都有自己的控制参数来影响无线链路问题检测，并因此开启无线链路恢复计时器。如果 RRC 连接的无线链路恢复计时器失效，所有的 E-RAB 和 S1 连接都会被释放。eNodeB 的无线链路恢复计时器应该比 T310 + T311 长，以便 UE 能够在连接被视为丢弃之前执行针对源小区或者其他任意小区的 RRC 连接重建。图 12. 31 展示了无线链路恢复计时器增加对一个小区簇的影响（在第 10 天执行了计时器改变）。

如果实现了先进的 RRC 连接重建流程，则 UE 上下文获取时长也应该被包含在无线链路恢复时长中。无线链路问题指示检测参数调整可以改善掉话率。图 12. 32 展示了基于连续错过的周期性 CQI 上报数量进行的无线链路问题检测参数调整对 E-RAB 丢弃率的影响（小区簇与图 12. 31 中不同）。如果更多的周期性 CQI 报告允许被丢失，E-RAB 丢弃率会得到改善。然而，不推荐将无线链路恢复计时器扩大得太长或者尝试避免任何无线链路问题检测，因为如果有问题的无线链路没有被释放，则 eNodeB 会进行不必要的预留资源，终端用户会感受到较差的性能。

如图 12. 32 所示，增加错过的周期性 CQI 报告次数可以改善掉话率。周期性 CQI 报告一般使用 PUCCH 发送，因此 PUCCH 功率控制（如第 12. 4 节所解释）在优化 E-RAB 丢弃率时同样扮演着重要的角色。作为一般原则，PUCCH 功率控制策略应该跟随 PUSCH 功率控制策略。PUCCH 不像 PUSCH 用得频繁，因此 eNodeB 发送的 PUCCH 闭环功率控制命令不会像对 PUSCH 那样频繁。因此，PUCCH 闭环功率控制决策窗（RSSI 和 SINR）一般应比 PUSCH 要窄。图 12. 33 展示了针对较保守的 PUCCH（和 PUSCH）闭环功率控制策略，在 RSSI 和 SINR 决策窗设置较窄时，以与变化前相比的百分数提升为考量的 E-RAB 掉话率获得的增益。

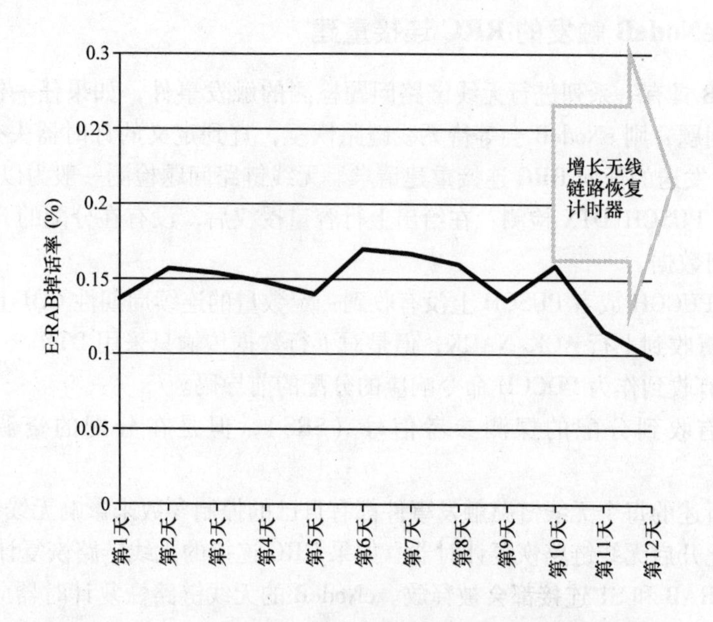

图 12.31　通过增长无线链路恢复计时器改善的 E-RAB 掉话率

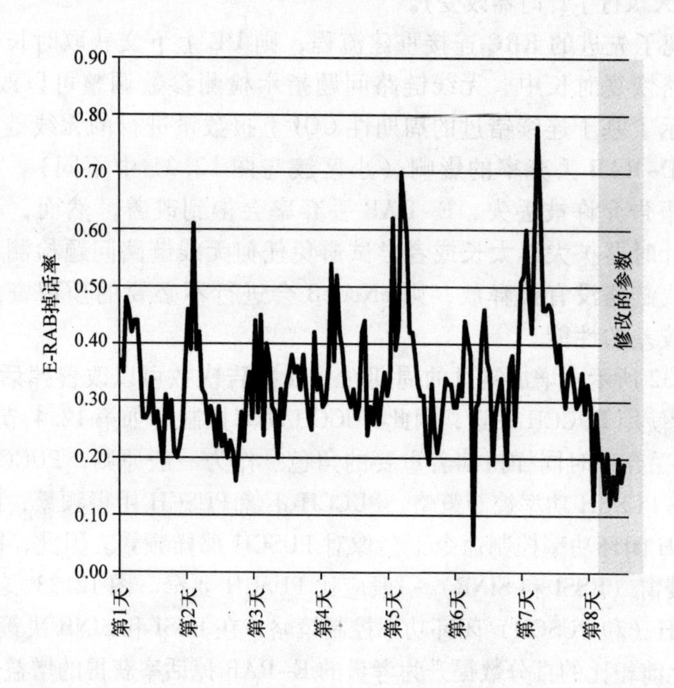

图 12.32　连续错过的周期性 CQI 上报数量对 E-RAB 掉话率的影响

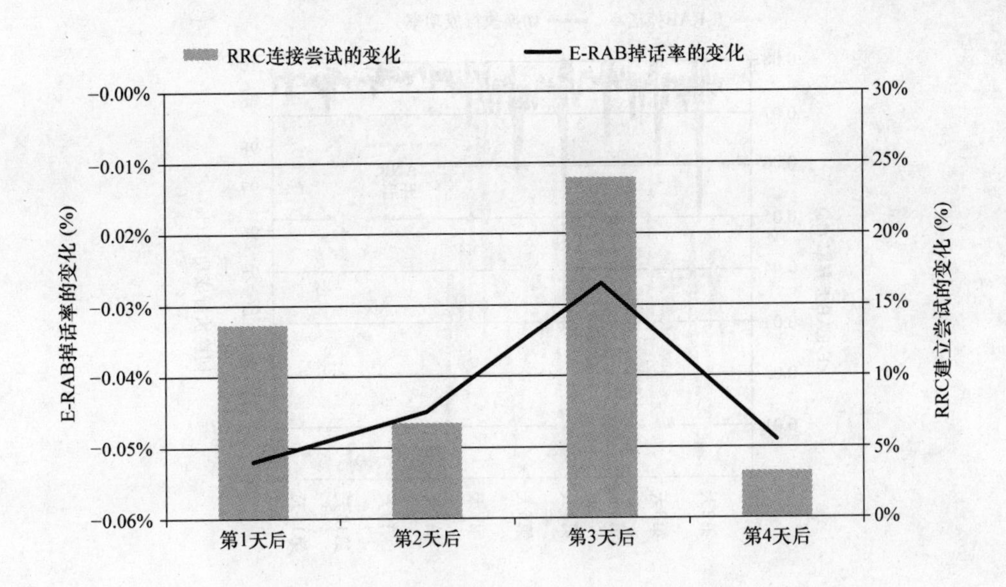

图 12.33 PUCCH 闭环功率控制判决窗调整增益。参数调整 2 天前的网络级别统计

12.6 切换和移动性优化

如第 12.5 节所述，切换成功率对掉话率有着很大的影响。较好的邻区规划是高切换成功率的基础。较好的邻区规划意味着每个小区将所有的主要切换目标小区作为邻区。最优的邻区规划可以通过 3GPP 定义的 ANR 特性来达到。ANR 特性在参考文献［8］中进行介绍。ANR 特性可以基于 UE 测量自动添加邻区，假设该邻区是足够好的目标小区。有可能一些非必需的邻区也被添加进来，因此 ANR 特性需要额外的邻区关系移除来将很少用到的邻区或者具有非常低的切换成功率的邻区移除掉。

开启 ANR 特性可以显著提升由于切换执行问题而导致的 E-RAB 掉话率以及切换成功率，如图 12.34 所示。

使用 ANR 的另一个好处是能够提升切换决策成功率，也就是已经开启的切换流程与已经开启加上没有开启的切换流程总和之间的比率。如果源 eNodeB 收到了指示切换到一个目标小区的测量报告，但是源 eNodeB 不认识该目标 eNodeB，也就是说不存在从上报 PCI 到 E-UTRAN 小区全球标识（ECGI）的映射，在没有开启 ANR 的情况下，源 eNodeB 会拒绝该切换尝试。在开启 ANR 的情况下，该映射能够通过 eNodeB 要求 UE（上报未知 PCI 的 UE）解码目标小区的 ECGI 并上报给目标 eNodeB 来得到确认。因此，在 ANR 开启的情况下，切换决策成功率从 60% 左右提升到了接近 90%，如图 12.35 所示。

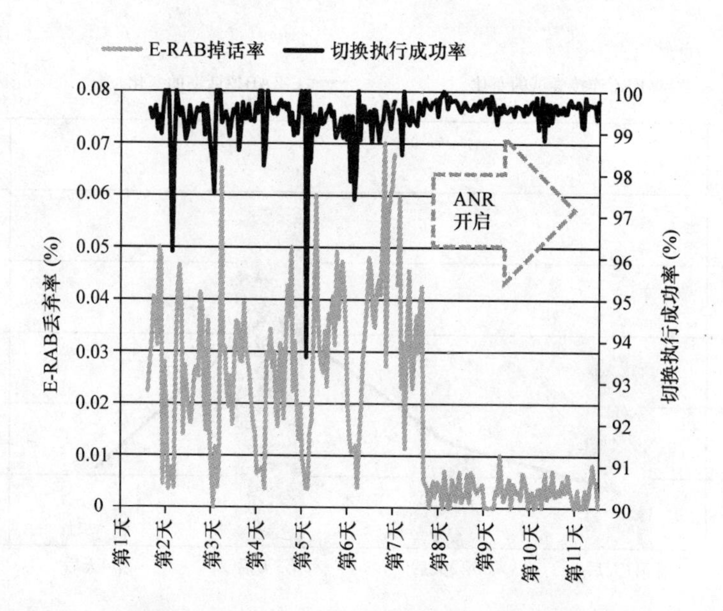

图 12.34　由切换信令问题导致的 E-RAB 掉话率以及开启 ANR 特性之前和之后的切换执行成功率，基于 11 天收集的网络级每小时统计量

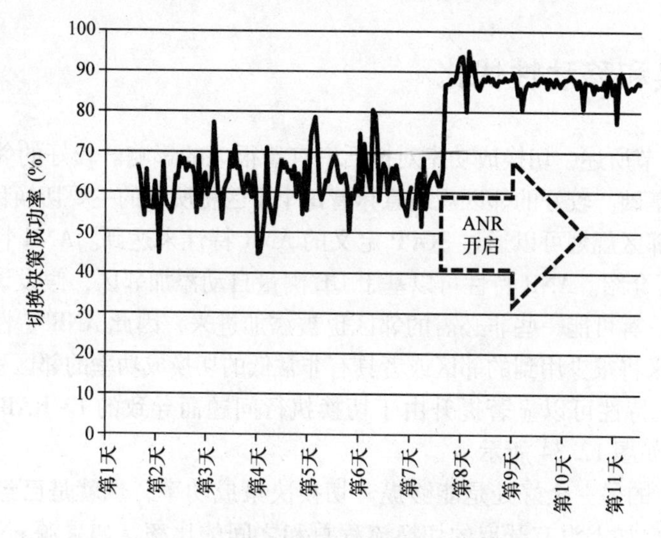

图 12.35　ANR 特性开启之前和之后的切换决策成功率，基于 11 天收集的网络级每小时统计量

允许 ANR 特性添加所有 UE 测量的基站作为邻小区不是最优的策略。如果将过多的相邻小区作为邻小区可能会导致切换目标小区的无线条件对于切换成功不是最优的，例如，最低的无线条件只在有限的区域或时间段得到满足。因此，使用 ANR 特性也得有限制，如图 12.36 所示。我们可以看到，在 ANR 特性刚刚开启之

后，切换决策成功率得到了很大的提升，但是切换执行成功率没有得到很大的提升。因此，在 ANR 开启并添加了几个邻区后，一些邻区基于切换尝试数据统计被删除了（或被加入了黑名单）。这导致了切换决策成功率的降低，但是同时切换执行成功率得到了进一步的改善。值得注意的是，ANR 能够简单地添加离上报 UE 非常远的邻区，但是这些邻区恰巧可以为特定区域提供好的覆盖，例如高层建筑，但是切换执行很容易由于随机接入前导码配置（随机接入前导码循环偏移长度太短）而失败。因此在第 180 天左右，邻区黑名单被执行并且切换决策成功率进一步变差，但是同时切换执行成功率进一步提升到接近 99.6%。因此，ANR 特性非常好，但是一定要非常仔细地使用，以便它不会添加所有 UE 测量的小区作为邻区。

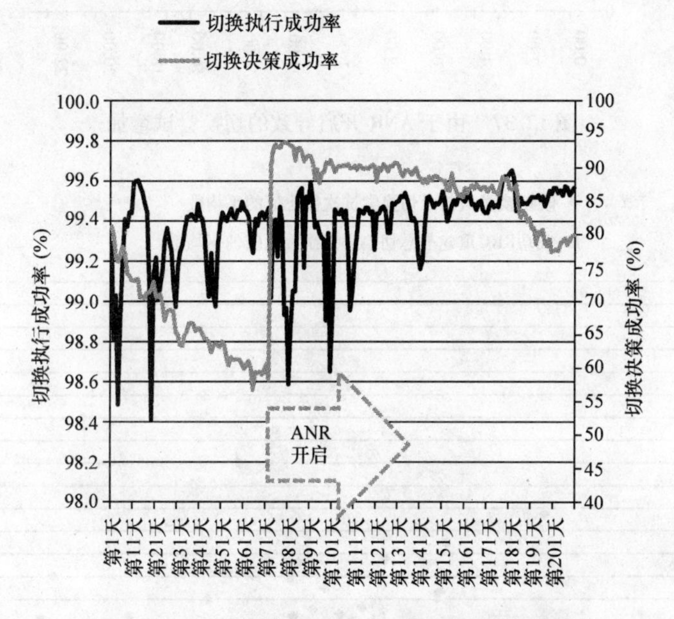

图 12.36　ANR 特性开启之前和之后的切换决策成功率和切换执行成功率，基于网络级每天统计量

通过 ANR 特性导致的邻区添加可以被看作增加的切换尝试，如图 12.37 所示。

由于 ANR 导致的切换尝试在高业务时段（6～9AM 和 5～8PM）增长了将近 4 倍。针对高业务量的小区，在特殊时刻，需要考虑信令活动的增加。也就是说，邻区列表需要针对这些小区进行进一步的优化。

可以使用 MRO 算法来进一步提升 UE 移动性能和 E-RAB 性能。如图 12.38 所示，晚切换的比例越高，每次切换尝试的掉话次数就越高，成功的重建次数也就越高。因此，通过开启 MRO 算法，晚切换的比例会被降低，并且终端用户体验质量会得到提升。这里的终端用户体验质量是指掉话和 RRC 重建。RRC 重建会导致连接的短暂中断，这体现为音频呼叫的静默时间和其他业务的 0kbit/s 吞吐量。

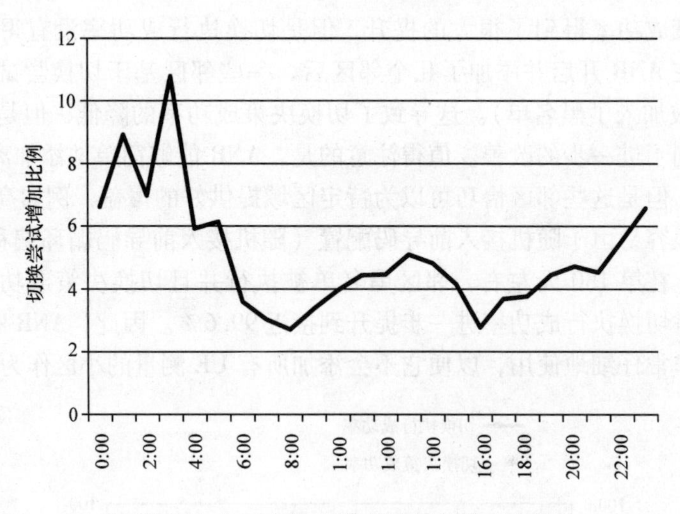

图 12.37　由于 ANR 开启导致的切换尝试增加

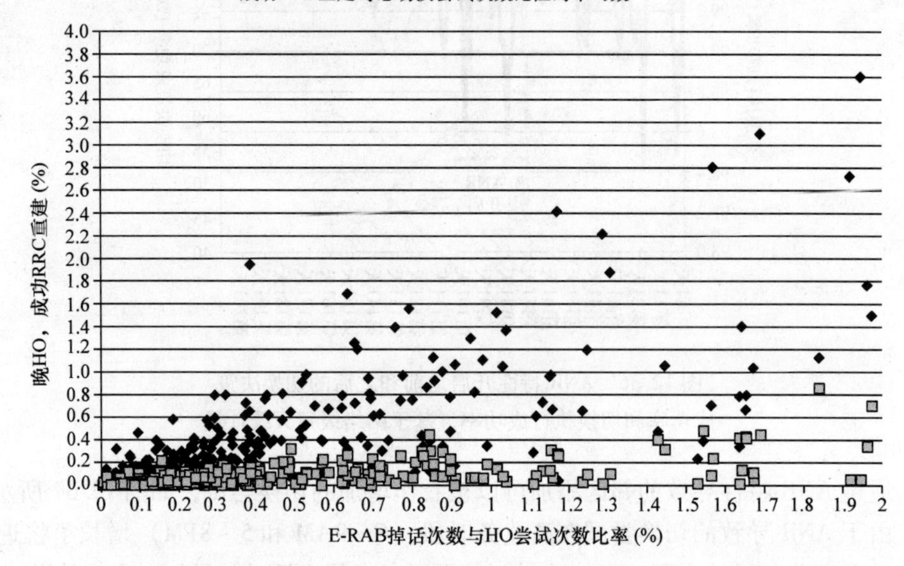

图 12.38　以 E-RAB 掉话次数与总切换尝试次数比率的函数的晚切换与总切换尝试次数的比率和成功 RRC 重建与总切换尝试次数的比率

12.7　吞吐量优化

吞吐量能够通过路测获得，也可以在业务量足够高时基于小区级的计数器获得

(如第 13 章所示)，或者如本节所述基于参考文献［9］中定义的方法获得。如参考文献［9］及图 12.39 和图 12.40 所示，3GPP 定义的被调度 IP 吞吐量公式被稍微修改了一下以便分母包含 eNodeB 缓存中有需要发送给 UE 数据，但是 UE 没有被调度的时间，并且没有考虑载波聚合，也就是说吞吐量是以单载波吞吐量给出的。

如图 12.39 所示，当上报 CQI 降低时，每用户平均非 GBR 吞吐量也急剧下降。每频带每小区每用户平均吞吐量以指数趋势下降。我们可以看到，20MHz 高频带的性能最好，其次是 10MHz 低频带和 10MHz 高频带的性能。值得注意的是，只有在 15min 统计采样周期内传输超过 250MB 下行数据的小区被纳入统计范围。CQI 下降是由增加的小区间干扰所导致的，也就是增加的业务量，如图 12.1 所示。为了在业务增加的同时改善每用户吞吐量，需要通过物理层优化来提升上报 CQI，如图 12.7 所示。使用 MIMO 能够提高每小区吞吐量和每用户吞吐量，本章后面的内容将对此做出分析。

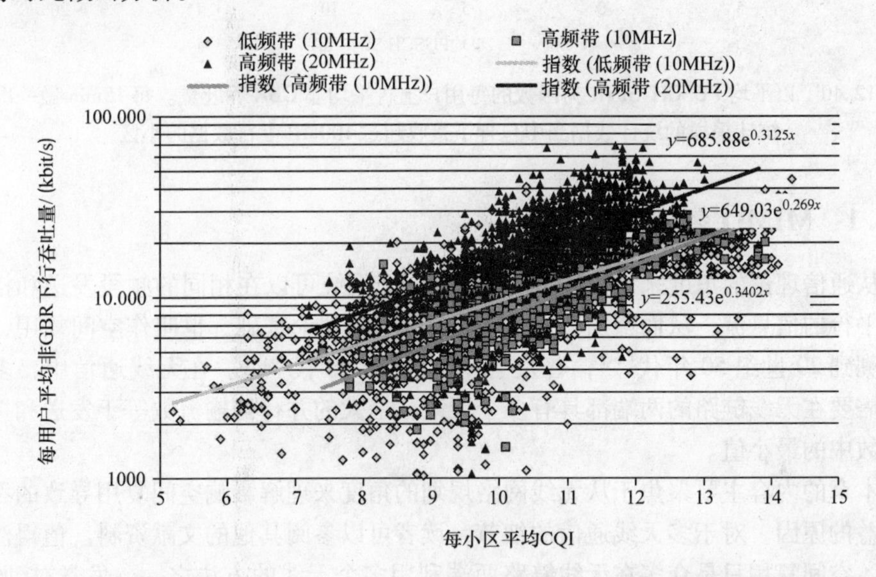

图 12.39　以上报 CQI 为函数的下行平均非 GBR 用户吞吐量。每 15min 做一次统计采样的统计数据当中包含了传输超过 250MB 下行数据的小区

在上行方向，每用户吞吐量取决于 PUSCH SINR，就像下行吞吐量取决于 CQI 一样，如图 12.40 所示。

从图 12.40 可以看出，当平均 PUSCH SINR 降低时，上行用户吞吐量以指数趋势下降。在 PUSCH SINR 较好的情况下，低频带小区与高频带小区相比具有卓越的覆盖性能，因此能够提供特别好的上行吞吐量。并且对于低频带小区，由于一些小区有过多的覆盖重叠，因此 PUSCH SINR 是最差的。对于上行吞吐量，如果 PUSCH SINR 能够得到提升，其性能也同样可以得到极大的提升，本章后面的内容将对此做出分析。

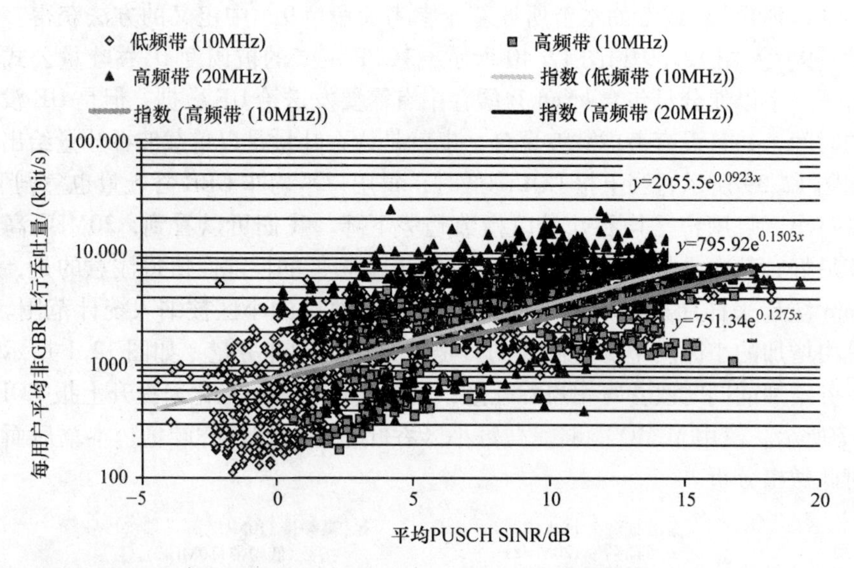

图 12.40　以平均 PUSCH SINR 为函数的每用户上行平均非 GBR 吞吐量。每 15min 做一次统计采样的统计数据当中包含了接收超过 100MB 上行数据的小区

12.7.1　MIMO 多流使用的优化

从通信理论的角度来说，MIMO 意味着一个系统可以在相同的频段发送和接收多个平行的信息流，从而增加频谱效率。MIMO 的理论基础，也叫作空间复用，可以追溯到 20 世纪 50 年代[5]，普及于 20 世纪 90 年代[6,7]。在无线通信中，多流通信需要在无线链路的两端都具有多个天线，最大的并行传输流数等于发送和接收天线数中的最小值。

本章的内容主要聚焦于从无线网络规划的角度来理解影响空间复用导致的吞吐量增益的原因。对于多天线通信的细节，读者可以参阅其他的文献资料。值得注意的是，空间复用只是众多在无线链路两端利用多个天线的方法之一。发送/接收分集和波束赋形也是需要在发射端，接收端或者二者同时具备多个天线的技术。分集和波束赋形的目标是提高一个单独信息流的接收信号功率（可靠性），空间复用目标是将信号功率分裂到多个并行的流中。从而，空间复用在高 SINR 情况下能够带来最多的益处，而分集和波束赋形主要用在低 SINR 情况下。由于在真实的网络中，UE 感受到的 SINR 是不同的，实际的系统会实现某种形式的多流和单流传输的动态切换。一个混合传输的例子是 3GPP 传输模式 8，它结合了波束赋形和空间复用，具体细节可查阅参考文献［8］。

1. 影响空间复用吞吐量的因素

经典的没有调制限制的单流通信链路的香农信道信息容量为

$$C = \log_2(1 + \mathrm{SNR})$$

式中，C 为最大可达到的信息容量，以 bit/s/Hz 为单位；$\mathrm{SNR}=S/N$ 为接收器输出端的信噪比，S 为信号功率，N 为噪声功率。对于一个空间复用系统来说，其相应的经典香农公式为

$$C=\log_2(1+\mathrm{SNR}_1)+\log_2(1+\mathrm{SNR}_2)+\cdots+\log_2(1+\mathrm{SNR}_k)$$

式中，$\mathrm{SNR}_k=S_k/N$ 现在代表第 k 路信息子流的 SNR。子流的 SNR 取决于接收端和发送端天线对之间的信道冲击响应值和接收端的实现。在闭环通信模式下，发送端可以使用某种形式的预编码来提高子流 SNR 以及容量。MIMO 系统的冲击响应通常表示为 $n\times m$ 的矩阵。对于 n 个接收端口和 m 个发送端口的系统，最大的并行流数为 $k=\min(n,m)$；例如，一个 4Tx/2Rx 系统能够有两个并行流。考虑到信道衰落，子流的 SNR 也会经历衰落，因此瞬时链路容量也是时变的。某种形式的链路和秩自适应必须实现在实际系统中。自适应算法是基于各个厂商的，因此就参数优化给出任何的指导比较困难。

在多流通信系统中，信号功率是在信息流之间共享的。共享比例是由 $n\times m$ 信道矩阵的平方奇异值来决定。如前面提到的，单个流的信号功率会随着 UE 移动衰减，因此在每个时刻都传输多个流是不现实的。图 12.41 给出了一个 2×2 窄带瑞利衰落天线系统的例子。最上面的曲线是 2×2 分集系统的 SNR。另外两个曲线显示了第一个和第二个信息流的 SNR。我们可以看到，第二个流的 SNR 一直比第一个流要小。另外值得注意的是，第二个流的衰落数比第一个流要高很多，这就导致了第二个流的 SNR 偶尔会低于 0dB。在信道秩掉到 1 的点，接收端不可能成功解码两个信息流，相比于将发送功率分裂到两个流中，转换成具有更高阶调制方式的单流分集传输会使频率效率更高。在 LTE 系统下行链路中，每个子载波都会受到如图 12.41 所示的衰落。

为了测量无线信道是否适合 MIMO 传输，一个可能的品质因数是条件数 CN，它可以定义为流信号功率的比例，或者对于一个双流系统，即

$$\mathrm{CN}=\frac{S_1}{S_2}$$

从图 12.41 我们可以看出，条件数在 3dB 和 30dB 间变化，这取决于实时无线信道衰落条件。如果有多于两个流，可以使用一些其他的品质因数。例如，所谓的椭圆统计，定义为流信号功率的几何平均和算术平均比率[10]。

为了达到最大频谱效率，理想的无线信道应该对所有的流具有相同的功率，换句话说，$S_1=S_2=\cdots=S_k$。在这种情况下，信息流之间完全正交，并且彼此之间没有干扰，但这在现实条件中是不可能的。原因有三个：实时的信道衰落，长期的天线相关和天线功率不均衡。所有这些因素增加了条件数，因此也增加了流间的 SNR 差异。即使信道矩阵的输入没有相关性或者平均功率不均衡，随机信道衰落会以较高概率在任意时间点导致非正交信息流。

图 12.42 展示了一个测量示例，该示例包含一个真实的基站，20MHz FD LTE

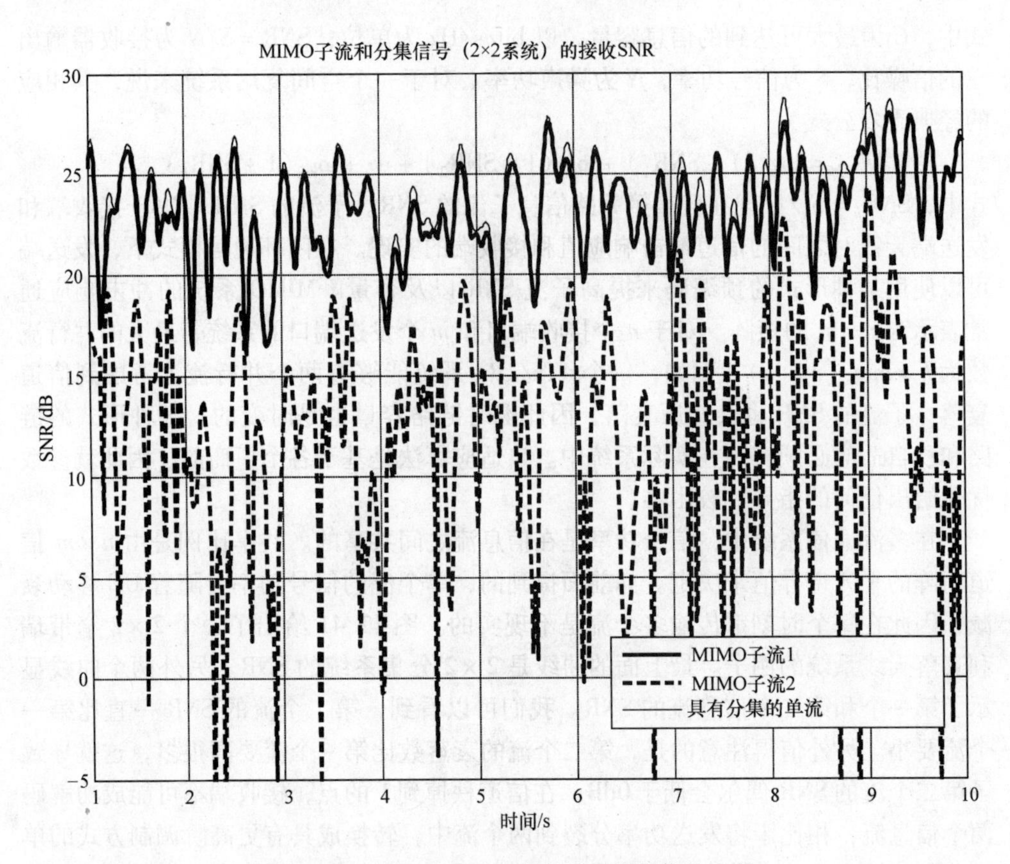

图 12.41　2×2 分集和空间复用子流的信号功率

和一个真实的 UE，平均 SNR = 25dB 是恒定的，天线相关性是通过一个衰落仿真器人为改变的。低、中、高相关这三个定义参考了 3GPP TS36.101 定义的标准的 3GPP 信道模型。在测量初期，天线相关性在 2×2 系统中的接收端和发送端都很高，因此一个流几乎承载了所有的 40Mbit/s 吞吐量。在第 60s 时，相关性变为中等，并且可以看到第二个流吞吐量有一个显著的跳跃，第一个流仍然承载着大多数的数据。在大概第 120s 时，相关性变为低，两个流都承载了 40Mbit/s，总的双流吞吐量达到了 80Mbit/s。因此，在固定 25dB 平均 SNR 条件下，根据天线相关性的等级，吞吐量会在 40～80Mbit/s 间变化。从图中右轴的条件数可以看出[⊖]，当相关性较高时，第一个子流和第二个子流间的功率差异大约为 25dB，由于平均 SNR 为 25dB，这意味着第二个子流的 SINR 大约为 0dB。针对低相关性，平均条件数掉到 10dB 以下；在这种情况下，第二个子流更高的信号功率允许同时发送并检测两个流。

⊖ 条件数在不同的子载波间是不同的。这里所示的条件数是系统带宽和时间的平均。

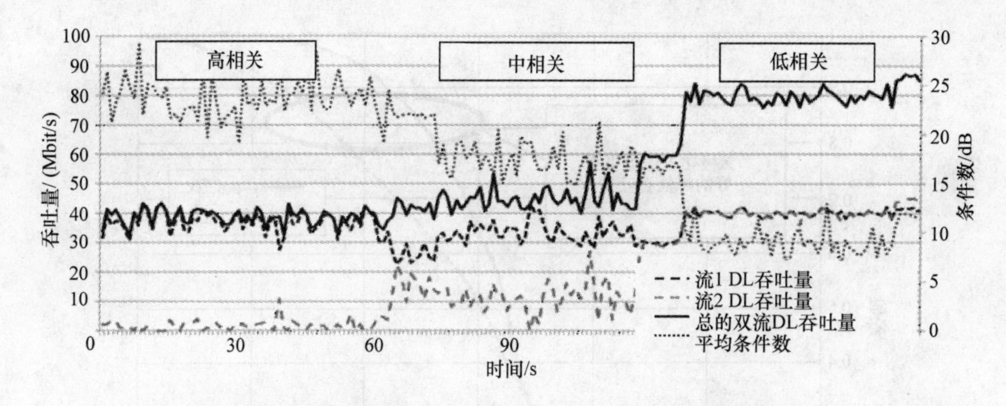

图 12.42 针对不同极化的 2×2 空间复用吞吐量，在测量期间 SNR 为 25dB。载波频率为 2.6GHz，带宽为 20MHz

一个针对实际部署的合理问题是怎样最小化天线相关性。虽然总体来说这非常困难，一个简单的规则是尽可能使用交叉极化的 eNodeB 和 UE 天线。图 12.43 展示了一个具有两个不同天线配置的路测例子来说明影响。在该例子中，相同的路测路线在没有负载的测试网络中路测了两次。一次在测量车顶部使用两个垂直极化天线，一个使用了客户制造的接近于全方位水平格式的交叉极化天线。结果显示针对交叉极化天线的双流使用在高 SNR 区域更能明显地提高吞吐量分布（一般与直视径重合）。然而，在低 SNR 区域，垂直极化天线的吞吐量要稍好些（垂直极化天线的增益更高，并且没有被补偿）。在许多其他的测量当中也观测到了类似的结果，因此对于实际部署的实用结论是交叉极化配置比双极化配置能够提供更多的增益，尤其是在直视径的情况下，这些增益是通过减少的天线相关性得到的。

当部署 4×2 开环或者闭环空间复用时，天线相关性的影响能通过馈线和天线端口间的适当的连接降低到最小。为了提高分集增益，参考信号 R_0 和 R_2（同样对于 R_1 和 R_3）间的相关性应该可以通过连接相应的天线分支到交叉极化或者空间分离的端口从而被最小化。

载波频率同样对天线相关性有影响：随着波长的增加，在给定的物理天线隔离条件下，天线相关性也会增加。图 12.44 展示了一个扫频仪测量的例子，在 800MHz 和 2.6GHz 两个频率上同时扫描一个簇的 eNodeB。每个小区都有两个交叉极化发送天线，天线底盘和方位角在两个频率上是相同的。扫频仪有连个全向接收天线，以 10cm 的间隔安装在测量车的顶部。右边子图展示的两个频率间的 RSRP 差异超过了 10dB，尽管在测量时 800MHz 的小区具有多高 3dB 的参考信号发送功率。尽管路损较高，2.6GHz 的条件数较低，如左边子图所示，这表明了第一个和第二个 MIMO 子流间较小的功率差异，也就是更好的多流能力。

天线分支间的功率不均衡导致了与相关性类似的性能下降。一个针对 2×2 系统的经验法则是，如果 UE 分支间的 RSRP 差异超过 6dB，则会导致明显的双流吞

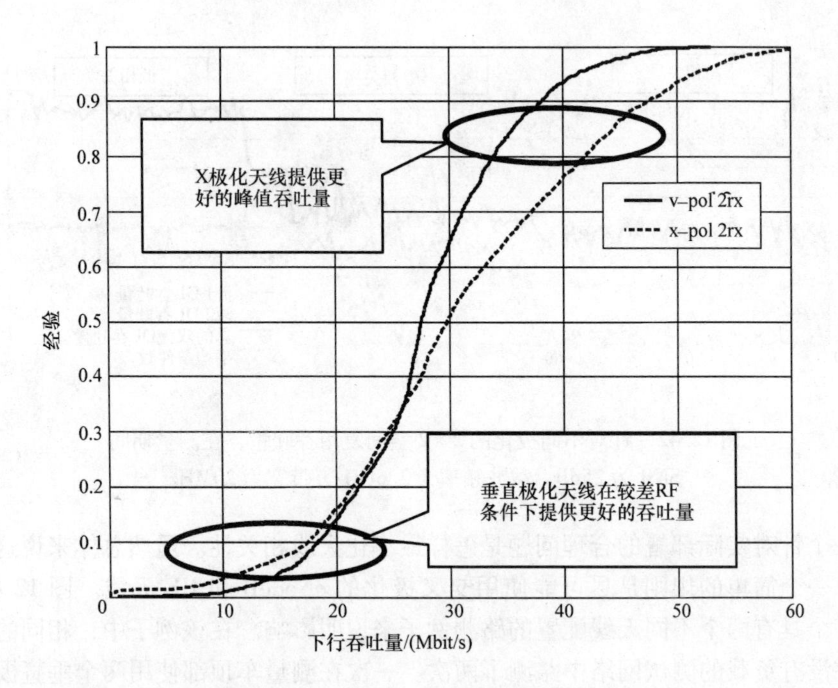

图 12.43 两套不同的 UE 天线配置在相同路测路径下的下行吞吐量分布

吐量下降。对于实际的集成的 UE 天线，功率不均衡比较难以控制。这是因为 UE 的天线方向图不会完全相同。在路测过程中，可以使用具有相同方向图的外部天线来减少性能的下降，并增加结果的可重现性。从另一方面来讲，如图 12.43 所示，使用具有相同极化的外部天线也会导致较高的接收相关性，减少净吞吐量增益。最大化天线间距可能会减轻这个问题。

在室内安装环境下，如果 eNodeB 天线分支是不同的物理天线，它们的方向图应当调整为服务相同的覆盖区域，否则将会发生不必要的功率不均衡，因此降低多流的吞吐量。对于双流 MIMO，使用一个单独的交叉极化室内天线已经被证明为是一种较好的现场试验解决方法。

2. 一些 3GPP 传输模式的实际吞吐量增益

3GPP 已经标准化了几种单用户空间复用方案。基础的方案包括开环空间复用（3GPP TM3），闭环空间复用（3GPP TM4）以及波束赋形和双流空间复用的混合模式（3GPP TM8）。并且，高达 8 流的先进的传输模式已经在最新的版本中进行了标准化。

图 12.45 展示了一个基本的 2×2 和 4×2 针对静止 UE 的 3GPP 传输方案的吞吐量增益的路测示例。对于 2×2 方案，开环和闭环传输模式之间没有太大的差别。从两传输天线升级到四传输天线产生了明显的链路级吞吐量增益，尤其是在低到中 SNR 区域。在该示例中，4 个发送天线的总发送功率高 3dB，因此该结果同时包含

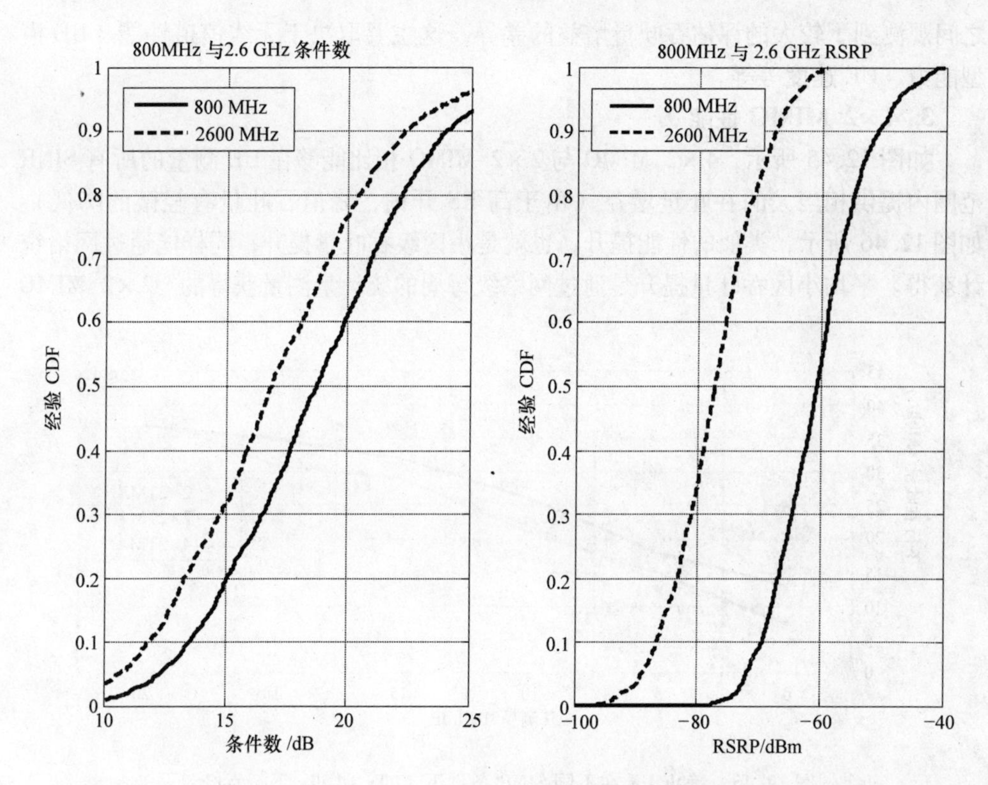

图 12.44 在 800MHz 和 2.6GHz 两个频率层共址时两个频率条件数的路测测量示例

了 PDSCH 上的功率和分集增益[㊀]。水平轴显示的 SINR 是由 UE 测量得到的值。如本章后面讲的那样，四 eNodeB 天线的更加重要的益处是上行使用四路最大比合并（MRC）或者干扰抑制合并（IRC）的可能性。确实在现实网络中，通常上行链路预算是限制因素。

在高 SNR 区域，4Tx 发送方案的峰值速率实际上是稍微降低的，这是由于 4Tx 的参考信号（RS）开销大约高于 5%。

针对两发送天线的开环和闭环传输模式的性能差异较小，四 eNodeB 天线与二 eNodeB 天线的增益已经通过一系列的仿真和外场测试得到了验证。主要原因是对于四发送天线，在闭环模式下，较大的（相对于二天线来说）预编码矩阵能够提供更细粒度的天线加权，这就导致了在 UE 移动速度较低时，能够比开环传输模式 3 提供更高的增益。这种差异在高天线相关性（例如，密集分布的 eNodeB 天线和较窄的角度扩展）和低 SNR 区域条件下更加明显，在一个给定的位置，四天线闭环系统的吞吐量为一个二天线发送天线系统的两倍。从另一方面讲，在不同的测量

㊀ 当每天线的发送功率保持恒定时，在从二发送天线变到四发送天线时，通过测量参考信号得到的 RSRP 和 SNR 不会改变。

之间观测到了较大的评估吞吐量增益的差异，这主要取决于无线信道性能、UE 模型能力、UE 速度等等。

3. 4×2 MIMO 性能

如图 12.45 所示，4×2 MIMO 与 2×2 MIMO 相比能够在 UE 测量的所有 SINR 范围内提供相当大的吞吐量增益（由于高 RS 开销，峰值吞吐量有轻微的降低）。如图 12.46 所示，类似的性能提升，也就是小区级吞吐量提升，同样能通过网络统计获得。平均小区吞吐量提升是通过网络级每周的统计量测量获得的。2×2 MIMO

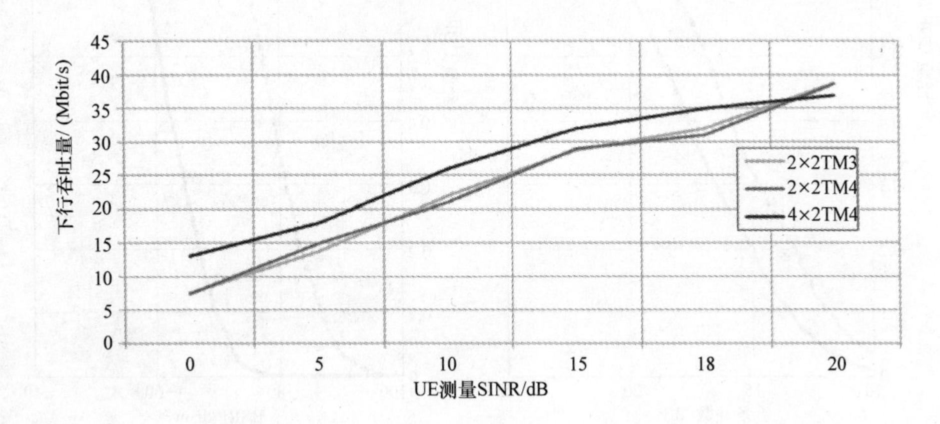

图 12.45 静止 UE 在不同 SINR 条件下，2Tx 和 4Tx 下行吞吐量外场测试示例。TD-LTE 10MHz，帧配置 1

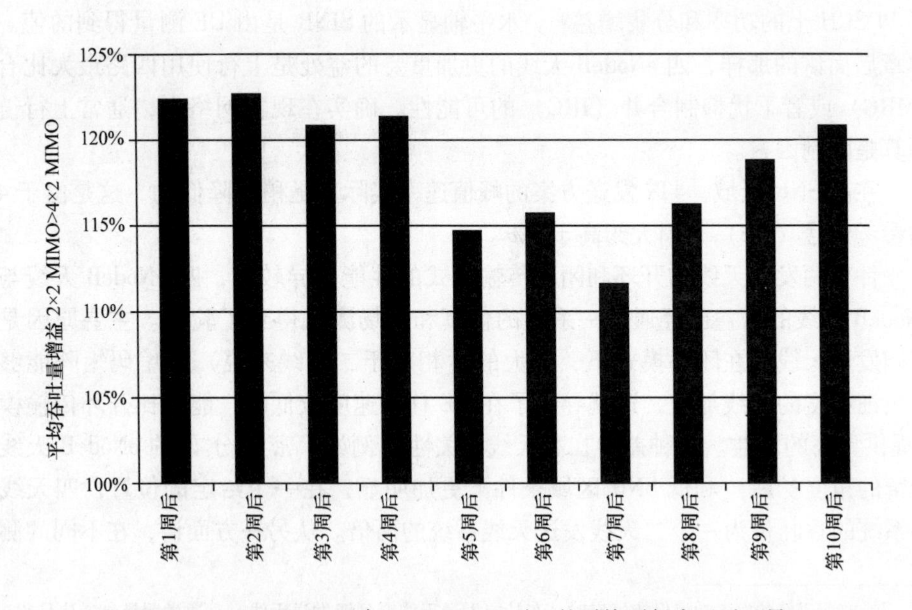

图 12.46 4×2 MIMO 与 2×2 MIMO 对比的平均下行小区吞吐量

下行吞吐量是 9 个星期的平均值。4×2 MIMO 每周下行吞吐量是对 10 周的计算得出的。4×2 MIMO 增益是从功率增益（也就是说比 2×2 MIMO 的总功率高 3dB）以及较高的双流传输的使用率得到的（见图 12.45），尤其在低覆盖的区域。双交叉极化天线用来最小化相关性影响，并且获得最大的可能性能增益。

平均每小区 4×2 MIMO 比 2×2 MIMO 能够提供大概 120% 的吞吐量增益，这与图 12.45 中针对 5dB UE 测量 SINR 区域的性能提升是类似的。

在上行方向上，eNodeB 侧的四流干扰抑制合并（IRC）合并能够改善平均 PUSCH SINR。图 12.47 展示了四流 IRC 接收 PUSCH SINR 与二流 IRC 接收相比提升量的网络统计量。PUSCH SINR 提升表示为在四流 IRC 接收开启后的每日小区簇级 PUSCH SINR 与四流 IRC 接收开启前 10 天的平均 PUSCH SINR 对比的差异。PUSCH SINR 的提升大概在 4dB 左右，它提供了如图 12.40 所示的上行吞吐量提升，并减少了如图 12.48 所示的发送功率达到最大值的 UE 的数量。根据图 12.48，在开启四流 IRC 接收之后，发送最大功率的 UE 数减少了 20%，这就意味着更长的电池使用时间以及更少的小区间干扰。

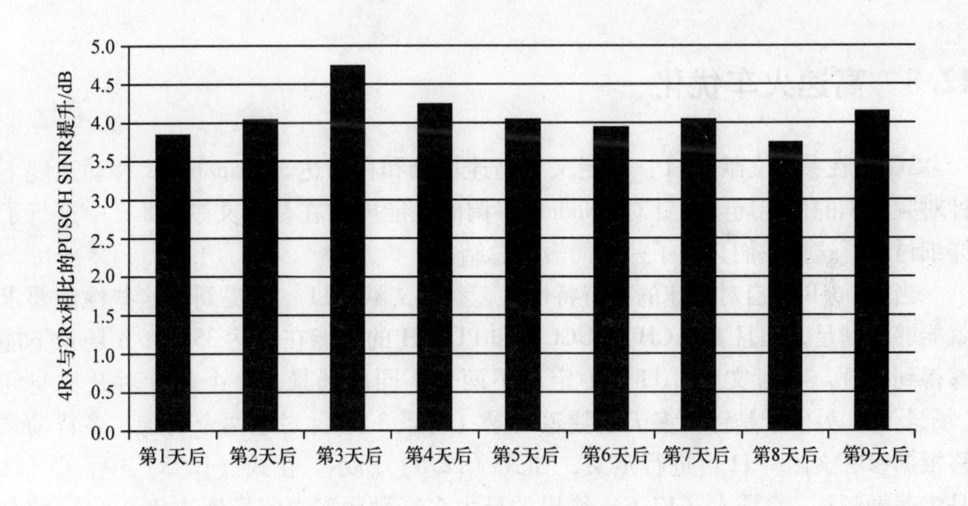

图 12.47　四流 IRC 接收与二流 IRC 接收相比的平均 PUSCH SINR 提升

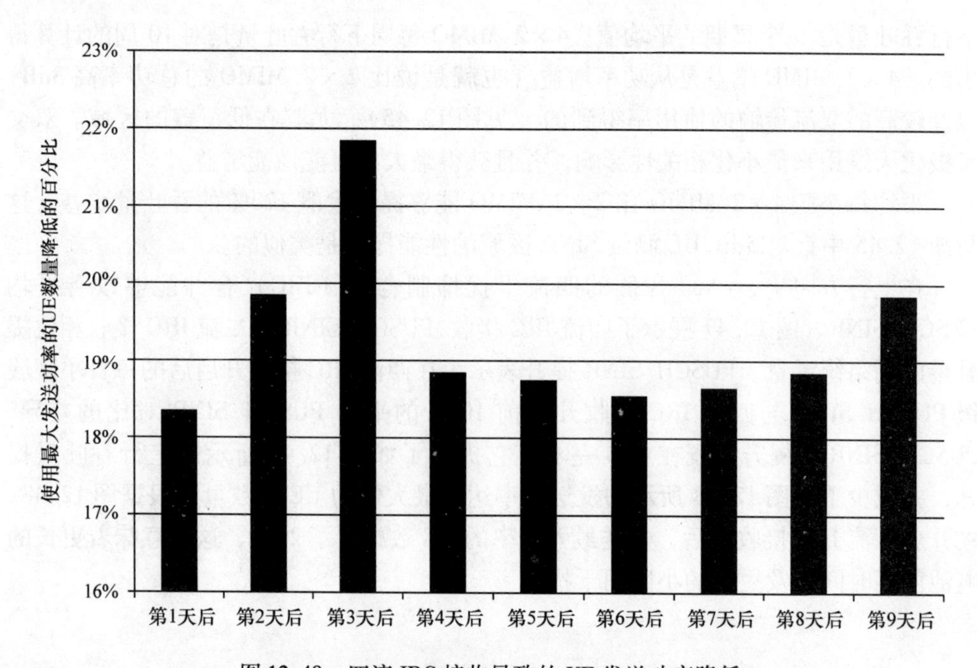

图 12.48 四流 IRC 接收导致的 UE 发送功率降低，表示为使用最大发送功率的 UE 数量降低的百分比

12.8 高速火车优化

3GPP 在参考文献［11］中定义了高速场景和在高达 350km/h UE 移动速度下针对频段 1 的性能局限。针对 eNodeB 解调的性能要求在参考文献［8］中进行了详细讨论。这里我们只做了一个简短的总结。

当 eNodeB 开启对高速的支持特性后，参考文献［11］中提到的这些性能要求就能够被满足，而且 PRACH，PUCCH 和 PUSCH 的性能在高达 350km/h 场景下能够得到保证。参考文献［11］中定义了两个不同的场景，一个是针对开放空间（场景 1），另一个是针对多天线隧道场景（场景 3）。针对这两个场景，多普勒频移根据参考文献［11］进行定义，如式（12.5）所示。在式（12.5）中，$f_s(t)$ 是多普勒频移，f_d是式（12.6）给出的最大多普勒频率，信号到达角 $\theta(t)$ 的余弦值在参考文献［11］中定义，如图 12.49 所示。

$$f_s(t) = f_d \cos\theta(t) \tag{12.5}$$

$$f_d = \frac{vf_c}{c} \tag{12.6}$$

式中，v 是 UE 移动速度；f_c是载波频率；c 是光速。当 UE 与已包含多普勒频移的下行频率同步时，eNodeB 在最差情况下会经历双倍多普勒频移。因此，式（12.5）

中的f_d应该乘以 2。

如图 12.49 所示，处于两个互相指向对方（来自 eNodeB A 的小区和来自 eNodeB B 的小区）的小区中间的 UE 会经历最大的多普勒频移。基于参考文献［11］的表 12.2 展示了高速场景 1 和 3 的参数和需要支持的多普勒频移。值得注意的是，表 12.2 中的多普勒频移要求和多普勒频移轨迹适用于所有频段。表 12.2 中的 UE 移动速度 v 是根据频段 1 得出，如果使用了低频段，那么响应的速度需要使用式（12.6）得出。使用的频段越低，那么针对相同多普勒频移的速度越高。

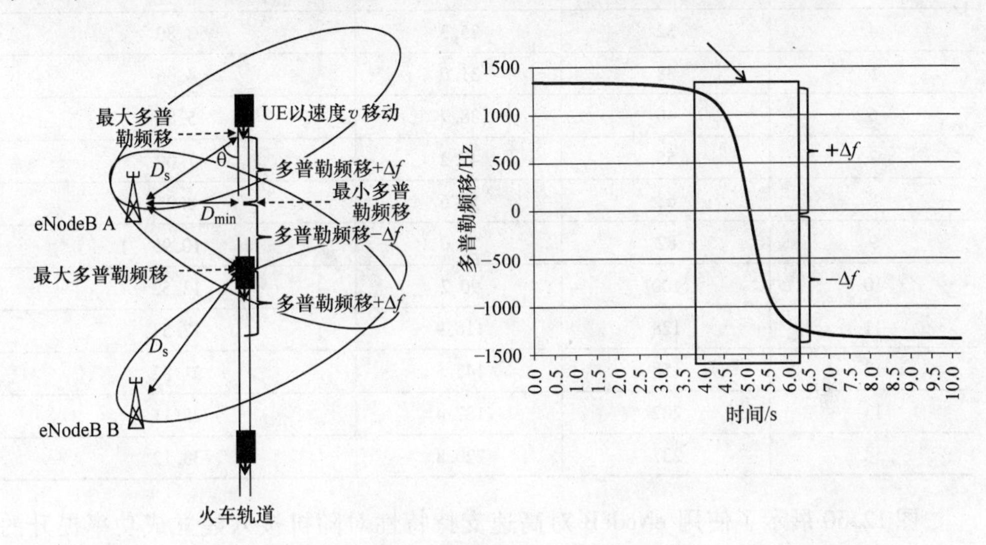

图 12.49　针对信号到达角 θ 的计算参数和针对高速场景 1 的多普勒频移轨迹

如果针对物理随机接入信道也支持高速，那么用于生成前导码的 Zadoff-Chu 序列的长度，N_{ZC}，根据参考文献［3］基于受限的循环偏移长度集合 N_{CS} 来定义。基于受限的 N_{CS} 集合产生的前导码能够提供针对多普勒频移的保护来破坏非受限产生的前导码具有的零自相关特性。受限集前导码通过掩盖一些循环频移位置来得到，以便在保持能够接受的假警报率的同时，也保持针对非常高速 UE 的高检测性能。因此，从一个 Zadoff-Chu 序列中产生的循环偏移的数量与非受限集相比非常有限。表 12.3 展示了受限集能够支持的小区覆盖范围。

表 12.2　高速火车场景参数

参数	值	
	场景 1	场景 2
D_s/m	1000	300
D_{min}/m	50	2
v/（km/h）	350	300
f_d/Hz	1340	1150

表 12.3　取决于循环频移长度受限集的小区覆盖范围

		时延扩展 = 5.2μs	
N_{CS}配置序号	N_{CS}，循环偏移长度	单个循环偏移长度/μs	距离/km
0	15	9.1	1.37
1	18	12.0	1.79
2	22	15.8	2.37
3	26	19.6	2.94
4	32	25.3	3.80
5	38	31.0	4.66
6	46	38.7	5.80
7	55	47.2	7.09
8	68	59.6	8.95
9	82	73.0	10.95
10	100	90.2	13.52
11	128	116.9	17.53
12	158	145.5	21.82
13	202	187.4	28.11
14	237	220.8	33.12

图 12.50 展示了使用 eNodeB 对高速支持特性对随机接入建立成功率提升的影响。

开启高速支持并使用循环偏移长度受限集产生前导码同样提升了切换执行成功率。切换执行成功率的提升大概有 1.2%，并且掉话率也因此改善了大概 1%。进一步的优化需要重新设计以下参数集：

- 遵循第 12.4、12.5 和 12.6 节介绍的针对呼叫建立和切换的信令鲁棒性。
- 以参考信号（RS）提升为考量的下行功率分配能够导致不必要的较大覆盖范围以及切换执行问题，因此针对高速场景一般避免使用 RS 提升。
- 在最大化信令鲁棒性并最小化额外小区间干扰的同时，带有全路损补偿的上行功率设置。同时，任何能够最小化小区间干扰的调度算法也可以用来提高信令鲁棒性。
- 加速小区重选以便使 UE 一直处于最好的小区内，但是应该通过基于速度的小区重选特性来避免乒乓小区重选，并且在小区重选发生之前减小的滞后量需要被满足。

通过优化上述的参数，高速火车性能能够得到进一步的改善，如图 12.51 所示。

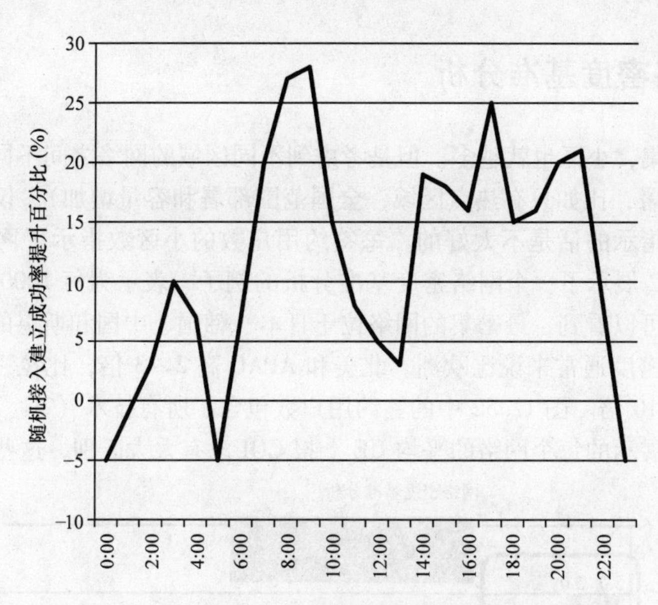

图 12.50　高速特性开启后的随机接入建立成功率的改善。统计量从火车轨道附近的 eNodeB 处获得

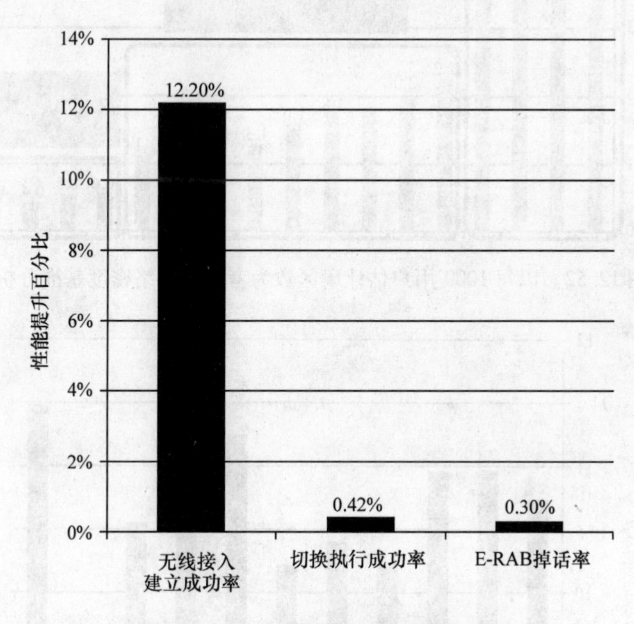

图 12.51　参数优化后的性能提升

值得注意的是，在高速火车隧道内使用中继需要进行仔细的设计，使得每个中继的传输在时间上完美的对齐，并通过恰当的中继天线排列来最小化多普勒的影响。

12.9　网络密度基准分析

网络越密集，小区也就越多。但是考虑到不同区域的网络之间不同的网络部署阶段（初始部署，比如只有热点区域，全国范围部署和容量增加），仅仅将小区数作为基准分析指示的话是不太好的。每签约用户数的小区数指示了网络的绝对密度。在图 12.52 展示了一个网络密度基准分析的例子，表示为每 1000 用户的估计扇区数。我们可以看到，最密集的网络位于日本、韩国、中国和斯堪的纳维亚。这些地方的网络密度通常来说比欧洲、北美和 APAC 高 2 ~ 3 倍，比拉丁美洲，中东和非洲最多高 10 倍。图 12.52 中的签约用户数包含了所有技术（2G、3G 和 4G）。

图 12.53 展示的每个网络的平均 UE 上报 CQI 没有太大区别，这些不同的网络

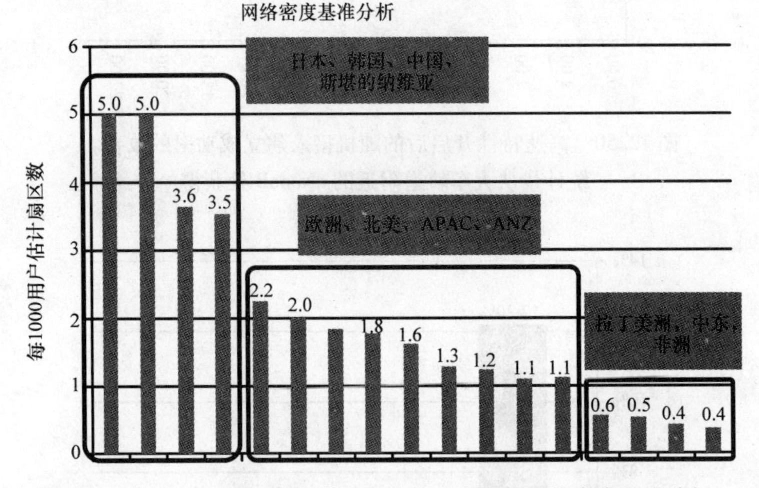

图 12.52　以每 1000 用户估计扇区数为考量的网络密度基准分析

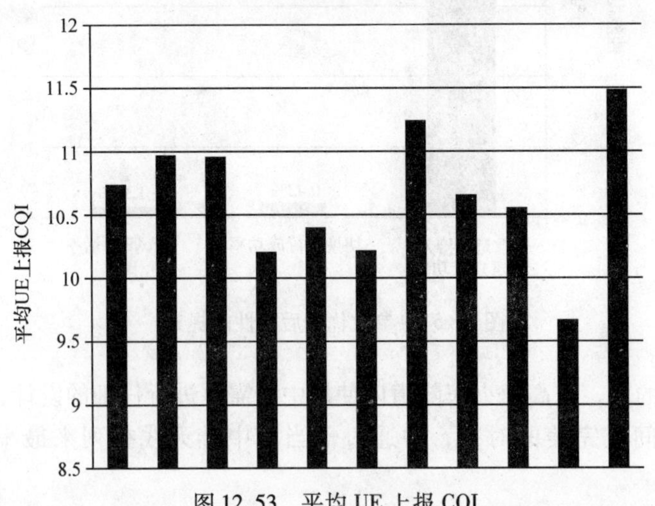

图 12.53　平均 UE 上报 CQI

包含的每 1000 用户的扇区数或高或低。这意味着高密度的网络拥有较好的物理层性能，因此能够达到更高的上下行吞吐量。但是，网络越密集，小区间干扰越难以控制，并且物理层优化非常具有挑战性，但是能够到达的效果还是不错的，如第 12.3 节所述。随着网络中的小区数量的增加，本章描述的 KPI 优化方法变得越来越重要，这是因为在超密集小区中，任意对信令过多的资源使用都可能造成非常大的小区间干扰问题。

12.10　总结

通过网络或者路测 KPI 表征的 LTE 网络性能可以通过参数调整来进行最优化。当网络变得越来越密集，参数调整必须也要考虑到如何最小化小区间干扰。因此，优化的目标是在使用最低的资源和功率配置的同时，达到可能的最优 KPI 值。物理层优化从来不应该被忽视，因为通过物理层优化可以达到最高的网络性能增益。尤其在密集网络中，网络负载和小区间干扰增加的情况下，物理层优化的效果尤为明显。吞吐量增益能够通过使用空间复用传输模式进一步改进（在物理层优化的基础上），尤其当 eNodeB 侧使用交叉极化天线的时候。将 2×2 MIMO 升级为 4×2 MIMO 能够在整个 SINR 区域范围内提升用户和小区吞吐量，尤其在 SINR 较差的区域。开启 3GPP 定义的限制循环偏移集来产生随机接入前导码能够极大地提高覆盖高速火车的小区的 KPI。

参考文献

[1] 3GPP TS 36.213, 'Physical Layer Procedures', v.10.9.0, 2013.

[2] 3GPP TS 36.101, 'Evolved Universal Terrestrial Radio Access (E-UTRA); User Equipment (UE) Radio Transmission and Reception', v.10.9.0, 2013.

[3] 3GPP TS 36.300, 'Evolved Universal Terrestrial Radio Access (E-UTRA) and Evolved Universal Terrestrial Radio Access Network (E-UTRAN); Overall Description; Stage 2', v.10.9.0, 2012.

[4] 3GPP TS 36.331, 'Evolved Universal Terrestrial Radio Access (E-UTRA); Radio Resource Control (RRC); Protocol Specification', v.10.9.0, 2013.

[5] S. Kullback. *Information Theory and Statistics*, Dover (1968). Reprint of 1959 edition published by John Wiley & Sons, Inc.

[6] E. Telatar, 'Capacity of Multi-antenna Gaussian Channels', *European Transactions on Telecommunications*, November–December, 585–595 (1999).

[7] G. J. Foschini and M. J. Gans, 'On Limits of Wireless Communications in a Fading Environment When Using Multiple Antennas', *Wireless Personal Communications*, January, 311–335 (1998).

[8] H. Holma and A. Toskala. *LTE for UMTS*, 2nd ed., John Wiley & Sons, Ltd., Chichester (2011).

[9] 3GPP TS 36.314, 'Evolved Universal Terrestrial Radio Access (E-UTRA); Layer 2 – Measurements', v.10.2.0, 2011.

[10] J. Salo, P. Suvikunnas, H. M. El-Sallabi, and P. Vainikainen, 'Ellipticity Statistic as Measure of MIMO Multipath Richness', *Electronics Letters*, 42(3), 45–46 (2006).

[11] 3GPP TS 36.101, 'Evolved Universal Terrestrial Radio Access (E-UTRA); Base Station (BS) Radio Transmission and Reception', v.10.10.0, 2013.

第13章 容量优化

Jussi Reunanen、Riku Luostari 和 Harri Holma

13.1 导言

本章介绍了LTE网络容量的限制因素，并且详细讨论了在高业务量事件（大事件）中提高性能的方式，并分别针对簇级别（整个大事件区域）和小区级别进行了容量分析。本章使用了来自多个不同大事件区域的最高负荷小区（从数据量和资源利用的角度考量）来展示小区容量瓶颈的分析过程。图13.1分析了影响高业务事件性能的主要因素，并且在后续章节中对这些因素进行了详细分析。

相比于普通业务场景，大事件场景中的平均用户业务模型变化得很剧烈，并且在最高负荷的时间段内上行业务量会超过下行业务量。因此，从终端用户性能的角度来看，上行小区间干扰控制非常关键。

从每用户吞吐量的角度来看，由于物理下行控制信道（PDCCH）的容量问题，下行干扰控制是非常重要的。高下行干扰会降低PDCCH容量以及物理下行共享信道（PDSCH）的频谱效率。PDCCH容量的降低会导致在一个传输事件间隔内同时被调度的上行和下行的用户数量的降低，并进一步降低频谱效率（由于频选调度增益的降低）。

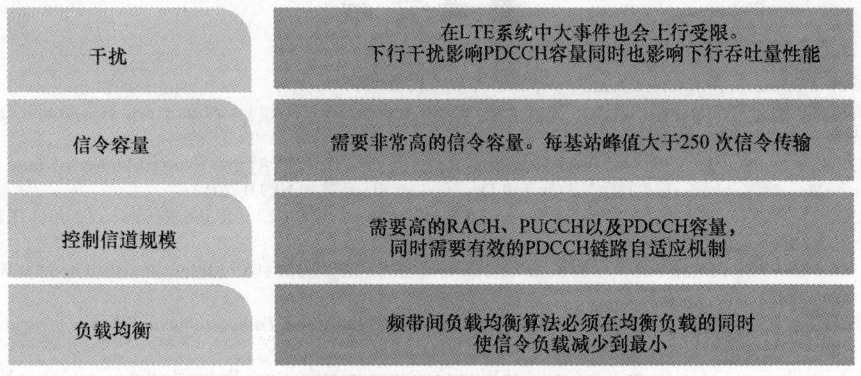

图13.1 影响大事件场景性能的主要因素

每个eNodeB的呼叫建立和释放的信令量、进入和切出的切换信令量同样会限制总的业务量，因此信令的峰值速率（每秒的数量）也需要进行严密监控。

控制信道估算以及可支持的最大RRC连接用户数在大事件中是非常重要的。所有控制信道的容量需要匹配或超过最大同时支持的RRC连接以及调度的用户数，因此每个用户都有所需的控制信道容量。如果控制信道容量不足，就有可能产生大量的呼叫建立拒绝，这会带来容量请求的大量增长（UE会对被拒绝的容量请求进行重试直至获得所需的容量为止)，从而导致干扰的提升。

负载均衡功能可以将负载，也就是用户，在不同载波之间均匀分配，进行负载均衡不应该带来额外的信令负荷的增长，也即最好不使用切换信令（这种情况下无须进行目标载波覆盖测量，并且到目标小区进行的是盲切换)。这可以通过在RRC连接释信令中告知用户的目标载频来完成。也可以通过使用切换门限将用户在同频小区之间进行分配，但是我们也需要注意用户需要一直连接到具有最小路损的小区。因此只有在小区边缘才可以使用基于门限的切换调整。

需要指出的是，本章中所有示例是基于10MHz和20MHz的FD LTE系统（实际的载波频率在700MHz、800MHz、900MHz、1800MHz、2100MHz和2600MHz间变化)，下行使用2×2多输入多输出技术（MIMO)，上行使用2Rx。并且，如无特别说明，针对所有载波带宽，每个子载波上的eNodeB传输功率相同。

13.2　大事件中的业务特征

由于用来分享事件体验的社会媒体的使用以及自动照片云备份功能的使用，在大事件中上行数据量会急剧增加。图13.2展示了在普通时间段(大事件2天前)

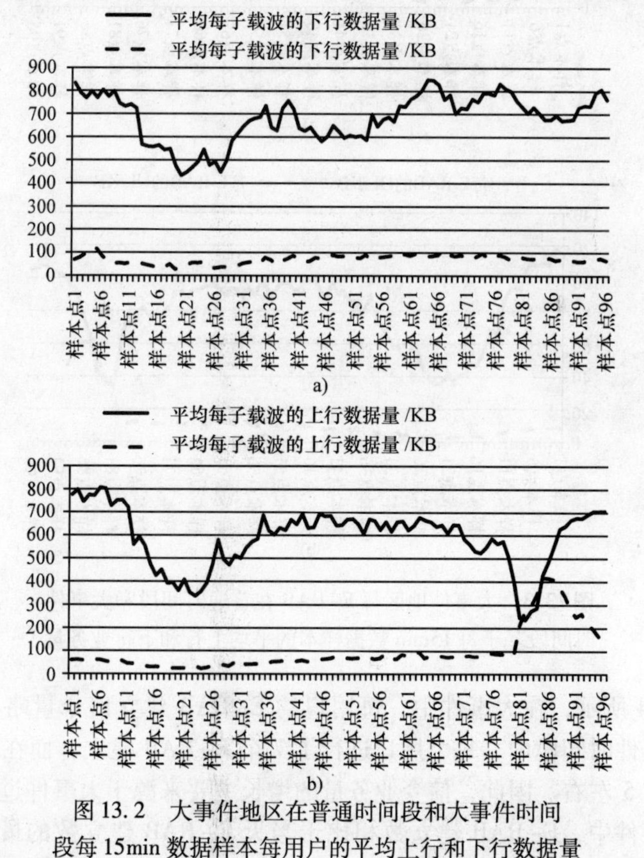

图13.2　大事件地区在普通时间段和大事件时间段每15min数据样本每用户的平均上行和下行数据量

和大事件时间段在大事件区域的每用户的上行和下行数据量。相比于普通时间段和大事件发生前的时间段，在大时间段内每用户的上行数据量比大事件之前增长了 4 倍。类似地，每用户的下行数据量分别下降为大事件发生前的 1/3 和普通时间段的 1/4。对于大事件的分析开始于样本点 76，结束于样本点 91。

与每用户的上行和下行数据量类似，每个建立的 E-RAB 的上行和下行数据量也在大事件的时间段内发生剧烈变化。如图 13.3 所示，相比于大事件开始前以及普通时间段，每个建立的 E-RAB 的上行数据量增长了 5 倍。每个建立的 E-RAB 的下行数据量在大事件过程中与普通时间段相比有所下降，大约是大事件之前时间段的 1/3。

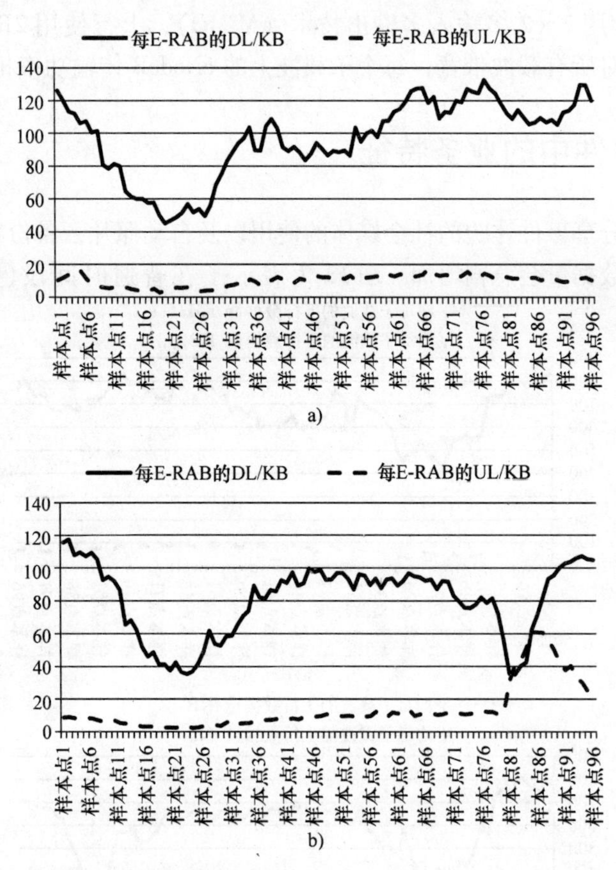

图 13.3　大事件地区每 E-RAB 在普通时间段和大事件时间段基于每 15min 数据样本的平均上行和下行业务量

如图 13.4 所示，在大事件中，每用户的 E-RAB 建立信令量略有增加，具体来说，在大事件时间段内，每个用户进行了 7 个 E-RAB 建立，而在普通时间段里这个数值在 6.5 左右。因此，信令业务量的增长主要来源于大事件过程中的用户数增长。在大事件中，E-RAB 建立数相比于当天 E-RAB 建立数的最低值增长了 6

倍，相比于平时的 E-RAB 建立数增长了约 3 倍。

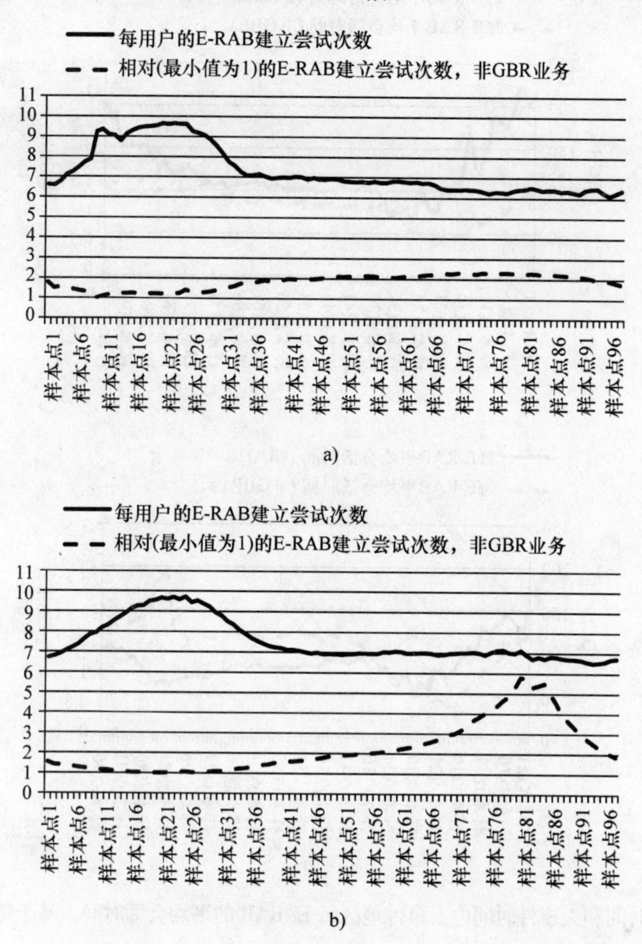

图 13.4　大事件地区在普通时间段和大事件时间段基于每 15min 数据样本的每用户平均 E-RAB 建立尝试次数

如图 13.5 所示，在大事件中，每个 E-RAB 的会话时间（用户占用数据信道并用来接收和发送数据的时间）相比于平时的变化非常明显。

QCI1（VoLTE）E-RAB 会话时间在大事件中与平时相比有所下降，这很可能是由于终端用户在实际的大事件中几乎不进行任何语音通话，而是发送一些社交媒体的更新。非 GBR 业务的 E-RAB 会话时间在大事件时有一个明显的尖锐的峰值。这是由于上行业务此时占主导地位，一般情况下由于上行业务相对于下行业务的频谱效率较低，因此传输等量的上行数据比下行数据要花费更多的时间。同时，如 13.3 节中所述，上行传输对于干扰和用户功率控制都非常敏感。

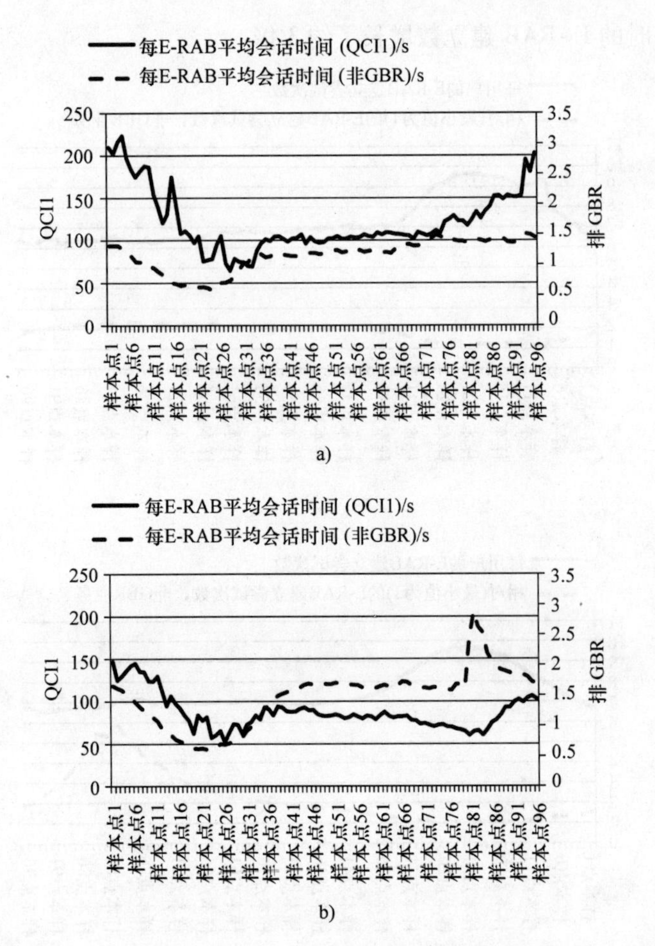

图 13.5　普通时间和大事件时间内大事件地区每 E-RAB 的平均会话时间，基于每 15min 数据样本

如果没有特殊事件的话，用户行为在一天中会发生明显变化，包括数据会话数以及每次会话的数据量。图 13.6 和图 13.7 展示了每个注册用户每小时请求建立的

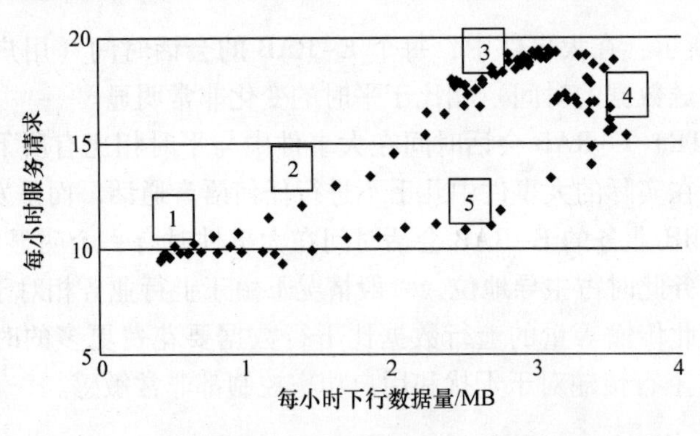

图 13.6　普通工作日内的用户行为与下行数据量对比

E-RAB 数量与每小时上行和下行数据量之比。图 13.6 和图 13.7 中的分析是基于若干天普通时间段里网络级别的统计数据得出的，也即在分析的时间段内没有特别的事件发生。

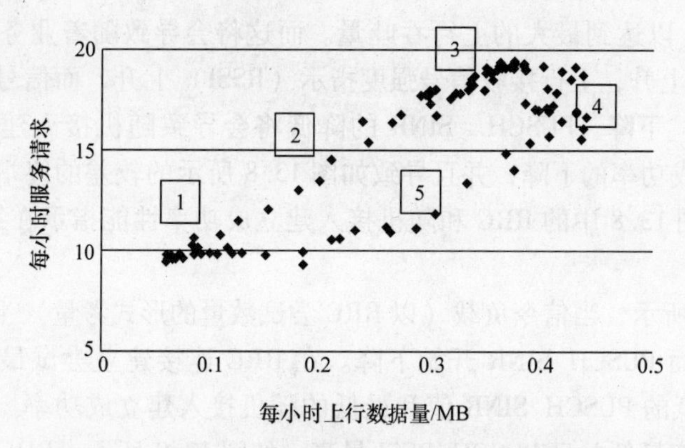

图 13.7 普通工作日内的用户行为与上行数据量对比

基于图 13.6 和图 13.7，用户在普通时间段内的行为分析如下：

1）在夜晚时间段（01：00 ~05：00），每个注册用户大约每小时有 10 个 E-RAB 产生，大约每小时接收 1MB 的数据，并且发送约 0.1MB 的数据。

2）在清晨时间段（05：00 ~08：00），每注册用户每小时的 E-RAB 数量从 10 增长到 18，每小时下行数据量增长到 2MB，上行数据量增长到 0.3MB。

3）在工作时间段（08：00 ~18：00），每个注册用户每小时产生 15 - 19 个 E-RAB，每小时的下行数据量约为 3MB，上行数据量为 0.3 ~0.4MB。

4）在夜晚时间段（18：00 ~23：00），每注册用户每小时 E-RAB 数下降至 15，同时每小时下行数据量增长至接近 4MB，上行数据量接近 0.5MB。

5）在午夜时间段（23：00 ~01：00），每用户的数据量迅速下降为下行 1MB，上行 0.1MB，并且 E-RAB 的数量下降为每小时每注册用户 10 个。

在普通工作日，用户的行为（数据量和信令量）随时间明显变化，这带来了网络不同位置不同时间段的巨大容量需求改变。我们在预测商用区域（用户在工作时间驻留）和居住区域（用户在非工作时间内驻留）的容量需求时应该考虑到些因素。

大事件对网络的影响局限在较小的范围（有限的几个小区内），但是我们应该认真考虑这种影响，并且在容量评估时应考虑到注册用户数的增加和由于每 E-RAB 上行数据量的大量增长而带来的信令负荷增长。

13.3 上行干扰管理

相比于普通传输时间段，在大事件时间段内的上行数据量大量增长，上行小区间干扰会对系统性能带来限制。因此，应对物理上行共享信道（PUSCH）和物理上行控制信道（PUCCH）采取功率控制策略，以便使小区间干扰最小化。如果使用了较激进的上行功率控制策略，那么无论所处位置如何所有的用户将会使用非常高的发射功率，以达到最大的上行吞吐量。而这将会导致随着业务量（上行数据和/或信令）的上升，上行接收信号强度指示（RSSI）上升，而信号和干扰及噪声的比值（SINR）下降。PUSCH SINR 的降低将会导致随机接入建立成功率以及 RRC 连接建立成功率的下降，并且导致如图 13.8 所示的较差的终端用户体验。需要注意的是，图 13.8 中的 RRC 和随机接入建立成功率性能指示在第 12 章中进行了介绍。

如图 13.8 所示，当信令负载（以 RRC 尝试数量的形式考量）上升时，PUSCH RSSI 开始上升而 PUSCH SINR 开始下降。在 RRC 连接建立尝试最高时（样本点 45）出现了最低的 PUSCH SINR 值和最低的随机接入建立成功率。同时在这点上 RRC 建立成功率最低并且 PUSCH RSSI 最高。如图 13.9 所示，RRC 连接建立尝试开始下降，并且这会导致 PUSCH SINR 上升，甚至上行数据量上升。当 RRC 连接建立尝试下降时，PUSCH RSSI 同样显著下降。这种 PUSCH SINR 和 RSSI 相对于 RRC 连接建立尝试和上行数据量的现象意味着上行干扰的很大一部分是由于信令带来的，并且可以通过针对 PUSCH 和信令消息进行的 UE 发送功率控制（TPC）的行为来进行解释。如在第 12 章中分析的，消息 1 和消息 3（分别是前导码和 RRC 连接请求信令）遵循基于网络给出的开环功控参数加上消息 3 在消息 1 功率之上进行的功率上升补偿。同样的，消息 5 遵循消息 3 的传输功率，即在 eNodeB

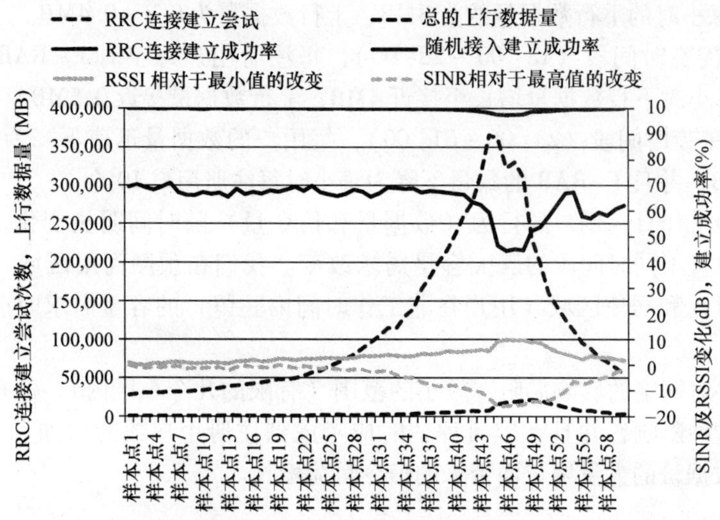

图 13.8 激进的上行功控算法对 RRC 以及随机接入建立成功率和 PUSCH RSSI 及 SINR 的影响。统计数据（15min 采样）为小区簇内小区进行的平均，这些小区在峰值时段内的 RRC 连接建立尝试次数最多

侧没有可用的 PUSCH RSSI 或者 SINR 的测量值以进行 UE 的发射功率调整。因此，消息 1 和消息 3 的传输功率应最小化。

第 13.3.3 节将给出在大事件中更多的功率控制对不同性能指示影响的例子。

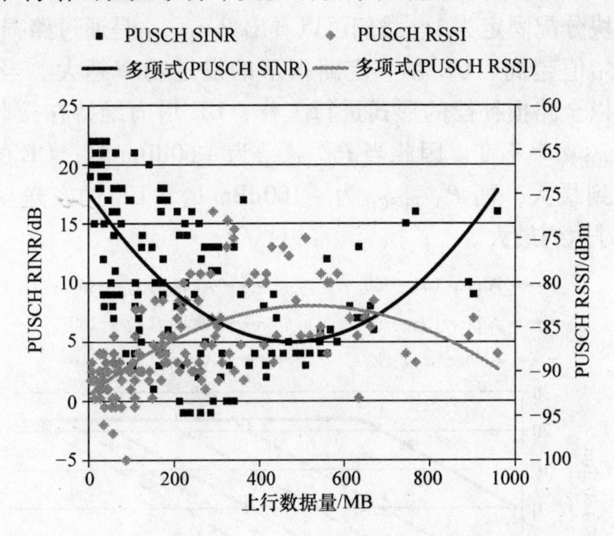

图 13.9　每小区上行数据量与上行（PUSCH）信号与干扰和噪声比以及上行接收信号强度指示每 15min 数据采样

13.3.1　PUSCH

1. 传输功率控制

上行 TPC 的目的是为每个传输的比特维持足够高的能量来满足业务需求的特定信号质量，另一方面是最小化小区间干扰。上行 TPC 操作在参考文献［1］中进行了呈现。3GPP 特有的上行功控机制是基于图 13.10 中描述的开环功控和闭环功控。第 12 章中包含更多的上行功控机制的细节，因此这里仅分析大事件中对性能影响最大的最重要的因素。

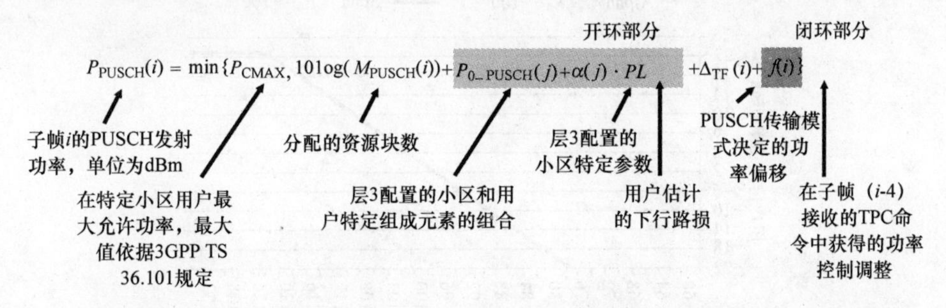

图 13.10　3GPP 版本 8 定义的 PUSCH 上行传输功率控制，以 dBm 为单位

开环功控调整方案是基于路损的变化，即 UE 测量到的慢速信道变化。闭环功

控基于 eNode 发送的功率控制命令，以减弱任何路损测量和功率放大的错误，同时也减弱小区间干扰情况的快速变化。

在图 13.11 中，UE 传输功率是路损的函数。P_{0_PUSCH}是可变的，Alpha（α）固定为1，资源块分配固定为1。我们可以看出P_{0_PUSCH}是通过路损来控制 UE 的发送功率，P_{0_PUSCH}值越高，UE 在一定路损下的发送功率越大。当 Alpha 为 1 时，UE 的 TPC 过程以全路损补偿的形式进行工作，UE 尽力维持在接收端每个分配的资源块上P_{0_PUSCH}功率不变。因此当P_{0_PUSCH}为 -60dBm 时，UE 的发送功率在路损为 83dB 时达到最大，而P_{0_PUSCH}为 -100dBm 时，UE 的发送功率在路损增大 40dB 即 123dB 时达到最大。

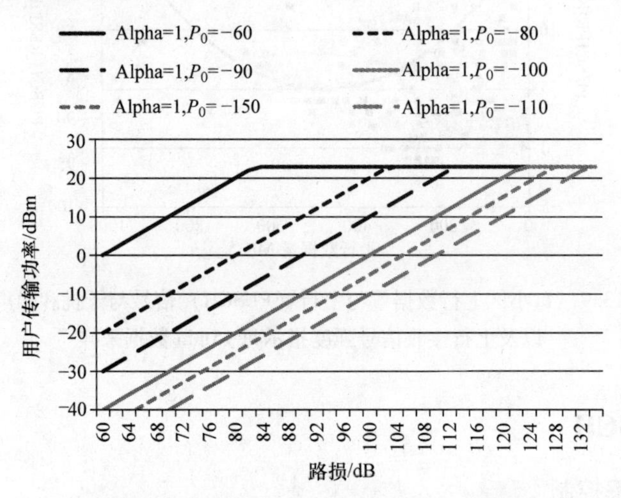

图 13.11 用户传输功率作为路损，定量 Alpha（α）和变量P_{0_PUSCH}的函数

当P_{0_PUSCH}固定为 -100dBm 同时 Alpha 值可变时，可以使用部分路损补偿的方式。如图 13.12 所示，Alpha > 1 意味着仅有部分的路损被补偿了。例如，当

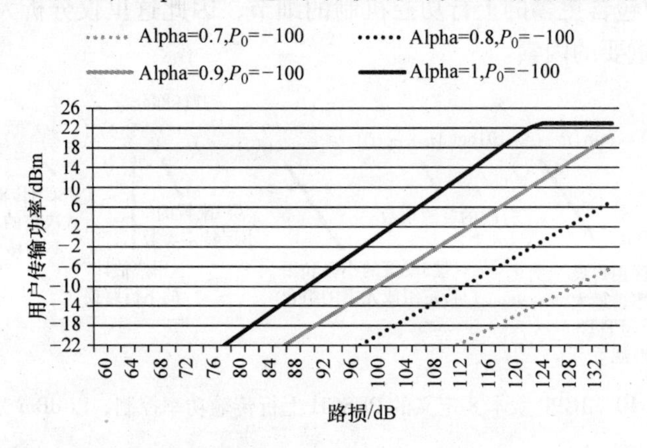

图 13.12 用户传输功率作为路损，变量P_{0_PUSCH}和定量 Alpha（α）的函数

Alpha=1并且 P_{0_PUSCH} 为 -100dBm 时，在路损为123dB 时 UE 的发送功率达到最大，但是 Alpha=0.9 时最大的 UE 发送功率在路损为123/0.9=137dB 时达到最大。因此，小于1的 Alpha 值应该与更高的 P_{0_PUSCH} 联合使用以弥补部分路损补偿带来的影响。

图13.13中展示的UE的发送功率是部分路损补偿和不同的 P_{0_PUSCH} 值的联合函数。

当 P_{0_PUSCH} 和 Alpha（α）值均可变时，UE的传输功率在路损为124dB时达到最大，此时 P_{0_PUSCH} = -100dBm 同时 Alpha（α）=1，但是当 P_{0_PUSCH} = -60dBm 而 Alpha=0.6 时，UE 在路损为138dB 时达到最大传输功率。这意味着对于那些面积较大的小区，例如路损为124dB，从性能的角度看，更宜于使用偏保守的功率控制参数设置，P_{0_PUSCH} = -100dBm，Alpha（α）=1 时小区边缘 UE 传输功率达到最大值（21dBm）。而在 P_{0_PUSCH} = -80dBm 和 Alpha（α）=0.8 时，小区边缘 UE 传输功率为19.2 dBm。对于小区边缘用户，过低的 UE 传输功率分配会导致由于错过 RRC 建立完成消息从而导致的 RRC 建立失败，如第13.3.2节中所分析，同时会导致小区边缘用户的较低上行吞吐量。但是，在使用开环功控时，UE 位于接近小区边缘的位置时会使用最大的传输功率，而这会给边缘用户带来不必要的小区间干扰（很多用户都使用最大功率发射）。因此，在大事件中，我们推荐使用基于部分小区边缘路损的开环功控，这样 UE 的传输功率就可以在不牺牲呼叫建立相关信令性能的前提下设置得尽可能低。这种情况下典型的设置为 Alpha（α）=1，$P_{0_PUSCH} \leqslant -100$dBm。

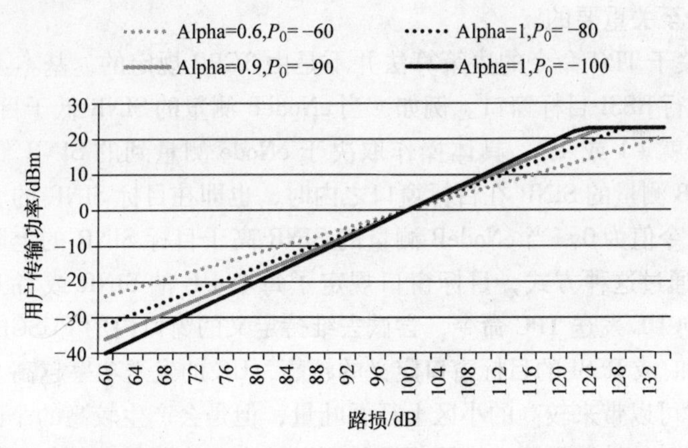

图13.13 用户传输功率作为路损，变量 Alpha（α）和变量 P_{0_PUSCH} 的函数

图13.10中所示的闭环功控 $f(i)$ 由 UE 基于 eNodeB 发送的 TPC 命令进行更新。参考文献［2］中规定了闭环功控部分，$f(i)$ 可以有累加模式或绝对模式。在累加模式中，$f(i)$ 的前值，也即 $f(i-1)$，与 eNodeB 发送的新的 TPC 命令值相加，而在绝对模式中，仅使用从 eNodeB 接收的 TPC 命令来更行 $f(i)$。累加模式功控的 TPC

命令值为｛-1，0，1，3｝，而绝对模式功控的 TPC 命令值为｛-4，1，1，4｝dB。累加模式闭环功控往往从初试值开始，即 $f(0)$，并且基于从 eNodeB 收到的 eNodeB TPC 命令来调整初始值。绝对模式闭环功控仅使用当前从 eNodeB 获得的当前 TPC 命令，并用新接收到的值来替换闭环功控值 $f(i)$。

无论选择哪种闭环功控类型，如参考文献［2］中给出的，初始值 $f(0)$ 式为随机接入响应中给出的 TPC 命令，δ_{msg2} 和从第一个到最后一个（由随机接入响应确认）前导码获得的总前导码传输功率上升值，ΔP_{rampup}，的加和。UE 在 PUSCH 上发送的第一个消息为 RRC 连接请求消息，消息 3，因此它成了在闭环功控中使用初始值 $f(0)$ 的消息。图 13.10 中给出了消息 3 的总传输功率，它使用如图 13.14 中所示的根据参考文献［2］的修正。

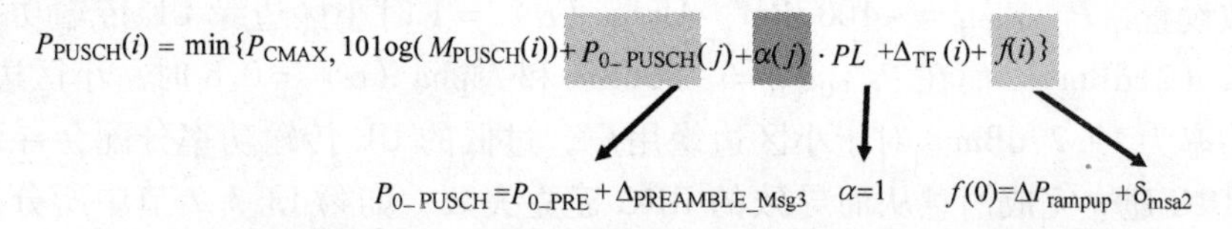

图 13.14 3GPP 版本 8 中定义的 PUSCH 上的消息 3 的上行功率控制算法

前导码功率上升也同时提升了消息 3 的上行传输功率，在累加模式的闭环功控中前导码功率的上升也影响了整个呼叫过程中的闭环功控部分。类似地，在累加模式闭环功控中，随机接入响应中给出的 TPC 命令影响着闭环功率控制部分直至整个呼叫过程的结束。因此，从上行小区间干扰的角度来看，将前导码功率上升的次数降至最低是至关重要的。

eNodeB 关于 TPC 命令的决策算法并不是由 3GPP 规定的，基本上是基于上行 SINR 和/或上行 RSSI 目标窗口。例如，当 eNodeB 测量的 SINR 低于目标 SINR 下限时，TPC 命令就 +1 或 +3，具体操作取决于 eNode 测量到的 SINR 低于目标值多少。当 eNodeB 测量的 SINR 在目标窗口之内时，也即在目标 SINR 的上限和下限之间时，TPC 命令值为 0。当 eNodeB 测量的 SINR 高于目标 SINR 的上限时，TPC 命令为 -1dB。通过这种方式，目标窗口规定了每个 UE 的 SINR 或者 RSSI 的范围。eNodeB 通过向 UE 发送 TPC 命令，尝试去维持定义的窗口内的 PUSCH SINR 和/或 RSSI。SINR 和/或 RSSI 的目标窗口定义的越高，UE 的发送功率越高。高目标窗口在负载较低时可以带来较高的小区上行吞吐量，但是会产生较高的小区间干扰，由此引起高负荷时的性能下降。小区间干扰可以被进一步降低，例如，依据小区间干扰值将 UE 的位置提供给闭环功控决策算法，这样可以降低带来最严重小区间干扰的 UE 的传输功率。在大事件中闭环上行 TPC 命令需要进行非常保守的设置，以便针对小区边缘用户，功率控制主要由开环功率控制决定。这意味着对 SINR 和 RSSI 的更大的决策窗口以及较低绝对值的 SINR/RSSI 目标值（决策窗口的起始点）。

第 13.3.3 节中的例子展示了大事件中功率控制设置对不同性能指示的影响。

2. 每用户的吞吐量和频谱效率

每用户的上行吞吐量取决于带宽分配、频谱效率和一个小区内同时进行数据传输的用户数。如前述章节中的分析，数据量的增加导致了小区间干扰的增加，这可以通过 PUSCH SINR 的下降和 PUSCH RSSI 的提升看出。PUSCH SINR 的下降意味着小区频谱效率的下降，由此带来终端用户吞吐量的下降。另一方面，由于小区内的无线资源时由所有用户共享，连接状态用户数，也即在同时进行上传业务的连接用户数，的增加会带来每用户吞吐量的降低。

每用户的吞吐量可以基于小区级计数器进行估计，例如，可以简单地用小区级吞吐量除以缓存中有数据的用户数（比如，eNodeB 从用户处接收到缓存状态信息指示在缓存中仍然有数据，因此 eNodeB 考虑在下个 TTI 中为用户调度资源）。小区级吞吐量可以通过接收到的用户面比特数除以用于接收这些比特的有效 TTI 数。这个比特数仅包含用户面数据比特，而不包含重传、混合自动重传或者无线链路控制面重传。由于 TTI 的有效性无关于该 TTI 中使用的物理资源块数量，有效 TTI 比较难以测量。因此，这种类型的性能指示在 PRB 利用率（可用 PRB 中正在使用的 PRB 数量）非常低（<30%）的时候是不太准确的。例如，在 PRB 利用率从 10% 到 100% 时，不可以简单地使用小区吞吐量除以 PRB 利用率来衡量小区吞吐量。这是由于这种简单的衡量方式假设当 PRB 利用率上升时上行干扰情况完全不变，而这种假设是不正确的。因此，当使用上述简化公式来计算小区吞吐量性能指示时，要仔细地考虑 PRB 利用率来对结果进行分析。

图 13.15 给出了每用户平均吞吐量作为 RRC 连接用户数的函数的例子。例子

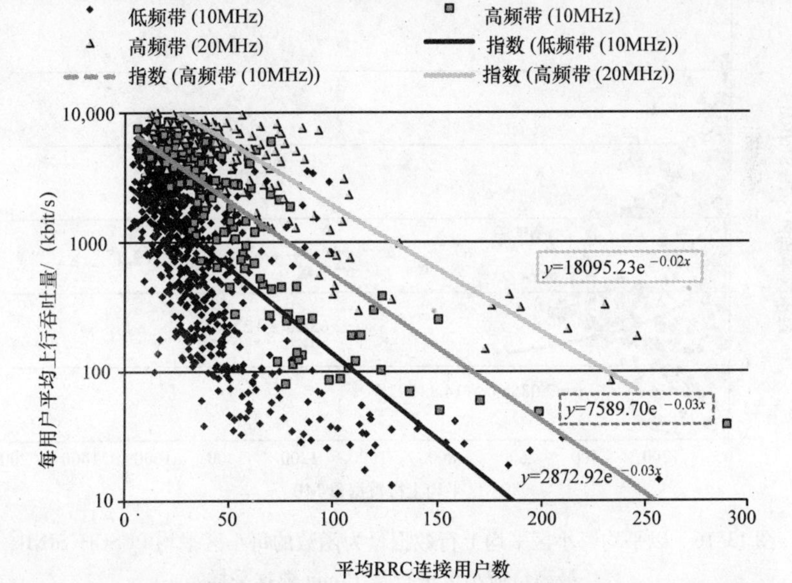

图 13.15　每用户平均上行吞吐量（kbit/s）作为每 FD LTE 小区中用户 RRC 连接数量的函数，基于 15min 采样数据

中包含了高负荷小区的分析，这些小区每 15min 采样的 PRB 的利用率高于 20%。我们需要注意的是，并不是所有载波都部署于同一位置，优化是基于载波进行的，并尽力使每载波上的性能达到最优。我们可以从图 13.15 中看出，低频带（700、800 或 900MHz）的 10MHz 小区的平均用户吞吐量略低于高频带（1800MHz、2100MHz 或 2600MHz）小区。最高的每用户平均吞吐量可以在高频带（1800MHz、2100MHz 或 2600MHz）20MHz 的小区中达到。

如果设置上行吞吐量限制，例如，每用户 500kbit/s，这意味着平均来讲上述分析的小区可以支持如下数量的 RRC 连接用户数：

- 20MHz 高频 FD LTE 小区可支持 180 个 RRC 连接用户。
- 10MHz 高频 FD LTE 小区可支持 90 个 RRC 连接用户。
- 10MHz 低频 FD LTE 小区可支持 58 个 RRC 连接用户。

10MHz 低频带和高频带资源上吞吐量的差异来源于不同频带无线信号质量的不同，也即概括来讲高频带小区更容易进行优化，并且当图 13.16 中所示每小区上行数据量增加时 PUSCH SINR 的降低较小。同样，可用的带宽越多，一定 PUSCH SINR 等级下可传输的上行数据量越多。基于图 13.16 中的分析，20MHz 带宽的无线资源在相同的 PUSCH SINR 等级下，可以提供相比于高频带 10MHz 带宽资源两倍以上的上行数据量（PUSCH SINR 为 5～10dB）。

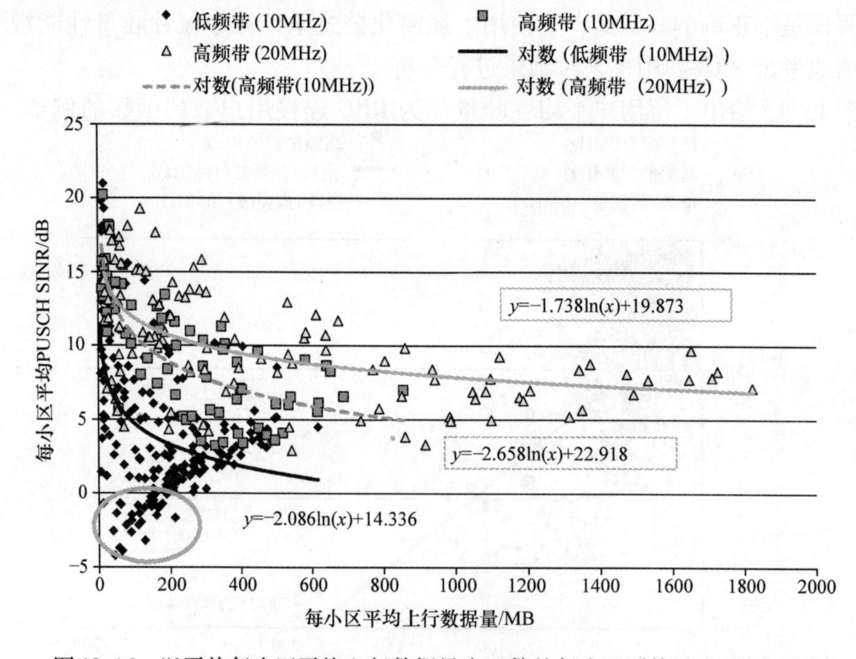

图 13.16　以平均每小区平均上行数据量为函数的每小区平均 PUSCH SINR，最高负荷小区进行量 15min 数据采样

如图 13.16 所示，有一些低频带小区正在遭受过度的上行小区间干扰。这些小区存在着大量的过覆盖区域，因此无论上行数据量有多少，PUSCH SINR 的性能都会较差。

实际的以每小区 bit/s/Hz 为单位的频谱效率可以通过小区有效吞吐量数据和小区无线资源带宽来计算获得。图 13.17 给出了不同频带和带宽的例子。

如图 13.17 所示，3GPP 仿真的频谱效率在 100% 负载的情况下在 PUSCH SINR 高于 6dB 时可以达到或超过每小区 0.74bit/s/Hz。我们需要注意的是，如此高的频谱效率可以在 10MHz 和 20MHz 的高频带和低频带小区获得。3GPP 的仿真使用了满缓存传输模型，这意味着小区在同一时刻有 100% 的上行 PRB 利用率。如图 13.18 所示，在实际网络中，本小区的上行 PRB 利用率和邻小区的上行 PRB 利用率几乎很难在同一时刻达到 100%。

如图 13.18 所示，当本小区上行 PRB 利用率提升时，具有相同或更高 PRB 利用率的邻小区 PRB 利用率同样获得提升。例如，当本小区的上行 PRB 利用率达到 90% ~95% 时，它 8% 的邻小区的上行 PRB 利用率小于等于 15%。同时，当本小区的上行 PRB 利用率为 90% ~95% 时，它 55% 的相邻小区有高于 80% 的下行 PRB 利用率。这意味着在实际网络中，由于小区间不均衡的负载程度，小区频谱效率可以超过 3GPP 的限制，也即所有的小区（包括本小区和邻小区）在同一时刻并没有非常高的负载。但是，我们需要注意的是这种上行 PRB 利用率的不均衡性相比于下行的情况要轻得多，如图 13.18 和图 13.35 所示。

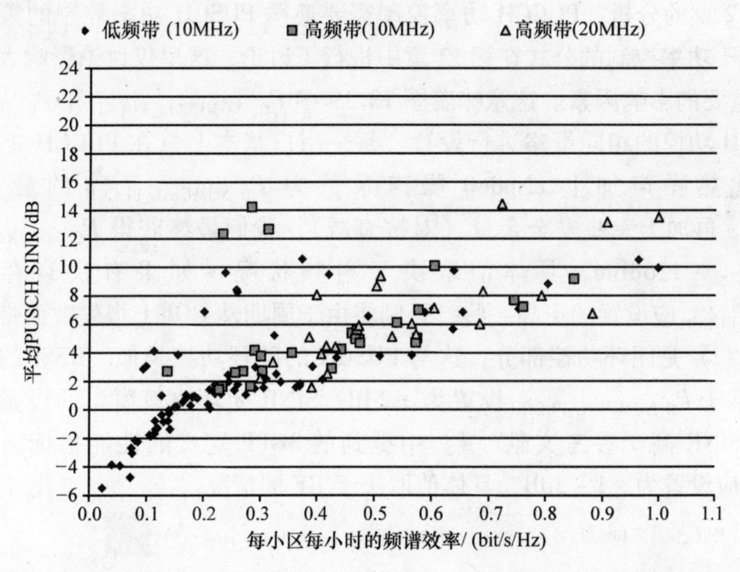

图 13.17　以平均 PUSCH SINR（dB）为函数的上行频谱效率，在测量时间段内小区有 30% 以上的上行 PRB 利用率

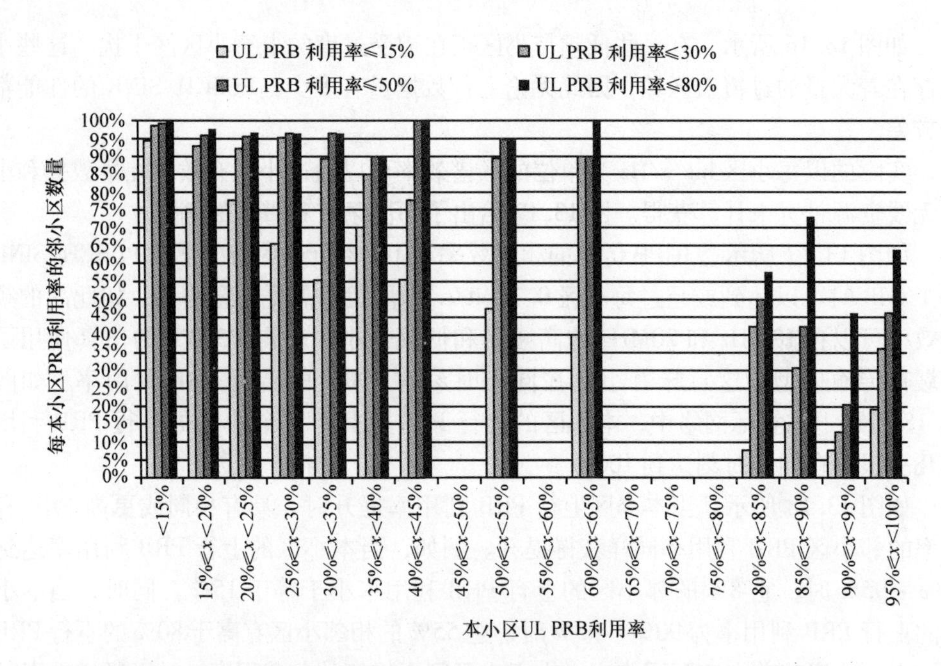

图 13.18 以邻小区上行 PRB 利用率为函数的本小区上行 PRB 利用率

13.3.2 PUCCH

如第 12 章的分析，PUCCH 功率控制需要遵循 PUSCH 功率控制的策略。更多关于 PUCCH 功率控制的公式在第 12 章中进行了讨论，这里仅讨论影响大事件场景性能的最重要的影响因素。这意味着图 13.19 中 $P_{0\_NOMINAL\_PUCCH}$ 和 $P_{0\_UE\_PUCCH}$ 值遵循 PUSCH 功控的相同策略进行设置。每个用户基本上只在 PUCCH 上使用一个 PRB，因此热噪声加上 eNodeB 噪声系数为 $P_{0\_NOMINAL\_PUCCH}$ 的最小值，为 -118dBm。再加上一些安全余量（对抗衰减），我们最终获得 $P_{0\_NOMINAL\_PUCCH}$ 值为 -114 ~ -116dBm，具体值取决于射频状况（如果有快衰存在的话，$P_{0\_NOMINAL\_PUCCH}$ 应设置的更高一些，否则将由于周期性 CQI 上报失败而带来掉话率上升）。$g(i)$ 是闭环功控部分，这与 PUSCH 的闭环功控类似。RSSI 的闭环决策窗口可以基于 $P_{0\_NOMINAL\_PUCCH}$ 设置为 ±2dB。SINR 闭环决策窗口的设置应该能够使最小的 SINR 高于参考文献［4］中提到的 3GPP 定义的性能指标。这意味着 SINR 窗口应设置为 -1 ~ 3dB，具体值取决于 RF 的情况。

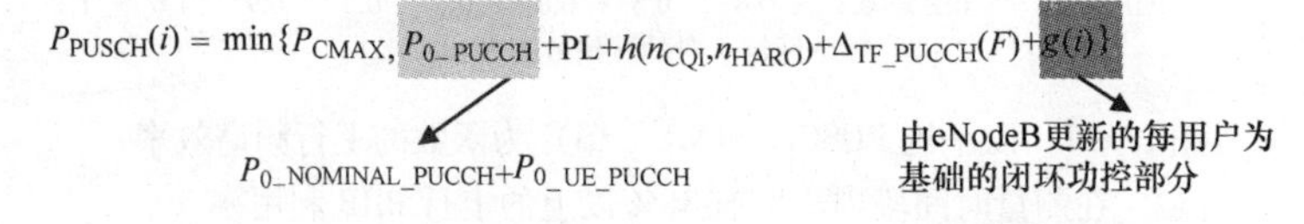

图 13.19 3GPP 版本 8 定义的 PUCCH 上行传输功率控制算法

13.3.3 RACH和RRC建立成功率

图13.20展示了激进的上行功控场景中干扰受限小区的典型性能。这里激进的上行功控意味着闭环功控尽量为每用户维持18dB的SINR，开环功控进行保守的设置（$P_{0_PUSCH}=-110$dBm，Alpha(α)=1）来确保RRC建立成功率。当PUSCH的平均SINR低于0dB时，RACH建立成功率（消息3的数量除以消息1的数量）以及RRC建立成功率（消息5的数量除以消息3的数量）急剧下降。小区间干扰的增加首先被激进的闭环功控进行了补偿，当用户达到最大传输功率时，在小区的平均SINR下降的同时，平均的PUSCH RSSI从-90上升到-82dBm。由于用户为获知消息3和消息4而需要使用增加的前导码传输功率进行更多轮的前导码重传，这会导致RACH建立成功率下降。与此类似，RRC建立成功率也会下降。

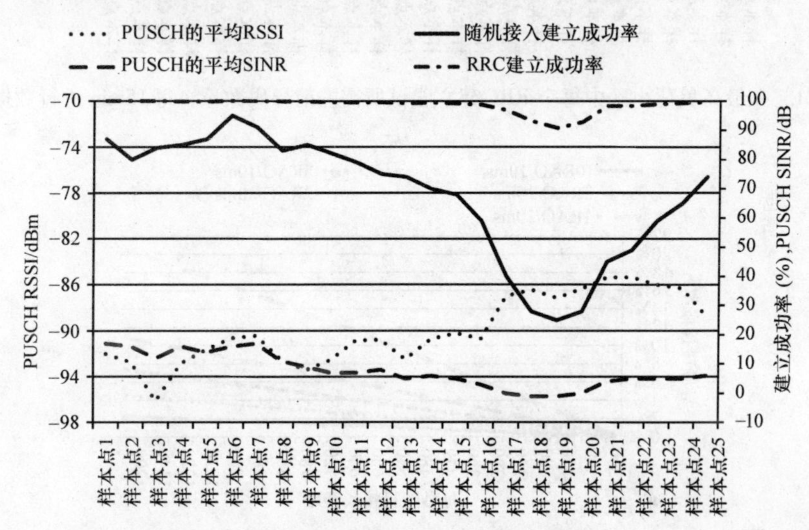

图13.20 最高负荷小区使用激进的上行功控时平均接收信号强度指示（RSSI）信号对干扰及噪声比例（SINR），RACH建立成功率和RRC建立成功率，每15min进行数据采样

如图13.21所示，当SINR急剧下降时，每次RRC尝试所需要的前导码数量迅速上升。迅速上升的所需前导码数同样会导致前导码碰撞（两个用户随机地选择了相同的前导码）概率的增大，并且会导致每次RRC尝试时所需前导码数的上升以及干扰级别的抬升。

图13.22展示了参考文献［5］中给出的前导码的碰撞概率，这是一个RAO（随机接入机会，也即每个无线帧中的随机接入TTI数量）以及每秒随机接入密度（每秒发送的前导码数量）。为了降低由此带来的前导码的碰撞概率和重传，在大事件中需要增加每个无线帧的随机接入TTI数量。一般情况下推荐低于1%～2%的碰撞概率以限制额外干扰的增加。

为了计算每秒随机接入密度的峰值，例如15min周期统计数据，我们应该使用

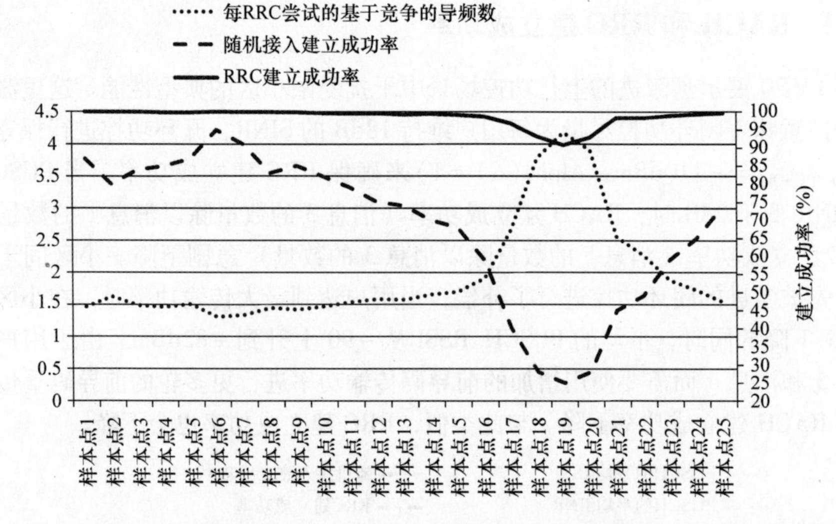

图 13.21　在最高负荷小区中每个 RRC 建立尝试所需的前导码数量，每 15min 进行数据采样

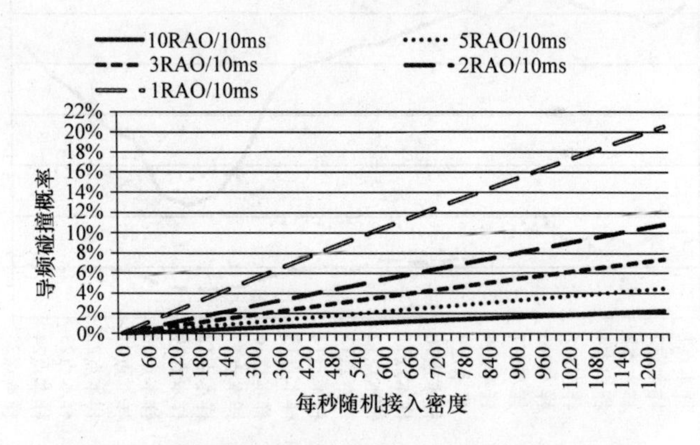

图 13.22　前导码碰撞概率与每秒发送前导码的对比

一个峰值（最高的 1s 的数值）与平均值（在 15min 周期内每秒测量的平均值）的比值。图 13.23 展示了最高负载小区最大负载时刻接收 RRC 连接请求的峰值与平均值比例约为 5.6 的例子。

在大事件中，推荐使用非常保守的功控设置以降低小区间干扰，并且确保随机接入成功率和 RRC 建立成功率以及上行吞吐量性能。保守的功控设置意味着上行功控部分需要设置为 $P_{0\_NOMINAL\_PUCCH}$ 为 -105dB 左右而 Alpha 为 1。PUSCH 闭环功控设置需要设置为具有 0~20dB 的较大 SINR 窗口，并且相对窄的 -108~-98dBm的 RSSI 窗口。当使用这种类型的 PUSCH 上行功控策略时，性能得到大幅提升，如图 13.8 和图 13.20 中所示的同一个小区使用激进的功控策略对比于图 13.24 和图 13.25 中使用保守的功控策略。可以看出使用保守的功控策略可以避免 PUSCH SINR 以及随机接入和 RRC 连接建立成功率的急剧下降，同时在上行数据量和信令负载上升时提升 PUSCH RSSI。

当最大可支持的 RRC 连接用户容量过低时，会导致大量的 RRC 连接建立拒绝，并且由于重试而导致干扰的增加。这个问题在第 13.5.2 节中进行更详细的讨论。

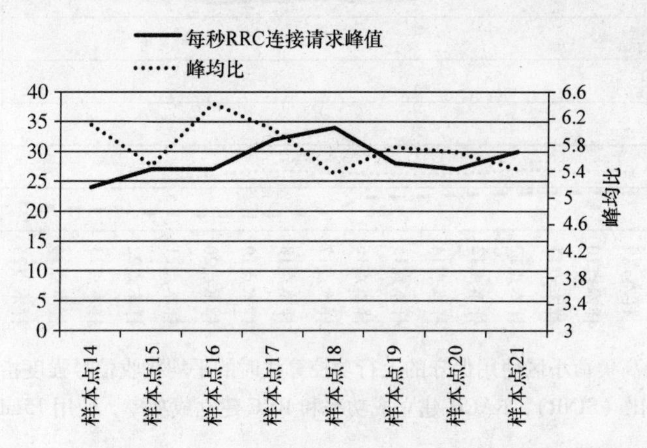

图 13.23　每秒 RRC 连接请求峰值和 RRC 连接请求峰值与平均值比值

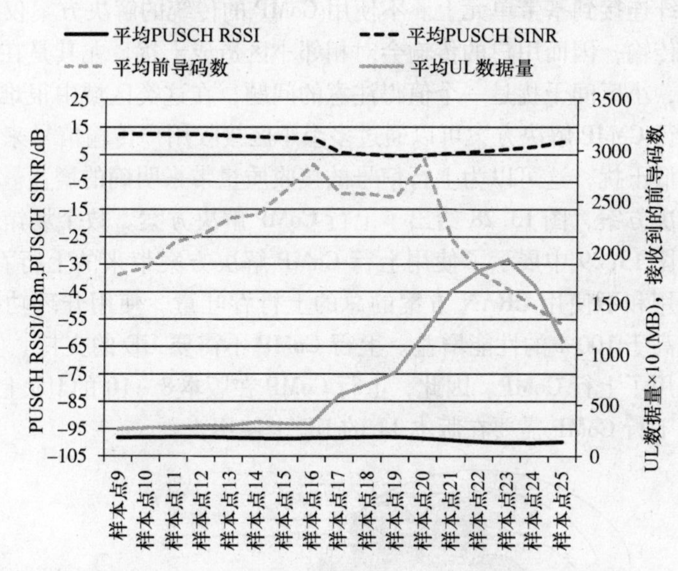

图 13.24　保守的上行功控策略下的上行数据量，SINR、RSSI 以及最高负荷小区接收的前导码信号的平均值，15min 数据采样周期

13.3.4　集中式 RAN

上行容量可以通过使用上行多点协作接收（CoMP）来进行增强。由于使用集中的基带部署，实施 CoMP 的解决方案这里被称为集中式 RAN（CRAN）。图 13.26

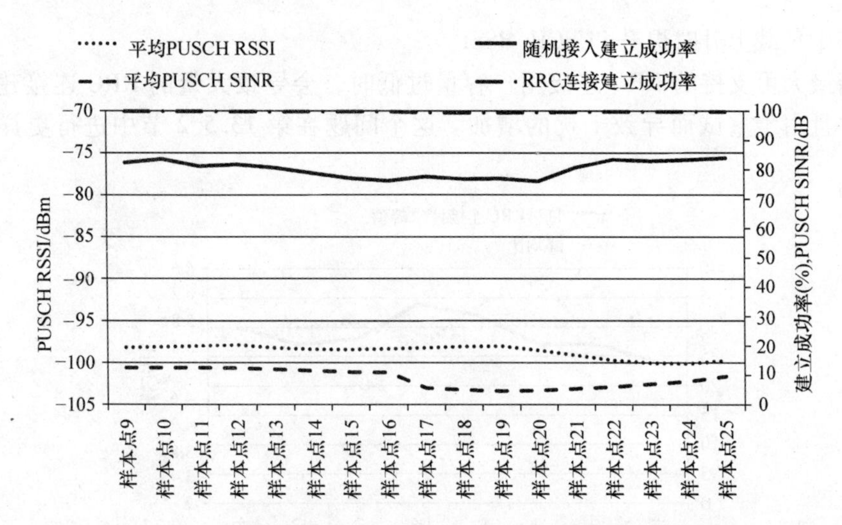

图 13.25　最高负荷小区使用保守的上行功控算法时的平均接收信号强度指示（RSSI），信号与干扰噪声比（SINR），RACH 建立成功率和 RRC 建立成功率，使用 15min 数据采样周期

展示了一个典型的场馆解决方案，该场馆被八个使用 2×2 MIMO 的小区覆盖。射频单元通过光纤连接到基带单元上。不使用 CoMP 的传统的解决方案仅通过一个小区接收用户的传输，因而用户的传输会对相邻小区造成干扰。尤其是在类似于场馆的开阔区域上，小区间干扰是一个值得注意的问题，在这类区域中很难产生单纯的优势区域。上行 CoMP 解决方案可以通过多个小区接收用户传输信号来提高有用信号强度同时降低干扰，这可以为上行信号的接收质量带来明确的增益。图 13.27 给出了传统的解决方案，图 13.28 给出了上行 CoMP 解决方案。数个场馆已经使用了该解决方案。图 13.29 中展示了使用上行 CoMP 解决方案带来的上行吞吐量增益，图中给出了使用和不使用 CRAN 方案的总的上行吞吐量。使用开环功控和闭环功控均可以获得高于 100% 的性能增益。上行 CoMP 不需要 UE 的支持。实际上，UE 不知道是否使用了上行 CoMP。因此，上行 CoMP 在版本 8～10 的 UE 上同样可以取得好效果，而下行 CoMP 需要在版本 11 的 UE 上使用。

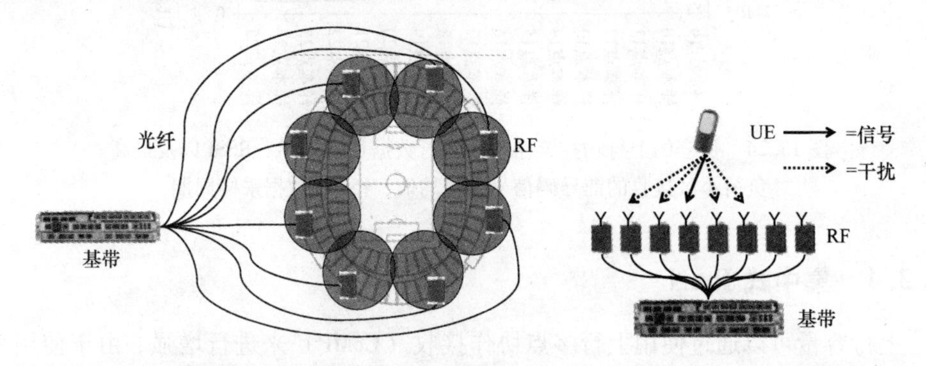

图 13.26　针对体育馆容量的集中式 RAN 解决方案　　图 13.27　单小区的传统上行接收

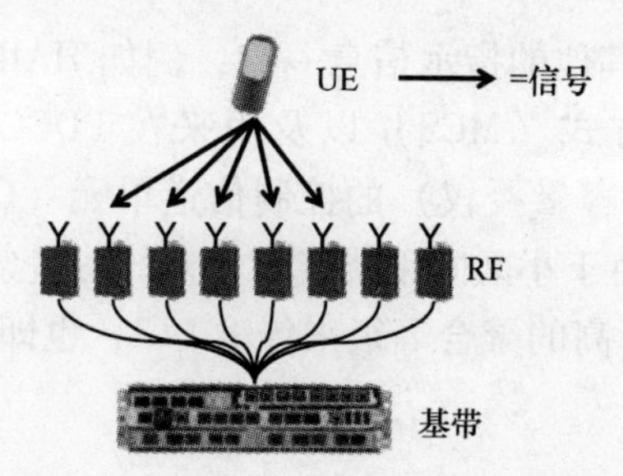

图 13.28　多小区的上行 CoMP 接收

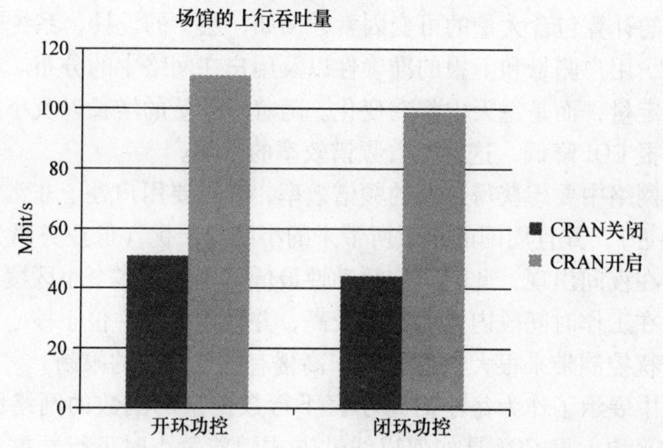

图 13.29　集中式 RAN（CRAN）中使用上行 CoMP 的吞吐量增益

13.4　下行干扰管理

参考文献［2］中的表 7.2.3-1，以图的形式展示在图 13.30 中，它规定了在没有参考信号功率抬升的网络中，用户上报的下行信道质量指示（CQI）和频谱效率间的联系。在一个小区簇中的平均上报下行 CQI 值越高，下行频谱效率越高。

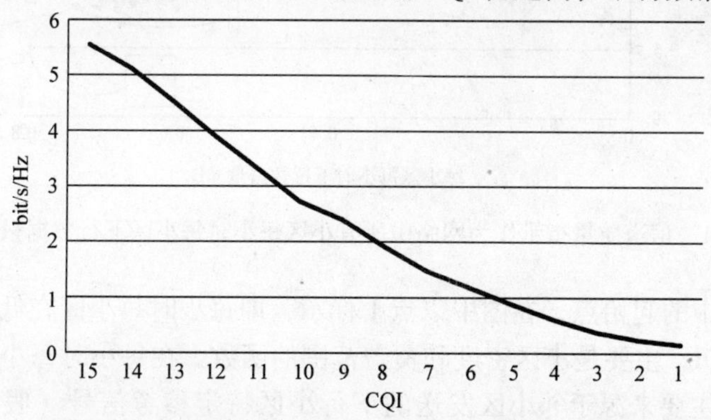

图 13.30　每流的信道质量指示（CQI）和下行频谱效率间的关系（bit/s/Hz）

用户上报的 CQI，与其他的指示信息一起，例如 HARQ 反馈，被 eNodeB 算法用来决定下行调制解调方式（MCS）以及用来在 PDCCH 上传输下行控制信息（DCI）（例如上行和下行容量授权）的控制信道单元（CCE）数（也就是聚合等级）。当用户的无线环境由于小区间干扰或者较差的覆盖条件而变差时，eNodeB 需要使用更鲁棒的 MCS 及更高的聚合等级来传输 DCI，也即使用更多的 CCE。

13.4.1　PDSCH

1. 频谱效率

频谱效率的计算包含大量的可变因素，例如，层 1 的设计、系统带宽、小区密度、传输模型、用户测量和上报的准确性以及用户在网络中的分布。频谱效率在网络中不是一个定量，而是每天内都在变化。随着业务量的增长以及小区间干扰的增强，平均的上报 CQI 降低，这意味着频谱效率的下降。

任何一个网络中要想获得最高的频谱效率，都需要用户处于非常好的无线环境中（离基站很近），并且周围的小区所带来的小区间干扰（低业务量）很低。通常这种情况可以在夜间出现，此时用户活动性最低，并且在多个小区覆盖的地理区域内平均分布。在工作时间段内，业务量较高，并且用户集中位于核心商圈区域，这会给小区间干扰控制带来很大挑战（由于高楼有站址获取的限制）。

图 13.31 中展示了作为每小时每小区下行数据量的函数的网络频谱效率的变化。可以看出平均上报 CQI 是如何以线性方式随着每小时下行数据量的上升而下降的。

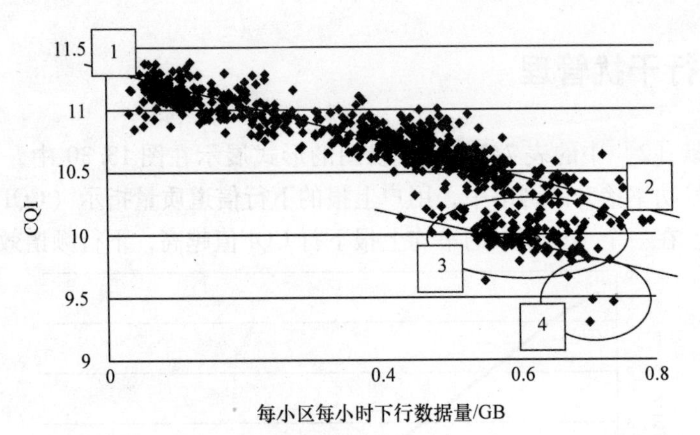

图 13.31　信道质量指示作为网络中所有小区每小时每小区下行数据量的函数

图 13.31 中的起始点，在图中以点 1 标示，即每小时每小区在低数据量的时间段内的平均 CQI，主要是小区密度和覆盖范围的函数。在每小时每小区低数据量的场景下，干扰主要来源于邻小区发送的下行小区特定参考信号（假设用户没有使用小区特定参考信号干扰消除手段）。当每小时每小区的数据量增加时，在图

13.31 中以点 2 标示，PDSCH 的使用也增加了，这成了对于邻小区及来源于邻小区的主要干扰源。图形的斜率主要由影响起始点的相同因素决定，即小区密度和覆盖范围。

这里还有一组较独立的数据点，在图 13.31 中以点 3 标示，这些数据点位于线性分布的采样点之下。它们是在工作时间段内产生的，由于用户在网络中的分布变得更加集中于中心区域，从而使得每小时每小区数据量高于整个网络中所有小区的平均值。

大事件是用户位置发生明显变化的一个较极端的例子，在这种情况下，大量的用户集中分布于一个较小的地理区域内。在一些情况下，一个大事件可以在网络级的统计量中得到体现，如图 13.31 中的点 4 所示。图 13.32 展示了在大事件中对 24 个覆盖主要事件区域的平均上报 CQI 的影响。在大事件高峰时期时的每小区下行数据量几乎是普通时间段内每小区下行数据量的四倍。数据量的增长带来了大事件时间段内额外的小区间干扰以及平均上报 CQI 的大幅下降，因此导致了频谱效率的下降。大事件时间段内平均 CQI 下降的曲线与下行数据量变化的斜率大致相同，这说明小区间干扰情况在大事件时间段内并没有发生变化。

网络的频谱效率可以通过改善（CQI 上升）小区优势区域得以提高。图 13.33 给出了一个示例，频谱效率（CQI）通过物理层优化得到了提升。物理层优化包括天线下倾角调整（限于小区覆盖范围内）、天线方向调整以便仅覆盖人数最多的区域以及下行传输功率下降（仅可以在没有覆盖受限的场景下使用）。

上述物理层优化手段极大地提升了网络频谱效率。相比于前一年，在同样的 CQI 下现在每小区可以多传输约 50% 的下行数据。

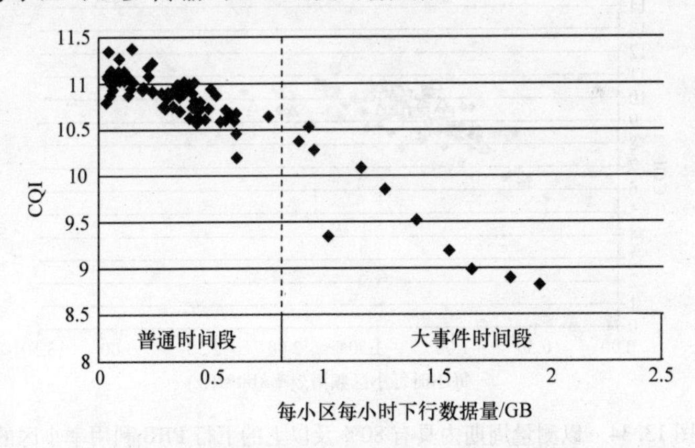

图 13.32 一个有 24 个小区的簇内、在几天内的以每小时每小区的下行数据量为函数的平均信道质量指示，包括大事件时间段

以每小区 bit/s/Hz 为单位的实际频谱效率可以通过实际小区吞吐量数据和每小区分配的带宽来获得。图 13.34 中给出了不同频带和带宽的频谱效率的例子。

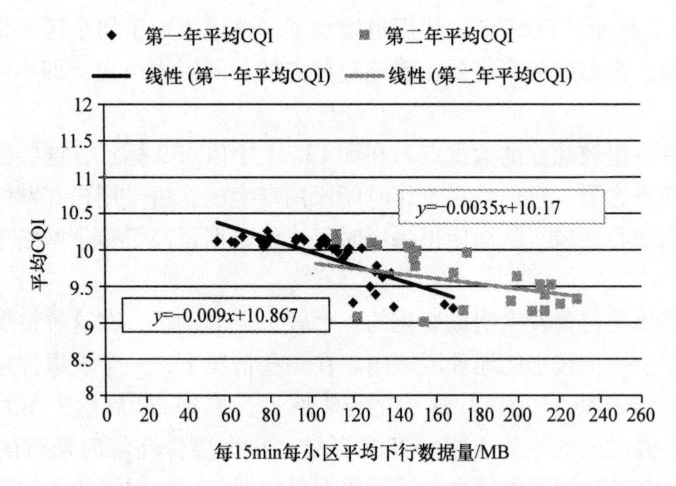

图 13.33 通过物理层优化得到的频谱效率提升

如图 13.34 所示，根据 3GPP 仿真结果，在 CQI 为 9 或更高的时候，100% 负载的小区频谱效率可以达到 1.7bit/s/Hz。值得注意的是，这个高频谱效率可以在 10MHz 和 20MHz 的低频带和高频带小区中获得。3GPP 关于频谱效率的仿真使用了满缓存传输模型，这意味着每个小区在同一时刻有 100% 的下行 PRB 利用率。如图 13.35 所示，在实际网络中，本小区和相邻小区的下行 PRB 利用率很难达到 100%。

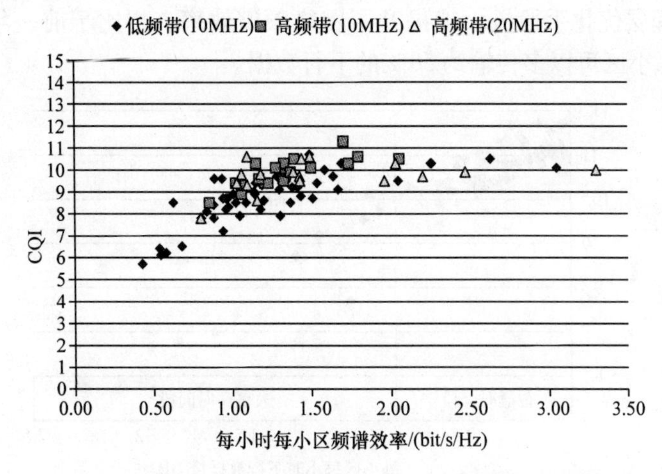

图 13.34 以测量周期内具有 80% 及以上的下行 PRB 利用率小区的平均上报 CQI 为函数的下行频谱效率

图 13.35 展示了当本小区下行 PRB 利用率上升时，与它具有相同或更高 PRB 利用率的邻小区的比例也略有上升。例如，当本小区下行 PRB 利用率达到 90% ~ 95% 时，它的 35% 的邻小区的下行 PRB 利用率小于等于 15%。或者同样是本小区

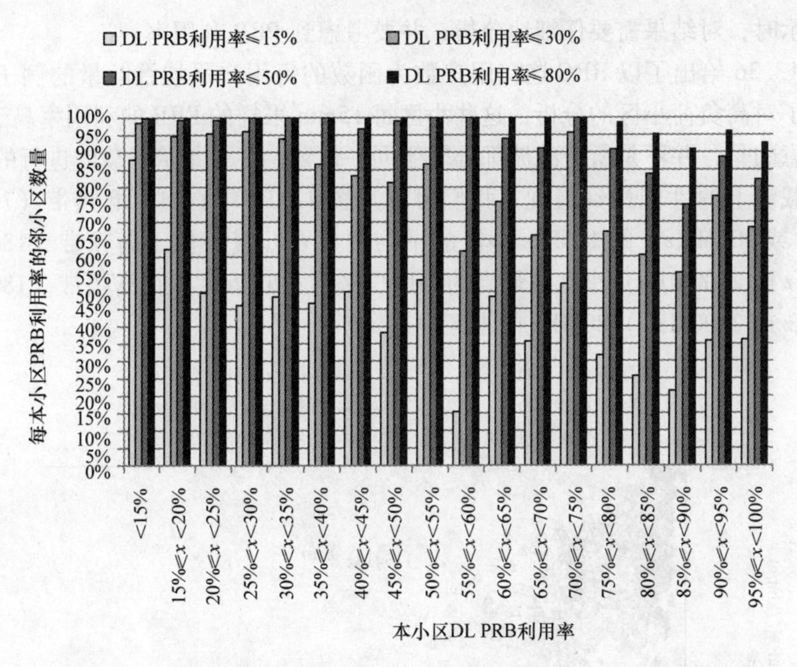

图 13.35 以邻小区 DL PRB 利用率为函数的本小区下行 PRB 利用率

90% ~95% 的下行 PRB 利用率，在同一时刻它的邻小区仅有 5% 具有高于 80% 的 PRB 利用率。这意味着在实际网络中频谱效率可以由于小区间负载的不均衡而超过 3GPP 的限制。

2. 每用户吞吐量

每用户下行吞吐量取决于带宽分配、频谱效率以及同时从小区中接收数据的用户数。如前面章节分析的那样，通过 CQI 的下降可以看出业务量的上升带来了小区间干扰的上升。CQI 的下降意味着频谱效率的下降，并因此带来终端用户吞吐量的下降。另一方面，由于小区的无线资源是在所有用户间共享的，同一时刻进行下载业务的用户数的增加会带来每用户吞吐量的进一步下降。

每用户的吞吐量可以基于小区级的计数器来估计，例如，简单地使用小区级的吞吐量除以在 eNodeB 的缓存中有数据的用户数（也即这些用户目前正在进行下载）。小区级吞吐量可以通过接收到的用户面比特数除以用于接收这些比特的有效 TTI 数。这个比特数仅包含用户面数据比特，而不包含重传、混合自动重传或者无线链路控制面重传。由于 TTI 的有效性无关于该 TTI 中使用的物理资源块数量，因此有效 TTI 比较难以估量。因此，这种类型的性能指示在 PRB 利用率（可用 PRB 中正在使用的 PRB 数量）非常低（ <30% ）的时候是不太准确的。例如，在 PRB 利用率从 10% 到 100% 时衡量小区吞吐量，不可以简单地使用小区吞吐量除以 PRB 利用率。这是由于这种简单的衡量方式假设当 PRB 利用率上升时下行干扰情况完全不变，而这种假设是不正确的。因此，当使用上述简单的公式来计算小区吞吐量

性能指示时，对结果需要仔细地分析，并要考虑到 PRB 利用率。

图 13.36 给出了以 RRC 连接用户数为函数的每用户平均吞吐量的例子。例子中包含了对高负荷小区的分析，这些小区每 15min 采样的 PRB 的利用率高于 20%。值得注意的是，并不是所有载波都部署于同一位置，优化是基于载波进行的，并尽力使每载波上的性能达到最优。我们可以从图 13.15 中看出，低频带（700MHz、800MHz 或 900MHz）的 10MHz 小区的平均用户吞吐量略低于高频带（1800MHz、2100MHz 或 2600MHz）小区。最高的每用户平均吞吐量可以在高频带（1800MHz、2100MHz 或 2600MHz）20MHz 的小区中达到。

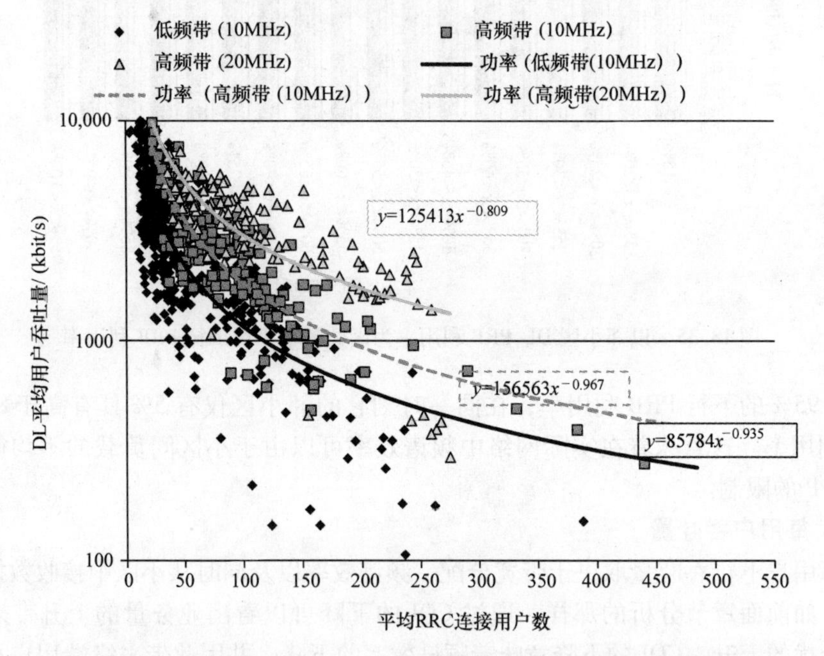

图 13.36 以每 FD LTE 小区中 RRC 连接用户数为函数的每用户平均下行吞吐量（kbit/s），基于 15min 采样数据

如果设置了下行吞吐量限制，例如，每用户 1Mbit/s，这意味着平均来讲上述分析的小区可以支持如下数量的 RRC 连接用户数：

- 20MHz 高频带 FD LTE 小区可支持 392 个 RRC 连接用户。
- 10MHz 高频带 FD LTE 小区可支持 186 个 RRC 连接用户。
- 10MHz 低频带 FD LTE 小区可支持 117 个 RRC 连接用户。

10MHz 低频带和高频带资源上吞吐量的差异来源于不同频带间无线信号质量的不同。也就是说，高频带小区总体来讲更容易进行优化，因此如图 13.37 所示，高频带小区可以提供更高的频谱效率。载频的频率越高，当每小区下行数据量上升时 CQI 的下降越少。同样的，在 CQI 一定的情况下，系统带宽越大，可以传输的下行数据量越大，因此高频带 20MHz 带宽的小区相比于 10MHz 带宽的小区的斜率有了大幅提升（同样需要注意的是，无论载波带宽如何，每子载波的发送功率是相同的）。

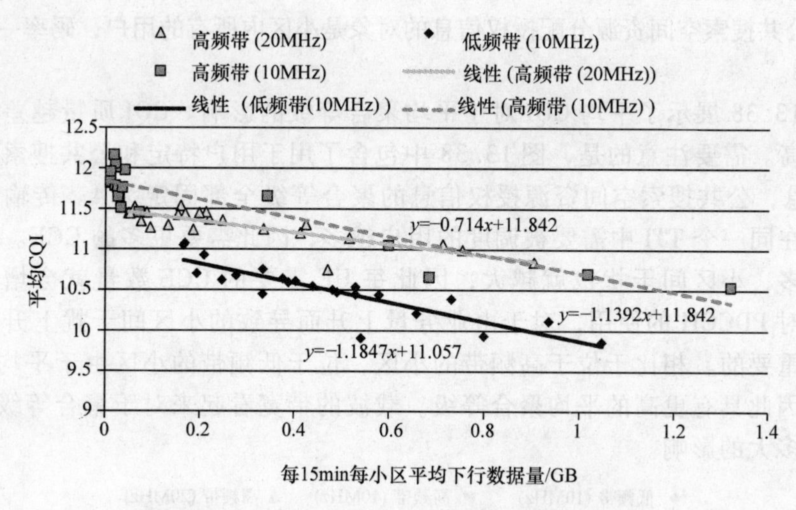

图 13.37　以下行数据量为函数的每载频频谱效率

13.4.2　物理下行控制信道

PDCCH 用于传输针对 PDSCH 和 PUSCH 的所有资源分配授权信息（分配的 PRB 数量、MCS、使用的传输模式等）；因此，PDCCH 的容量决定了在一个 TTI 中可以被调度的用户数量。PDCCH 由 CCE 组成，每个 CCE 由 9 个资源元素组组成，总大小为 36 个正交相移键控（QPSK）符号，即 72bit。资源分配授权信息，被称为 DCI 消息，会被映射到一个或者多个 CCE 上，具体取决于用户成功接收数据需要的码率。如果需要较低码率的话，就需要使用多个 CCE，那么就需要 CCE 聚合。DCI 的大小和用途是固定的，参见参考文献［2］（上行资源分配授权、下行双流资源分配授权等），并且聚合等级固定为每个 DCI 消息包含 1、2、4 或 8 个 CCE。这样做的目的是在用户不需要提前知道任何先验信息的情况下降低用户对 DCI 解码的复杂度，也就是说，用户需要对每个 TTI 中有着不同聚合等级不同的 DCI 进行盲检测。PDCCH CCE 可以分成两组：

- 用户特定搜索空间 CCE 用于用户特定的 DCI 信息，这意味着这类信息是提供给唯一并且已知的用户的。聚合等级可以是 1、2、4 或 8，具体取决于每个用户的需求。

- 公共搜索空间 CCE 是提供给小区内所有接收到的用户的，例如，可以是寻呼消息，系统信息或者消息 2 资源分配授权信息。聚合等级可以是 4 或 8。

根据参考文献［7］所述，用户上报的 CQI 可以被用于决定所需的 CCE，也就是为每用户成功接收到资源分配授权信息所需的码率。因此，用户上报的 CQI 越差，需要的 CCE 越多，也就是 PDCCH 需要使用更低的码率，这样在一个 TTI 中可以调度的用户数量就会减少。上述分析适用于用户特定搜索空间资源分配授权，但是由于公共搜索空间资源分配授权信息的对象是小区内所有的用户，码率一般固定为 4 或 8。

图 13.38 展示了平均 CQI 对于平均聚合等级的影响。CQI 质量越差，聚合等级越高。需要注意的是，图 13.38 中包含了用于用户特定和公共搜索空间的 DCI 信息，公共搜索空间资源授权信息的聚合等级全部固定为 4。传输数据量越多，在同一个 TTI 中需要被调度的用户越多，因此需要更多的 CCE。但是业务量越多，小区间干扰也就越大，因此每 UE 需要的 CCE 数量就会增多。因此，针对 PDCCH 的使用，对于由业务量上升而导致的小区间干扰上升的控制是至关重要的。相比于位于高频带的小区，位于低频带的小区由于平均的 CQI 更低，因此具有更高的平均聚合等级。载波的带宽看起来对于聚合等级或 CQI 并没有多大的影响。

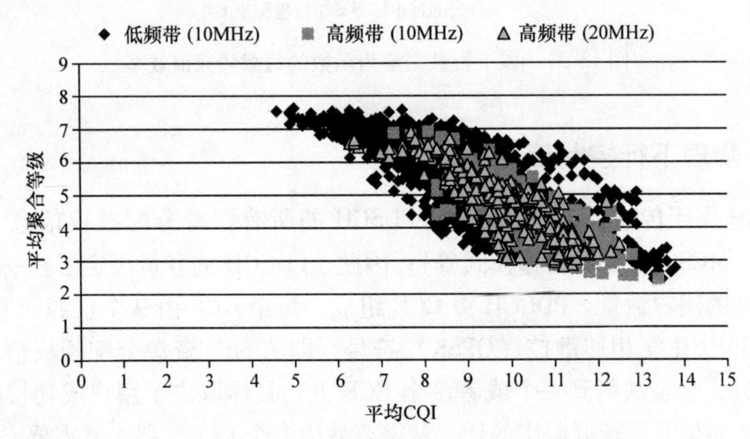

图 13.38 以每用户上报 CQI 为函数的平均聚合等级，每小区使用 15min 统计采样

如参考文献［7］中分析，由于用户解码成本的降低，用户在每个 TTI 上进行盲检测的尝试次数可以通过 hashing 函数来降低。Hashing 函数基于用户的身份标识定义了每种聚合等级（1、2、4 或 8）的起始位置，例如用于用户特定搜索空间的小区无线网络临时标识（C－RNTI）以及用于公共搜索空间的系统信息 RNTI（SI－RNTI）。基于 hashing 函数，在聚合等级为 1 和 2 时有 6 个备选的位置，在聚合等级为 4 和 8 时有两个备选的位置。这意味着，例如，如果用户需要用于资源分配授权信息的聚合等级为 8，则每个 TTI 上最多调度两个用户。同时，由于使用了 hashing 算法，几个用户的备选检测位置可能有重叠，因而即使所有的 CCE 都没有被使用，仍然有可能出现 CCE 资源分配（使用需要的聚合等级）受阻的情况。由于业务量的增加，尤其是由于 CQI 的降低，在大事件中 CCE 分配受阻的情况会迅

速增加，因此如图 13.39 所示，更多的时候需要使用聚合等级 8。

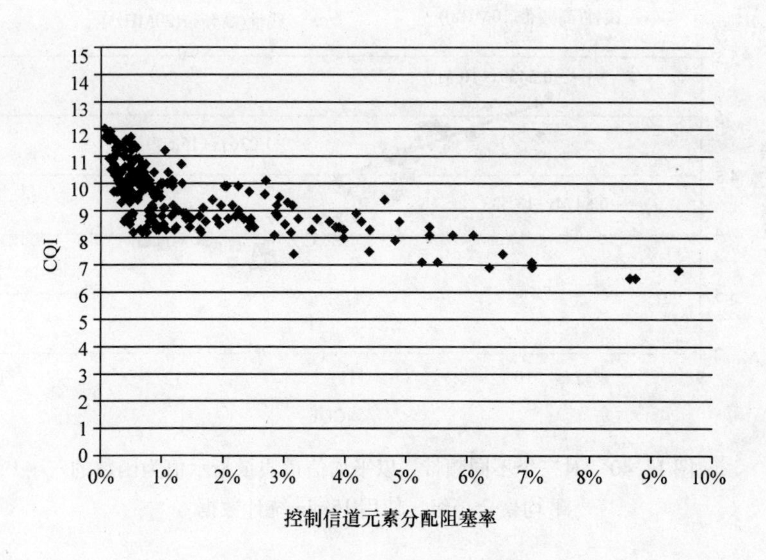

图 13.39 以控制信道单元分配受阻率为函数的每 15min 每小区平均信道质量指示

高聚合等级可以通过提高需要高聚合等级的用户所使用的 CCE 的发射功率来降低（聚合等级翻倍可以等效于使用相同的聚合等级，但是要提升 3dB 的发射功率），这样 CCE 受阻，尤其是由于使用 hashing 算法带来的受阻将会减少。这种类型的机制需要 eNodeB 采用更先进的算法，这样可以将用于需要更低聚合等级 UE 的 CCE 的功率重新分配给需要更高聚合等级的 UE。

如果下行小区间干扰的情况得以改善，频谱效率会得到提升，同时 PDCCH 容量也即在同一个 TTI 中被调度的用户数可以得到提升。图 13.40 展示了每个不同频带和带宽场景下以最高负载小区的 CQI 为函数的平均聚合等级。如图可见，高载频的小区的平均聚合等级低于低载频小区。

如图 13.40 所示，相比于高频带 10MHz 带宽分配，高频带 20MHz 带宽分配增长得更快。这是由于 20MHz 带宽的场景相比于 10MHz 带宽场景具有双倍的 PDCCH 容量，双倍的容量意味着通过提升功率来降低聚合等级的必要性更低，因此相比于 10MHz 带宽场景可以提升更多用户的平均聚合等级。

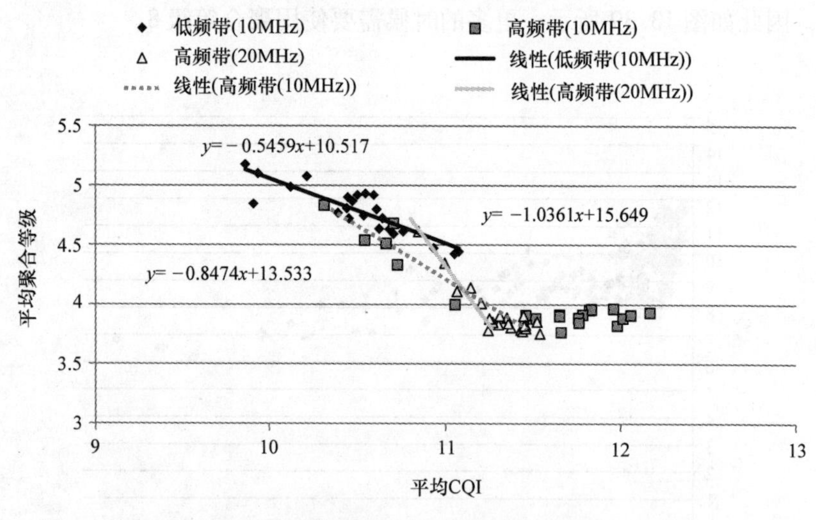

图 13.40　对三个不同频带，以平均信道质量指示值为函数的平均聚合等级，使用 15min 统计数据

13.5　信令负载以及连接用户数规划

在大事件中每个 eNodeB 和小区的信令负载以及连接用户数需要进行仔细的衡量及规划。

每个 eNodeB 具有有限的信令负载容量，例如，每秒的呼叫建立次数或者控制面行为都是有限的。当 eNodeB 的信令负载超过其能力限制时，根据 eNodeB 的过载控制效率，或者呼叫建立成功率和掉话率性能下降或者 eNodeB 崩溃而无法提供服务。后面一种情况在没有适当的过负载控制的情况下需要通过适当的规划予以避免。

每个小区或者 eNodeB 具有可同时支持的 RRC 连接状态用户数的上限，并且针对这类 UE 分配了 PUCCH 的容量（CQI 和调度请求传输），并且这类 UE 与 eNodeB 保持同步状态。超过这个容量限度会导致 RRC 连接建立阶段的呼叫建立拒绝。任何 RRC 连接建立拒绝会导致终端进行重新尝试，这会带来随机接入过程增多以及上行干扰等级的抬升。

13.5.1　信令负载

eNodeB 对于信令负载的限制值由每秒呼叫建立次数或者每秒发送接收的次数给出，因此应该评估在通信事件中的每秒的信令负载峰值。一般情况下从 eNodeB 获得的统计数据以 15min 为间隔进行收集，并包含该周期内计数器的总和。然而基于这 15min 的总和计算任意一秒内的平均值并不反映真实的峰值。因此，还需要使用峰值比平均值的值乘以15min计算出的平均值来获得每秒的峰值。图13.41展示了在最高负载eNodeB上的一些信令消息的峰值比平均值的例子。峰值是测量周期内每秒的最高值，每秒平均值是基于15min测量周期的eNodeB级的计数器计算的。

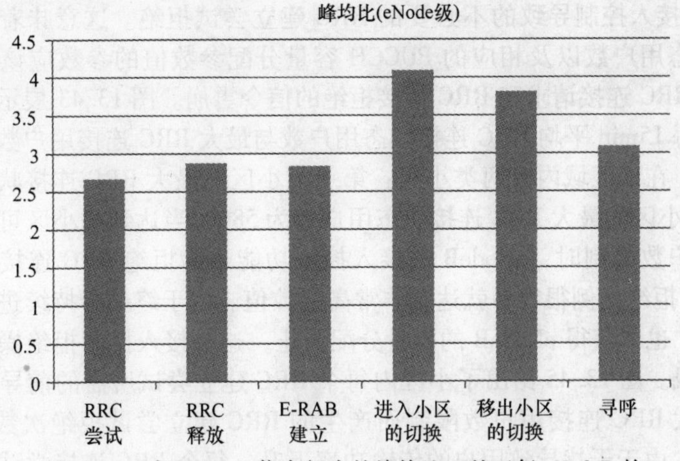

图13.41 每eNodeB信令行为的峰均比，基于每eNodeB的15min采样点进行平均峰均比（eNode级）

如图13.42所示，在大事件中，信令负载可以通过基于小区的平均RRC连接状态用户数来进行估计。每个RRC连接状态用户的信令尝试随着RRC连接状态用户数的增加而减少。在低（100～200）RRC连接状态用户数的情况下，平均每个RRC连接状态用户的RRC尝试在42～48之间，但在高RRC连接状态用户数（约300）的情况下，每个RRC连接状态用户的RRC尝试约为42。结合图13.41和图13.42，可以计算出每秒每个eNodeB信令消息的限制数。如第13.5.2节的分析，RRC连接用户数可以转换成注册用户数。

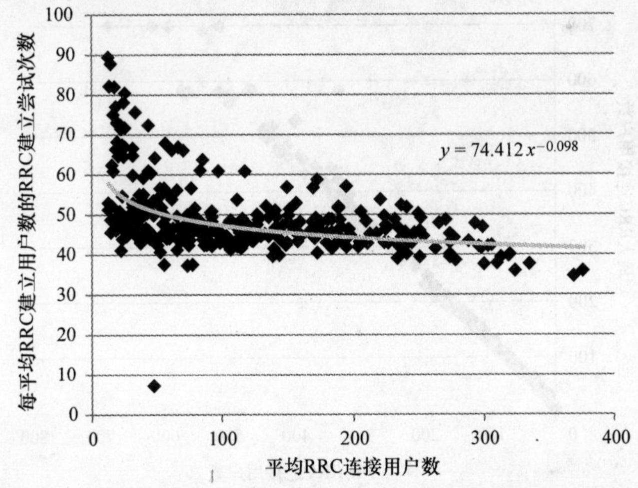

图13.42 每个平均RRC连接状态用户数的RRC连接建立尝试次数对比于每小区每15min的平均RRC连接状态用户数

13.5.2　RRC 连接状态用户

在大事件中，每小区 RRC 连接状态用户数的峰值需要进行适当的设置来避免由于 eNodeB 接入控制导致的不必要的 RRC 建立尝试拒绝。这意味着那些限制了 RRC 连接状态用户数以及相应的 PUCCH 容量分配参数值的参数应该设置得足够大，来避免 RRC 连接请求和 RRC 连接拒绝的信令雪崩。图 13.43 展示了在大事件区域每小区每 15min 平均 RRC 连接状态用户数与最大 RRC 连接用户数的对比。我们可以看到，在该区域内有两类小区：第一类小区的最大 RRC 连接状态用户数为 700，第二类小区的最大 RRC 连接状态用户数为 580。当达到每小区可支持的最大 RRC 连接用户数限制时，eNodeB 的接入控制功能开始拒绝 RRC 连接建立。如图 13.44 所示，拒绝比例很容易就达到非常高的数值。由于终端会持续进行重试直至连接被建立，也即获得 eNodeB 的容量分配为止，这些接入控制拒绝操作会增加整体的信令负载。图 13.45 给出了小区内每个 RRC 建立尝试所需的前导码数量以及由于达到最大 RRC 连接用户数限制而产生的 RRC 建立尝试拒绝次数（15min 采样）的示例。由于干扰导致用户的传输功率上升，每个 RRC 连接尝试需要的前导码数量增加，因此带来更多的前导码功率上升次数（干扰的增加会导致消息 3 的接收问题）。当处在拒绝 RRC 连接建立的小区内时，UE 的前导码功率上升会导致小区间干扰的上升，并因此导致周围小区 PUSCH SINR 的降低。降低的 PUSCH SINR 会导致受干扰小区中用户前导码传输功率的上升，而干扰水平的上升会给周围小区带来问题。因此，最终多个小区的 PUSCH SINR 都降低了，每 RRC 连接建立尝试需要的前导码数都增长了，随机接入成功率也迅速降低了，如图 13.20 所示。

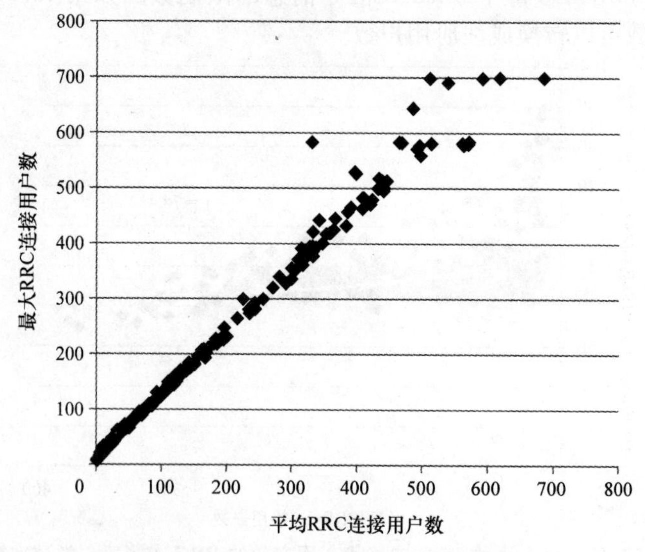

图 13.43　平均 RRC 连接状态用户数对比于每小区每 15min 最大 RRC 连接状态用户数

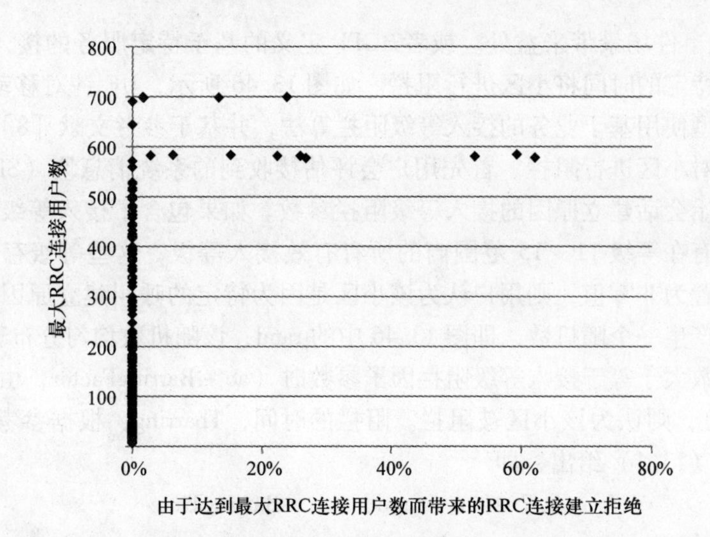

图 13.44 由于达到小区内最大 RRC 连接用户数而导致的 RRC 连接建立拒绝与最大 RRC 连接用户数的对比

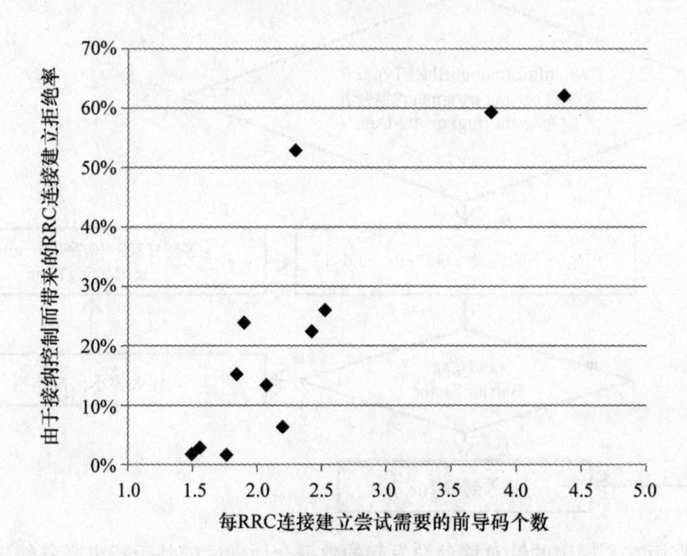

图 13.45 RRC 连接建立拒绝比例与每 RRC 连接建立请求需要的前导码数的对比（仅包含接纳拒绝的小区和采样点）

如前所述，RRC 连接建立拒绝会导致信令的增加，从而加剧小区间干扰，并且对 RRC 连接建立拒绝的影响会蔓延至多个小区。因此应避免任何 RRC 连接建立拒绝，并且如果发生了连接拒绝，由连接拒绝带来的影响应该尽可能地降低。在接入控制拒绝的情况下，3GPP 定义的 t302 计时器可以用来延迟 RRC 连接建立的重复进行[8]。但是，t302 计时器仅通过 eNodeB 在 RRC 连接拒绝信令中给出的 t302 时间来推迟 RRC 连接建立重试。将 t302 计数器的时间增加至可以设置的最大值

16s，会对大事件场景带来益处。或者 3GPP 定义的基于特定服务的接入等级阻拦可以用来在特定的时间将小区进行阻拦。如图 13.46 所示，UE 针对移动端发起的数据会话类型使用基于业务的接入等级阻拦算法，并基于参考文献［8］来评估是否应该考虑对小区进行阻拦。首先用户会评估接收到的系统消息块（SIB）2 是否包含针对初始会话建立原因的接入等级阻拦参数。如果包含了接入等级阻拦参数，并且用户拥有在等级 11～15 范围内的所有有效接入等级，这些等级存储在 USIM 卡内并且设置为非零值，则用户认为该小区是因为特定的呼叫建立原因而被阻拦。之后用户会产生一个随机数，即图 13.46 中的 rand，该随机数均匀分布于 0 和 1 之间，当随机数大于等于接入等级阻拦因子参数时（ac－BarringFactor，由 SIB2 消息传递给用户），则认为该小区被阻拦。阻拦的时间，Tbarring，根据参考文献［8］定义并由式（13.1）给出，即

$$(0.7+0.6\times \text{rand})\times \text{ac}-\text{BarringTime} \tag{13.1}$$

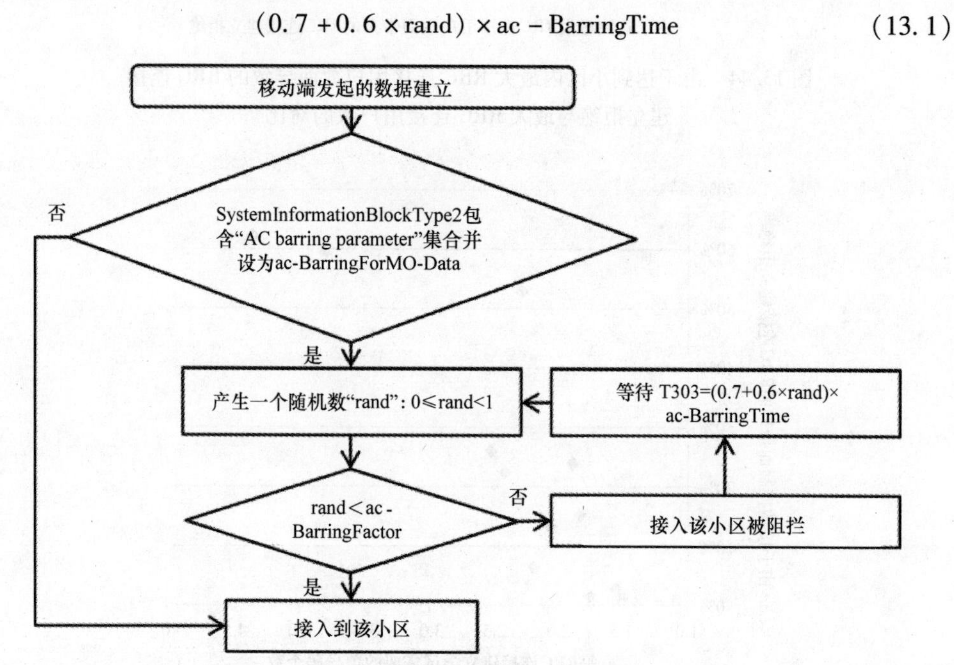

图 13.46　根据版本 8 规定的针对移动端发起的数据会话尝试的基于特定服务的接入等级阻拦

通过基于特定服务的接入等级阻拦功能，我们可以根据会话类型来定义阻拦概率，例如，移动端发起的数据会话可以与移动端终止的数据呼叫具有不同的小区阻拦概率。通过开启基于特定服务的接入等级阻拦，我们可以限制由于 RRC 连接用户数达到容量上限而造成的 RRC 连接建立拒绝次数，从而避免 PUSCH SINR 的急剧下降以及大量的信令负载。

为了进行估算，我们需要估计每个注册用户的信令数，因此首先需要估计注册用户数。这可以通过基于移动管理实体（MME）的统计数据，通过计算注册用户

数和连接用户数（也即 ECM 连接的用户）的比例来获得。图 13.47 给出了一个 RRC 连接用户和 MME 注册用户比例的例子，这可以用来基于 RRC 连接用户数来估计注册用户数。值得注意的是，非活跃计时器的设定，也即 RRC 连接状态用户在没有上行或下行传输时保持连接状态的时间设定，在决定连接用户和注册用户比例时起到了至关重要的作用。

图 13.42 可以基于图 13.47 进行更新，如图 13.48 所示。当每小区的注册用户数较多时，每用户每 15min 大约产生 3.4 个 RRC 建立消息。每注册用户所有类型的信令事件可以与图 13.41 中峰均比计算一起获得并使用，来估计大事件中每 eNodeB 的信令负载。

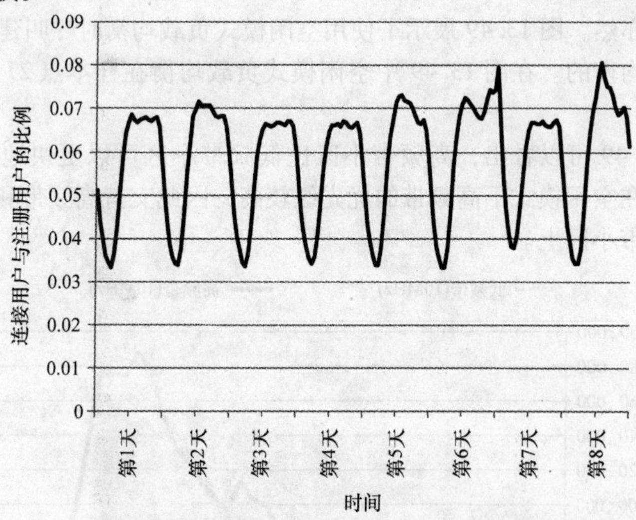

图 13.47 基于 MME 8 天内统计数据获得的 RRC 连接状态用户和移动性管理实体（MME）注册用户小时级比例（RRC 连接非活跃计时器 = 10s）

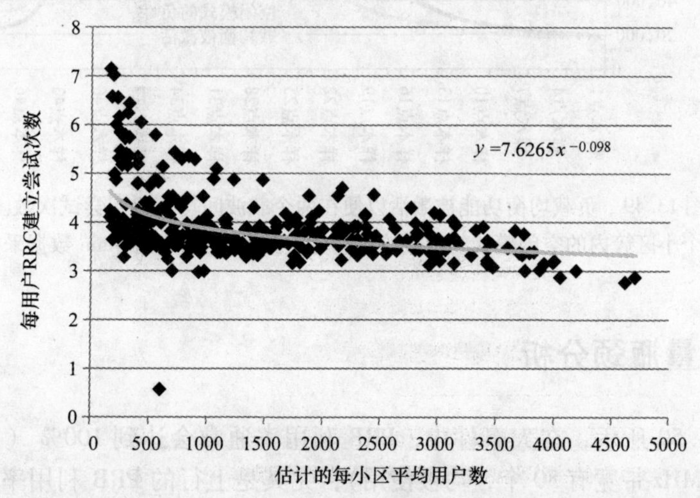

图 13.48 每小区每 15min 条件下的每用户的 RRC 建立尝试与估计的用户数的对比

13.6 负载均衡

负载均衡功能在不同频带的小区间（或者在同频带小区间）被激活来均衡负载。空闲模式的负载均衡算法一般将特定数量的，即将对之发送 RRC 连接释放信令（并且 RRC 连接被释放）的处于 RRC 连接状态的用户，从一个载频迁移到另一个载频上。类似的负载均衡功能可以在 RRC 连接状态通过测量和切换进行。但是在这里分析的特殊事件的场景下，每个载频具有全面的覆盖，并且用户主要是室外用户，就没有必要进行任何目标载频（跨载频）的测量，用户可以从低频盲转换到高频，反之亦然。图 13.49 展示了使用空闲模式负载均衡时呼叫建立尝试是如何在载频间进行均衡的。在图 13.49 中空闲模式负载均衡在样本点 27 开始生效，在样本点 40 失效。

通过图 13.49 可以看出，高频带小区比低频带小区可以更快地收集到呼叫建立。这是因为在空闲模式下高频带的优先级较高，因此支持高频带和低频带的用户驻留到了高频带小区上。

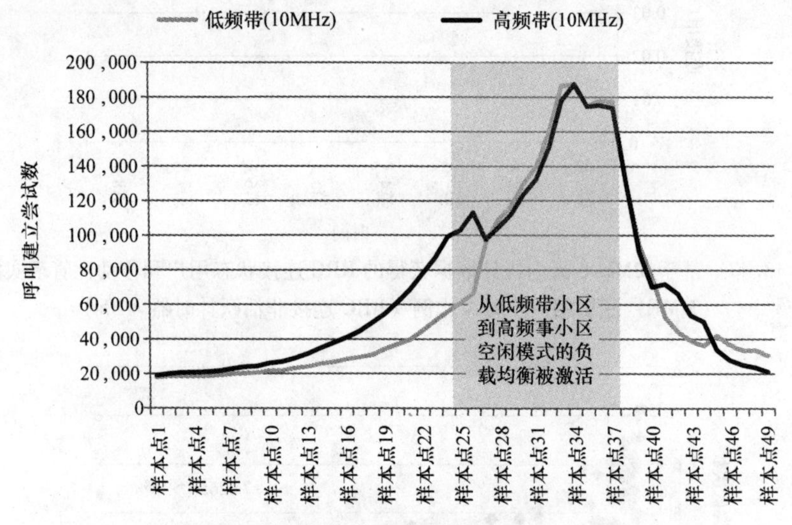

图 13.49　负载均衡功能被激活以便在两个载波间均衡呼叫尝试次数。一个小区簇内的空闲模式的负载均衡功能被激活，并采用 15min 数据采样

13.7 容量瓶颈分析

如图 13.50 所示，在大事件中，PRB 利用率通常会达到 100%（所有可用的 PRB，如 10MHz 带宽有 50 个，均被使用），尤其是上行的 PRB 利用率，但下行的

PRB利用率也同样可能达到100%。如图13.2b所示，画圈的区域1包含上行数据量急剧上升的样本点。上行缓存中有数据的平均用户数要远高于下行缓存中有数据的平均用户数，这是由于上行的频谱效率是远低于下行的（不使用MIMO或64QAM）。同样的，如图13.56所示，当缓存中有上行数据的用户数增加时，上行SINR在快速下降。如图13.57所示，不管缓存中有下行数据的用户数如何，CQI的数值都基本保持恒定。因此，可以说网络在特殊事件时是上行受限的。

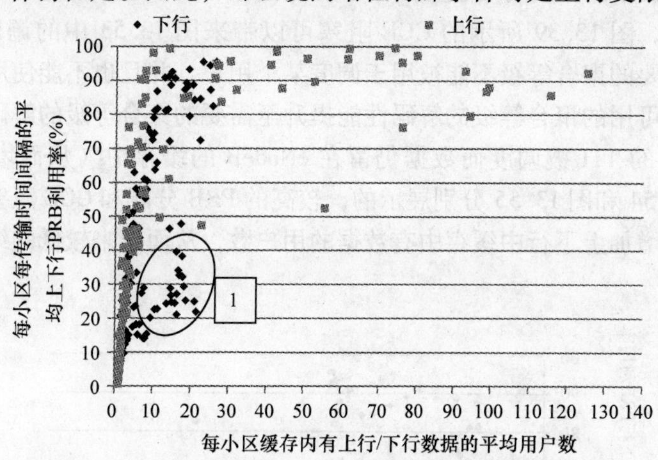

图13.50 每小区每15min，上行和下行物理资源块利用率与缓存中有数据的平均用户数的对比

如图13.51所示，用户数的增长带来了缓存中有数据的用户数的增长以及数据量的增长，图13.52展示了调度时延（用户数据包达到eNodeB和包被成功传递给用户的时间间隔）的增加。由于单用户调度间隔需要的TTI数越来越多，增加的调度时延导致了终端用户体验吞吐量的降低。

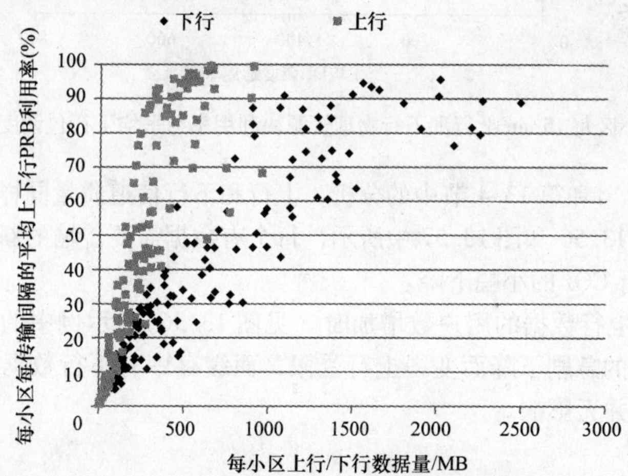

图13.51 每小区每15min，上行和下行物理资源块利用率与以MB为单位的上行和下行数据量的对比

图 13.51 中的结果可以用于获得频谱效率结果。在下行 PRB 利用率达到最高时，每 15min 约传输 2500MB 的数据，即 22.2Mbit/s 的平均速率。10MHz 带宽小区的频谱效率可以达到 2.22 bit/s/Hz/cell，这是 3GPP 仿真结果的上限[4]。相应的，在上行传输中每 15min 接收 1000MB 的数据，即为 0.9bit/s/Hz/cell，这也是 3GPP 在两接收天线场景下的仿真结果上限。

图 13.52 展示的调度时延也可以由于传输上下行调度授权信息的 PDCCH 阻塞而增大。因此，图 13.39 所示的 CCE 阻塞可以带来图 13.53 中的调度时延增大。这是由于当需要的聚合等级不能被用于调度某个用户，并且也不能使用提高传输功率的方式来将可用的聚合等级的解码性能提升至需要的聚合等级的解码性能时，用户无法在相应的 TTI 被调度而数据仍留在 eNodeB 的缓存中（从而增加了调度时延）。如图 13.54 和图 13.55 分别展示的，较高的 PRB 分配和 CCE 阻塞都会增加调度时延，并且增加上下行中缓存中有数据的用户数，从而带来较低的终端用户体验吞吐量。

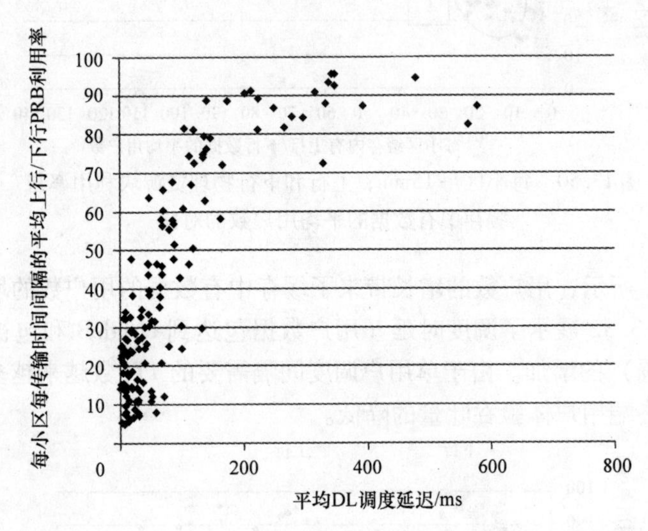

图 13.52 每小区每 15min 上行和下行物理资源块利用率与平均下行包调度延迟的对比

如在第 13.3 节和第 13.4 节中的分析，上行和下行信道质量同样会限制网络性能和容量。如图 13.56 和图 13.57 中所示，每个有数据需要传输的新用户都会带来上行 SINR 和下行 CQI 的小幅下降。

当缓存中有上行数据的用户数增加时（见图 13.56），示例中的小区明显地由于 PUSCH SINR 的急剧下降而变得上行受限，而缓存中有下行数据的用户数的增加对平均 CQI 值并无影响。

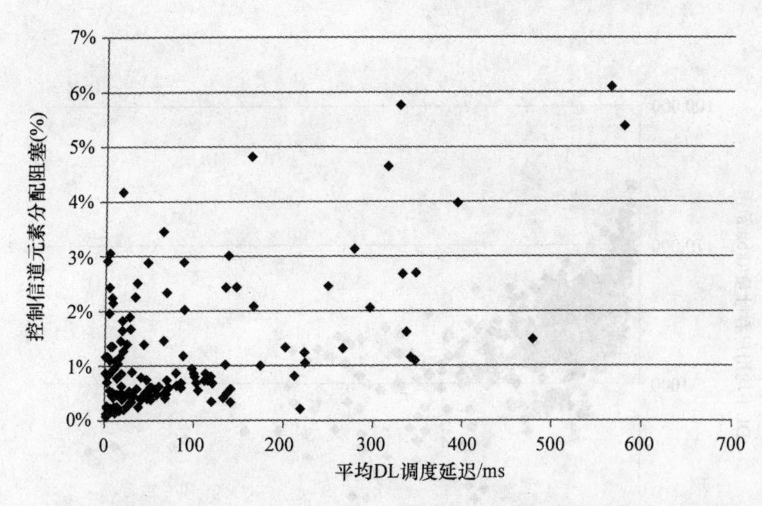

图 13.53　使用 15min 统计数据的每小区控制信道单元分配阻塞与平均下行调度延迟的对比

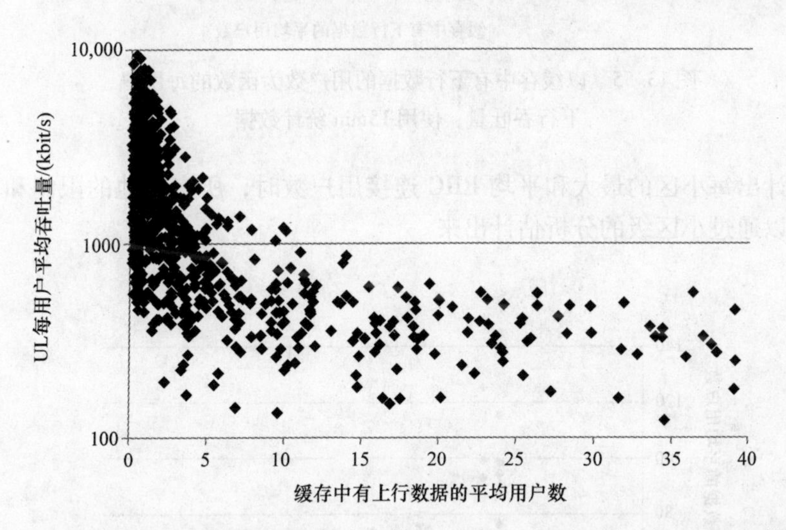

图 13.54　以缓存中有上行数据的用户数为函数的每用户上行吞吐量，使用 15min 统计数据

如图 13.54 和图 13.55 分别所示，当缓存中有数据的用户数增加的同时，终端用户体验的上行和下行吞吐量迅速下降。如图 13.58 所示，针对大事件场景，缓存中有数据的用户数（上行和下行）作为 RRC 连接状态用户数的函数而上升。

每个小区的容量限制可以基于需要支持的 RRC 连接用户数来计算，并且只要每小区 RRC 连接用户的增长可知，就可以针对任何即将开始的大事件进行预测。图 13.59 给出了小区级平均和最大 RRC 连接用户数在大事件时间段和普通时间段的对比。可以看到，与普通时间段相比，在大事件时间段内，每小区的平均 RRC 连接用户数的平均增长最高为 15，而对于最大 RRC 连接用户数来说最高为 11。

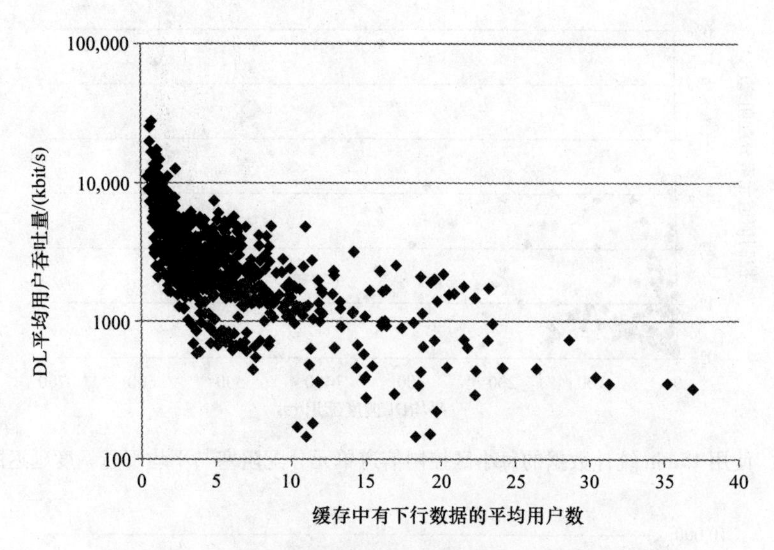

图 13.55　以缓存中有下行数据的用户数为函数的每用户下行吞吐量，使用 15min 统计数据

当估计出每小区的最大和平均 RRC 连接用户数时，所有其他的限制和可能的瓶颈就可以通过小区级的分析估计出来。

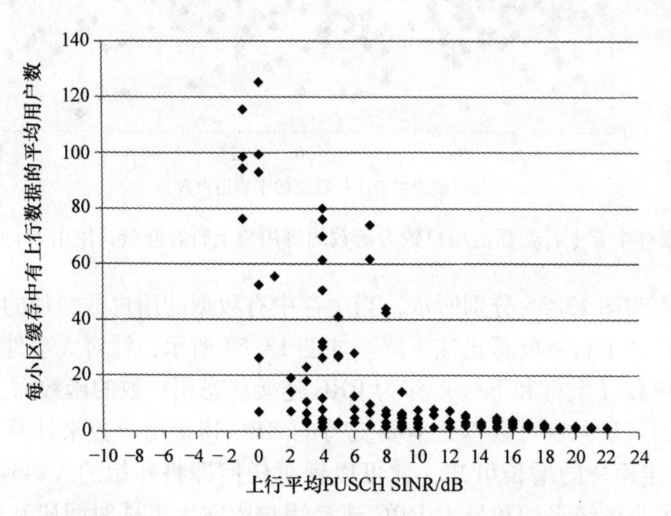

图 13.56　每小区每 15min 缓存中有上行数据的平均用户数与上行平均 PUSCH 信噪比的对比

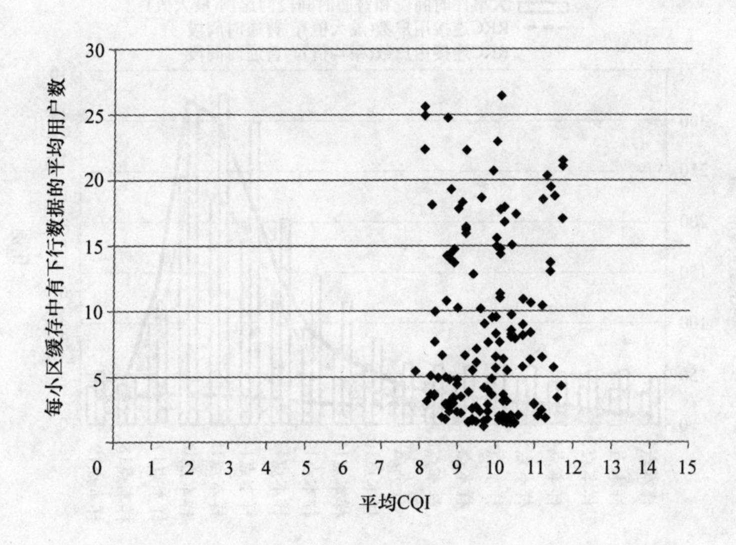

图 13.57　每小区每 15min 缓存中有下行数据的平均用户数与平均信道质量指示值的对比

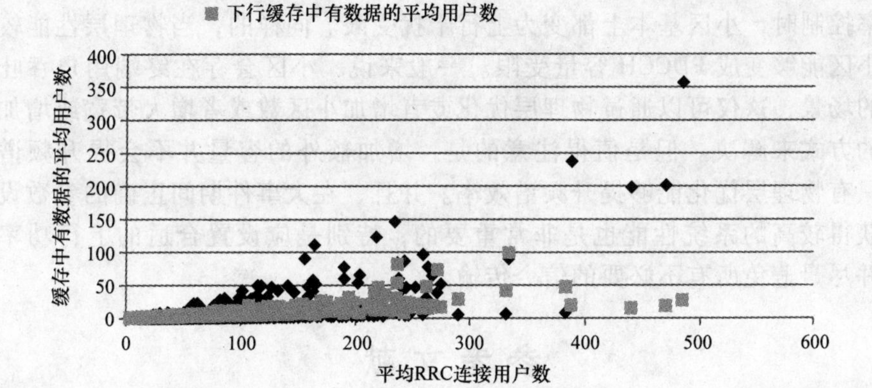

图 13.58　每小区缓存中有数据的平均用户数作为 RRC 连接状态用户数平均值的函数，基于 15min 统计结果

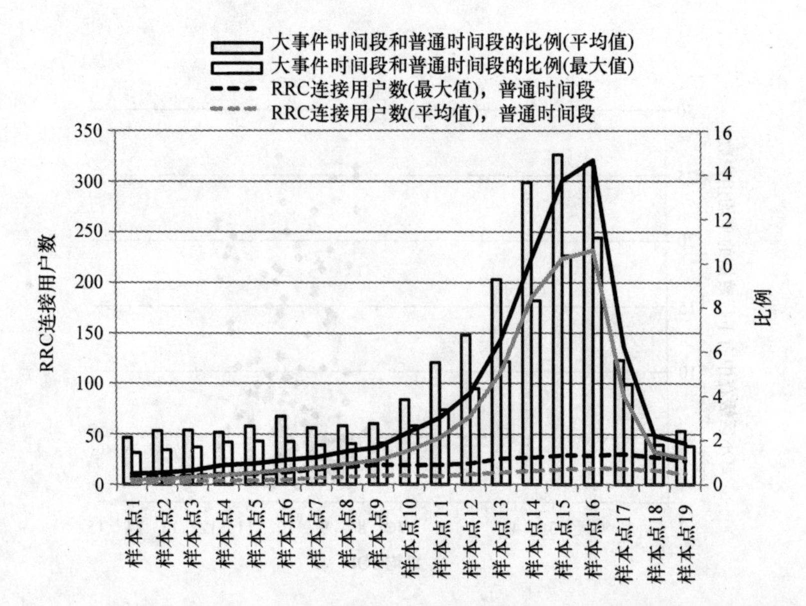

图 13.59 大事件时间段和普通时间段内平均和最高 RRC 连接用户数及普通和大事件时间段内的增加比例，使用大事件小区簇中负载最高小区的小时级统计数据

13.8 总结

每个小区可以具有不同的容量上限。一些小区是上行或下行 PRB 利用率受限的，因此上行或下行终端用户吞吐量也是受限的。当不使用足够保守的上行功率控制时，小区基本上都变为上行干扰受限。同样的，当物理层性能较差时，小区能够变成 PDCCH 容量受限。一般来说，小区会存在终端用户吞吐量受限的场景，这仅可以通过物理层优化或者增加小区数或者增大带宽或增加载波数的方式来解决。但是值得注意的是，增加额外的容量并不会提升频谱效率，只有物理层优化能够提升频谱效率。并且，在大事件期间正确的参数设置对于获得较高的系统性能也是非常重要的，特别是应设置合适的上行功率控制，并尽量避免所有不必要的信令传输。

参考文献

[1] C. U. Castellanos, D. L. Villa, C. Rosa, K. L. Pedersen, F. D. Calabrese, P.-H. Michaelsen, J. Michel, 'Performance of Uplink Fractional Power Control in UTRAN LTE', IEEE Vehicular Technology Conference (VTC), Spring 2008.

[2] 3GPP TS 36.213, 'Physical Layer Procedures', v.10.9.0, 2013.

[3] 3GPP TSG RAN R1–072261, 'LTE Performance Evaluation – Uplink Summary', May 2007.

[4] H. Holma and A.Toskala. *LTE for UMTS – OFDMA and SC-FDMA Based Radio Access*, John Wiley & Sons (2009).
[5] 3GPP TR 37.868, 'RAN Improvements for Machine-Type Communications', v.1.0.0, October 2011.
[6] 3GPP TSG RAN R1–072444, 'Summary of Downlink Performance Evaluation', May 2007.
[7] F. Capozzi, D. Laselva, F. Frederiksen, J. Wigard, I. Z. Kovacs, and P. E. Mogensen, 'UTRAN LTE Downlink System Performance Under Realistic Control Channel Constraints', IEEE Vehicular Technology Conference Fall (VTC 2009-Fall), 2009.
[8] 3GPP TS 36.331, 'Radio Resource Control (RRC); Protocol Specification', v.10.11.0, 2013.

第 14 章　VoLTE 优化

Riku Luostari、Jari Salo、Jussi Reunanen 和 Harri Holma

14.1　简介

LTE 无线系统是为分组交换设计的而不支持任何电路交换（CS）连接。因此，需要除传统的电路交换之外的语音解决方案来提供语音服务。虽然语音的传输量是总数据量的很少一部分，但语音服务从运营商的盈利的角度看是非常重要的。每个单独的支持 LTE 系统的智能手机都需要有一个可以提供高品质语音连接的解决方案。本章介绍了包括 CS 回落以及通过 LTE 系统语音通话（VoLTE）的不同语音解决方案。第 14.2 节介绍了各语音方案的时间进程和不同语音解决方案的主要区别。第 14.3 节介绍了 CS 回落方案，第 14.4 节介绍了 VoLTE 解决方案。从 VoLTE 到 CS 语音通话的切换称为单无线语音呼叫连续性（SRVCC），这将在第 14.5 节中讨论。第 14.6 节对本章进行了总结。

14.2　LTE 智能手机的语音解决方案

第一部 LTE 智能手机使用双待解决方案，终端包含两个并行的无线链路：一个链路进行 CDMA 语音通话，另一个进行 LTE 数据传输。从网络的角度看这就像是两个独立的终端。由于不需要网络交互信息，这种解决方案从网络侧看很简单。由于可以同时进行 CS 域的语音通话和 LTE 系统的数据通信，这种双待无线链路从用户角度看也是有益的。这种双待无线链路方式的缺点是从终端的角度看是非常复杂的，因为这需要更多的射频单元，这将会提升成本、器件大小以及功耗。双待无线链路的方式仅可以被 CDMA 运营商所使用。一些 CDMA/LTE 设备仅使用单待的无线链路，这种方式的实现复杂度更低，但是不支持同时进行语音和数据通信。

所有的 GSM/CDMA 运营商在初始阶段采用电路域回落的解决方案来进行语音通话，这种解决方案中，当语音通话开始时将连接从 LTE 系统转移到 GSM/WCDMA系统中。CS 回落方案也被一些 CDMA 运营商所使用。CS 回落方案对于设备来说是简单的，因为同一时刻仅有一个单一的链路在运行。CS 回落方案需要无线网和核心网进行一些网络交互。因为用户必须在呼叫建立时从 LTE 系统转换至 3G 系统，CS 回落会对呼叫建立时间产生影响。

VoLTE 的大规模商用在 2012 年于韩国开始。由于韩国网络的覆盖范围为

100%，就有可能不进行 CS 的交互而提供 VoLTE 服务。VoLTE 功能在 2014 年进行了更大规模的部署，并且与 SRVCC 功能一起使用。图 14.1 说明了不同语音解决方案的可用性，表 14.1 给出了基准方案。

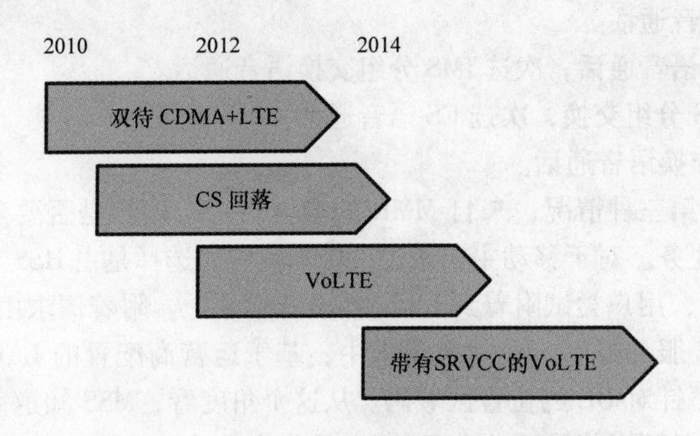

图 14.1　不同 LTE 语音解决方案的可用性

表 14.1　不同语音解决方案的基准

	SV－LTE	CDMA/LTE	CS 回落	VoLTE
语音承载	CDMA CS 语音	CDMA CS 语音	WCDMA、GSM 或 CDMA CS 语音	LTE VoIP
网络要求	简单，没有互操作要求	较少互操作要求	无线和核心网互操作	IMS + 无线支持 VoIP + SRVCC
终端要求	双待较复杂	单待较简单	单待较简单	需要支持 VoLTE，但是单待较简单
LTE 覆盖要求	不需要 LTE 全覆盖	不需要 LTE 全覆盖	不需要 LTE 全覆盖	需要较好的 LTE 覆盖来避免过多的 SRVCC
同时语音 + 数据	CS 语音 + LTE 数据	无	CS 语音 + HSPA 数据	LTE VoIP + LTE 数据
语音建立时间	与 CDMA CS 语音相同	与 CDMA CS 语音相同	CS 语音建立时间 +1～2s	比 CS 语音快

14.3　电路交换回落方案

14.3.1　基本概念

在位置 LTE 语音服务在全球范围被支持之前，需要电路交换回落（CSFB）作为一种没有分组交换语音能力终端的 LTE 用户或者没有在位置 PLMN 的 HSS 中进行 IMS VoLTE 签约的漫游用户的选择。在附着或跟踪区域更新时，一个有语音能力的用户用以下方式之一向 MME 发送其语音通话倾向：

- 仅 CS 语音通话。
- 首选 CS 语音通话，次选 IMS 分组交换语音通话。
- 首选 IMS 分组交换，次选 CS 语音通话。
- 仅分组交换语音通话。

对于第二和第三种情况，来自 MME 的响应决定了用户是否要建立使用 PS 或 CS 的移动主叫业务。对于移动主叫来说，CS/PS 域的选择是由 HSS 和 IMS 做出的。在前三种情况下，用户尝试附着到 CS 交换语音服务上。附着请求由 MME 通过 SG 接口转发到 MSC 服务器上。在附着请求中，基于运营商配置的 LAC-TAC 映射表格，MME 包含了针对 UE 的位置区域码。从这个角度看，MSS 知道 MME 级别的用户位置信息，并且可以将寻呼消息通过 SG 接口发送给正确的 MME。在这部分内容中，主要分析了 CSFB 的性能优化。有兴趣的读者可以在参考文献［2］和［3］中找到更多 SG 协议的细节和一些背景知识。

图 14.2 是主叫 CSFB 在目标 RAT 的 LAC 不同于 LTE LAC 的情况下的简化信令表格。用户通过给 MME 发送扩展服务请求（没有给出 RRC 信令）来初始化呼叫。向目标 RAT 的转化可以通过 RRC 释放来进行，该释放是通过 PS 切换（在 2G 为目标 RAT 的情况下）或 RAT 间小区更改命令而进行的重定向。目标 RAT 的决

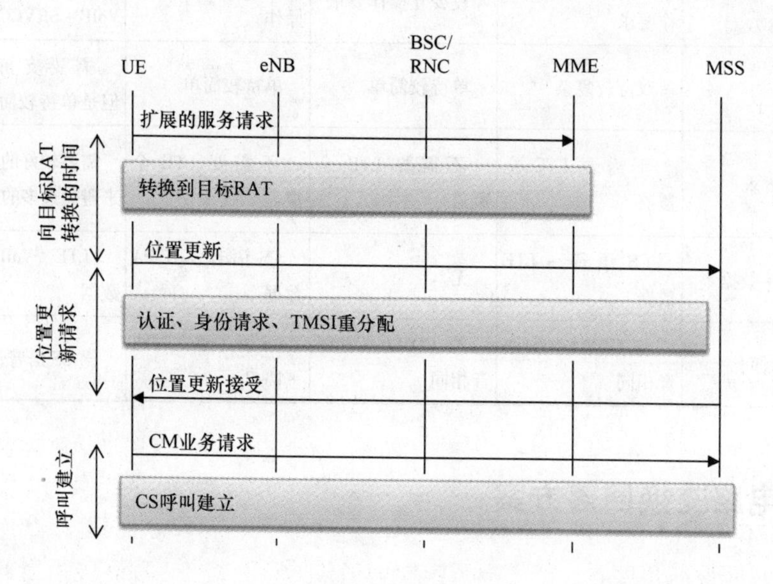

图 14.2　目标 RAT 中的 LAC 不同于 LTE LAC 时
主叫 CSFB 呼叫信令，两个 LAC 被同一个 MSS 所服务

策以及如何将用户转移过去取决于eNodeB的配置和UE无线能力。由于在本例中假设LAC不同于用户在附着或TAU时从MME接收到的LAC，一旦UE进入目标RAT，它初始化位置更新过程。基于CS核心网配置，MSS可能与服务LTE LAC的MSS相同，也有可能不同。如果MSS发生变化，将会增加位置更新时间，由此同样会延迟在目标RAT中的呼叫建立。并且，基于MSS配置鉴权，IMEI确认以及TMSI重分配可能在此时进行。在位置更新被接受之后，用户可以通过发送CM服务请求来开始真正的CS呼叫建立，就像在目标RAT中进行正常的移动端发起的呼叫一样。

CS呼叫结束后，用户应返回LTE系统。这个过程有可能是通过UE控制的普通RAT间小区重选实现，也有可能是通过基于供应商所有权触发的重定向/切换。

本部分讨论了主要的CSFB特有的优化目标，即最小化呼叫建立时间以及加速返回LTE系统。从图14.2中的例子可以看出，CSFB呼叫建立时间本质上是在目标RAT上的CS呼叫建立加上位置更新时间，将用户从LTE系统转移到目标RAT上的时间和LTE系统的连接建立时间（如果用户是空闲态的）。另一方面，呼叫建立失败率与目标RAT上的CS呼叫建立失败率加上扩展服务请求（连接建立）或者转换到目标RAT失败的概率相同。CSFB呼叫建立时间和CSFB呼叫建立成功率都不会比目标RAT上的相应性能更好。但是，这种差距可以通过适当的设计方案选择和CSFB优化来最小化。

14.3.2 CSFB呼叫建立时间，转换到目标RAT

1. 带有重定向的RRC释放

在CSFB呼叫建立时有两种基本的方式来将UE引导到目标系统中：带有重定向的RRC释放和PS域的切换。这些方式可以基于盲重定向或基于测量，具体取决于厂商的实现。

到目标RAT的盲重定向可以看成是基准的解决方案。因为我们仅需知道目标RAT的载频（或者在2G系统中是BCCH频率），这种方案非常易于配置并且需要非常少的规划工作。基于外场测量，对于一个非静止的用户通过盲重定向从LTE系统到3G系统的转换时间约为2s。另一方面，在完成到目标RAT的初始接入后，用户会将目标RAT系统信息进行缓存[⊖]，并且在后续CSFB呼叫中，一个静止的UE不需要从空口再重新读取系统信息。从用户内存中读取预存储的SIB信息可以将接入到3G目标小区的时间节省近一半（通常少于1.5s）。从部署复杂度而不是呼叫建立时间性能角度看，使用盲重定向的简单CSFB成了一种有吸引力的初始解决方案。

⊖ 缓存准则和实现是基于UE的，不会进行规定。

读取目标 RAT 上系统信息的时间可以通过在 RRC 释放中提供需要的系统信息来消除。如果 RRC 释放发生在目标 RAT 测量之前，就可以将确切的目标小区系统信息提供给用户。这完全消除了读取系统信息的时间，在 3G 系统中用户可以用少于一秒的时间接入到目标 RAT 中（通常约为 0.6s）。另一方面，在 RRC 释放之前，从目标 RAT BSC/RNC 获得系统信息可选的测量过程以及 RIM 信令也消耗掉一些呼叫建立时间增益。带有系统信息的盲重定向也同样是可能的，3GPP 版本 9 的协议允许向最多 32 个 2G 小区和最多 16 个 3G 小区发送系统信息。系统信息可以通过 RIM 信令进行定时更新，并且缓存于源 eNodeB 中。从单纯的呼叫建立时间角度看，带有系统信息的盲重定向是一种有吸引力的解决方案，这是因为其可以避免配置以及进行目标 RAT 测量而带来的延迟。主要的风险是如果提供的信息不匹配或者过期了，则 UE 要在没有可用系统信息的情况下进行呼叫建立。该方案另外的一个缺点是源小区信令带宽消耗的增加，这是由于在 RRC 释放消息中发送较大的系统信息造成的。

在 3GPP 版本 7 中规定的延迟测量控制读取（DMCR）是一个非 CSFB 特定的加速接入到 3G 小区的解决方案。DMCR 允许用户跳过读取 SIB11/11bis/12 系统信息，这些信息可根据邻区列表的大小而分成几段。通过外场测试可以看出，DMCR 可以将 SIB 获取时间从 2s 降至约 1s。3G 小区是否可支持 DMCR 的消息可以在 SIB3 上进行广播，用户需要先获取该信息而后确定是否跳过 SIB11/12 的读取过程。因此，SIB 调度可对 DMCR 方案的增益带来影响[㊀]。UE 通知 RNC 其在 RRC 连接建立完成的上行消息中跳过读取邻小区的 SIB 消息。如之前提到的，用户可能预存储了系统信息并且在后续接入到小区时从缓存中进行读取。这种情况下，DMCR 不会带来任何增益。

从部署的角度来看，一种简单有效的初始 CSFB 解决方案是将基础的盲重定向（不包括系统信息）与 3G 系统中的 DMCR 方案相结合。由于在源 LTE 小区中不进行测量，重定向可以即时被触发。在 3G 目标小区中，UE 或者从缓存中读取 SIB 信息或者使用 DMCR 方案，具体取决于在 UE 内部 SIB 数据库中是否有可用的目标小区信息。由于 DMCR 是基于用户的特性，在 3G 系统侧仅需要非常少的规划和配置工作，同时在 LTE 侧不需要规划及对邻区列表进行优化。

2. 带有 PS 切换的 CSFB 功能

带有 PS 切换的 CSFB 功能可以伴随目标 RAT 测量，也可以不伴随目标 RAT 测量。测量量既可以是接收等级（3G 为 RSCP，2G 为 RSSI），也可以是信号质量（3G 为 Ec/N0）。基于测量的切换在有干扰问题的地区尤其有用，比如高层建筑内，因为这样 UE 可以被切换到干扰最小的层上。因此，PS 切换的一个重要应用场

㊀ 显然，3G SIB 调度应该通过没有 DMCR 和 CSFB 的默认事件来优化，这是由于它对小区接入时间和 UE 电池消耗有重要影响。

景是使用 Ec/N0 的测量来选择目标层的场景的能力。

CSFB PS 切换还可能相对于重定向来改善呼叫建立时间。但是，如果测量是在切换之前进行，部分的加速就会被源 LTE 小区的测量配置、目标 RAT 测量和切换准备所消耗。对于 3G 目标 RAT，其组成元素大致包含如下内容：

- 获得来自扩展服务请求的第一个测量报告的时间取决于 3G 系统邻小区列表的长度和触发时间。这个时间范围从 0.1s 到大于 1s。
- 到目标 RAT 的切换准备时间通常为 0.3s。
- 从 LTE 系统的切换命令到目标 3G 系统的切换完成时间约为 0.3s。

总的接入到 3G 系统的时间通常为约 1s；显然这是基于优化的邻小区列表和具有足够好无线质量的目标 RAT 的前提假设的。这种方式要快于带有 DMCR 的盲重定向或者带有预存 SIB 信息的重定向方式，但是要慢于带有系统信息的重定向方式。另一方面，由于在准备阶段已经在目标系统中预留了资源，用户可以在切换完成之后通过 13.6kbit/s 的信道承载很快地进行 NAS 消息的发送，使其相对于重定向又节省了 0.3s，因为重定向还需要在发送第一条 NAS 消息之前建立信令连接。另一个带有 PS 切换的 CSFB 不易被发现的好处是可以在 LTE - 3G 小区对级别获得切换计数器，这可以在小区级提供一些 CSFB 呼叫建立性能的可见性。

带有 PS 切换的呼叫建立时间可以通过缩短触发时间或者首个测量报告时间来进行优化，也可以通过优化目标 RAT 的邻区列表来进行优化。后一种方式，通常相当于冗余优化，是非常重要的，因为丢失邻区列表会带来测量报告的延迟或丢失。因此，非优化的邻区列表会带来呼叫建立时间的恶化。可以在源 LTE 小区设置一些保障定时器，用于在丢失测量报告时依靠盲切换或重定向来切换。

3. 使用不同方式的呼叫建立时间比较

图 14.3 和图 14.4 总结了不同方式转换到目标 RAT 的时间。通过重定向，花时间最多的是在目标系统中获取系统信息。通过在 RRC 释放时提供系统信息可以有效地将这个时间最小化；在 2G 和 3G 系统中，从扩展服务请求到初始 NAS 消息的延迟可能小于 1s。对于 CSFB 到 2G 系统，带有系统消息的重定向可以大幅节省呼叫建立时间，否则该过程将多消耗大于 2s 的时间。另一方面，如果提供的系统信息是不一致的，将失去这种增益。取决于具体实现方案，如果在目标系统中还需要从 BSC 或者 RNC 的 RIM 信令中重建最新的系统信息，那么将会带来额外的时延。

从 LTE 到 2G 的转换同样可以是盲操作或者是通过测量进行。2G 系统的测量需要 RSSI 测量以及 BSIC 解码，因此要慢于 3G 系统的测量时间；在测量列表中有若干个 BCCH 频率，从测量命令到第一个测量报告的时间通常是 1 ~ 2s，这对于 CSFB 呼叫建立来说时间太长了。

带有 PS 切换的转换时间取决于从目标系统获得首个有效测量报告的时间。对于 3G 目标系统以及 0s 的触发时间，可达到的最好的测量时间是 50 ~ 100ms，但这

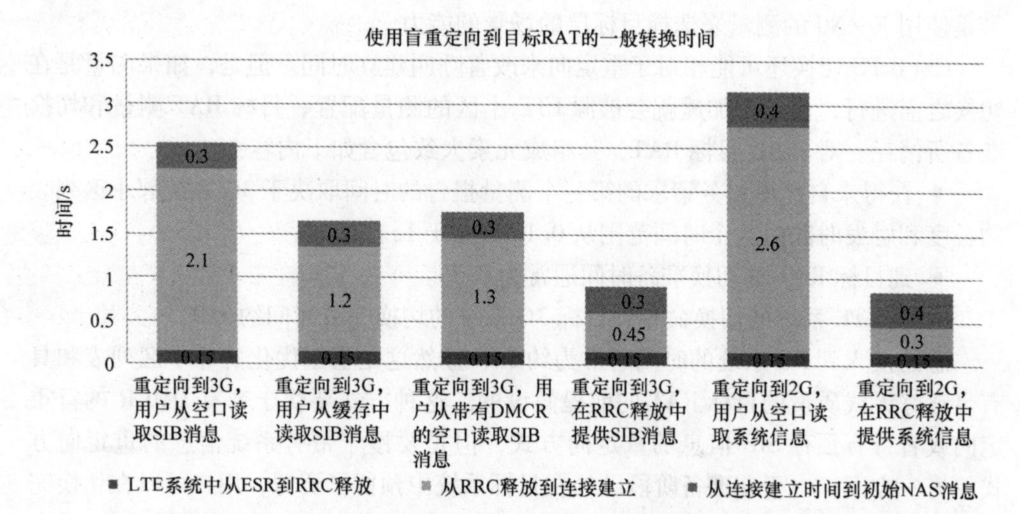

图 14.3 不包含目标 RAT 测量的从 LTE 系统到目标 RAT 的重定向的一般转换时间（ESR = 扩展服务请求）

是基于 3G 邻区仅有若干个邻小区而用户可以在测量间隔执行小区搜索的假设。触发时间会直接叠加在这个时间上。图 14.4 给出了测量不同邻小区长度的转换时间和触发时间。获得首个测量报告的时间与邻区列表长度紧相关。在仅有一个邻小区的极端例子里（比如 3G 小区的相同扇区）用户可以在一个测量间隔内搜索和测量到扰码，而对于一个较长的邻区列表，则需要若干个测量间隔来完成初始搜索步骤[⊖]。这个时间要乘以需要进行测量的频段数量。

使用盲切换，可以达到 1s 的转换时间，这与带有系统信息的盲重定向的时间大致相同。显然在任一方向上基于设备商和网络实现的变量是都有可能的，特别是在如图 14.4 所示的切换准备时间少于 0.3s 的情况下。

（1）位置更新

当目标 RAT 位置区域码与用户在 LTE 系统中获得的不同时，呼叫建立将会从位置更新过程开始。完成这一过程的时间取决于核心网的配置。也就是说，位置更新过程的延迟会在如下场景下增加：

- 如果新的位置区域被不同的 MSS 所服务，并且 MSS 需要被更改。
- 如果鉴权，身份验证请求或者 TMSI 重分配作为位置更新的一部分。

改变 MSS 在被叫场景下会存在特别的问题，因为新 MSS（用户发送位置更新请求的对象）不知道在旧 MSS 中正在进行的呼叫建立。因此，新的 MSS 可能会在

⊖ WCDMA 测量流程包括搜索步骤和信号强度/质量测量步骤。在搜索步骤中，UE 针对所提供的邻小区列表中的最强小区进行码获取。紧跟着会进行针对搜索阶段发现的最强小区的真实的测量等级/质量测量。

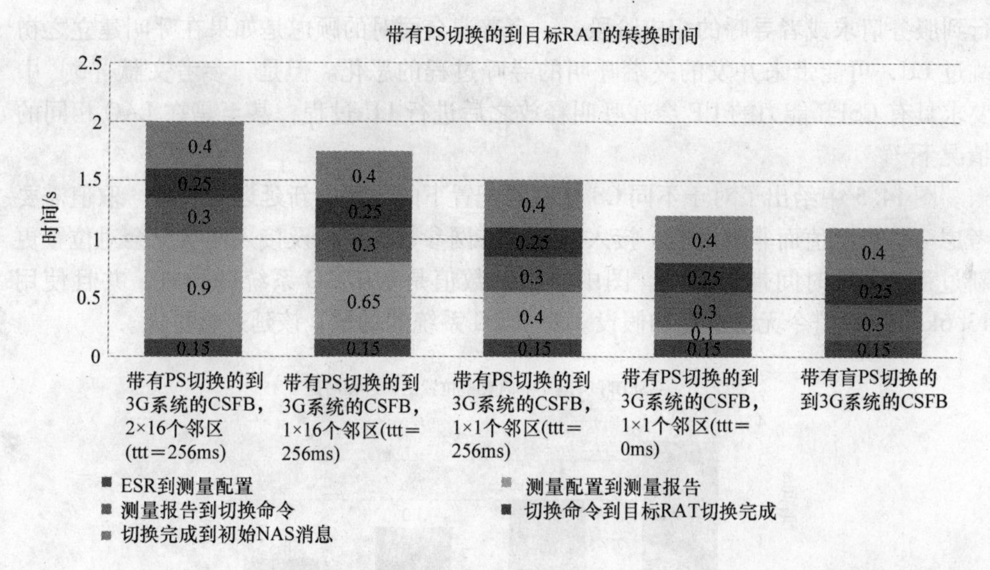

图 14.4 带有 PS 切换的从 LTE 到 3G 的转换时间（2×16 的意思是邻区列表在两个 3G 载频上总共有 32 个邻小区，每载频有 16 个邻区）

完成位置更新之后释放用户的信令连接，这会强制网关 MSS 通过在新的 MSS 触发新的寻呼过程来处理被叫建立过程。更进一步的，如果新的寻呼消息发送得过晚，用户可能已经返回到 LTE 系统，这会造成终端呼叫建立失败。由于这个原因，用户在位置更新请求中设置所谓的 CSMT 标志来通知新的 MSS 延迟释放 NAS 信令连接来等待来自网关 MSS 的进入呼叫建立。新的 MSS 和用户需要支持 3GPP 版本 9 中 NAS 特性中规定的 CSMT 标志位。在标准中有两个变量用来处理在 MTC 呼叫建立时的 MSS 变换情况：手机终止漫游重试（MTRR）和手机终止漫游转发(MTRF)。主要的区别在于 MTRR 需要 HLR 支持而 MTRF 不需要。

鉴权、身份认证以及 TMSI 重分配的频率可以通过 MSS 的设置进行控制。MSS 可以通过 CSMT 或者 CSMO 标志位来识别出该位置更新过程是一个 CSFB 呼叫建立的初始步骤，并且可以直接接受该位置更新而不需要再通过如鉴权之类的中间信令来接受。同时，这种优化是需要 MSS 支持的。

从无线接入的角度看，使用快速的信令通道来最小化空口的消息传输延迟是明智的做法。对于 2G 系统，这意味着尽早为信令传输分配 FACH 资源。对于 3G 系统，推荐将信令承载映射到 HSPA 或者 DCH 13.6kbit/s。

鉴权配置、MSS 对于 CSMx 标志位的支持、位置更新信令这些过程会占用几百毫秒到 4s 甚至更长的时间，具体取决于是否需要改变 MSS（例如 MTC 过程中 MSS 改变了，CSMT 标志位不被支持了，而需要重新进行寻呼过程）。

最有效地减少呼叫建立信令所消耗的时间的方式是将 LTE 系统中的位置区域码与目标 RAT 中的进行对齐。通过这种方式，UE 不需要进行 LU 并且可以直接进行到服务请求或者寻呼的相应阶段。一个普遍会面对的顾虑是如果在呼叫建立之初跳过 LU，可能带来并发的终端呼叫的寻呼过程的恶化。但是，参考文献［5］中要求具有 CSFB 能力的 UE 会在呼叫释放之后进行 LU 过程，甚至是在 LAC 相同的情况下㊀。

图 14.5 中给出了对于不同 CS 核心网配置下的位置更新延迟的思考。取值需要考虑一些典型值而非限定值；接入网和核心网参数配置以及接入网状况会对位置更新过程的持续时间带来影响。图中给出的数值是基于 3G 系统的场景，并且使用 13.6kbit/s 的信令无线承载的假设。对于 2G 系统的场景，该延迟会更大。

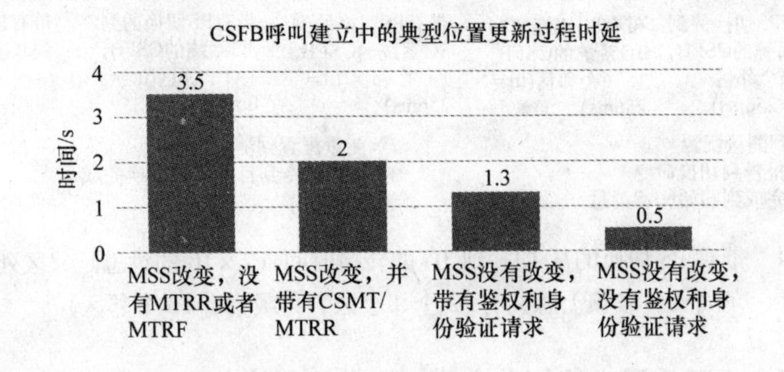

图 14.5 CSFB 到 3G 系统呼叫建立的位置更新时延

值得注意的是，通过合适的 CS 核心网配置，可以大幅地节省 CSFB 的呼叫建立时间。特别是，LTE 系统和目标系统间的联合位置区域规划是尤为重要的。还可以通过降低鉴权的频率以及 IMEI 校验（身份验证请求）过程的频率来进一步节省 CSFB 的呼叫建立时间。

（2）呼叫建立信令

CSFB 建立的第三个阶段是呼叫建立信令。这个过程的持续时间基本上与目标系统中的普通 CS 呼叫持平。使用快速的信令连接可以对该过程进行优化。同样如果 UE 回落到相同的 MSS 上，降低鉴权和 IMEI 校验的频率会将建立过程缩短约半秒㊁。

如在参考文献［2］中提到的，对于被叫过程，主叫方察觉到的呼叫建立时间，可以通过当 UE 一旦响应 LTE 系统中的 CS 寻呼，并且 MME 已经确认到 MSS 的寻呼消息就连接振铃音的方式，使其显得更短。察觉到的节省的时间基本上与端到端呼叫建立时间减去 LTE 寻呼以及 RRC 连接建立时间相等，也即几秒钟的时间。MSS 需要支持这种功能。这种方式的缺点就是在 LTE 系统的呼叫响应之后，呼

㊀ 在正常的从 LTE 向其他 RAT 的 RAT 间重选情况下，一个具备 CSFB 能力的 UE 即使在 LAC 相同的情况下也会进行 LU。在释放 CS 呼叫后推迟 LU 的 3GPP 24.008 选项是为了优化 CSFB 呼叫建立时间。

㊁ 鉴权和身份请求可能已经在之前的位置更新过程中完成了。

叫建立可能会在后续的阶段失败，主叫方可能会将其察觉为一个被拒绝的呼叫。

14.3.3 CSFB呼叫建立成功率

基于重定向方式的平均CSFB呼叫建立成功率不会好于在目标接入系统中的平均呼叫建立成功率。因此，提高CSFB呼叫建立成功率可以浓缩成在LTE系统和目标RAT中提高连接建立成功率；这通常仅可以通过基础的物理层射频以及参数优化，或通过在目标RAT中的负载均衡来进行提升。在带有PS切换的CSFB场景下，这就是切换成功率，其通常控制着CSFB呼叫建立成功率。邻区列表的小区级优化以及目标载频优化（比如不被干扰的目标载频）起着至关重要的作用。但是需要注意的是，即使PS切换失败了，UE会以增加呼叫建立延迟为代价重新启动呼叫建立过程，因此切换成功率并不等于呼叫建立成功率。

一个特殊的应用场景是目标层由于缺乏覆盖或受到干扰而导致无线状况较差的情况。典型的例子是没有室内小区的高层建筑场景，这种场景下到一个无线状况较差的3G小区的盲重定向会带来掉话、话音质量下降或者可能带来后续到一个无线状况较好的3G或2G小区的切换。对于3G目标系统，使用Ec/N0测量量和经过良好调整的具有两个或更多的目标层的邻区列表会在这种场景下带来增益。除了不易操作的邻区列表优化，这种方案一个明显的缺点就是，由于切换触发前在LTE系统中进行UE测量，会增加呼叫建立时间。

14.3.4 CSFB呼叫后返回LTE系统

在CS呼叫结束后，对于具有LTE能力的UE最好还是返回LTE系统中，这会带来足够的覆盖和通话质量。这可以基于空闲态的RAT间小区重选来完成，也可以通过带有重定向或切换的无线连接释放来完成。后面的两种方案可以是盲进行的或者是基于测量进行的。

本节中全部假设在CS呼叫释放时LTE具有比2G或3G系统更高的优先级。

1. 从3G到LTE系统的RAT间小区重选

UE从3G到一个更高优先级LTE层的RAT间重选测量调度取决于DRX周期以及通过SIB19广播的优先级搜索门限 $S_{prioritysearch1}$ 和 $S_{prioritysearch2}$。与基于优先级重选的设计原则相同，如果UE被认为处于好的射频环境下（“好”是通过优先级搜索参数定义的）就可以以60s乘以SIB19中广播的高优先级系统层数为间隔来进行高优先级小区的搜索，否则搜索的要求会严格很多。上述原则在图14.6中进行了说明，从图中可以看出，无论是 $S_{prioritysearch1}$ 还是 $S_{prioritysearch2}$，或者是这两者同时被设置了较高的值时，UE就会更频繁地进行LTE小区搜索。搜索的要求是基于每层的，因此针对两个LTE层，针对处于较好无线环境下的搜索要求是 $2 \times 60 = 120s$。

当接收到的RSCP等级和质量在图14.6所示的范围之外时，UE小区搜索和测量的最小要求在表 14.2 中给出。表中给出的 DRX 周期长度可能与 CELL _ PCH 和空闲态不同。在第二列中的探测时间以从小区搜索到小区重选决策时间的最长时间来定义，也就是说，这包括小区测量时间。这个需求仅适用于具有参考信号并且 SCH 子载波的功率高于 -124 ~ -121dBm（取决于频段）且子载波 SNR > -4dB 的 LTE 小区。这个数值是对于一层系统而言的，对于多个层的场景，这个需求要乘以层数。

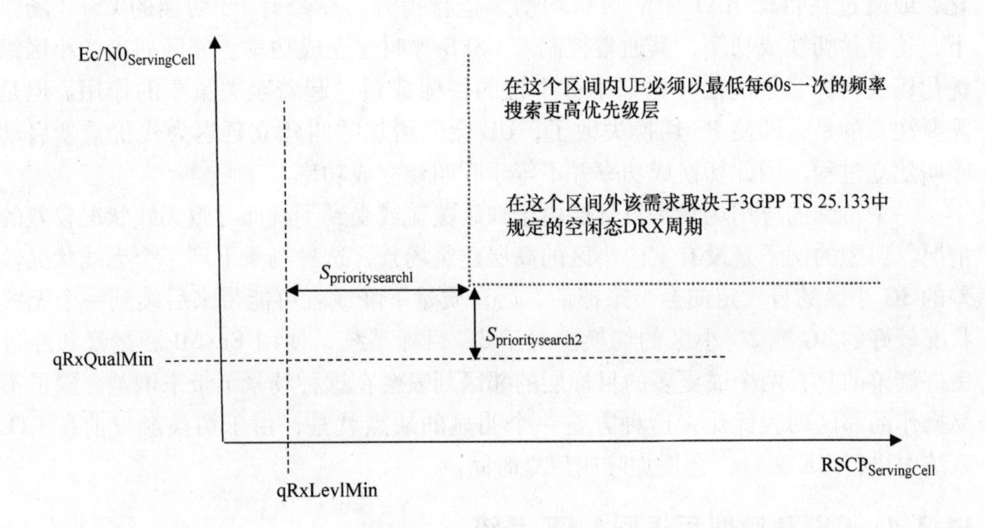

图 14.6　3G 到 LTE 重选测量对于优先级搜索参数的依赖性

表 14.2　当 3G 系统的 UE 处于空闲态或 CELL _ PCH 时对 LTE 测量的最低需求

DRX 周期长度/s	$T_{\mathrm{detectE-UTRA}}$/s	$T_{\mathrm{measureE-UTRA}}$/s（DRX 周期数）	$T_{\mathrm{evaluateE-UTRA}}$/s（DRX 周期数）
0.08	30	2.56（32）	7.68（96）
0.16		2.56（16）	7.68（48）
0.32		5.12（16）	15.36（48）
0.64		5.12（8）	15.36（24）
1.28		6.4（5）	19.2（15）
2.56	60	7.68（3）	23.04（9）
5.12		10.24（2）	30.72（6）

表中的第三列是在搜索阶段找到的小区最小测量间隔。最后一列是在如果存在合适的候选小区的情况下，在必须进行小区重选决策前的最大小区测量时间。换句话说可以理解成最大允许的平均测量时间。

图 14.7 给出了当 UE 驻留在一个 3G 系统的小区内且没有被触发小区重选时，

LTE 系统对于具有两个更高优先级 LTE 层（LTE800，LTE2600）的一个商用用户的搜索和测量调度的示例。在这种情况下，$S_{\text{prioritysearch1}}=0$ 且 $S_{\text{prioritysearch2}}=0$，因此搜索的间隔为 $2\times60=120$s；进行测试的 UE 在两个层都进行搜索，每层每 120s 进行一次搜索，这是满足 3GPP 的要求的。如果有三个更高优先级层的话，则搜索间隔为 180s。小区测量过程每 7 个 DRX 周期重复一次，在 LTE800 和 LTE2600 网络间轮换进行。在这个示例中，DRX 周期是 0.64s，因此 UE 的性能好于表 14.2 中给出的 3GPP 8 个 DRX 周期的要求。

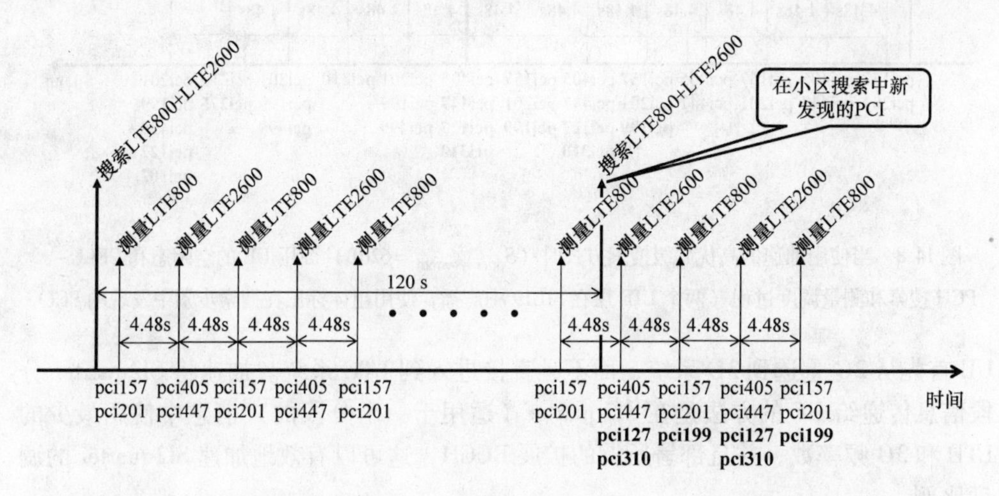

图 14.7　当不使用加速的高优先级搜索时对于商用 UE 的空闲态或 CELL_PCH 搜索和测量调度（SIB19 中广播两个 LTE 层，粗体字指示了在第二个搜索步骤中发现的新 PCI）

在图 14.7 中的第一个搜索阶段，UE 在 LTE800 上检测到 PCI 157 和 201，在 LTE2600 上检测到 PCI405 和 447。这些 PCI 接下来将一直被测量，直到 120s 之后的下一个搜索间隔，在下一个搜索间隔将在 LTE2600 检测到两个新的 PCI（127，310），在 LTE800 上检测到一个新的 PCI（199）。

图 14.8 展示了当 $S_{\text{prioritysearch1}}=62$dB 时对于同一个 UE 的测量调度，也就是是 UE 正在使用对于更高优先级层的加速测量调度。在这种情况下，小区测量间隔与 $S_{\text{prioritysearch1}}=0$dB 时的测量间隔相同，但是搜索间隔从 120s 降低至 14.72s（23 个 DRX 周期）。这会大幅加速从 3G 系统到 LTE 系统的重选过程。

2. 从 2G 到 LTE 系统的 RAT 间小区重选

UE 从 2G 到一个具有更高优先级的 LTE 层的 RAT 间重选测量调度过程在 3GPP 中有着十分宽松的规定。在 2G 系统中，直到 UE 通过 BCCH SI2quarter 系统信息接收到基于优先级的重选信息之前，基于优先级的小区重选测量都不会被激活。这个信息可能不得不被分成若干个系统信息分段，因此将会有几秒钟的延迟，直到所有分段都被 UE 接收到，并且将会激活到 LTE 系统的重选。这通常会导致

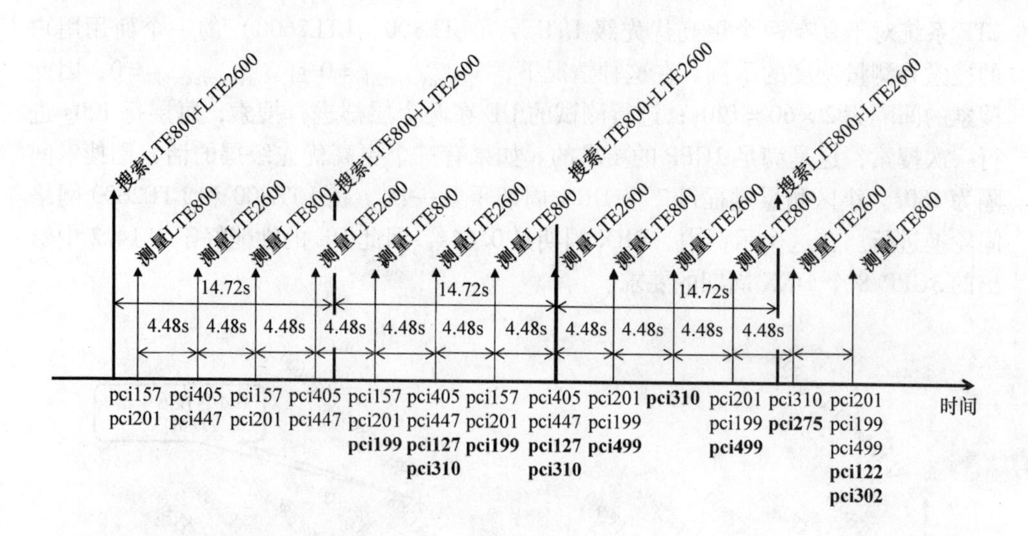

图 14.8　当使用加速的高优先级搜索方式时（$S_{\text{prioritysearch1}}=62\text{dB}$）商用 UE 的空闲态和 CELL－PCH 搜索和测量调度过程（两个 LTE 层在 SIB19 中广播，使用粗体标出在搜索步骤中发现的 PCI）

UE 首先从 2G 重选到 3G 系统，而不是直接进入到 LTE 系统。加速将 SI2quarter 分段信息传递给 UE 的方法是在 SI2quarter（适用于一个分段的）消息中使用最少的 LTE 和 3G 频率数，并且部署所谓的扩展 BCCH，这可以有效地加速 SI2quarter 的调度比例。

在基于优先级的小区重选被激活之后，重选到更高优先级的 LTE 或者 UTRAN 层的时间必须小于（$70+T_{\text{reselection}}$）s，这里 $T_{\text{reselection}}$ 的最小值为 5s。每个额外的 LTE 或 UTRAN 高优先级层给这个需求增加了额外的 70s。因此，从 2G 到 LTE 系统重选的时间要求是非常宽松的。但是，实际上，UE 在基于优先级的重选被激活之后倾向于比 3GPP 的要求更快地重选到 LTE 系统中（所有的 SI2quarter 分段都被接收到）。

3. RAT 间重定向以及从 2G/3G 到 LTE 的 PS HO

与从 LTE 到 3G 类似，可以使用带有重定向的 RRC 释放来快速地使 UE 从 3G 进入到 LTE 或者从 2G 进入到 LTE。无线连接释放消息中包含了目标 RAT 载波频率信息。基于 RNC 和 BSC 的实现方式，如果 UE 支持 LTE 测量的话，该过程将会在 RRC 释放之前执行。在普通的无线环境中，从 3G 系统的无线连接释放到在 LTE 系统中发送跟踪区域更新信息最多需要几百毫秒。

如果系统和 UE 支持的话，从 2G 和 3G 系统到 LTE 系统的切换也是可能的。对于测量和切换的触发是基于 UE 能力以及厂商独有的触发机制，例如，服务小区接收等级以及数据缓存填充因子。这种场景下返回时间取决于测量 LTE 目标小区的时间。

4. CSFB 呼叫后从 3G 到 LTE 系统的返回时间的比较

图 14.9 给出了一个通过小区重选、盲操作和基于测量的重定向的方法从 3G 到 LTE 系统返回时间的测量经验分布的示例，它是通过路测评估获得的。返回时间定义为从 3G 系统的 MSS 接收到分离消息到 LTE 系统中的 UE 发送跟踪区域更新完成消息之间的时间差。对于重定向方式，返回时间很大程度上取决于触发器的类型以及在 RNC 中实现的测量门限。因此，这个结果应该仅被当成示例。

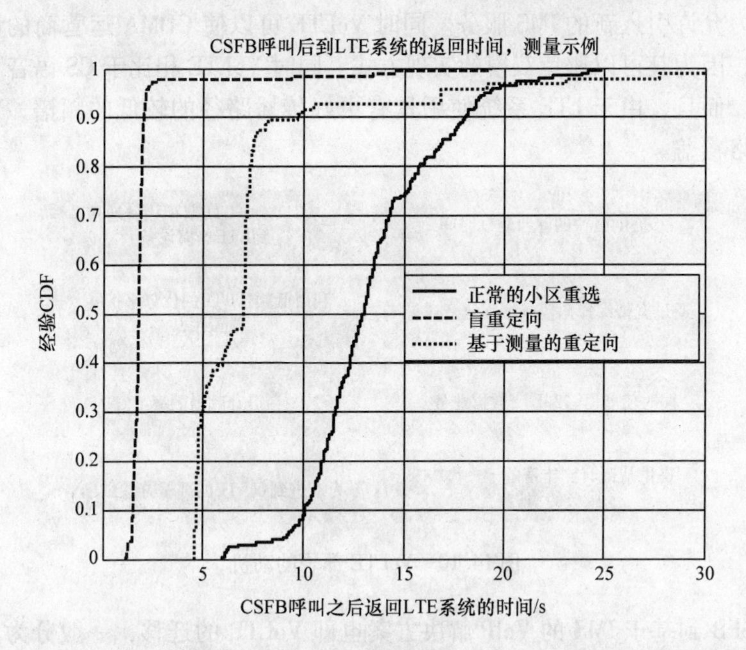

图 14.9　CSFB 呼叫结束后从 3G 到 LTE 系统的返回时间的路测示例，带有小区重选

对于基本的空闲模式重选，在 90% 的情况下 UE 在 18s 之内返回 LTE 系统。由于重选只可能发生在空闲态或 CELL - PCH 状态下，UE 数据的活动性以及DCH - to - FACH 和 FACH - to - PCH 休眠定时器会对结果产生影响。在测量网络中使用的是慢速高优先级搜索测量调度（$S_{prioritysearch1}=0$ 且 $S_{prioritysearch2}=0$）。

针对盲重定向返回 LTE 的情况，假定 LTE 覆盖足够好，这种方式是最快的返回 LTE 系统的方法。平均时间约为 2s，但是可以看出在一小部分的情况下，重定向并没有被快速地触发，或者用户在接入 LTE 系统或完成 TAU 过程时出现了问题。

通过基于测量的重定向方式，UE 在一半的情况下可以在少于 7s 的时间里返回 LTE 系统。在约 10% 的情况下，回退到 LTE 系统需要 10s 以上。测量配置和触发重定向的门限会影响返回时间。触发盲重定向和基于测量的重定向的准则是基于 RNC 厂商实现算法的，而并不在 3GPP 中规定。

14.4 LTE 语音

对于移动运营商来说，具有一系列从 CS 语音到 VoLTE 模式迁移的动机。图 14.10 给出了主要的动机。VoLTE 可以通过宽带编译码器增强语音通话质量。VoLTE 可以提供更快的呼叫建立时间并且在语音呼叫的同时提供 LTE 数据服务。其数据能力允许引入新的 IMS 服务。同时 VoLTE 可以使 CDMA 运营商的设备结构更加简单，因为其可以避免双模的实现方式。同时 VoLTE 相比于 CS 语音可以提升频谱效率。而且，由于 LTE 系统使用具有更好传播路径的较低的频谱，VoLTE 可以增强网络覆盖。

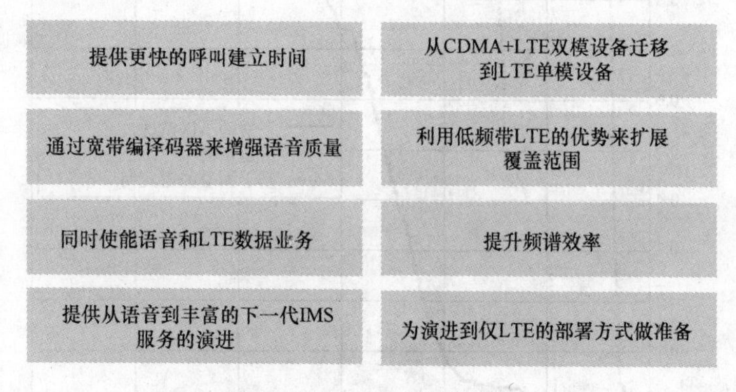

图 14.10 VoLTE 部署的动机

从 CSFB 到基于 IMS 的 VoIP 解决方案也即 VoLTE 的迁移，一般分为几个步骤进行。从只有 CSFB 开始，之后采用 CSFB 与 VoLTE 结合的方式，最后采用全 VoLTE，即所有的语音呼叫（跨运营商、跨网络以及漫游时）都采用 VoLTE。当 UE 运动出 LTE 系统的覆盖范围时，SRVCC 实现了从基于 IMS 的 VoIP 到 CS 语音的切换。而反向 SRVCC（基于版本 11 的 SRVCC）实现了从 CS 语音到基于 IMS 的 VoIP 的切换。图 14.11 给出了基于参考文献［3］的简化的 VoLTE 系统架构。

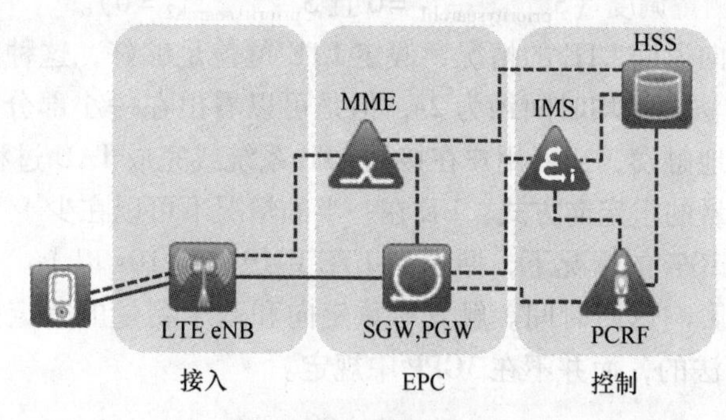

图 14.11 VoLTE 系统架构

14.4.1 建立成功率及掉话率

在 2G 和 3G 网络中语音呼叫的性能已经非常好了，因此对于在 LTE 网络中的 VoLTE 性能的期待是相当高的。VoLTE 的比重可以通过服务质量等级标识符（QCI）为 1 的 E-RAB 建立尝试与所有 QCI 等级的 E-RAB 建立尝试的比值来给出，如图 14.12 所示，在三个示例网络中，取决于 VoLTE 的部署策略，VoLTE 呼叫的数量仍然很少。每个用户每天产生的 VoLTE 呼叫数仅为几十个，而 non-GBR E-RAB 的数量有几百个，因此哪怕每个用户都产生一些 VoLTE 呼叫，VoLTE 在所有 E-RAB 中所占比重也很小。

QCI1 的 E-RAB 建立尝试在所有 E-RAB 建立尝试（包括 QCI1 和非保障比特速率 QCI）中的占比不到 1%，但这个占比在示例的网络 1 和 3 中正在迅速地增加，这意味着从 CSFB 到 VoLTE 的迅速转换。在示例网络 2 中，主要的语音呼叫方式仍然是尽量利用现有的 3G 网络来进行 CSFB。

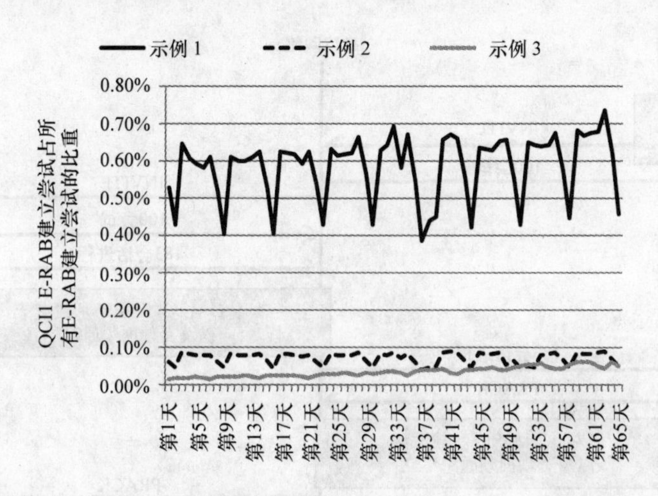

图 14.12 QCI1 E-RAB 建立尝试占所有 E-RAB 建立尝试的比重

1. 建立成功率

图 14.13 中给出的 QCI1 E-RAB 建立成功率是基于无线网络统计数据测量的 VoLTE 建立成功率。它包含了图 14.14 所示的整个 VoLTE 建立信令中的 E-RAB 建立部分。QCI5 的 E-RAB 承载了所有的会话初始协议（SIP）信令，而 QCI1 的 E-RAB承载了实际语音用户面数据。更多关于 VoLTE 呼叫建立的 SIP 信令可以在参考文献［3］中找到。QCI5E-RAB 在终端附着到网络上时被建立，之后通过 QCI5E-RAB 来完成到 IMS 的 SIP 信令注册。

图 14.13 给出了 QCI1 和所有 QCI 的 E-RAB 建立成功率。QCI1 的 E-RAB 的建立成功率要稍差于所有 QCI 的 E-RAB 建立成功率，这种差别基本上是由于 QCI1

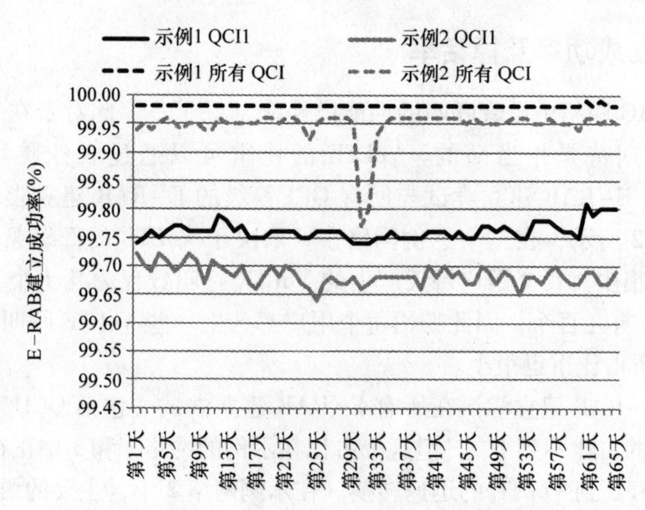

图 14.13　QCI 1 和所有 QCI 的 E-RAB 建立成功率

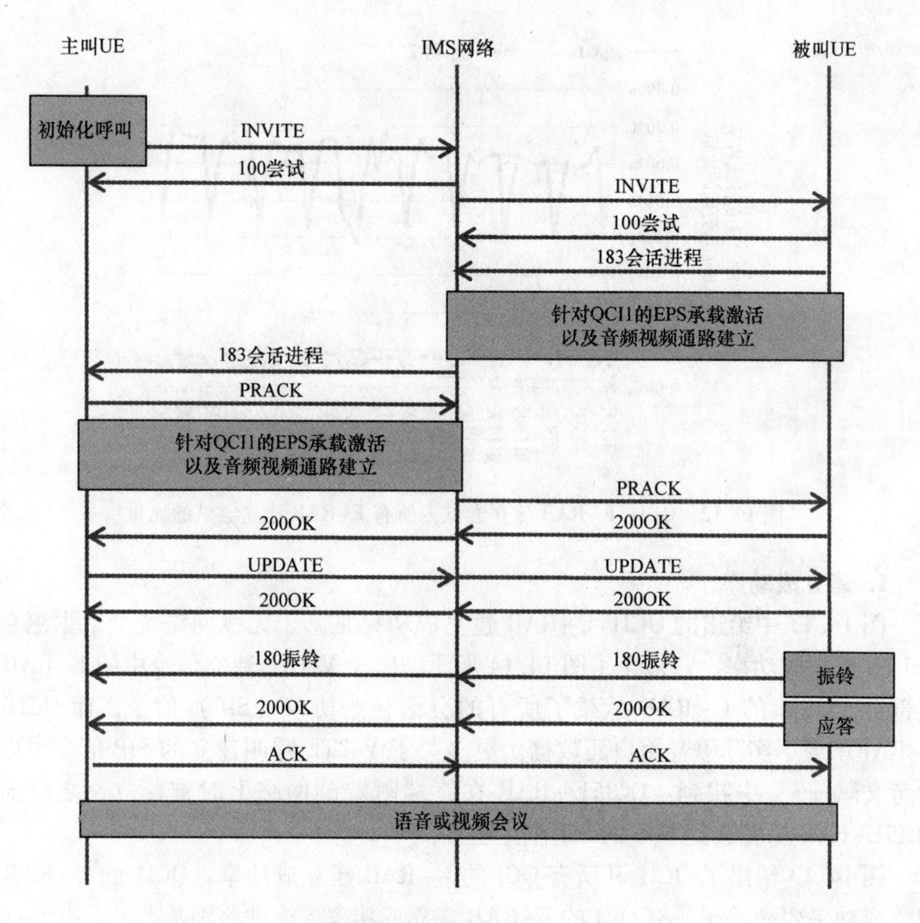

图 14.14　简化的 VoLTE 呼叫建立信令（基于 GSMA IR.92）

E-RAB建立的数量比所有 QCI 要少得多，因此处于较差无线环境中的建立尝试比例会增加，进而导致成功率下降。但是，应该注意在示例网络中尚未完成 RRC 连接重配过程（针对 QCI1E-RAB 建立）的优化。

2. 掉话率

从图 14.15 中可以看出，相比于全部 QCI 等级，QCI1 的 E-RAB 掉话率要略高。如第 12 章解释的那样，以晚切换和切换成功率表征的移动性能在一般情况下与 E-RAB 掉话率有较高的关联性。如图 14.16 所示，这种关联性对于 QCI1 的 E-RAB来说更强，因为其具有更长的会话时间（不包括任何非激活时间），因此每个 E-RAB 有更多的切换次数。每个 E-RAB 的切换次数越多，产生移动性相关问题和无声呼叫（由于 RRC 重建）以及掉话的概率就越大。因此，如第 12 章所讨论的那样，关于移动性能的相关优化措施对于 VoLTE 终端用户体验性能的优化是非常重要的。

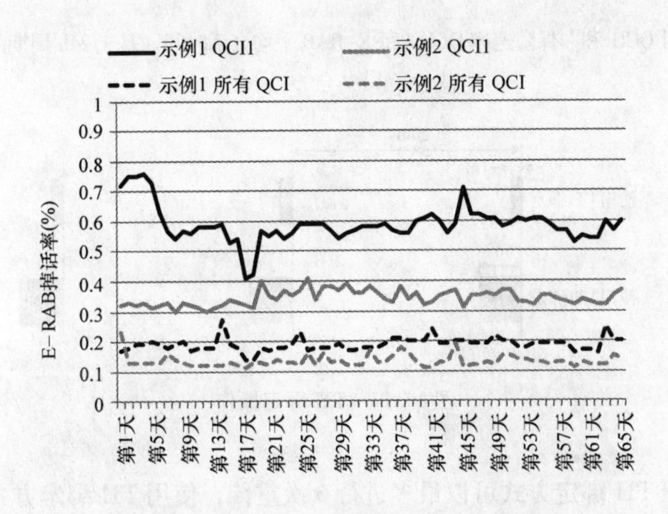

图 14.15 QCI1 和所有 QCI 的 E-RAB 掉话率

14.4.2 TTI 绑定和 RLC 分段

可以使用被称为 TTI 绑定的特性来提升 VoLTE 的上行覆盖性能。该特性的思路是在 4 个连续的 TTI 上重复传输相同的内容，这使得传输能量可以达到原来的 4 倍。图 14.17 解释了这个操作。从 AMR 编译码器来的语音分组每 20ms 到达一次，并且可以在单独的 1ms TTI 上进行传输而不使用 TTI 绑定的方案。TTI 绑定使得传输时间变为原来的 4 倍，而这可以提升链路预算。当 TTI 传输期间的峰值功率达到最大值时，20ms 内的平均功率通过使用 TTI 绑定特性提升了 6dB。

表 14.3 给出了通过仿真获得的 TTI 绑定对于上行基站灵敏度的增益。TTI 绑定的增益约为 4dB。该仿真考虑了 VoLTE 的最大时延预算，对于一个无线站来说为

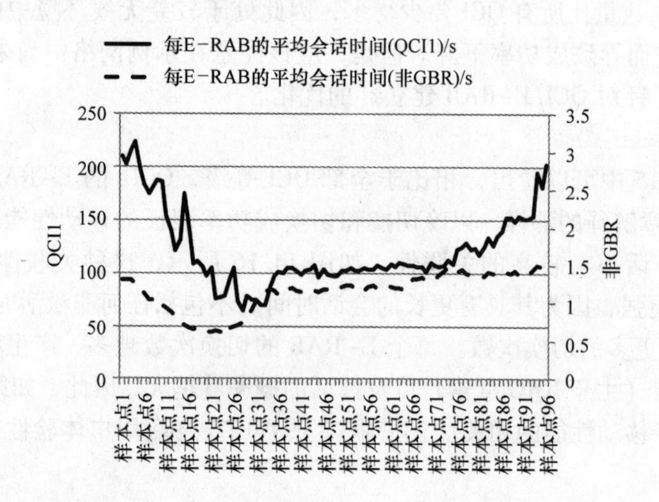

图 14.16　针对 QCI1 和非保障速率 QCI 的每 E-RAB 平均会话时间（基于 24h 周期的 15min 采样）

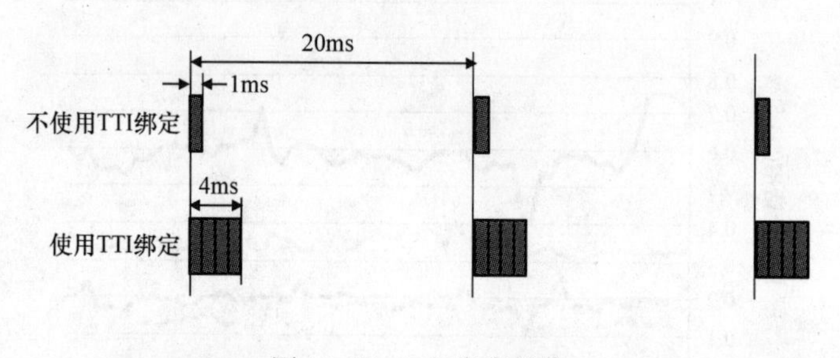

图 14.17　TTI 绑定操作

50ms。不使用 TTI 绑定方式可以最多进行 6 次重传，使用 TTI 绑定方式可以最多进行 3 次重传。

表 14.3　使用和不使用 TTI 绑定方案时针对 VoLTE 的基站灵敏度仿真

	不使用 TTI 绑定	使用 TTI 绑定
绑定的 TTI 数	1	4
最大重传数	6	3
基站灵敏度/dBm	－120.6	－124.4

图 14.18 给出了测量到的 TTI 绑定方案的增益。该测量是在信号较弱的地区进行的，其 RSRP 低于 －120dB，UE 使用满功率发送。不使用 TTI 绑定的上行 BLER

很高，在 70% 以上，这导致了很差的语音质量。而使用 TTI 绑定后，上行 BLER 下降到 10% 以下，这对语音质量带来了明显改善。

另一种改善上行覆盖的方式是将语音分组分为若干小的单元。图 14.19 举例说明了如何将无线链路控制（RLC）业务数据单元（SDU）分成 4 个更小的协议数据单元（PDU）。每个更小的 PDU 通过空口进行独立发送。分组分段使得上行传输次数增加从而扩大了覆盖范围。图 14.20 展示了这个概念。分段的缺点是增加了开销。AMR 12.56kbit/s 的语音分组包含了 35 B 的压缩 IP 头。每个 RLC 分组需要额外的 3B 的 RLC 头以及 3B 的循环冗余校验（CRC）。而不使用分段技术的开销为（3+3）/35=17%。而使用分段技术后开销增加到了（3+3）/（35/4）=69%，这抵消掉了分段技术带来的一大部分好处。因此，相比于分组分段技术，应优先使用 TTI 绑定技术，且应避免同时使用 TTI 绑定和分组分段技术。

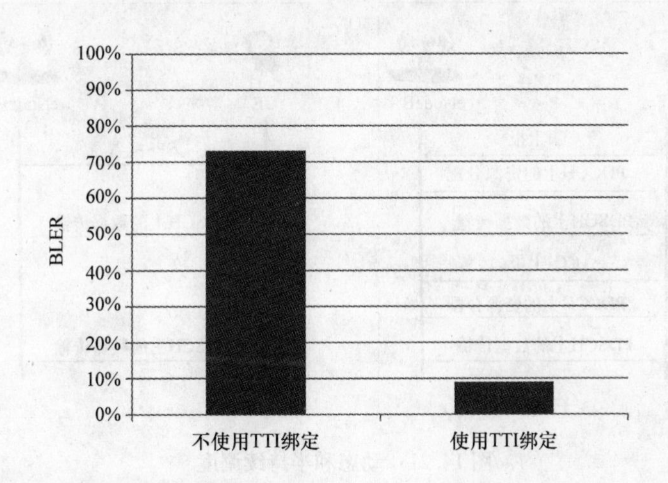

图 14.18　使用和不使用 TTI 绑定方式时在信号较弱区域的上行 BLER

14.4.3　半持续调度

VoLTE 的分组可以通过动态调度进行传输，此时每个分组都是独立调度的。动态调度的优点是其允许在频域使用灵活的调度解决方案，同时允许基于 UE 的 CQI 反馈进行快速的链路自适应。动态调度的挑战是针对 20ms 周期内到达的每个语音分组都需要分配的 PDCCH 信令容量。一种替代的方案是半持续调度（SPS），在这种方案中 eNodeB 为每个 VoLTE 连接预分配资源，这样就不需要 PDCCH 信令。使用 SPS 对于 LTE 业务来说比较现实，因为 eNodeB 知道 VoLTE 数据分组每 20ms 到达一次。SPS 的局限是频域的资源分配、调制编码方式是固定的，并且不能基于 CQI 上报进行修改。两种方式在图 14.21 中进行了展示。

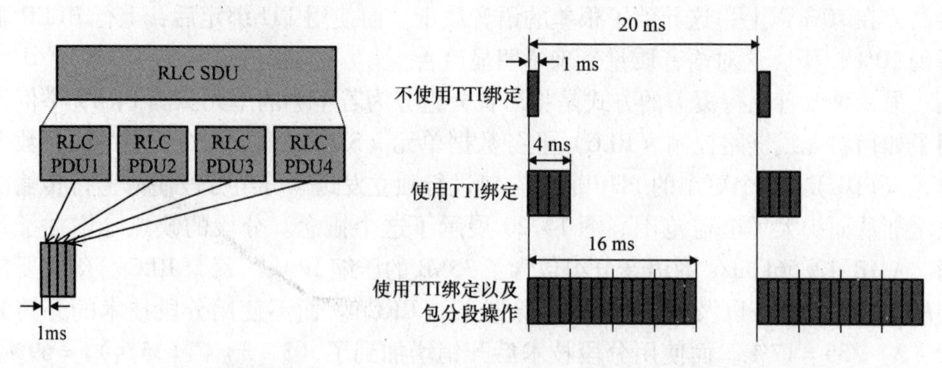

图 14.19　分组分段的原理　　　　图 14.20　TTI 绑定和分组分段操作

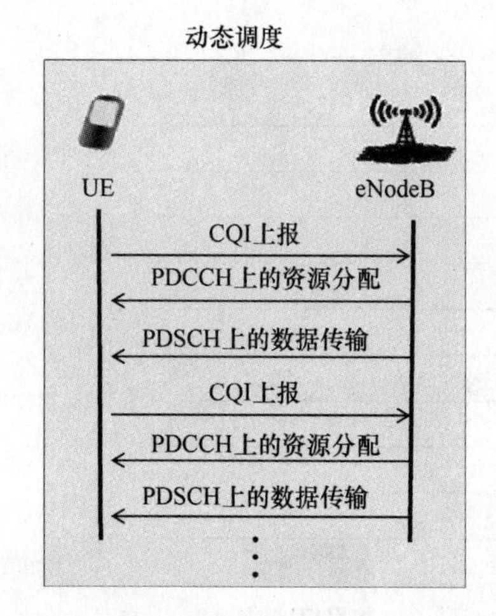

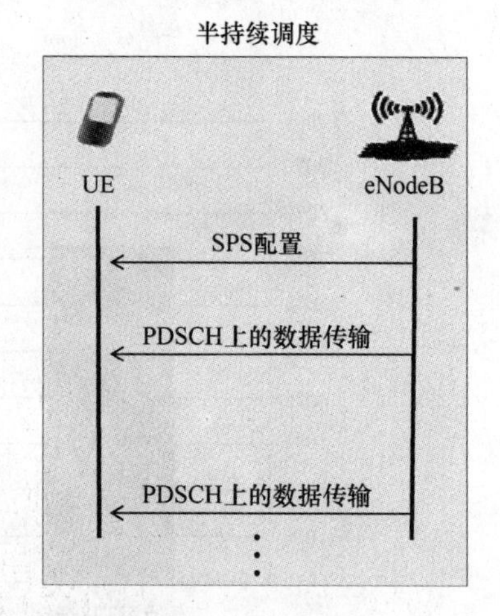

图 14.21　动态和半持续调度

在仅有语音业务的情况下，通过仿真可以看出，SPS 相对于动态调度可以增加 5% 的 VoLTE 容量。一个更加相关的应用场景是混合语音和数据的场景，这是因为一个典型的 LTE 小区在承载 VoLTE 业务的同时还会承载许多数据业务。图 14.22 展示了以同一时刻 VoLTE 用户数为函数的针对分组数据的小区吞吐量。结果表明在混合场景下动态调度器比 SPS 可以提供更高的效率。两者的差异甚至可以达到大于 20% 的小区吞吐量。我们可以

小区吞吐量vs. VoLTE用户数

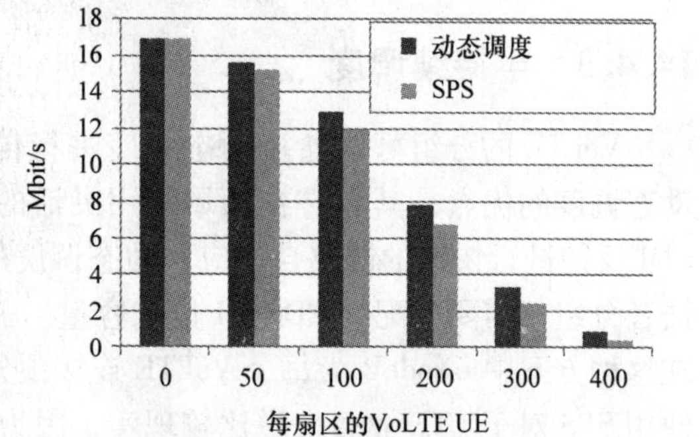

图 14.22　不同调度解决方案下以同一时刻 VoLTE 用户数为函数小区吞吐量

得出结论，使用具有快速 CQI 反馈的动态调度解决方案是在实际的 LTE 部署场景下最有效的解决方案。

14.4.4　分组绑定

可以通过使用 VoLTE 的分组绑定技术来最小化 PDCCH 的信令开销以及层 1 和层 2 的开销。解决思路是等传输缓存中有两个语音分组时将两个分组通过空口一次性发送出去。这种方案的优点是使传输变得更加高效，分配信令的数量减半。分组绑定的概念在图 14.23 中给出。分组绑定的优点是其可以与动态调度同时使用，从而通过最小化信令开销而获得类似于 SPS 的增益。分组绑定方式增加了时延的变化，而这是以允许的重传次数来表征的。图 14.30 给出了分组绑定对于时延变化的影响。

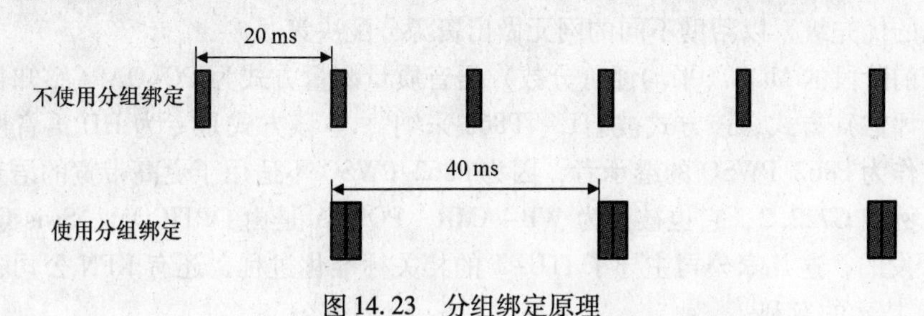

图 14.23　分组绑定原理

14.4.5　带有无线准备过程的重建

当 UE 从一个小区移动到另一个小区并且无线环境变化很剧烈时，无线链路可能会在少数情况下发生中断。如图 14.24 所示，该链接可以通过重建过程进行恢复。在这个示例中，UE 从小区 A 移动到小区 B，但是切换失败了，因此无线链路在移动过程中中断了。在无线链路超时被确认后，UE 向小区 B 发送重建请求。小区 B 并没有关于 UE 的一些较早的信息。因此，小区 B 向小区 A 发送无线链路失败指示来从小区 A 获取 UE 的上下文。之后小区 B 可以重建该链接，从而使无线链路失败不会导致掉话。当无线链路失败计时器运行时以及连接重建时，在用户面会有几秒钟的短暂中断。中断的持续时间取决于计时器取值的设置。连接重建的主要好处是 VoLTE 通话可以被保持，并且可以避免任何令人厌恶的掉话过程。这个特性在 3GPP 中也被称为移动鲁棒性，它被包含在了版本 9 中。

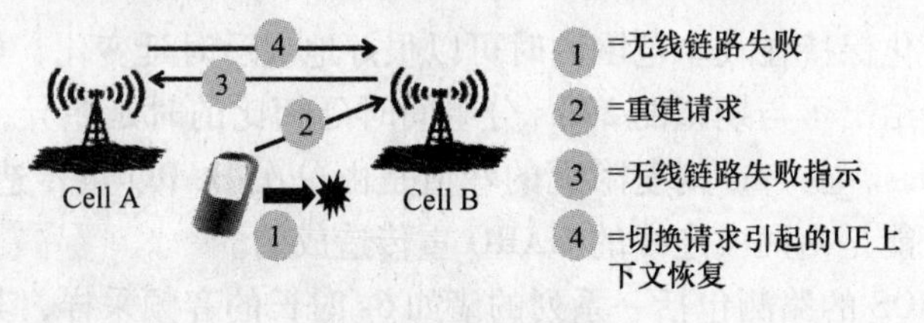

图 14.24　重建过程

14.4.6 VoLTE 语音质量

语音质量很大程度上取决于语音编译码器的采样率以及由此导致的音频带宽。AMR 窄带（NB）编译码器提供 80～3700Hz 的音频带宽，而 AMR 宽带（WB）编译码器将音频带宽扩展到 50～7000Hz。CS 连接可以使用 AMR-NB 或 AMR-WB 编译码器，在实际网络中 VoLTE 通常使用 AMR-WB 编译码器。而许多 OTT VoIP 应用也使用类似的宽带音频。

使用传统的 CS 交换语音服务的语音质量主要受无线接口中层 1～层 3 的影响，而 VoLTE 的语音质量取决于所有层的鲁棒性。LTE 系统为具有协商 QoS 设置的语音业务提供了专用承载，这使得 VoLTE 的分组可以基于分组丢失和时延目标而具有独立的优先级，以帮助不同的网元做出资源分配决策。

当前阶段的 MOS（平均评价分数）语音质量测量方式为 POLQA（感知目标收听质量评估）方式，该方式被 ITU-TP863 采纳[6]。该方式是专为 HD 语音所开发的，并作为 P862 PWSQ 的继承者，因为 P862 PWSQ 不适用于更高带宽的语音编译码器，例如 G722.2，它也被称为 WB-AMR。POLQA 是由 OPTICOM、SwissQual 和 TNO 开发的，这几家公司主导了 ITU-T 的相关标准化过程，还有 KPN 公司，其拥有 TNO 技术的专利[7]。

测量 MOS 对于 UE 的 VoLTE 实现来说可以是非常主观的。在使用不同 UE 进行测量且具有相同的时延抖动特性时，诸如 UE 中时延抖动缓存大小的差异会导致不同的 MOS 分。这使得网络间的比较变得非常困难，因为这些结果可能并不具有可比性。

最影响语音质量的因素是编译码器的选择、使用的带宽、分组丢失率、单个 RTP 分组的时延抖动和过度的时延以及 UE 的 VoLTE 实现。由于 VoLTE 语音传输通常使用 UM 模式在 RLC 层传输，从网络角度看，仅有调度器的优化、时延预算算法以及分组传输可靠性保障可以带来语音质量的差异。

1. 延迟

通常使用时延抖动来表示时延变化特征，在 RFC3550 中[8] IETF 对其进行了规定，即

$$J(i)(i-1)+\frac{|D(i-1,\ i)|-J(i-1)}{16}$$

它在时延变化保持在较小范围内时可以很好地表示时延变化，如图 14.25 中的示例所示。图中给出了与期望的 20ms 分组间时延相比的时延差异，在理想情况下这种差异应为 0ms。在 8ms 刻度附近的峰值是由单次 HARQ 重传造成的，而 16ms 附近的情况很可能是由两次连续的 HARQ 重传造成的。

通常对于 MOS 的路测包括一系列的诸如 6s 时长的音频采样，其中每个采样点都使用了 POLQA MOS 算法进行分析。分析的结果与其他测量的统计数据和无线参

数一起存储以备后续分析。

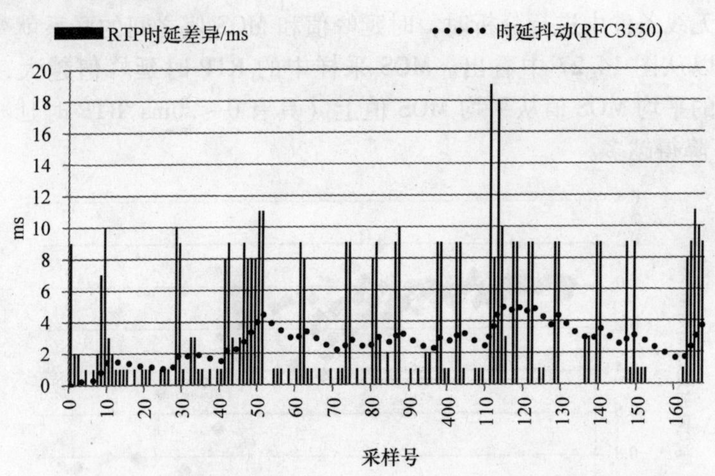

图 14.25　在相对稳定环境下，以连续 RTP 分组间的测量时延差异为函数的抖动变化（使用的 AMR 编译码速率 = 23.85kbit/s）

在针对 MOS 分析而进行路测数据收集过程中，时延抖动是一个通常要收集的测量值。因为时延抖动将时延平均化了，它可能无法很好地表示一个长期独立的时延值。在图 14.26 给出的示例中，测量值收集是在 170 个 RTP 分组中进行的，时延抖动的平均值为 2.9ms，而这一阶段时延抖动的最高值约为 9ms，尽管该测量周期所包含的单独的尖峰时延为 80ms。在该示例中，POLQA MOS 值相对较差，仅有 2.5。没有 RTP 数据分组丢失意味着哪怕仅有一个 RTP 数据分组具有相对长的时延，也可能对整个 MOS 分带来很大的影响。

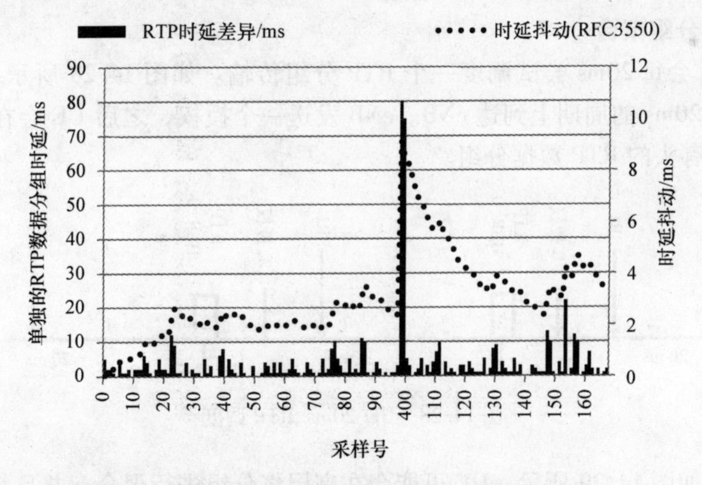

图 14.26　以不同 RTP 分组之间测量时延差异为函数的时延抖动变化，其中一个独立的数据分组晚达到 110ms（使用的 AMR 编译码比特速率 = 23.85kbit/s）

当在一个 MOS 采样内的时延峰值的影响是使用非常大量的 6s 时长 MOS 采样点在变化的无线条件中进行分析时，时延峰值和 MOS 值之间的联系就变得非常明显了，这可以从图 14.27 中看出。MOS 采样中的 RTP 时延峰值越大，每个峰值 RTP 时延值的平均 MOS 值从平均 MOS 值上（具有 0～20ms RTP 时延峰值的平均 MOS 值）下降得越多。

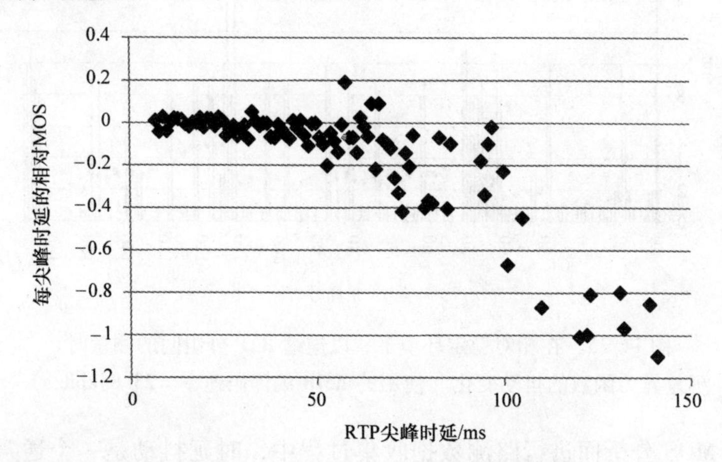

图 14.27　在重复的 6s MOS 采样过程中的 MOS 值与尖峰 RTP 时延（计算了每个尖峰时延的平均 MOS 值并且与 20ms RTP 尖峰时延内的平均 MOS 进行了对比。UE 的时延抖动缓存大小未知；使用 AMR 编译码比特速率 = 23.85kbit/s）

需要注意的是，不同的 UE 制造商在 UE 中实现了不同的时延抖动缓存大小。UE 缓存的大小会影响 UE 处理单独数据分组增加的时延抖动或者时延的能力，因此不同的 UE 可以具有不同的 MOS 性能。

2. 数据分组聚合

UE 通常会每 20ms 尝试调度一个 RTP 分组传输。如图 14.28 所示，一个调度请求会在每 20ms 的周期上到达 eNB。eNB 发送一个授权，之后 UE 会在 PUSCH 上发送一个带有头的 RTP 数据分组。

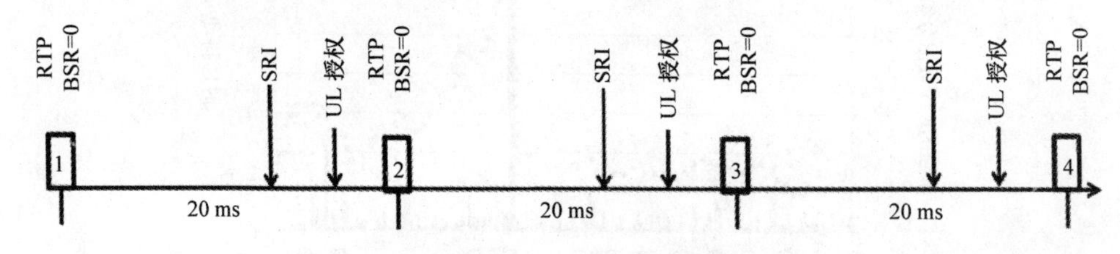

图 14.28　UE 20ms RTP 调度

但是，如图 14.29 所示，UE 可能会在高层将分组进行聚合，并且每 40ms 通过聚合传输的同时调度两个 RTP 数据分组，而不是每 20ms 传输一个数据分组。eNodeB 可能在这之后允许 40ms 调度或者强制 20ms 调度。同时，eNB 也有可能忽略掉

SRI 并且仅在每 40ms 周期调度数据分组，通过这种方式 eNB 可以最终控制是否使用 RTP 数据分组聚合。

如图 14.29 所示，作为 RTP 分组聚合的结果，分组 1 已经被延迟了 20ms，而分组 2 准时到达，但是比前面传递的分组早了 20ms。分组 3 同样相比之前传递的分组延迟了 20ms，以此类推。时延的标准差增加到 20ms。取决于接收 UE 的时延抖动缓存大小，这可能不会直接成为一个问题，但是它在其他导致数据分组不被及时传递的可能原因上不必要地增加了 20ms。图 14.30 给出了这种情况的示例，其中 UE 将调度周期变换到 20～40ms 之间，并且 eNB 允许这种行为。

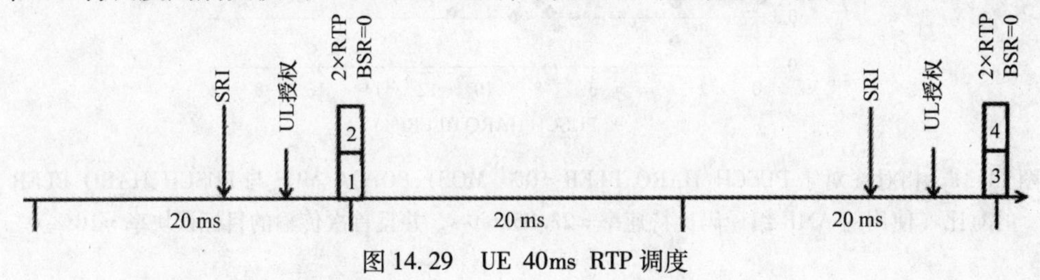

图 14.29　UE 40ms RTP 调度

eNodeB 也可能决定在下行方向上聚合 RTP 分组，这会带来类似的影响。在降低 PDCCH 使用的同时，这也会增加时延变化以及时延抖动。

由于有许多变量会导致 MOS 的变化，例如 UE 的时延抖动缓存大小、使用声音均衡器来补偿 UE 中的微小的扬声器的质量、甚至在一些场景下的音量设置，因此使用绝对的 MOS 值来比较网络是不可能的。但是，控制延迟是保持良好语音质量的重要因素。

如图 14.30 所示，在这种特殊情况下，由于较小的尖峰时延（小于 60ms）看起来对 POLQA MOS 仅有一点或没有影响，因此 HARQ 重传与 MOS 之间较弱的关联并不令人惊讶。如图 14.31 和图 14.32 所示，通过在现网中使用中等程度的非 GBR 负载和相对低的 GBR 负载验证了 HARQ BLER 变化的影响与平均的 POLQA MOS 没有关联性。

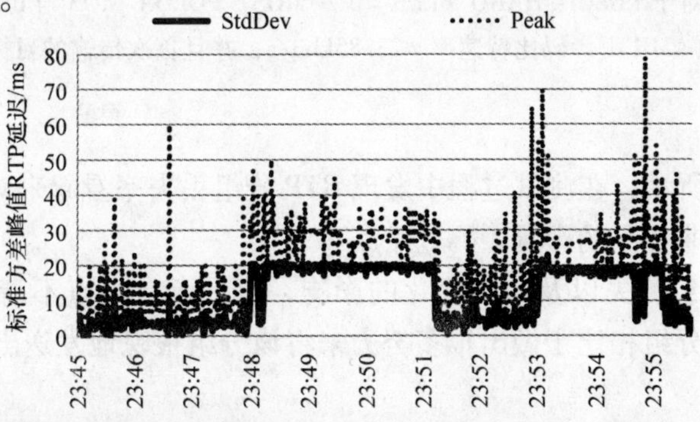

图 14.30　10min 周期内由 UE 聚合 RTP 分组带来的 RTP 时延变化（阶梯变化是由于 UE 在 20ms 和 40ms 调度周期切换造成的；使用的 AMR 编译码比特速率 = 23.85kbit/s）

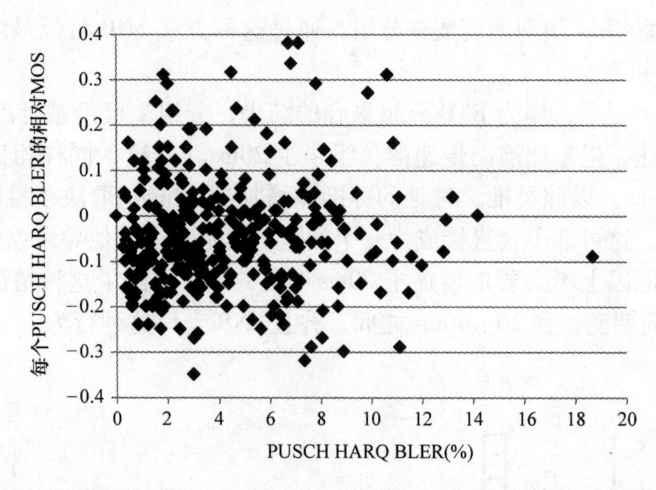

图 14.31　相对（对于 PUSCH HARQ BLER = 0% MOS）POLQA MOS 与 PUSCH HARQ BLER 的对比（使用的 AMR 编译码比特速率 = 23.85kbit/s，并且首次传输的目标误块率 = 10%）

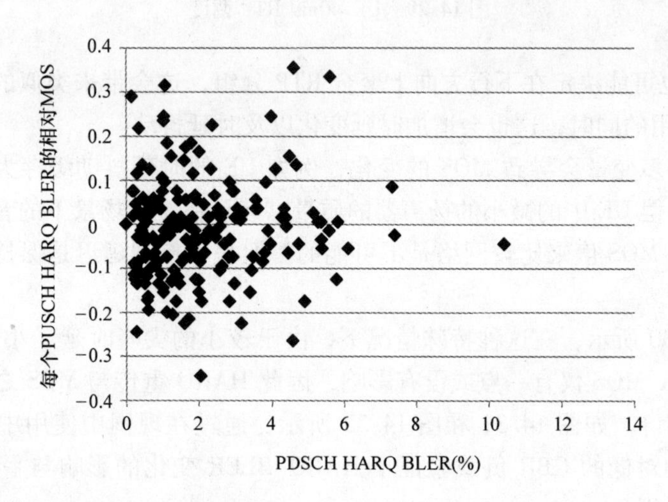

图 14.32　相对（对于 PDSCH HARQ BLER = 0% MOS）POLQA MOS 与 PDSCH HARQ BLER 的对比（使用的 AMR 编译码比特速率 = 23.85kbit/s，并且首次传输的目标误块率 = 10%）

3. 分组丢失

如图 14.33 所示，在测试过程中发现 RTP 分组丢失率看起来对于 POLQA MOS 没有影响或者有非常小的影响。

MOS 值受分组丢失以及延迟变化的影响，但是还有一点不清楚，即在某个时延之后丢失一个分组相比于做出很多努力来将该分组很晚地发送出去来说是否是一个更好的选择。

4. 覆盖范围对于语音质量的影响

本章前面展示的测量结果集中在合理覆盖范围内的语音质量，在此覆盖范围内

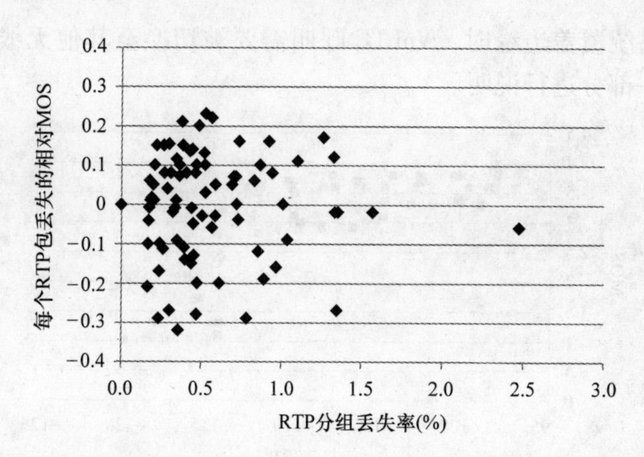

图 14.33　相对（对于 RTP 分组丢失率 = 0%）POLQA MOS 与 RTP 分组丢失率的对比（使用的 AMR 编译码比特速率 = 23.85kbit/s，并且首次传输的目标误块率 = 10%）

UL BLER 可以被维持在一个较低的等级。当路损增加时，存在一个 BLER 不能再继续维持的点。因此，增加的重传次数导致了增加的时延和时延抖动，并且丢失 RTP 分组的概率也增加了。

图 14.34 所示的不使用 TTI 绑定的实验室测量示例显示，UL BLER 在 RSRP 为 −114dBm 时开始迅速增加。这里使用的衰落信道为增强的步行 A（EPA）模型，UE 为 3km/h 的移动速度且有 3dB 的参考信号抬升。使用的 AMR 编译码比特速率 = 12.65kbit/s，并且首传的目标误块为 10%，在 10MHz 带宽上使用 2 × 15W 的功率。

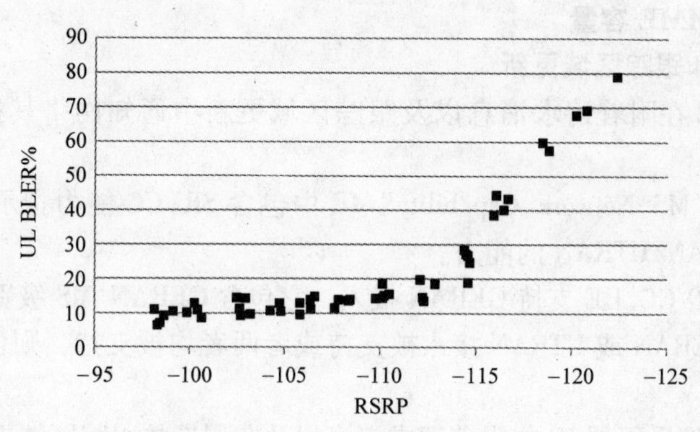

图 14.34　不使用 TTI 绑定的实验室测量的 RSRP 和 PUSCH BLER

如图 14.35 所示，MOS 值在 RSRP 等级达到 −114dB 时保持稳定，而在这点之后，逐渐增长的时延抖动和分组丢失开始对 MOS 值产生负面的影响。

如图 14.34 和图 14.35 所示，VoLTE 的呼叫质量在较差的无线环境中迅速下降。为了在较差的覆盖环境下维持 VoLTE 的呼叫质量，可以使用 TTI 绑定或者 RLC 分段（如 14.4.2 节中的说明）技术，且覆盖范围可因此而得到扩展。但是，当 UE 在 LTE 系统覆盖边缘时，VoLTE 呼叫需要被切换至其他无线接入技术系统中。这将在下一部分进行说明。

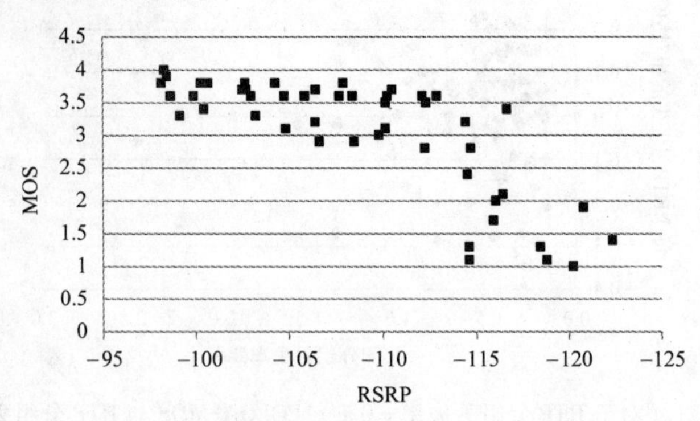

图 14.35 不使用 TTI 绑定的实验室测量的 RSRP 和 POLQA MOS

14.5 单待无线语音呼叫连续性

当终端离开 LTE 的覆盖区域时，维持一个正在进行的 VoLTE 呼叫就会变得比较困难，此时 EPS VoLTE 承载连接可以被切换到 3G 或 2G 网络的 CS 连接。这种提供切换的方式称为 SRVCC。

14.5.1 信令流

1. UE 和 MME 容量

(1) 附着和跟踪区域更新

SRVCC UE 在附着请求消息以及跟踪区域更新中通知网络其执行 SRVCC 的能力：

- UE 在 "MS Network Capability" IE 中包含 SRVCC 能力指示，其中设置了 SRVCC 到 GERAN/UTRAN 的能力。
- 如果 SRVCC UE 支持 GERAN 接入，它包含 GERAN MS 级别标志 3。
- 如果 GERAN 或 UTRAN 接入被支持或者两者均被支持，则包含 MS 级别标志 2。
- 支持的编译码器 IE 在附着请求消息以及非周期的跟踪区域更新消息中。

(2) 上下文建立

当一个新的上下文在 eNodeB 中建立时，eNodeB 被告知 UE 和 MME 的 SRVCC 能力。MME 通过在 SI AP 初始上下文建立请求中包含 "SRVCC 操作可能" 指示来通知 eNodeB。

(3) EUTRAN 内切换以及 EUTRAN 到 UTRAN Iu 模式 RAT 间切换

在切换时，UE 和 MME 的 SRVCC 能力都需要传递给目标 MME、目标 SGSN 以及目标 eNodeB。

在 EUTRAN 内基于 SI 的切换以及 EUTRAN 到 UTRAN Iu 模式 RAT 间切换的情况下，源 MME 发送 MS 级别标志 2 和 3、STN – SR、CMSISDN、ICS 指示以及支持的编译码器 IE 到目标 MME/SGSN 中。

“SRVCC 操作可能” 指示包含在目标 MME 的 SI – AP 切换请求消息中，并且在 IRAT HO 时，目标 SGSN 在 RANAP 通用 ID 消息中包含该指示。

在基于 X2 的切换中，源 eNodeB 在 X2 – AP 切换请求消息中包含 “SRVCC 操作可能” 指示，并发送给目标 eNodeB。

2. SRVCC

本章讨论了针对语音和数据承载的系统间 EUTRAN 到 GERAN 或者 UTRAN 切换的信令流。图 14.36 展示了 UE 和 EUTRAN 之间的信令以及 UE 和 UTRAN 间在切换命令之后的信令。

由于 EUTRAN 中的语音承载是通过分组交换进行的，它需要一个向 CS 域的转化并涉及了数量众多的网元。图 14.37 中的完整信令流展示了核心网网元和无线接入网之间的全部信令。

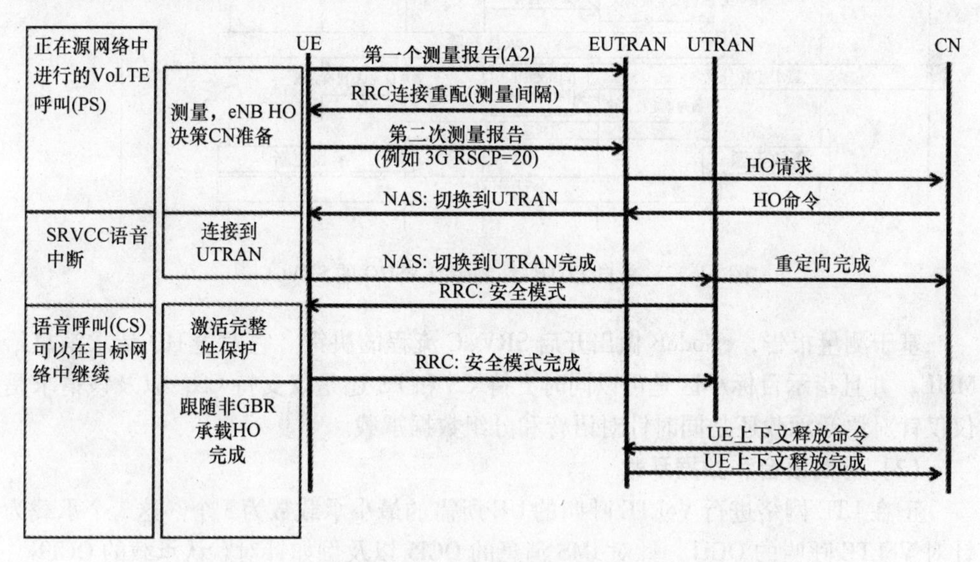

图 14.36　从 EUTRAN/UTRAN 角度来看的 QCI1　HO 信令流，不包括非 GBR 承载的切换完成部分（见图 14.37）

（1）初始化 SRVCC 的测量和决策

一旦小区覆盖范围变小，VoLTE 呼叫可能不能在 LTE 系统上继续得到维持，此时可执行针对 3G 或 2G 网络的重定位/切换。这个过程是由 UE 在满足测量配置中设置的门限时发送测量报告来触发的。在其中一个测量报告中，UE 上报，例如，服务 LTE 小区的 RSRQ 或 RSRP，以及下面 3G 小区的 RSCP 或 ECNO。

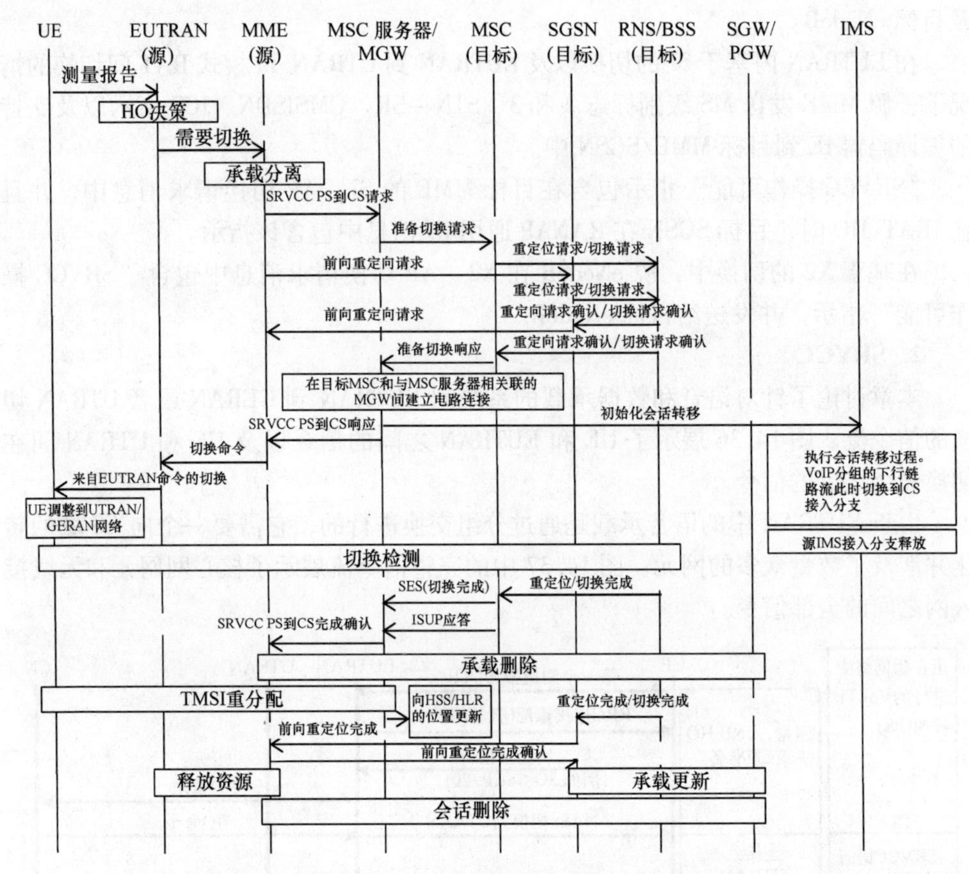

图 14.37 来自 EUTRAN 的带有 PSHO 的 SRVCC[9]

基于测量报告，eNodeB 做出开启 SRVCC 流程的决策。它发送 HO 请求消息给 MME，并且指示目标小区是可以同时支持 CS 和 PS 还是仅支持 CS，以及该请求是仅仅针对语音承载还是同时针对语音和分组数据承载。

（2）分离语音和数据承载

正在 LTE 网络进行 VoLTE 呼叫的 UE 所需的最小承载数为 3 个。这 3 个承载为针对 VoLTE 呼叫的 QCI1，针对 IMS 消息的 QCI5 以及例如针对默认承载的 QCI9。

一旦 MME 从 eNodeB 接收到切换请求消息，它就开始进行 PS 承载分离，并将 QCI1 语音承载与其他数据承载进行分离，并且初始化它们面向 MSC 服务器和 SGSN 的重定位。MME 发送一个单独接收到的透明容器到目标 CS 域和目标 PS 域。因此 CS 和 PS 重定位过程被分离开来，并行地在不同的 CS 核心网和 PS 核心网中执行。如果目标系统不同时支持 CS 和 PS，那么只转移语音承载而 PS 承载被挂起。

（3）核心网中的语音承载转移准备

MME 通过向 MSC 服务器发送 SRVCC 到 CS 的请求来初始化 QCI 1 承载的 PS

到CSHO流程，MSC服务器随后发送准备切换请求消息到目标MSC。目标MSC发送重定位请求/切换请求消息到目标3G或2G无线网络系统，目标3G或2G无线网络系统确认准备的CS重定位/切换。

目标MSC随后发送准备切换响应消息到MSC服务器，此时电路连接就在与MSC服务器关联的MGW和目标MSC之间建立起来了。

由于执行了会话转移过程，远端基于CS接入分支的SDP进行了更新，VoLTE分组的下行链路流被切换到了CS接入分支，并且源IMS接入分支被释放了。MSC服务器向MME发送一个SRVCC PS到CS的响应。

（4）核心网中的PS承载转移准备

与语音承载转移准备并行进行，MME通过向目标SGSN发送带有除语音承载外所有承载信息的前向重定位请求消息来初始化PS承载的重定位，就像在任意系统间PS切换一样。MME是通过S4或者Gn/Gp向目标SGSN发送该消息的。

目标SGSN发送重定位请求/切换请求消息到UTRAN或者GERAN，来为PS分配请求资源。目标GERAN或者UTRAN无线网络系统通过向目标SGSN发送重定位请求确认/切换请求确认消息来确认准备的PS重定位/切换，随后目标SGSN向源MME发送一个前向重定位响应消息。

（5）来自EUTRAN的切换

一旦上述语音承载和数据承载重定位/切换准备完成，并且目标3G或2G无线网络系统接收到了CS和PS重定位/切换请求，就可以分配适当的CS和PS资源。源MME同步该重定位，并且通过EUTRAN命令消息向带有所有转换到GERAN或UTRAN的承载（例如QCI1、QCI5以及QCI9）信息的UE发送切换消息，然后释放LTE无线承载。

（6）与目标无线网络及CS域建立连接并从EUTRAN中释放VoLTE资源

一旦UE从EUTRAN命令中接收到移动信令，就会发生IRAT切换。EUTRAN命令中包含一个切换到UTRAN（或GERAN）的NAS消息。切换消息同时包括目标网络中的加密配置。一旦UE接收到了切换命令，它不会向LTE网络确认其接收到了该消息，而是会立即调整到目标网络频率上并且与之同步。

这里我们可以假设目标网络是UTRAN。一旦UE与目标网络完成同步，它会发送一个切换完成消息给UTRAN。该消息已经被加密但还没有进行完整性保护，但它包含了开启完整性保护的信息。

在UTRAN接收到UE发送的切换到UTRAN完成消息之后，它发送安全模式命令消息给UE，以激活针对CS域的完整性保护功能，并且它同时向目标MSC发送重定向完成/切换完成消息，目标MSC随后发送SES给MSC服务器。通话环路在MSC服务器中得到了连接。

在UE处理了完整性保护消息之后，它现在应该可以接收和传输语音了。UE通过安全模式完成消息进行响应；新的密钥和超帧号（HFN）被用来计算RRC序列号。

MSC 服务器向源 MME 发送 SRVCC PS 到 CS 完成通知消息，MME 通过 SRVCC PS 到 CS 完成确认消息对其进行确认。MME 随后通过向 S-GW/P-GW 发送删除承载命令消息来去激活语音承载，并且设置 PS 到 CS 的切换指示。

(7) 与 PS 域建立连接并且从 EUTRAN 释放资源

在这一阶段，UTRAN 发送移动信息消息来提供 PS 域的 CN 系统信息。通常也会执行路由区域，并且如果由于 IMSI 完成被鉴权但是对于 VLR 依然未知而导致 HLR 将要被更新，则 MSC 服务器面向 UE 执行一个 TMSI 重分配过程，在这之后 MSC 服务器面向 HSS/HLR 执行 MAP 更新位置。

如果安全上下文没有被转移，则 UTRAN 执行鉴权和加密过程来重新初始化 PS 域的密钥，并且通过发送安全模式命令来开启 PS RAB 的加密。UE 通过安全模式完成消息来进行响应。RRC 序列号通过 HFN 以及密钥来计算。并将路由区域更新接收和完成消息进行交换。从 UE 角度来看 PSHO 现在完成了。

同时目标 UTRAN 或者 GERAN 向目标 SGSN 发送重定向完成/切换完成消息，目标 SGSN 向源 MME 发送前向重定向完成消息，源 MME 通过向目标 SGSN 发送前向重定向完成确认消息来确认上述信息。目标 SGSN 在 S-GW/P-GW/GGSN 中更新承载；MME 发送删除会话请求消息到 S-GW，并发送释放资源消息到源 eNodeB。源 eNodeB 释放与 UE 相关的资源。

14.5.2 性能

1. SRVCC-语音中断

在发送切换到 UTRAN 命令后，LTE 网络停止向 UE 传送语音分组；UE 立刻转向 UTRAN 目标频率并建立连接。一旦安全模式消息从 UTRAN 传递给 UE 并且 UE 处理了该消息，UE 可以开始解码传递给它的语音信息。

我们在射频室内进行了实验室测试，结果如图 14.38 所示。当目标网络的射频环境被调整时，执行了从 EUTRAN 到 UTRAN 的 SRVCC 切换。从发送到 EUTRAN 的最后一次测量报告中获得的目标网络 RSCP 被记录下来，并且测量了语音中断时间。虽然采样点数量较少，但是已经可以看出中断时间在 200～280ms 之间变化，这低于 300ms 的 3GPP 目标值。我们同样也可以看出，平均语音中断时间随着目标网络 RSCP 的恶化而上升。

虽然针对该问题还存在一定的优化空间，但是考虑到在一般情况下只有很小一部分的呼叫会体验一次 SRVCC 并且 300ms 的中断是很难被察觉到的，因此该性能已经很好了。

2. SRVCC 成功率

SRVCC 的目的是在离开 LTE 系统覆盖范围之前将 VoLTE 呼叫切换到目标系统中，例如 WCDMA 系统中。因此，为保证足够高的 VoLTE 呼叫质量，SRVCC 必须

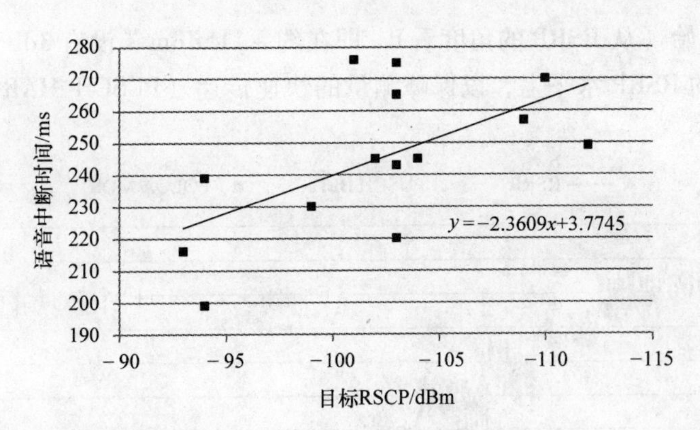

图 14.38　以目标网络（WCDMA）RSCP 值为函数的语音中断时间（以 ms 为单位）（使用的 AMR 编译码器在 LTE 中为 WB-AMR 12.65kbit/s，在 WCDMA 中为 NB-AMR 12.2kbit/s）

有足够高的成功率。源（LTE）小区必须有足够好的覆盖以在 UE 和 eNodeB 间传递必需的信令，以进行测量以及切换执行命令本身。

通过 SRVCC 切换到 WCDMA 的外场测试和实验室测试我们可以看出，在离开 LTE 覆盖范围时，MOS（POLQA）急剧下降，同时 HARQ BLER 迅速提升，而这指示了来自 UE 的成功 PUSCH 分组传输的延迟。图 14.39～图 14.41 中的实验室测试基于增强的步行 A 衰落信道、3km/h UE 移动速度多普勒频移。eNodeB 的参考信号发送功率提升了 3dB，eNodeB 对于 2×2 MIMO 的发送功率设置为 15W+15W，系统带宽为 10MHz。使用的测量工具将 UE 测量的 RSRP 和 PUSCH HARQ BLER 在 1s 内进行了平均，并且针对为了 POLQA MOS 评估使用的 12.65kbit/s 宽带 AMR 编译码器的语音采样是基于 12s 的间隔进行的。图 14.39 给出了不使用 TTI 绑定的结果（TTI 绑定在第 14.4.2 节中进行了说明），图 14.40 给出了使用 TTI 绑定的结果。

图 14.39 中的实验室测试结果展示了在 RSRP 下降到约 −114dBm 时，PUSCH HARQ BLER 是如何迅速上升的。当路损进一步增加并且 RSRP 降到 −116dBm附近时（不使用 3dB RS 功率提升时为 −119dBm），POLQA MOS 随着 PUSCH BLER 的上升而下降。在 RSRP 约为 −120dBm 时（约不使用 RS 功率提升时为 −123dBm），PUSCH BLER 达到了 70%，这与第 14.4.2 节中讨论的测量结果相类似。

从图 14.40 我们可以看出，TTI 绑定能够在 RSRP 高于 −118dBm（没有 3dB RS 提升时为 −121dBm）的范围内极大地帮助维持语音质量（POLQA MOS）以及 PUSCH HARQ BLER。也就是说，通过 TTI 绑定获得的性能增益为 2～3dB。图 14.40 也说明了 SRVCC 至少应该在 −118dBm（没有 3dB RS 提升时为 −121dBm）的 RSRP 水平上被触发以维持语音质量的稳定。而针对目标系统的测量则应该在更低的分贝就开始（从 RSRP 的角度看），即在约 -115dBm（没有 3dB RS 提升时为 -118dBm）的 RSRP 水平上，以保障测量的快速传递（PUSCH HARQ BLER 仍然小于 30%）。

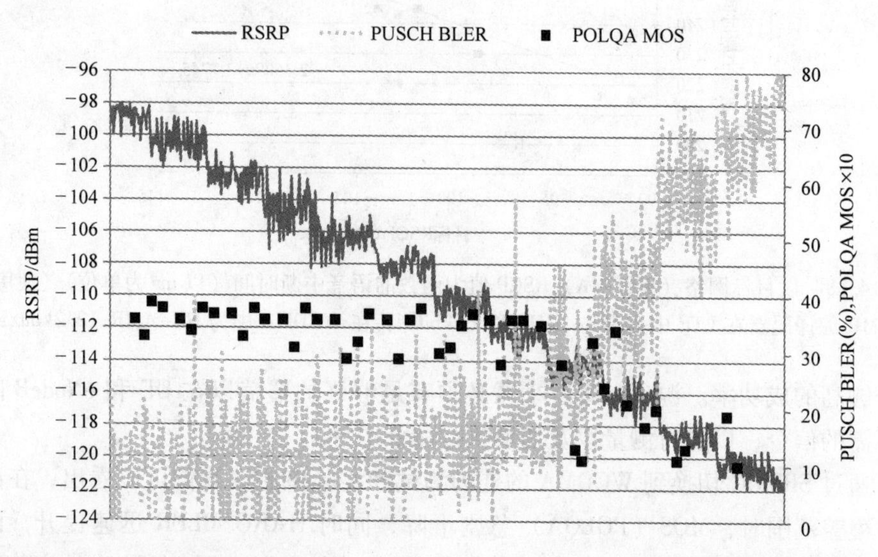

图 14.39 不使用 TTI 绑定的 RSRP、PUSCH BLER 以及 POLQA MOS 的实验室测量结果
（使用的衰落信道为提升的增强步行 A（EPA）、3km/h UE 移动速度以及 3dB 参考信号功率提升。使用的 AMR 编译码比特速率 = 12.65kbit/s 并且首次传输的目标误块率 = 10%）

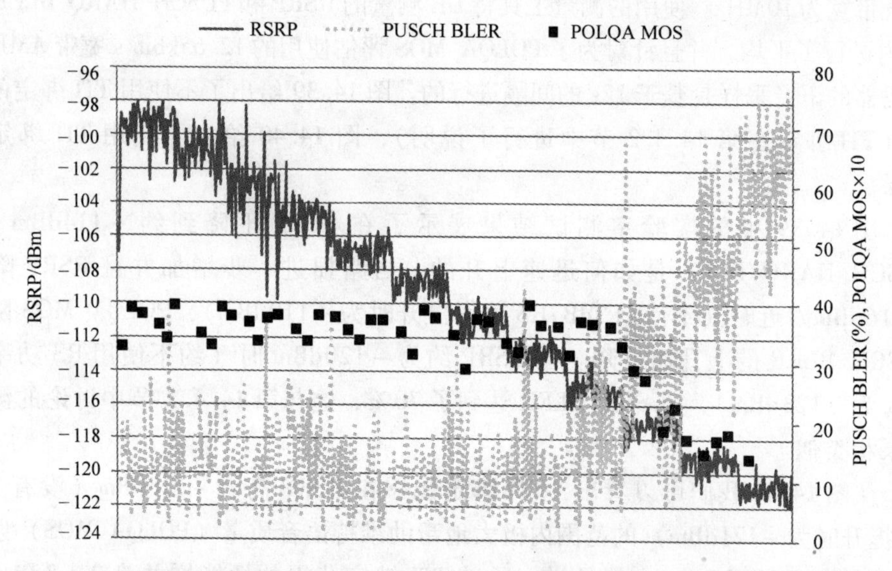

图 14.40 使用 TTI 绑定的 RSRP、PUSCH BLER 以及 POLQA MOS 的实验室测量结果
（使用的衰落信道为提升的增强步行 A（EPA）、3km/h UE 移动速度以及 3dB 参考信号功率提升。使用的 AMR 编译码比特速率 = 12.65kbit/s 并且首次传输的目标误块率 = 10%）

针对 SRVCC 切换到 WCDMA 系统中的外场及实验室测试结果表明，SRVCC 失败率在目标 WCDMA 公共导频信道（CPICH）Ec/N0 低于 -16dB 且目标 CPICH RSCP 条件变化时迅速增大。图 14.41 中给出的测试结果表明，将 CPICH Ec/N0 作为 SRVCC 准则来评估目标无线条件，而不是使用 CPICH RSCP 是有更多的好处的。在 LTE 中使用的 AMR 编译码器为宽带 12.65kbit/s，在 WCDMA 中使用的 AMR 编译码器为窄带 5.9kbit/s。

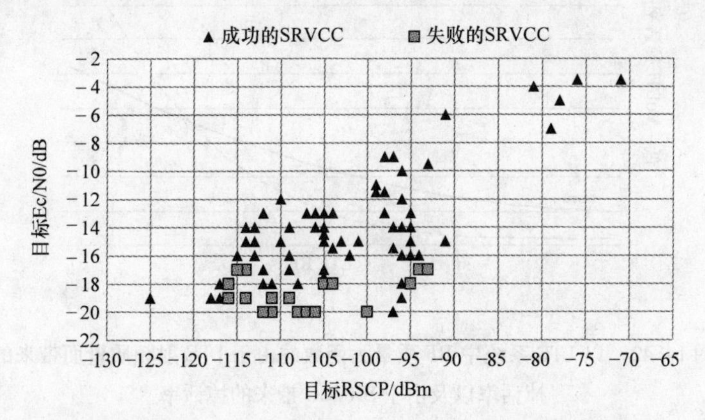

图 14.41　以 WCDMA SPICH Ec/N0 和 CPICH RSCP 为函数的成功和失败的 SRVCC 尝试（使用的衰落信道为提升的增强步行 A（EPA）、3km/h UE 移动速度。使用的 AMR 编译码器比特速率在 LTE 中为 12.65kbit/s，在 WCDMA 中为 5.9kbit/s）

3. 优化

所有的切换都会对正在进行的呼叫造成额外的风险，在这个过程中的组成元素和过程越多，对于正在进行的呼叫的风险就越大。SRVCC 包含了频间和系统间的切换以及 PS 域到 CS 域的转换，这使其成为一个复杂的过程，并且掉话的风险也较高，因此最好将 SRVCC 的概率保持在较低水平。针对 SRVCC 优化的第一个目标是通过提供足够的 LTE 覆盖、通过实现一些特性来扩展覆盖范围（比如 TTI 绑定）以及不要过早地设置 SRVCC 的触发门限来降低 SRVCC 的数量。

但是，当 LTE 的覆盖变差时，在某个临界点上，掉话风险就会由于较差的覆盖而开始提升，并且在某个临界点上在 SRVCC 过程中掉话的风险要低于将呼叫维持在 LTE 中掉话的风险。因此，如图 14.42 所示，SRVCC 优化的第二个目标应该是找到一个临界点，在临界该点上，在 SRVCC 过程中掉话的风险低于将其保持在较差的无线环境中的掉话概率。

目标网络的覆盖质量对于 SRVCC 的成功会起到关键作用。目前存在的问题是 LTE 网络经常使用和复用已有 2G/3G 网络的站址，因此当 LTE 网络的覆盖变差时，SRVCC 目标网络的覆盖也会变差。SRVCC 优化的第三个目标是找到最优的目标网络，例如优先选择 UMTS 900MHz 网络而不是 UMTS 2100 MHz 网络作为 SRVCC 目标网络，或者根据覆盖情况将这两个网络结合使用。

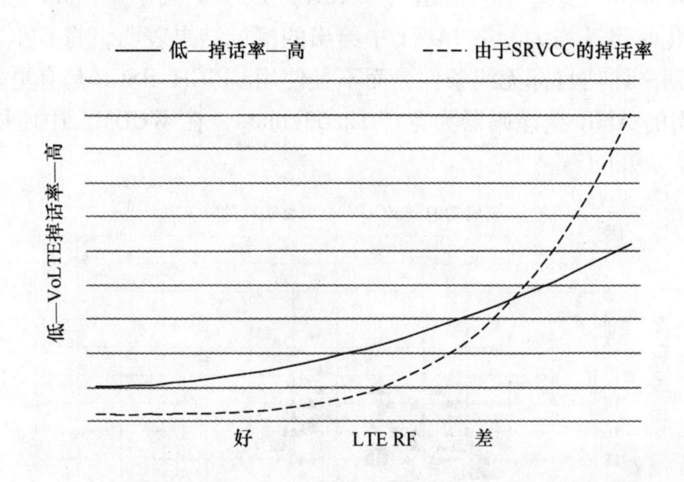

图 14.42　以 LTE 系统中 RF 质量为函数的由于 LTE 射频质量而带来的掉话率以及由于 SRVCC 带来的掉话率

在 3GPP 版本 11 之前，当 SRVCC 切换已经进行到 SRVCC 目标系统的 MSS 已经发送 PS 到 CS 响应，并且接收到针对会话转移邀请的 200OK 时，SRVCC 已经不能被取消了，并且当 UE 返回到 EPC 时呼叫继续在 LTE 中进行。这是由于 MME 向 SRVCC MSS 发送 PS 到 CS 取消指示，并且 SRVCC MSS 将会面向带有 SIP BYE 的 ATCF/SCC AS 释放带有错误原因码的会话传递分支（接入传送分支），并且释放该呼叫。这个取消流程在 3GPP 版本 11 中得到了改进，具体描述参见参考文献［10］中第 12.3.3.4 节。一旦实现了该流程，那么 SRVCC 就可以被取消并且呼叫可以返回到 LTE 中。该增强的 3GPP 流程可以提升 SRVCC 的成功率并且使得对于 SRVCC 测量和在 LTE 系统中触发阈值的优化更加简单。

另一个在 3GPP 版本 10 中引入的针对 SRVCC 的流程改进是预警阶段 SRVCC，这意味着可以在 VoLTE 呼叫建立阶段触发到目标系统的 SRVCC。预警阶段 SRVCC 也可以在 VoLTE 建立信令阶段被触发，如前文图 14.14 所示。这个特性一旦在终端和 IMS 中实现，将从终端用户的角度提升语音呼叫建立成功率，同时也可以使 SRVCC 触发阈值优化变得更加简单。

图 14.43 展示了在示例网络中的 SRVCC 概率。SRVCC 概率通过网络优化从 7% 下降到了 3% 以下。图中包含了超过 100 万次的 SRVCC 尝试。

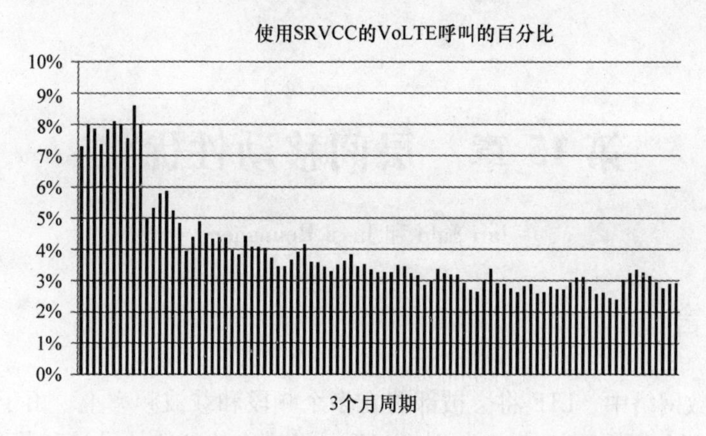

图 14.43　使用 SRVCC 的 VoLTE 呼叫的百分比

14.6　总结

在 LTE 系统中，语音呼叫可以通过 CS 回落的方式来实现，也就是在呼叫真正建立之前将其转移到目标系统中，例如 WCDMA 系统，并且在目标系统中完成信令传输，也可以通过 VoLTE 来实现，也就是说通过 LTE 无线系统来运行语音传输。CSFB 不需要新的核心网元，也就是说不需要 IMS，但是语音呼叫建立时延会非常明显，而这会导致终端用户体验的下降。VoLTE 需要新的核心网，也就是 IMS 以及以 LTE 分组交换语音和目标系统 CS 语音之间的 SRVCC 切换为表征的新的互操作。SRVCC 切换触发点需要进行认真的设计来维持高语音质量、低切换时延以及高成功率。

参考文献

[1] 3GPP TS 23.221, 'Technical Specification Group Services and System Aspects; Architectural Requirements', v.9.5.0, December 2012.

[2] 3GPP TS 23.272, 'Technical Specification Group Services and System Aspects; Circuit Switched (CS) Fallback in Evolved Packet System (EPS); Stage 2', v.9.14.0.

[3] M. Poikselkä, H. Holma, J. Hongisto, J. Kallio, and A. Toskala. *Voice over LTE (VoLTE)*, Wiley (2012).

[4] A. Catovic, M. Narang, A. Taha, 'Impact of SIB Scheduling on the Standby Battery Life of Mobile Devices in UMTS', Mobile and Wireless Communications Summit, 2007, 16th IST, IEEE, 2007.

[5] 3GPP TS 24.008 Mobile radio interface Layer 3 specification; Core network protocols; Stage 3V8.6.0, June 2009.

[6] ITU Recommendation P.863, September 2014, Retrieved from http://www.itu.int/rec/T-REC-P.863 (accessed February 2015)

[7] POLQA, September 2014, Retrieved from www.polqa.info/ (accessed February 2015)

[8] The Internet Engineering Task Force (IETF®), RFC3550, May 2003, Retrieved from www.ietf.org (accessed February 2015)

[9] 3GPP TS 23.216, 'Single Radio Voice Call Continuity (SRVCC); Stage 2', v.10.6.0, June 2013.

[10] 3GPP TS 24.237, 'Technical Specification Group Core Network and Terminals; IP Multimedia (IM) Core Network (CN) Subsystem IP Multimedia Subsystem (IMS) Service Continuity; Stage 3', v.11.13.0, December 2014.

第 15 章　层间移动性优化

Jari Salo 和 Jussi Reunanen

15.1　导言

在大多数网络中，LTE 将会被部署在多个频段和载波频率上。由于这个原因，不同 LTE 层间和不同无线接入技术（RAT）间的移动参数的设计和优化很容易就演变成一种难以管理的、由大量相互影响的参数决定的小区变化准则交织而成的混乱状况。为了简单地保持和优化复杂的多层网络，最好有一些系统性的，而且比较简单的方法来管理移动参数。本章的目的是总结一些潜在的非常有用的，用来在多层网络中处理移动性的概念和信息。

移动性设计问题能够分为两个部分：覆盖受限和容量受限的情况。在最初的 LTE 网络部署阶段，主要考虑的是要对用户保证连续的服务覆盖。在这个阶段，平均网络利用率比较低，移动阈值可以在假设业务等级受无线条件而不是网络容量限制的条件下进行设置。

在以后的阶段，当网络的大部分区域已经变得利用率很高时，资源拥塞就成为了主导业务等级恶化的主要原因。这种恶化在某种程度上可以通过均衡网络中不同小区的资源使用情况以及将业务引导到有剩余容量的层中来获得减轻。在没有载波聚合的情况下，这种业务引导可以通过调整静态的移动阈值或者动态地采用某种形式的负载自适应移动准则来实现。载波聚合很有可能成为层间负载均衡的长期解决方案，但单载波移动性在多频段载波聚合被网络和终端侧大规模使用之前的时间段内还是需要的；这种演进的步伐主要取决于特定的市场。

本章的内容主要集中在没有小小区的经典蜂窝网络中的层间移动性。异构网络中的移动性超出了本章的讨论范畴。

关于专业术语，本章的“层”定义为 RAT 和载波频率的组合。例如，LTE2600、LTE2100、UMTS2100 和 GSM900 都被认为是不同的层。

15.2　层间空闲状态移动性和测量

本节的目的是详细讲解空闲状态小区选择/重选和 LTE 中测量流程的细节。与参考文献不同，本节主要关注 UE 测量流程的细节，并通过例子展示了商用 LTE UE 是如何实现这些有时让人感到困惑的 3GPP 空闲状态测量需求的。

15.2.1　初始小区选择和 UE 驻留在一个小区的最低准则

当 UE 第一次开机时，它执行公共陆地移动网络（PLMN）和小区选择流程，这包括扫描 UE 所支持的频带并搜索处于非禁止 PLMN 小区的最强的载波频率。PLMN 搜索的过程可以是自动的也可以是手动的。在后续的 PLMN 选择过程中，预存储的频率和 RAT 信息可以用来加速该流程。3GPP 没有定义按照什么样的顺序去搜寻不同的 RAT，这是基于 UE 实现的，除非针对 PLMN 的特定的 RAT 优先级已经写到了全球用户身份模块（USIM）中[1]。

UE 为了从丢失覆盖的情况下恢复正常也会进入 PLMN 和小区选择流程。覆盖丢失定义为一个两步流程。在第一步中，UE 在通过系统信息收到的已知频率上搜索小区。如果服务小区不满足小区驻留准则的时间超过 N_{serv} 个空闲状态非连续接收（DRX）周期，这第一步的搜索步骤就会被触发，N_{serv} 在表 15.1 中定义。作为第二步，如果在 10s 后对已知频率和 RAT 的搜索还是不成功，UE 会进入 PLMN 选择流程[2]。在高下行干扰的场景中（例如没有室内解决方案的高楼），小区驻留也可能由于广播控制信道（BCCH）解码获得系统信息重复失败而失败，这也会导致 PLMN 选择。这种情况在某种程度上可以通过对 BCCH 使用较低的信道编码率来进行补偿。

表 15.1　触发 PLMN 选择前的最大 DRX 周期（N_{serv}）数

DRX 周期长度/s	N_{serv}（最大 DRX 周期数）
0.32	4
0.64	4
1.28	2
2.56	2

为了使 UE 驻留在一个小区上，信号强度准则和质量准则必须要得到满足。3GPP 第 9 版及以后的小区驻留准则（所谓的 S 准则）是基于参考信号接收功率（RSRP）和（可选的）参考信号接收质量（RSRQ）的。最简单形式的小区驻留准则表示为

$$\text{测量 RSRP} - \text{qRxLevMin} > 0$$

和

$$\text{测量 RSRQ} - \text{qRxQualMin} > 0$$

式中，qRxLevMin 和 qRxQualMin 是在系统信息块 1（SIB1）中广播的。如果可选的 qRxQualMin 没有被广播，那么 UE 使用默认值“负无穷”，这意味着所有的小区都满足质量准则。第 9 版中的小区驻留准则是基于信号强度准则和质量准则的，而针对具有不同绝对优先级小区的小区重选是基于信号强度准则或质量准则的，这将在后续进行讨论。上述的基本形式假设小区范围不会由于 UE 发送功率的限制而受到

限制。如果这样的上行小区范围限制是所期望的（例如网络中的 UE 有不同的最大发送功率），UE 最大发送功率能够在 SIB1 中有选择性地进行广播。在这种情况下，信号强度准则被修改如下

$$测量\ \mathrm{RSRP} - \mathrm{qRxLevMin} - P_{\mathrm{compensation}} > 0$$

式中，UE 根据一个小区中最大允许的 UE 发射功率和 UE 功率能力来自动计算 $P_{\mathrm{compensation}}$。例如，如果一个小区中的最大 UE 发射功率的广播值为 33dBm，并且 UE 最大功率能力为 23dBm，UE 将使用一个 10dB 的补偿值，小区半径对于该 UE 来说将有一个 10dB 的缩减。如果 UE 最大发送功率选择不得当的话会导致乒乓小区重选；最简单的解决办法是忽略在 BCCH 上的参数，这样 UE 会自动将功率补偿值设为 0dB。

3GPP 第 8 版和后续版本定义了基于绝对优先级的小区重选机制，这将在后续的章节中进行介绍。然而在介绍之前，我们应该注意，通过 BCCH 系统信息或者无线资源控制（RRC）释放信令提供给 UE 的绝对优先级不会用在初始小区选择流程中。

15.2.2　小区重选准则的总结

1. 针对优先级相同的层的小区重选

针对与服务小区相同优先级的小区的重选是基于最优 RSRP。但是，候选目标小区的信号强度必须要好于滞后参数、目标小区特定偏移值与目标频率特定偏移值的加和。在这里只有小区重选滞后参数是强制广播的，后面两个参数如果没有被广播的话默认值为 0dB。不支持基于质量的针对相同优先级层或者小区的重选。

2. 针对高优先级层的小区重选

3GPP 第 8 版及以后针对不同优先级层的空闲移动是基于绝对优先级的概念。与第 8 版之前的区别为针对高优先级小区的重选不是基于选择最好信号强度的小区。相反，只要候选小区的导频信号强度或者质量比服务小区的广播阈值高，那么 UE 就会重选到最高优先级的小区。3GPP 第 9 版增加了基于质量准则（RSRQ）的频间小区重选。因此，简单地说，3GPP 第 9 版针对高优先级层的重选准则表示为

$$来自高优先级小区的测量\ \mathrm{RSRP} > \min\ \ \mathrm{RSRP}\ \ 高 + 强度阈值高$$

或者

$$来自高优先级小区的测量\ \mathrm{RSRQ} > \min\ \ \mathrm{RSRQ}\ \ 高 + 质量阈值高$$

式中，不等式右边的阈值在服务小区中广播。基于质量的准则在 SIB3 广播“质量阈值高”参数时被采用，否则（如果是第 8 版的 UE）基于信号强度的准则被采用。

3. 针对低优先级层的小区重选

针对低优先级层的小区重选需要服务小区的信号强度或质量低于一个最小的要求值，并且对应的目标小区级测量量要高于一个阈值。简单地说，如果将 RSRP 用

作测量量，那么下面的条件必须得到满足

RSRP 服务小区 < min RSRP 服务 + 强度阈值服务低

和

RSRP 低优先级小区 > min RSRP 低 + 强度阈值邻居低

如果将 RSRQ 用作测量量，那么相应的准则为

RSRQ 服务小区 < min RSRQ 服务 + 质量阈值服务低

和

RSRQ 低优先级小区 > min RSRQ 低 + 质量阈值邻居低

并且针对 UTRA FDD 目标，接收 Ec/N0 必须一直比最小阈值高（这不适用于 UTRA TDD）。不允许不同的 RAT 具有相同的优先级[3]。但是，一个 RAT 内的不同频率层可以有相同的优先级。

不支持针对 UTRA TDD、GSM EDGE 无线接入网（GERAN）和 CDMA2000 的基于质量的小区重选。

表 15.2 总结了针对 LTE、UTRA FDD 和 GERAN 的重选准则。在该表中，最小信号强度（qRxLevMin）是基于 LTE 的 RSRP，UTRA FDD 的 RSCP 或者 GERAN 的 RSSI。类似地，qRxQualMin 代表 RSRQ 或者 Ec/N0，取决于测量的系统。

表 15.2　Rel8 和 Rel9 中针对 LTE、UTRA FDD 和 GERAN 的重选准则总结

目标小区层（源为 LTE）	基于信号强度的准则（Rel8）	基于质量的准则（Rel9），可选
相同优先级 LTE	$RSRP_n > RSRP_s + Qhyst + TgtCellOffset_{s,n} + FreqOffset_n$	n/a
高优先级 LTE	$RSRP_n > qRxLevMin_s + threshHigh$，$P$	$RSRQ_n > qRxQualMin + threshHigh$，$Q$
低优先级 LTE	$RSRP_n > qRxLevMin_s + threshServLow$，$P$ $RSRP_n > qRxLevMin_n + threshLow$，$P$	$RSRQ_n < qRxQualMin_s + threshServLow$，$Q$ $RSRQ_n > qRxQualMin_n + threshLow$，$Q$
高优先级 UTRA	$RSCP_n > qRxLevMin_n + threshHigh$，$P$ $Ec/N0 > qRxQualMin_n$	$Ec/N0 > qRxQualMin_n + threshHigh$，$Q$
低优先级 UTRA	$RSRP_n > qRxLevMin_s + threshServLow$，$P$ $Ec/N0 > qRxQualMin_n$	$Ec/N0 > qRxQualMin_n + threshLow$，$Q$
高优先级 GERAN	$RSRP_n > qRxLevMin_s + threshServLow$，$P$	n/a
低优先级 GERAN	$RSRP_n > qRxLevMin_s + threshServLow$，$P$	n/a

基于绝对优先级的小区重选的潜在含义是 UE 不能驻留在一个不满足最小信号强度要求的小区上。而且，针对所有满足最小信号强度要求的层，UE 驻留在具有最高优先级的层上。这使得移动阈值的规划变得非常直观和简单，由于在一个网络中可能存在多个不同的 RAT、载波频率和带宽，因此这是非常有用的。回退到低优先级层（信号强度/质量阈值低）的一个强制准则因此变成了在给定层上的最低所需性能，而不是与其他层相比的相对信号强度/质量，如同 Rel8 之前的小区重选一样。

除了广播服务小区和邻小区的优先级，也有可能在 RRC 连接释放信令中为 UE 分配专用的优先级。这种机制对于负载均衡是非常有用的。UE 会在小区重选时使用专用的层优先级直到建立了一个新的 RRC 连接或者 LTE 计时器 T320 失效。专用的优先级也能够包含没有在 BCCH 上广播的邻层。何时为 UE 分配优先级以及为 UE 分配何种优先级是基于具体实现的。后面的章节会展示一个例子。

15.2.3 空闲状态测量

下面的话题，如图 15.1 所示，是在解决空闲状态移动问题和优化空闲状态移动时感兴趣的。

- UE 多久会测量一次发现的邻小区的信号强度和质量？
- 做出小区重选决策的时延是多少？
- UE 多久会搜索一次新的可以测量的邻小区？

在图 15.1 所示例子的开始阶段，UE 只测量服务小区，因为还没有通过小区搜

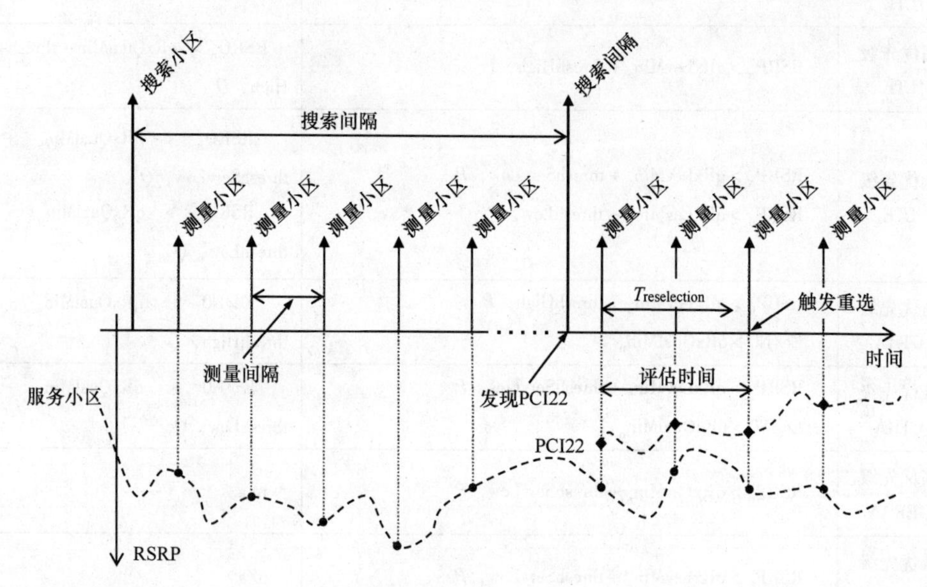

图 15.1 小区选择、测量和重选流程的说明

索步骤发现其他的小区。针对频内的情况，测量间隔与服务小区空闲状态 DRX 周期相同，这样可以最大化 UE 睡眠时间。搜索步骤会周期性地重复，如果找到了一个新小区，那么就把它加入到测量小区列表中（例子中的 PCI22）。即使 PCI22 比服务小区要强，小区重选也不能立即被触发。重选计时器在邻小区比服务小区强的第一时刻开启。只要计时器值比广播值 $T_{reselection}$ 小，重选就一定不会被触发。排序准则和计时器值一般每个 DRX 周期评估一次。值得注意的是，$T_{reselection}$ 计时器的值是秒的整数（0～7s），以秒为单位的空闲状态 DRX 周期是非整数。因此，重选可能不会精确地在计时器失效的第一时刻马上被触发，而是在计时器失效后的下一个 DRX 周期被触发。

从第一次测量到做出重选决策之间的时间被称作评估时间。搜索间隔和评估时间的和被称作检测时间。搜索在从 BCCH 解读了新的邻区信息后，在小区重选时被触发。UE 空闲状态测量要求以检测时间、测量间隔和评估时间来定义；除了在较好的无线条件下针对高层搜索之外（也就是每高优先级层最多 60s 间隔），搜索间隔不会直接被定义。尽管如此，将 UE 执行重选的流程想象为一个包含搜索、测量和评估步骤的连续周期会比较方便。

1. UE 多久会测量一次邻小区？

一旦搜索流程找出了一个邻小区列表，UE 便开始收集针对这些小区的信号强度和质量测量。测量间隔取决于空闲状态 DRX 周期、测量的 RAT 和该 RAT 中频间层数。表 15.3 总结了最小的要求。

从表中我们可以看出，服务小区必须最少每 DRX 周期测量一次，而邻小区测量的要求会比较宽松。针对 LTE 层的测量要比针对其他 RAT 的测量更加频繁。表 15.3 中最右边两栏的针对非服务小区的时间要求是基于每层的。换句话说，如果有两个层需要测量，那么层测量的间隔将会是表中给出的值的两倍。

例子：假设 DRX 周期为 0.64s，有两个 LTE 频间层和一个 3G 层需要测量，UE 会每 1.28s 测量一次 LTE 频间层，每 5.12s 测量一次 3G 层。由于有两个不同的 LTE 频率层，在一个载波上的小区测量时间间隔将会是 2.56s。针对市场上的 UE 存在应该遵守的最低要求。

表 15.3　每层测量从搜索流程发现的小区的时间长度（来自 3GPP 36.133 的最低要求）

LTE 空闲状态 DRX 周期长度/s	针对 LTE 服务小区的测量间隔/s（DRX 周期）	针对 LTE 频内/频间邻小区的测量间隔/s（DRX 周期）	针对 GERAN 和 UTRA FDD 小区的测量间隔/s（DRX 周期）
0.32	0.32（1）	1.28（4）	5.12（16）
0.64	0.64（1）	1.28（2）	5.12（8）
1.28	1.28（1）	1.28（1）	6.4（5）
2.56	2.56（1）	2.56（1）	7.68（3）

2. 一旦小区变得合适，做出小区重选决策的时延是多少？

如果一个在测量列表中的非服务小区符合重选条件，UE 将必须在一个由 3GPP[2,3] 定义的时间窗内做出小区重选决策。重选决策不应该做得太快，但是从另一方面讲，重选决策也不能被长时间地拖延。除非候选小区满足了重选准则超过了至少 $T_{reselection}$ 秒，UE 不允许进行小区重选，其中 $T_{reselection}$ 为一个服务小区广播参数，针对不同的 RAT 可能会有不同的值。另外一个要求是两次小区重选间的最小时间为 1s，即使 $T_{reselection}=0$，因此 3GPP 标准禁止在短于 1s 的时间窗内做两次小区重选。从另一方面讲，假设 $T_{reselection}=0$，触发针对一个合适小区的小区重选的最大时延一定不能超过表 15.4 给出的值乘以层数。

将表 15.3 与表 15.4 对比可以发现，针对 LTE 内重选，最差情况下的决策时延为 5 个测量间隔，针对 UTRA FDD 测量为 3 个测量间隔。

表 15.4 决定一个测量小区是否满足小区重选准则的最大时间

LTE 空闲状态 DRX 周期长度/s	针对 LTE 频内/频间邻小区的评估时间/s（DRX 周期）	针对 UTRA FDD 小区的评估时间/s（DRX 周期）
0.32	5.12（16）	15.36（48）
0.64	5.12（8）	15.36（24）
1.28	6.4（5）	19.2（15）
2.56	7.68（3）	23.04（9）

3. 触发重选到满足小区重选准则的小区的总时间是多少？

UE 只能测量物理小区标识（PCI）和相对于服务小区的帧时间已知的小区的 RSRP 和 RSRQ。这是由于参考信号㊀在时域和频域的位置取决于子帧边界、PCI 和天线数㊁。由于这个原因，如前所述，UE 执行的空闲状态测量流程能够被分为两步：小区搜索和小区测量。只有针对在搜索流程中发现的小区可以进行真正的周期性的信号强度/质量测量。如果小区测量流程没有被激活，那么就不会有邻小区去测量，因此只有服务小区的信号强度/质量会被监测。$s_{IntraSearch}$ 和 $s_{NonIntraSearch}$ 被用来控制 UE 多久搜索新的层内/层间邻小区。

如果服务小区信号强度要好于一个广播的阈值，层间小区搜索可能会被去激活。如果 RSRP 和 RSRQ 都好于广播的阈值，UE 允许停止频内小区搜索，这对 Rel9 的 UE 和网络是可选的。这样做的原理是如果 UE 正驻留在好的无线环境下（“好”在这里由 $s_{IntraSearch}$ 定义）就没有必要做邻小区搜索，这会节省电池电量。即便如此，不推荐使用一个较低的搜索门限来开启频内小区搜索，因为这可能

㊀ RSRP 和 RSRQ 只针对发送前两个天线的参考信号的 OFDM 符号进行测量，也就是说，1ms 子帧的第一个和第六个 OFDM 符号。

㊁ 邻小区的天线数是在服务小区 BCCH 上广播的，可能的值为一个或者两个天线。否则，决定天线数需要解码邻小区的 PBCH。

会导致 UE 被一个更强大的频内小区干扰并且 UE 还不能重选到该小区。例如，如果 $s_{IntraSearch}=-70dBm$，UE 可以在仍然驻留在弱扇区的同时移动到同一个站的另外的扇区。这会导致较低的 SINR 并导致潜在的连接建立和寻呼接收问题。由于这个原因，频内搜索即使在高服务小区信号等级时也应该保持激活。

针对高优先级层的层间小区搜索（从 BCCH 或者专用信令获得）一直会被执行，而不管 $s_{NonIntraSearch}$ 取值如何。非层内搜索参数只定义 UE 多久应该搜索高优先级层的小区。如果服务小区 RSRP 和 RSRQ（可选）都高于相应的 $s_{NonIntraSearch}$ 信号强度和质量阈值，那么 UE 必须至少每 60s 在不同的层间周期性地进行针对高优先级层小区的搜索。因此，例如在列表里有两个高优先级层，每个层至少每 120s 要被搜索一次，也许基于 UE 的实现会更频繁，如图 15.2 所示。$s_{NonIntraSearch}$ 信号强度和质量阈值决定了 UE 何时处于较好的无线条件、并因此允许不那么频繁地进行小区搜索。在使用市场上的商用 UE 进行的功率消耗测试中，由于停用非层内搜索带来的功率节省可以忽略不计，因此使用低 $s_{NonIntraSearch}$ 阈值的好处是值得商榷的。

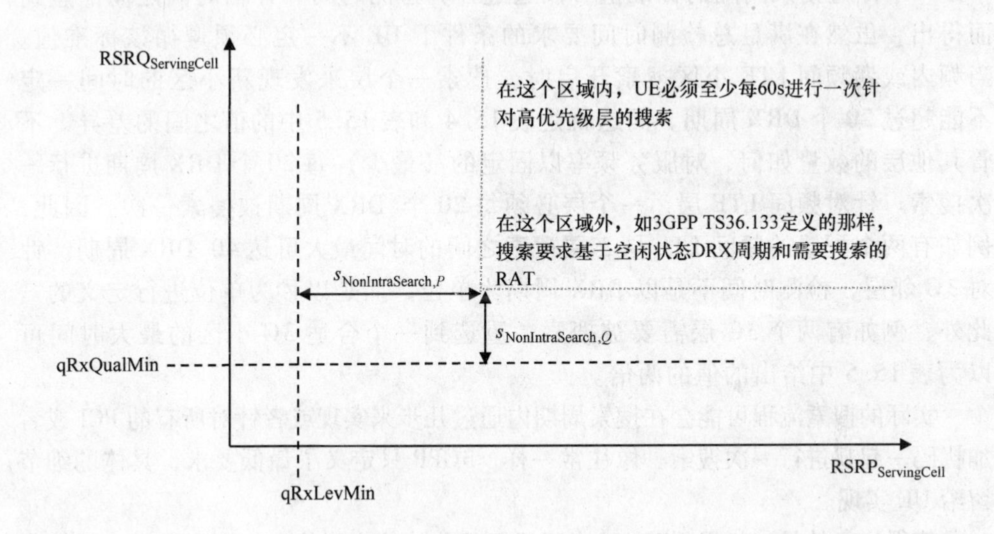

图 15.2　当 UE 驻留在 LTE 时针对高优先级小区的 3GPP 搜索要求

只有当服务小区的信号强度和质量在图 15.2 所示的区域之外时（由 $s_{NonIntraSearch,P/Q}$ 定义），换句话说，只有在 UE 处于不能接受的无线条件下时，才会去搜索低优先级层。

除了在当前小区内的周期性搜索之外，小区搜索也会在成功地重选和读取重选后的新小区的系统信息后重新开始。并且如果服务小区不符合小区驻留准则，如本章前面所讲，UE 将会开始针对在 BCCH 上广播的所有层的邻小区进行搜索和测量流程，而不去管它们的优先级和 $s_{IntraSearch}$ 和 $s_{NonIntraSearch}$ 的值。

如果服务小区 RSRP 或者 RSRQ（可选）低于相应的 $s_{NonIntraSearch}$ 信号强度和质

量阈值，那么就会认为 UE 处于较差的 RF 条件下并且需要更加频繁地搜索高优先级小区。参考文献［2］中没有定义在这种情况下的搜索间隔，反而给出了所谓的最大允许的“检测时间”。检测时间是针对一个候选小区允许识别、测量并评估小区重选准则的最大时间㊀。表 15.5 总结了针对一层的检测时间。当认为 UE 处于较差无线条件时，该表适用于较低优先级小区和较高优先级小区。

表 15.5　每层搜索、测量和触发针对合适的小区重选的检测时间要求

<table>
<tr><th>LTE 空闲状态 DRX 周期长度/s</th><th>针对 LTE 频内/频间检测时间/s（DRX 周期）</th><th>针对一个 UTRA FDD 频率层的检测时间/s</th></tr>
<tr><td>0.32</td><td>11.52（36）</td><td rowspan="3">30</td></tr>
<tr><td>0.64</td><td>17.92（28）</td></tr>
<tr><td>1.28</td><td>32（25）</td></tr>
<tr><td>2.56</td><td>58.88（23）</td><td>60</td></tr>
</table>

一个针对搜索间隔的标准值可以通过计算检测时间和评估时间之间的差别而得出，虽然在满足总检测时间要求的条件下 UE 不一定必须遵循该标准值。当频内或者频间 LTE 小区搜索开启时，搜索一个层来发现新小区的时间一定不能超过 20 个 DRX 周期，而这就是表 15.4 和表 15.5 中的值之间的差异。不管其他层的数量如何，对服务频率以固定的（最少）每 20 个 DRX 周期进行一次搜索。针对频间 LTE 层，一个层必须每 20 个 DRX 周期被搜索一次，因此，例如有两个配置的频间 LTE 层，层搜索之间的时间最大可达 40 DRX 周期。针对 3G 邻层，检测时间不是以 DRX 周期为单位，而是以秒为单位进行定义的 。此外，例如有两个 3G 层需要被搜索，重选到一个合适 3G 小区的最大时间可以为表 15.5 中给出的值的两倍。

实际的搜索流程可能会在搜索周期内通过几步来实现或者针对所有的 PCI 或者加扰码一起只进行一次搜索。像往常一样，3GPP 只定义了最低要求，具体的细节留给 UE 实现。

值得注意的是，如果 GERAN 小区属于部分的邻小区信息，那么没有必要搜索 GERAN 小区，这是因为 BCCH 频率列表是在 LTE 系统信息中提供的，或者作为部分的专用优先级在 RRC 释放信令中提供，并且测量是基于在给定 GERAN 载波频率（也就是说没有必要在 RSSI 测量之前获得无线帧时序）上的接收信号强度指示（RSSI）。但是，GERAN 小区是通过绝对无线频率信道号 - 基站识别码（ARFCN - BSIC）标识的，因此 UE 需要每 30s 针对最多 4 个最强邻小区进行一次 BSIC 解码；这个过程需要获得 GERAN 同步信道的时序。

㊀ 一个合适的候选小区本质上是一个 SCH 和 RS 子载波功率高于 - 124 ~ - 121dBm（取决于频段），并且平均子载波 SNR > - 4dB[2] 的小区。这样的小区在 3GPP 标准中被称作“可检测”。

图 15.3 展示了一个商用 LTE 智能手机针对搜索和测量流程的实现的例子。这个例子使用了以下配置：

- 服务小区为 LTE800（优先级 5）。
- 邻小区 LTE 层为 LTE1800（优先级 7）和 LTE2600（优先级 6）。
- 邻小区 UTRA 层为 UMTS900（优先级 3）和 UMTS2100（优先级 4）。
- 服务小区的接收信号强度和质量要低于层内和非层内搜索阈值。换句话说，UE 将会针对高优先级层使用加速的搜索调度来搜索所有的层，并将会搜索所有低优先级层。
- 空闲状态 DRX 周期为 1.28s。

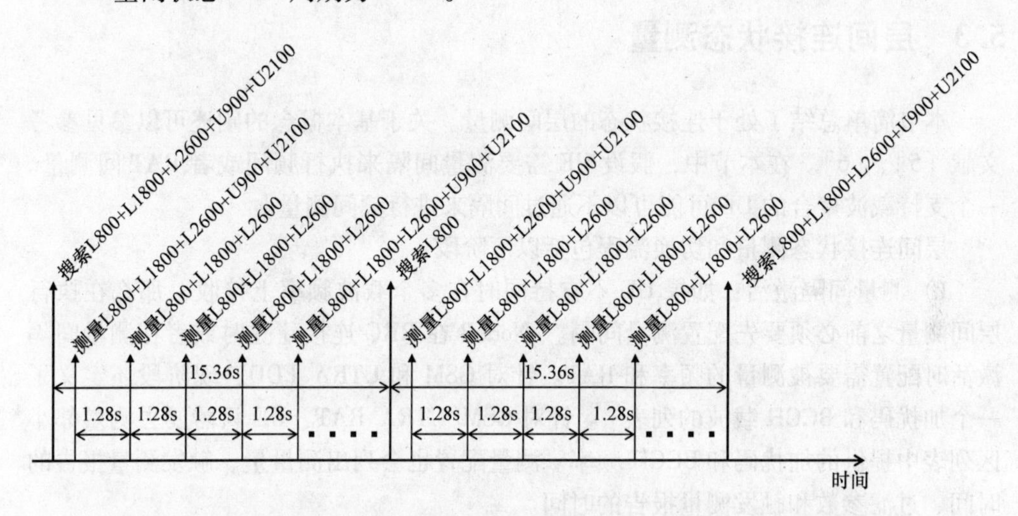

图 15.3　一个商用 UE 的空闲状态搜索/测量调度例子（服务小区为 LTE800）

我们可以看到，在这种情况下，UE 每 15.36s（12 个 DRX 周期）搜索一次新的频内小区。层间小区搜索为每 30.72s（24 个 DRX 周期）做一次。在这些搜索过程中发现的小区会被加入到测量小区列表中。所有的 LTE 层为每 DRX 周期测量一次。UTRA FDD 层以 4 个 DRX 周期为间隔进行测量。

针对层间 LTE 小区搜索的标准要求是 20 个 DRX 周期。由于有两个 LTE 层，UE 应该最少每 40 个 DRX 周期对每层进行一次搜索。我们可以看到，在这种情况下 UE 每 24 个 DRX 周期对这两个层进行一次搜索，因此比标准要求的表现要好。从表 15.5 我们可以看到，假设只有一个层，针对 1.28s DRX 周期的 LTE 频间小区检测时间要求为 32s。由于有两个层，在这种情况下检测时间要求为 64s。由于 UE 以 30.72s 的周期来搜索两个频间层，这给进行测量和评估小区重选准则留出了足够的时间。这同样适用于 UTRA FDD 层，针对它的检测时间要求为 30s 乘以层数（在这种情况下为 60s）。

到目前为止，我们只讨论了在源小区中导致小区重选决策的步骤。成功驻留在一个新小区上同样需要读取所有的 SIB（除非预存储在 UE 内存中），并且如果新小区拥有不同的跟踪区域码，可能还需要进行一次成功的跟踪区域更新。在 RAT 间小区重选的情况下，一个具有短信服务/电路域回落（SMS/CSFB）能力的 UE 将会在 2G/3G 目标小区中一直发起位置区域更新流程，而不管新小区的位置区域码是多少。这些流程可能会失败，这将会反过来导致 UE 去发起新小区搜索和针对另一个小区的重选尝试。例如，如果读取目标小区的 SIB1 和 SIB2 由于下行干扰而失败了，UE 可能会内部禁止该小区一段时间[4]。而这已经被发现在高干扰的区域中会造成问题，例如没有室内基站的高楼。

5.3　层间连接状态测量

本节简单总结了处于连接状态的层间测量。关于基本概念的阐述可以参见参考文献［5］、［6］。在本节中，假设 UE 需要测量间隔来执行频间或者 RAT 间测量。一个支持载波聚合的 UE 可能可以不通过间隔来进行频间测量。

层间连接状态测量和切换流程包括以下阶段：

1）测量间隔激活：如果 UE 不支持同时在多个载波频率上接收，那么在执行层间测量之前必须要先配置测量间隔。eNodeB 在 RRC 连接建立时或者在测量间隔激活时配置需要被测量的频率和 RAT。针对 GSM 和 UTRA FDD，现阶段还定义了一个加扰码和 BCCH 载波的列表㊀。针对 GSM/UTRA RAT，UE 只需要去测量邻小区列表中提供的加扰码和 BCCH 频率。测量配置也会列出测量量、触发测量报告的时间、过滤参数和触发测量报告的时间。

2）层间测量：UE 在测量间隔内测量配置的频率和 RAT，测量间隔以 40ms 或者 80ms 为间隔进行重复。测量间隔的长度为 6ms㊁。在测量间隔内，UE 不能在上行或者下行被调度，因此测量间隔会造成 UE 吞吐量的下降；但是不会导致小区吞吐量的下降。测量阶段包括小区搜索和小区测量阶段，这与空闲状态的测量流程非常类似。测量结果在评估一个触发事件之前进行平均。如果连接状态 DRX（C-DRX）处于激活状态，那么 UE 允许使用宽松的测量调度。

3）测量报告：如果一个或多个小区满足一个测量事件，那么 UE 会发送一个测量报告。除非报告的数量受到测量配置的限制，UE 将会对所有触发配置事件的小区一直发送测量报告，直到测量间隔被去激活、UE 变成了空闲态或者接收到一个切换命令。如果 C-DRX 被激活，UE 在发送测量报告之前，允许等到下一个 C-DRX活跃时间。

㊀ 对于 LTE，没有必要定义 PCI，除非需要使用特定的小区特定的测量偏移值。

㊁ 6ms 的测量间隔长度足够用来搜索频间 LTE 小区的主同步信道和辅同步信道，即使针对间隔开始于测量小区第 2 个或第 7 个子帧开头的最坏情况的帧时序。

4）切换命令：接收到测量报告之后，eNodeB 基于上报的小区进行目标小区选择。如果成功的话，它会向目标小区或系统发起切换准备。如果准备成功，目标 eNodeB 通过源小区（对于源 eNodeB 是透明的）向 UE 发送切换命令。

图 15.4 展示了小区搜索和测量的流程，该流程与当前商用调制解调器使用的流程非常类似。本例中没有使用连接状态的 DRX。在完成测量间隔配置后，UE 在目标 LTE 层搜索小区；而这可能会持续多个测量间隔，这是由于所有的 504 个 PCI 都需要被扫描。在完成搜索步骤后，UE 进入测量模式，在该模式下 UE 在一个测量间隔内最多可以测量 4 个在搜索阶段发现的小区[2]。在本例中，第二次搜索发现了 PCI 122，随后它被添加为测量小区。触发测量报告的时间取决于过滤系数和触发时间。

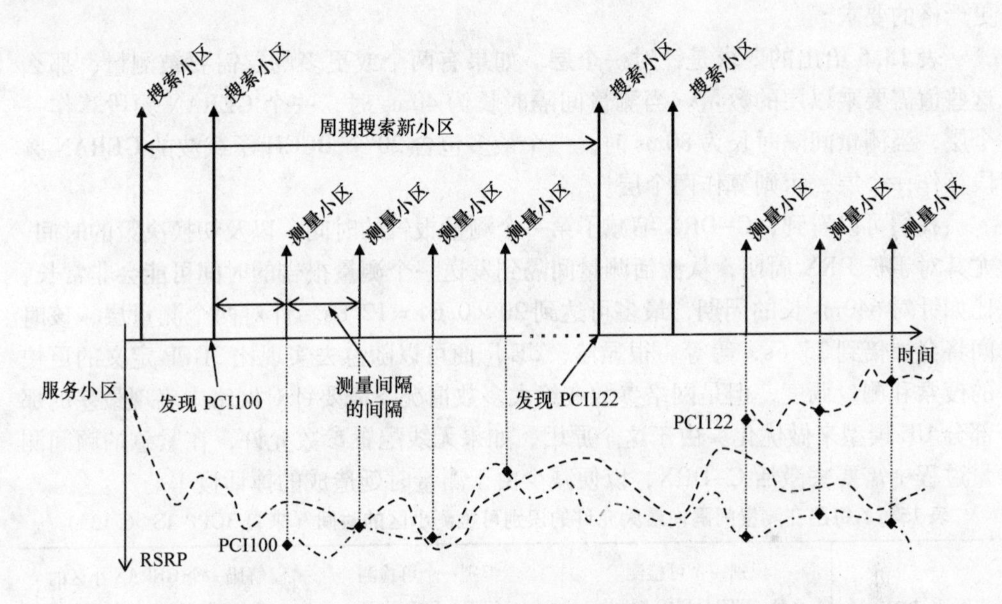

图 15.4　连接状态下，没有激活 C-DRX 的频间测量示例

如果有多个 LTE 频率层，搜索和测量时间需要相应地成倍增加，这是由于在本例中，UE 在一个测量间隔内只能将它的 RF 接收机调整到一个频率上。

如果目标层为 UTRA，那么测量流程是非常类似的。然而，在那种情况下，小区搜索需要的间隔数取决于测量配置提供的邻小区数。值得注意的是，UE 不需要测量在邻小区列表中没有提供的扰码，或者换句话说，3GPP 没有定义在切换测量过程中的检测集上报要求㊀。

对于 GSM 目标层，由于功率（RSSI）测量不需要知道 GSM 帧时序，因此没有必要执行初始小区搜索。然而 UE 需要在 8 个最强的测量 BCCH 频率上解码 BSIC。

㊀ 为了发现新的邻小区以达到自组织网络（SON）目的的 RAT 间测量可以由 eNodeB 单独触发。

如果一个小区可被检测并且符合触发测量报告的条件，UE 发送测量报告的最大时间被称作小区识别时间。最大允许的识别时间取决于 C-DRX 长周期和需要测量的层数。例如，从激活测量间隔到针对一个层间小区的第一个测量报告的时间必须不能长于表 15.6 列出的值，当然在这里我们一开始就假设该小区有资格来触发测量报告。表格中的要求假设触发时间为 0ms，没有针对物理层测量结果的 L3 过滤。

如果 SCH 和 RS 子载波功率高于 -125 ~ -122dBm，并且针对 RS 和 SCH 的子载波与噪声和干扰功率比高于 -6dB，那么这个 E-TRAN 小区被认为“可检测”。反过来说，对于 UTRA FDD 的要求为 UE 必须能够检测一个 CPICH Ec/N0 高于 -20dB和 SCH Ec/N0 高于 -17dB 的小区。在 3GPP 版本 9 的要求中，如果 CPICH 和 SCH Ec/N0 都高于 -15dB，那么对于识别一个可检测的 UTRA FDD 小区就会有更严格的要求。

表 15.6 给出的要求是针对一个层。如果有两个或更多的层需要被测量，那么这些值需要乘以层的数量。当测量间隔时长为 40ms 时，一个 GERAN 频段算作一个层，当测量间隔时长为 80ms 时，一个最多包含 20 个 BCCH 子载波的 GERAN 频段算作一个层，否则算作两个层。

我们可以看到，C-DRX 缩减了第一个测量报告的时间，以及切换决策的时间。尤其对于长 DRX 周期，从激活测量间隔到发送一个测量报告的时间可能会非常长，比如针对 640ms 长的周期，最多可达到 20 × 0.64 = 12.8s。针对两个测量层，该时间将会加倍到 25.6s，等等。很显然，UE 厂商可以随意去实现比 3GPP 定义的更快的搜索和测量调度，但是网络参数在绝大多数情况下需要针对网络中表现最差的那部分 UE 模型来做优化。由于这个原因，如果无线配置参数允许，在紧急的频间测量过程中需要去激活 C-DRX，以便减少由于测量时延造成的掉话概率。

表 15.6 每层在测量间隔内最大允许的识别可检测小区的时间（来自 3GPP TS 36.133）

长 DRX 周期长度	识别一个可检测 E-UTRA FDD 频间小区的最大时间/s		识别一个可检测 UTRA FDD 小区的最大时间/s		解码一个 GERAN 小区的 BSIC 的最大时间（没有测量其他层）/s	
	40ms 间隔	80ms 间隔	40ms 间隔	80ms 间隔	40ms 间隔	80ms 间隔
没有 C-DRX	3.84	7.68	2.2	4.8	2.16	5.28
40ms	3.84	7.68	2.4	4.8	2.16	5.28
64ms	3.84	7.68	2.56	4.8	30	
80ms	3.84	7.68	3.2	4.8	30	
128ms	3.84	7.68	3.2	4.8	30	
256ms	5.12	7.68	3.2	5.12	30	
320ms	6.4	9.6	6.4	6.4	30	
>320ms	20 个周期	20 个周期	20 个周期	20 个周期	30	

表 15.7 总结了针对已经在小区搜索阶段发现的小区的最大允许测量时间[⊖]。我们再一次可以看到 C-DRX 如果没有被激活，可能会大大加长测量间隔。如果配置了 320ms 的 C-DRX 长周期并有两个层，那么测量间隔应该最大为 2×5×0.32=3.2s。作为对比，当没有使用 C-DRX 时，频内测量间隔应该为 200ms 或更小，否则为 5 个 DRX 长周期。

表 15.7 每层的层间小区最大测量间隔（来自 3GPP TS 36.133）

长 DRX 周期长度	测量 E-UTRA FDD 频间小区的最大测量时间/s		测量 UTRA FDD 小区的最大测量时间/s		测量 GERAN BCCH 频率的最大测量时间/s	
	40ms 间隔	80ms 间隔	40ms 间隔	80ms 间隔	40ms 间隔	80ms 间隔
没有 C-DRX	0.48		0.48①	0.8	0.48	
40ms	0.48		0.48①	0.8	0.48	
64ms	0.48		0.48	0.8	0.48	
80ms	0.48		0.48	0.8	0.48	
128ms	0.64		0.64	0.8	0.64	
>128ms	5 个 DRX 长周期					

① 针对一个层；针对两个或多个层，要求为 0.4s。

表格中的值适用于在 L3 过滤之前的"粗糙"的物理层测量。实际的事件触发时延取决于 L3 过滤系数和触发事件的时间。

到现在为止本章的讨论主要是围绕物理层测量要求展开的。UE 物理层提供的粗糙的测量值按照表 15.7 给出的间隔传给 RRC 层。RRC 层通过两步来处理该测量：

• 基于递归过滤器过滤粗糙的测量结果，其中平均的数量可以通过过滤器系数参数来控制，该参数可以在测量配置中选择性地发送给 UE。

• 对于被过滤的测量量，持续评估针对任一配置上报事件的进入条件是否满足；如果满足，向 eNodeB 发送测量报告。

• L3 过滤是针对物理层对数测量采样 M_n，$n=0, 1, 2, \cdots$定义的，参见参考文献［4］，即

$$F_n=(1-a)F_{n-1}+aM_n$$

式中，$a=2\hat{}(-f_c/4)$是过滤器系数。f_c 的值在测量配置中可选择性地发送给 UE，默认值$f_c=4(a=0.5)$。过滤的测量量（例如 RSRP、RSRQ、RSCP）F_n 用于评估事件触发。由于 E-UTRA 测量带宽最少为 1.4MHz，而且一般要大得多，小尺度衰落已经被大测量带宽所平均，因此一般情况下没有动机去使用长时平均。这与窄带

⊖ 如前所述，测量一个 BCCH 频率的功率不需要进行 BSIC 搜索。然而，在测量了测量配置中提供的所有 BCCH 频率的 RSSI 之后，UE 需要去解码 8 个最强 BCCH 的 BSIC。

RAT（例如 GSM）是相反的，在这类 RAT 中信号功率衰落是非常强的，因此需要长时平均或较大的切换余量（或者二者都同时需要）。

图 15.5 展示了具有两个不同系数的 L3 过滤，$f_c=4$ 和 $f_c=13$，并且展示了连续宽带功率和以 480ms 为间隔的粗糙的测量采样点；这些采样点对应于 $f_c=0$ 的 L3 过滤器。在时间 = 0ms 的第一个测量采样点设置了初始的过滤器值。通过系数值 $f_c=13$ 过滤的信号表现出较长的斜率，这是由于初始值在观测间隔内碰巧比平均值要高。这能导致假的测量事件的触发，即使在触发时间短于过滤时延的情况下。

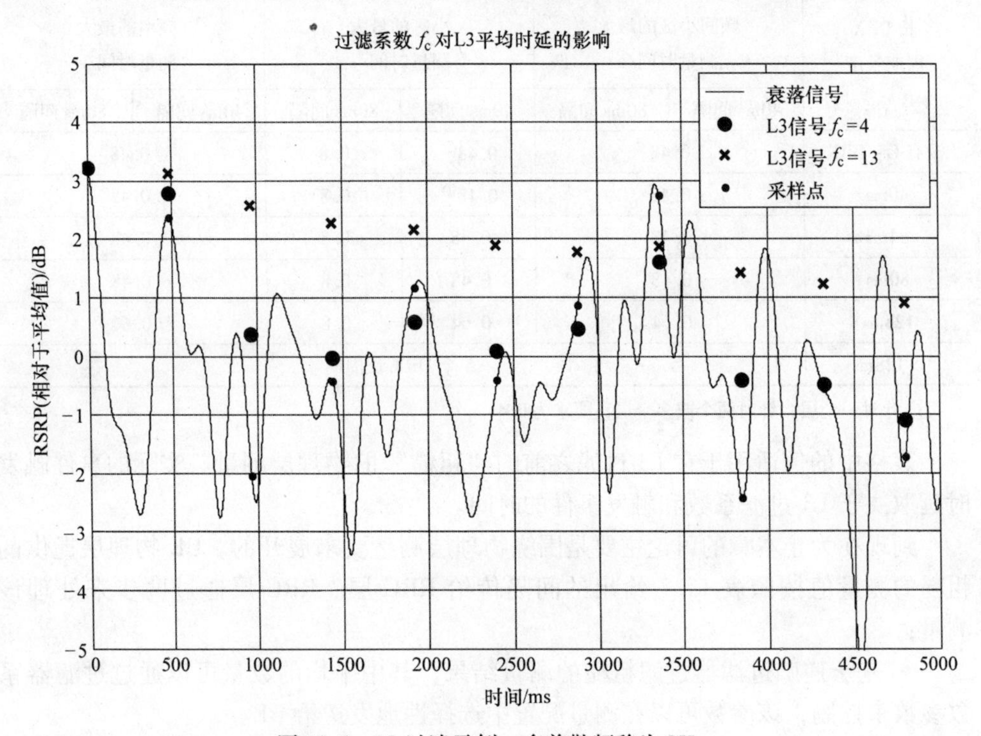

图 15.5 L3 过滤示例；多普勒频移为 3Hz

总体来说，通过触发时间控制测量事件触发时延比通过过滤器系数是更加容易和直观的。因此，一个简单的方法是将过滤器系数设为一个固定值并通过简单地调节触发时间来控制乒乓效应。触发时间也可以针对每个测量事件进行定义，而过滤器系数可以针对每个测量量（RSRP、RSRQ）来定义。

表 15.8 总结了基本的测量事件。在这个表中，Ms 和 Mn 分别指示了服务小区测量和邻小区测量。LTE 测量量可以是 RSRP 或 RSRQ，RAT 间测量量可以是 RSCP、Ec/N0 或者 GSM RSSI。所有的测量和阈值都以 dBm 或者 dB 为单位。

在该表中，滞后参数和其他的常量包含在不等式右侧的阈值中。通常没有添加过多的额外常量（像滞后参数或者频率偏移值）的用例，这是因为这只能使简单的事件触发准则变得更加复杂但同时又没有额外的好处；确实，所有这些额外的修改值都能加和成一个常量，以便使能调节的网络参数的数量尽量地小。

测量间隔可以对 A1 和 A2 事件激活，或者通过一种业务或者基于负载的触发来激活，例如 CSFB 会话建立或者小区拥塞。总体来说不推荐一直开启测量间隔，因为对于 40ms 的间隔，它会导致一个理论上 6/40 = 15% 的调度 UE 吞吐量的损失。在实际中吞吐量的损失会更大，因为在下行链路 UE 不能在间隔之间立即被调度，在上行链路 UE 也不能在间隔之后立即发送。并且，传输控制协议（TCP）吞吐量可能会更差，因为时延高峰增加了 TCP 流的突发性，可能会导致增加的 TCP 重传。

大多数的连接状态测量事件都有它们天然的空闲状态对应事件。例如，A1 事件的空闲状态对应事件是用作频内测量激活/去激活的 sIntraSearch。类似地，A3 事件对应于考虑滞后参数的相同优先级层之间的小区重选，A4 事件对应于移动到一个信号强度或质量好于一个最低阈值的高优先级层。这样的对应在统一和简化参数设计和优化层间移动阈值时会比较有用，这在后面的章节会进行讨论。

表 15.8　能够触发测量报告的事件的总结[4]

事件	事件触发	用例举例
A1	Ms > a1 Threshold	当 Ms = RSRP 时，触发针对从覆盖层（例如 LTE800）到容量层（例如 LTE2600）切换的测量间隔。去激活服务层测量，也就是 $s_{\text{IntraSearch}}$ 的连接状态的对应事件
A2	Ms < a2 Threshold	触发测量间隔，也就是 $s_{\text{NonIntraSearch}}$ 的连接状态的对应事件
A3	Ms < Mn + a3 Offset	当 Ms = RSRP 时，基本功率预算切换以保持连接到最小路损的小区，也就是空闲状态向相同优先级层小区重选的连接状态的对应事件，其中 A3 偏移值等同于重选滞后参数
A4	Mn > a4 Threshold	当 Ms = RSRP 时，如果信号强度足够好就移动到一个高优先级层，也就是重选到一个高优先级层的连接状态的对应事件
A5	Ms < a5 Threshold1 Mn > a5 Threshold2	当 Ms = RSRP 时，如果服务层信号强度低于可接受值并且目标小区信号强度可以接受，移动到一个低优先级层，也就是重选到一个低优先级层的连接状态的对应事件
B1（RAT 间）	Mn > b1 Threshold	当 Mn = Ec/N0 时，CSFB PS 切换，其中 Ec/N0 阈值设为一个使会话质量和会话建立成功率可以接受的值。如果 RSCP 或者 Ec/N0 高于一个阈值，切换到一个高优先级 3G 层
B2（RAT 间）	Ms < b2 Threshold1 Mn > b2 Threshold2	当 Ms = RSRP 并且 Mn = RSCP 时，如果服务小区信号强度低于可接受值但是低优先级层，能提供足够的 RSCP（覆盖），则覆盖切换到一个低优先级 3G 层

15.4　针对覆盖受限网络的层间移动性

15.4.1　基本概念

在一个蜂窝网络中，每个 UE 都应该由能提供最佳服务的小区来服务，至少移动性参数设计问题是从 UE 的角度来进行处理的。从网络角度来看，如果目标是最大化网络频谱效率，那么将每个 UE 都连接到最好的小区可能不是最好的策略。看起来简单的移动性参数设计问题在研究界非常受重视，这个问题经常被称作“用户关联”问题。针对“用户关联”问题的最优解决方案是将每个 UE 分到一个小区，以便使得类似于网络频谱效率的某种最优化准则能够最大化。解决针对不同最优化准则问题的方法可以参考文献［7，8］与它们里面列举的其他文献。特别地，小小区的引入激发了针对最优用户关联的研究。然而，关于这个问题的绝大多数的现有研究文献对一个无线规划工程师的实际日常工作都没有什么太大的帮助。一部分原因是截止到目前文献中研究的算法还没有在现实的产品中实现，另一部分原因是这些算法的运行依赖于那些不直接由 UE 发送给网络的信息（例如下行 SINR）。

本节主要聚焦在经典宏小区网络里的层间移动性。具体来说，小小区、载波聚合和多点协作都不在讨论范围内。从长远来看，虽然过渡的时间可能需要几年，但是载波聚合和多点协作技术有望驱动经典的基于“慢速”切换的移动性提升到“快速”的以毫秒为单位的移动性。

为了方便讨论，定义一些针对层间移动的术语是非常有用的。为了达到这个目的，图 15.6 展示了一个具有三个不同优先级的三层网络。例如，最高优先级层可以是 20MHz LTE2600，第二高优先级层可以是 10MHz LTE1800。覆盖层（2G 或 3G）具有最低的优先级，当 LTE 服务等级不够时可以将它作为最后的选择。本着基于优先级分层的精神，空闲状态和连接状态移动阈值需要合理设置以便当高优先级层提供的服务等级高于某个最小要求时 UE 移动到该高优先级层，这被称作该层的入口点。在反方向上，一个层的出口点应该反映出一个低于可接受等级的服务等级。显然，需要某种滞后参数来避免不必要的层变化。所谓的设计问题就是选择初始的入口和出口阈值来满足给定的服务等级要求，而所谓的优化问题就是基于实际监测的性能来调整这些阈值。

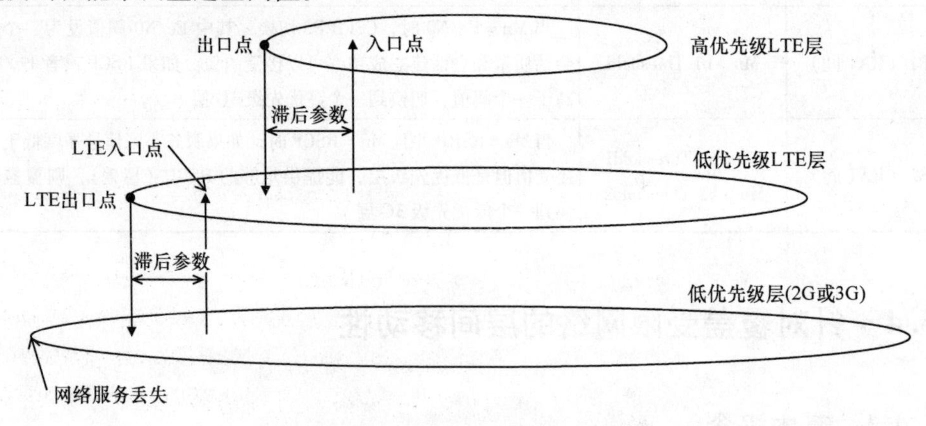

图 15.6　具有三个不同优先级的三层网络

为了能够通过一种比较实际、有意义的方式来讨论移动阈值设计，需要针对服务等级进行定义。对于非保障比特速率数据服务，一个自然的定义服务等级的关键性能指标（KPI）是下行 - 上行调度用户吞吐量，这是 UE 在活跃 TTI 期间被 eNodeB 服务的平均速率。发送数据缓存为空的 TTI 不应该包含在调度吞吐量的计算中，这是因为非活跃 TTI 是由于 eNodeB 或者 UE 发送缓存中缺乏数据造成的。例如，当下载一个网页时，eNodeB 可能只在可用的 TTI 的部分时间段发送数据，这是由于它花费了大多数的时间来等待来自因特网服务器的更多的数据。一个独立于业务模型和数据分组大小的有用的用户吞吐量 KPI 在 3GPP 36.314 中进行定义。

针对保障比特速率服务，移动准则可以有一些不同，因为 UE 只需要足够的比特速率而不是能达到的最大值。然而，选择能够提供最高调度吞吐量的小区能够最小化针对保障比特速率的 PRB 消耗，因此用户吞吐量准则也可以针对 GBR 服务使用。

许多 eNodeB 的实现不支持基于 UE 吞吐量的切换触发，或任意其他的服务级测量（例如低调制编码方式，MCS），而触发从服务层离开则必须基于其他的测量量。潜在的测量量包括：

- 信号与干扰噪声比（SINR）：吞吐量可以通过平均 SINR 和可用带宽来获得。因此，一个自然的移动触发可以使 SINR 下降到低于一个阈值。不幸的是，下行 SINR 不能够由 UE 进行上报。理论上来讲，下行 SINR 可以通过 RSRQ 计算得到，如果测量小区的 RF 利用情况可知。例如，服务小区应该知道自己的 PRB 使用情况，当计算邻小区 SINR 时，负载情况可以通过 X2 资源状态报告流程[9]得到，如果系统支持该特性的话。当然，eNodeB 有能力测量上行 SINR，这可以在上行质量下降时用来触发切换。即使系统支持连接状态下的 SINR 计算，SINR 也不能用来作为空闲状态的触发，这会使得控制“乒乓效应”变得很困难。
- RSRQ：它是小区 RSRP、自身小区负载、其他小区干扰和白噪声功率的函数。在实际中，下行 SINR 可以通过 RSRQ 估计出来，这反过来可以得到 RSRQ 到下行吞吐量的粗略映射，如果小区负载是已知的。
- RSRP：它独立于自身小区负载、干扰和白噪声。RSRP 基本上是一个路损㊀测量，因此它对于网络负载变化不敏感。不像 RSRQ，它根据自身和其他小区的负载而波动。因此，RSRP 的主要缺点是它不能用来估计 SINR，除非在没有其他小区干扰的独立小区中。

一个解决层间移动性设计问题的系统性方法是针对每个层先选择一个最小的可接受的上行和下行调度吞吐量，然后将选择的吞吐量目标映射为 SINR、RSRQ 或者 RSRP 阈值。通常情况下，eNodeB 的实现只支持一部分我们讨论过的测量触发事件，由于该限制，在移动性设计中使用哪个测量量是比较容易做决定的。

㊀ 在本章中，“路损”是以 3GPP 的方式来表征参考信号发送功率和 RSRP 的差异。换句话说，包含了天线系统增益。对于 3G，对应的路损测量为 CPICH 发送功率和 RSCP 的差异。

15.4.2 将吞吐量目标映射为 SINR、RSRQ 和 RSRP

一个基本的设计问题是如何去决定最小所需服务等级，在该等级之下，UE 应该通过切换、重定向或者空闲状态重选等方式离开该层。在大多数商业环境中，该问题既与工程相关，又与运营商市场相关。本节假设服务等级是基于最小所需 UE 上行和下行吞吐量。在一个 20MHz 2×2 MIMO FDD 系统中比较现实的小区边缘下行吞吐量值应该会在 4～10Mbit/s 之间，上行吞吐量值应该会在 0.5～3Mbit/s 之间。在后面我们将会看到，在通常情况下，上行链路会限制服务区域。

作为一个中间备注，在实测中吞吐量结果必须要基于每个调度带宽进行归一化处理（去除其他服务小区用户的影响）。虽然在实际中很受欢迎，但是由于众所周知的 TCP 的限制，速度测试应用或者 FTP 不应该用来评估无线接口吞吐量性能。推荐的方法是使用用户数据报协议（UDP㊀），因为它对于传输网络和协议局限不那么敏感。

下面讨论了吞吐量到 SINR 和 RSRQ 的映射，也通过一个测试示例展示了基于 RSRP 的下行吞吐量预测。最后这些结果用来在图 15.6 中演示在一个层间场景中对移动入口和出口的规划。

1. 将吞吐量映射为 SINR

假设定义了一个 LTE 层的最小所需吞吐量，吞吐量目标可以被转换成最小所需 SINR。这可以通过使用链路级性能曲线来实现，如图 15.7 所示。该图展示了在低移动速度（多普勒频移为 5Hz）下针对衰落信道的以对数为单位的上行和下行 UDP 吞吐量。测量的终端为一个商用的 LTE Cat3 调制解调器，它通过一个信道衰落仿真器连接到一个商用的基站。平均 SNR 通过向接收端输入人为产生的高斯噪声来决定㊁。下行传输方式为带有秩自适应的 2×2 3GPP TM3，它有时也被称作动态开环 MIMO。上行接收机是一个带有两路最大比合并的 MMSE 均衡器。上行没有使用功率控制，传输带宽为固定的 90 个 PRB；下行使用了一个 PDCCH 符号。

我们可以看到，在低 SINR 区域，两条性能曲线的差异在 3dB 以内，尤其在稍大的 L1/L2 上行开销得到补偿的情况下。2×2 系统的下行频谱效率（每 PRB 吞吐量）由于四路分集而稍高一些。在高 SINR 区域，下行由于使用 64QAM 的双流 MIMO传输而明显要好于上行。

例如，针对测量 UE 模型，SNR > －2dB 就足够到达 10Mbit/s 下行吞吐量。对于上行，评估 SNR 目标时应将在一个给定 SNR 值时分配的 PRB 数考虑在内，而这

㊀ 一个常见的对立观点是 TCP 是终端用户使用的协议。这样说当然没错，但是本章是关于无线接口性能的，而不是端到端性能。TCP 吞吐量测试适用于端到端性能测试，但这是超越本章讨论范畴的话题。

㊁ 在下行链路，大多数商用 UE 内部测量的 SINR 值（并报告给路测工具）是非常不可靠的，除非使用了合适的校准测量。

反过来取决于 eNodeB 的链路自适应实现。假设 90 个 PRB，SNR = -5dB 能到达 4Mbit/s 上行吞吐量。从另一方面来说，假设上行链路自适应能通过 PRB 数换取每 PRB 的更高功率，比如通过分配 9 个 PRB，这将能够提供 10dB SNR 增益，因此将 SNR 工作点提升到了 -5 + 10 = +5dB。由于 SNR = 5dB 时针对 90 个 PRB 的上行吞吐量大约为 16Mbit/s，那么针对 9 个 PRB 上行吞吐量将会为其十分之一，1.6Mbit/s。因此，为了评估针对一个给定吞吐量目标的上行 SNR 要求，知道 eNodeB链路自适应是如何分配上行带宽的就显得非常必要。显然，这是一个厂商特定的 eNodeB 实现问题。这个值得注意的问题将在后面的章节通过一个 RSRP 与吞吐量测量对比的例子来进一步阐述。

图 15.7 给出了在低移动速率下满缓存吞吐量与平均 SNR 的对比。针对一个宽带系统（比如 LTE)，如果整个带宽都用作传输的话，低 SNR 能够呈现出高吞吐量。即使针对低频谱效率 0.1bit/s/Hz（对应于图 15.7 中 SNR = -9dB)，一个 20MHz 的系统仍能达到大约 2Mbit/s 的下行数据速率。但在实际系统中，由于控制信道链路预算限制，这是非常难实现的。在实际系统中，链路预算限制常常来自于控制信道，而不是 PDSCH 或者 PUSCH。如表 15.9 所示，控制信道性能取决于 UE 速度、无线信道、信道编码参数和接收天线配置。基于参考文献［10］给出的 3GPP 要求，在配备两个发送天线、高移动速度的条件下，采用 8 个 CCE 聚合的 PCFICH/PDCCH 在 SNR = -3dB（PDCCH 误检测概率 >1%）以下时会产生限制。在上行配备两个接收天线的条件下，针对 PUCCH CQI 上报和在连接建立流程中的初始 RRC 信令（PUSCH 上发送的随机接入信令 3)，SNR 也要求在 -3 ~4dB 之间。

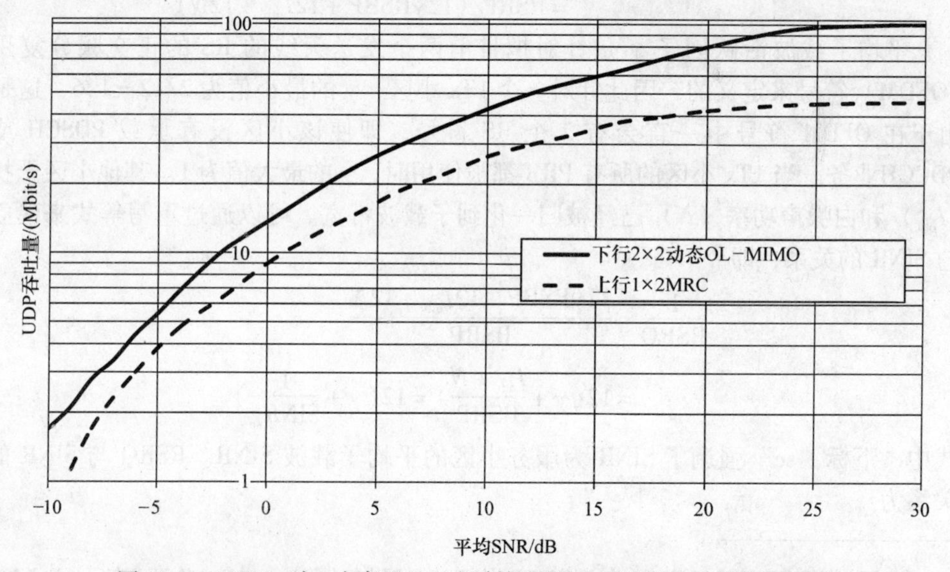

图 15.7　20MHz 时一个商用 Cat3 调制解调器和基站的吞吐量测量示例

因此，如果没有较好的接收机性能测试结果，针对上行和下行链路不推荐使用低于 -3dB 的 SNR 目标。而这对切换偏移值的规划也有所启示，因为如果频内 A3 偏移值设置为高于 3dB，那么一旦一个或多个邻小区变得满载，将会带来 SNR 低于 -3dB的风险。由于这个原因，一般不推荐使用比 3dB 高很多的频内切换余量。

表 15.9　3GPP 关于上行控制信道 SNR 要求的示例

控制信道和接收天线数目	SNR/dB	注意
PUCCH A/N 2Rx	-5	ACK 丢失检测概率为在 ACK 发送的情况下没有检测到该 ACK 的概率。目标值为 1%
PUCCH A/N 4Rx	-8.8	ACK 丢失检测概率为在 ACK 发送的情况下没有检测到该 ACK 的概率。目标值为 1%
PUCCH CQI 2Rx	-4	CQI 丢失检测误块率不能超过 1%
PRACH 突发格式 0 2Rx	-8	检测概率应等于或大于 99%
PRACH 突发格式 0 4Rx	-12.1	检测概率应等于或大于 99%
PUSCH msg3 80bit 2Rx	-2.9	1PRB，3 次重传，剩余 BLER = 1% ［3GPP R1 - 081856］

2. 将吞吐量映射为 RSRQ

虽然 SINR 理论上可以通过上报的 RSRQ 和本小区 PRB 使用情况来进行估计，但是大多数的 eNodeB 实现并不针对下行实施这样的选项。下行 SINR 可以通过 RSRQ = RSRP/RSSI 计算出来，其中 RSSI 为归一化到 1 个 PRB 带宽的总接收功率⊖。我们的目标是定义一个 RSRQ 阈值，该阈值对应于低于一个目标值的下行吞吐量。当下行平均子载波活跃因子为 γ 时，RSRQ 可以表示为

$$\begin{aligned}\mathrm{RSRQ} &= \mathrm{RSRP}/\mathrm{RSSI}\\ &= \mathrm{RSRP}/(12\gamma\mathrm{RSRP} + 12I_{\mathrm{oth}} + 12N)\end{aligned}$$

平均子载波活跃因子 γ 是针对携带前两个发送天线的 RS 的正交频分复用（OFDM）符号来定义的，因此针对一个 1Tx 小区，γ 的最小值为 2/12 = 1/6，这是由于在 OFDM 符号中一直会有 2 个 RS 符号，即使该小区没有承载 PDSCH 或 PDCCH业务。当 1Tx 小区的所有 PRB 都被使用时，γ 的最大值为 1。其他小区干扰（I_{oth}）和白噪声功率（N）已经被归一化到子载波带宽。可以通过重写等式来建立与 SINR 的关系，即

$$\begin{aligned}\frac{1}{\mathrm{RSRQ}} &= \frac{12\gamma\mathrm{RSRP} + 12I_{\mathrm{oth}} + 12N}{\mathrm{RSRP}}\\ &= 12\left(\gamma + \frac{I_{\mathrm{oth}} + N}{\mathrm{RSRP}}\right) = 12\left(\gamma + \frac{1}{\mathrm{SIN}R_{\mathrm{sc}}}\right)\end{aligned}$$

式中，下标“sc”强调了 SINR 为服务小区的平均子载波 SINR。RSRQ 与 SINR 的关系为

⊖　可以放弃 3GPP TS 36.214 中定义的 RSSI 中的 PRB 数量来简化记法。本章中的 RSSI 归一化到了 1 个 PRB 带宽。

$$RSRQ = \frac{1}{12\left(\gamma + \frac{1}{SINR_{sc}}\right)}$$

例如，如果 SINR 为无穷大，那么 RSRQ 为 $1/12\gamma$。当 $\gamma = 2/12$ 和 $4/12$ 时，RSRQ 分别为 -3dB 和 -6dB，而这是分别针对 1Tx 小区和 2Tx 小区的众所周知的空闲小区 RSRQ 值[⊖]。对于 2Tx 小区需要额外注意，因为从第二个天线发送的资源元素应该包含在 RSSI 测量的总功率中。而最简单的做法就是让子载波活跃因子的取值比 1 大。对于满利用率的 2Tx 小区，在 1 个 PRB 带宽情况下，在 RS 符号中有 20 个 RE 携带功率。这是由于在一个天线上携带 RS 的资源元素在另外一个天线上是被静默的，以便提高参考信号 SNR（并且提高下行信号估计准确度）。从平均子载波活跃因子的角度来说，针对满载的 2Tx 小区，对 RSSI 的本小区贡献可以通过简单地让 $\gamma = 20/12 = 5/3$ 来建模，50% 负载则对应于 $\gamma = 1/2 \times 20/12 = 5/6$，以此类推。图 15.8 展示了 SINR 与 RSRQ 的映射。

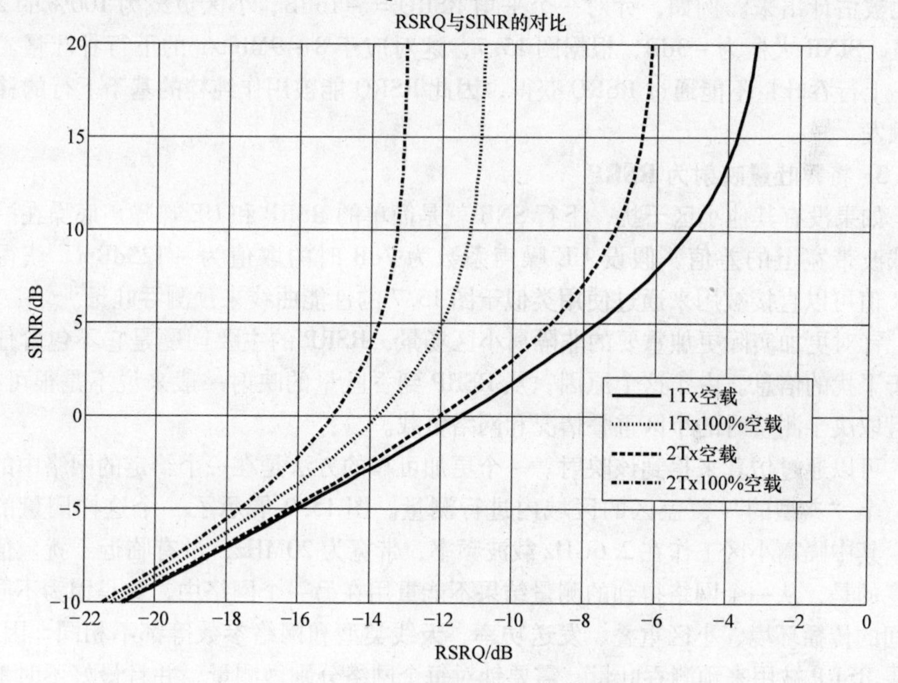

图 15.8　RSRQ 到 SINR 的理论映射

使用上面的公式可以针对一个给定的 SINR 和本小区负载得到一个对应的 RSRQ 值。假设 SINR = -3dB、满负载 1Tx 小区、$\gamma = 1$，则 RSRQ 为 $1/12/(1+2) = -15.5$dB。作为这个简单结果的一个应用，如果服务小区和邻小区都为满负载，并且一个频内邻小区的信号强度强于 3dB（例如，频内 A3 RSRP 偏移值为 3dB），

⊖ 本章假设没有使用 RS 功率抬升。

使用高于 -15.5dB 的 RSRQ 触发可能会导致不必要的层变化的触发。针对一个满负载的 2Tx 小区，对应的值将会是 1/12/(5/3+2) = -16.4dB。因此 RSRQ-SINR 转换准则也能被用来思考如何设置基于 RSRQ 的事件触发。

在缺失其他小区干扰的情况下，SINR = 0dB 对应于 RSRP 约等于 -125dBm，假设 UE 噪声系数为 7dB。不建议在如此低的接收等级情况下触发层变化，因为基于现网经验，在 RSRP 低于经验值 -115dBm 时，商用终端的上行功率开始限制性能，当然实际值还取决于上行噪声提升、RS 发送功率以及 UE 和网络的能力（例如，eNodeB 接收机灵敏度以及是否使用了 UE 发送天线选择）。当 RSRP 等级低于 -120dBm 时，RRC 连接建立失败或无线链路失败的概率急剧增加。而且，当 RSRP 低于 -125dBm 时，从前面章节讲的邻小区搜索要求的角度来看，该小区是不会被检测到的。

最后，考虑到 SINR 和 RSRQ 的映射，下行吞吐量作为 RSRQ 的函数能够很直接地被估计出来。例如，针对一个平均 RSRQ = -16dB、小区负载为 100% 的 2Tx 小区，SINR 大概为 -3dB，根据图 15.7，这对应于 8~9Mbit/s 的下行吞吐量。显然，上行吞吐量不能通过 RSRQ 获得，因此 RSRQ 能被用作纯粹的基于下行的移动性触发。

3. 将吞吐量映射为 RSRP

如果没有其他小区干扰，下行 SNR 就是简单的 RSRP 和 UE 热噪声底噪在一个子载波带宽上的差值，假设 UE 噪声系数为 7dB 时的取值为 -125dBm。获得的 SNR 值可以直接被用来通过使用类似于图 15.7 的性能曲线来预测吞吐量。

针对更加实际更加重要的非隔离小区场景，RSRP 的主要问题是它不包含任何关于干扰的信息。由于这个原因，从 RSRP 到吞吐量的映射一般来说不是很可靠，并且取决于测量时的小区重叠情况和网络负载。

可以通过仿真来得到该映射。一个更加可靠的方法是在一个给定的网络中的代表一个“典型的”覆盖区的区域内进行测量。图 15.9 展示了一个这样测量的例子，其中隔离小区工作在 2.6GHz 载波频率，带宽为 20MHz，没有临近干扰。值得注意的是，从一个网络得到的测量结果不能重用在另一个网络中，这是因为不同网络间的传播环境、小区重叠、发送功率、天线类型和网络参数等都不相同。因此，如果 RSRP 被用来预测吞吐量，需要针对每个网络分别做测量，并且最好不时地进行重复。从这点来说，基于 RSRP 的下行或者上行吞吐量建模与路损模型调整非常类似。在这两种情况中，模型只在测量它的网络和区域类型中有用。

基于厂商和基于网络的上行功率控制和链路自适应参数对上行吞吐量曲线有着非常大的影响。在图 15.9 中，当 RSRP < -110dBm 时，平均上行吞吐量下降到了 1Mbit/s 以下。测量时使用了带有满路损补偿（$\alpha=1$）的开环功率控制，每 PRB 的接收功率目标 P_0 = -100dBm。下行 RS 发送功率为每子载波 15dBm。我们可以看到上行吞吐量在 RSRP = -85dBm 时开始下降，这对应于 UE 计算的路损 85 + 10 =

100dB（包含了天线增益）。将该路损值插入到开环功率控制等式中，我们可以得到一个每 PRB 的 UE 发送功率 - 100 + 100 = 0dBm。传输带宽为 90 个 PRB 时，UE 在该点的发送功率接近 20dBm，而该值接近于使用 16QAM 调制方式时能够达到的最大值[⊖]。随着路损进一步增加（RSRP 下降），测量网络的链路自适应开始减少 PRB 以便维持上行链路每 PRB 的接收功率目标。因此在测量网络中，链路自适应通过牺牲带宽来维持每 PRB 的接收功率目标。上行 SINR 在该点大约为 19dB，而这是每 PRB 目标接收功率（P_0 = - 100dB）和每 PRB 上行白噪功率的差值，假设在 eNodeB 噪声系数为 2.5dB 时，每 PRB 上行白噪功率值约为 - 119dBm。将 RSRP = - 85dBm 时的图 15.9 与 SNR = 19dB 时的图 15.7 进行对比，我们可以看到在这两种场景下吞吐量都为大约 40Mbit/s，因此在该工作点上，上行性能曲线依然一致。

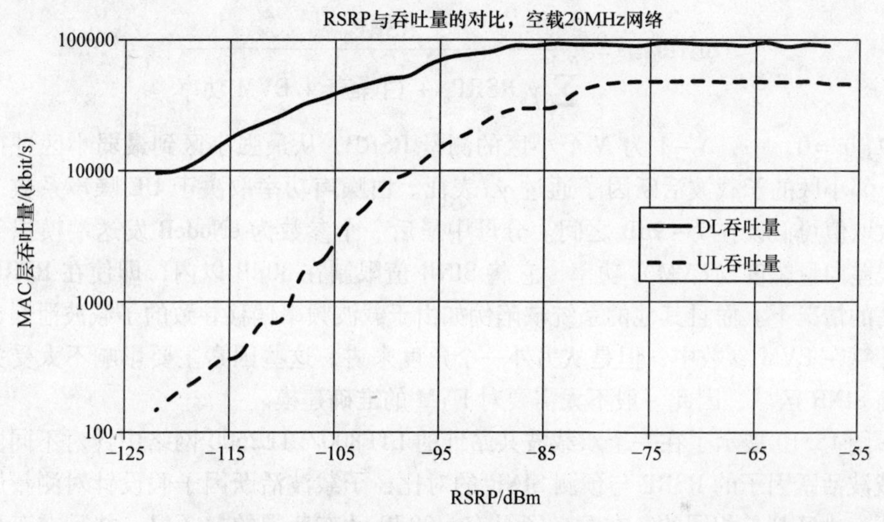

图 15.9　在一个隔离小区中低速率情况下 RSRP 测量与 Cat3 UE 吞吐量的对比（系统带宽为 20MHz）

路损提升 20dB 会导致 RSRP 下降到约为 - 105dBm，SNR 下降到约为 - 1dB，如图 15.7 所示。现在将两幅图中的性能进行对比，我们可以发现 100% 的性能差异：图 15.9 中约为 4Mbit/s，而图 15.7 中约为 8Mbit/s。该性能差异主要是由于在两种场景下不同的链路自适应配置。而这表明，盲目地比较不同网络的性能曲线是非常具有误导性的，尤其对于上行。另一个值得注意的点是受限的上行传输功率会导致严重的吞吐量限制。在图 15.9 的例子中，上行发送功率在 RSRP = - 85dBm 时达到最大，如果低于该值系统峰值吞吐量不能继续得到维持。因此，当 RSRP =

⊖ 在使用 16QAM 调制方式时可以不支持 23dBm 的最大 UE 功放功率，这是由于需要功率回退来保证 PA 的线性度。

-115dBm 时，上行低于峰值性能工作点达到 30dB。上行链路自适应尝试通过减少传输带宽或者减少 MCS 或者两者同时减少去补偿缺失的 30dB 功率余量。无论怎样，补偿只有在达到一个点时才能工作。在许多网络中，RSRP 低于 -115dBm 时会导致上行链路连接和吞吐量的问题。如果下行传输功率非常高，使用 RS 功率抬升或者上行噪声抬升比较高，这些问题在较高 RSRP 时可能早就开始出现了。

直接测量 RSRP 和吞吐量的相关度的问题是它不能预测网络负载对吞吐量的影响。如果网络负载发生变化，那么测量将必须重复进行。如果有一个高质量的扫频仪，那么就能够通过从对最强小区的 RSRP 测量预测 SINR 来得到更具说服力的结果。而这将允许在预计 SINR 时将网络 RF 负载考虑进去，并进一步给出一个较好的小区重叠对吞吐量性能影响的指示。如果可以得到准确的针对前 N 个最强小区的 RSRP 测量，那么在一个测量点的 SINR 可以计算如下

$$\mathrm{SINR}_{\text{预测}} = \frac{\mathrm{RSRP}_0}{\sum_{n=1}^{N-1} \gamma_n \mathrm{RSRP}_n + \text{白噪声} + \text{EVM 功率}}$$

式中，$n=0, \cdots, N-1$ 为 N 个小区的测量 RSRP，从最强小区到最弱小区进行排序。邻小区的子载波活跃因子通过 γ_n 表征。白噪声功率取决于 UE 噪声系数，该系数取值可假设在 7～9dB 之间。分母中最后一个参数为 eNodeB 发送端模拟部分的误差向量幅度（EVM）功率，它将 SINR 值限制在 30dB 以内，即使在 RSRP 非常高的情况下。而且其他的系统缺陷例如由于载波频率偏移导致的子载波泄漏也可以计算在 EVM 参数中，但是从另外一个角度来讲，这些因素主要影响不太受关注的高 SINR 区域，因此一般不太需要对 EVM 的准确建模。

图 15.10 展示了在一个双载波共站址的 LTE800/LTE2600 网络中针对不同网络子载波活跃因子的 RSRP 与预测 SINR 的对比，子载波活跃因子假设针对测量簇内的所有小区都是相同的。在配备了具有 >20dB 动态范围的扫频仪，并且在车顶配备了外部天线的情况下，最多可以测到 16 个最强的 RSRP。从结果中我们可以看到，尤其在 800MHz 时，小区重叠变得非常严重，因为推算 SINR 在 RSRP 低于 -85dBm时将会穿过 0dB，即使针对一个空负载的网络（15% 子载波活跃度）。随着网络 RF 负载的增加，测量网络的 SINR 以及吞吐量会进一步下降。在该示例中，SINR 下降等同于子载波活跃度上升，因为所有的小区都假设具有相同的活跃因子，并且白噪声影响可以忽略。测量网络的平均站间距（ISD）只有大约 600m，因此在 800MHz 网络中，当信号质量是在室外通过外部扫频天线测量时，没有低于 -80dBm的 RSRP 采样。在 2.6GHz 网络中，来自站内扇区的干扰表现为 RSRP 高于 -60dBm 时曲线的下降，这表明测量采样点在站点附近并在扇区之间。

为了设计移动阈值，与图 15.10 类似的 RSRP - SINR 曲线可以被用来基于 RSRP 预测 SINR。因为针对一个给定的网络负载，SINR 由小区重叠情况来决定；需要物理的 RF 优化来改善网络的基本 RF 性能。

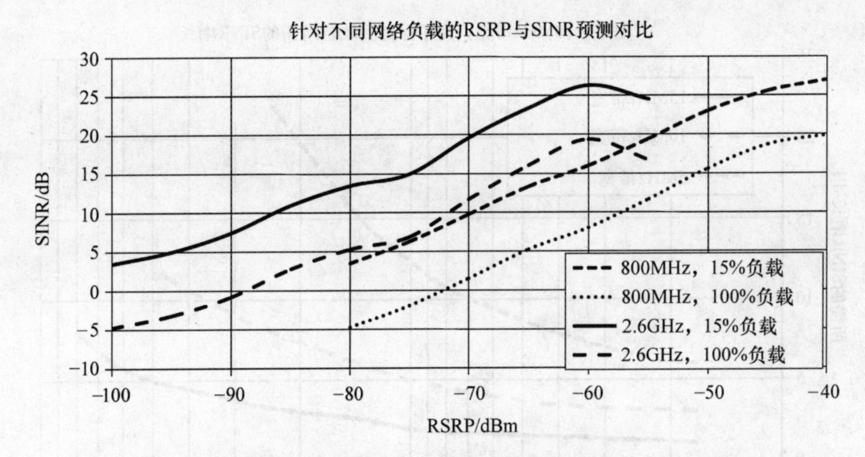

图 15.10　针对不同下行子载波利用情况的 RSRP 与预测的下行 SINR 的对比，基于 RSRP 路测测量

4. 吞吐量对于系统带宽和 SINR 的相关性

根据基本的信息论，对于一个固定的 SINR，吞吐量与系统带宽呈线性关系。这应该在设计移动阈值时被考虑在内，尤其当使用 A3 “功率预算” 事件时。针对具有不同带宽的层设置对称的 A3 偏移值可能会导致 UE 吞吐量的下降。针对不等带宽的 SINR 需求的理论差异可以通过香农公式或者仿真或者测量结果获得。其中比较有趣的量是保持相同的吞吐量所需的 SINR 增长量。

图 15.11 展示了当源层系统带宽为 20MHz，目标层带宽为 15MHz、10MHz、5MHz 时所需的额外 SINR。该曲线是基于处于衰落环境下的商用 UE 的测量。SINR 的差值取决于吞吐量；针对低吞吐量，当系统带宽减半时，所需的额外 SINR 大约为 3dB；针对高吞吐量，SINR 的差值会更大。例如，针对 20MHz 系统、10Mbit/s 吞吐量的情况，这时的 SINR 应该比 10MHz 系统、10Mbit/s 吞吐量的情况高出 5dB。类似的情况，一个 5MHz 的系统需要高于 12dB 的 SINR 来达到 10Mbit/s 的吞吐量。

当调整具有不同带宽的层之间的 A3 切换阈值时，不同层间的吞吐量差异可以通过使用与图 15.11 中类似的设计曲线被考虑进去。为了使预测更加准确，不同的小区重叠和负载情况对层间 SINR 特征的影响可以通过使用图 15.10 中展示的结果被考虑在内。

15.4.3　层间移动示例#1（不同优先级不同带宽的 LTE 层）

本章通过举例的方式来说明如何设置移动阈值。图 15.12 展示了本例中使用的网络。我们假设

- 两个 LTE 层和一个 UMTS 覆盖层，优先级如图 15.12 所示。
- 针对处于 LTE1800 小区边缘的 LTE 上行/下行吞吐量的最小要求分别是

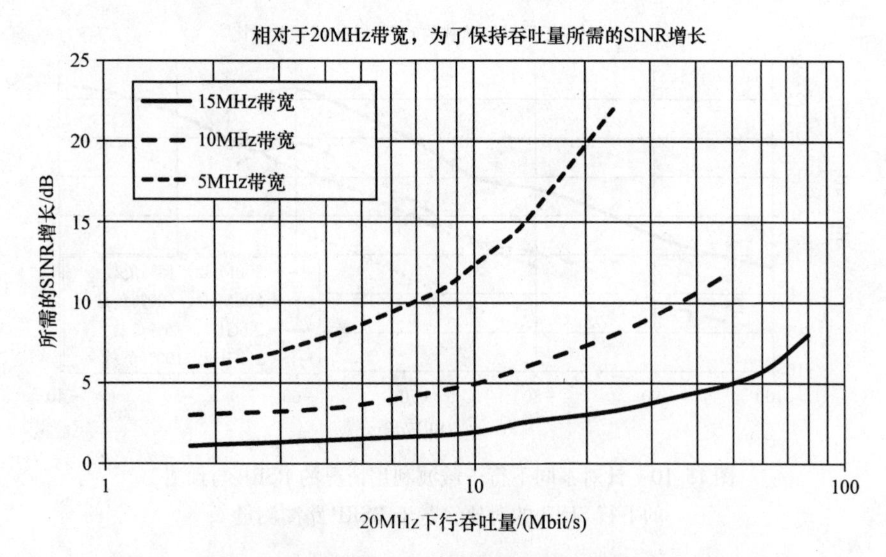

图 15.11　减少系统带宽时，为了保持下行吞吐量所需的 SINR 增长（在使用一个商用 UE、针对 2×2 空间复用的衰落信道测量结果）

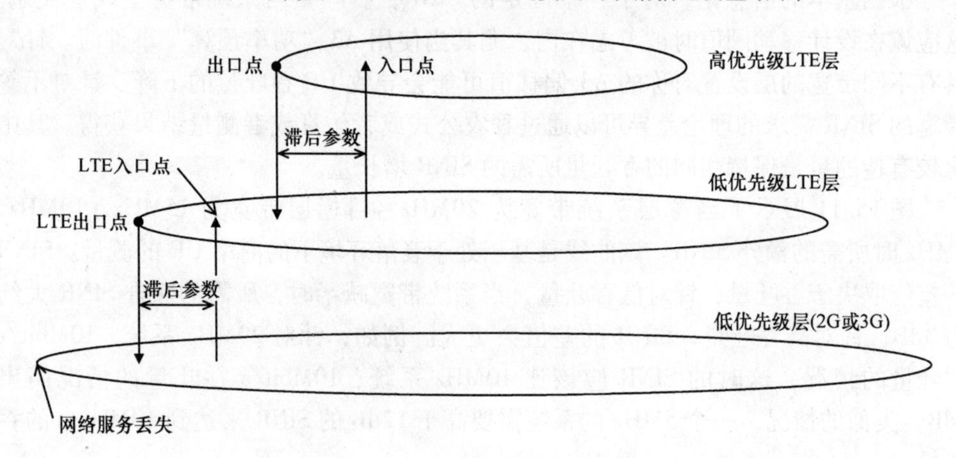

图 15.12　针对层间移动设计的网络的例子

2Mbit/s 和 8Mbit/s。LTE1800 是具有 20MHz 系统带宽的高优先级层。

• 针对处于 LTE800 小区边缘的 LTE 上行/下行吞吐量的最小要求分别是 1Mbit/s 和 4Mbit/s。LTE800 是具有 10MHz 系统带宽的低优先级层。

• 两个层的下行参考信号发送功率为每天线分支 15dBm。

• 阈值是针对邻小区平均 PDSCH PRB 的上行和下行利用率为 20% 的情况设计的。

• 系统支持连接状态下基于 RSRP 和 RSRQ 的频间和 RAT 间测量事件。在空闲状态下，支持版本 9 中基于 RSRQ 的重选。

基于以上假设的最小集，目标任务就是针对空闲和连接状态的移动性去设置层的出口点和入口点。

1. 针对吞吐量目标的 SINR 要求

基于最小 LTE 吞吐量要求，SINR 要求是通过使用类似于图 15.7 的图来获得的。从纯粹的 PUSCH 吞吐量的角度来看，当系统带宽为 90 个 PRB 时，SNR = -7dB依然可以满足吞吐量要求。从另一方面来讲，我们应该避免远远低于 SNR = -3dB 的值，除非 eNodeB 接收机性能曲线表明上行控制信道能够在低 SINR 的条件下被成功检测。下行 SINR 要求可以通过类似于图 15.7 的图来获得。表 15.10 总结了针对 PUSCH 和 PDSCH 的结果。

表 15.10　针对具有两个发送天线的下行链路示例的名义 SINR 要求

层	在 90% PRB 利用率时的 PUSCH SINR 要求，2Rx	在 100% PRB 利用率时的 PDSCH SINR 要求，2Tx/Rx
LTE1800 20MHz	-7dB	-3dB
LTE800 10MHz	-7dB	-3dB

注：UE 处于低移动速率（多普勒频移 = 3Hz）。

2. 针对热噪声受限情况的层 RSRP 出口点

首先考虑只有热噪声下的性能是非常明智的，因为这会给出在现实干扰条件下不能超过的可能达到的最好性能。如果没有其他小区干扰，RSRP 可以被用作移动性触发，因为如果上行和下行的热噪声功率已知，可以得到有足够精确度的 SNR。

针对下行链路，热噪声等级大约为每子载波 -125dBm，这在某种程度上取决于 UE 噪声系数（这反过来取决于工作频段）。为了满足 SNR = -3dB，RSRP 应该高于 -128dBm。一个子载波的参考信号发送功率是 15dBm。这会导致最大下行路损达到 125 + 15 = 140dB㊀。需要检查上行 SNR 以便保证鲁棒的控制信号运行。在发送功率为 23dBm、带宽为 1PRB 时，接收功率为 23 - 140 = -117dBm，该值高于 eNodeB 热噪声底噪 2dB（SNR = 2dB）。因此对于 PUCCH，-3dB 的 SNR 目标在没有上行干扰的情况下依然可以被满足。

针对上行数据信号，功率控制将会影响高 RSRP 时的吞吐量。对于低 RSRP，我们可以假设 UE 准备好了针对任意实际的上行功率功控方式使用它的满传输功率 23dBm。针对 90 个 PRB 的带宽，如果使用了 MHA 或者馈线损失没有那么大，那么热噪声功率大约为 -100dBm。在热噪声下能够满足 PUSCH SNR = -7dB 的最大路损大约为 23 + 100 + 7 = 130dB。这对应于 PSRP 为 15 - 130 = -115dBm。由于针对下行吞吐量的 RSRP 要求为 -128dBm，我们可以看到是上行吞吐量要求限制了覆盖。

㊀ 我们回忆一下，为了简单起见，本章中的名词“路损”是以 3GPP 的方式来表征，也就是每子载波参考信号功率减去 RSRP。因此它包含了天线系统增益。

上面计算的路损值根据系统参数的不同在上行或下行链路方向上可能会有几 dB 的差异，而本节的主要目的是了解上下行链路功率的不均衡。结果是针对给定的吞吐量目标，路损不均衡为 10dB，下行链路更好。这意味着移动阈值设计将不得不主要基于上行链路性能。而且，我们可以看到 RSRP 不应低于 -115dBm，因为如果低于该值，一个噪声受限的系统会由于路损而不能够满足上行吞吐量要求。如果下行传输功率更高或者使用了 RS 功率抬升，不均衡也会相应地增加。对于给定的上行吞吐量目标，PUCCH 不会限制覆盖。

3. 针对有干扰网络的层 RSRP 出口点

如我们所见，在噪声受限的情况下，RSRP 可以用作移动触发，因为它可以很直观地转换成 SINR。针对有其他小区干扰的情况下，如果考虑了平均上行噪声抬升，针对上行链路可以使用类似的方法。针对下行链路，情况会更复杂一些，因为下行噪声抬升取决于 UE 与干扰 eNodeB 的相对位置；小区中心附近的噪声抬升比小区边缘要低得多。由于这个原因，RSRP 到 SINR 的映射将不仅取决于网络负载，也会取决于 RSRP 级别本身（UE 在小区中的位置）。如果存在类似于图 15.10 的曲线，RSRP 阈值配置原则上可以基于该曲线。但是，像这种 RSRP 到 SINR 映射的缺点是它展示了一个静止小区下的行为，但是在现实中，网络中小区的 RF 利用情况一直在波动。

而 RSRQ 反过来可以跟踪动态的负载波动，但是从另一方面讲，它需要较长的时间来触发以避免不必要的小区变化。在某些情况下，例如高楼和俯瞰一湾水的小区，接收机看到的干扰小区数量会特别巨大，以至于这种波动被平均掉了，并且有效地形成了一种稳定的干扰功率基底。RSRQ 在这种情况下可以是一种有效的触发，虽然如果 RSRQ 触发设置得过高，处于干扰的整个小区可能会面临 UE 被掏空的危险。

针对该问题唯一的解决方法是针对现有的网络进行物理的 RF 优化或者建立本地 RF 优势，例如通过室内解决方案或者适当部署的小小区。

为了继续展开下面的示例，上行链路层变化触发将会基于 RSRP 和噪声抬升，而针对下行链路也使用了 RSRQ。

将上行链路噪声抬升的影响加入到上行链路路损的计算当中已经很容易实现了，因为噪声抬升是从路损目标中被简单地减去的。LTE 的上行噪声抬升要远远高于 Rel99 WCDMA 的上行噪声抬升，因为它没有快速功率控制。图 15.13 展示了一个针对满缓存数据模型的上行噪声的仿真示例，其中 20% 的 TTI 被完全使用，对应于 20% PRB 利用率的边界条件。在具有较小 ISD 的城区，800MHz 上的噪声抬升会非常大，这是因为由于较低的路损，几层之外的 UE 仍然会为上行噪声做出贡献。而且在示例中，所有情况都使用了非最优的 4°下倾角；优化下倾角和上行功率控制参数可能会导致噪声抬升的大幅下降，尤其是针对 ISD 为 500m 的场景。eNodeB 侧的干扰抑制接收机和智能的干扰感知功率控制同样也会有所帮助。

针对这个目的，本例中假设上行噪声抬升为 3dB，这是基于不同环境的折中值，并且也与现网经验保持一致，而现网经验是从有类似参数和低负载的预部署的优化网络中得到的。针对具有较小 ISD 的市区 LTE800，噪声抬升可能会较高（如果下倾角和功率控制没有被优化），但是我们现在先将其忽略，可以留作后续优化。

在 3dB 上行噪声抬升的假设前提下，由于较低的上行吞吐量而导致的层出口点的 RSRP 触发值在 -115 ~ -112dBm 之间。

最后，为了决定 RSRP 触发的下行链路出口点，需要与图 15.9 类似的网络特定的性能曲线。避开细节不谈，我们可以简单地推断基于下行链路吞吐目标的 RSRP 出口触发要低于上行链路触发，因此是上行链路性能决定了出口点。

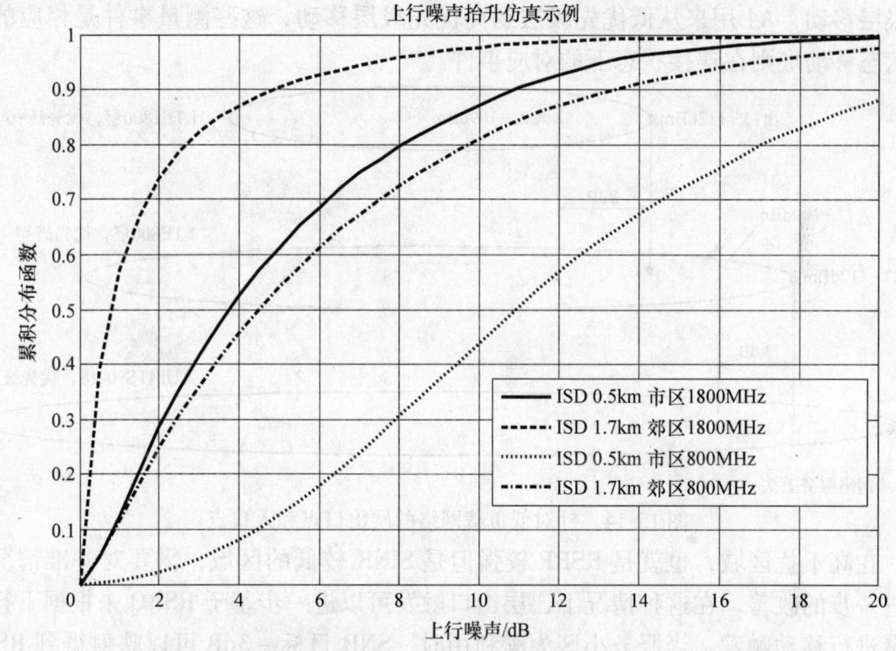

图 15.13　针对满缓存数据模型，在每 TTI 平均 0.2 个 UE 在上行被调度情况下的上行链路噪声抬升分布举例（使用 P_0 = -100dBm、α =1 的开环功率控制，下倾角为 4°、天线高度为 30m，ISD = 站间距）

4. 针对有干扰网络的层 RSRP 入口点

现在，我们已经基于吞吐量目标定义了层出口点，下一步就是选择层入口点以便留下一些滞后参数来避免“乒乓”层变化。

对于上行链路，出口触发是基于 RSRP，因此入口触发也应该基于相同的测量量，否则滞后参数会比较难控制。滞后参数的主要目的是减轻小尺度信号衰落的影响，并且在空闲和连接状态下，滞后参数可以基于计时器和信号强度偏移值。推荐的方法是使用较小的信号强度偏移值和较长的计时器值，因为这会使静止的 UE 保持连接在最合适的层。该设计针对低移动速率的 UE 进行了优化，因为假设的主要业务是数据㊀。使用太大的信号强度滞后参数会导致吞吐量性能的下降，因为如果所有的层都具有相同的带宽，即使是 3dB 的 SINR 提升都能够提升百分之几十的调度吞吐量。乒乓小区变化的主要缺点是可能会导致空闲状态下的寻呼丢失，以及连接状态下的掉话风险的增加。如果乒乓变化太频繁，正在进行的 TCP 下载也会由于时延高峰和分组丢失而受到影响。但是一个浏览网页的用户可能不会感受到影响，除非乒乓变化极其频繁。

因此，RSRP 滞后参数设为一个相对低的值 -3dB，乒乓变化将通过增加时间滞后参数来控制。

图 15.14 总结了针对 LTE 层的出口点和入口点。实际的测量触发事件是根据之前讨论的类比来选择的。换句话说，A5 用来在 LTE 系统中从高优先级层到低优先级层移动，A4 用来从低优先级层到高优先级层移动，这些测量事件是相应的空闲状态移动准则在连接状态下的对应事件。

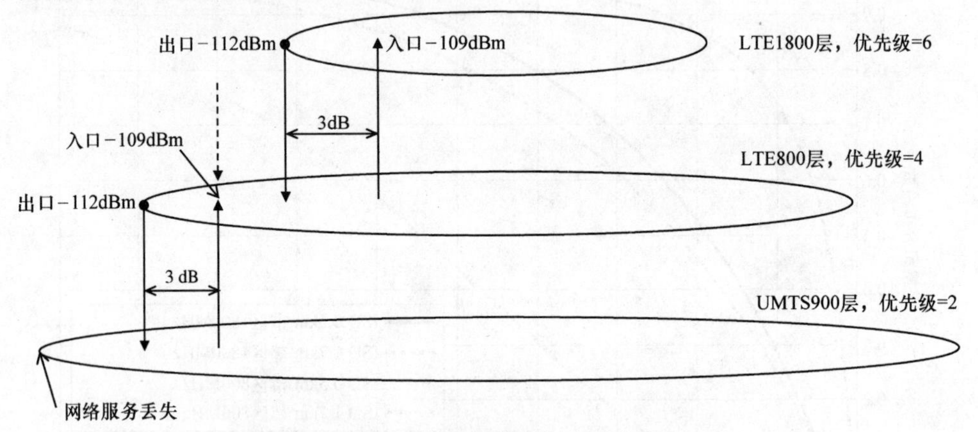

图 15.14　针对低负载网络的层出口点和入口点

在高干扰区域，也就是 RSRP 较强但是 SINR 较低的区域，需要对基准情况进行进一步的改善。在这种情况下，层出口触发可以进一步基于 RSRQ 来根据下行吞吐量进行移动触发。当服务小区为满利用时，SNR 目标 -3dB 可以映射得到 RSRQ 阈值 -16.5dB。假设一个满利用的服务小区是非常符合逻辑的，因为如果服务小区不是满负载的，eNodeB 就能够给 UE 分配更多的 PRB，因此增加了它的吞吐量。

将基于 RSRP 和基于 RSRQ 的移动触发混合在一起的主要问题是在一个 RSRQ 触发的切换过后，如果 RSRP 被用来控制小区重选，UE 可能又回到受污染的高优先级层，因此导致了乒乓变化。因此在实际中，使用单一的触发量是最简单的，即 RSRP 或者 RSRQ。这就意味着移动性默认是基于下行链路吞吐量（RSRQ）或者上行链路吞吐量（RSRP 结合假设的上行链路噪声抬升），除非使用了某些厂商特定的算法。

㊀ 针对本地 LTE 话音服务（VoLTE），需要一种不同的移动参数设计。

5. 阈值设置

表 15.11～表 15.13 提供了针对该示例的参数设置。示例的设计可以被总计如下

- 层出口点为 RSRP < -112dBm。
- 层入口点为 RSRP > -109dBm。
- 滞后参数为 3dB，乒乓变化由计时器控制

这些值是基于上行 SINR 目标 -7dB 和 3dB 上行噪声抬升，而这对于一个非优化网络是比较乐观的假设。可以添加 2～4dB 的安全余量。

为了简单起见，我们省略了 UMTS900 的出口点和入口点的设置，但是它们应该基于最小服务要求来设置以避免 UE 完全丢失网络服务。

表 15.11 总结的信号强度阈值相对来说比较高，但是我们应该记住该设计是针对 20MHz 下行链路和上行链路的 8Mbit/s 和 2Mbit/s 的吞吐量目标。但是如果降低了吞吐量目标或者阈值设计是为了具有特定话音质量目标的话音服务，那可以允许使用较低的阈值。或者，我们可以想象将某一特定的目标掉话概率用作设计准则，而这将会导致不同的阈值设置。

连接状态的参数使用与空闲状态相同的出口点和入口点。我们忽略了事件上报参数（触发时间、上报间隔和上报数量等）。

表 15.11　针对 LTE 层的空闲状态移动阈值

空闲状态参数	值	备注
qRxLevMin	-120dBm	两个层
threshServingLow，*P*	-112dBm	空闲状态的 LTE1800/LTE800 出口点，在 SIB3 中广播
threshX，low，*P*	-109dBm	LTE800 入口点，在 LTE1800 SIB5 中广播
threshX，high，*P*	-109dBm	LTE1800 入口点，在 LTE800 SIB5 中广播
Treselection	5s	由于 3dB 滞后参数而使用较长的层间重选择计时器来避免乒乓选择，层内重选计时器可以较短

表 15.12　针对 LTE1800 层的连接状态层间移动阈值

空闲状态参数	值	备注
A5Threshold1	-112dBm	服务小区 RSRP 必须低于该值。与 threshServingLow，*P* 取值一致
A5Threshold2	-109dBm	LTE800 入口点，LTE800 触发切换的最小所需等级。与 threshX，low，*P* 取值一致
A2Threshold	-112dBm	激活测量间隔的服务小区 RSRP
A1Threshold	-109dBm	去激活测量间隔的服务小区 RSRP

表 15.13　针对 LTE800 层的连接状态层间移动阈值

空闲状态参数	值	备注
A4Threshold	-109dBm	LTE1800 入口点。与 threshX，high，*P* 相同

连接状态下移动到一个高优先级层对应于 A4 测量事件。

在 LTE800 中，问题是何时去触发测量间隔。由于与 LTE1800 基于频率差异的路损大约为 7dB（忽略穿透损耗、天线系统增益等差异）可能会导致在激活测量间隔一段时间后在 LTE1800 找不到任何合适的目标小区的风险。如果 LTE800 服务小区的信号强度高于某个阈值，A1 事件可以被用来触发测量间隔，而这表明找到一个满足 A4 的合适目标小区的概率较高。使用 80ms 的间隔以减缓测量进程的代价来达到吞吐量下降的最小化。如果 A4 事件没有在一个特定时间内被触发，测量间隔活跃时间同样可以被系统限制，以避免在没有高优先级层覆盖的情况下激活测量间隔。

15.4.4　层间移动示例#2（相同优先级相同带宽的 LTE 层）

将 LTE 载波频率分配到较高和较低优先级层会有一个主要的缺点。当 UE 一直由满足最小所需 RSRP/RSRQ 的最高优先级层服务时，不能够保证它能接收到最好的服务等级，这是因为在较低优先级层上可能存在一个较强的质量较好的小区。如果两个层具有相同的系统带宽并且二者的路损差异不是很大（例如 1.8GHz vs 2.1GHz），一个更合适的方法可能是为二者分配相同的优先级，而这会导致与传统的基于最好服务的服务小区选择不同的移动参数设计。

图 15.15 为本章设定了背景。两个 LTE 层具有相同的系统带宽，并且 1.8GHz 和 2.1GHz 载波频率间的路损差异大约为 3dB。在这种情况下为各层分配不同的优先级可能不会产生太多的好处，反而使用一种简单的相同优先级层策略就足够了，而且比较容易运行和优化。

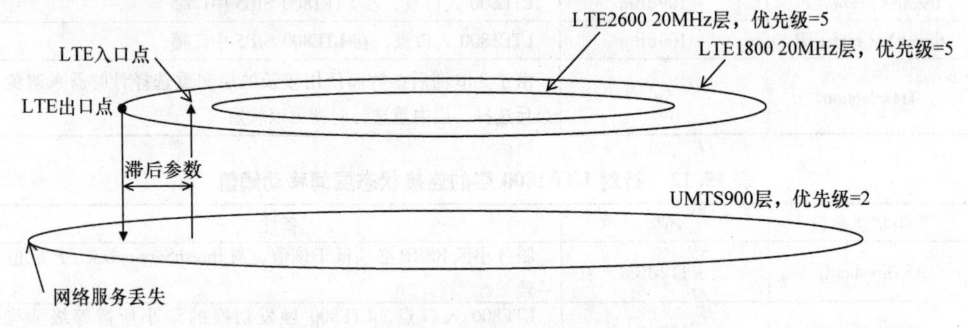

图 15.15　有两个相同优先级 LTE 层的网络

在低网络负载的基准情况下，移动性仅仅是基于带有滞后参数的最好服务小区选择，也就是说，A3 偏移值和空闲状态滞后参数。没有必要针对 LTE 内移动去定义任何出口点和入口点参数。针对移动到 UMTS 覆盖层的情况，仍然需要出口点和入口点，这是因为不同的 RAT 不能具有相同的优先级。这可以基于之前讨论过的最小服务等级要求，例如，针对 2Mbit/s 上行链路吞吐量目标，RSRP 应该不低于 -112dBm（其他假设参见之前的章节）。针对 LTE 内移动，基本上只需要确定滞后参数和计时器，而这会使得设计、配置和优化流程非常简单。将 RSRQ 作为移动触发可能会导致之前解释过的问题，也就是它会忽略上行链路方向（比 RSRP 还要严重）。在本例中，RSRP 被用作默认的触发，而 RSRQ 针对高 RSRP 和高干扰的区域使用。使用 RSRQ 作为连接状态切换触发的另一个问题是空闲状态重选不能够基于相同优先级层间的 RSRQ 进行，这将会导致控制乒乓变化非常困难。

作为经验法则，相同带宽的层间滞后参数不能大于 3dB，否则吞吐量恶化会非常严重。1 ~ 3dB 是针对一个数据支配网络的典型取值范围，具体值取决于 UE 移动性，并且会设置相应的时间滞后参数来减弱乒乓变化。针对语音业务，在高 UE 移动速度情况下的保持性变得更加重要，这是因为一个较长的触发时间计时器会加长处于较差语音质量条件的时间，或者如果信号强度下降得很快可能会有掉话的风险。因此，一个设计较好的 eNodeB 实现应该针对非 GBR 和 GBR 业务支持不同的切换参数集合。

一旦决定了信号强度和时间滞后参数，参数设计就基本完成了。表 15.14 和表 15.15 给出了一个示例。针对两个方向设置相同余量的缺点使各层的业务负载将会趋于不均衡。随着网络业务的增长，这最终会导致低频率层率先拥塞。这可以通过某种类型的负载均衡来得到部分补偿，这将会在后续章节展开讨论。

表 15.14　针对 LTE1800 和 LTE2600 的空闲状态移动阈值

空闲状态参数	值	备注
qRxLevMin	-120dBm	两个层
threshServingLow，*P*	-112dBm	空闲状态下 LTE1800/LTE800 向 UMTS900 的出口点，在 SIB3 中广播
threshX，Low，*P*	-110dBm	以 RSCP 表征的 UMTS900 入口点，在 SIB6 中广播。取值应该以高概率保证网络服务。应该比 UMTS900 中最小 RSCP 阈值（qRxLevMin）要高几个 dB
qHyst	2dBm	两个方向上相同的滞后参数。较低的滞后参数来保持 UE 驻留在具有接近最优路损的小区。网络针对低移动性进行了优化
Treselection	5s	针对频内和频间移动。由于 2dB 滞后参数而使用较长的重选计时器来避免乒乓选择

表 15.15　针对 LTE1800 和 LTE2600 的连接状态移动阈值

空闲状态参数	值	备注
a3Threshold	2dB	为了触发频内和频间切换，与空闲状态的滞后参数一致。参数针对低移动性进行了优化
a2Threshold	-100dBm	触发测量间隔的示例值。如果频间切换不是由 A3 事件在经历了一段保护时间后触发，那么间隔不应该保持激活
触发时间	2048s	针对 A2 和 A3 事件，由于 2dB 的偏移值而使用较长的计时器来避免乒乓选择

在连接状态下，对应于相同优先级基于滞后参数的空闲状态小区重选的测量事件为 A3 事件。

还需要再强调一次，这里的主要问题是何时触发测量间隔。从纯粹的移动性角度来看，最好的解决方案是使间隔一直都保持在激活状态，但是这会减少能够分配的资源块的数量，并且导致能够增加 TCP 数据分组流突发的时延高峰，并进一步造成吞吐量的下降。一个可能的方案是当服务小区信号强度高于一个阈值时（由 A1 事件定义），周期性地激活较短时间的间隔，以便为了探测是否能够找到一个更好的频间小区。如果服务小区的信号强度低于一个阈值（由 A2 事件定义），那么间隔可以被连续激活。如果非激活计时器不是特别长，智能手机趋向于频繁地变成空闲状态，而这将允许通过空闲状态来变换层。但是，在实际情况中产生大部分网络负载的高数据量的用户更倾向于以更长的时间保持在连接状态。因此通过智能的激活测量周期来允许层间连接状态移动，从而将这些用户移动到最好的频率层就显得非常重要。3dB 的平均 SINR 提升能够提升百分之几十的调度吞吐量，或者针对一个固定的业务需求，能够减少相同数量的 PRB 消耗。

15.5 针对容量受限网络的层间移动性

针对之前讨论的非拥塞网络的问题，可以通过首先定义一个最小可接受的 UE 吞吐量，然后将吞吐量目标映射到层入口和出口阈值（RSRQ 或者 RSRP）来解决。随着网络提供的业务的增长，在某一点上 PRB 利用率达到最大并且多个 UE 必须在每个 TTI 中共享无线资源，而这反过来会减少 UE 吞吐量并增加分组调度时延。最终当太多的 UE 共享无线资源时，这将会导致 LTE 网络中最小可接受 UE 吞吐量在 SINR 或 RSRQ 较高时无法被满足的情况，而这是前面章节讨论的针对空载网络的设计假设。

如果在一个覆盖区域内所有的层都拥塞了，那么除了增加网络容量没有其他的方法可以使用，例如，在业务热点中心区域部署小小区。因此，在“水平方向和垂直方向都拥塞”的情况下，通过卸载业务到其他的小区或者层上来改善拥塞情况是不可能的，因为所有的目标候选小区都拥塞了。从另一方面来说，如果拥塞只是在水平方向或者只是在垂直方向，可以通过移动阈值调整或者拥塞触发的负载均衡切换来移动其他小区未利用的资源。本节的主要讨论如何通过卸载业务到其他层来处理层内（水平的）拥塞。

负载均衡方法可以分为两个基本的步骤。

- 通过移动阈值调整的静态负载均衡。尤其针对在较大覆盖区域内（而不是仅仅几个隔离的站或者小区）层间的负载分布不均衡的情况，可以通过改变层出口和入口点（不同优先级层）或者小区改变偏移值（相同优先级层）来实现负载均衡。在空闲状态下，也可以使用 UE 专用的层优先级。这些方法大部分是基于 3GPP 的，并且可以用在大范围的网络中而不管 eNodeB 的实现如何。

- 通过 eNodeB 算法的动态负载均衡。这些方法包括拥塞触发的负载均衡切换和基于小区负载的移动阈值自适应调整。这些方法是基于厂商的，因此不会由 3GPP 定义。这些方法的好处是可以在小区级别动态的适应业务波动，而静态的方法是做不到的。

静态方法调整覆盖区域内的层的平均负载，动态方法能够进一步在小区级别精确地调整业务负载。为了能够得到满意的结果，可能需要二者的结合。因为只使用动态方法能够轻易地造成过多的乒乓层变化，除非覆盖区域内的层的平均负载事先经过了静态移动阈值的调整；小区级的本地调整是通过动态负载均衡来处理的。

为了调整任意的系统，需要有一些优化准则。针对负载均衡的目的，可以考虑几种不同的准则。这些准则可以用在静态和动态负载均衡中。示例的准则包括：

- 均衡 RRC 连接状态的 UE 的数量。
- 均衡无线利用情况（例如，PRB、PDCCH CCE）。
- 最小化吞吐量低于最小要求的 UE 的数量。
- 最大化 UE 吞吐量。

在实际中选择哪个准则通常会受到 eNodeB 实现的限制。尤其针对动态负载均衡，优化准则一般是硬编码在 eNodeB 实现中。

从终端用户体验的角度来说，针对非 GBR 业务的最重要的性能准则是 UE 调度吞吐量。图 15.16 展示了一个在忙小区中平均 UE 吞吐量与共享一个 TTI 的 UE 数量的对比的例子。这样的性能曲线能被用作容量管理和负载均衡。

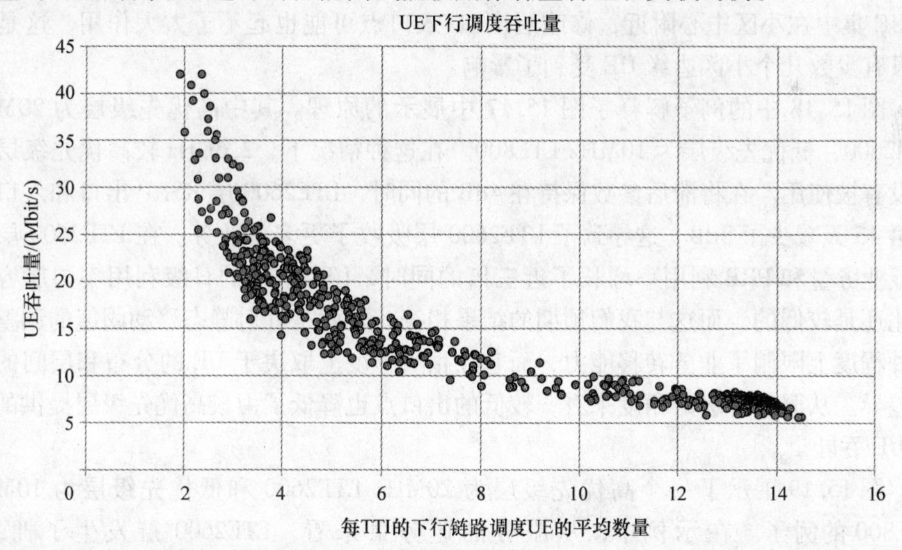

图 15.16　UE 下行调度吞吐量与每 TTI 调度 UE 数量的对比（每个点对应于 1 小时的平均）

15.5.1 通过移动阈值的静态负载均衡

从某种意义上来说，LTE 层的负载可以通过调整出口/入口点或者调整针对不同和相同优先级层的小区变化余量（空闲状态滞后参数、A3 偏移值）来得到均衡。

1. 不同优先级层

当不同的层具有不同的优先级时，一个调整层间负载分布的自然的方法就是去改变层出口和入口点。由于二者之间的差值就是滞后参数（可以为固定值），需要优化的变量只包含一个参数，因此这就导致了一个简单而且很容易控制的流程。图 15.17 展示了该流程，其中高优先级层通过降低层出口点吸收了更多的业务。

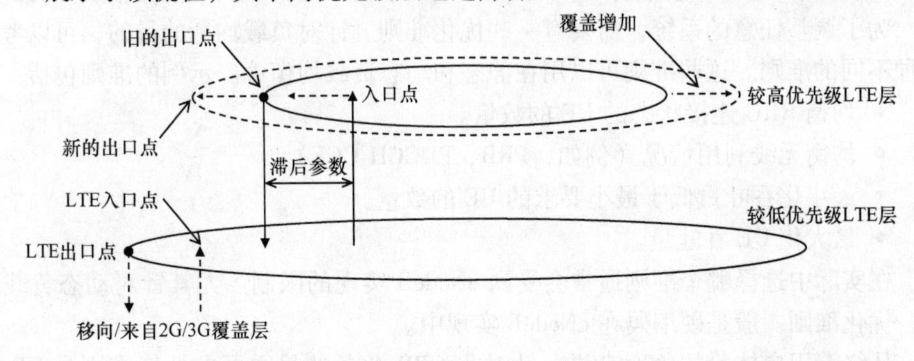

图 15.17 针对不同优先级层通过出口/入口点调整进行层间负载均衡的原理

能够从一个层转移到另一个层的业务量很大程度上取决于 UE 的空间分布。如果 UE 集中在小区中心附近，修改层出口/入口点可能也起不了太大作用，这是由于只有少数几个小区边缘 UE 受到了影响。

图 15.18 中的例子解释了图 15.17 中展示的原理。其中高优先级层为 20MHz LTE2600，低优先级层为 10MHz LTE800。在这种情况下，2.6GHz 较高优先级层几乎没有被使用。在将滞后参数保持在 4dB 的同时，LTE2600 层 RSRP 出口和入口点在第 46 天减少了 8dB。这导致了 LTE2600 层吸收了更多的业务。在 LTE2600 层的承载业务量和 PRB 利用率增长了近三倍的同时，LTE2600 的日级利用率与层容量相比还是较低的。而这与我们预期的结果相符，也就是针对静态移动阈值的调整在某种程度上限制了业务转移能力，而它在很大程度上取决于 UE 的分布和层间的路损差异。从服务等级的角度来看，较低的出口点也降低了由较高优先级层提供的最小 UE 吞吐量。

图 15.19 展示了一个高优先级层为 20MHz LTE2600 和低优先级层为 10MHz LTE800 的例子。在示例中，从服务的业务量来看，LTE2600 层发生了拥塞，LTE800 层没有得到充分利用。为了增加 800MHz 层的使用，在第 17 天修改了 LTE2600 层的出口点和 LTE800 层的入口点。而这样的改变导致了 LTE800 层的业

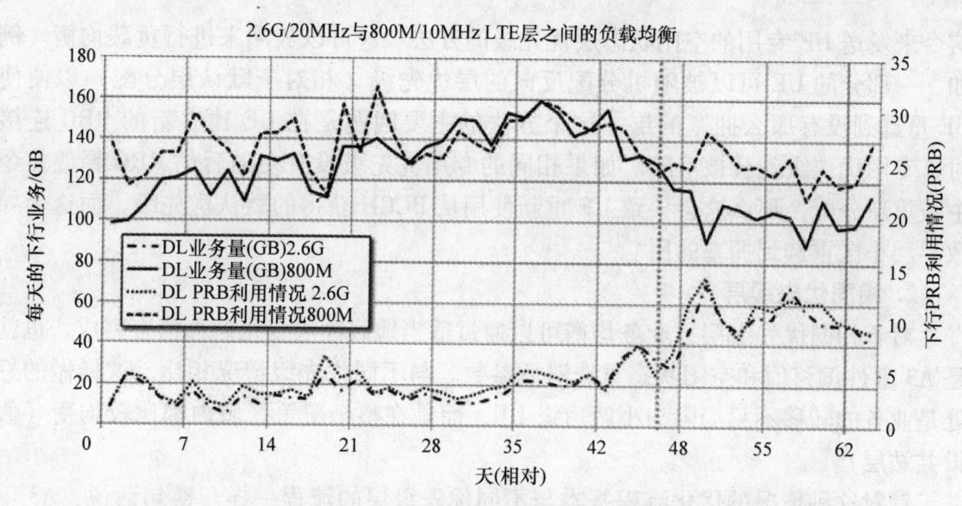

图 15.18　通过静态出口/入口移动阈值调整进行扇区内业务均衡的例子，从较低载波频率到较高载波频率

务增长。但是，更细致的分析显示，在这种情况下，大多数的业务量增长是由于当 LTE2600 层依旧保持高负载时，从其他站获得的业务。而这展示了另外一个通过移动阈值调整进行静态负载均衡的挑战：这就是针对期望层的强制卸载是很困难的，因为该方法的有效性在很大程度上取决于 UE 在小区中的分布。在图 15.19 的例子中，阻塞 LTE2600 小区的 UE 离站址非常近，并处于很好的 RF 条件，因此即使几个 dB 的出口点的抬升也不会将业务从该层转移走。

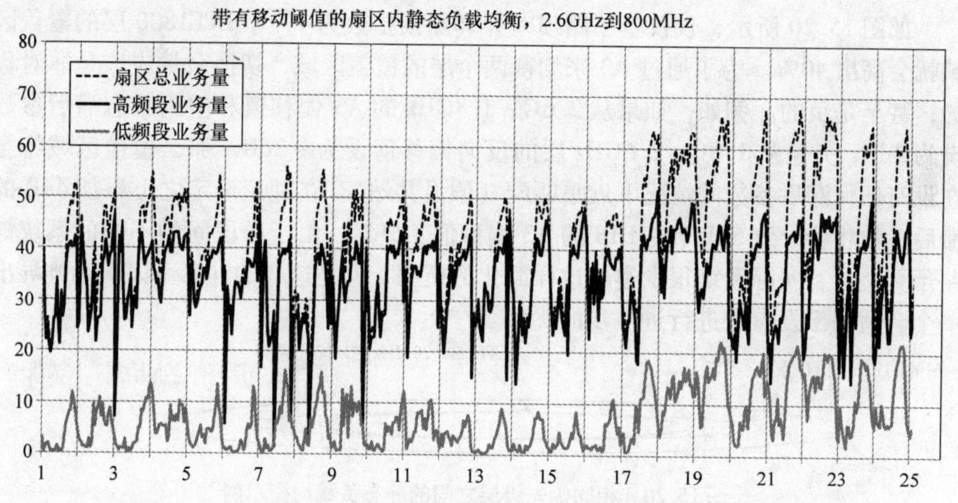

图 15.19　通过静态出口/入口移动阈值调整进行扇区内业务均衡的例子，从较高载波频率到较低载波频率

除了针对出口/入口触发的静态调整，基本的 3GPP 标准还包括通过 RRC 释放

信令来发送 UE 专用的空闲状态层优先级的方法。这可以被用来进行负载均衡。例如，一部分的 UE 可以被随机分配反向的层优先级（相对于默认层分配）以便使 UE 重选到没有那么拥塞的层。这个方法的主要问题是在 UE 建立新的 RRC 连接时，专用优先级就会被清除。如果相同的专用优先级没有在随后的 RRC 释放信令中被重新分配，那么这会导致 UE 重新使用从 BCCH 获得的默认优先级，而这会导致乒乓小区重选到拥塞的层。

2. 相同优先级层

对于相同优先级层，业务均衡可以通过适当地修改层变化偏移值来完成，也就是 A3 事件偏移值和空闲状态重选滞后参数。与不同优先级情况相比，这样做的好处是业务的转移不只局限为小区边缘 UE，而是在整个覆盖区域内都比较均衡（假设共站层）。

针对这种情况的优化流程基本与不同优先级层的流程一样。换句话说，A3 偏移值和空闲状态滞后参数在将要被卸载的层上是逐级递减的。相应地，面向拥塞层的目标层小区变化余量必须得到增加以控制乒乓变化。这个过程可以一直持续到达到了所需的层间平均负载分布或者遇到了某种系统限制（例如，掉话增加）。

图 15.20 展示了这个简单的思路。在路损指数为 A 和小区面积减少 100（1 - w)% 的条件下，路损差值为 5Alg（w）。例如，在路损指数为 4、30% 小区面积减少的情况下，A3 偏移量的理论变化值为 5 × 4 × lg（0.7）≈3dB。如果 UE 大致均匀分布在覆盖范围内，一个 3dB 的频间 A3 RSRP 偏移值和空闲状态 RSRP 滞后参数的减少将会导致理论上 30% 的小区服务 UE 数量的减少。

如图 15.20 所示，仅仅基于路损差异（路损指数为 4）[⊖]，LTE1800 层的覆盖区域就会高出 40%。为了通过 A3 来均衡两个层的覆盖区域，切换余量应该是非对称的，甚至是负的。例如，如果从 2.6G ~ 1.8GHz 的 A3 偏移值和空闲状态滞后参数设为 3dB，并且从 1.8G ~ 2.6GHz 层的反向偏移值设为 - 3dB，那么覆盖区域将会在没有任何滞后参数的情况下近乎匹配（假设共站）。在理论设定之上添加 4dB 的滞后参数将会导致 5dB 和 - 1dB 的 A3 偏移值。显然，由于频段间的不同的系统链路预算差异，实际系统很少遵从这样简化的模型，但是这样的计算可以帮助推导出一个合适的出发点来进行进一步的优化。

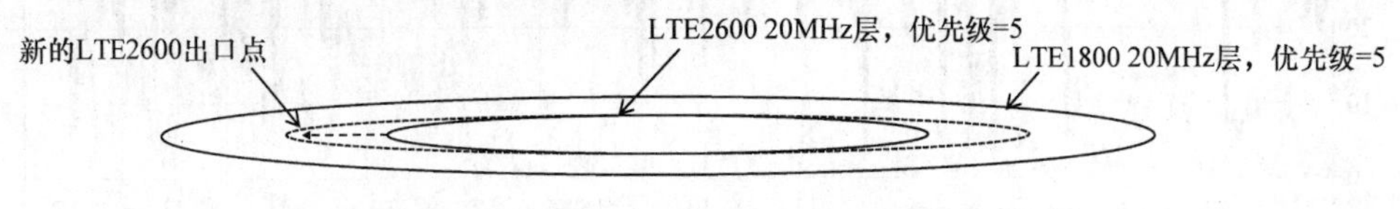

图 15.20 相同优先级层之间的静态负载均衡示例

⊖ 基于载波频率的路损差值为大约 20 × lg(2.6/1.8) = 3.2dB。为了简单，这里忽略了所有其他的参数。

15.5.2 通过 eNodeB 算法的实现动态负载均衡

如前所述，通过移动阈值调整的静态负载均衡对调整层间平均利用情况非常有用。正如经常发生的那样，拥塞倾向于发生在小区级别或者站级别；一个站的一个扇区可能处于拥塞状态，但是其他的扇区可能只有中度的或者很少的负载。在这种情况下，静态负载均衡就很难起作用并且只能提供小区级的有限的对策。由于这个原因，我们需要小区级的动态负载均衡算法。3GPP 并没有定义任何的细节，针对该过程的实现是基于 eNodeB 实现的。由于这个原因，本节只能给出一些大概的描述。

针对拥塞触发的负载均衡的两个典型的模板算法为：自适应移动阈值调整、负载均衡切换

第一个方法基于对小区负载的测量来动态地改变切换阈值（例如 A3 偏移量），因此能够缩小小区范围并卸载小区边缘 UE 到其他层上。BCCH 上广播的空闲状态阈值也可以被选择性地改变㊀。第二个方法反过来直接针对一个或多个候选 UE 触发切换，以便卸载该小区。第一个方法可被视为具有慢速响应时间的“软”负载均衡，而第二个方法能够处理快速拥塞峰值并且也能够卸载不在小区边缘的 UE。两个方法能够同时使用。

针对负载均衡切换，一般的流程为：

1）eNodeB 基于某种拥塞准则持续测量小区负载，例如，PRB 利用情况、UE 吞吐量、调度时延、发送缓存占用情况、PDCCH 阻塞、每 TTI 调度的 UE 数或者甚至 S1 传输负载[11]。使用的实际准则就像整体算法一样是基于厂商的。一般都会使用某种平均来使算法更加鲁棒。

2）如果拥塞准则超过了一个预配置的阈值，该小区则被称作拥塞了。

3）候选 UE 选择：eNodeB 应该选择一个或多个 UE 作为切换的候选。选择的准则可以包括 UE 缓存占用情况、UE PRB 利用情况、上行链路/下行链路质量、下行链路等级、上行功率余量等，并且正在进行 RRC 建立的 UE 也能被视为候选。

4）为候选 UE 配置带有间隔的测量。配置的测量事件可以是 A3、A4 或者 A5，可以基于 RSRP 或者 RSRQ 或者同时基于二者。

5）目标小区选择：接收到测量报告后，eNodeB 进行目标小区选择并面向目标 eNodeB 开始切换准备，可能会使用 X2 原因来指示切换尝试是由于源小区过载。目标小区选择可以为盲选或者也可以基于 X2 资源上报流程，通过该流程 eNodeB 之间可以交换负载信息[9]。

6）切换准备成功后，向 UE 发送切换命令。

关于上述流程的主要优化问题是怎样决定针对源小区中高负载的阈值，以及目

㊀ 可以通过寻呼信道通知 UE 系统信息发生了改变。

标小区是否能够提供足够的服务质量，也就是说，为频间测量事件设置阈值。这也可以通过 eNodeB 算法自动推算出来。例如，如果 eNodeB 拥有最新的候选目标小区当前 PRB 利用情况的信息，该信息就可以被用来自动选择能够提供最大吞吐量的小区。

图 15.21 展示了从 2.6GHz ~ 800MHz 进行负载均衡频间切换的例子。在这个例子中，负载衡量量为在下行 RLC 发送缓存中有未知数据的 UE 的数量。高频段 (2.6GHz) 小区在忙时平均有 14 个具有活跃数据传输的 UE，而 800MHz 相同扇区的小区平均有 2 个 UE。负载均衡频间切换在第 9 天被激活。结果，每时平均的在 2.6GHz 层上加载发送缓存的 UE 数量下降了大约 30%，而在 800MHz 层上的负载在使用相同的负载衡量量的情况下几乎翻了三倍。卸载的数量是由发送缓存中由数据的 UE 的目标数量来控制的，在本例中该值在拥塞的 2.6GHz 层上为 10；我们可以看到目标等级在源小区中大致得到了保持。设置一个较低的目标值将会导致更加激进的卸载，而这是以增加频间切换次数为代价的。在示例中，目标小区必须具有比一个预先定义的阈值更高的 RSRP 来避免将 UE 切换到较差覆盖的小区。总体来说，目标小区应该满足某种信号强度或质量准则来人为选择能够被切换到一个小区并且不会过多地降低服务等级的 UE。

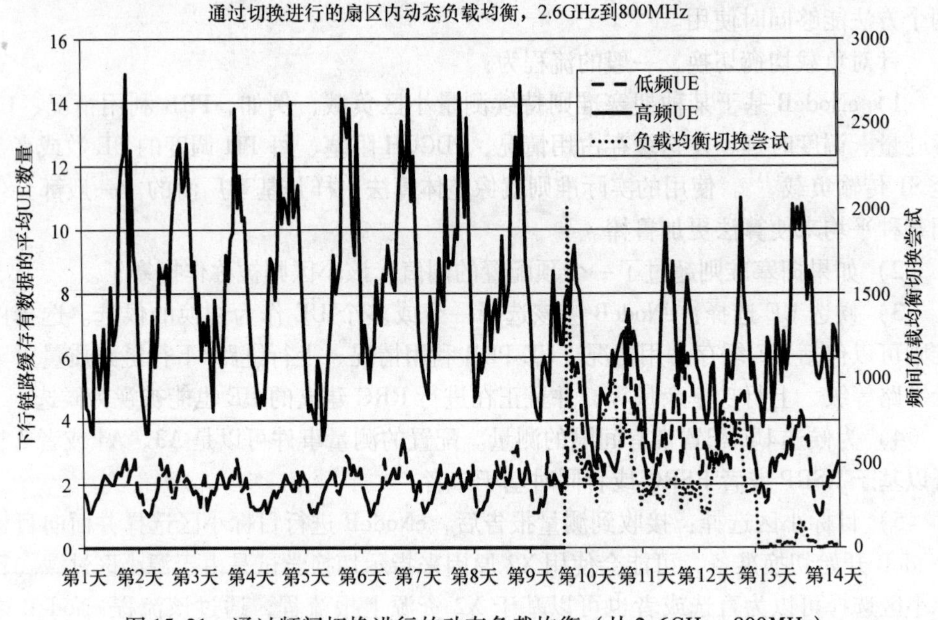

图 15.21 通过频间切换进行的动态负载均衡（从 2.6GHz ~ 800MHz）

由于通过自适应阈值调整和拥塞触发的切换来均衡网络资源的使用情况会改变自然小区和层的边界，动态负载均衡的主要问题是没有必要的层变化的增加，而这会伴随着掉话和乒乓变化概率的增加。在典型的步骤中，UE 首先切换到一个没有那么拥塞的小区，然后在返回到空闲状态之后它又重选回拥塞的小区，重新开始卸载流程。在最坏的情况下，如果切换阈值没有在层间进行协调，在目标小区中处于连接状态的 UE 可能会尝试切换回原来的小区。换句话说，当层间的负载均衡能够达到时，它依然有可能导致意想不到的副作用，例如增加的切换和掉话次数。传统的物理小区优化和新小区的添加方法可以被视为另外一种选择。

15.6　总结

本章讨论了空闲和连接状态下的 UE 测量。LTE 使用的层间移动性的经典形式是基于最优服务的准则，其中小区改变余量是通过滞后参数或者 A3 偏移值来实现的。从 3GPP 第 8 版以后，有可能在 3GPP RAT 内向不同的层分配不同的绝对优先级。在这种不同优先级的情况下，需要仔细设计和优化层入口点和出口点来满足某种目标服务质量准则。通常来说，空闲和连接状态会使用相同的出口点和入口点。针对不定时发生的网络拥塞，可以通过静止或者负载自适应的调整来均衡网络的负载。为了减轻长时间的层内和层间拥塞，需要通过物理层优化以及增加新小区的方式来增加网络的容量。

参考文献

[1] 3GPP TS 23.122, 'Non-Access-Stratum (NAS) functions Related to Mobile Station (MS) in Idle Mode', v.12.5.0, June 2014.
[2] 3GPP TS 36.133, 'Requirements for Support of Radio Resource Management', v.12.4.0, July 2014.
[3] 3GPP TS 36.304, 'Equipment (UE) Procedures in Idle Mode', v.10.8.0, March 2014.
[4] 3GPP TS 36.331, 'Radio Resource Control (RRC); Protocol Specification', v.10.13.0, June 2014.
[5] H. Holma and A. Toskala, editors. *LTE for UMTS – OFDMA and SC-FDMA Based Radio Access*, John Wiley & Sons, Ltd (2009).
[6] S. Sesia, I. Toufik, and M. Baker, editors. *The UMTS Long Term Evolution: From Theory to Practice*, John Wiley & Sons, Ltd (2011).
[7] B. Rengarajan and G. de Veciana, 'Practical Adaptive User Association Policies for Wireless Systems with Dynamic Interference', *IEEE/ACM Transactions on Networking*, 19(6), 1690–1703 (2011).
[8] Q. Ye, B. Rong, Y. Chen, M. Al-Shalash, C. Caramanis, and J. G. Andrews, "User Association for Load Balancing in Heterogeneous Cellular Networks", *IEEE Transactions on Wireless Communications*, 12(6), 2706–2716 (2013).
[9] 3GPP TS 36.423, 'X2 Application Protocol (X2AP)', v.12.2.0, June 2014.
[10] 3GPP TS 36.101, 'User Equipment (UE) Radio Transmission and Reception', v.12.4.0, June 2014.
[11] P. Szilagyi, Z. Vincze, and C. Vulkan, 'Enhanced Mobility Load Balancing Optimisation in LTE', Proc. 2012 IEEE 23rd International Symposium on Personal, Indoor and Mobile Radio Communications – (PIMRC), 2012.

第 16 章　智能手机优化

Rafael Sanchez - Mejias、Laurent Noël 和 Harri Holma

16.1　导言

智能手机是移动宽带网络的主要业务来源。本章分析了由智能手机带来的业务模式，并关注针对典型智能手机应用进行的网络优化。第 16.2 节解释了我们从实际 LTE 网络中学到的知识。本章的分析涵盖了用户面和控制面，并且可用于网络规划。第 16.3 节说明了通过载波聚合（CA）和非连续接收方式进行的智能手机功耗优化。第 16.4 节讲述了带有不同操作系统和应用的智能手机的信令业务。第 16.5 节和第 16.6 节介绍了通讯和流应用的优化。第 16.7 节展示了一系列不同语音解决方案的测试情况，包括功耗和带宽需求方面。第 16.8 节考虑了智能手机设计方面的问题。第 16.9 节进行了总结。

16.2　LTE 网络中的智能手机业务分析

本章展示了针对多个领先的 LTE 网络的业务分析总结。本章涵盖了数据量、业务不对称性、业务相关的信令、移动相关的信令以及用户连接。在参考文献[1]中可以找到更详细的分析。

16.2.1　数据量和不对称性

由于移动宽带网络中的用户越来越多，并且每个用户消耗的数据也越来越多，移动宽带网络中的数据量也迅速增加。新的应用带来了用户数据消耗量的增加，比如由智能手机带来的高精度流媒体业务。在 2014 年间，在先进的 LTE 网络中由智能手机带来的数据量通常为 1 ~3GB/月。便携式电脑甚至能够带来超过 10GB/月的数据量。图 16.1 展示了典型的数据量。在智能手机渗透率比较低的 LTE 部署早期，或者在可用的固定宽带数量较少，并且使用通用串行总线（USB）调制解调器作为家庭接入方式的时期，便携式电脑的流量在网络中占据统治地位。数据量自然地也取决于价格和数据包。

现在大多数的移动宽带业务主要存在于下行方向。占据统治地位的业务类型为流媒体业务，它为典型的全下行业务。下行数据量甚至可以比上行数据量多 10 倍。在 LTE 网络中的数据不对称性比 3G 网络中更严重，即使 LTE 系统可以提供更高的

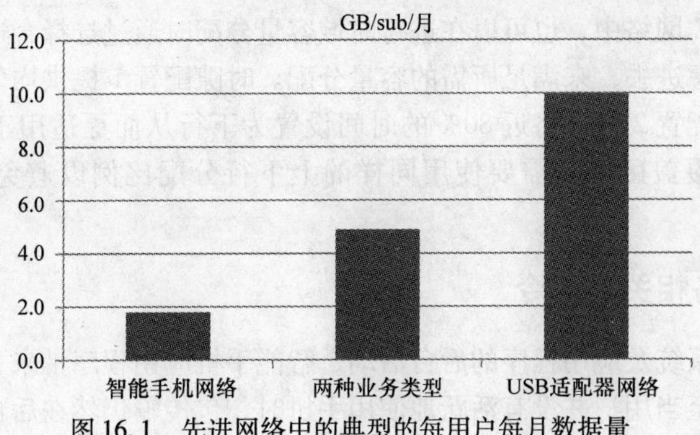

图 16.1　先进网络中的典型的每用户每月数据量

上行数据速率。由于这种严重的不对称性，LTE 网络需要提升下行链路效率的解决方案。图 16.2 展示了典型的不对称性。

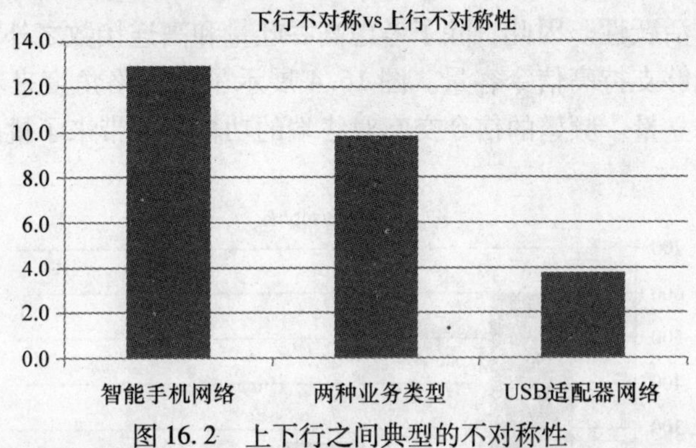

图 16.2　上下行之间典型的不对称性

在大事件中这种不对称性有所不同，其中上行业务相对来说更高，如图 16.3 所示。原因是在大事件中，很多人想要共享图片或者视频。因此，大事件呈现为上行受限，且需要能够管理上行干扰的解决方案。大容量时间的优化在第 11 章中进行了讨论。

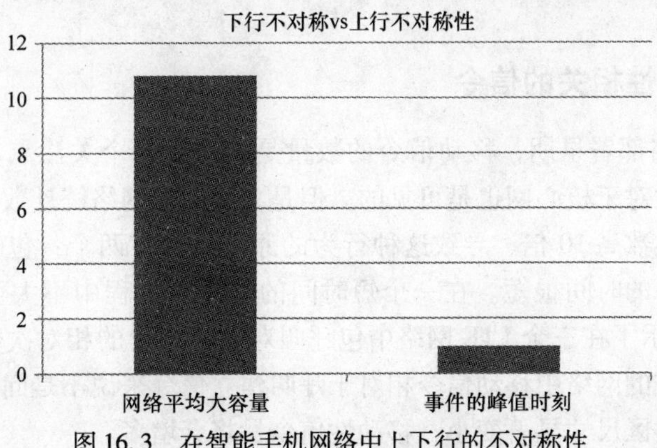

图 16.3　在智能手机网络中上下行的不对称性

在 TD-LTE 网络中，也可以在进行时域容量分配时通过选择合适的配置将业务的不对称性考虑进去，来满足所需的容量分配。时隙配置 1 提供均匀的上下行分配比例，而时隙配置 2 通过将近 80% 的时间设置为下行从而更适用于下行占主导的传输。在整个覆盖区域上需要使用同样的上下行分配比例以避免上下行之间的干扰。

16.2.2　业务相关的信令

由于操作系统及应用程序的后台活动，智能手机应用程序带来了更频繁的小数据包传输。甚至当用户并没有活跃地使用手机时，包传输仍然在后台发生着。在很多移动宽带网络中，平均每用户每天发生超过 500 个分组呼叫，也就是演进的无线接入承载（eRAB）。这对应于在忙时为每用户每两分钟进行一次分配。典型的语音相关的行为仅为每用户每天 10 次语音呼叫，这表明分组应用的活跃性明显高于语音相关业务的活跃性。因此，除了考虑高吞吐量和高连接数之外，无线网络产品还需要设计成能够支持高信令容量。图 16.4 展示了从网络角度来看的每用户每天 LTE 分组呼叫建立量。频繁的信令交互对终端的功耗同样带来了挑战。

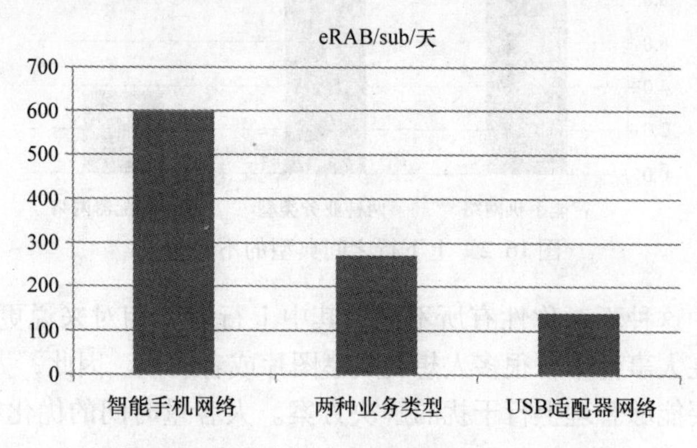

图 16.4　每用户每天 LTE 包呼叫数（eRAB）

16.2.3　移动性相关的信令

在 LTE 网络部署早期，移动信令的数量是网络的一个关注点，因为扁平化的架构使得移动性对于核心网也是可见的。但是，实际的网络统计数据显示，呼叫建立数通常比切换数高 10 倍。导致这种行为的原因主要有两个：包呼叫的数量非常多，并且包呼叫的时间很短。在一个短时间的包呼叫过程中不太可能发生切换过程。图 16.5 展示了在三个 LTE 网络中包呼叫对比于切换的相对次数。我们可以得出结论，在现在的网络中移动信令相对于呼叫建立信令来说不是问题。如果在未来的异构网络中小区尺寸显著变小，移动性信令量将会增多。

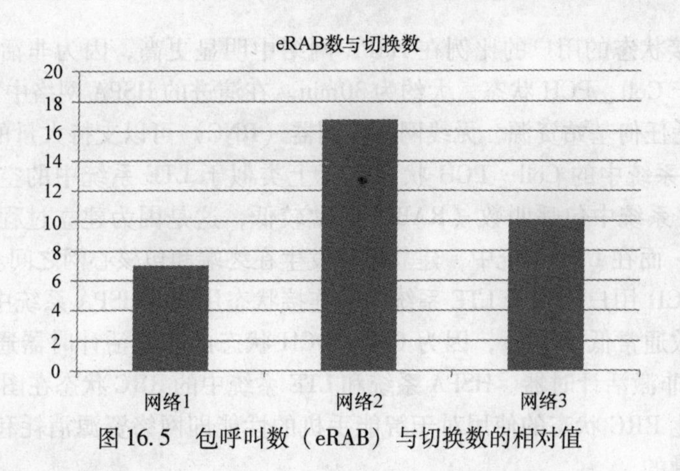

图16.5　包呼叫数（eRAB）与切换数的相对值

16.2.4　用户连接性

RRC连接状态的用户数与无线网络估算有关。LTE网络中处于RRC连接状态的用户比例可以为基于LTE用户的无线网络需求评估提供有用的信息。图16.6展示了RRC连接用户和所有LTE用户之间的比例关系。在本示例中，在夜晚的忙时，这个比例提升到了10%，而该比例在24h内的平均值为7%~8%。连接用户的比例很大程度上取决于RRC非激活计时器，在该网络中为10s。该比例可以被简单理解为在忙时智能手机每2min（每120s）产生一次包呼叫。如果实际的包传输较短，典型的RRC连接长度仅比非激活计时器略长，为10~15s，这就解释了10%的用户处于RRC连接状态。通常来说，更倾向于使用较短的10s的非激活计时器来最小化智能手机的功耗以及连接的用户数。从另一方面来说，短的非激活计时器会带来较高的包呼叫数量。RRC连接状态用户的比例在USB适配器网络中比在智能手机网络中要高。同时，如果我们关注大容量事件，连接状态用户的比例可以更高。USB适配器网络能够有平均大于10%的连接用户，在大容量事件中甚至大于20%。

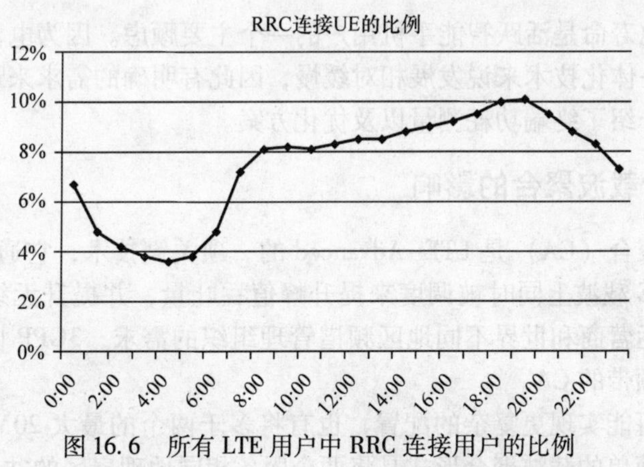

图16.6　所有LTE用户中RRC连接用户的比例

RRC 连接状态的用户的比例在 HSPA 网络中明显更高，因为非活跃用户可以长时间地处于 Cell _ PCH 状态，大约为 30min。在演进的 HSPA 网络中，Cell _ PCH 用户并不消耗任何基站资源，无线网络控制器（RNC）可以支持大量的 Cell _ PCH 用户。HSPA 系统中的 Cell _ PCH 状态实际上类似于 LTE 系统中的空闲状态。因此，在 HSPA 系统中包呼叫数（RAB）通常较低，这是因为建立过程仅在终端和 RNC 间发生；而在 LTE 系统中，建立过程发生在终端和包核心网之间。HSPA 系统中的 Cell _ DCH 用户相当于 LTE 系统中的连接状态用户。HSPA 系统中 Cell _ DCH 状态的用户数通常低于 10%，因为 Cell _ DCH 状态的非激活计时器通常短于 LTE 系统的 RRC 非激活计时器。HSPA 系统和 LTE 系统中的 RRC 状态在图 16.7 中进行了说明。优化 RRC 状态的使用对于智能手机的性能即网络资源消耗和终端功耗来说是非常关键的。

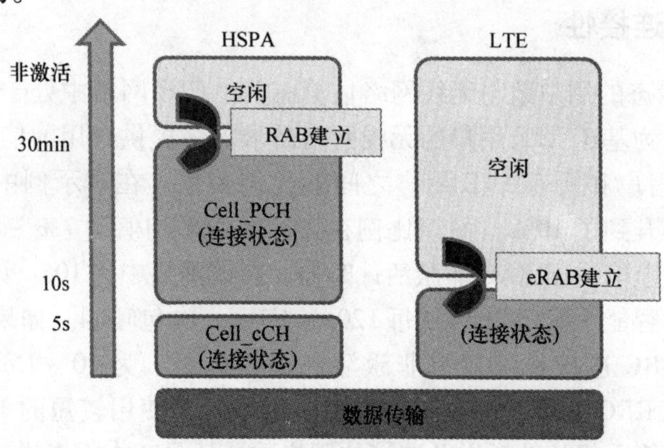

图 16.7　HSPA 系统和 LTE 系统中 RRC 状态的说明

16.3　智能手机功耗优化

设备的电池寿命是活跃智能手机用户的一个主要顾虑。因为电池技术相对于数字处理和射频一体化技术来说发展相对缓慢，因此有明确的需求来最小化终端的功耗。下面章节介绍了终端功耗测量以及优化方案。

16.3.1　下行载波聚合的影响

下行载波聚合（CA）是 LTE-Advanced 的一项关键技术，它通过允许一个 UE 在最多五个 LTE 载波上同时被调度来提升峰值吞吐量，并提升无线资源管理的效率。根据不同运营商和世界不同地区频谱管理组织的需求，3GPP 协议明确地定义了频带内和跨频带的 CA。

虽然也有可能实现更复杂的配置，也有将多于两个的最大 20MHz 的载波进行组合，但是最简单的载波聚合形式是将两个服务相同地理扇区的共址的小区进行配对。小区配对可以是双方向的，这意味着同一个小区可以同时扮演主小区（PCell）和辅小区（SCell）的角色，也可以是单方向的，即仅有一个小区可以作为 PCell，另一个作为 SCell。在任何情况下，两个小区均可以被不支持 CA 的 UE 当作正常 LTE 载波使用，两小区之间的移动性与不进行小区配对时的小区重选和切换的设置相同。图 16.8 说明了 CA 的概念。

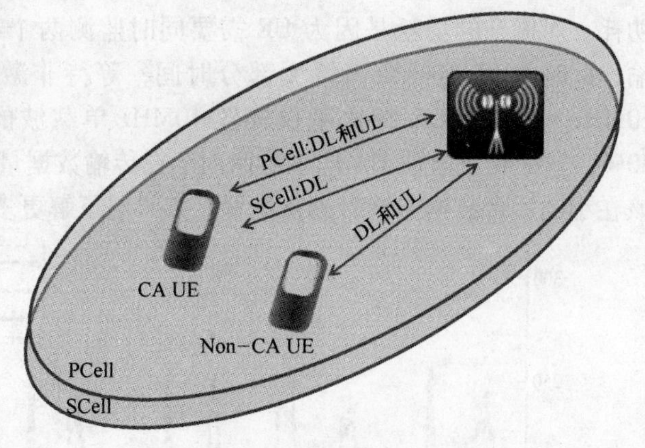

图 16.8　载波聚合（CA）原则

当有额外的载频（SCell）通过 RRC 信令进行了配置，UE 可能需要周期性地监测 SCell 的接收功率等级，而这会导致当前功率消耗的增加。一旦配置了 SCell，那么网络可以基于激活门限使用一个"激活/去激活 MAC 控制单元"来激活该 SCell。一旦一个 SCell 被激活了，UE 就应该开始上报调度所需的信道状态信息。

CA 特性会影响智能手机的电池寿命，因为 UE 需要监测两个载频、激活额外的 RF 硬件，并且增加基带的活跃性。对于较大的数据传输，例如文件下载，使用 CA 时的功率消耗在文件下载的时间段内会上升。但是，更高的吞吐量会使得下载时间变短，并且节省整体的电池寿命，如图 16.9 所示。CA 能够提供在总时间 185s 内的最低平均功耗活跃，这 185s 包含了活跃的下载时间和空闲时间。

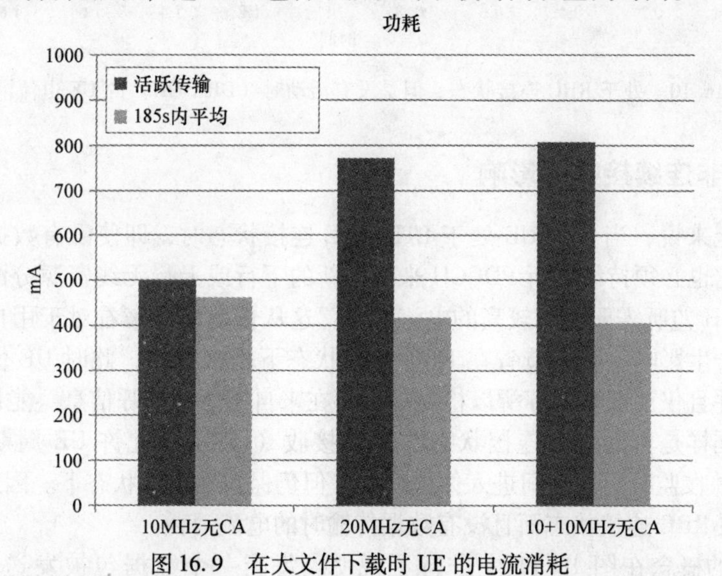

图 16.9　在大文件下载时 UE 的电流消耗

图 16.10 中展示了 RRC 连接状态的 UE 的瞬时功耗测量结果。测量时没有进行任何通信活动。如果 CA 被配置了或被激活了，即使没有数据传输，CA 也会提升功耗。而提升的功耗是因为 UE 需要同时监测两个载频。因此，对于短的数据传输，此时 RRC 连接会消耗大部分时间，等待非激活计时器到期，在此情况下，10MHz + 20MHz CA 相比于仅配置 10MHz 单载波的场景，功耗可能会增加多达 80%。这个结果表明 CA 应该更倾向于在传输数据量较大的时候进行配置，而不应该在小的后台数据传输时进行配置。如果想了解更多细节，请查阅参考文献［2］。

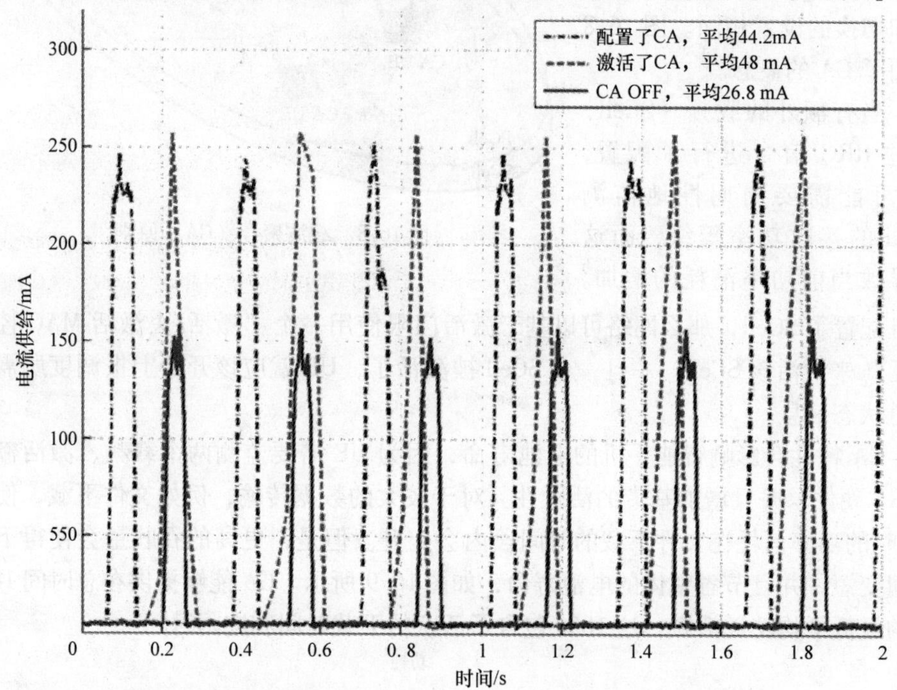

图 16.10　处于 RRC 连接状态，但是没有活动时（DRX ON）的 UE 电流消耗

16.3.2　非连续接收的影响

理论上来说，当一个 UE 处于 LTE RRC 连接状态时，即使没有数据需要传输或接收，它也必须持续监听 PDCCH 来获得新的下行或上行无线资源分配。这种连续的 PDCCH 监听需要相对较高的电流消耗，这从长期角度来看对于用户体验的电池寿命会产生影响。能量节省在 RRC 空闲状态下是可能的，此时 UE 保持在休眠模式下，并且仅周期性地苏醒以检查是否存在来自网络的寻呼信息。能量节省在连接状态下同样是可能的。连接状态非连续接收（cDRX）允许 UE 周期性地监测 PDCCH，并在监听周期之间进入休眠模式，但仍保持在连接状态下。因此 cDRX 降低了 UE 在 RRC 连接状态而且没有数据传输时的电流消耗。

DRX 的概念在图 16.11 中进行了说明。每当一个数据包被发送或接收时，

DRX 的非激活定时器被重启，UE 开始持续监听 PDCCH 信道直到该定时器到期。在这之后，UE 进入到 DRX 休眠模式，其持续时间由 DRX 周期确定。UE 周期性地回到 DRX 激活态来监听 PDCCH 几毫秒的时间，如果在这个周期内对于该 UE 没有新的数据，那么 UE 会重新回到 DRX 休眠状态。这个过程持续到 RRC 非激活计时器过期，之后 UE 转换到 RRC 空闲状态。

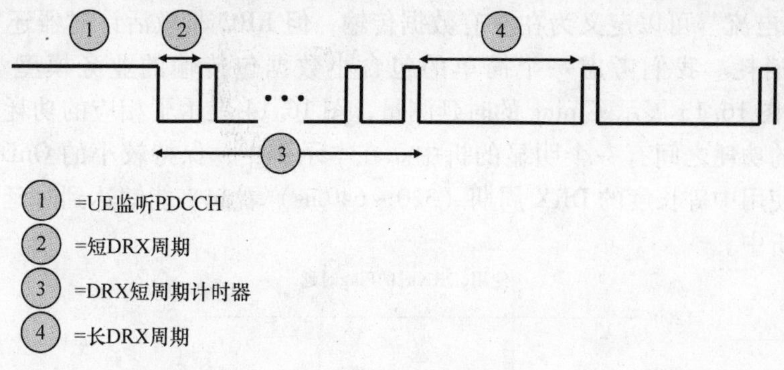

图 16.11　DRX 示意图

DRX 周期格式可以被分成两部分：长 DRX 周期，取值范围为 20ms~2.5s，还有可选的短 DRX 周期，它通常比长 DRX 周期短 2~4 倍。将长短周期结合在一起使用就能够使用较短的 DRX 非激活计时器，并且可以在最后的数据被处理之后进行更加频繁的监测，同时在新数据到达时间较长时达到更高的电量节省。

图 16.12 展示了针对一个短数据包传输的 UE 电量消耗监测的示例，其中在非激活期的功耗遵循预配置的 DRX 格式，使用 50ms 的 DRX 非激活计时器，80ms 的短 DRX 周期和 320ms 的长 DRX 周期。有意思的是，即使“OnDuration”配置为 10ms，但是由于设备需要进行无线器件开和关的时间，每个周期内的实际功率消耗可能会扩展到 50ms。这显然是一个取决于设备硬件实现的影响因素，期待其在新一代的芯片中可以得到提升。

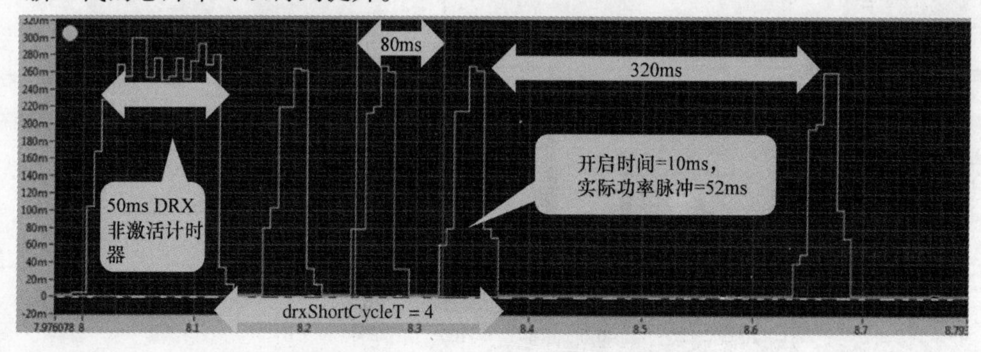

图 16.12　DRX 对于电流消耗模式的影响

从性能的角度看，使用相当长的 DRX 周期对电池寿命很有好处，但它同时会增加用户经历的时延。并且在一些情况下，它也有可能强制 UE 进入上行失步状态，这意味着 UE 在可以进行上行传输之前需要使用 RACH 信道重新获得同步。

为 DRX 选择最佳的参数设置，对于在保持时延可控的同时最小化电流消耗，并且降低在 RACH 上产生的额外负载是非常重要的。但是，最佳的参数设置同时在很大程度上也取决于使用的服务类型以及其产生的业务模型。

“拖尾电流”可以定义为在没有数据传输，但 RRC 非激活计时器还在运行期间的电流消耗。我们考虑一个简单的包含小数据包传输的业务模型（也就是“ping”）。图 16.13 展示了 ping 的时延测量，图 16.14 展示了相应的功耗。在低时延和优化的功耗之间有一个明显的折中。在本示例中，保持较小的 OnDuration 时间，并且使用中等长度的 DRX 周期（320～640ms）看起来能够达到时延和电量节省的最佳折中。

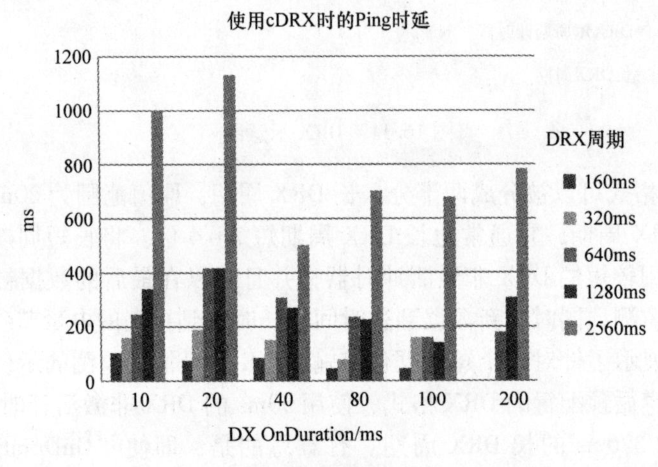

图 16.13 针对不同 DRX 周期和 OnDuration 的 ping 时延

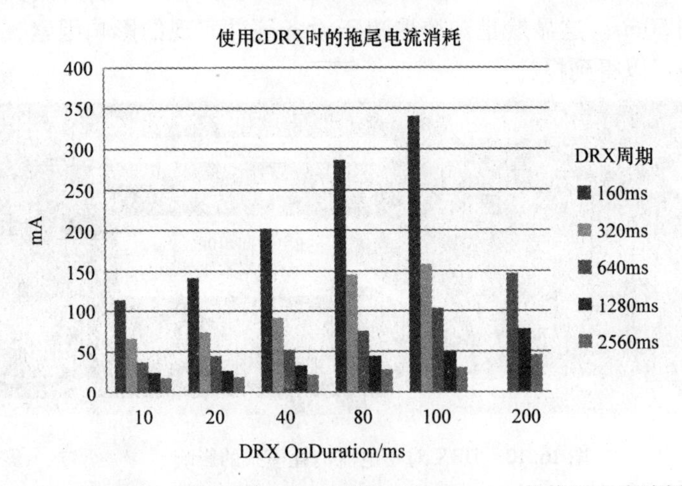

图 16.14 针对不同 DRX 周期和 OnDuration 的拖尾电流消耗

1. DRX 对于待机性能的影响

通常智能手机大部分的时间都处于待机模式，这意味着终端用户与手机之间的交互并不活跃。但是在后台仍然存在着由操作系统或者安装的应用程序触发的手机与远端服务器间的活动。这些持续的后台活动在一定程度上给人们造成了智能手机电池使用时间过短的印象。

待机行为的特性通常表现为周期性重复的小包传输，而这种行为或者是可以用来保证服务仍然可用（保持有效）的，或者是可以用来更新呈现给用户的信息的，比如天气更新以及消息状态更新。我们可以使用一个简单的模型，其中后台活动表现为短的数据传输（3s），随后为 10s 的 RRC 非激活计时器，并使用图 16.14 中测量的“拖尾电流消耗”作为参考，通过该模型我们可以估计出不同的每小时后台活动的频率是如何对 UE 电池寿命产生影响的。

在图 16.15 中，待机电池使用时间使用 2600mAh 的电池进行估计，并且考虑了不同的每小时保持有效信息的频率以及不同的 DRX 周期。这种场景下，如果后台活动每小时只有 4 次的话，使用 320ms 的 DRX 周期可以将电池待机时间增加约 21%；如果每小时有 12 次的话，最高可增加 50%。

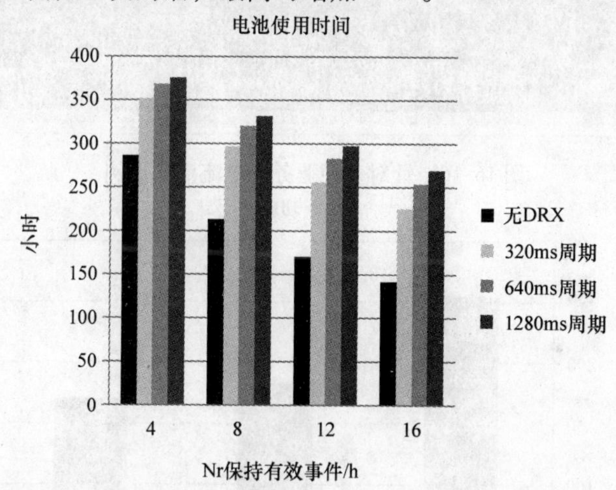

图 16.15　cDRX 对于待机状态电池使用时间的影响（2600mAh 容量，10ms OnDuration）

2. DRX 对于活跃场景性能的影响

当用户与智能手机进行活跃的交互时，除了无线传输之外还有一些其他的影响电量消耗的因素。在通常情况下，显示器实际上消耗了大量的电量。因此，当尝试评估在活跃使用期间内 cDRX 的真实影响时，建立一个现实的混合了典型服务、中断间隔以及显示器使用的模型是非常重要的。

图 16.16 展示了在一个预定义的数据会话场景下的功率消耗情况，该会话场景具有不同的服务和非激活周期。在两种场景下，我们观察到了相似的电流消耗模式，这是由无线传输以及显示器使用和处理器使用共同驱使的结果。但是，在整个

周期内的平均电流消耗仍然反映出使用长 DRX 周期的 cDRX 可以带来明显的电量节省。

长 DRX 周期可以很好地适应突发业务类的应用，该类业务在数据传输之间具有相对长的静默周期。当使用短 DRX 周期以及较小的 DRX 非激活计时器时，可以通过更快地进入 DRX 休眠状态而获得额外的增益。图 16.17 展示了在针对一种扩展的业务模型使用 320ms 时长的 cDRX 和使用 320ms 和 80ms 混合时长的 cDRX 时，在 20min 持续时间内的平均电流消耗增益。

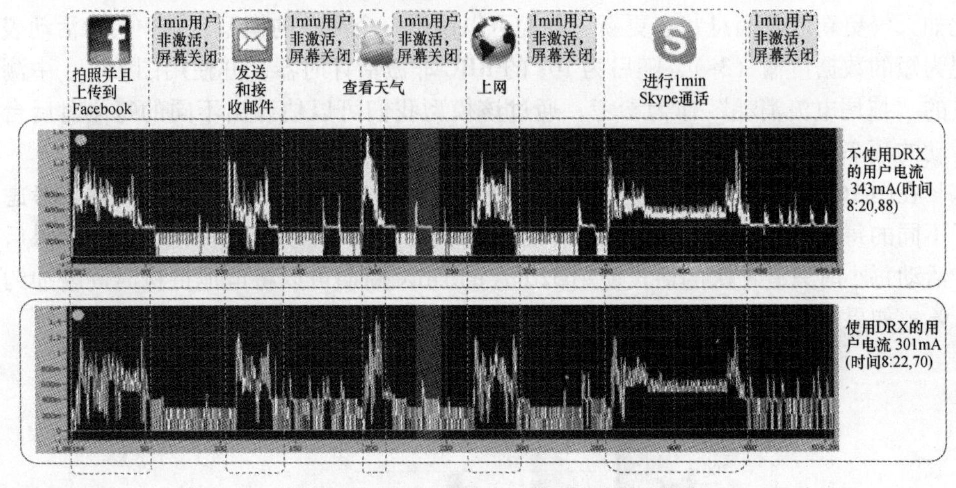

图 16.16　针对多种业务的电流消耗示例

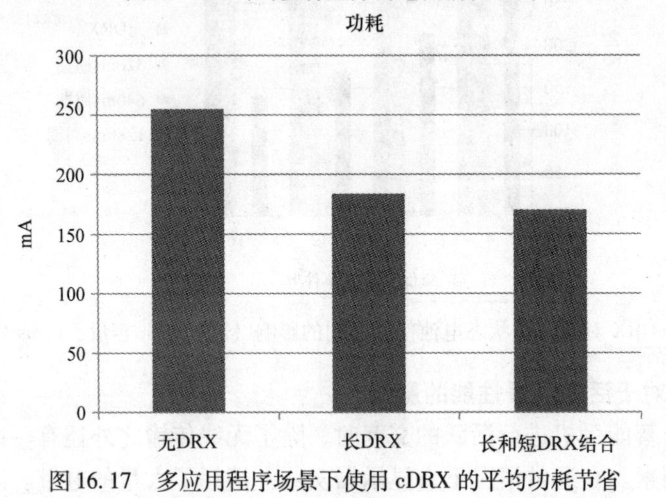

图 16.17　多应用程序场景下使用 cDRX 的平均功耗节省

16.4　智能手机操作系统

智能手机操作系统会影响一个终端在网络中产生的信令量。它不仅能控制智能终端连接到不同服务获得基本服务的频度，还可以控制安装的应用程序对于网络的行为。

如果使用出厂默认设置并仅配置基础账户，大部分常见的操作系统仅会偶尔连接到服务器，周期大约为 28min 或者更长。但是，当安装了多个应用程序后，后台活动的频率就会增加，如果 OS 对于后台活动具有较高的控制能力，那么活动周期可以低至 10min，如果 OS 对于后台活动不具有严格的控制的话，该活动周期会更短。图 16.18 展示了两个不同 OS 的后台业务活动。

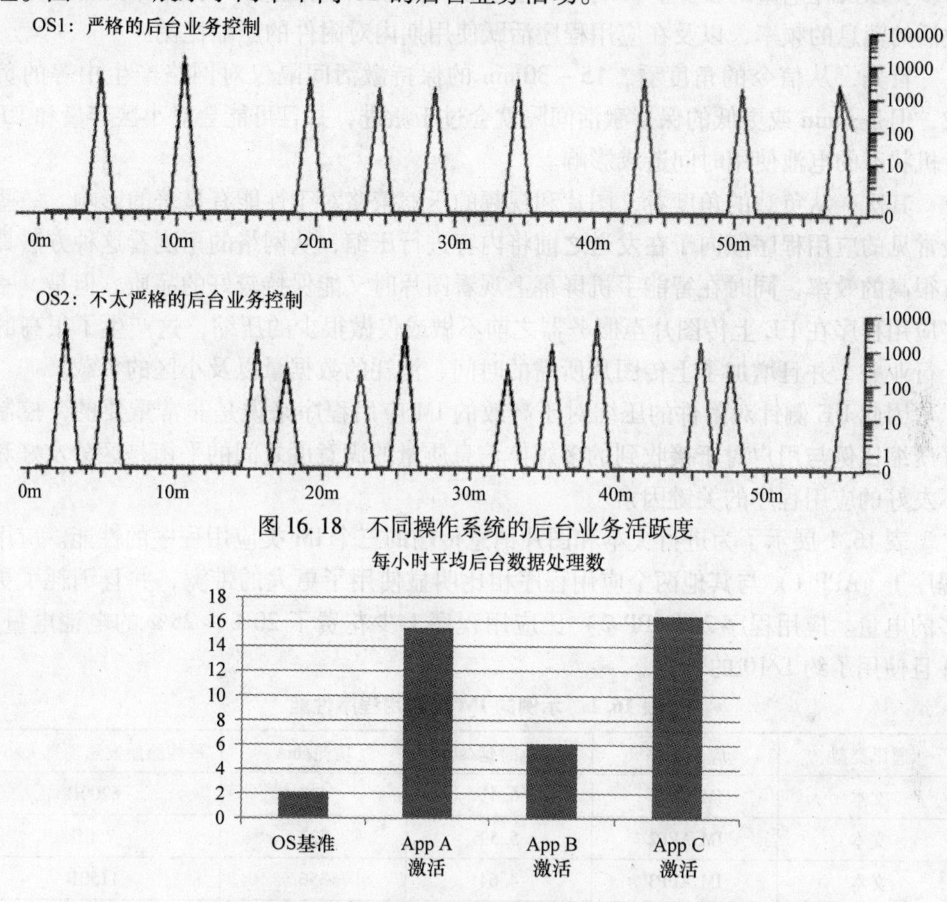

图 16.18　不同操作系统的后台业务活跃度

图 16.19　每小时 LTE 包呼叫数（eRAB）

在图 16.19 中给出的示例中，由于该 OS 不带有任何应用程序，该智能手机每小时产生 2 个 eRAB。当一些常见的社交媒体软件（APP A、APP B 和 APP C）在后台运行时，信令活跃度增加至每小时 16 个 eRAB。这些测量清楚地显示了为什么我们在网络级也可以看到如此高频率的 eRAB。

16.5　消息类应用程序

当前有很多针对智能手机的具有不同渗透率的即时通讯（IM）应用程序

(APP)，它们可能带有收发文本、视频和音频消息的功能。大部分应用程序具有一个共性，即它们包含某种类型的机制来确定用户是否可达，而其他的应用程序则依赖于推送机制，在用户变为连接状态时为用户传递消息。

除了用户偏好以及可用性之外，从性能的角度来看，不同的应用程序之间也有较大差异，包括它们对于蜂窝网络的行为的友好程度、产生信令的多少，传输载荷的多少以及耗电量的多少。影响 IM 应用程序性能的两个主要因素为待机期间保持激活的消息的频率，以及在应用程序活跃使用期内对附件的压缩比例。

首先，从信令的角度看，15 ~ 30min 的保持激活间隔仅对网络产生中等的负载，但是 5min 或更低的保持激活间隔就会过于激进，并且可能会对小区容量和 UE 待机状态的电池使用时间造成影响。

其次，从负载的角度看，图片和视频的压缩策略对于性能有显著的影响。一些最常见的应用程序倾向于在发送之前将内容进行压缩，从网络的角度看这种方法具有很高的效率，同时在智能手机屏幕上观看图片时又能保持较好的品质。但是，一些应用程序在 UE 上传图片至服务器之前不做或仅做很少的压缩，这产生了很高的上行业务，并且增加了上传图片所需的时间、消耗的数据量以及小区的负载。

因此 UE 侧针对附件的压缩对于高效的 IM 应用程序来说是非常重要的，控制好压缩比例与用户对于接收到的多媒体信息质量的满意度之间的平衡是区分友好和不友好的应用程序的关键因素。

表 16.1 展示了为进行文本和图片消息传输的三个 IM 类应用程序的性能。应用程序 1（APP 1）与其他两个应用程序相比明显使用了更大的带宽，并且消耗了更多的电量。应用程序 2（APP 2）比应用程序 1 少花费了 20% ~25% 的电池电量，并且使用了约 1/10 的带宽。

表 16.1 示例的 IM 类应用程序性能

通讯类型	应用程序	总时延/s	功耗/mA	平均原始发送消息大小
文本	IM APP1	6.41	428	~6200B
文本	IM APP2	5.59	323	~750B
文本	IM APP3	4.64	356	~1150B
图片	IM APP1	16.34	482	~800KB
图片	IM APP2	12.98	373	~88KB
图片	IM APP3	11.70	429	~215KB

16.6 流媒体类应用程序

音乐流媒体应用程序现在在蜂窝设备中变得十分流行，越来越多的用户倾向于从远端服务器中获取音乐资源而不是将其保存在本地。当谈到不同的流媒体服务与蜂窝网络和智能手机交互有何不同时，应用程序在使用的信令量、负载和电量上都有很大的不同。

图 16.20 总结了在 1h 的持续音乐流中三个不同的应用程序产生的负载、消耗的电量以及产生的无线信令量。负载反映了音乐的不同编码方式，具有较高品质音乐的应用程序会产生比其他应用程序更多的负载。而电量消耗不仅取决于传输的数据量，还取决于客户端应用程序为解码和播放音乐所需的处理功耗。最后，无线信令量表明了应用程序对于网络的友好程度。应用程序 3 与其他应用程序相比具有明显更低的信令负载，这表明它在播放音乐前将整首歌作为一个独立的传输来下载，而其他的应用程序使用更多的信令来分块下载歌曲，这会导致针对每首歌较多的无线连接激活/去激活过程。另一方面，相比于其他两个应用程序，应用程序 3 使用更多的功率，并且使用更大的带宽。

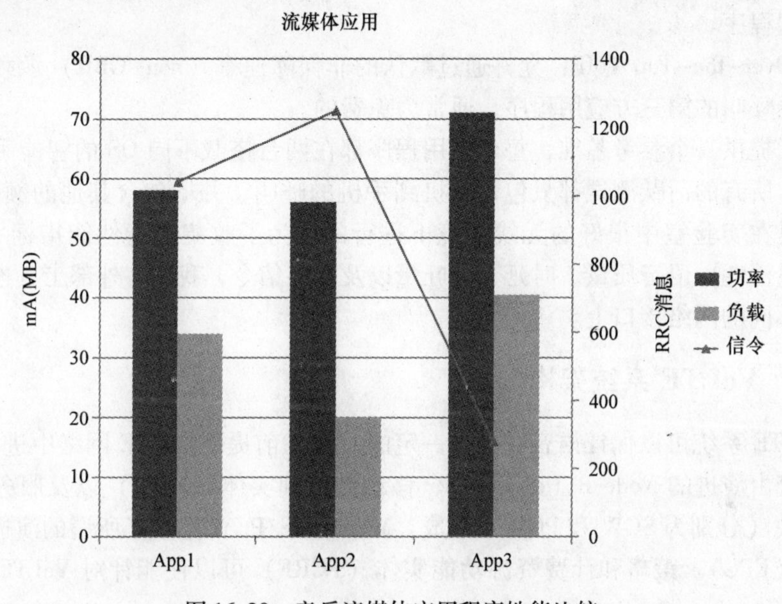

图 16.20　音乐流媒体应用程序性能比较

16.7　LTE 语音

LTE 网络是为包交换连接而设计的，并不支持电路交换的语音。在 LTE 网络部署的初始阶段，运营商需要依靠诸如电路域交换回退（CSFB）或者双模设备同时连接到 LTE 和 2G/3G 语音网络的解决方案，来提供可靠的语音服务。但是，随着 LTE 覆盖范围的扩展以及第三方 VoIP 业务的发展，运营商需要有自有的通过 LTE 承载语音（VoLTE）的解决方案。

同时，已经有一些应用程序在智能手机上提供 over-the-top（OTT）语音服务，它不仅可以通过 Wi-Fi 连接使用，还可以通过蜂窝网络使用。OTT 语音服务的语音质量和移动性能并不能得到保证，并且依赖于网络的瞬时状态。

本节的目的是从用户体验和对网络性能影响的角度出发，在 VoLTE 和不同类型的 LTE 网络语音解决方案之间提供一个参考基准。另外，之前的电路交换的语音服务被用来作为语音质量和电量消耗的参考。可以将不同的 VoIP 应用程序分成三种类型：

• 原生的 VoLTE 客户端：嵌入到手机软件中的嵌入式 VoLTE 客户端。在测试时仅有个别商用终端可支持原生的 VoLTE 客户端，但随着时间推移，该类型终端有望越来越多。

• 非原生的 VoLTE 会话发起协议（SIP）客户端：可以注册到 IP 多媒体子系统（IMS），并且使用服务质量（QoS）等级标志 1（QCI1）建立 VoLTE 呼叫的第三方应用程序。

• Over-the-Top VoIP：允许通过默认的非保障速率（non-GBR）承载传输语音或视频呼叫的第三方应用程序，通常为免费的。

为了提供一个参考基准，每个应用程序都在两台搭载不同 OS 的智能手机上单独测试。所有的活跃测试都只包含手机到手机的呼叫，并不包含其他的额外负载，并且都是在实验室中很好的无线环境下进行的。为了收集关键性能指标（KPI），例如电量消耗、语音质量、时延、吞吐量以及网络信令，我们将外部工具连接到了手机和不同的网络接口上。

16.7.1 VoLTE 系统架构

VoLTE 系统可以保证语音在满足一定的 QoS 的前提下在 LTE 网络中进行传输。LTE 系统由演进的 Node B（eNodeB）、移动性管理实体（MME）以及服务和分组数据网关（分别为 SGW 和 PGW）组成。MME 和 S/PGW 组成了所谓的演进的分组核心网（EPC）。策略和计费资源功能实体（PCRF）可以使能针对 VoLTE 呼叫的 QoS 差异化。

核心网的 IMS 功能可以在呼叫会话控制功能（CSCF）上找到。实际的 IMS 服务，例如 VoLTE 以及富通信业务（RCS）是由特定的应用服务器（AS）提供的。由于互操作的需要，在 IMS 系统和 EPC 中存在到 CS 核心网以及其他相关的控制功能的接口，例如多媒体网管控制功能（MGCF）。其中重要的互操作场景是在 VoLTE 和仅支持 CS 的设备之间的语音呼叫，以及在 LTE 和 2G/3G 网络覆盖区域内的会话持续性。

最后，值得注意的是，到 LTE 和 IMS 服务的注册均是由归属签约用户服务器（HSS）管理的。图 16.21 展示了 VoLTE 系统架构。更多关于 VoLTE 架构的细节可以在参考文献［3］和［4］中找到。有关 VoLTE 优化方面的研究可以在参考文献［5］中找到。

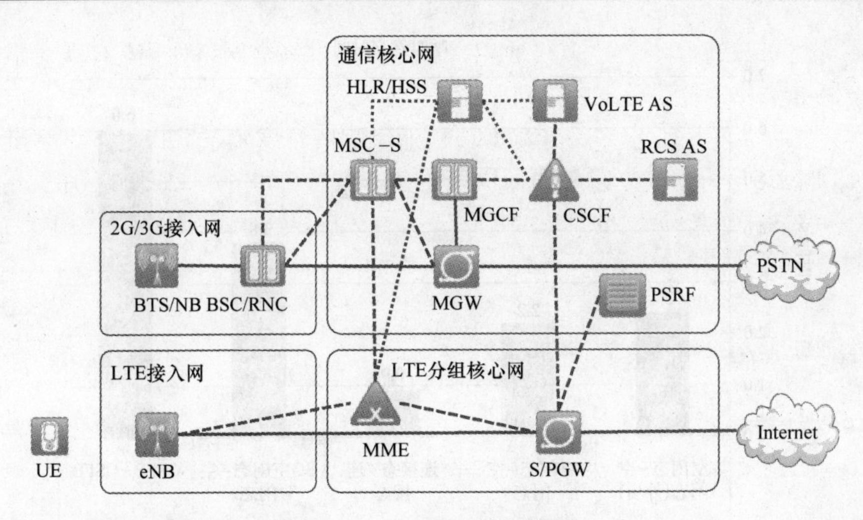

图 16.21　VoLTE 系统架构概述

16.7.2　VoLTE 性能分析

1. 呼叫建立时间

呼叫建立时间是一个重要的 KPI，它用来衡量语音呼叫建立的时间。对于 VoLTE 来说，该 KPI 可以在 UE 端通过 SIP 信令消息进行测量：从主叫方发送 INVITE（邀请）的时刻开始计算，直到 RINGING（响铃）指示被接收为止，如图 16.22 所示。

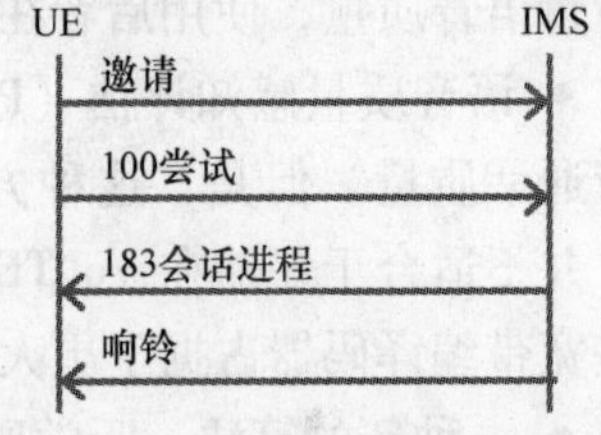

图 16.22　SIP 呼叫建立信令流

图 16.23 展示了相比于之前的电路交换系统，VoLTE 是怎样大幅改善呼叫建立时间的。呼叫建立的总时间取决于多重因素，例如当呼叫产生时，终端起初处于 RRC 空闲状态还是 RRC 连接状态。实验室测试结果显示，VoLTE 呼叫建立时间为 0.9～2.2s，而外场测试的时延略高，这取决于运营商的网络以及传输架构。通常相应的 3G CS 呼叫建立时间为 4s，在两端都使用 CSFB 的建立时间约为 6s。

2. 用户体验参考基准

参考基准中包含了不同的测试。首先，使用一个基于 3G 电路交换的、使用自适应多速率窄带（AMR NB）12.2kbit/s 编译码器的手机到手机的呼叫作为参考。使用一个具有 AMR 宽带（AMR WB）23.85kbit/s 速率编译码器的原生客户端来展示 VoLTE 解决方案的性能。AMR WB 就是被大家熟知的高清（HD）语音。我们使用了一个第三方 SIP 客户端作为非原生客户端的代表。该客户端使用了两个不同的编译码器，一个带有增强全速率窄带（EFR NB），一个带有不同速率的 AMR WB。最后，使用了三个不同的实现了各自专有宽带编译码器的 OTT 应用程序使得基准测试更加完整。

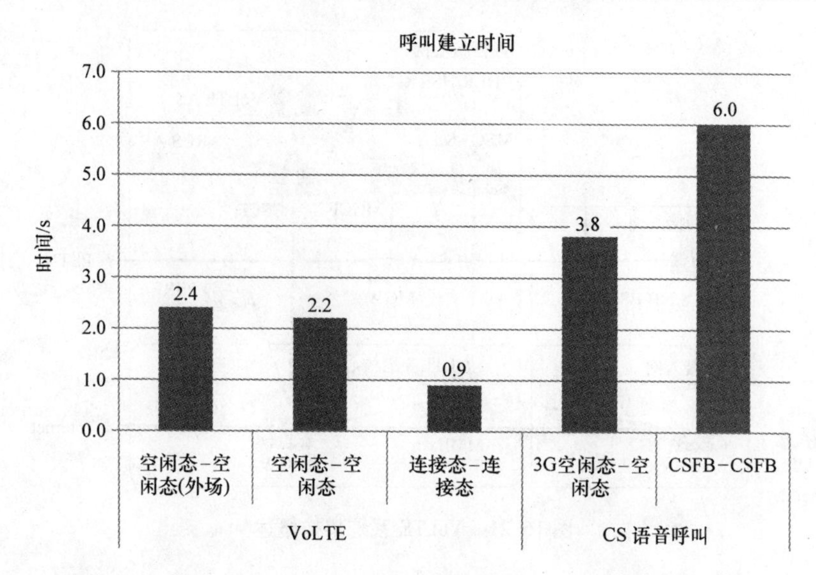

图 16.23　呼叫建立时间（VoLTE 以及 CS 语音）

图 16.24、图 16.26、图 16.27 和图 16.28 展示了 4 个准则，它们包括：

- 语音质量是一个主观准则，它取决于多重因素，从通话者的声调到通话过程中使用的语言。传统上来讲，平均意见值（MOS）调查或者标准化的准则被用于衡量语音质量，使用后者在大多数场景下更为方便。

- 语音质量感知评估（PESQ、ITU-T、P.862）算法从 2000 年起被用来衡量窄带通话质量。但是，这种方法是为窄带编译码器而设计的，仅限于 3.4kHz 带宽，并不适合于评估在 VoLTE 和 OTT VoIP 应用程序中使用的新的宽带编译码器，这些宽带编译码器占据了更大的语音频带。

- 一种新的算法，听觉质量客观感知评估算法（POLQA 或者 ITU-T P.863），致力于弥补 PESQ 的短板，它提供了一个新的针对窄带、宽带以及高达 14kHz 音频的超宽带（SWB）的度量算法。

- 端到端时延是测量语音从说话者到达收听者之间时延。它取决于若干个因素，包括用于补偿包抖动的缓存大小以及在无线和传输接口上的联合延迟。POLQA 分数相对独立于平均语音时延，但是根据 ITU-T G.114 的推荐，卓越的语音质量需要小于 200ms 的延迟，而 200～300ms 的时延可提供用户满意的语音质量，而高于 400ms 的时延意味着会有相当一部分用户不满意。

- 吞吐量是在 2min 呼叫时间内、使用预定义的结合了语音激活期和静默期的通话采样、在 IP 级测量到的单向平均比特速率。通话模型提供了约 25% 的讲话时间、25% 的收听时间以及 50% 的两方静默时间。另外，对于 VoLTE 服务，PDCH 层可能会实现鲁棒性头压缩（ROHC）算法，而它会进一步降低 VoLTE 业务在无线空口上的实际吞吐量。

- 电流消耗是在使用前面章节描述的预定义语音模型的条件下，在 2min 通话时间内消耗的平均电流，以 mA 为单位。

图 16.24 展示了在每种场景下的平均 MOS 值。语音质量很大程度上取决于语音编解码的采样率以及由此产生的音频带宽。AMR NB 编译码器提供 80～3700Hz 的音频带宽，而 AMR WB 编译码器将音频带宽扩展到 50～7000Hz。并且，手机的声学效果也可能限制语音编译码器提供的最大带宽。图 16.25 展示了音频带宽。CS 连接可以使用 AMR NB 或者 AMR WB 编译码器，而在实际中 VoLTE 一直使用 AMR WB 编译码器。CS 连接的 AMR WB 数据速率范围为 6.6～12.65kbit/s，而 VoLTE 连接可以使用高达 23.85kbit/s 的数据速率来增强与 CS 网络 HD 语音相比的连接质量。

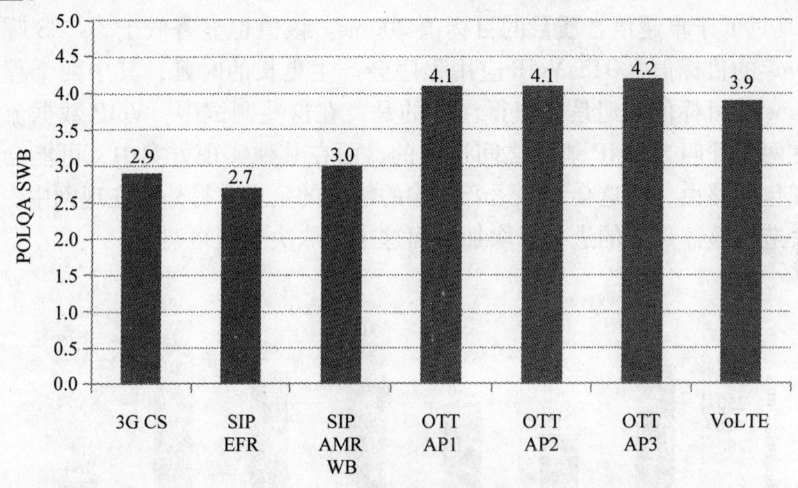

图 16.24　平均意见值（MOS）

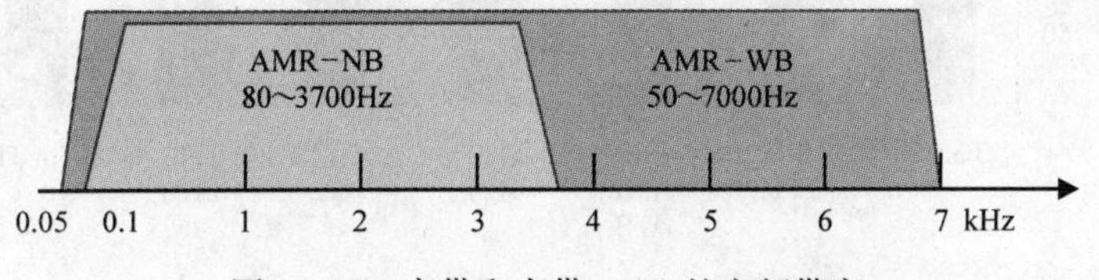

图 16.25　窄带和宽带 AMR 的音频带宽

参考的 3G CS 窄带呼叫在良好的无线环境下提供了 2.9 分的 POLQA SWB 分数，而使用 EFR NB 编译码器的非原生的 SIP 客户端得分要略低，为 2.7 分。使用 AMR WB 编译码器的同样的 SIP 客户端能够得到 3.0 分。当调整一些可选功能时，例如去激活语音活动检测（VAD），该 SIP 客户端及其他第三方 SIP 客户端的得分可以被提高到 3.4～3.6 分。但是，这会导致功耗以及吞吐量需求的增加，因为无论通话者是在说话还是处在静默期，应用程序都会传输一个固定的数据流。我们还可以观察到，一些这种类型的客户端或者使用 VAD 作为一个可选的特性，或者使用一些非标准的实现方案，这些方案并不以足够的频率来传输舒适静默帧，而其在标准的 VoLTE 业务中是需要每 160ms 传输一次的。

使用 AMR WB 23.85kbit/s 编译码器的原生 VoLTE 客户端能够得到 3.9 分，它同时还使用了 VAD，并且实现了标准的舒适静默帧。使用私有编译码器的 OTT VoIP 应用程序的 POLQA SWB 得分为 4.1～4.2 分，这与原生 VoLTE 客户端的得分非常接近。未来 VoLTE 语音质量可以通过使用新的超宽带（SWB）以及全带宽（FB）编译码器来得到进一步的提升，这些编译码器可以覆盖整个视频和音频带宽。3GPP 在版本 12 中定义了 SWB/FB 编译码器，叫作增强的语音服务（EVS）编译码器。该编译码器使得 VoLTE 有可能达到或超过所有 OTT 客户端的语音质量。

图 16.26 显示了端到端时延的性能，VoLTE 客户端能够提供最低时延，为 164ms，其远低于卓越语音质量的目标值 200ms。该值也显著低于 3G CS 呼叫的略低于 300ms 的目标值。OTT VoIP 应用程序会产生更长的时延，其中两个程序都超过了 300ms 的目标值。但是，值得注意的是，在这些测试中，VoIP 数据流的路由是直接在两个呼叫方的 IP 地址之间进行的，而在其他实现方案中，可能会使用网关来实现包的路由，而这会带来语音传输的额外的延迟。另外，在现网中，传输时延可能会造成整体延迟的进一步增加，而这主要取决于网络架构。

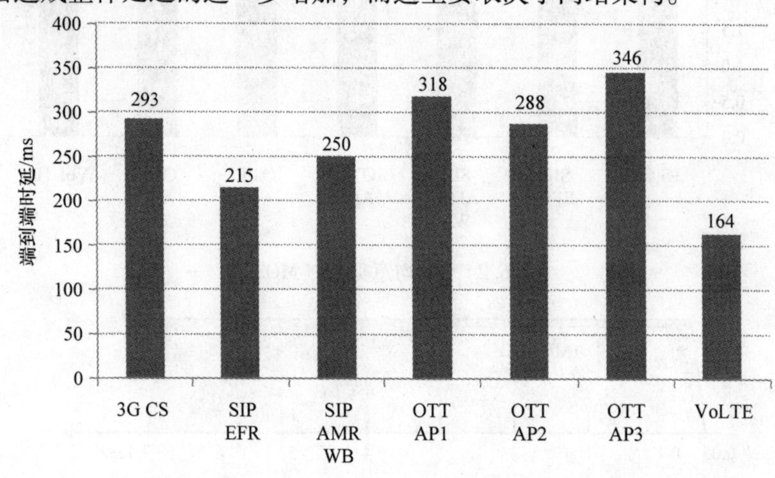

图 16.26　端到端时延

图 16.27 展示了平均用户吞吐量，图 16.28 展示了 2min 呼叫时间内的电流消耗。在该场景下，考虑到语音（40kbit/s）和静默帧（3kbit/s）的传输速率，并考虑到语音活动包含 25% 的讲话时间、20% 的收听时间以及 50% 的静默时间，原生 VoLTE 能够提供的平均速率为 10.2kbit/s。而使用 VAD，并使用 AMR WB 的编译码器的第三方 SIP 应用程序能够提供的平均速率低至 8kbit/s。在这种场景下，较低的平均吞吐量是由于在静默期不传输任何数据造成的，而这从另一方面也导致了 MOS 的显著下降。由于使用了较低效率的 VAD，使用 EFR NB 编译码器的同样的

应用程序能够达到最高 17.3kbit/s 的速率。

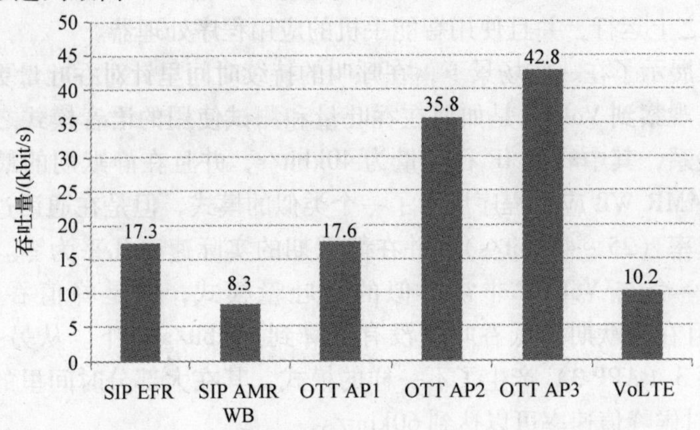

图 16.27　测量吞吐量

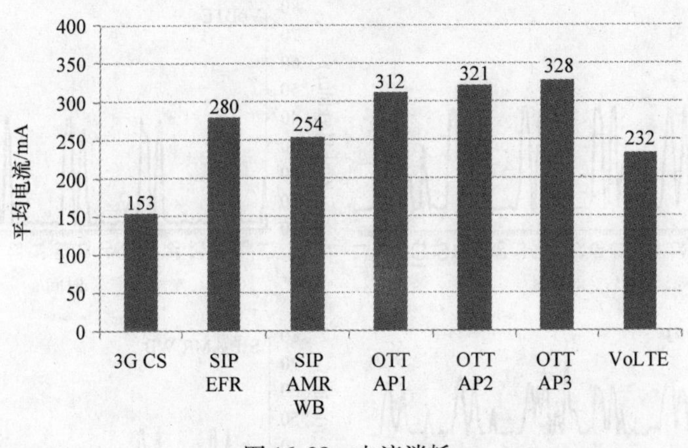

图 16.28　电流消耗

三个 OTT VoIP 应用程序能够达到的平均吞吐量范围在 17.6 ~ 42.8kbit/s 内，这主要取决于它们使用的编译码器以及一些特性的具体实现，例如编译码速率自适应或者 VAD。

并且在 PDCP 层以及无线空口上，VoLTE 和 SIP 应用程序使用 QCI1 QoS 的专用承载，在使用 ROHC 时这将会进一步降低吞吐量。

由于在无线芯片上整合了语音应用程序，3G CS 呼叫能够提供最低的功耗，为 153mA。VoLTE 功耗为 232mA，OTT VoIP 功耗为 300mA 以上。OTT VoIP 应用程序的效率显然是比较低的，这是因为这些应用程序使用默认的非 GBR LTE 无线承载，并且不能使用针对 VoIP 传输格式进行优化的非连续接收（DRX）设置。这些应用程序要求 UE 在整个语音呼叫过程中持续保持在活跃状态。而原生 VoLTE 和 SIP 客户端使用保障比特速率 QoS（QCI1）的专用承载以及针对 VoIP 传输格式优化的 DRX 设置。我们将会在本章后续的内容中展示集成的 VoLTE 客户端可以进一步地最小化功耗。这种类型的优化不适用于第三方 SIP 客户端或者 OTT VoIP，它们仍然需要在 OS 之上运行，并且使用智能手机的应用程序处理器。

图 16.29 展示了在一些场景下，在呼叫的持续时间里针对吞吐量更加详细的分析。我们可以观察到 VoLTE 是如何在吞吐量和测试使用的语音模式之间建立一个清晰的关联关系，其中峰值 IP 吞吐量为 40kbit/s，并且在静默期的最小吞吐量为 3kbit/s。SIP AMR WB 应用程序展示了一个类似的模式，但是在通话过程中其具有可变的比特速率（25～45kbit/s），并在静默期的实际速率几乎为零。OTT 应用程序 1 产生了一个与 VoLTE 非常类似的吞吐量模式；但是峰值吞吐量提升至 45kbit/s，并且在静默期的低吞吐量没有下降到 10kbit/s 以下。从另一方面来说，OTT 应用程序 3（APP 3）产生了不一样的模式，其在大部分时间里的传输速率为 42kbit/s，有时候峰值速率可以达到 60kbit/s。

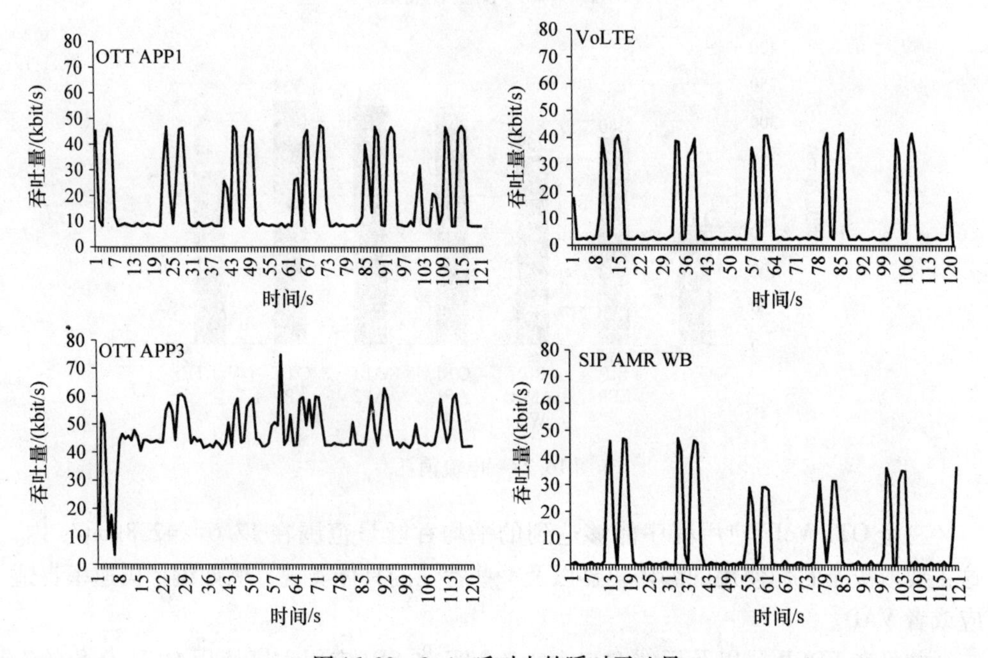

图 16.29　2min 呼叫内的瞬时吞吐量

考虑到目前蜂窝网用户的合约具有一定的每月限额，因此了解不同 VoIP 应用程序的平均吞吐量对于用户来说是很重要的。通过使用上面示例中的数据，针对一个特定的应用程序和一个固定的数据套餐，我们有可能去估计一个用户能够承担多少的语音分钟数。表 16.2 展示了在 VoLTE 场景下如何使用 1GB 的数据套餐来提供大于 112h 的通话时长，而使用 OTT 应用程序 3 在同样的数据套餐下只能最多提供 27h 的通话时长。

表16.2　使用50%活跃通话模型时，1GB数据套餐提供的VoIP分钟数

	平均吞吐量/（kbit/s）	2min通话消耗的上行+下行数据量/KB	1GB数据套餐可提供的VoIP分钟数/h
SIP EFR	17.3	519.0	3946（66）
SIP AMR WB	8.3	249.0	8225（137）
SIP AMR WBNoVAD	40.6	1218.0	1681（28）
OTT应用程序1	17.6	528.0	3879（65）
OTT应用程序2	35.8	1074.0	1907（32）
OTT应用程序3	42.8	1284.0	1595（27）
VoLTE	10.2	306.0	6693（112）

（1）电流消耗和非连续传输/接收（DRX）

标准的语音编码的特性是在语音包之间使用20ms的间隔，并且在舒适静默包之间使用160ms的间隔，而LTE的无线空口被分成了1ms持续时长的传输时间间隔（TTI）。由于相比LTE系统的高容量，VoLTE的包较小，因此通常可以在单个TTI内传输一个包，这允许UE在下个包到来之前能够保持在休眠状态。

eNodeB控制上行和下行无线资源的使用，这使得针对包调度的优化成为可能。LTE的包调度器有时甚至可能增加两次资源分配之间的时间间隔，迫使两个包同时传输以提升容量并节省功耗。这个特性叫作包绑定。

LTE网络中连接状态的DRX功能尝试通过利用连续数据包之间的间隔来允许UE在该短时间间隔内关闭它的接收链路以达到减少总功耗的目的。但是，由于VoLTE的业务模型与其他应用程序有很大的不同，有必要在一个新的VoLTE呼叫建立时修改UE的DRX设置；因此当一个新的具有QCI1 QoS等级的专用承载建立时，需要发送特定的DRX设置。图16.30展示了针对VoLTE的DRX的目标行为。

从功耗的角度看，如果上行和下行数据包在同一个TTI内同时发送，针对功率节省的DRX休眠模式存在最大的可用时间。但是，当上行和下行的数据包不同步时，获得增益的可能性就大大下降了。静默期同样提升了节省电量的可能性，这是因为包之间的间隔增加到了160ms。

图16.31展示了两个UE在通话过程中使用AMR WB编译码器，且具有预定的语音模型的SIP VoIP客户端消耗的平均电流的比较。图16.32展示了该语音模型。参考电流消耗是从VoIP客户端不激活VAD的场景中获得的，这意味着无论语音活动模型如何，UE均以每20ms一个包的固定速率传输。这种行为导致了实际上没有机会启动DRX休眠模式，并导致了更高的功耗。在下面的场景中，连接状态DRX通过不同的设置进行激活。DRX长周期固定为40ms，但短周期在20ms和40ms之间变化。另外，OnDuration，也就是在每个周期上UE被唤醒之后保持活跃的时间，在6~4s之间变化。

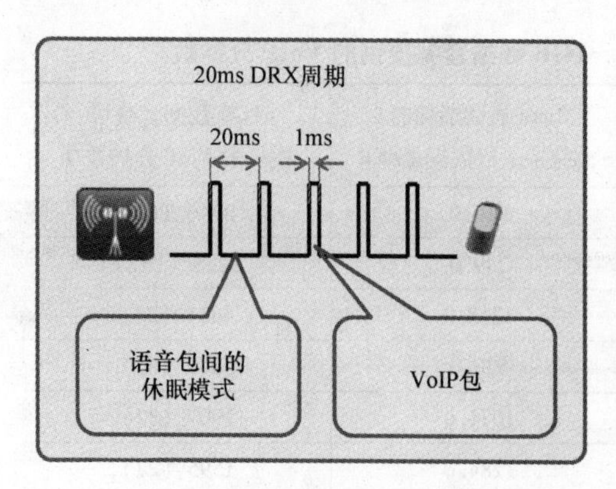

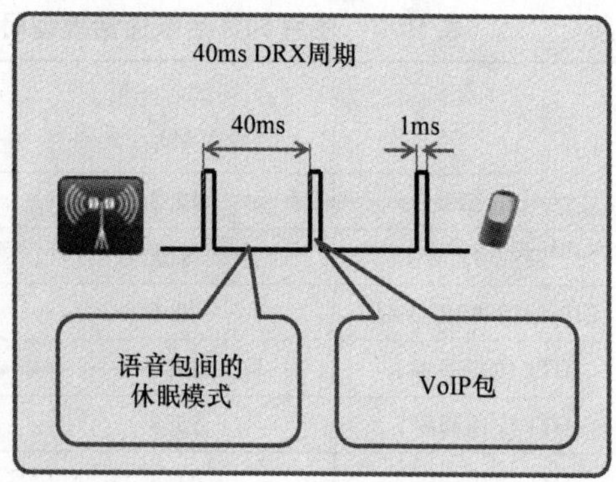

图 16.30　VoLTE 传输和 DRX 概述

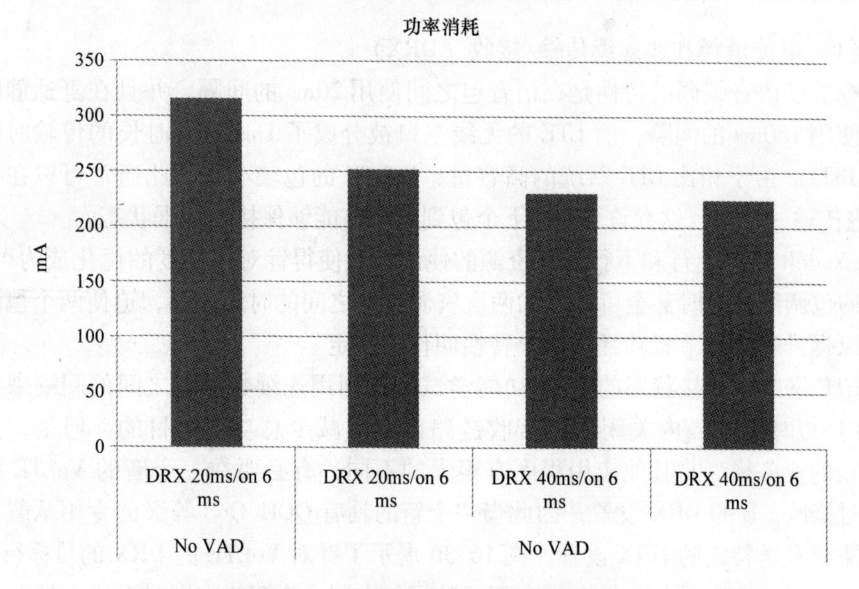

图 16.31　DRX 对 VoLTE 电流消耗的影响

TALK	Silence	TALK	Silence	LISTEN	Silence	LISTEN	Silence
2s	2s	3s	4s	2s	2s	3s	4s

图 16.32　功耗测试中的语音模型

在第一种场景下，针对 20ms 短周期以及 6ms OnDuration 的设置，平均电流消耗相比于参考场景缩减了 20%。而将短周期提升为 40ms 可带来额外高达 27% 的增益。最后，将 OnDuration 降低为 4ms 仅可带来很小的额外增益。在所有的测试中都监测了以 MOS 为表征的语音质量，但是在呼叫过程中，由于使用 40ms 的 DRX 周期不是 20ms 的 DRX 周期导致的包时延抖动增加并没有反映在任何可感知的 MOS 下降上。

（2）集成的 VoLTE 客户端的功耗

VoLTE 以及其他 VoIP 服务的功耗很大程度取决于 UE 以及硬件和软件实现控制语音的效率。虽然我们的期望是 VoLTE 应该可以提供相比于之前的 3G 链路交换语音通话类似或者更好的功耗以提供良好的用户体验，但是一些 VoLTE 终端以及早期的实现方案由于使用依赖于 UE 应用程序处理器来运行 VoLTE 协议栈，因此可能达不到需要的效率水平。但是，带有芯片集成 VoLTE 实现方案以及优化的 DRX 参数设置的 UE 可以达到一个明显的较低的功耗。图 16.33 展示了使用不同 DRX 参数设置的集成的 VoLTE 实现方案的功耗，它表明了 VoLTE 可以达到与 3G CS 语音同样的功耗水平。不使用 DRX 的 OTT VoIP 可能消耗高达两倍的电量。

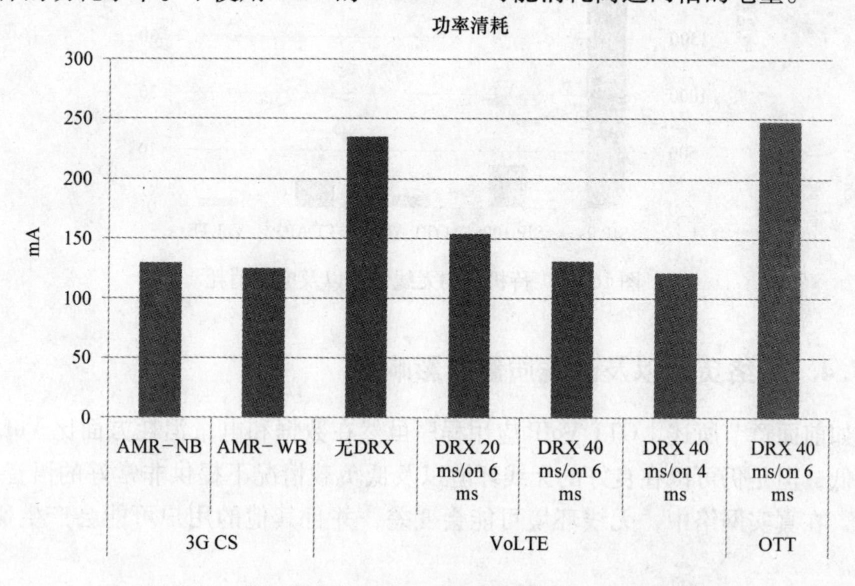

图 16.33　使用集成的 VoLTE 客户端时的 VoLTE 功耗测量

16.7.3　待机性能

VoLTE 性能的另一个重要方面是当应用程序在后台运行而不进行任何通话时其在待机期间的行为。在此期间内，不同的应用程序通常进行某种活动来确保与 IMS 系统保持连接，OTT VoIP 应用程序会使用类似私有解决方案。

图 16.34 展示了使用不同 VoIP 应用程序时产生的无线信令消息数。原生 VoLTE 服务产生的消息数最少，这是具有基本配置的智能手机能够产生的最小负载。OTT VoIP 应用程序比 VoLTE 多产生 50% ~200% 的无线信令。测试的第三方 SIP 客户端包含了一个用来发送保持激活消息的可配置的计时器，其默认值可配置为 9 ~600s 之间。表格显示了 9s 和 100s 的保持激活间隔，并显示了其对 1h 待机时间内产生的消息数以及平均电流消耗的显著影响，在最差情况下该值会比 VoLTE 高 4 倍。

总而言之，原生 VoLTE 客户端进行了很好的优化来将待机时间对于 UE 电池使用时间以及网络负载的影响降到最小，而一些 OTT VoIP 以及第三方 SIP 客户端可能会产生更高的负载，并对电量消耗和网络容量造成负面影响，特别是在默认使用非常激进的保持激活参数设置时。

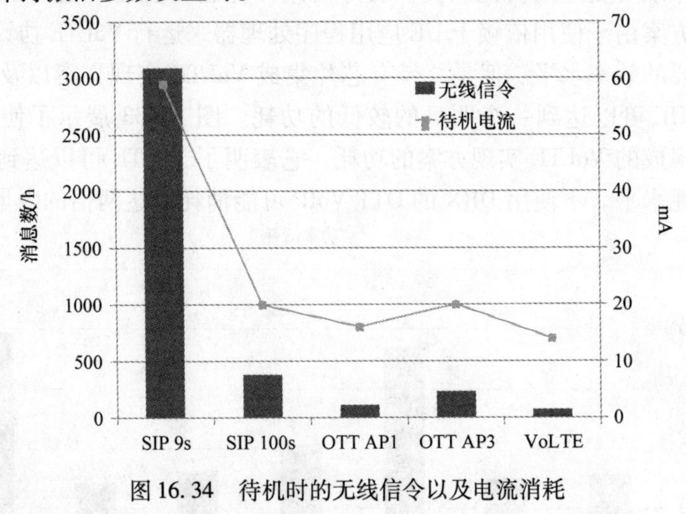

图 16.34 待机时的无线信令以及电流消耗

16.7.4 网络负载以及无线质量的影响

如前面章节所述，OTT VoIP 应用程序虽然在数据和电量消耗方面比 VoLTE 的效率低，但是仍可以在良好的无线环境以及低负载情况下提供非常好的语音质量。但是，在真实网络中，无线环境可能会变差，并且其他的用户可能会产生额外的业务。

OTT VoIP 和 VoLTE 的一个本质不同点在于 VoLTE 使用一个专用的 QCI1 承载来传输语音包，这使其在无线空口和传输上都获得了高优先级，而 OTT VoIP 一般会与其他低优先级业务混合在一起使用默认数据承载来传输。

在图 16.35 和图 16.36 中可以清楚地看出上述不同点对于语音包如何被传输的影响，图中显示了在好和差的无线环境下以及不同的后台数据负载等级时，针对一个 OTT VoIP 应用程序和 VoLTE 的 MOS 和端到端时延。在该场景下，负载是由 19 个 UE 进行连续的上行和下行文件传输协议类型（FTP）传输而产生的。通过增加相对于 OTT VoIP 用户的背景数据相对权重可以获得更高的有效负载。例如，使用 10∶1 调度比例的 19 个 UE 产生的无线负载等同于使用 1∶1 调度比例的 190 个 UE 产生的负载。

从图 16.35 中我们可以看出，VoLTE 不会受到后台负载等级的任何影响，因为它的数据包的优先级一直高于 FTP 业务。只有在增加其他 VoLTE 用户的负载时可能会最终影响语音质量。从另一方面来讲，较差的无线环境会对 MOS 产生影响，

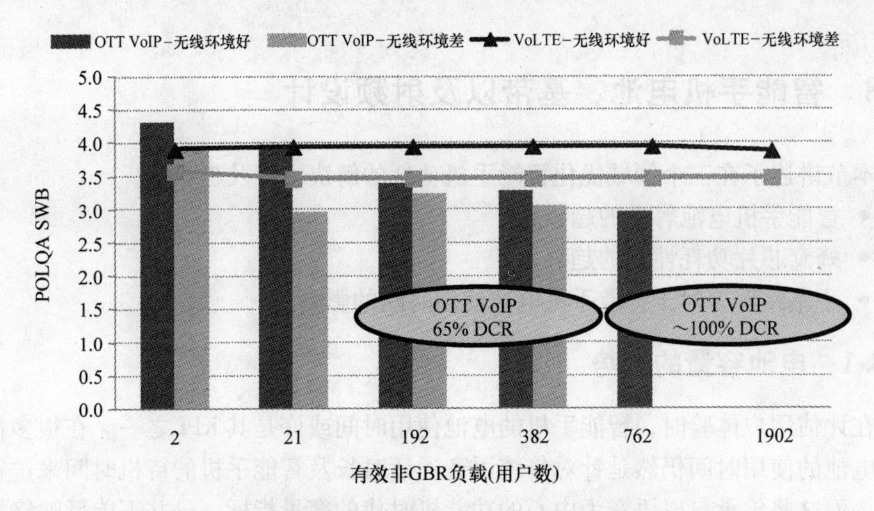

图16.35 在好和差的无线环境下针对VoLTE和OTT VoIP的MOS（POLQA SWB）与非GBR负载的对比

而在图中反映为POLQA分从3.9下降到了3.5。这种下降是由于数据包在无线接口进行重传而带来的额外的抖动以及时延造成的。值得注意的是，3.5分仍然代表较好的语音质量，并且事实上比处于较高无线环境下的AMR NB能够达到的等级还要好。

OTT VoIP在低负载时会提供非常好的MOS，在低到中负载时会经历质量迅速下降，而在中到高负载时会变得十分不稳定，此时不仅MOS下降了，并且掉话率（DCR）也提高了。

针对OTT VoIP，端到端时延会随着负载的增加而成比例地增加，而针对VoLTE，端到端时延会保持稳定，如图16.36所示。

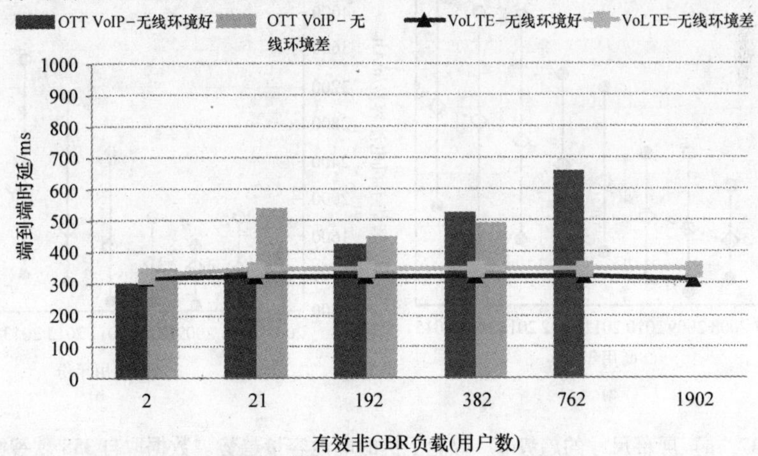

图16.36 在好和差的无线环境下针对VoLTE和OTT VoIP的端到端时延与非GBR负载的对比

16.8　智能手机电池、基带以及射频设计

本节讲述了在三个领域优化智能手机功耗的解决方案及趋势。

- 智能手机电池容量的趋势。
- 蜂窝芯片功耗性能的趋势。
- 小基站部署对于智能手机电池使用时间的影响。

16.8.1　电池容量的趋势

在评估用户体验时，智能手机的电池使用时间或许是其 KPI 之一。在很多情况下，电池的使用时间仍然是针对传统语音通话时长及智能手机的待机时间来进行公布的。而这些传承自以语音为中心的功能机时代的衡量指标，已并不能反映终端用户的体验。智能手机的引入已经将客户的习惯转移到了以数据为中心的活动特性上。最近的智能手机行为统计数据显示仅有 25% 的使用时间花费在进行语音通话上，而剩余的 75% 的使用时间被分别用在了音频/视频流、网页浏览、在线游戏或者社交网络上。除了音频流之外，所有的这些行为意味着大量活跃的触屏行为。为了提升触屏用户体验，例如网页浏览，使得 OEM 使用更大、更高分辨率的屏幕。图 16.37a 展示了屏幕尺寸从 2007 年的平均 3in 增长到了 2014 年的平均 5in。这个趋势与一直增长的屏幕尺寸解决方案一起，推动芯片厂商不断推出更强的图像处理器以及应用程序引擎[8]。这两个因素的结合显著地改变了芯片的电量供应预算：在功能机中，蜂窝子系统与屏幕活动相比占用了大部分的功耗，功率放大器（PA）为高输出功率的最大贡献者，而在智能手机中，功耗分布被颠倒过来了[8]。

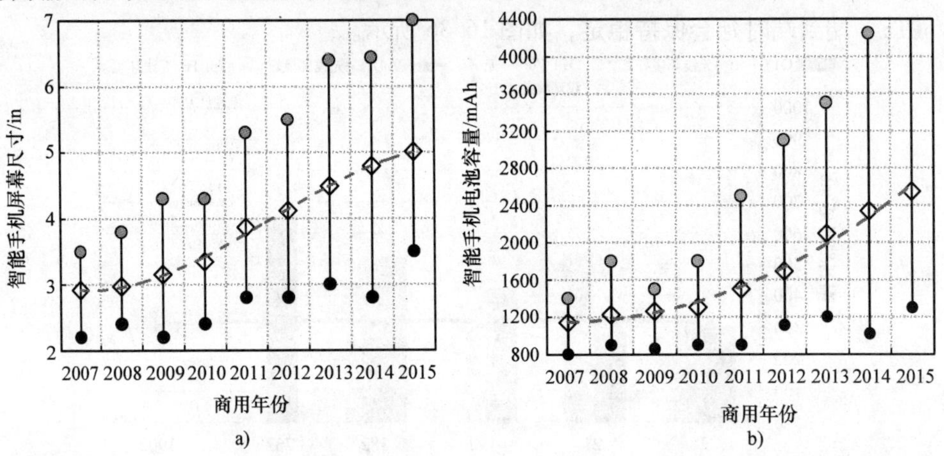

图 16.37　a）屏幕尺寸的趋势 b）智能手机的电池容量趋势。数据取自 388 款智能手机

图 16.38 通过比较智能手机使用动态壁纸（见图 16.38a）和静态图片（见图

16.38b）时的功耗说明了这些影响。两个测量均使用了相同的背景光等级（50%），并且关闭了所有的无线子系统，即 UE 处于飞行模式。使用动态壁纸使得电池功耗加倍，达到 1.7W。

这就解释了为什么现在具有强大应用程序引擎、高分辨率屏幕的手机，需求的电量在 7 年中几乎翻倍，在 2014 年达到平均 2500mAh（见图 16.37b）。我们可以清楚地发现，出现了电池容量超过 4000mAh，并且屏幕尺寸超过 6in 的平板手机。

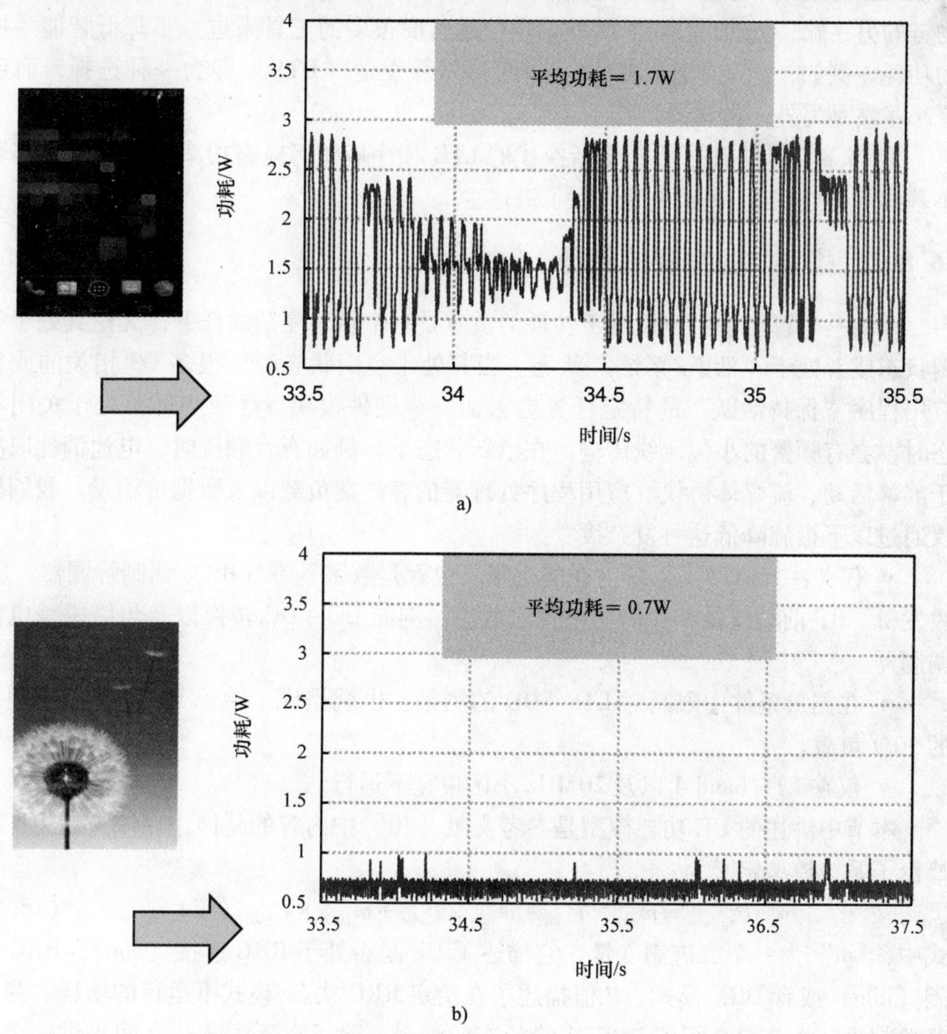

图 16.38　在飞行模式下的 UE 功耗 a）动态壁纸 b）静态图片

由于锂离子的能量效率近年来一直保持恒定，如果想要电池容量翻倍就需要电池重量翻倍。而这会对智能手机的重量预算造成沉重打击。在实际中，电池的能量效率以每年约 5% ~7% 的速度持续提升[9]。例如，在 2014 年，一块先进的

2100mAh 电池的重量为 35g。这意味着能量密度约为 230Wh/kg。而在 2009—2010 年间一块具有平均 190Wh/kg 密度的电池的重量为 42g。换句话说，2009 年 1 块 35g 的电池具有的容量只为 1750mAh。这些示例只是锂离子电池技术进步的简单总结，因为能量密度不仅取决于电池的重量/体积，还取决于其厚度[9]。这些缓慢的进步解释了为什么设备制造商除了提升电池的重量以及/或者体积，并且给芯片厂商很大压力使其不断推出更高能量效率的蜂窝子系统之外，别无其他的选择。在食物链的另一端，先进的 3GPP 特性给电信运营商很多的工具来进一步降低智能手机的功耗。例如，激活非连续接收（DRX）以及发送（DTX）即为一种选择，而部署小基站是另外一种选择。

第 16.8.2 节讲述了不断更新换代的 LTE 芯片是如何提高功率效率的。而部署小基站的好处在第 16.8.3 节进行了讲述。

16.8.2　蜂窝芯片功耗的趋势

评估一个智能手机整机对于功耗的贡献是一个相对复杂的任务，无论其处于空闲状态或者处于"活跃/繁忙"状态。当其处于空闲状态时，很多 OS 相关的或者应用程序"保持活跃"的特定任务会激活一些硬件模块，导致当屏幕处于关闭状态时，会有频繁的小包无线传输。在活跃状态下，例如有音频流时，电池消耗取决于屏幕活动、流媒体协议、应用程序处理器的客户端负载以及数据传输量。我们建议通过以下措施降低这种复杂度：

- 仅关注蜂窝网子系统内在的贡献，也就是数字基带（BB）调制解调器、RF 收发机、RF 前端以及相关的功率管理电路，例如 DC - DC 转换以及包络跟踪电源调制器。
- 在测量条件中限制对 LTE FDD 的测量，也就是说，给予 RF 前端一个理想的 50Ω 负载。
- 仅在 LTE band 4 以及 20MHz 小区带宽下运行。

本节中讲述的 UE 功耗模型是参考文献［10］中内容的延伸，在该文献中 LTE 蜂窝子系统模型定义为

$$P_{\text{cellular}} = m_{\text{con}} \times P_{\text{con}} + m_{\text{idle}} \times P_{\text{idle}} + m_{\text{DRX}} \times P_{\text{PDRX}}(\text{W}) \tag{16.1}$$

式中，"m"为一个二进制变量，它描述了 UE 是否处于 RRC 连接（con），RRC 空闲（idle）或者 DRX 模式。P 值描述了在给定 RRC 状态/模式下运行的功耗。为了简单起见，本节仅介绍了 RRC 连接状态的测量。除了在不同芯片之间提供一个详细的参考基准，第 16.8.3 节也使用"P_{con}"来表明通过小基站部署可以节省的电量。

从功耗特性角度来看，WCDMA 和 LTE 的一个重要区别就是 LTE 灵活的空口引入了更多的变量。评估每一个变量对于"P_{con}"的影响可以通过定义两种类型的转换函数来近似地得到：或者上行（TX）相关或者下行（RX）相关。每个类型又

可以进一步分为基带和 RF 子类别。由此产生的四种转换函数（P_{RxBB}、P_{RxRF}、P_{TxBB}和 P_{TxRF}）在图 16.39 中进行了描述。一个测试例（TC）专门用于评估针对每个函数的每个变量。例如，TC1 研究调制编码方式（MCS）对于 P_{RxBB}的影响，此时其他变量保持恒定。

图 16.39 展示了实验的设置。智能手机被置于法拉第笼内进行测试，并通过一组同轴电缆连接到 eNodeB 仿真仪（Anritsu 8820c）。电源电压以及电流消耗是通过使用 Agilent N6705B 电源以每个点至少 30s 的时间来获得的。测量精度为 ±10mW，并且屏幕保持在关闭状态。

链路	类别	子类别（影响）	转换函数	测试例	下行参数			上行参数		
					MCS	PRB	S_{Rx}	MCS	PRB	S_{Tx}
DL	基带	SISO和MIMO中的MCS/PRB	P_{RxBB}	1	[0,28]	100	−25	6	100	−40
				(2)	0	[0,100]	−25	6	100	−40
	RF功率	SISO/MIMO	P_{RxRF}	3	0	100	[−25,−90]	6	100	−40
UL	基带	MCS	P_{TxBB}	4	0	3	−25	6	[0,100]	−40
		PRB		5	0	3	−25	[0,23]	100	−40
	RF功率	QPSK/16QAM	P_{TxRF}	6	0	3	−25	6	100	[−40,23]

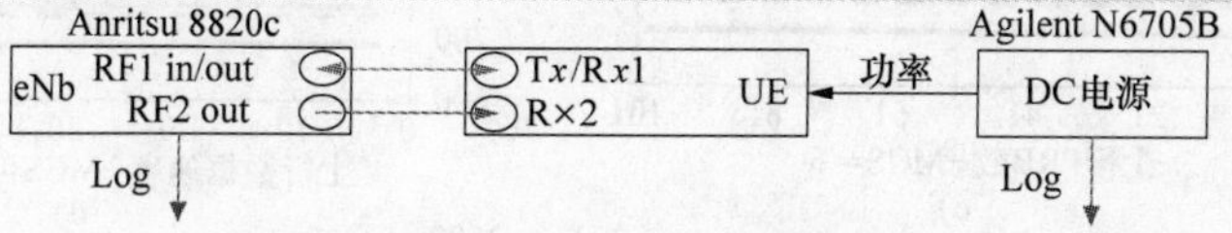

Anritsu 8820c　　Agilent N6705B
eNb　RF1 in/out　RF2 out　　Tx/Rx1　R×2　UE　功率　DC电源
Log　　Log

图 16.39　LTE 芯片功耗测试例以及实验的设置。为表述清楚省略了测试例 2。变量在方括号中给出

图 16.40 展示了基准测试的智能手机的特性。除了 UE3 之外，所有 UE 都是高端旗舰机。这种选择代表了两代的基带调制解调器和三代的 RF 收发器。这些设备也允许比较两种 PA 控制机制：UE1、2 和 3 的平均功率跟踪/增益转换（APT/GS）和最新引入的 UE4 和 5 的包络跟踪（ET）。图 16.41 的测试结果展示出了一些特别重要的发现。

	UE 1	UE 2	UE 3	UE 4	UE 5
商用时间	2014年6月	2014年4月	2014年7月	2014年8月	2014年10月
操作系统	Android 4.0.4	Android 4.1.2	Android 4.4	Android 4.4	Android 4.4
调制解调器和CPU	Part #A	Part #B	Part #C	Part #D	Part #D
调制解调器CMOS节点	28 nm LP	28 nmLP	28 nm LP	28 nm HPM	28 nm HPM
RF收发器	Part #E	Part #F	Part #G	Part #F	Part #F
收发器CMOS节点	65 nm	65 nm	65 nm	65 nm	65 nm
Band 4 PA控制	增益转换(GS)＋平均功率跟踪(APT)			GS＋APT＋包络跟踪(ET)	
LTE 频带	4, 17	1, 2, 4, 5, 17	2, 4, 7, 17	4, 7, 17	1, 2, 3,4, 5, 7, 8, 12, 17
UE等级	3	3	4	4	4

图 16.40　测试的智能手机（CPU = 中央处理单元，LP = 较低的功率，HPM = 高性能手机）

从图 16.41a 和 16.41b（TC 1）的 P_{RxBB}的性能开始，我们可以观察到与 UE1 和 2 相比，基带解码能量效率在 UE3 和 4 中得到了显著的提升。在 2×2 MIMO 操作方式下，平均功耗的斜率几乎减半，从每 Mbit/s 1mW，到约每 Mbit/s 0.4mW。例如，在 80Mbit/s 的速率下，UE4 的功耗优于 UE1 的功耗达 33%。这意味着从能

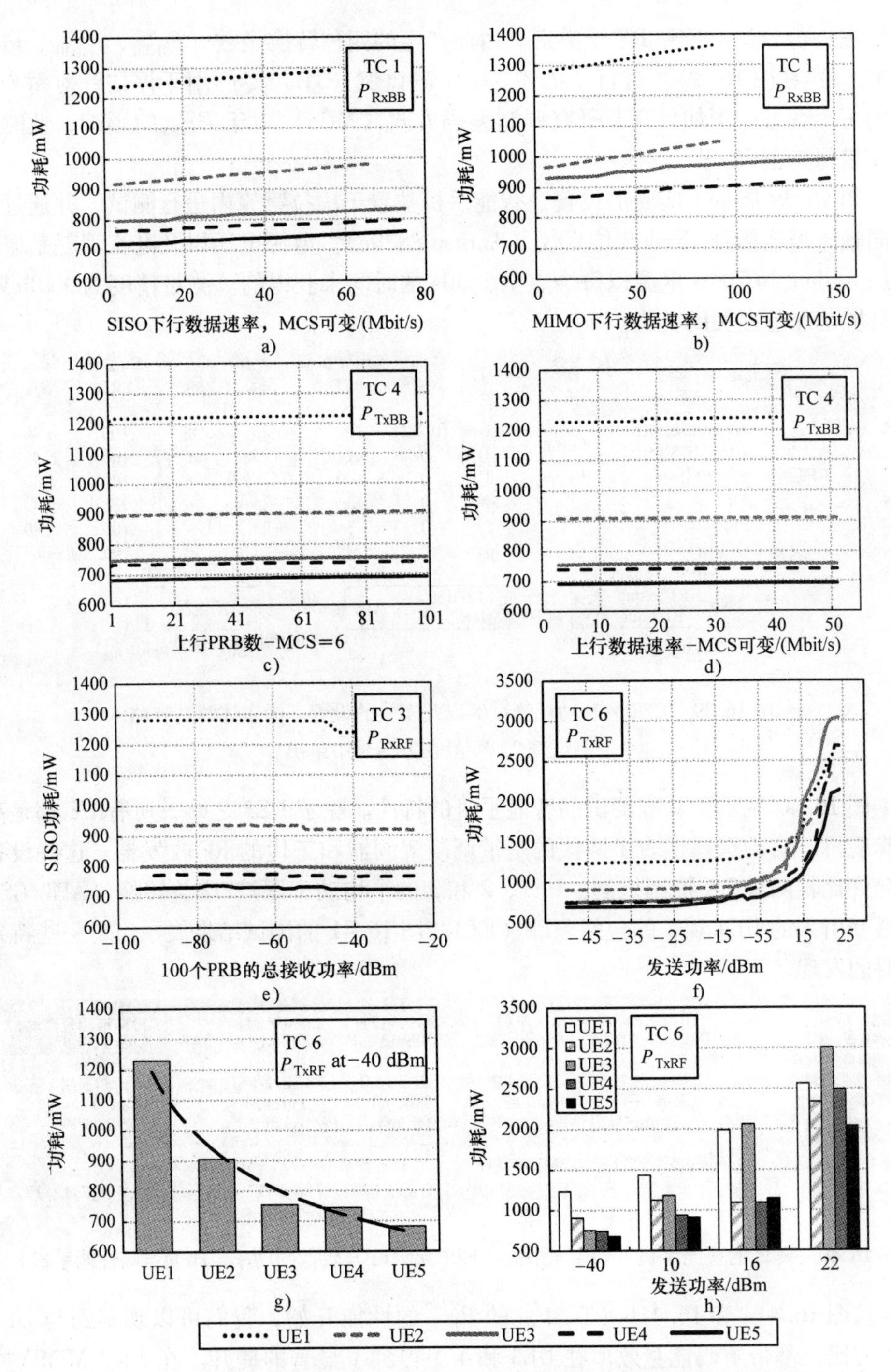

图 16.41　Band 4，20MHz 小区带宽，LTE 子系统功耗参考基准（由于缺少 RF Rx 分集测试端口，UE 5 的结果限制在 SISO 操作下）

量效率的角度看，尽可能使 UE3 和 4（可引申到 UE5）达到其最大下行吞吐量是有好处的。这些测量同时展示了单入单出（SISO）模式比 2×2 MIMO 模式平均节省了 100mW。值得注意的是，图 16.9 中的测量表明了 10MHz 和 20MHz 带宽系统在功耗上有明显差别，而图 16.41 展示了在给定带宽下的接收 PRB 的数量对于功耗仅有很小的影响。

图 16.41c（TC4）展示了一个更加明显的图形，它表明发送方的基带性能几乎独立于发送的物理资源块（PRB）的数量。图 16.41d 表明，除了 UE1 之外，使用 16QAM 对于发送方的功耗没有任何影响。UE1 的功耗步长与用于适应 16QAM 传输中较大峰均比的 PA 偏置值的变化有关。这种调整是基于 PA 的，因此在 UE2、3、4 和 5 中不再需要。

从图 16.41e（TC3）我们可以看出，除了 UE 1 之外，接收链路的功耗在整个 UE 动态范围内没有发生明显变化。例如，在 UE 5 中，在小区边缘的功耗仅比在最大输入功率处（即在 eNodeB 之下时）的测量值高了 1%。甚至对于 UE 1，其在小区边缘的功耗提升小于 3.5%，该值低于测试台的评估精度。图 16.41f、16.41g 和 16.41h（TC6）展示了最令人印象深刻的功率节省。图 16.41g 是在 40dBm 处测量性能的缩放，图 16.41h 展示了关键发送功率的对比。每一代设备都比上一代设备提供了明显的功率节省。例如，UE5 的功耗比 UE1 少了 45%。UE5 不仅达到了最高的性能等级，相比于其他设备而言，它在一个很大的输出功率范围内表现出了近乎平稳的功耗。将使用 APT 的 UE3 的性能与均使用 ET 的 UE4 或 UE5 的性能进行对比是一件非常有趣的事情㊀。在 0dBm 以下时，这三个 UE 具有类似的性能，而在超过 10dBm 时，UE4 与 UE3 相比，能够分别在 16 和 22dBm 时提供超过 47% 和 17% 的增益。UE 5 在同样的功率时比 UE 3 能够分别提供 44% 和 32% 的增益。

总之，LTE 芯片的功耗可以通过使用 P_{RxBB} 和 P_{TxRF} 来大致得到，也就是说，功耗性能与下行吞吐量和上行发送功率是直接相关的。由于 LTE 功率控制环主要是为了针对给定的 PRB 数和 MCS 维持目标上行 SINR，因此增加上行吞吐量间接导致提升 UE 发送功率，因此会提升子系统的功耗。这些方面的问题会在下一节通过使用路测数据进行说明。

16.8.3　小站对于智能手机功耗的影响

小站部署的一个主要目标是发送给 UE 一个较高的平均下行 RF 功率，也就是说，与宏基站相比，保证 UE 经历一个更低的路损。一般的说法是 UE 的平均发送功

㊀ 由于 UE3 是一个中等级别（200～300$价位）的、成本优化的智能手机，而 UE4/5 是高端手机（600$价位），该对比并不意味着要得出一般性的结论。因此，针对 UE3 功率放大器的选择准则依赖于不同于 UE4/5 的成本/性能折中准则。

率会更低。16.8.2 节展示了 UE 的功耗与其发送功率紧密相关。因此，我们有理由期待小站部署会提升 UE 的电池使用时间。本部分内容的目的是通过使用之前定义的 P_{con} 转换函数建立参考信号接收功率（RSRP）等级和 UE 功耗之间的联系来评估功耗的节省。这些评估仅可以用作说明的目的，因为 UE 发送行为会在 RRC 连接态的 cDRX/DTX 和空闲态之间切换。这些评估随后与六个应用场景下的外场测量数据进行了比较：音频流、两个独立的视频流服务/应用程序、从 Google Playstore 进行的应用程序下载、Skype 双向视频通话以及文件上传应用场景。分析分三步进行："评估 UE 发送功率特性"部分通过外场数据评估了 LTE 发送功率特性，"建立 RSRP 和 UE 发送功率之间的经验联系"部分在 RSRP 和 UE 发送功率等级之间建立了经验联系，"建立 RSRP 和 UE 功耗之间联系"部分通过外场性能对比了 P_{con} 与 RSRP。图 16.42a 在典型的宏小区的小小区假设条件下展示了 RSRP 等级的范围。标注为 A、B 和 C 的三个静态测试地点被用于在每个小区类型的边缘收集 UE 功耗。所有的外场数据测量在近乎自由空间的测试环境下通过使用 UE 4 来获得，也就是说，UE 被放置于一个木桌上，并且周围没有其他物体，也没有用户的交互，以确保该智能手机辐射性能不被手或头所影响。图 16.42b 展示了通过几次路测获得的平均上行和下行物理层吞吐量。

1. 评估 UE 发送功率特性

LTE 和 WCDMA 的一个重要区别是发送功率控制环工作方式的不同。在 WCDMA 中，控制和数据物理信号都是在 UE 内部的数字 IQ 层进行复用，通过 NodeB 使用特定数字增益进行调整的扩频因子之间的差异又被称作 β 因子。由此造成的复合调制载波功率由 NodeB 以慢速进行控制，以控制小区的热噪声增量（RoT），并满足目标信号等级链路质量。由此造成的 UE 发送功率密度函数（PDF）可以被直接映射到 UE P_{TxRF} 转换方程，并且可以很容易地计算出平均 UE 功耗。该方法被 GSMA 用来计算 WCDMA 说话时间，参见参考文献［11］中的示例。

在 LTE 中，上行空口改变了功率控制环的角色。首先，一个小区中的传输是正交的。因此，控制小区内 RoT 与管理小区间干扰以及维持足够的链路质量相比就不是什么问题。从这方面来说，LTE 功控的目的是通过控制 UE 的发送功率谱密度来满足针对一个给定 MCS 和 PRB 分配的 eNodeB 目标灵敏度。其次，UE 或者在 PUCCH 上发送控制信息或者在 PUSCH 上发送数据，但是不会同时发送。由于 PUCCH 传输只以较低的比特速率和较高的编码增益在一个单个的 PRB 上发生，因此每一个物理信道都是由一个完全独立的环来控制，这就导致了两个独立的 UE 发送功率 PDF。而探测参考信号（SRS）的发送使得情况更加复杂，它一般在 1ms 子帧的最后一个符号上。因此，在 LTE 中将 UE 发送 PDF 映射到 UE 功耗比在 WCDMA 中要难。

图 16.43 展示了 PUCCH、PUSCH 和 SRS 传输功率特性的示例，这些特性是在

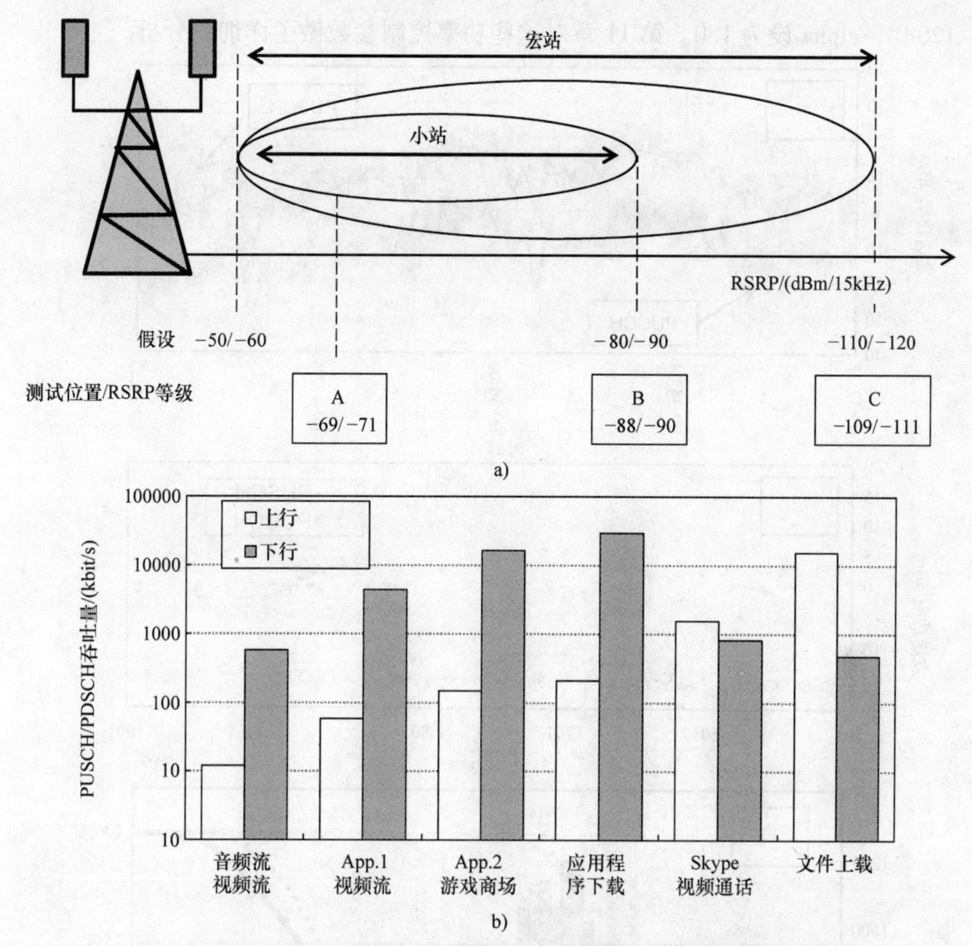

图 16.42　a）针对宏基站和小站假设的 RSRP 等级范围与选择的静态测试地点的比较　b）针对六个使用场景的路测下平均物理层上行（PUSCH）和下行（PDSCH）吞吐量。所有的测量均在 UE 4 上进行

一个 2×2 MIMO、AWS 频段、20MHz 小区带宽的 LTE 网络中进行收集的[⊖]。智能手机在整个路测期间运行音频/音乐流。对每个特性更详细的分析可以通过获得开环和闭环功控参数的路测记录来完成，不过这不是本节要讨论的内容。

针对该音频流应用程序，PUSCH 和 SRS 传输比 PUCCH 传输要少。这可以从 PDF 和功率与 SFN 对比图中看出。这是符合预期的，因为上行业务一般要小于下行业务（见图 16.42b）。在该示例中，PUSCH 平均发送功率比 PUCCH 大约高 18dB。针对 PUSCH 和 PUCCH 的 SIB2 和 RRC 连接建立消息中的开环 P_0 标称参数解释了该功率偏移值在该网络中不能少于 14dB：P_{0_PUSCH} 设为 -106dB，P_{0_PUCCH} 设为

⊖ 具体的芯片参数是以 TTI 为精度针对每一次路测来获取的，使用的是 Accuver XCAL 软件套装，并使用 Accuver XCAP 工具进行后处理。

－120dB，alpha 设为 1.0。第 11 章对这些功率控制参数做了详细的分析。

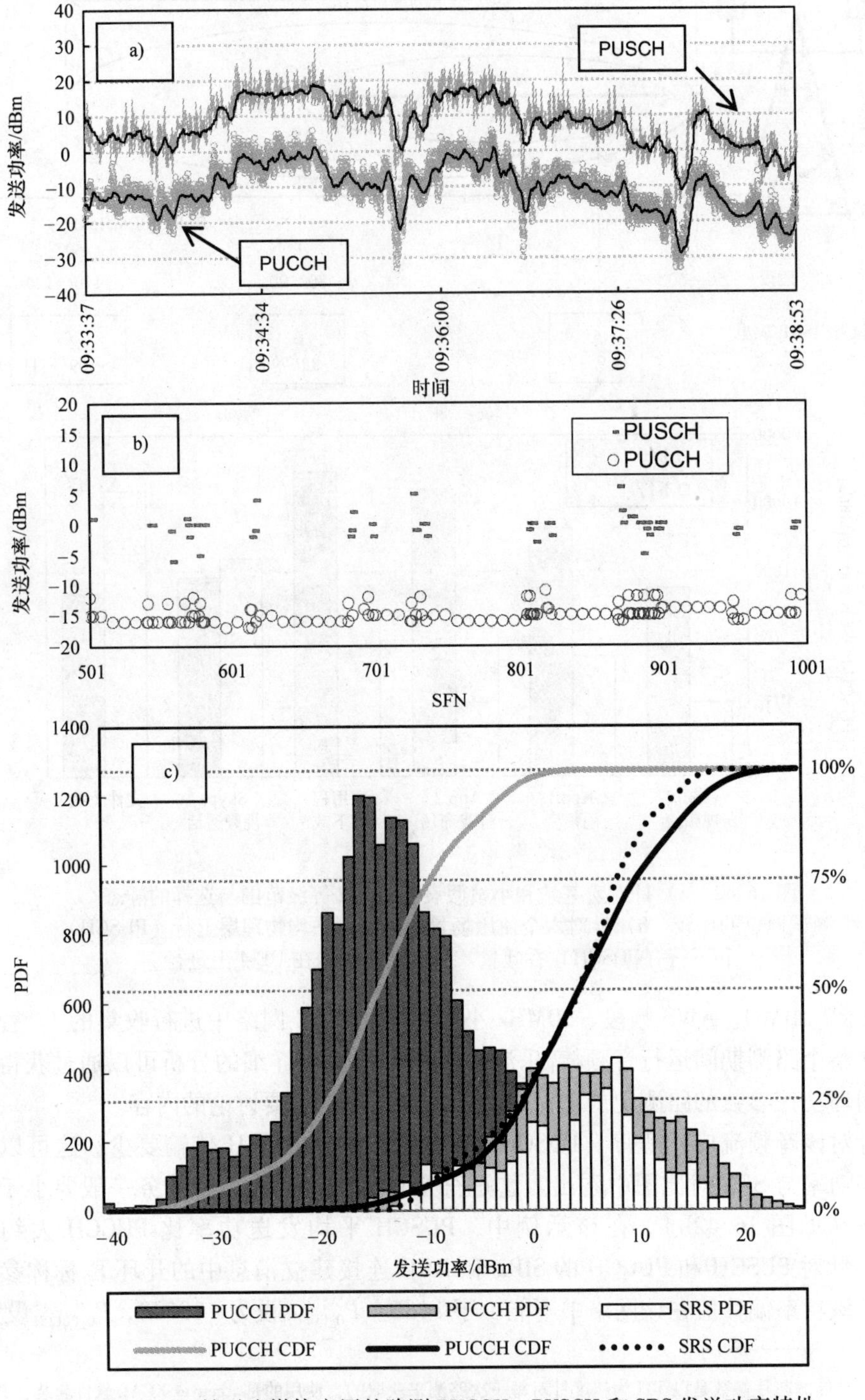

图 16.43 针对流媒体应用的路测 PUCCH、PUSCH 和 SRS 发送功率特性

a）发送功率 vs 时间 b）发送功率 vs 系统帧号 c）发送功率 CDF 和 PDF

2. 建立 RSRP 和 UE 发送功率之间的经验联系

图 16. 44a、图 16. 44c 和图 16. 44e 针对音频流、Skype 视频通话和向云服务器上传大文件这些应用，使用路测记录集绘制了 PUSCH、PUCCH 和 SRS 发送功率与 RSRP 等级相比的星座图。

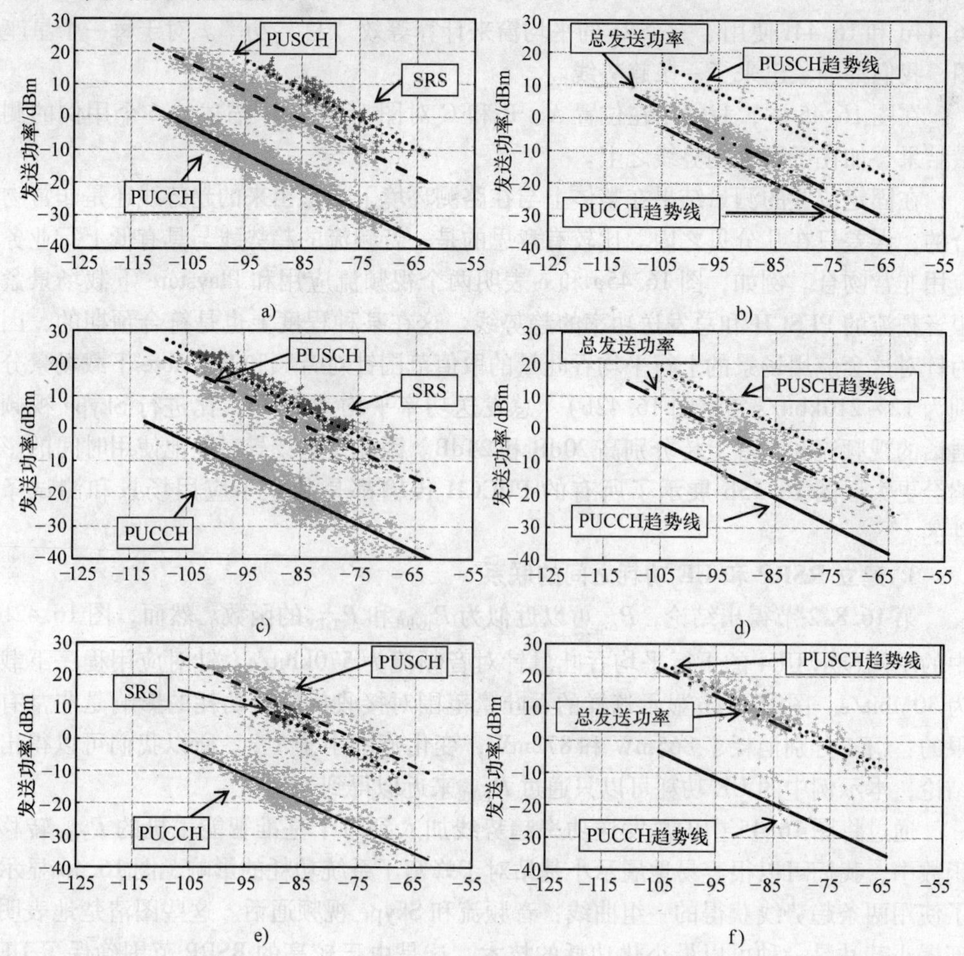

图 16. 44 音频流（最上面行）、Skype 视频通话（中间行）和文件上传（最下面行）的 UE 送功率与 RSRP 的对比。（a、c、e）PUCCH、PUSCH、SRS 与 RSRP 对比的云图和趋势线；（b、d、f）“UE 总发送功率”与 RSRP 对比的云图和趋势线

平均 PUSCH 发送功率在这三个场景中都增加了。这是符合预期的，因为我们选择的场景都是增加上行业务的代表（见图 16. 42b）。从另一方面来说，PUCCH 发送功率不会随着应用程序的变化而变化。考虑到重要的功率波动和上行传输的高动态特性，我们建议定义一个虚拟的“总”平均发送功率。“总”平均发送功率定义为所有上行物理信道在一个长时间段内的平均功率。引入一个“平均总”发送功率是比较主观的，但是我们的目的是为了简化 RSRP 和芯片功耗之间的关系。而

芯片基带功耗独立于 PRB 数的事实更方便了这种简化。任何上行 PRB 和 MCS 的变化都会造成发送功率控制环的调整。因此，将各个物理信道发送功率进行平均应该提供一个合理的精确度估计，并且在上行吞吐量增加时应该能够反映出 UE 发送功率的增加。第 11 章针对 LTE 功率控制环做了仔细的分析和描述。图 16.44b、16.44d 和 16.44f 使用了一个 2s 的平均窗来计算等效“总”功率。对于每一个星座图，我们都抽象出来了一条趋势线。

在图 16.45 中，我们用在位置 A、B 和 C 对图 16.42b 中描述的 6 个用例的测量结果叠加在了每个趋势线之上。

在固定位置的测量结果在整体上与在路测环境下抽象出来的趋势线还是非常吻合的，误差只在几分贝之内。比较有意思的是，音频流的趋势线与具有低上行业务应用非常吻合。例如，图 16.45a 和 c 表明两个视频流应用和 Playstore 下载场景紧跟音频流的 PUSCH 和总发送功率的趋势线。这在某种程度上也是符合预期的，因为针对这套应用场景的上行平均吞吐量的取值范围针对音频和 Playstore 下载场景分别为 12 ~ 210kbit/s（见图 16.42b）。总发送功率平均为 10dB，比进行 Skype 视频通话的视频流和文件上传分别高 20dB 和 24dB。因此这些场景对电池使用时间的影响会更大。图 16.45b 展示了所有的 PUCCH 传输都是独立于应用场景和测试条件的。

3. 建立 RSRP 和 UE 功耗之间的联系

第 16.8.2 节得出结论，P_{con}可以近似为 P_{RxBB}和 P_{TxRF}的函数。然而，图 16.42b 中的示例显示 UE4 的下行平均吞吐量针对音频流为 570kbit/s，针对应用程序下载为 30Mbit/s。图 16.41b 显示这样的吞吐量范围对接收机基带功耗的影响是非常有限的：UE4 分别消耗了 865mW 和 872mW，变化范围小于 1%。所以我们可以得出结论，本示例中的 UE 功耗可以只通过 P_{TxRF}来近似得到。

通过将图 16.45 中的总发送功率趋势线加入到每个基准智能手机的 P_{TxRF}转移函数中，我们可以很容易地展示小基站对于蜂窝子系统功耗的影响。图 16.46 显示了使用两条趋势线获得的一组曲线：音频流和 Skype 视频通话。这些图清楚地表明部署小基站是一种可以最小化功耗的技术。这是由于较高的 RSRP 范围确保了 UE 能够工作在其最低功耗状态下。

对于音频流（见图 16.46a），该结论可以在 UE3、4 和 5 的最新芯片解决方案中找到，其中在位置 B 的功耗（小小区，小区边缘）比在位置 A 时高 2% ~ 3%。在位置 C，P_{TxRF}的陡峭的指数斜率意味着在小小区的电池使用时间节省能够达到一个非常高的级别。在该示例中，在该位置运行 UE3、4 和 5 与在位置 B 相比功耗分别增加了 25%、20% 和 13%。相对来说，UE5 提供了较低的节省。这是由于在发送功率的扩展范围内，电量的消耗是最小的。

对于 Skype 视频通话场景，小站仍然能够提供非常好的性能，尽管 UE 工作在比平均总功率高 10dB 的水平上。在该示例中，UE3、4 和 5 在位置 B 消耗的功率

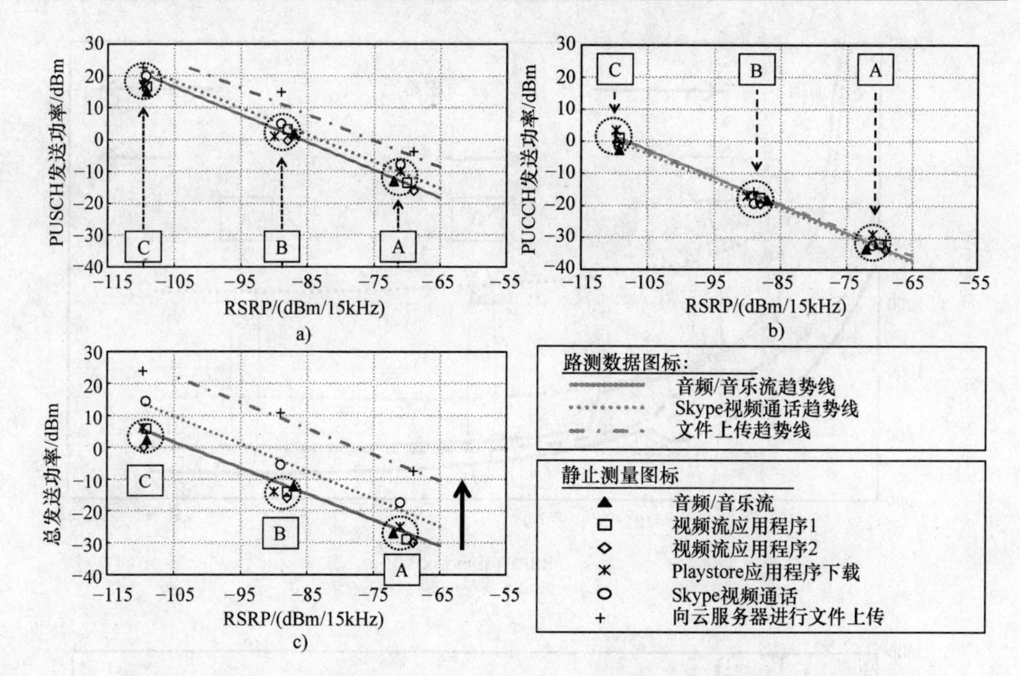

图 16.45　针对六种智能手机应用（音乐流、两个视频流、应用程序下载、skype 视频通话和文件上传）的 a）PUSCH、b）PUCCH 以及 c）总发送功率与 RSRP 趋势线与静止位置“A”、“B”、“C”

只比在位置 A 高 4% ~7%。在位置 C，我们可以看到 UE4 和 UE5 中的包络跟踪相比于 UE3 的好处。在位置 B 运行 UE 比在位置 C 能够带来 30% ~45% 的功率节省。这是由于 UE 工作在接近其最大输出功率时，功耗会接近指数的上升。然而，在实际中，这些增益会被以下两个因素弱化：

- cDRX 和到空闲状态的转换降低了功耗。
- 屏幕活动和应用程序处理器可能会主宰并降低这些理论上的节省。

图 16.47 展示了 UE4 在这三个静止位置对音频流、两个不同的视频流应用和 Skype 视频通话的实际性能。图 16.47a 展示了在位置 B 关掉屏幕听音频的功耗比在位置 C 要好接近 20%。而“打开”屏幕会将增益减半。图 16.47b 更显著地显示了屏幕和应用程序引擎的影响。视频应用程序 2 比应用程序 1 使用更少的电量。但是在小站中两个视频流应用达到的电量节省与音乐/音频流相比在同一级别，大约为 10% 的节省。相反，Skype 双向视频通话的功耗特性降低了蜂窝子系统的节省[⊖]。值得注意的是，在位置 C，UE 位置的一个小变化就有可能导致功耗的急剧上升，即使 RSRP 等级可能只下降了几个分贝（比如 3 ~5dB）。这是由于 UE 工作在其接近指数工作区域。例如，在一个外场测试中，移动 UE 几厘米就会造成 RSRP 从 -110dBm

⊖　视频通话的功耗根据拍摄物体的运动而变化。物理精致/不动时的功耗较低。

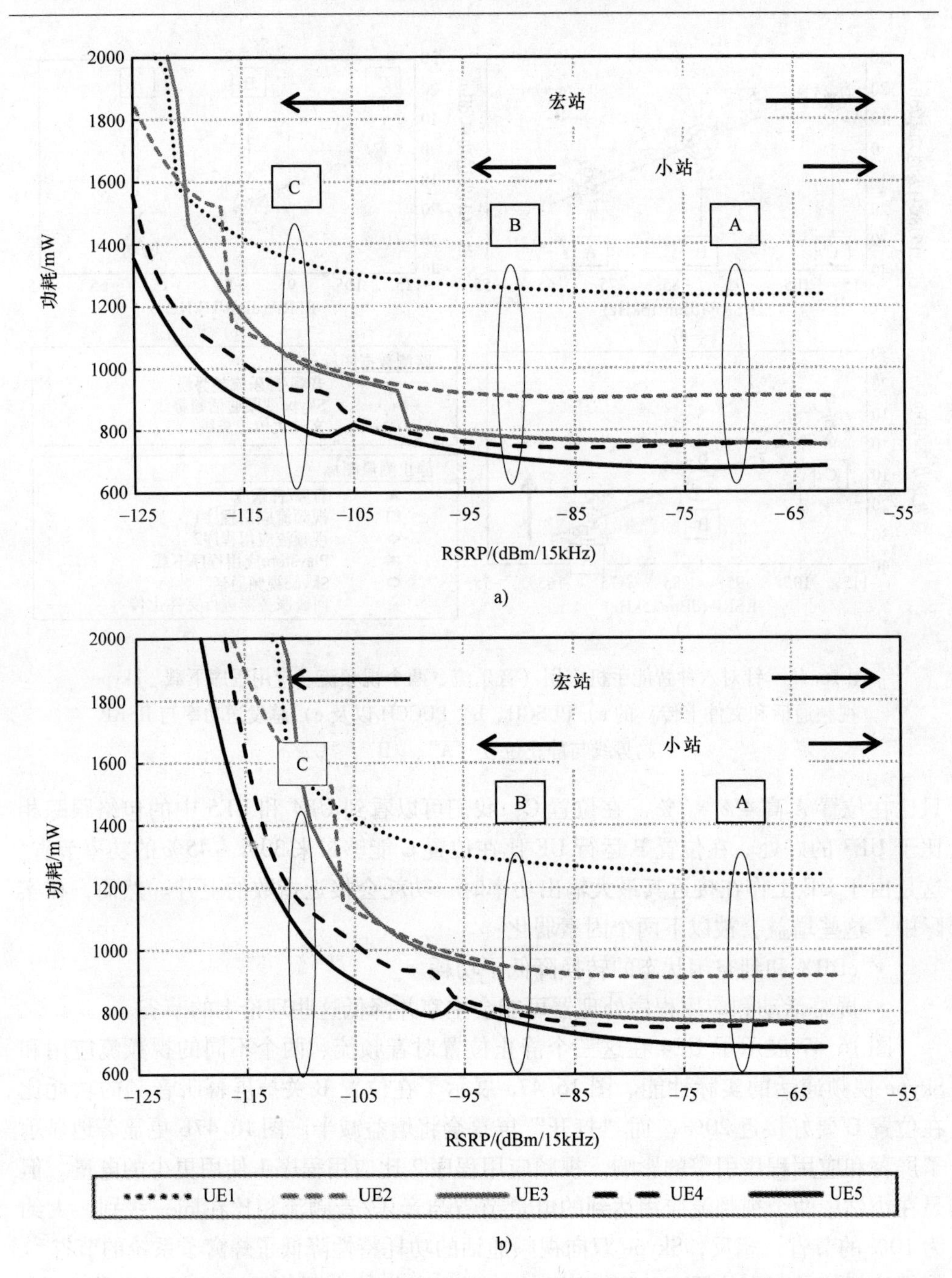

图 16.46　蜂窝子系统功耗与 RSPR 与 UE：a）音频流特性　b）Skype 视频通话特性

下降到 -115dBm。这在 Skype 视频通话期间会造成 12% 的功耗增加。

总而言之，可以通过多种努力来持续提升智能手机的电池使用时间。芯片制造厂商在短时间内已经成功地大大降低了蜂窝子系统的内在功耗。使用先进的 PA 控制机制也帮助在高输出功率的情况下改善了功耗。部署小站是一项保证蜂窝子系统

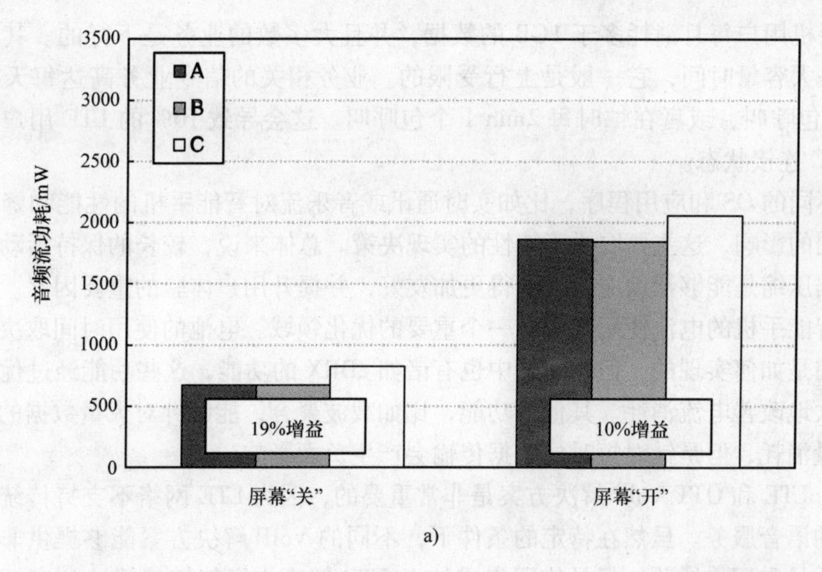

a)

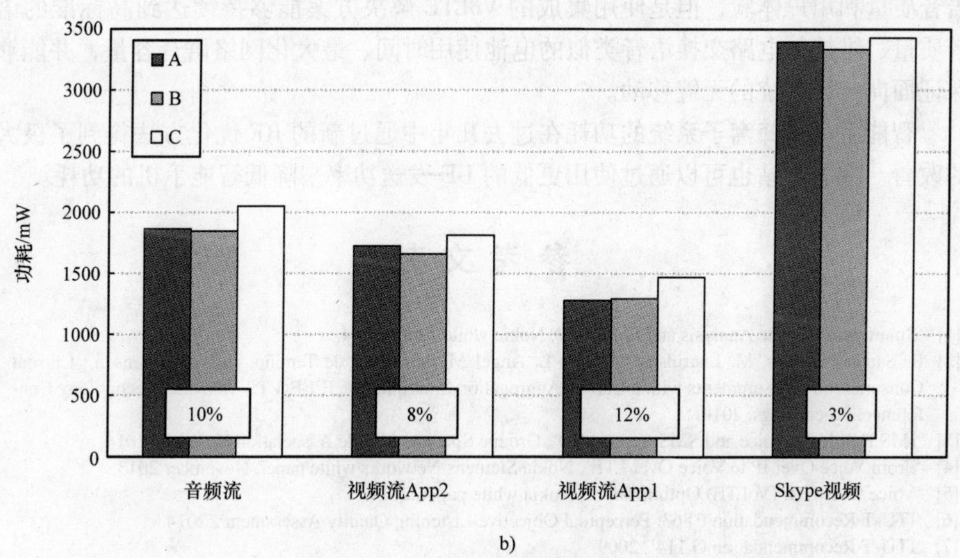

b)

图 16.47　在位置"A"、"B"、"C"测量的智能手机（UE4）平均功耗。a）音频流功耗与屏幕状态　b）屏幕处于"开启状态"时的应用程序功耗。测量精度为 ±2%，以 100μs 的时间精度在多个 2min 时长的记录内进行测量

功耗贡献最小的非常有前途的技术。然而，小站的功耗节省可能会部分或者全部被其他因素所掩盖，比如应用程序引擎、编码和解码以及屏幕活动。

16.9　总结

在移动宽带网络中，智能手机是主要的数据业务来源。本章展示了典型的 LTE

智能手机用户每月消耗多于 1GB 的数据，并且大多数的业务是下行的。其中一个例外是大容量时间，它一般是上行受限的。业务相关的信令业务高达每天每用户 500 个包呼叫，或者在忙时每 2min 1 个包呼叫。这会导致 10% 的 LTE 用户同时处于 RRC 连接状态。

不同的 OS 和应用程序，比如实时通讯或音乐流对智能手机的性能和蜂窝网络有不同的影响，这主要取决于特性的实现决策。总体来说，较长的保持活动的周期和数据压缩是能够帮助应用表现得更加友好，并提升用户体验的重要因素。

智能手机的电池使用时间是一个重要的优化领域。电池的使用时间取决于服务和应用是如何实现的，但是网络中也有诸如 cDRX 的功能，这些功能经过优化后能够极大地改善电流消耗。其他的功能，比如载波聚合，能够针对大量数据的传输改善电量消耗，但是针对短时的数据传输会产生负面影响。

VoLTE 和 OTT VoIP 解决方案是非常重要的，因为 LTE 网络不支持传统的电路交换的语音服务。虽然在特定的条件下，不同的 VoIP 解决方案能够提供非常好的语音质量和用户体验，但是使用集成的 VoLTE 解决方案能够持续达到高标准的语音质量、维持与电路交换语音类似的电池使用时间、最大化网络语音容量，并能够保证面向传统系统的无缝移动。

智能手机中蜂窝子系统的功耗在过去几年中通过新的 RF 优化方法得到了极大的改善。部署小站也可以通过使用更低的 UE 发送功率来降低智能手机的功耗。

参考文献

[1] 'Smartphone Traffic Analysis and Solutions', Nokia white paper, 2014.

[2] R. Sanchez-Mejias, M. Lauridsen, Y. Guo, L. Ángel Maestro Ruiz de Temiño, and P. Mogensen, 'Current Consumption Measurements with a Carrier Aggregation Smartphone', IEEE VTS Vehicular Technology Conference. Proceedings, 2014.

[3] 'IMS Profile for Voice and SMS Version 8.0', Groupe Speciale Mobile Association (GSMA), 2014.

[4] 'From Voice Over IP to Voice Over LTE', Nokia Siemens Networks white paper, November 2013.

[5] 'Voice Over LTE (VoLTE) Optimization', Nokia white paper, 2014.

[6] 'ITU-T Recommendation P.863: Perceptual Objective Listening Quality Assessment', 2014.

[7] 'ITU-T Recommendation G.114', 2009.

[8] H. Holma, A. Toskala, and P. Tapia, 'HSPA + Evolution to Release 12: Performance and Optimization', ISBN: 978–1–118–50321–8, John Wiley & Sons, September 2014.

[9] A. Keates, 'Challenges for Higher Energy Density in Li-Ion cells', Intel Corporation, IWPC Workshop, CA, USA, March 2014.

[10] M. Lauridsen, L. Noël, T. B. Sørensen, and P. Mogensen, 'An Empirical LTE Smartphone Power Model with a View to Energy Efficiency Evolution', *Intel Technology Journal*, 18(1), 172–193 (2014).

[11] H. Holma and A. Toskala. *WCDMA for UMTS: HSPA Evolution and LTE*, 5th ed., John Wiley & Sons (2010), ISBN: 978–0–470–68646–1.

第17章　对LTE演进和5G的展望

Antti Toskala 和 Karri Ranta - aho

17.1　导言

本章涉及从LTE-Advanced演进角度来看在第14版及之后所期望的演进工作。同时还呈现了对5G演进方面的展望，包括LTE与5G之间关系、3GPP为响应ITU-R中正在进行的IMT-2020而引入5G的时间表。

17.2　第13版之后LTE-Advanced的进一步演进

第13版工作项目中的大部分内容已经在第3、10、11章中进行了介绍，设定了LTE-Advanced演进的方向，3GPP也定义了一个新名字来强调其能力与LTE之前版本相比的显著提升。对于更高能力的需求日益明显，这是由于增长的业务量，并更好地引入了与传统移动宽带不同的应用案例，从而进入一些领域，如机器对机器（M2M）通信。现有第13版的内容在图17.1中呈现。

该表中针对第13版的部分项目是相当巨大且有可能发生的，当前正在研究项目中的一些方面（至少其中的一部分）很可能只能作为第14版工作项目来实现。进而，由于工作负荷或者3GPP RAN工作组的其他原因，还有几个项目已经被提出但尚未作为紧急需求予以考虑。

下列项目可能用于第14版LTE-Advanced进一步演进工作，希望能在2016年上半年启动，同时部分内容还有可能最终被反映到第13版的内容：

- 针对LTE非授权频谱（用于LTE的LAA）的增强。第13版工作正在进行如第11章所描述的，已经看到明显需求并需要在第14版中增加进一步的功能，特别是那些采用LTE非授权频谱的上行链路操作的领域，第13版只是覆盖了下行链路的基本功能以及与Wi-Fi共存所必需的方法。
- LTE-WLAN载波聚合正在第13版中进行规范化工作，相关工作项目开始于2015年3月，因此不大可能希望所有工作都能在2015年底完成。
- eMBMS增强已经在几个版本中涉及，但依然有些功能尚未引入，例如对专用eMBMS载波的支持可以在更多广播类型的业务转移到eMBMS载波上时获得增益。
- 引入对5G的需求，正如将在下节阐述的内容。例如，短时延的目标将需要更短的TTI以及对接收到的TTI在eNodeB和UE采用更短的解码时间。

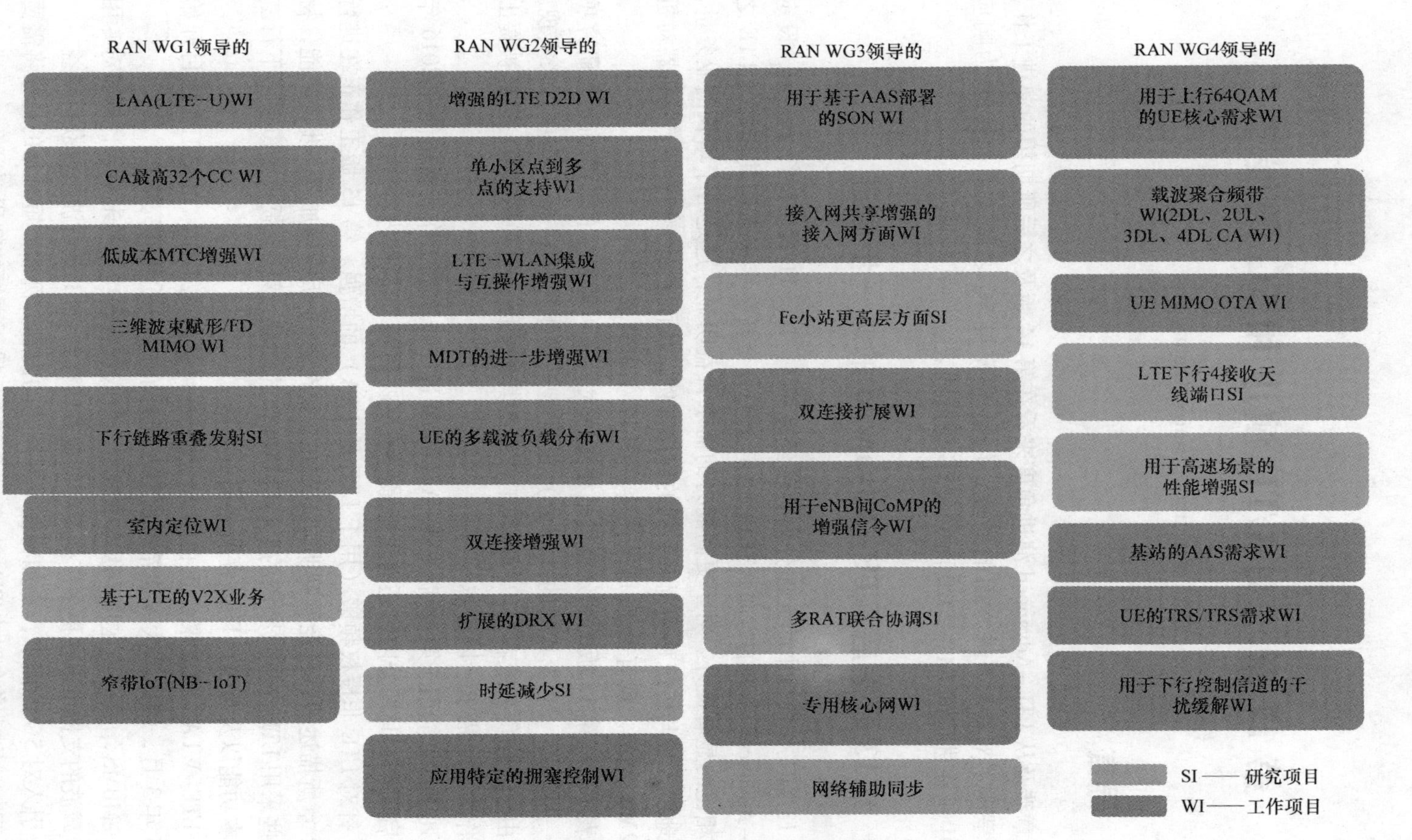

图 17.1　第 13 版中有关 LTE-Advanced 演进的课题

• 更宽的LTE带宽以便引入为一个运营商提供超过20MHz的连续频谱分配，这也可能包含在5G范畴内。

• 将LTE用于来自/发往车辆的通信（V2X），正如已经在3GPP中讨论的实际无线标准研究启动之前的需求研究。分别地，如第3章所述引入到第12版的设备到设备（D2D）通信将在第13版中得到进一步扩展，可能得到增强从而还能覆盖车辆到车辆（V2V）用例，因为当前已经有特定的V2X研究项目正在进行。

• 移动性的改善，采用更多载波数量以及应用双连接使得信令日益增加，除非引入一些改善机制。当前已提交的方法包括通过UE自动化选择SCell从而降低切换信令开销。

• 用于M2M的进一步窄带LTE解决方案或窄带物联网（NB-IoT）的工作，已经提起了对非常低成本及窄带款解决方案的兴趣，基本上匹配单一200kHz GSM载波，用于非常低速率传输需求。除了正在进行的GSM和LTE M2M工作之外，3GPP也在第13版中讨论这方面的内容，相关工作可能比第13版的其他工作稍晚完成，计划在2016年中。

17.3　面向5G

ITU-R[1]中正在进行有关IMT-2020的工作[2]，更通俗地被称为5G。ITU-R中的流程还将定义用于国际移动电话下一代系统的相关需求，类似IMT-2000之于3G和IMT-Advanced之于4G。之后该需求将在3GPP和其他标准化组织中进行处理，并结合其内部需求作为一个借口来开发一套满足所定义目标的系统。主要的技术公司与特定论坛已经设定了他们对下一代系统的愿景，并且在某些情况下以他们自己的视角相当详细地描述应用案例及相关需求，例如参考文献［3］中所提及的内容（见图17.2和表17.1）。

这些需求尚在ITU-R开发，下列与用户体验、系统性能相关的关键领域已经可以被视为新型需求，其详细价值有待ITU-R得出结论，而且已经在参考文献［4］中予以讨论：

• 峰值数据速率达到大约10Gbit/s或更高，部署区域内所期望的最小用户体验数据速率可达大约100Mbit/s，例如参考文献［3］采用300Mbit/s的值。

• 业务密度以给定区域内每秒千兆来表示，技术上支持在特定的限制区域内达到1 Tbit/s/km^{2}或更高的业务密度。

• 频谱效率，其目标明显高于LTE-Advanced。

• 时延（端到端时延）低到1ms级别。通常提及的应用案例包括触觉互联网类型的应用案例，但一些工业自动化案例也需要非常低的时延。

• 更高的连接设备密度，支持每平方公里一百万连接。

• 更高移动性，高达500km/h。

- 连接的可靠性，特别是如工业自动化相关的一些应用。
- 能效，获得更低的能量消耗。

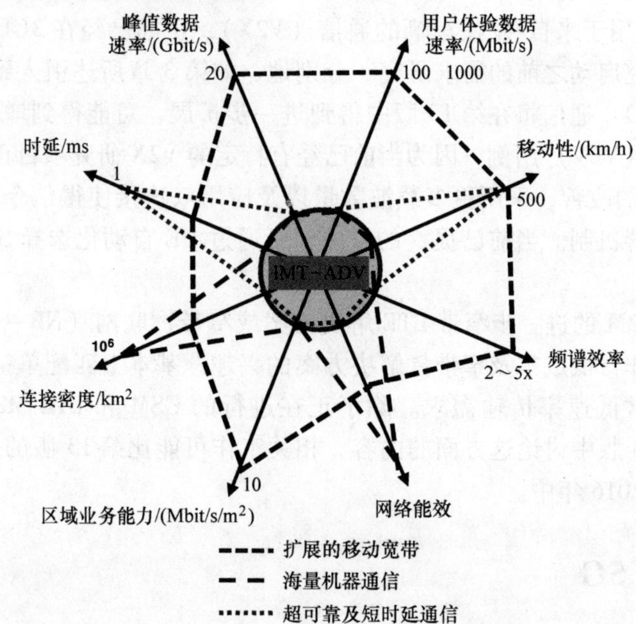

图 17.2 IMT-2020 核心能力及其与核心应用案例的关系

表 17.1 IMT-2020 应用案例及其与 IMT-2020 需求的关系

需求	应用案例			不同重要性等级的需求		
	A	B	C	高（H）	中（M）	低（L）
峰值数据速率	H	L	L	20Gbit/s	~IMT-A	尽力而为
用户体验数据速率	H	L	L	100~1000Mbit/s	几 Mbit/s	尽力而为
移动性	H	L	H	500	没有业务下降的中度移动性	低移动性
时延	M	L	H	1ms	几 ms	偏大些的时延是可接受的
连接密度	M	H	L	10^6/km²	10^4~10^6/km²	<10^4/km²
网络能耗	H	M	L	100×IMT-A	重要的	N/A
频谱效率	H	L	L	3×IMT-A	~IMT-A	N/A
区域业务能力	H	L	L	10（Mbit/s）/m²	几百 Gbit/s/km2	N/A

注：A：扩展的移动宽带；B：海量机器类通信；C：超可靠且短时延的通信。

17.4 5G 频谱

控制更多业务的另一重要方面是拥有足够可用于 5G 的频谱。即将到来的 WRC-15会议将讨论 6GHz 以下的频谱，这对于实现良好覆盖，特别是考虑郊区时非常关键。可以预见在 WRC-19 的下一阶段将引入 6GHz 以上的频谱，甚至高达 100GHz 用于更多本地用户和更密集网络部署。

从覆盖的角度来看，6GHz 以下且靠近 1GHz 的频谱是非常重要的，特别是考虑如 M2M 业务时。超过 6GHz 的频谱更适用于传输非常巨大的数据量和数据速率，用于小站和本地连接场景。

采用传统技术的现有频谱最终可能都将被重耕为 5G，首先期望重耕 2G 和 3G 技术所使用的频带。

为移动通信分配频谱的主流方法是专用频谱授权，一个运营商可以拥有权力来使用某一特定频带以保护所部署的系统免受外部干扰的影响，因此不允许其他运营商使用该频带。作为对此的补充，可使用非授权频谱。大多数情况已经为 Wi-Fi 操作模式——无人拥有该频谱并对部署进行控制，因此无法保障覆盖和业务质量，但它没有授权频谱的相关费用。用于 LTE 的非授权频谱接入正推动移动技术在授权频谱之外从非授权频谱中获益。此时，业务总是在授权频谱上提供保障，来自非授权频谱的额外无质量保障的带宽可与之聚合。

介于两种模式之间的新型补充频谱接入方法也在被考虑，通常称为授权共享接入和鉴权共享接入。其主要目的是在可用的时间和地点解锁那些被其他系统占用而未被充分利用的频谱来用于移动通信，但要保护现任用户（例如雷达、广播和军方用户）免受在某些时间和地点可能有害的移动通信干扰的影响。当然，频谱共享模式并不直接关联到特定的技术，未来这三种模式很可能会采用 LTE 以及 5G 技术（见表 17.2）。

表 17.2　频谱使用模式

	授权模式	非授权模式	补充授权模式
频谱使用	独家分配给一个运营商	任何人都可使用该频谱	现任用户具有优先使用权力——在某时间地点不用时蜂窝运营商方可使用
干扰	没有未期待的干扰	没有对干扰进行控制，其他接入点或用户可以使用相同频谱	没有未期待的干扰
质量	可预测的	不可预测的	可预测的，当允许使用时

17.5　5G 的关键无线技术

不同研究机构和公共研究项目，如欧盟资助的 METIS 和 5G-PPP 正致力于有关可能成为 5G 基础的多种不同新型技术构件的无线相关研究。被很好证实的带有良好 MIMO 兼容特性的 OFDMA 以及已知来自 LTE 上行链路的 DFT 扩频单载波 FD-

MA是信号波形的基准。在其他领域，Massive MIMO、单纯CoMP支持、动态TDD、全双工TDD以及类似带内自回传的解决方案都在被深入研究。

Massive MIMO，采用例如64、128或256个天线单元，在频率增加时变得更具商用化吸引力，可将天线阵列直接集成到芯片之中。大量MIMO天线可以将发射功率指向期望用户，由此可获得更高的链路效率并降低干扰。Massive MIMO与更窄波束的高空间选择性也可更方便多用户MIMO的操作。全数字波束赋形，例如256个天线发射机需要256个功率放大器，每根天线对应一个。这将导致更高的功率消耗以及更高成本，因此数字/模拟混合波束赋形似乎是更具吸引力的Massive MIMO实现方案（见图17.3）。

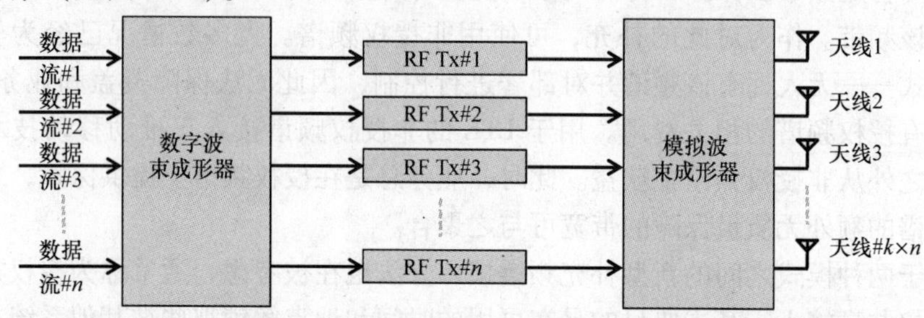

图17.3　用于Massive MIMO的数字/模拟混合波束赋形结构图

动态TDD结构可比FDD或固定UL/DL TDD时隙分配具有更好的总频谱利用率。通过动态TDD，任何帧的数据部分都可以根据业务需求被分配上行链路或者下行链路。动态分配的负面影响是小区间干扰：当一个小区的UE可能在上行链路上传输的同时，另一邻近UE可能在接收来自另一小区的信息，因此最为充分地经历了小区间干扰。由此，动态TDD更倾向应用于相对小的小区。小区边界现象可以通过先进的接收机设计以及小区间干扰协调予以缓解。动态TDD帧结构可以被设计为与全双工TDD相兼容，发送和接收可同时发生，并且发送信号可以从接收信号中消除掉（见图17.4）。在此案例中，一些帧会被调度为同时下行和上行传输。由于发射和接收信号之间的巨大功率差异，即使在消除之后还会有一些残留干扰被添加到接收信号之中，导致与只发射和只接收相比的一些链路性能下降。全双工操作相关的自消除成本和复杂度使其在基站侧实现比终端侧更加实际可行。在此设置情况下，基站将在接收来自一个UE传输的同时对另一UE进行发送。

值得注意的是，采用小于1ms子帧时长的动态TDD帧结构适合低成本带内自回传接入点。低成本设计方法可使同一射频收发信机以适时时分的方式用于接入和回传链路，大大简化了AP设计，这是因为在同一频带上只需要一个收发信机操作。在带有两个收发信机更为复杂的情况下可采用全双工操作，接入链路和回传链路可同时操作在相同频带上——这里有可能限制AP操作从而可以在两个链路上进行同时发送或者同时接收，但永远不会同时进行收发，避免了自干扰消除的需求，或者换句话说，总是只在一个链路上发送并在另一链路上接收，避免了两个收发信

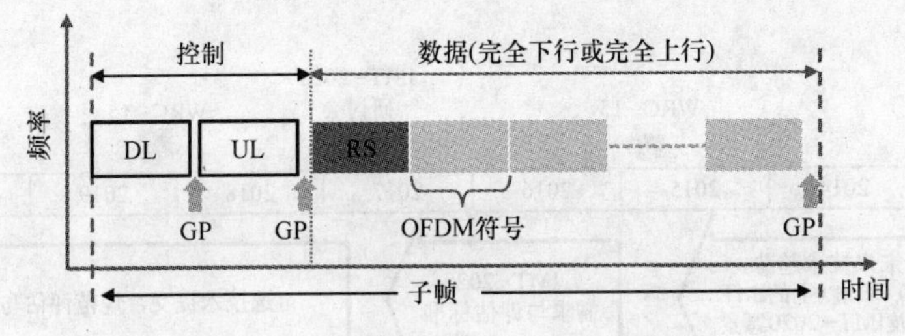

图 17.4　动态 TDD 兼容帧结构案例

机的需求，但这将带来自干扰环境的更大挑战。

可预见在多址接入领域存在一些对 OFDM 技术稍做改动的变形，如非正交多址接入（NOMA）的讨论，预计 2015 年沿 LTE-Advanced 演进的轨迹进行，图 17.5 给出了一些原理示意案例。总体来讲，希望处理能力的发展将使更先进的接收机成为可能，但如果系统带宽和另一方面的处理时间更短（实现更低时延）时，所有计算能力开发也肯定是需要的。

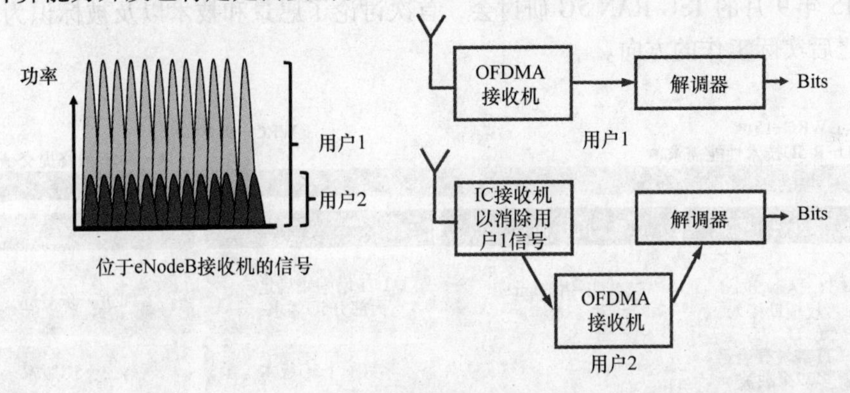

图 17.5　NOMA 原理

作为 5G 部署的一部分，与 LTE 的互操作将非常重要。由于使用更高频谱来实现全网覆盖将非常昂贵，可以预见将采用 LTE 作为 5G 覆盖的补充。更为紧密的互操作将通过载波聚合或类似双连接的方法来实现，正如也在参考文献［3］中所强调的。

17.6　期望的 5G 时间表

ITU-R 5D 工作组在 2014 年决定了 IMT-2020 需求开发与符合 IMT-2020 系统认证的流程和时间表。之后，如 3GPP 的标准定义组织来进行该系统开发的工作，与此流程和时间表一致，向 ITU-R 提交有关开发的系统满足设定的目标所需的证据。ITU-R IMT-2020 时间表如图 17.6 所示。

3GPP 中 5G 相关的活动预期开始于 2015 年年底，首先进行目标和需求的收

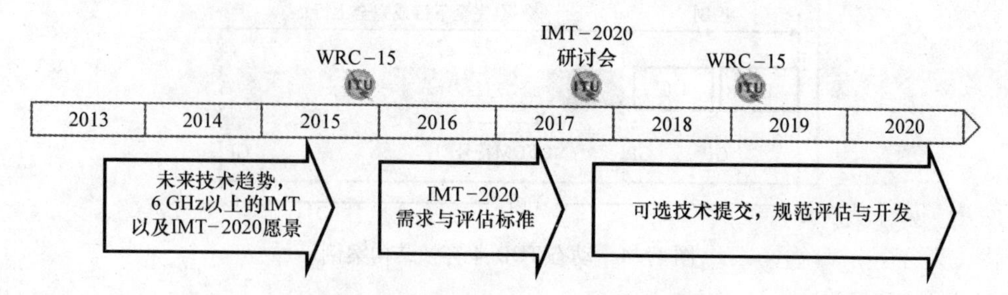

图 17.6　ITU-R WP5D 针对 IMT-2020 技术开发和认证的流程和时间表概览

集[5]，如图 17.7 所示。成功的 5G 技术研究需要一些使能者，例如 6GHz 以上频谱所使用的信道模型[6]。同时 3GPP 还将继续 LTE-Advanced 演进轨迹的相关工作，正如之前 HSPA 所经历的那样，开发其能力达到了可作为 4G 技术所需要的水平，未来 LTE-Advanced 也将能满足大部分 5G 需求。3GPP 中 5G 相关的实际工作开始于 2015 年 9 月的 TSG RAN 5G 研讨会，首次讨论了愿景和技术以及被标识为第 14 版及之后实际工作的方向。

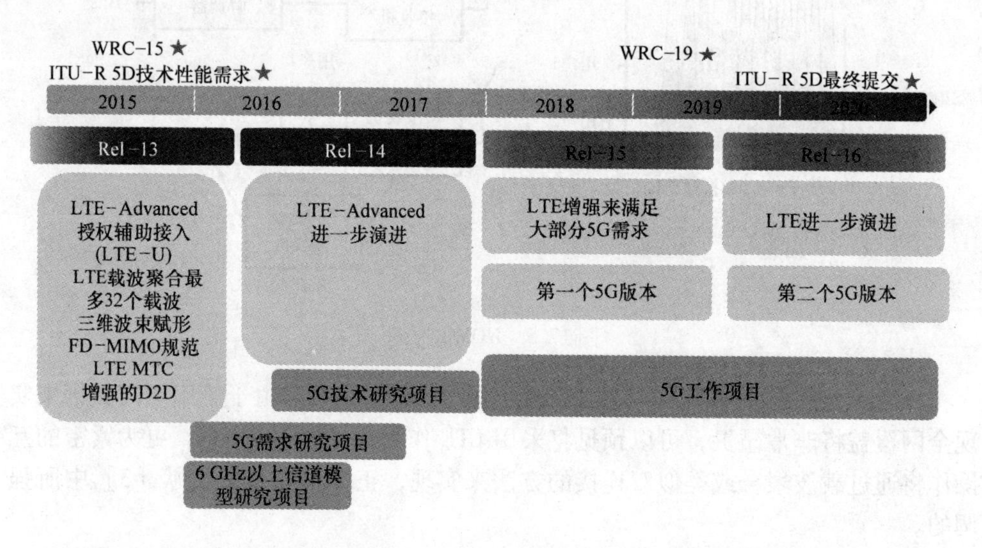

图 17.7　3GPP 针对 LTE-Advanced 演进及 5G 引入的期望时间表

3GPP 有可能采用的方法是考虑以分阶段的方式引入 5G：首先，3GPP 工作将只涵盖 5G 的无线方面，旨在解决扩展的移动宽带应用案例需求，如参考文献［7］和［8］的内容。这将回应部分市场特别是亚洲和美国的需求，这些地区希望在 2020 年甚至之前早期引入 5G。这将需要早期的工作项目与研究阶段并行开始，为了实现“第一阶段 5G”。图 17.2 中所反映的进一步需求和应用案例将在后续引入，包括用于这些应用案例的核心网演进。希望 2015 年 9 月的 3GPP TSG RAN 5G 研讨会上的关键项目能够定义 3GPP 对于 5G 的路线图[9]。

17.7 总结

在之前章节中，我们介绍了对 LTE-Advanced 在 3GPP 第 12 版之后演进的期望以及 5G 系统第一阶段内容以及所期望的时间表。用于 5G 的流程和时间表已经就绪，正在进行对愿景、应用案例和需求的细化工作，但 5G 最终将以何种确定的形式呈现出来还需要几年的时间。然而，已经可以谈论一些相关的事情了。

5G 需要回应日益增长的数据需求，并且能够支持 LTE 不太适用的更高频带移动通信。重点关注峰值数据速率和扩展频带接入将带来一些误解：5G 是关于只应用于高频带小站的，尽管这是 5G 的一个重要方面。5G 将解锁 6GHz 以上更高频带的潜能，但同时还将用于广域覆盖和 M2M 应用，5G 还会将其置于传统的更低频带。

5G 接入机制尚在研究，但已涌现出基于 OFDMA 的动态 TDD（位于 6GHz 以下频带和高达几十 GHz）、结合 Massive-MIMO 的 DFT-生成单载波波形（位于几十 GHz）、铅笔波束赋形以及增强的频谱灵活性作为新接入机制的强劲备选方案。

考虑 5G 系统将包含哪些技术构件也是非常重要的。如果合适的话，这些构件也将被 LTE-Advanced 系统所采用，使 LTE-Advanced 最终也能满足大部分 5G 需求。因此 LTE-Advanced 及其在第 13 版和第 14 版演进通常被描述为 5G 重要构成。3GPP 将继续在第 13 版及之后标准化工作中通过新功能进行 LTE 技术的强力演进，使得演进的 LTE-Advanced 技术作为最新的无线解决方案，解决即将到来的业务、移动宽带以及几个其他应用案例的业务需求，包括 M2M、公共安全、用于广播和车辆通信的 LTE。

参考文献

[1] http://www.itu.int/ITU-R (accessed June 2015)
[2] http://www.itu.int/en/ITU-R/study-groups/rsg5/rwp5d/imt-2020/Pages/default.aspx (accessed June 2015)
[3] Next Generation Mobile Networks (NGMN), '5G White Paper', v.1.0, February 2015.
[4] ITU-R Document 5D-918, Nokia Networks, January 2015.
[5] 3GPP Tdoc, SP-150149, '5G Timeline in 3GPP', March 2015.
[6] 3GPP Tdoc 151606, 'New SID Proposal: Study on channel model for frequency spectrum above 6 GHz', September 2015.
[7] 3GPP Tdoc RWS-150010, 'NOKIA Vision & Priorities for Next Generation Radio Technology', September 2015.
[8] 3GPP Tdoc RWS-150036, 'Industry Vision and Schedulefor the New Radio Part of the Next Generation Radio Technology', September 2015.
[9] 3GPP Tdoc RWS-150073, 'Chairman's summary regarding 3GPP TSG RAN workshop on 5G', September 2015.